教育部　财政部职业院校教师素质提高计划职教师资培养资源开发项目
《食品科学与工程》专业职教师资培养资源开发（VTNE049）

畜产品加工

金昌海　主　　编
于　海　赵改名　执行主编

中国轻工业出版社

图书在版编目（CIP）数据

畜产品加工/金昌海主编．—北京：中国轻工业出版社，2019.11

普通高等教育“十三五”规划教材 食品科学与工程类专业应用型本科教材

ISBN 978－7－5184－1279－2

Ⅰ．①畜… Ⅱ．①金… Ⅲ．①畜产品—食品加工—高等学校—教材 Ⅳ．①TS251

中国版本图书馆 CIP 数据核字（2017）第 044129 号

责任编辑：马 妍 秦 功

策划编辑：马 妍 责任终审：滕炎福 封面设计：锋尚设计

版式设计：锋尚设计 责任校对：晋 洁 责任监印：张 可

出版发行：中国轻工业出版社（北京东长安街 6 号，邮编：100740）

印 刷：三河市万龙印装有限公司

经 销：各地新华书店

版 次：2019 年 11 月第 1 版第 2 次印刷

开 本：787×1092 1/16 印张：23

字 数：500 千字

书 号：ISBN 978－7－5184－1279－2 定价：55.00 元

邮购电话：010－65241695

发行电话：010－85119835 传真：85113293

网 址：http：//www. chlip. com. cn

Email：club@ chlip. com. cn

191250J1C102ZBW

教育部　财政部职业院校教师素质提高计划成果系列丛书

本书编写人员

主　　编　金昌海（扬州大学）

执行主编　于　海（扬州大学）
赵改名（河南农业大学）

副 主 编　李先保（安徽科技学院）
敖晓琳（四川农业大学）
葛庆丰（扬州大学）

编　　者　吴满刚（扬州大学）
张一敏（山东农业大学）
冯朝辉（四川农业大学）
郑海波（安徽科技学院）
王彩霞（四川农业大学）
孙灵霞（河南农业大学）

出版说明

《国家中长期教育改革和发展规划纲要（2010—2020年）》颁布实施以来，我国职业教育进入到加快构建现代职业教育体系、全面提高技能型人才培养质量的新阶段。加快发展现代职业教育，实现职业教育改革发展新跨越，对职业学校“双师型”教师队伍建设提出了更高的要求。为此，教育部明确提出，要以推动教师专业化为引领，以加强“双师型”教师队伍建设为重点，以创新制度和机制为动力，以完善培养培训体系为保障，以实施素质提高计划为抓手，统筹规划，突出重点，改革创新，狠抓落实，切实提升职业院校教师队伍整体素质和建设水平，加快建成一支师德高尚、素质优良、技艺精湛、结构合理、专兼结合的高素质专业化的“双师型”教师队伍，为建设具有中国特色、世界水平的现代职业教育体系提供强有力的师资保障。

目前，我国共有60余所高校正在开展职教师资培养，但由于教师培养标准的缺失和培养课程资源的匮乏，制约了“双师型”教师培养质量的提高。为完善教师培养标准和课程体系，教育部、财政部在“职业院校教师素质提高计划”框架内专门设置了职教师资培养资源开发项目，中央财政划拨1.5亿元，系统开发用于本科专业职教师资培养标准、培养方案、核心课程和特色教材等系列资源。其中，包括88个专业项目，12个资格考试制度开发等公共项目。该项目由42家开设职业技术师范专业的高等学校牵头，组织近千家科研院所、职业学校、行业企业共同研发，一大批专家学者、优秀校长、一线教师、企业工程技术人员参与其中。

经过三年的努力，培养资源开发项目取得了丰硕成果。一是开发了中等职业学校88个专业（类）职教师资本科培养资源项目，内容包括专业教师标准、专业教师培养标准、评价方案，以及一系列专业课程大纲、主干课程教材及数字化资源；二是取得了6项公共基础研究成果，内容包括职教师资培养模式、国际职教师资培养、教育理论课程、质量保障体系、教学资源中心建设和学习平台开发等；三是完成了18个专业大类职教师资资格标准及认证考试标准开发。上述成果，共计800多本正式出版物。总体来说，培养资源开发项目实现了高效益：形成了一大批资源，填补了相关标准和资源的空白；凝聚了一支研发队伍，强化了教师培养的“校—企—校”协同；引领了一批高校的教学改革，带动了“双师型”教师的专业化培养。职教师资培养资源开发项目是支撑专业化培养的一项系统化、基础性工程，是加强职教教师培养培训一体化建设的关键环节，也是对职教师资培养培训基地教师专业化培养实践、教师教育研究能力的系统检阅。

自2013年项目立项开题以来，各项目承担单位、项目负责人及全体开发人员做了大量深入细致的工作，结合职教教师培养实践，研发出很多填补空白、体现科学性和前瞻性的成果，有力推进了“双师型”教师专门化培养向更深层次发展。同时，专家指导委员会的各位专家以及项目管理办公室的各位同志，克服了许多困难，按照两部对项目开发工作的总体要求，为实施项目管理、研发、检查等投入了大量时间和心血，也为各个项目提供了专业的咨询和指导，有力地保障了项目实施和成果质量。在此，我们一并表示衷心的感谢。

编写委员会

2016 年 3 月

前　言
Preface

加快发展现代职业教育，实现职业教育改革发展新跨越，对职业学校“双师型”教师队伍建设提出了更高的要求。教育部、财政部为加快建设一支师德高尚、素质优良、技艺精湛、结构合理、专兼结合的高素质专业化的“双师型”教师队伍，在“职业院校教师素质提高计划”框架内专门设置了职教师资培养资源开发项目，系统开发用于本科专业职教师资培养标准、培养方案、核心课程和特色教材等系列资源。根据教育部、财政部的要求，扬州大学牵头组织全国部分相关高等学校、职业学校、行业企业，承担了《食品科学与工程》专业职教师资培养资源的开发项目。《畜产品加工》是本项目组完成的特色教材成果之一。

《畜产品加工》课程教材的开发原则是重视学生的学科专业基础知识与能力、从事专业的知识与能力、行业企业实践能力和职业岗位操作能力的养成。在参考了国外优秀职教师资培养教材的基础上，以工作过程为导向，创新了有别于学科体系的教材架构。本教材为了更好地体现职业性、专业性和师范性的特点，各章增加了“典型产品的加工案例”“综合实践”等环节。本教材主要包括肉制品、乳制品及蛋制品等三部分内容，体现出以下特点：(1) 重视实践技能，以点代面的策略，如肉制品中具体产品加工技术在综合实践中的应用；(2) 体现新技术与研究进展：如蛋制品的加工技术中，多数反映出最新研究技术与成果；(3) 体现全程的质量控制理念，如乳制品安全生产及质量控制，介绍乳制品生产过程中的质量控制体系，从而反映现代的乳品安全质量控制体系。

参加本教材编写的人员主要为扬州大学的于海、葛庆丰、吴满刚；河南农业大学的赵改名、孙灵霞；安徽科技学院的李先保、郑海波；四川农业大学的敖晓林、冯朝辉、王彩霞；山东农业大学的张一敏。具体执笔为：第一章由于海、葛庆丰和吴满刚编写；第二章由张一敏编写；第三章由冯朝辉编写；第四章由赵改名和孙灵霞编写；第五章由李先保和郑海波编写；第六章由敖晓林和王彩霞编写。本教材主编（执笔）于海、赵改名，副主编李先保、敖晓林、葛庆丰，于海负责全书的设计与统稿工作。

本教材为高等院校食品科学与工程职教师资本科专业的主干课程教材，也可用于职业院校相关专业的教师培训教材，同时可供相关专业人员参考使用。本教材编写是一项探索性的工作，难度较大，由于我们水平有限，教材中难免会有一些疏漏之处，恳请专家和广大读者予以指正，以便做进一步的修改完善。

编　者

2017 年 3 月

目 录

Contents

第一章 畜产品加工的理论基础 …… 1
第一节 畜产品加工的内容、目的和意义 …… 1
第二节 畜产品加工现状及发展趋势 …… 3
第三节 畜禽的屠宰 …… 9
第四节 加工 …… 14

第二章 畜肉初加工 …… 30
第一节 肉的概念及形态学结构 …… 30
第二节 动物宰后的检验 …… 33
第三节 胴体的分级分割 …… 35
第四节 鲜肉成分及宰后肉的变化 …… 41
第五节 肉的微生物危害及安全控制 …… 50
第六节 肉的食用品质 …… 57
第七节 典型肉品分析案例 …… 68
第八节 综合实验 …… 71

第三章 肠类制品加工 …… 77
第一节 中式香肠 …… 77
第二节 西式香肠 …… 88
第三节 香肠加工典型案例 …… 100
第四节 综合实验 …… 105

第四章 腌腊烟熏干制品加工 …… 106
第一节 腌腊肉制品 …… 106
第二节 熏肉制品 …… 127
第三节 干肉制品 …… 135
第四节 腌制肉品及熏制肉品典型案例 …… 142
第五节 综合实训 …… 158

第五章 禽蛋加工 …… 162
第一节 禽蛋的形成、组成及功能 …… 162
第二节 禽蛋的标准与分级 …… 179
第三节 禽蛋的变质及控制方法 …… 193
第四节 禽蛋制品 …… 199
第五节 蛋品加工典型案例 …… 218
第六节 综合实验 …… 242

第六章 乳品加工 …… 252
第一节 乳的组成及性质 …… 252
第二节 乳的检测和预处理 …… 267
第三节 液态乳 …… 275
第四节 发酵乳 …… 284
第五节 乳粉 …… 303
第六节 其他乳制品 …… 314
第七节 乳品加工典型案例 …… 333
第八节 综合实验 …… 340

参考文献 …… 351

第一章 畜产品加工的理论基础

CHAPTER 1

知识目标

1. 了解畜禽产品加工的对象、内容以及体系结构。
2. 了解国内外畜禽产品加工的现状与发展趋势。

能力目标

能够对畜禽产品加工有一个总体的认识。

第一节 畜产品加工的内容、目的和意义

畜牧生产的主要目的是获得畜产品。畜产品虽然有的可以被人们直接利用，但是，绝大多数的畜产品，必须经过加工处理后才能利用，或提高其利用价值，这种对畜产品的人工处理过程，称作畜产品加工。

一、畜产品加工的主要内容

畜产品加工的范围很广，凡是以禽畜产品为原料的加工生产都属于其研究范围，主要包括乳品、肉品、蛋品和皮毛等的加工生产等。因此，畜产品加工是以研究肉、乳、蛋及其副产品特性以及贮藏加工过程中的变化为基础，生产出更符合人类营养、现代食品卫生要求的方便肉、乳、蛋制品为目的的一门应用型学科。

畜产品加工包括从畜禽原料生产开始到成为供人们消费的产品为止的全部环节，是一门综合性应用学科。畜产品加工与食品科学、畜牧学、微生物学、营养学、病理学、毒力学、物理学、化学、电子学及机械等学科密切相关；主要包括肉制品加工、乳制品加工和蛋制品加工三部分。

二、 畜产品加工的主要目的和任务

畜牧生产的最初级产品（包括肉类、乳类及蛋类等）与所有农产品具有相同的缺陷，那就是缺乏保存性；这种体积膨大，易腐败又无法长期保存的特性，使得一般的畜产品在消费市场上无法和其他商品竞争，只有经过畜产加工才可以提升消费者的购买量。

因此，畜产品加工的目的和任务主要体现在：

1. 延长畜产品的保存期限

例如：将猪肉做成肉酱罐头、鸭蛋做成咸鸭蛋等，可以存放较久的时间。

2. 提高畜产品的营养价值

例如：在加工过程中加热可以使营养素分解以利于人体消化吸收、添加乳酸菌的乳类加工品具保健功效等。

3. 增加畜产品的商品价值

例如：各种不同口味的调味乳、变化万千的蛋糕等。

4. 去除原始畜产品中不良的味道及微生物

例如：加热后将肉的血腥味去除、将牛乳中的病原微生物杀死等。

5. 提高畜产品的附加价值

例如：牛皮加工制革后可以做成皮夹克、牛乳中抽出来的酪蛋白可以供医药之用等。

6. 促进国际贸易

例如：经过加工处理后的畜产品破除了地域性的限制，可以销售到其他各个有消费需求的地方，甚至远销到国外，增加外汇储备。

三、 畜产品加工的重要意义

畜产品加工是联系畜牧生产与人民生活需要的中间环节，肩负着为畜牧生产发展提供保障、满足人民生活需要的双重作用。党和政府对畜产品加工业的发展一直给予高度重视。但是，目前我国畜产品加工业优质原料与制品生产能力比较薄弱，这与我国人民不断提高的生活水平需求还存在很大的差距，发展畜产品加工业意义重大。

1. 发展畜产品加工业是提高人民生活质量的关键措施

畜产品消费在人民膳食结构中所占比重是衡量一个国家人民生活水平的重要指标之一，同时畜产品加工能适应人们快节奏的生活需求，提供既营养又具有保健功效的食品，丰富了食品的种类。改革开放以后，随着我国畜牧业的发展和人民生活水平的提高，我国人民的肉、蛋、乳消费量增长了 4 ~ 6 倍。但目前我国肉、蛋、乳制品年人均占有量仍然偏低，仅为 68. 67、27. 32、10. 17kg，年人均摄入动物蛋白的量仍低于世界平均水平，仅为日本的 1/3，美国的 1/5。我国人民肉、蛋、乳制品消费量占肉、蛋、乳总消费量的 10%、4%、1%，而发达国家肉、蛋、乳制品消费量占肉、蛋、乳总消费量的 80%、60%、40% 以上。以肉类消费为例，我国居民肉制品消费量仅占肉类消费量的 4%，而发达国家这一比例达到 60%。可以看出，大力发展畜产品加工业是人民生活水平提高后畜牧业发展的必然趋势。

2. 发展畜产品加工业是促进我国经济发展的需要

提高畜产品附加值与加工程度密切相关。一般以生产人民生活需要的基本生活原料的价值为最低，而加工制品附加值高。目前我国畜产品加工业还处于为人民生活提供基本原料的阶段，如果发展到优质制品的阶段，无疑能创造更高的附加值，促进经济发展。此外值得一提的是，我国周边如日本、韩国、新加坡等经济发达国家的特点是人多地少，畜产食品与畜产制品的供应绝大部分来自于进口（如日本、韩国肉类进口量占到人均消费量的1/2），而其产品输入国家和地区主要是美国、加拿大、澳大利亚和欧盟等。我国与这些国家毗邻，地理、文化优势明显，却出口较难，其关键问题之一是畜产品加工业不够发达，且畜产食品与畜产制品质量欠佳，市场竞争力弱。目前日本、韩国年进口牛肉总量在80万t以上，如果我国畜产品质量与加工程度达到日本、韩国的需求程度，无疑可为国家经济建设创造更多外汇。此外畜产品加工业的发展还将带动我国食品机械制造业、食品添加剂等行业的发展。

3. 发展畜产品加工业是促进畜牧业发展，显著提高社会经济效益的需要

新中国成立以来，尤其是改革开放以来，我国畜牧业发展迅速，其中的关键原因之一是畜产品加工业的发展。由于我国畜产品加工业发展滞后于人民生活需要和畜牧业发展需要，我国畜牧业发展已经出现几次大的区域性和全面性跌落。这种状况表明，只有发展畜产品加工业，畜牧业才能更好地发展。畜产品加工业能显著提高畜牧业的经济效益，并且促进畜产品贮藏和运输技术的进步，使畜牧业产品真正进入商品领域，使畜产品生产市场化、产业化。

4. 发展畜产品加工业是解决我国粮食紧缺问题的一项重要措施

发展畜产品加工业具有促进畜牧业发展、提高人民畜禽产品消费量的作用。畜牧业是粮食加工的转化库，畜牧业发展必定带动粮食生产，促进粮食增产。而人民生活中畜产品消费量增加可降低人民膳食结构中粮食所占比重。因此，发展畜产品加工业既促进粮食增产，又降低膳食中对粮食的需求。

第二节　畜产品加工现状及发展趋势

一、　肉与肉制品加工

（一） 肉制品加工的历史、 现状

人类对肉制品的加工具有悠久的历史。古埃及人以盐渍和日光干燥贮藏肉类；早期罗马人利用冰和雪贮藏食品，并逐渐发展了耐贮藏的生火腿、培根、熏肉、发酵肉制品加工技术；美国最早的肉类包装者是新英格兰的农场主，他们将肉和盐一起装在桶内以便贮存。

国外肉类工业在19世纪初开始了较大的发展。但由于缺乏冷藏和运输手段，发展速度仍受到很大限制。19世纪末，制冷技术得到发展，肉类包装工业扩展为全年生产。20世纪前后，畜类屠宰和肉类加工新设备的发展使肉类工业发生了革命性的变化，真空包装技术问世，耐贮藏的小包装分割肉技术得到了迅速发展。

我国肉制品加工的历史更为悠久。据史书记载，早在奴隶社会时期，我国劳动人民就已经掌握了使用陶瓷器封闭保藏食品的技术。战国时期（公元前475—公元前221年）屠宰加工分割技术就已相当成熟。在漫长的生活岁月中，人们发现烧烤的兽肉比生兽肉好吃且易消化，因此开始了原始的肉类加工制品。如“肉干”“肉脯”和古代“灌肠”等，见诸文字记载的至少可以追溯到3000多年前。《周礼》中有“腊人掌千肉”和“肉脯”的记载。在先秦诸子百家的

著述中，“脯”“腊”“腌”“熟”等字更是屡见不鲜。《左传·嘻公三十三年》中有“脯资饩牵竭之”之说。可知那时在腌腊、熟肉制品行业中就有“腊人”这一类的技术谓称。西汉《盐铁论》中有“熟食遍地，肴旅城市”的记载。当时熟肉类食品已广泛在酒楼、饭店中售卖。到了北魏末期，《齐民要术》一书就将2500多年前熟肉生产做了综合叙述；宋代的《东京梦华录》中记载了熟肉制品200余种，使用原料范围广泛，操作考究。中式火腿加工始于宋代。元朝《饮膳正要》重点介绍了牛、羊肉加工技术。清朝乾隆年间（1736—1796年）袁枚所著《随园食单》一书记载的肉制品有50余种。现在的肉类制品传统工艺基本是那时方法的沿袭，且由于缺乏配套设备，生产大多仍停留在手工作坊式生产水平上。

20世纪50年代，大规模的养猪业促进了我国原料肉贮藏技术和设备的发展。70年代开始建立冷冻猪分割肉车间；80年代建立冷却肉小包装车间，从德国、意大利、荷兰、日本等国引入分割肉和肉类小包装生产线；到90年代，猪肉分割肉已占白条肉的10%～15%。

我国传统肉制品如香肠、中式火腿、腊肉、板鸭等生肉制品由于食用不便，不能完全适应目前快节奏、方便化的消费需求；传统的熟肉制品由于缺乏配套设备，生产大多停留在作坊式手工生产阶段，难以满足目前飞速发展的肉制品市场的需求。改革开放以来，我国从德国、意大利、荷兰、日本等国引进西式肉制品生产线和单台设备，极大地促进了我国肉制品加工业的发展，生产出了档次较高的西式火腿、灌肠、培根等西式肉制品，使西式肉制品的比例占到了国内肉制品的80%。

（二）肉制品加工的发展趋势

由于中式肉制品独特的风味和我国人民的消费习惯，近年传统中式肉制品又受到了国内外广大消费者的青睐；由于工艺和包装的改进及市场冷销链的建成，使传统中式熟肉制品的保质期大大延长；质地、口感、卫生条件的改善和合理的营养搭配又极大地刺激了传统中式肉制品市场的发展，使中式传统肉制品加工业进入了一个新的发展阶段，这标志着我国肉制品市场乃至世界肉制品市场的一种新的发展趋势和消费心态。当前和今后一段时期内我国肉类加工业的研究主要集中在以下几个方面：①改进屠宰设备和工艺，提高原料肉的质量；②加快发展分割肉及肉制品的冷冻小包装；③改进或引进设备，加快传统中式肉制品的工业化、自动化生产水平；④改进包装材料和包装手段，延长保质期；⑤改进工艺和配方，生产出既有传统中式肉制品的特色，又具有出品率高，质地优良、口感好等优点的新型肉制品；⑥畜禽副产品的综合利用。

二、乳制品加工

（一）乳制品加工的历史

人类对乳制品的加工具有悠久的历史。早在6000年以前，埃及遗留的文字中就有一种称之为“Leben”的酸性很强的乳饮料，不仅可供食用，而且还作为化妆品和外伤药。印度在上古时代就记载有乳制品的制作方法。伊斯兰始祖穆罕默德将干燥发酵乳制品送给患病的教徒。据推断，这种乳制品就是乳酸杆菌和乳酵母发酵的块状物。早在2000多年前我国前史记上就有关于“奶子酒”生产的记载，在贾思勰的《齐民要术》中也记录了“乳酸”（奶油）、“干酪”和“马酪”等产品的制造方法；我国少数民族饮乳的历史更为悠久，发明了许多具有民族特色的乳制品的加工方法，例如云南白族的乳饼、乳扇，蒙古族的奶皮子、奶豆腐、奶干子、奶酒、奶油，藏族的酥油、奶茶，新疆维吾尔族的酸奶疙瘩等。

尽管人类很早就发明了乳的加工利用方法，但作为真正的商品生产的历史并不很长。乳粉工业化生产的研究始于19世纪。1810年法国人阿培尔用干燥空气干燥牛乳；1855年英国人哥瑞姆威特发明了乳饼式乳粉干燥法，开始了乳粉的工业化生产。1872年波希研究出了粉的喷雾干燥法，使乳粉生产发生了革命性的变化。而发酵酸乳的工厂化生产始于1008年，20世纪初俄国著名科学家梅契尼柯夫及格尔基叶报道了发酵酸乳制品的医疗保健特性，极大地促进了酸乳制品的研究和普及；干酪的生产始于何时没有明确记载，据传在4000年前干酪发祥于以伊拉克美索不达米亚文化为中心的西南亚地区。随后由亚洲的旅行家将干酪带到欧洲，并以意大利为中心，在欧洲各国得到广泛发展和普及。17世纪20年代由欧洲传入美洲。

我国的乳制品加工业起步较晚。19世纪正当欧洲工业革命正在兴起的时候，我国由于封建王朝的统治，再加上半殖民地、半封建的社会状态，乳品工业几乎没有发展。19世纪末到20世纪初叶，我国首先在浙江温州和上海等地开始出现了新法生产炼乳和乳粉的小型作坊。但由于国民党的统治和帝国主义的倾销，刚刚兴起的民族工业奄奄一息。当时国内市场上的乳制品大都是“洋货”，其中最多的是乳粉，90%来源于美国。

1949年以前，我国乳品机械工业几乎处于空白状态，上海等沿海城市的少数乳品厂曾零星引进一些乳品机械设备，一般的乳品厂多使用简易的土设备。新中国成立后，特别是1979年以来，随着畜牧业的发展和市场对乳制品需求的增长，对乳品加工机械的需求量大增，乳品机械业应运而生，技术和工艺水平不断提高，由生产单机走向系列配套。目前我国的专业和兼业生产乳品机械的工厂可以生产炼乳、奶油、冰淇淋、麦乳精等乳品生产流程包括挤乳、运输、贮乳、收乳、热交换、浓缩、灌装所需的全套设备。近年国内也出现了离心净乳机和奶油分离机的加工。因此，现在我国生产的乳品加工设备已基本能满足我国中、小型乳品加工厂的全套设备。

（二）乳制品加工的现状

1. 原料乳

凡畜牧业发达的国家，都十分重视乳畜业的发展。早在1981年，全世界平均每人拥有牛乳量已突破100kg。在总量中，发达国家（如北美、西欧）占世界总乳量的45%，东欧占31%，发展中国家占24%。例如丹麦平均每人每年拥有鲜乳9701kg，新西兰平均2085kg，日本65kg。

从近几年的发展速度看，发展中国家鲜乳产量增长较快，因发展中国家乳畜业基础薄弱，对鲜乳的需求更为迫切，如印度经过多年“白色革命”，饲养当地役乳兼用摩拉水牛作乳用，使其乳畜数量大增，据测试其平均泌乳期为269d，产乳量1800kg左右，鲜乳人均年拥有量已达到90kg。

2. 乳制品

我国生产的乳制品中，乳粉类产品为39.08万t，占总产69.2%，其中全脂乳粉约为8.2万t，占21%，加糖乳粉约为17万t，占43%；脱脂乳粉约为0.8万t，占0.2%；婴儿配方乳粉约为6.3万t，占16%；其他乳粉约7万t，占18%。液体乳近年来迅速增长。1997年全国液体乳产量为58.9万t，比1996年（51.9万t）增长13.5%，其中上海市519万t，比上年增长8.2%，占全国总产量的33%；北京市11.84万t，比上年增长4.5%，占全国总产量的20.1%。在液体乳中，巴氏杀菌乳约为39万t，占66%；灭菌乳约为13万t，占22%；酸乳约7万t，占12%。我国乳制品的种类比较单调，国外大量生产的干酪、奶油、脱脂乳粉等制品在我国几乎是空白。近年来发酵酸乳制品、发酵乳饮料、果奶、冰淇淋等新型乳制品的出现打破了乳制品产量的旧格局。仅以发酵酸乳制品为例；1982年我国发酵酸乳及其饮料产量不足2000t，1989年增加到50000t，8年猛增了25倍。目前北京、上海、重庆、广州、南京、西安酸乳日产已超过100t，且品种多样。

其他乳制品如炼乳、奶油、干酪及民族乳制品生产量较少，冰淇淋生产呈上升趋势。

3. 乳制品加工的发展趋势

世界各国都是在首先生产消毒鲜乳满足饮用需要后再生产其他乳制品。全世界乳制品的种类不下1000种。除消毒鲜乳外，其他乳制品中，干酪占38%，奶油占23%，炼乳占16%，脱脂乳粉占14%，全脂乳粉占6%，乳清粉占3%。

（1）乳制品工业的发展趋势

①消毒鲜乳：在消毒鲜乳的生产中，除营养强化外，更注重利用新型杀菌设备和新型包装材料及无菌包装技术，采用超高温瞬时灭菌工艺，生产出可以在常温下保藏的消毒鲜乳。

②发酵剂菌种：在传统的菌种分离、纯化和鉴定的基础之上，采用生物工程技术、辐射诱变等手段，进行新型速效保健酸乳发酵剂的研究生产出具营养和保健功能的乳酸菌饮料。

③乳粉：就目前已有的技术和设备，加工的乳粉在很大程度上保持了牛乳的风味、色泽和营养价值，并具有良好的速溶性。现在，乳粉的生产除最大限度地保存牛乳的营养成分和速溶性外，更注重对牛乳营养成分的调整，使其更符合不同生理状况人群的营养需要，生产出母乳化婴儿乳粉、强化乳粉等新品种。另外，牛乳的浓缩干燥单元操作是乳品工业中消耗热源最多的工程。在能源日益匮乏的今天，研究浓缩、喷雾干燥过程中的节能技术也有着长远意义。

④干酪及其制品：除保持传统干酪生产外，更多的是以传统干酪为原料，添加其他营养物质及乳化剂等，进一步加工出再制干酪、干酪食品是干酪加工的新趋势。

（2）乳制品市场的发展趋势　消毒鲜乳的生产呈下降趋势。近年来除了发展中国家和日本外，欧、美等国家饮用乳的消费量已趋于饱和或呈下降趋势。同时，人口出生率下降和老龄化也使饮用乳消费量下降。另外，许多新型乳饮料如发酵乳饮料、果汁乳等，也使消毒鲜乳消费量下降。由于发展中国家的需求，全脂乳粉产量出现上升的势头。脱脂乳粉的产量保持上升趋势。因脱脂乳粉含脂率很低，产品不易氧化，耐贮藏。另外，由于食品工业的发展，作为食品加工原辅料的脱脂乳粉需求量增加。发酵乳制品及乳酸菌饮料新品种不断出现，产量迅猛增加。以发酵酸乳为例，芬兰人均年消费量近280kg，爱尔兰200kg。现在国外仅发酵酸乳的产量已接近甚至超过消毒鲜乳的产量。近年，双歧乳杆菌、嗜酸乳杆菌的开发和利用，为发酵乳制品开辟了一个更为广阔的市场。干酪的生产展现出美好的前景，产量逐年持续上升，花色品种日益增多，使得干酪总产量稳居乳制品首位。奶油的产量呈持续下降的趋势。

（3）乳品厂规模的发展趋势　许多国家为了追求高利润、高效率，使乳品厂的规模趋于大型化，一般乳品厂的生产能力在日处理鲜乳数百吨以上。例如，丹麦1950年全国有1400多个乳品加工厂，到目前减少到200个左右，而且一个工厂趋于生产1~2个产品，向专业化方向发展。新西兰有一个大型乳品联合加工厂日处理鲜乳1800t，该厂由45km×46km范围内的700多个牧场的7.7万头乳牛供给原料乳。美国已出现了日处理鲜乳5000t的工厂。为此，生产率大大提高，乳品工业的产值大幅度提高，甚至超过了一些主要工业的产值。

（4）乳品加工技术装备的发展趋势　计算机的应用使乳品生产的连续化、自动化程度普遍提高；乳品分析、检验设备先进，如采用红外线全分析仪每小时可测225个乳样，同时可得到乳脂肪、蛋白质、乳糖和水分的含量；新西兰自动检菌仪，每10s可测1个样品。目前，丹麦的乳品工业技术和设备居世界领先地位。

三、蛋制品加工

1. 蛋制品加工的现状

由于禽蛋丰富的营养、独特的生理及药理功能，养禽产蛋在我国已有数千年的历史。相传殷商时代，马、牛、羊、鸡、犬、猪已成为家养畜禽，到现在人们仍把畜牧业的繁荣发展称为“六畜兴旺”。由于我国各地自然生态条件的差异，社会、经济和文化的发达程度不同，在养禽的过程中，人们对鸡的选择和利用的目的也不同，在历史上就形成了许多不同的鸡种如斗鸡、丝毛乌骨鸡、仙居鸡、白耳黄鸡、狼山鸡、大骨鸡、浦东鸡、寿光鸡等。我国地方品种鸡在19世纪中叶，产蛋力和产肉力都曾经居世界领先水平。如英国从江苏、上海引入的狼山鸡和九斤鸡，随之又从英国引到美国，经繁育后，两国都认定为标准品种，并列入两国标准品种志内。19世纪末到20世纪30年代，我国鸡蛋、鸡肉就是重要的出口物资。只是由于我国养鸡业长期停留在农家饲养水平上，与世界先进水平拉大了距离。随后在20世纪20～30年代，不少地方相继从国外引入鸡种。新中国成立后，各地以上述鸡种为基础，进行杂交育成了很多新品种如吉林白鸡、蛋肉兼用的新狼山鸡、新浦东鸡、扬州鸡等。20世纪70年代以来，受国外现代化养禽业的影响，我国又先后直接或间接从加拿大、日本、美国等国家引入了现代专门化品种如白来航鸡、洛岛红鸡、新汉夏鸡、澳洲黑鸡及高产配套品系的祖代、父母代和商品鸡如星杂288、S200、S220、尼克、海赛克斯、塞克斯褐等蛋鸡，星布罗、罗斯1号、罗曼等肉鸡。这些新引入的配套鸡种或商品杂种鸡或因产蛋量高或因生长迅速、肌肉丰满受到商品养鸡业者的欢迎，也推动了我国现代养鸡业的发展。随着养禽业的发展，禽蛋的生产和蛋制品的加工也得到了迅猛的发展，我国劳动人民发明了许多禽蛋贮藏保鲜的方法，并创造了加工工艺及风味独特的蛋制品。例如我国人民发明的禽蛋谷物贮藏法、豆类贮藏法、糠麸贮藏等方法对现代禽蛋贮藏保鲜的方法有很大启发和影响。我国蛋制品的加工方法历史悠久、工艺独特，特别是松花蛋、咸蛋、糟蛋、卤蛋、茶蛋等传统蛋制品享有盛誉。早在《农桑衣食撮要》一书中（1919年）就记载了我国变蛋加工的方法。据焦艺谱氏于1964年编写的商品知识丛书《家禽和蛋》记载松花蛋成为商品行销国内外已有200多年的历史。又据1966年出版的《鸡与蛋杂志》记载：在吴江黎里镇一间茶馆，偶然在灶堂柴灰烂茶叶堆内发现有一蛋，将蛋破开则蛋白·蛋黄均已凝固呈胶样体，颜色黑绿，闻之有香气，尝之别有风味，并无不良反应。当地群众不断探索、改进和提高，加工出了江南流行的“湖彩蛋”。又如河北省通县张辛庄有一程姓者，在清朝中叶，将滚灰制松花蛋改用“泡制法”提高了产量，传说“京彩蛋”即由此而来。我国松花蛋的生产历史悠久，发展也很快。解放后，在松花蛋生产传统工艺基础上不断总结经验，实行科学的辅料配制和浸泡工艺，变季节生产为全年生产，逐步改革设备，研制适于大生产的成套设备。近来验蛋分级等工艺正在向电子化迈进。由于文化背景、饮食习惯不同，国外的蛋制品以鸡蛋为主，蛋制品品种多，生产规模及销售市场很大，但大体上分为3种类型：家庭调理用蛋制品（煮蛋、炒蛋、以蛋为主要原料的糕点）、外食用蛋制品（宾馆、面店、饭店、咖啡馆使用）和加工用蛋制品。

国外蛋制品加工主要有液蛋制品、冷冻蛋制品、干燥蛋制品和熟蛋制品，大多以半成品的形式，利用蛋的热凝固性、起泡性和乳化性，广泛用于焙烤制品、面条、糕点、糖果和沙拉酱的调制、人造奶油、肉制品、水产品、冰淇淋、饮料、医药及化妆品等的生产上。

20世纪80年代起我国养禽业发展很快，到1995年家禽饲养量已达41亿只，禽蛋总产量为1676.7万t，成为世界上最大的产蛋国，蛋产量占全球总量的34.8%，接近占第2、3、4位的美、日、俄产量的总和。人均占有量达13.9kg，超过世界平均水平（7.6kg），并超过某些发达国家如加拿大、英国、澳大利亚、奥地利等国家。

我国食品工业起步晚，故蛋制品加工业尚未形成现代化的规模生产，在商品质量上无法和国外同类产品相抗衡。因蛋制品卫生、贮运保鲜和使用方便，又是食品加工业的良好乳化剂、发泡剂和营养素，因此在国际市场上的贸易量逐年上升。1993 年世界进出口贸易额分别比 1988 年增长 42.3% 和 44.3%，但我国在此期间进口额增长了 3 倍，而出口反而下降了 24%，其原因主要是产品质量不稳定、品种结构不合理，致使冰蛋需求量下降，国内高档食品生产企业为了保证产品质量，通常选用进口蛋制品，而中低档食品厂又选用鲜蛋为原料，导致蛋制品销路不好。

尽管我国蛋制品工业由于传统习惯和食品加工业相对落后，其发展速度不及肉品和乳品工业，但近年来随着国内食品工业的发展，特别是现代食品加工业的建立，对蛋制品的质量要求也变得越来越高。目前我国有近 40 家蛋制品加工厂，其中以北京蛋制品加工厂、上海龙华蛋制品厂、信阳第二食品厂和武汉蛋制品厂为规模最大。目前河南、陕西等地已建成具有现代化水平的蛋制品加工厂。例如河南省大葛县文蛋制品加工厂 2007 年投资 300 万建成现代化大型蛋品加工，该厂集禽类孵化、生蛋销售及深加工于一体，产品远销全国各地，深受广大消费者喜爱。

2. 蛋与蛋制品加工的发展趋势

（1）国外发展趋势　据国际蛋会提供的资料，16 个发达国家人均占有量呈下降趋势，而另一方面蛋制品贸易量和消费量逐年增加。蛋制品贸易量与食品工业的发展有着紧密的关系，欧洲、北美和亚洲的日本之所以成为蛋制品消费的主要市场，与其有发达的食品加工业有很大关系。

国外工业化养鸡场具有一整套自动化鸡蛋生产设备和鸡蛋处理系统。将饲料、饲养、鸡蛋处理有机结合成一套自动化管理系统。蛋从鸡笼里落入输送带送至验蛋机，剔除破壳蛋进入洗蛋机自动清洗，再送入鸡蛋处理机，自动涂膜、干燥，最后送入选蛋机进行自动检数、分级和包装。这为蛋品加工提供优质原料奠定了基础。目前，美国、日本、法国、意大利、澳大利亚、加拿大、德国等国家，养鸡和鲜蛋处理自动化程度和技术水平很高。

纵观世界各国养禽业和蛋品加工业，发展速度快，生产水平不断提高，向专业化、集约化、机械化和自动化发展。禽蛋投放市场的方式也有很大改变，以鲜蛋直接投放市场的量正在逐年减少，大多是各种蛋的半成品、熟制品、腌制品。

近年来，随着科学技术的发展，世界蛋制品市场发展很快，许多发达国家在蛋制品的开发和研制上投入大量的资金和科技力量，开发品种多达 60 多种。如发酵蛋白粉（丹麦）、速溶蛋粉、加碘蛋（日本）、鱼油蛋、浓缩蛋液（美国）。因此，在鲜蛋销售呈下降趋势的情况下，蛋制品消费却持续增加。例如近年美国蛋制品消费从占全蛋量的 15% 增长到 20% 以上，德国和法国蛋制品进口量一直增长，现已占到全蛋消费量的 15% ~18%，加拿大在鲜蛋下降 1% 的情况下，蛋制品消费却增长了 2% ~3%。

日本为了促进鸡蛋的销售，将鲜蛋进行加工或利用液蛋、蛋粉添加香料、食用酒精、果汁等制成各种饮料；将蛋粉与牛乳混合制成乳蛋冰淇淋；将蛋液添加乳酸菌发酵剂和糖制成酸蛋酪；将蛋清同其他营养成分制成 5 种必需营养成分的超级营养液，供只进流食的病人食用，也用作饮料。美国开发了小包装液体全蛋 EASYEGGS，其加工工艺是将全蛋液经特殊的巴氏消毒，然后装入复合纸的盒子中密封，产品的冷藏货架期为 6 周。另外，还开发了一种去除蛋黄中胆固醇（可除去 90% ~92%）的全蛋粉；加拿大开发了速冻全蛋液产品，该产品在 6s 内速冻而成为直径 5 ~6mm 的金黄色球，颗粒之间不粘连，且有很好的溶解性。澳大利亚开发出了很像酸牛奶的蛋饮料，其特点是低热量、蛋白质含量高；法国开发成功硬蛋三明治（Aperoeuf），呈立方体，由三层构成，上下两层是蛋清，中间一层是蛋黄，三层的厚度相同，还可在每层中添加蔬菜等，在3～8℃条件下保存21d。英国在鸡蛋中提取卵磷脂、水溶性蛋白质、免疫球蛋白抗体活性，用作医药和食品强化添加剂。

(2) 国内发展趋势 国内现有蛋制品除传统的皮蛋、咸蛋和糟蛋加工外，目前我国生产的蛋制品主要有两大类：液状蛋（蛋黄液、蛋清液、全蛋液）和干蛋品（蛋白粉、蛋黄粉、全蛋粉、蛋白片等），而液状蛋贸易量高于干蛋品的5～7倍。我国蛋制品加工近年来一直呈徘徊局面，加工量仅占商业收购量的13.3%，和世界发达国家比较差距很大。

溶菌酶广泛应用于医疗、食品、发酵和化妆品，国际市场年需求量在200t左右，我国每年从美国、荷兰等国进口。从鲜蛋中提取溶菌酶是一项高新生物技术产业，它是采用密封自控式的管道生产流水线，对设备和工艺技术要求很高，特别是纯酶提取方法，在世界上只有少数几个国家能生产（意大利、南非、美国和比利时）。虽然我国从事溶菌酶生产的工厂有6家，但因生产技术和设备较为落后，酶的提取率和活力较低，而先进国家运用生物技术优势，采用离子交换及亲和层析等新技术，获得食品级的溶菌酶，产品可达到或超过25000U/mg的水平。另外，国外最新研究表明蛋清中含有一种生物活性物质——光黄素（二甲基异咯素）和光色素（二甲咯素），能抑制致癌病素（EB病素）的增殖。在1kg鸡蛋中这两种物质含量达10μg。

综上所述，在我国畜产食品加工业的发展过程中借鉴和吸取了发达国家的先进经验。同时，我国的传统畜产食品加工经验、技术也对世界畜产食品加工业的发展产生了积极的影响。相信在不久的将来，我国畜产食品加工业，特别是传统的畜产食品加工业，将跻身于世界的先进行列。

四、加工技术与其他学科的关系

畜产品加工是一门实用性很强的应用型科学技术，畜产品加工的基础理论知识的范畴十分广泛，涉及生物学、动物学、畜牧学、生物生理学、生物化学、食品营养学、微生物学、酶学、卫生学、医药学、包装学等有关学科。它既是食品科学、农产品贮藏加工学、畜牧学的一部分，又是这些科学的交叉学科，而且同食品工业，农产品加工贮藏业、畜牧业、医药工业和生物工程等有密切的关系。

今后随着科学技术的发展，各学科间相互渗透，新知识和新技术不断涌现，畜产品加工学的广度和深度将不断得到拓展，如生物工程、酶工程、生物发酵、生化分离等。我们必须认真学习新知识。掌握新信息，开阔视野，开发新产品，大力发展畜产品加工业，使其成为社会行业发展中一颗闪亮的明星。

第三节 畜禽的屠宰

凡是提交屠宰的畜禽，必须符合国家颁布的《家畜家禽防疫条例》、《肉品检验规程》的有关规定，经检疫人员出具检疫证明，保证健康无病，方可作为屠宰对象。此外，要求以年龄适当，肥度适中，屠宰率高为原则。

屠宰工艺流程应按待宰、检疫、可追溯编码、冲淋、致昏、放血、烫毛、脱毛、燎毛、刮毛（或剥皮）、胴体加工顺序设置。工艺流程设置应避免迂回交叉，生产线上各环节应做到前后相协调，使生产均匀地进行。

一、宰前检验

（1）待宰畜禽应来自非疫区，健康良好，并有兽医检验合格证书。

（2）送宰畜禽应经检验人员签发《宰前合格证》。送宰家畜通过屠宰通道时，应按顺序赶送，不得脚踢、棒打。

二、宰前管理

（1）宰前休息，屠畜禽宰前休息有利于放血，消除应激反应，减少动物体内淤血现象，提高肉的商品价值。

（2）宰前禁食、供水，屠宰畜禽在宰前12～24h断食。断食时间必须适当，一般牛、羊宰前断食24h，家畜12h，家禽18～24h。断食时应供给足量的饮水，使畜体进行正常的生理功能活动。

（3）宰前淋浴用20℃温水喷淋畜体2～3min。使其表面不得有灰尘、污泥、粪便为宜。淋浴使猪有凉爽舒适的感觉，促使外周毛细血管收缩，便于放血充分。

三、畜禽的屠宰工艺

1. 麻电致晕

（1）要求

①麻电操作人员应穿戴合格的绝缘靴、绝缘手套。

②麻电设备应配备安装电压表、电流表、调压器，按家畜品种和屠宰季节，适当调整电压和麻电时间。

③人工麻电器电压70～90V，电流0.5～1.0A，麻电时间1～3s，盐水浓度5%。

④自动麻电器电压不超过90V，电流应不大于1.5A，麻电时间1～2s。

（2）方法　使用人工麻电器应在其两端分别蘸盐水（防止电源短路），操作时在家畜头颞颥区（俗称太阳穴）额骨与枕骨附近（家畜眼与耳根交界处）进行麻电：将电极的一端揿在颞颥区，另一端揿在肩胛骨附近。

（3）注意事项　家畜被麻电后应心脏跳动，呈晕迷状态，不得使其致死。麻电后用链钩套住家畜左后脚跗骨节，将其提升上轨道（套脚提升）。

2. 刺杀放血

（1）从麻电致晕至刺杀放血，不得超过30s。刺杀放血刀口长度约5cm。放血时间不得少于5min。

（2）刺杀时操作人员一手抓住家畜前脚，另一手握刀，刀尖向上，刀锋向前，对准第一肋骨咽喉正中偏右0.5～1cm处向心脏方向刺入，再侧刀下托切断颈部动脉和静脉，不得刺破心脏。刺杀时不得使家畜呛膈、淤血。放血后的刀应消毒后轮换使用。

3. 浸烫脱毛

（1）放血后的家畜屠体应用喷淋水或清洗机冲淋，清洗血污、粪污及其他污物。

（2）应按家畜屠体的大小、品种和季节差异，控制浸烫水温在58～63℃，浸烫时间为3～6min，不得使家畜屠体沉底、烫老。浸烫池应有溢水口和补充净水的装置。

（3）经机械脱毛或人工刮毛后，应在清水池内洗刷浮毛、污垢，再将家畜体提升悬挂、修割、冲淋。

（4）检验修刮、冲淋后家畜屠体的头部和体表。

（5）在每头屠体的耳部和腿部外侧，用变色笔编号，字迹应清晰，不得漏编、重编。

4. 开膛、净腔

（1）带皮开膛、净腔

①雕圈：刀刺入肛门外围，雕成圆圈，掏开大肠头垂直放入骨盆内。应使雕圈少带肉，肠头脱离括约肌，不得割破直肠。

②挑胸、剖腹：自放血口沿胸部正中挑开胸骨，沿腹部正中线自上而下剖腹，将生殖器从脂肪中拉出，连同输尿管全部割除，不得刺伤内脏。放血口、挑胸、剖腹口应连成一线，不得出现三角肉。

③拉直肠、割膀胱：一手抓住直肠，另一手持刀，将肠系膜及韧带割断，再将膀胱和输尿管割除，不得刺破直肠。

④取肠、胃（肚）：一手抓住肠系膜及胃部大弯头处，另一手持刀在靠近肾脏处将系膜组织和肠、胃共割离家畜体，并割断韧带及食道，不得刺破肠、胃、胆囊。

⑤取心、肝、肺：一手抓住肝，另一手持刀，割开两边隔膜，取横膈膜肌脚备检。左手顺势将肝下揿，右手持刀将连接胸腔和颈部的韧带割断，并割断食管和气管，取出心、肺，不得使其破损。

⑥冲洗胸、腹腔：取出内脏后，应及时用足够压力的净水冲洗胸腔和腹腔，洗净腔内淤血、浮毛、污物，并摘除两侧肾上腺。

⑦摘除内脏各部位的同时，应由检验人员进行检验。

（2）去皮开膛、净腔

①去皮：可采用机械剥皮或人工剥皮。

a. 机械剥皮：按剥皮机性能，预剥一面或二面，确定预剥面积。剥皮按以下程序操作：

挑腹皮：从颈部起沿腹部正中线切开皮层至肛门外。

剥前腿：挑开前腿腿档皮，剥至脖头骨脑顶处。

剥后腿：挑开后腿腿档皮，剥至肛门两侧。

剥臀皮：先从后臀部皮层尖端处割开一小块皮，用手拉紧，顺序下刀，再将两侧臀部皮和尾根皮剥下。

剥腹皮：左右两侧分别剥；剥右侧时，一手拉紧、拉平后档肚皮，按顺序剥下后腿皮、腹皮和前腿皮；剥左侧时，一手拉紧脖头皮，按顺序剥下脖头皮，前腿皮、腹皮和后腿皮。

夹皮：将预剥开的大面家畜皮拉平、绷紧，放入剥皮机卡口、夹紧。

开剥：水冲淋与剥皮同步进行，按皮层厚度掌握进刀深度不得划破皮面，少带肥膘。

b. 人工剥皮：将屠体放在操作台上，按顺序挑腹皮、剥臀皮、剥腹皮、剥脊背皮。剥皮时不得划破皮面，少带肥膘。

② 开膛、净腔按操作（1）。

5. 劈半（锯半）

（1）将经检验合格的家畜屠体去头、尾。

（2）可采用手工劈半或电锯劈半。手工劈半或手工电锯劈半时应“描脊”，使骨节对开，劈半均匀。采用桥式电锯劈半时，应使轨道、锯片、引进槽成直线，不得锯偏。

（3）劈半后的片家畜肉还应立即摘除肾脏（腰子），撕断腹腔板油，冲洗血污、浮毛、锯肉末。

6. 整修、复验

（1）按顺序整修腹部，修割乳头、放血刀口、割除槽头、护心油、暗伤、脓疮、伤斑和遗漏病变腺体。

（2）整修后的片家畜肉应进行复验，合格后割除前后蹄（爪），加盖检验印章，计量分级。

7. 整理副产品

（1）分离心、肝、肺　切除肝膈韧带和肺门结缔组织、摘除胆囊时，不得将其损伤、不得残留；家畜心上不得带护心油、横膈膜；家畜肝上不得带水泡；家畜肺上允许保留 5cm 肺管。

（2）分离脾、胃（肚）　将胃底端脂肪割除，切断与十二指肠连接处和肝胃韧带。剥开网油，从网膜上割除脾脏，少带油脂。翻胃清洗时，一手抓住胃尖冲洗胃部污物，用刀在胃大弯处戳开约 10cm 小口，再用洗胃机或长流水将胃翻转冲洗干净。

（3）扯大肠　摆正大肠，从结肠末端将花油撕至离盲肠与小肠连接处 15～20cm，割断，打结。不得使盲肠破损，残留油脂过多。翻洗大肠，一手抓住肠的一端，另一手自上而下挤出粪污，并将肠子翻出一小部分，用一手二指撑开肠口，另一手向大肠内灌水，使肠水下坠，自动翻转。经清洗、整理的大肠不得带粪污，不得断肠。

（4）扯小肠　将小肠从割离胃的断面拉出，一手抓住花油，另一手将小肠末梢挂于操作台力，自上而下排除粪污，操作时不得将其扯断、扯乱。扯出的小肠应及时采用机械或人工方法清除肠内污物。

（5）摘胰脏　从肠系膜中将胰脏摘下，胰脏上应少带油脂。

注意事项：

①刺杀、放血、挑胸、剖腹、摘取内脏、劈半、整修各个工序，都要设立检验点；配备专职检验人员，按规定严格检验。

②全部屠宰过程不得超过 45min 。从放血到摘取内脏，不得超过 30min，从编号到复验、加盖检验印章，不得超过 15min。

③经检验不符合食用条件的家畜肉品和副产品，应按规定处理。

④经检验不合格的家畜肉品和副产品，应按规定处理。

四、 家禽屠宰工艺过程

1. 击晕

击晕电压为 35～50V，电流为 0.5 A 以下，鸡的电晕时间为 8s 以下，鸭的电晕时间为 10s 左右。电晕时间要适当，以电晕后马上将禽只从挂钩上取下，若在 60s 内能自动苏醒为宜。过大的电压、电流会引起锁骨断裂，心脏停止跳动，放血不良，翅膀血管充血。

2. 放血

宰杀放血可以采用人工作业或机械作业，通常有三种方式：口腔放血、切颈放血（用刀切断气管、食管、血管）及动脉放血。禽只在放血完毕进入烫毛槽之前，其呼吸作用应完全停止，以避免烫毛槽内的污水吸进禽体肺脏而污染屠体。放血时间鸡一般 90～120s，鸭 120～150s。但冬天的放血时间比夏天长 5～10s。血液一般占活禽体重的 8%，放血时约有 6% 的血液流出体外。

3. 烫毛

水温和时间依禽体大小、性别、重量、生长期以及不同加工用途而改变。烫毛是为了更有利于煺毛，烫毛共有三种方式：高温烫毛，水温为71～82℃，30～60s。中温烫毛，水温为58～65℃，30～75s。我国烫鸡通常采用65℃，35s；鸭60～62℃，120～150s。低温烫毛，50～54℃，90～120s。在实际操作中，应严格掌握水温和浸烫时间；热水应保持清洁，未彻底死亡或放血不全的禽尸，不能进行拔毛，否则会降低产品价值。

4. 煺毛

机械煺毛，主要利用橡胶指束的拍打与摩擦作用煺除羽毛。因此必须调整好橡胶指束与屠体之间的距离。另外应掌握好处理时间。禽只禁食超过8h，煺毛就会较困难，公禽尤为严重。若禽只宰前经过激烈的挣扎或奔跑，则羽毛根的皮层会将羽毛固定得更紧。此外，禽只宰后30min再浸烫或浸烫后4h再煺毛，都将影响到煺毛的速度。

5. 去绒毛

禽体烫煺毛后，尚残留有绒毛，其去除方法有三种：一为钳毛；二为松香拔毛：挂在钩上的屠禽浸入溶化的松香液中，然后再浸入冷水中（约3s）使松香硬化。待松香不发黏时，打碎剥去，绒毛即被黏掉。松香拔毛剂配方：11%的食用油加89%的松香，放在锅里加热至200～230℃充分搅拌，使其溶成胶状液体，再移入保温锅内，保持温度为120～150℃备用。

6. 清洗、去头、切脚

（1）清洗　禽体煺毛后，在去内脏之前须充分清洗。经清洗后禽体应有95%的完全清洗率。一般采用加压冷水（或加氯水）冲洗。

（2）去头　应视消费者是否喜好带头的全禽而予增减。

（3）切脚　目前大型工厂均采用自动机械从胫部关节切下。

7. 取内脏

取内脏前须再挂钩。活禽从挂钩到切除爪为止称为屠宰去毛作业，必须与取内脏区完全隔开。此外原挂钩链转回活禽作业区，而将禽只重新悬挂在另一条清洁的挂钩系统上。禽类内脏的取出分全净膛，即将全部内脏取出；半净膛，仅拉出全部肠和胆囊；不净膛，全部内脏保留在体腔内。

8. 检验、修整、包装

掏出内脏后，经检验、修整、包装入库贮藏。在库温－24℃条件下，经12～24h使肉温达到－12℃即可贮藏。

9. 屠宰率的测定

指屠宰后体重占活重的比率。屠宰率高的个体，产肉也多。屠宰率＝（屠体重/活重）×100%，屠体重指放血脱毛后的质量；活重指宰前停喂12h后的质量。

五、屠宰加工过程的检验

1. 宰后检验

（1）同一屠体的肉尸、内脏、头和皮应编为同一号码。

（2）屠体应进行下列各项检验：

①头部检验：检查口腔及咽喉黏膜。放血后入汤池前先剖检颌下淋巴结，检验肉尸时切开

检查外咬肌。

②肉尸检验

a. 检验皮肤和尸表、脂肪、肌肉、胸膜及腹膜等有无异状。

b. 主要剖检浅腹股沟淋巴结及深腹股沟淋巴结，必要时剖检腘淋巴结及深颈淋巴结。

③内脏检验

a. 肺部检验：观察外表色泽、大小、弹性（很必要时切开检查），并剖检支气管淋巴结和纵隔淋巴结。

b. 心脏检验：检查心包及心肌，并沿动脉管剖检心室及心内膜，同时注意血液的凝固状态。

c. 肝脏检验：触检弹性，剖检肝门淋巴结，必要时切开检查并剖检胆囊。

d. 脾脏检验：检验有无肿胀、弹性，必要时切开检验。

e. 胃肠检验：切开检查胃淋巴结及肠系膜淋巴结，并观察胃、肠浆膜，很必要时剖检胃、肠黏膜。

f. 肾脏检验：观察色泽、大小、弹性，必要时纵剖检验（需连在肉尸上一同检验）。

g. 乳房检验：触检，并切开观察乳房淋巴结有无病变。

h. 必要时检验子宫、睾丸、膀胱等。

④寄生虫检验

a. 旋毛虫：在横膈膜肌脚各取一小块肉（内肉尸同一号码），先撕去肌膜肉眼观察，然后在肉样上剪取24个小片，进行镜检。如发现旋毛虫时应根据号码查对肉尸、头部及内脏。

b. 囊尾蚴：主要检验部位为咬肌、深腰肌和膈肌，其他可检部位为心肌、肩胛外侧肌和股部内侧肌等。

c. 住肉孢子虫：镜检横膈膜肌脚（与旋毛虫一同检查）。

2. 宰后检验处理

经检验后的肉尸、内脏和皮张，应按不同处理情况分别加盖不同印记。

（1）如宰后发现炭疽等恶性传染病或其疑似的病家畜，应立即停止操作，封锁现场，采取防范措施，将可能被污染的场地、所有屠宰用的工具以及工作服（鞋、帽）等进行严格消毒。在保证消灭一切传染源后，方可恢复屠宰。病家畜粪便、胃肠内容物以及流出的污水、残渣等应经消毒后移出场外。

（2）宰后发现各种恶性传染病时，其同群未宰家畜的处理办法同宰前。

（3）发现疑似炭疽等恶性传染病时，应将病变部分密封，送至化验室进行化验。

（4）宰后发现人畜共患传染病时，凡与病家畜接触过的人员应立即采取防范措施。

（5）检验人员应将宰后检验结果及处理情况详细记录，以备统计查考。

第四节 加　　工

一、肉制品加工

根据某种标准，利用某些设备和技术将原料肉制造成半成品或可食用的产品，这种半成品或者成品被称为肉制品。国内的肉制品有腌腊制品、酱卤制品、熏烧烤制品、干制品、油炸制品、香肠制品、火腿制品、罐头等。国外的肉制品有火腿（ham）、腌肉（bacon）、灌肠（sausage）等。

对原料肉进行加工转变的过程如腌制、灌肠、酱卤、熏烤、蒸煮、脱水、冷冻以及一些食品添加剂如化学品和酶的使用等，称为肉制品加工。肉制品均应具有滋味鲜美、香气浓郁、色泽诱人等特点，利于肉质构的结着性、热可逆胶凝性。

1. 腌腊肉制品加工

（1）咸肉的加工　咸肉是以鲜肉为原料，用食盐腌制而成的肉制品。咸肉也分为带骨和不带骨两种，带骨肉按加工原料的不同，有“连片”“段片”“小块”“咸腿”之别。咸肉在我国各地都有生产，品种繁多，式样各异，其中以浙江咸肉、如皋咸肉、四川咸肉、上海咸肉等较为有名。咸肉加工工艺大致相同，其特点是用盐量多。

①工艺流程

原料选择→修整→开刀门→腌制→成品

②操作要点

原料选择：鲜猪肉或冻猪肉都可以作为原料，肋条肉、五花肉、腿肉均可，但需肉色好，放血充分，且必须经过卫生检验部门检疫合格，若为新鲜肉，必须摊开凉透；若是冻肉，必须解冻微软后再行分割处理。

修整：先削去血脖部位污血，再割除血管、淋巴、碎油及横膈膜等。

开刀门：为了加速腌制，可在肉上割出刀口，俗称“开刀门”。刀口的大小深浅和多少取决于腌制时的气温和肌肉的厚薄。

腌制：在3～4℃条件下腌制。温度高，腌制过程快，但易发生腐败；温度低，腌制慢，风味好。干腌时，用盐量为肉重的14%～20%，肉厚处多擦些，擦好盐的肉块堆垛腌制。第一层皮面朝下，每层间再撒一层盐，依次压实，最上一层皮面向上，于表面多撒些盐，每隔5～6d，上下互相调换一次，同时补撒食盐，经25～30d即成。若用湿腌法腌制时，用开水配成22%～35%的食盐液，再加0.7%～1.2%的硝石，2%～7%食糖（也可不加）。将肉成排地堆放在缸或木桶内，加入配好冷却的澄清盐液，以浸没肉块为度。盐液重约为肉重的30%～40%，肉面压以木板或石块。每隔4～5d上下层翻转一次，15～20d即成。

（2）腊肉的加工　腊肉指我国南方冬季（腊月）长期贮藏的腌肉制品。用猪肋条肉经剔骨、切割成条状后用食盐及其他调料腌制，经自然风干或人工烘烤、发酵而成，使用时需加热处理。腊肉的品种很多，以产地分为广东腊肉、四川腊肉、湖南腊肉等，其产品的品种和风味各具特色。腊肉的生产在全国各地生产工艺大同小异。

①工艺流程

选料修整→配制调料→腌制→风干、烘烤或熏烤→成品

②操作要点

选料修整：最好采用皮薄肉嫩、肥膘在1.5cm以上的新鲜猪肋条肉为原料，也可选用冰冻肉或其他部位的肉。根据品种不同和腌制时间长短，猪肉修割大小也不同，广式腊肉切成长约38～50cm，每条重约180～200g的薄肉条；四川腊肉则切成每块长27～36cm，宽33～50cm的腊肉块。家庭制作的腊肉肉条，大都超过上述标准，而且多是带骨的，肉条切好后，用尖刀在肉

条上端3～4cm处穿一小孔，便于腌制后穿绳吊挂。

配制调料：不同品种所用的配料不同，同一种品种在不同季节生产配料也有所不同。消费者可根据自行喜好的口味进行配料选择。

腌制：一般采用干腌法、湿腌法和混合腌制法。a. 干腌：取肉条和混合均匀的配料在案上擦抹，或将肉条放在盛配料的盆内搓揉均可，搓擦要求均匀擦遍，对肉条皮面适当多擦，擦好后按皮面向下，肉面向上的顺序，一层层叠放在腌制缸内，最上一层肉面向下，皮面向上。剩余的配料可撒布在肉条的上层，腌制中间应翻缸一次，即把缸内的肉条从上到下，依次转到另一个缸内，翻缸后再继续进行腌制。b. 湿腌：腌制去骨腊肉常用的方法，取切好的肉条逐条放入配制好的腌制液中，湿腌时应使肉条完全浸泡在腌制液中，腌制时间为15～18h，中间翻缸两次。c. 混合腌制：即干腌后的肉条，再浸泡腌制液中进行湿腌，使腌制时间缩短，肉条腌制更加均匀。混合腌制时食盐用量不得超过6%，使用陈的腌制液时，应先清除杂质，并将腌制液在80℃下煮30min，过滤后冷却备用。

腌制时间视腌制方法、肉条大小、室温等因素而有所不同，腌制时间最短腌3～4h即可，腌制周期长的也可达7d左右，以腌好腌透为标准。腌制腊肉无论采用哪种方法，都应充分搓擦，仔细翻缸，腌制室温度保持在0～10℃。有的腊肉品种，像带骨腊肉，腌制完成后还要洗肉坯。目的是使肉皮内外盐度尽量均匀，防止在制品表面产生白斑（盐霜）和一些有碍美观的色泽。洗肉坯时用铁钩把肉皮吊起，或穿上线绳后，在装有清洁的冷水中摆荡漂洗。

风干、烘烤或熏烤：肉坯经过洗涤后，表层附有水滴，在烘烤、熏烤前需把水晾干，可将漂洗干净的肉坯连钩或绳挂在晾肉间的晾架上，没有专设晾肉间的可挂在空气流通且清洁的地方晾干。晾干的时间应视温度和空气流通情况适当掌握，温度高、空气流通，晾干时间可短一些，反之则长一些。有的地方制作的腊肉不进行漂洗，晾干时间根据用盐量来决定，一般为带骨腊肉不超过0.5d，去骨腊肉在1d以上。

2. 板鸭加工

板鸭是我国传统禽肉腌腊制品，始创于明末清初，至今有三百多年的历史，著名的产品有南京板鸭和南安板鸭，前者始创于江苏南京，后者始创于江西大余县（古时称南安）。两者加工过程各有特点，下面介绍一种南京板鸭的加工工艺。

南京板鸭又称“贡鸭”，可分为腊板鸭和春板鸭两类。腊板鸭是从小雪到立春，即农历十月到十二月底加工的板鸭，这种板鸭品质最好，肉质细嫩，可以保存三个月时间；而春板鸭是用从立春到清明，即由农历一月至二月底加工的板鸭，这种板鸭保存时间较短，一般一个月左右。南京板鸭的特点是外观体肥、皮白、肉红骨绿（板鸭的骨并不是绿色的，只是一种形容的习惯语）；食用时具有香、酥、板（板的意义是指鸭肉细嫩紧密，南京俗称发板）、嫩的特色，余味回甜。

（1）工艺流程

原料选择→宰杀→浸烫煺毛→开膛取出内脏→清洗→腌制→成品

（2）操作要点

①原料选择：选择健康、无损伤的肉用型活鸭，以两翅下有“核桃肉”，尾部四方肥为佳，活重在1.5kg以上。活鸭在宰杀前要用稻谷（或糠）饲养一段时间（15～20d）催肥，使膘肥、肉嫩、皮肤洁白，这种鸭脂肪熔点高，在温度高的情况下也不容易滴油，变哈喇；若以糠麸、

玉米为饲料则体皮肤淡黄，肉质虽嫩但较松软，制成板鸭后易收缩和滴油变味，影响风味。所以，以稻谷（或糠）催肥的鸭品质最好。

②宰杀：宰前断食：将育肥好的活鸭赶入待宰场，并进行检验将病鸭挑出。待宰场要保持安静状态，宰前12~24h停止喂食，充分饮水。宰杀放血：有口腔宰杀和颈部宰杀两种，以口腔宰杀为佳，可保持商品完整美观，减少污染。由于板鸭为全净膛，为了易拉出内脏，目前多采用颈部宰杀，宰杀时要注意以切断三管为度，刀口过深易掉头和出次品。

③浸烫煺毛：烫毛：鸭宰杀后5min内煺毛，烫毛水温以63~65℃为宜，一般2~3min。煺毛：先拔翅羽毛，后拔背羽毛，最后拔腹胸毛、尾毛、颈毛，此称为抓大毛。拔完后随即拉出鸭舌，再投入冷水中浸洗，并拔净小毛、绒毛，称为净小毛。

④开膛取内脏：鸭毛煺光后立即去翅、去脚、去内脏。在翅和腿的中间关节处将两翅和两腿切除。然后再在右翅下开一长约4cm的直型口子，取出全部内脏并进行检验，合格者方能加工板鸭。

⑤清洗：用清水清洗体腔内残留的破碎内脏和血液，从肛门内把肠子断头、输精管或输卵管拉出剔除。清膛后将鸭体浸入冷水中2h左右，浸出体内淤血，使皮色洁白。

⑥腌制

a. 腌制前的准备工作：食盐必须炒熟、磨细，炒盐时茴香添加量为200~300g/100kg食盐。

b. 干腌：滤干水分，将鸭体人字骨压扁，使鸭体呈扁长方形。擦盐要遍及体内外。一般用盐量为鸭重的1/15。擦腌后叠放在缸中进行腌制。

c. 制备盐卤：盐卤由食盐水和调料配制而成。因使用次数多少和时间长短的不同而有新卤和老卤之分。新卤的配制：采用浸泡鸭体的血水，加盐配制，每100kg血水，加食盐75kg，放大锅内煮成饱和溶液，撇去血污与泥污，用纱布滤去杂质，再加辅料，每200kg卤水放入大片生姜100~150g，八角50g，葱150g，使卤具有香味，冷却后成新卤。老卤：新卤经过腌鸭后多次使用和长期贮藏即成老卤，盐卤越陈旧，腌制出的板鸭风味越佳，这是因为腌鸭后一部分营养物质渗进卤水，每烧煮一次，卤水中营养成分浓厚一些，越是老卤，其中营养成分愈浓厚，而鸭在卤中互相渗透、吸收，便鸭味道更佳。盐卤腌制4~5次后需要重新煮沸，煮沸时可适当补充食盐，使卤水保持咸度，通常为22~25°Bé。

d. 抠卤：擦腌后的鸭体逐只叠入缸中，经过12h后，把体腔内盐水排出，这一工序称抠卤。抠卤后再叠入大缸内，经过8h，进行第二次抠卤，目的是腌透并浸出血水，使皮肤、肌肉洁白美观。

e. 复卤：抠卤后进行湿腌，从开口处灌入老卤，再浸没老卤缸内，使鸭尸全部腌入老卤中即为复卤，经24h出缸，从泄殖腔处排出卤水，挂起滴净卤水。

f. 叠坯：鸭尸出缸后，倒尽卤水，放在案板上用手掌压成扁型，再叠入缸内2~4d，这一工序称“叠坯”。叠放时，必须头向缸中心，再把四肢排开，以免刀口渗出血水污染鸭体。

g. 排坯晾挂：排坯的目的是使鸭肥大好看，同时也便鸭子内部通气。将鸭取出，用清水净体，挂在木档钉上，用手将颈拉开，胸部拍平，挑起腹肌，以达到外形美观，置于通风处风干，至鸭子皮干水净后，再收后复排，在胸部加盖印章，转到仓库晾挂通风保存，2周后即成板鸭。

⑦成品：成品板鸭体表光洁，黄白色或乳白色，肌肉切面平而紧密，呈玫瑰色，周身干燥，皮面光滑无皱纹，胸部凸起，颈椎露出，颈部发硬，具有板鸭固有的气味。

3. 香肠的加工

香肠遵循我国香肠加工的传统工艺，肉经绞切斩拌，添加调味料，灌入肠衣，经一定工艺制成的肉制品，质地松软，肥瘦界限分明，香味浓郁，具有香肠特有的风味。香肠的种类很多，在全国各地均有生产，著名的有江苏如皋香肠、云塔香肠、广东腊肠、四川宜宾广味香肠、山东招远香肠、湖南张家界土家腊香肠、武汉香肠、辽宁腊肠、贵州小香肠、莱芜南肠、潍坊香肠、正阳楼风干肠和江苏香肠等；按风味分，有五香香肠、玫瑰香肠、辣味香肠等，各具特色。

（1）香肠加工的工艺流程

原料选择→切块→腌制→绞肉/斩拌→拌馅→填充/结扎→发酵→烟熏→蒸煮→干燥→成品

（2）操作要点

①原料肉的选择：原料肉一般以猪肉、牛肉、犊牛肉为主。选择经兽医卫生检验合格的肉为原料。选择腿肉和臀肉为最好，因为这些部位的肌肉组织多、结缔组织少，肥肉一般选用背部的皮下脂肪。食盐应色白、粒细、无杂质；酒选用酒精体积分数50%的白酒或料酒。

②切块：剔骨后的原料肉，首先将瘦肉和肥膘分开，剔除瘦肉中的筋腱、血管、淋巴。瘦肉与肥肉分开，并将其按照加工要求切成小方块，以利于腌制。

③腌制：腌制就是用食盐和硝酸盐等混合对肉进行加工处理的一种方法。目的是通过提高产品的渗透压，降低水分活度，达到抑制微生物繁殖、提高肉的保水性、改善肉的风味的目的。

④绞肉、斩拌、搅拌：绞肉、斩拌是灌肠类制品加工的一个重要工序。此道工序是由两个不同阶段组成。一类是将各种原料切碎；另一类是将切碎的肉与香辛料、调味料、淀粉等辅料均匀混合。a. 绞肉：绞肉系指用绞肉机将肉或脂肪切碎。通过绞肉机压力使肉纤维达到某种程度破坏，消除肉质的不均匀性，使肉质嫩化。肉经绞碎后与所添加的辅料和添加剂混合均匀，自然调味，可重新组成各种形状、组分不同的肉制品。b. 斩拌：香肠制造中，斩拌起着极为重要的作用，通过斩拌机的斩拌，将原料肉斩碎、乳化，使原料肉释放出最多的肉蛋白，以达到最佳的黏结性。原料肉斩拌的好坏，直接影响制品质量，因此斩拌工序在肉糜香肠的制造中是最重要的。c. 搅拌：一般用搅拌机进行搅拌，这种机械无切碎功能，但是可以弥补搅肉机和斩拌机的不足。搅拌操作前要认真清洗叶片和搅拌槽。按照配方称量原料肉和脂肪。原料肉的大小与操作时间有一定的关系，对成品质量也有影响。

⑤拌馅：将已经搅碎或斩碎的肉和配方中其他辅助成分混合在一起的过程，称为拌馅。这个过程常用搅拌机进行搅拌完成。在搅拌过程中，肉馅可产生必要的黏性，提高保水性，在煮制时能促进水分的保持。

⑥填充、结扎：填充即常称灌馅或灌肠，是将拌好的肉馅灌入事先准备好的肠衣中。用于向肠衣中灌馅的机器称为充填机。香肠填充好后，应及时结扎或扭结。结扎就是把香肠两端捆扎牢，防止肉馅从肠衣中漏出来，阻止外部细菌进入，起到隔断空气和肉接触的作用。

⑦发酵：发酵是指在自然或人工控制条件下，利用微生物作用使肉产生特殊风味、色泽和质地，形成具有较长保存期的制品的加工工艺方法。微生物在发酵肉制品中的作用：降低pH、抑制腐败、改善组织与风味；促进发色；防止氧化变色；减少亚硝胺的生成；抑制病原微生物的生长和毒素的产生。发酵香肠中的微生物种类包括乳酸菌、微球菌、霉菌和酵母。

⑧烟熏：烟熏的目的主要包括以下五个方面。赋予产品以特殊的烟熏风味，引起人们的食欲；使产品适度干燥、收缩，赋予制品良好的质地；促进微生物或酶蛋白及脂肪分解，产生氨

基酸、肽、碳酰化合物、脂肪酸等，增进制品良好风味；加速一氧化氮－肌红蛋白的生成反应，使肌肉组织呈现出诱人的粉红色；使烟中有效成分吸附于制品上，产生独特的烟熏颜色，提高防腐性及保存性。按熏烟接触方式有直接烟熏和间接烟熏两种。所谓直接烟熏，就是在烟熏室内用直火燃烧木材和木屑进行熏制。这种方法缺点是熏烟的密度和温度有分布不均匀的状况。优点是设备简单，投资小，发烟量大。间接烟熏法是用发烟装置将燃烧好的烟送入烟熏室而对制品进行烟熏。这种方法的优点是燃烧的温度可控制在400℃以下，产生的有害物质少，缺点是设备较复杂，投资较大。

⑨蒸煮：蒸煮就是对肉及其制品进行加热熟制的处理过程。肉制品的蒸煮加热目的是使肉蛋白质凝固、淀粉糊化，产生与生肉不同的硬度、口感、弹性等物理变化，易于人体消化吸收；使制品产生特有的香味；促进氧化氮－肌红蛋白的形成，改善肉色；杀死微生物和寄生虫，破坏酶活，延长制品贮存期。肉制品蒸煮熟制可分为两类：一种是72～84℃较低温度的加热制品类，如火腿和香肠等；另一种是95～100℃较高温度的加热制品类，如小肚、酱肉、血肠、粉肠等。

⑩干燥：干燥是在自然条件下或人工控制的条件下，使水分蒸发的工艺过程。干燥的目的是制造出具有良好嗜好的产品（如风干肠等），便于贮藏。香肠干燥一般采用自然干燥法，就是在自然环境条件下干制的方法，是晒干、风干、阴干等总称，是利用天然条件进行的干燥。传统生产火腿、风干肠、肉干等采用自然干燥法晒干或阴干。

4. 中式火腿的加工

中式火腿是用整条带皮猪腿为原料经腌制，水洗和干燥，长时间发酵制成的肉制品。产品加工期近半年，成品水分低，肉紫红色，有特殊的腌腊香味，食前需熟制。中式火腿分为三种：南腿，以金华火腿为代表；北腿，以如皋火腿为代表；云腿，以云南宣威火腿为代表。南北腿的划分以长江为界。下面介绍金华火腿的加工方法。

金华火腿历史悠久，驰名中外。相传起源于宋朝，早在公元1100年间，距今900多年前民间已有生产，它是一种具有独特风味的传统肉制品。产品特点：脂香浓郁，皮色黄亮，肉色似火，红艳夺目，咸度适中，组织致密，鲜香扑鼻。以色、香、味、形“四绝”为消费者称誉。金华火腿又称南腿，素以造型美观，做工精细，肉质细嫩，味淡清香而著称于世。早在清朝光绪年间，已畅销日本、东南亚和欧美等地。1915年在巴拿马国际商品博览会上荣获一等优胜金质大奖。1985年又荣获中华人民共和国金质奖。

（1）工艺流程

鲜猪肉后腿→[修整腿坯]→[上盐]→[腌制6～7次]→[洗腿2次]→[晒腿]→[整形]→[发酵]→[修整]→[堆码]→成品

（2）操作要点

①鲜腿的选择：原料是决定成品质量的重要因素，没有新鲜优质的原料，就很难制成优质的火腿。选择金华“两头乌”猪的鲜后腿，皮薄爪细，腿心饱满，瘦肉多，肥膘少，腿坯重5～7.5kg，平均6.25kg左右的鲜腿最为适宜。

②修割腿坯：将腿面上的残毛、污血刮去，勾去蹄壳，削平耻骨，除去尾椎，把表面和边缘修割整齐，挤出血管中淤血。腿边修成弧形，使腿面平整。

③腌制：腌制的适宜温度为8℃，腌制时间35d。以100kg鲜腿为例，用盐量8～10kg，分6～7次上盐。第一次上盐，称上小盐，在肉面上撒上一层薄盐，用盐量2kg。上盐后将火腿呈直

角堆叠12～14层。第二次上盐，称上大盐，在第一次上盐的第2d。先翻腿，用手挤出淤血，再上盐。用盐量5kg。在肌肉最厚的部位加重敷盐。上盐后将腿整齐堆放。第3次在第7d上盐，按腿的大小和肉质软硬程度决定用盐量，一般为2kg，重点是肌肉较厚和骨质部位。第四次在第13d，通过翻倒调温，检查盐的溶化程度，如大部分已经溶化可以补盐，用量为1～1.5kg。在第25d和27d分别上盐，主要是对大型火腿及肌肉尚未腌透仍较松软的部位，适当补盐，用量为0.5～1kg。在腌制的过程中，撒盐要均匀，堆放时皮面朝下，最上一层皮面朝上。一个多月后，当肉的表面经常保持白色结晶的盐霜，肌肉坚硬，则已腌好。

④洗腿：将腌好的火腿放在清水中浸泡，肉面向下，全部浸没。要求皮面浸软，肉面浸透。水温10℃左右时，浸泡约10h。浸泡后，用竹刷将脚爪、皮面、肉面等部位刷洗，用水冲净，放入清水中浸漂2h。

⑤晾晒整形：将洗净的火腿每两只用绳连在一起，吊挂在晒腿架上。晾晒至皮面黄亮、肉面铺油，约需5d。在日晒过程中，腿面基本干燥变硬时，加盖厂印、商标，并进行整形。把火腿放在矫形凳上，矫直脚骨，锤平关节，捏拢小蹄，矫弯脚爪，捧拢腿心，使之呈丰满状。

⑥晾腿发酵：日晒之后，将火腿移入室内晾挂发酵，使水分进一步蒸发，并使肌肉中蛋白质发酵分解，增进产品的色、香、味。晾挂时，火腿要挂放整齐，腿间留有空隙。晾挂后腿身干缩，腿骨外露，所以还要进行一次整形，使其成为“竹叶形”。经过2～3个月的晾挂发酵，表面呈枯黄色，肉面油润。常见肌肉表面逐渐生成绿色霉菌，称为“油花”，属于正常现象，表明火腿干燥适度，咸淡适中。

⑦落架堆叠：经过发酵、修整的火腿，根据干燥程度分批落架。按照大小分别堆叠在木床上，肉面向上，皮面向下，每隔5～7d翻堆一次，使之渗油均匀。经过半个月的后熟过程，即为成品。

⑧产品特点：皮色光亮，肉面紫红，腿心饱满，形似竹叶，肌肉细密，咸淡适口，香气浓郁。成品可于蒸制、烹调后直接食用，也可烹制糕点、加工罐头或配味。修整前，先用刮刀刮去皮面上的残毛和污物，使皮面光滑整洁。然后用削骨刀削平耻骨，修整坐骨，除去尾椎，斩去脊骨，使肌肉外露，再把过多的脂肪和附在肌肉上的浮油割去，将腿边修成弧形，腿面平整。再用手挤出大动脉内的淤血，最后使猪腿成为整齐的柳叶形。

5. 西式火腿的加工

西式火腿大都是用大块肉经整形修割（剔去骨、皮、脂肪和结缔组织）盐水注射腌制、嫩化、滚揉、充填，再经熟制、烟熏（或不烟熏）、冷却等工艺制成的熟肉制品。加工过程只需2d，成品水分含量高，嫩度好。西式火腿种类繁多，虽加工工艺各有不同，但其腌制都是以食盐为主要原料，而加工中其他调味料用量甚少，故又称之为盐水火腿。由于其选料精良，加工工艺科学合理，采用低温巴氏杀菌，故可以保持原料肉的鲜香味，产品组织细嫩，色泽均匀鲜艳，口感良好。

（1）工艺流程

选料及修整→盐水配制及注射→滚揉按摩→充填→蒸煮与冷却→成品

（2）操作要点

①原料肉的选择及修整：用于生产火腿的原料肉原则上仅选猪的臀腿肉和背腰肉，猪的前腿部位肉品质稍差。若选用热鲜肉作为原料，需将热鲜肉充分冷却，使肉的中心温度降至0～4℃。如选用冷冻肉，宜在0～4℃冷库内进行解冻。选好的原料肉经修整，去除皮、骨、结缔

组织膜、脂肪和筋腱，使其成为纯精肉，然后按肌纤维方向将原料肉切成不小于300g的大块。修整时应注意，尽可能少地破坏肌肉的纤维组织，刀痕不能划得太大太深，并尽量保持肌肉的自然生长块型。PSE（pale，soft，exudative）肉保水性差，加工过程中的水分流失大，不能作为火腿的原料，DFD（dark，firm，dry）肉虽然保水性好，但pH高，微生物稳定性差，且有异味，也不能作为火腿的原料。

②盐水配制及注射：注射腌制所用的盐水，主要组成成分包括食盐、亚硝酸钠、糖、磷酸盐、抗坏血酸钠及防腐剂、香辛料、调味料等。按照配方要求将上述添加剂用0～4℃的软化水充分溶解，并过滤，配制成注射盐水。

③滚揉按摩：将经过盐水注射的肌肉放置在一个旋转的鼓状容器中，或者是放置在带有垂直搅拌桨的容器内进行处理的过程称之为滚揉或按摩。

滚揉的方式一般分为间歇滚揉和连续滚揉两种。间歇滚揉多为集中滚揉2次，首先滚揉1.5h左右，停机腌制16～24h，然后再滚揉0.5h左右；连续滚揉一般采用每小时滚揉5～20min，停机40～55min，连续进行16～24h的操作。

④充填：滚揉以后的肉料，通过真空火腿压模机将肉料压入模具中成型。一般充填压模成型要抽真空，其目的在于避免肉料内有气泡，造成蒸煮时损失或产品切片时出现气孔现象。火腿压模成型，一般包括塑料膜压膜成型和人造肠衣成型两类。人造肠衣成型是将肉料用充填机灌入人造肠衣内，用手工或机器封口，再经熟制成型。塑料膜压模成型是将肉料充入塑料膜内再装入模具内，压上盖，蒸煮成型，冷却后脱膜，再包装而成。

⑤蒸煮与冷却：火腿的加热方式一般有水煮和蒸汽加热两种方式。金属模具火腿多用水煮办法加热，充入肠衣内的火腿多在全自动烟熏室内完成熟制。为了保持火腿的色泽、风味、组织形态和切片性能，火腿的熟制和热杀菌过程，一般采用低温巴氏杀菌法，即火腿中心温度达到68～72℃即可。蒸煮后的火腿应立即进行冷却，采用水浴蒸煮法加热的产品，是将蒸煮篮重新吊起放置于冷却槽中用流动水冷却，冷却到中心温度40℃以下。在全自动烟熏室进行煮制后，可用喷淋冷却水冷却，水温要求10～12℃，冷却至产品中心温度27℃左右，送入0～7℃冷却间内冷却到产品中心温度至1～7℃，再脱模进行包装即为成品。

二、蛋制品加工工艺

蛋制品是指以鸡蛋、鸭蛋、鹅蛋或者其他禽蛋为原料加工而成的食品。蛋制品内含有大量的磷脂质，其中约有一半是卵磷脂，另外还有脑磷脂、真脂和微量的神经磷脂。这些磷脂质对促进脑组织和神经组织的发育有很好的作用。另外蛋制品中还含有大量的氨基酸，包括人体体内所不能合成的8种必需氨基酸。蛋制品以其丰富的营养赢得了人们深深的喜爱，是人们日常生活饮食消费的首选佳品。

（1）按蛋制品品种分类　按蛋制品的品种可分为四类，即再制蛋类、干蛋类、冰蛋类和其他类。再制蛋类是指以鲜鸭蛋或其他禽蛋为原料，经由纯碱、生石灰、盐或含盐的纯净黄泥、红泥、草木灰等腌制或用食盐、酒糟及其他配料糟腌等工艺制成的蛋制品，如松花蛋、咸蛋、糟蛋。干蛋类是指以鲜鸡蛋或者其他禽蛋为原料，取其全蛋、蛋白或蛋黄部分，经加工处理（可发酵）、喷粉干燥工艺制成的蛋制品，如巴氏杀菌鸡全蛋粉、鸡蛋黄粉、鸡蛋白片。冰蛋类是指以鲜鸡蛋或其他禽蛋为原料，取其全蛋、蛋白或蛋黄部分，经加工处理，冷冻工艺制成的蛋制品，如巴氏杀菌冻鸡全蛋、冻鸡蛋黄、冰鸡蛋白。其他类是指以禽蛋或上述蛋制品为主要原料，经一定加工工艺制成的其他蛋制品，如蛋黄酱、色拉酱。

（2）按加工流程分类　蛋加工可分为一次性加工和二次性加工这两大类。一次性加工的蛋制品有液体蛋、冷冻蛋、蛋粉等，二次性加工的蛋制品有皮蛋、盐蛋、糟蛋等。

蛋品加工的目的：①缩小体积、减轻重量便于运输。②添加某些营养成分，提高营养价值。③改变颜色增加风味，符合人们嗜好。④使禽蛋能长期贮存，调节市场供应。⑤改变组织状态，使其易于消化吸收。⑥长期供给工业原料，增加国家收益。

1. 松花蛋的加工

（1）松花蛋的成品特点　蛋黄呈青黑色凝固状（汤心皮蛋中心呈浆糊状）、蛋白呈半透明的褐色凝固体，经成熟后，蛋白表面产生美观的花纹，状似松花，故又称松花蛋；当用刀切开后，蛋内色泽变化多端，故又称彩蛋。

（2）松花蛋的分类　分为硬皮蛋（俗称湖彩）和汤心皮蛋（俗称京彩）两类。皮蛋一般多采用鸭蛋为原料进行加工。但在我国华北地区也利用鸡蛋为原料加工松花蛋，这种松花蛋称鸡皮蛋。

（3）松花蛋的加工

①材料的选择：

a. 石灰，必须用生石灰，不能使用熟石灰，最好全部用大块的生石灰。

b. 纯碱即碳酸钠，以纯碱为宜，不宜使用普通黄色的“老碱”或“土碱”。

c. 密陀僧（氧化铅、金生粉、黄丹粉）可促进料液向蛋内渗透，缩短成熟时间，可减少蛋白碱分，有增色、离壳的作用。但铅的含量过高，长期食用，铅会在人体中积累，造成慢性中毒。

d. 茶叶，茶叶中的单宁能使蛋白凝固，芳香油能增加风味。最好选择新鲜红茶末，不能采用发霉的茶叶，否则会影响松花蛋品质。

e. 食盐，主要是增加盐味，同时对松花蛋也有收缩、离壳、防止变质等作用。

②原料蛋的检验及规格要求：加工松花蛋用的原料蛋必须高度新鲜。凡污染蛋、散黄蛋、裂纹蛋和声音异常的蛋均不能用于加工。

③松花蛋加工的基本原理和变化：基本原理为蛋白质遇碱发生变性而凝固。当蛋白和蛋黄遇到一定浓度的 NaOH 后，由于蛋白质分子结构受到破坏而发生变化。蛋白部分形成具有弹性的凝胶体，蛋黄部分则由蛋白质变性和脂肪皂化反应形成凝固体。从宏观上看，松花蛋的凝固过程表现为化清、凝固、变色和成熟四个阶段。

a. 有关颜色的形成：蛋白部分，由于蛋白质中的氨基与糖在碱性环境下产生美拉德反应使蛋白形成棕褐色。蛋黄部分，由于蛋白质所产生的 H_2S 和蛋黄中的铁、铅化合，使蛋黄变成青黑色。

b. 风味的形成：首先是蛋白质发生变化，一部分变成简单的蛋白质，一部分变成氨基酸和 H_2S 等，而氨基酸经氧化后，形成 NH_3、H_2S 和酮酸。酮酸带有辣味，少量的酮酸辣味和 NH_3 以及 H_2S 等，使皮蛋形成一种特有的风味，这种风味能刺激消化器官，从而增进食欲。

c. 松花的形成：松花蛋成熟后，在蛋白上产生白色结晶，形成松花纹，这主要是由于蛋白分解物质和盐类的结晶所形成。也有一种说法是由于形成 $Mg(OH)_2$ 水合晶体而致。

④工艺流程：

原料蛋的选择 → 清洗消毒 → 晾蛋 → 装罐 → 灌料 → 封口 → 成熟 → 涂泥包糠 → 成品

↑（灌料）

料液的配制 → 冷却

⑤操作要点：

a. 料液的配制：按配方先将红茶、香辛料、柏树枝和水在锅中同煮，水煮开后保持10min，过滤得到滤液，按照配方准确称量水量，不足者可加开水或再煮一次茶叶水，然后把生石灰、纯碱分批投入，充分搅拌。最后把PbO、食盐加入，充分搅拌，等料液冷却到25℃以下才能应用。

b. 鲜蛋装缸：下缸前，缸底要铺一层洁净的麦秸或松柏枝，以免最下层的鸭蛋直接与缸底相碰，受到上面许多层次的鸭蛋的压力而压破。放蛋入缸时，要轻拿轻放，一层一层地平放，切忌直立，以免蛋黄偏于一端。蛋装至距缸口6～10cm处时，加上花眼竹箅盖，并用碎砖瓦压住，以免灌料以后鸭蛋浮起来。

c. 灌料：鲜蛋装缸后，将经过冷却的料液（或料汤）搅动，使其浓度均匀，徐徐灌入缸内，直至使鸭蛋全部被料液淹没为止。

d. 技术管理：灌料后，室温要保持20～25℃，最低不能低于15℃，最高不能超过30℃，如发现室温过高或过低，要采取措施进行调整。腌制过程中应注意勤观察、勤检查，以便发现问题及时解决。

e. 出缸：一般情况下，鸭蛋入缸后，需在料液中腌渍35d左右，即可成熟变成松花蛋，夏天需30～35d，冬天需35～40d。

f. 检验分级：各种类型的次劣蛋均必须剔除。

g. 包泥滚糠（或涂膜）：经过验质分级选出的合格蛋进行包泥。为便于贮藏，防止包泥后的松花蛋互相粘连，包泥后将蛋放在稻壳上来回滚动，稻壳便均匀地粘到包泥上。

2. 干蛋制品的加工

用来生产干蛋品的原料主要是鸡蛋，很少用鸭蛋、鹅蛋。我国目前仅生产普通全蛋粉、普通蛋黄粉和蛋白片。

（1）工艺流程

原料蛋检验→预冷→清洗、杀菌、晾干→照蛋→去壳→低温杀菌→脱糖→过滤→干燥→装填→成品

（2）操作要点

①脱糖：全蛋、蛋白和蛋黄分别含有约0.3%、0.4%和0.2%的葡萄糖。如果直接把蛋液加以干燥，在干燥后贮藏期间，葡萄糖与蛋白质的氨基会发生美拉德反应，另外还会和蛋黄内磷脂（主要是卵磷脂）反应，使产品褐变、溶解度下降、变味及质量降低。因此，蛋液（尤其是蛋白液）在干燥前必须除去葡萄糖，俗称脱糖。脱糖方法有以下几种：

a. 自然发酵法：该法仅适用于蛋白的脱糖，是依靠蛋白液中所存有的发酵细菌（主要是乳酸菌）在适宜的温度下发酵，生成乳酸等，从而达到脱糖的目的。由于自然发酵很难保持稳定状态，现已很少使用。

b. 细菌发酵法：细菌发酵法一般只用于蛋白发酵。它是用发酵剂使蛋白进行发酵而达到脱糖的目的。我国研究发现，引起蛋白发酵的主要微生物是非正型大肠杆菌，并从发酵蛋白液中分离出两种优良的发酵菌种，即弗氏埃希菌和阴沟气杆菌。用这两种菌可使发酵时间缩短12～24h，而且发酵终点容易判断，成品质量好。细菌发酵法在27℃时，大约3.5d即可完成除糖。

c. 酵母发酵法：酵母发酵既可用于蛋白发酵，也可用于全蛋液或蛋黄液发酵，常用的酵母

有面包酵母、圆酵母。酵母发酵只需数小时，这种发酵仅产生醇和 CO_2，不产酸，制品中常含有黏蛋白的白色沉淀物。为解决这一问题，可用有机酸将蛋白液的 pH 调至 7.5 左右进行发酵，最后添加柠檬酸铵等热分解性中性盐，维持 pH 呈中性。蛋黄液或全蛋液进行酵母发酵时，可直接使用酵母发酵，也可加水稀释蛋白液，降低黏度后再加入酵母发酵。蛋白液发酵时，则先用 10% 的有机酸将 pH 调到 7.5 左右，再用少量水把占蛋白液量 0.15% ~0.20% 的面包酵母制成悬浊液，加入到蛋白液中，在 30℃左右，保持数小时即可完成发酵。

d. 酶法脱糖：酶法完全适用于蛋白液、全蛋液和蛋黄液的发酵，是一种利用葡萄糖氧化酶把蛋液中葡萄糖氧化成葡萄糖酸而脱糖的方法。葡萄糖氧化酶的最适 pH 为 3 ~8，一般以 6.7 ~7.2 最好。目前使用的酶制剂，除含有葡萄糖氧化酶外还含有过氧化氢酶，可分解蛋液中的过氧化氢而生成氧，但需不断向蛋液中加过氧化氢，另外，也可不加 H_2O_2 而直接吹入氧气。酶法脱糖应先用 10% 的有机酸调蛋白液（蛋黄液或全蛋液不必加酸）pH 至 7.0 左右，然后加 0.01% ~0.04% 的葡萄糖氧化酶，缓慢搅拌，同时加入 0.35% 的 7% H_2O_2，每隔 1h 需加入同等量的 H_2O_2。发酵温度一般采用 30℃或 10 ~15℃两种。蛋白酶发酵除糖需 5 ~6h；蛋黄用酶除糖时，其 pH 约为 6.5，故不必调整 pH 即可在 3.5h 内完成除糖；全蛋液调整 pH 至 7.0 ~7.3 后，4h 内即可除糖完毕。

e. 超滤：蛋浆超滤是一种最有前景的节能方法之一。用醋酸纤维膜在 0.15MPa 气压，600r/min的搅拌器转速下进行超滤，蛋白浓度可由 13% 提高到 26%。随滤液至少排除 50% 的游离碳水化合物（脱糖），随滤液还排除一些其他低分子化合物，如 15% ~20% 的 Ca^{2+} 和 Mg^{2+}、30% ~40% 的 Na^+ 和 K^+、10% 以下非蛋白氮等。但这些低分子化合物的损失，对蛋白的食用价值和特性实际上无影响。将浓缩蛋白用水稀释，复原到起始浓度，其黏滞性和起泡性与原蛋白大致相同。

②蛋液的杀菌：除糖的蛋液须经过 40 目的过滤器过滤，再移入杀菌装置中低温杀菌，或经过滤后不杀菌而干燥后再予以干热杀菌。

a. 低温杀菌：使用葡萄糖氧化酶除糖的全蛋或蛋黄液，其菌数少，可使用低温杀菌法杀菌，若干热杀菌，则易使其脂肪氧化。发酵除糖后的蛋液杀菌条件同液蛋加工杀菌条件及要求，但发酵后细菌增殖，杀菌更为困难。

b. 干热杀菌：干热杀菌是将干燥后的制品放于密封室，保持 50 ~70℃，经过一定时间而杀菌的方法。干燥蛋的杀菌多采用干热处理。干热处理在欧美广泛使用，其方法是以 44℃保持 3 个月；55℃保持 14d；57℃保持 7d；63℃保持 5d 等。蛋白使用自然发酵、细菌发酵或酵母发酵除糖时，蛋液细菌较多，所以多采用干燥后的干热杀菌处理。干燥全蛋与蛋黄在干热处理时，其脂肪易氧化而形成不良风味，而干燥前的液体状态杀菌相当有效，故不采用干热杀菌。

③干燥：蛋液在除糖、杀菌后即进行干燥：目前大部分的全蛋、蛋白及蛋黄均使用喷雾干燥，少部分蛋品使用真空干燥、浅盘干燥、滚筒干燥等。

a. 喷雾干燥：喷雾干燥法是在压力或离心力的作用下，通过雾化器将蛋液喷成高度分散的雾状微粒，微粒直径为 10 ~50μm，从而大大增加了蛋液的表面积，提高了水分蒸发速度，微细雾滴瞬间干燥变成球形粉末，落于干燥室底部，从而得到干燥蛋粉。全部干燥过程仅需 15 ~30s 即可完成。

喷雾干燥法生产蛋粉，其干燥速度快，蛋白质受热时间短，不易使蛋白质发生变性，其他成分也影响极微，蛋粉复原性好，色正，味好；喷雾干燥在密闭条件下进行，粉粒小，不必粉碎，可保证产品的卫生质量；喷雾干燥法生产蛋粉，易机械化、自动化连续生产，目前已成为制造干蛋制品的主要方法。喷雾干燥制成的干燥蛋白粉复原时会生成大量的泡沫，长时间静置也不消失，不适于供印染、印刷制版用。

b. 冷冻干燥：用冷冻干燥所得的干燥全蛋或蛋黄，其溶解度高且溶解迅速，干燥嗅少，起泡性及香味俱佳，但干燥成本高。冷冻干燥全蛋加工工艺流程：全蛋液（蛋固形物2.5%）→冷却（4℃，1h）→加稳定剂、乳化剂→浓缩（固形物45%）→降温（37℃）→注入浅盘→冻结（-25℃）→真空干燥。

冷冻干燥易使蛋黄因低温而变性，故在30~50℃使蛋黄呈薄膜状后，再真空干燥时，可得到高品质的制品。

c. 浅盘式干燥：浅盘式干燥是将蛋白脱糖后，置于铝制或不锈钢制浅盘（长、宽各为0.5~1.0m，深度为2~7cm）内，然后移入箱式干燥室内，用温度约为54℃的干燥热风长时间干燥。1.5mm厚的蛋白液约需36h，3mm厚的蛋白液需20h可完全干燥。

浅盘式干燥法的加热方式有炉式和水浴式两种。炉式是借炉内热风的传导使蛋白的水分蒸发。水浴式则是借浅盘下流动的热水为介质使蛋白的水分蒸发，并在蛋白表面以风扇送风干燥，其优点是在浅盘下热水温度容易控制，热效率高，优于炉式热风干燥。不论使用炉式或水浴式干燥，当蛋白液干燥成皮膜状的半干品时，均需移入棚布上，以热风进行二次干燥。

d. 带状干燥：带状干燥是将蛋白涂布于箱式干燥室内铝制平带上，使其在热风中移动干燥，当蛋白干燥至一定厚度时，用刮刀刮离而成。

e. 滚筒干燥：滚筒干燥是将蛋液涂布在圆筒上而干燥的方法。带状干燥或滚筒干燥均可制成薄片状或颗粒状干燥蛋白，但所制成的干燥全蛋或蛋黄颜色、香味均差。除喷雾干燥具有一定杀菌作用外，其他干燥法会使细菌数增加。

三、 乳制品加工

乳是哺乳动物为哺育幼畜而从乳腺中分泌出来的具有生理作用与胶体特性的液体，它含有幼小机体所需的全部营养成分，而且是最易消化吸收的完全食物。牛乳中含水分约88%，碳水化合物和矿物质呈溶液状态，被称为真溶液；脂肪呈乳浊液状态，蛋白质呈胶体悬浮液状态分散其中。

通常为产犊7d以后至干乳期开始两周之前所产的乳称为常乳。常乳的成分及性质基本趋于稳定，为乳制品加工的原料乳。原料乳必须符合下列九条要求：由健康牛挤出的新鲜乳；干乳期前15d的末乳及产犊后的初乳不作为常乳；不得含有肉眼可以看到的机械杂质；具有新鲜牛乳的滋味和气味，不得有异味；形状为均匀无沉淀的流体；色泽应呈白色或稍带黄色，不得呈红色、绿色；酸度不超过20°T；脂肪不低于3.2%，无脂干物质不低于8.5%；不得加入防腐剂。

一般将牛乳成分分为水分和乳固体两大部分，而乳固体又分为脂质和非脂乳固体；另一种方法是将牛乳分为有机物和无机物，有机物又分为含氮化合物和无氮化合物。

牛乳经离心分离处理，分离出来的含脂肪部分，称为稀奶油；剩下的称为脱脂乳。而没有经离心分离加工的牛乳称为全脂乳。牛乳加酸或凝乳酶后生成以酪蛋白和脂肪为主要成分的凝乳，除去酪蛋白和脂肪后所剩的透明的黄绿色液体称为乳清，其中含有水、乳糖、可溶性的乳清蛋白、矿物质、水溶性维生素等。

乳制品的品种类型比较丰富，概括起来总共有七大类。第一类是液体乳类：主要包括杀菌乳、灭菌乳、酸乳等；第二类是乳粉类：包括全脂乳粉、脱脂乳粉、全脂加糖乳粉、调味乳粉、婴幼儿乳粉和其他配方乳粉；第三类是炼乳类；第四类是乳脂肪类：包括打蛋糕用的稀奶油、常见的配面包吃的奶油等。第五类是干酪类；第六类是乳冰淇淋类；第七类是其他乳制品类：主要包括干酪素、乳糖、奶片等。

1. 乳制品加工中常用的加工处理

（1）乳的离心分离原理和标准化

①乳的分离原理：乳的分离有两种方法：静置法，把乳放在容器中，静置一段时间，脂肪和脱脂乳会自行分离。缺点是缓慢、不利于卫生保健。离心分离，离心力比重力大几千倍。影响乳分离的因素有分离机的转速；乳的温度；乳中杂质的含量；乳的流量；乳的含脂率和脂肪球的大小。

②标准化：为了使产品符合要求，必须调整原料乳中脂肪和无脂干物质之间的比例，使其符合制品的要求，一般把该过程称为标准化。如果原料乳中脂肪含量不足，应添加稀奶油或分离一部分脱脂乳，当原料中脂肪含量过高时，则可添加一部分脱脂乳或提取一部分稀奶油。标准化在贮乳缸的原料乳中进行或在标准化机中连续进行。

（2）均质

①定义：在强力的机械作用下（15～20MPa）将乳中大的脂肪球破碎成小的脂肪球，均匀一致地分散在乳中，这一过程称为均质。

②原理：在一个合适的均质压力下，料液通过窄小的均质阀而获得很高的速度，导致激烈湍流，形成的小涡流中产生了较高的料液流速梯度引起压力波动，这会打散许多颗粒，尤其是液滴。

③意义：均质可以防止脂肪球上浮。另一方面，经均质后的牛乳脂肪球直径减小，有利于消化吸收，提高了乳的营养价值。

④工艺要求：均质前需进行预热，达到60～65℃。均质方法一般采用二级均质。

（3）真空脱气　牛乳刚刚被挤出后含5.5%～7%的气体；经过贮存、运输和收购后，一般其气体含量在10%以上，而且绝大多数为非结合的分散气体。这些气体对牛乳加工的破坏作用主要有：影响牛乳计量的准确度；使巴氏杀菌机中的结垢增加；影响分离和分离效率；影响牛乳标准化的准确度；影响奶油的产量；促使脂肪球聚合；促使游离脂肪吸附于奶油包装的内层；促使发酵乳中的乳清析出。在牛乳的不同阶段进行脱气是非常必要的。首先，要在乳槽车上安装脱气设备，以避免影响流量计的准确度。其次，是在乳品厂收乳间流量计之前安装脱气设备。但是上述两种方法对乳中细小的分散气泡是不起作用的。因此在进一步处理牛乳的过程中，还应使用真空脱气罐，以除去细小的分散气泡和溶解氧。

（4）原料乳的加热杀菌　常用杀菌和灭菌的方法。

①预热杀菌：比巴氏杀菌温度更低的热处理：57～68℃，15s。

②低温巴氏杀菌（LTLT）：也称低温长时间杀菌或保温杀菌：采用62～65℃，30min。

③高温巴氏杀菌：通常称为高温短时间（HTST）杀菌法：采用72～75℃，15～20s或80～85℃，10～15s。

④超巴氏杀菌：这是目前生产延长货架期乳（ESL乳）的一种杀菌方法。温度为125～138℃，时间为2～4s，并冷却到7℃以下。

⑤灭菌：这种热处理能杀死所有微生物包括芽孢，通常采用110℃，30min加压灭菌（在瓶中灭菌），或采用135～140℃，2～4s。后一种热处理条件被称为UHT（超高温瞬时灭菌）。

（5）乳的浓缩　乳的浓缩就是脱除乳中的水分。浓缩的主要目的有：减少干燥费用，如乳粉和乳清粉的生产；增加结晶，如乳糖的生产；减少贮藏和运输费用，如浓缩乳、乳粉和炼乳；降低水分活度，增加食品的微生物稳定性。

①蒸发（真空浓缩）：用蒸发器的特制容器将乳中的水分蒸发，也称为浓缩。一般采用的是真空浓缩，乳在60～70℃可沸腾。

②超滤：超滤的工作原理为当料液在压力作用下流过超滤膜表面时，含有乳糖及低分子盐类的水溶液能透过超滤膜，变成清液流出，含有脂肪及蛋白质等高分子物质被膜截留，成为浓缩液。这样的分离过程称为超滤。

③反渗透：反渗透的工作原理为当料液在压力下流过反渗透膜表面时，其含有的干物质几乎全被反渗透膜截留，透过膜层的是清水。这样的分离过程就叫反渗透。通过反渗透处理，料液被脱水浓缩，其营养物质不发生变化。反渗透可以用于除水，因为它耗能少所以可以替代蒸发。但反渗透的设备成本和保养费通常比较高。

（6）乳的干燥技术

①滚筒干燥：滚筒干燥即是将乳分散在由蒸汽加热的转动的圆鼓上，当乳触及热鼓表面，乳中的水分蒸发出来并被空气带走，高温的热表面使蛋白变为一种不易溶解且使产品变色的一种状态。

②喷雾干燥：将浓缩的乳通过雾化器，使之被分散成雾状的乳滴，在干燥室中与热风接触，浓乳表面的水分在0.01～0.04s内瞬间蒸发完成，雾滴被干燥成粉粒落入干燥室底部。水分以蒸汽的形式被热风带走，整个过程仅需15～30s。乳的雾化：目的是使液体形成细小的液滴，使其能快速干燥，并且干燥后粉粒又不至于由排气口排出。乳滴分散的越微细，其表面积越大，也就越能有效地干燥。

2. 乳制品加工工艺流程简介

（1）液体乳

①巴氏杀菌乳

工艺流程：原料乳验收→净乳→冷藏→标准化→均质→巴氏杀菌→冷却→灌装→冷藏→成品

消毒牛乳的热处理方法有：

a. 低温长时间巴氏杀菌：热处理温度在62.8～65.6℃，杀菌时间不少于30min，这种条件足以杀灭结核杆菌，对牛乳的感官特性影响也很小。

b. 高温短时间巴氏杀菌：热处理条件为72～75℃/15～40s或者80～85℃/4s，此法虽然仍有残菌，但比前种方法效果强，残存的菌主要是耐热乳酸杆菌和芽孢杆菌，其他耐热菌几乎杀死。

②灭菌乳

工艺流程：原料乳验收→净乳→冷藏→标准化→预热→均质→超高温瞬时灭菌（或杀菌）→

冷却→无菌灌装（或保持灭菌）→成品

UHT乳的热处理方法有：

a. 直接加热法：有两种传热方式，第一种采用蒸汽喷射，高压蒸汽喷入牛乳中，使牛乳升温。第二种将牛乳喷入充满蒸汽的压力容器内，从而使牛乳升温。

b. 间接加热法：采用管式或者板式热交换器进行灭菌，热媒与乳不接触，但必须采取较高压力来防止乳在高温下沸腾。

③酸牛乳

工艺流程：

凝固型：原料乳验收→净乳→冷藏→标准化→均质→杀菌→冷却→接入发酵菌种→灌装→发酵→冷却→冷藏→成品

搅拌型：原料乳验收→净乳→冷藏→标准化→均质→杀菌→冷却→接入发酵菌种→发酵→添加辅料→冷却→灌装→冷藏→成品

（2）乳粉

①全脂乳粉、脱脂乳粉、全脂加糖乳粉

工艺流程：

全脂（全脂加糖）乳粉：原料乳验收→净乳→冷藏→标准化（全脂加糖乳粉）→冷藏→杀菌浓缩→喷雾干燥→筛粉晾粉（或经过流化床）→包装→成品

脱脂乳粉：原料乳验收→净乳→标准化（分离脂肪）→（脱脂乳）冷藏→杀菌浓缩→喷雾干燥→筛粉晾粉（或经过流化床）→包装→成品

②调味乳粉

工艺流程：原料乳验收→净乳→杀菌→冷藏→标准化（添加营养强化剂等其他辅料）→均质→冷藏→杀菌浓缩→喷雾干燥→筛粉晾粉（或经过流化床）→包装→成品

（3）其他乳制品

①炼乳：

工艺流程：原料乳验收→净乳→冷藏→标准化→预热杀菌→真空浓缩→冷却结晶→装罐→成品

②奶油：

工艺流程：原料乳验收→净乳→脂肪分离→稀奶油→杀菌→发酵→成熟→搅拌→排除酪乳→奶油粒→洗涤→压炼→包装→成品

③干酪：

操作工艺流程：原料乳验收→净乳→冷藏→标准化→杀菌→冷却→凝乳→凝块切割→搅拌→排出乳清→成型压榨→成熟→包装→成品

思考题

1. 畜产品加工学的研究对象和内容是什么？
2. 目前我国大型的肉制品和乳制品企业有哪些？
3. 浅谈你对畜产品加工的认识，以及畜产品加工的意义。
4. 屠宰工艺主要包括哪些工艺？有哪些注意事项？
5. 禽畜宰前选择有哪些原则？具体要求是什么？
6. 腊肉加工选料要求有哪些？加工工艺是什么？
7. 香肠制作过程中有哪些注意事项？
8. 谈谈中式火腿与西式火腿的区别。
9. 蛋品加工的目的是什么？
10. 鲜蛋的质量特征有哪些？
11. 如果现在你开了一家蛋加工厂，选取一种蛋制品，谈谈从厂房的选取到成品输出有哪些要求和流程。并说说你所加工的蛋制品相比较其他蛋制品有哪些优势？
12. 谈谈凝固型酸乳和搅拌型酸乳有哪些不同？
13. 在生产发酵酸乳时，发酵不良的可能产生原因？
14. 你喜欢吃动物奶油还是植物奶油，谈谈它们的区别。

推荐阅读书目

[1] 蒋爱民，南庆贤．畜产食品工艺学［M］．北京：中国农业出版社，2011.
[2] 潘道东，孟岳成．畜产食品工艺学［M］．北京：科学出版社，2013.
[3] 张柏林．畜产品加工学［M］．北京：化学工业出版社，2008.
[4] 周光宏，张兰威，李洪军．畜产食品加工学［M］．北京：中国农业大学出版社，2002.

第二章 畜肉初加工

CHAPTER 2

知识目标

1. 了解肉的概念和形态学结构。
2. 熟悉畜肉屠宰的方法及要求。
3. 掌握动物屠宰后肉的品质变化。
4. 掌握肉中微生物的控制以及保鲜方法。

能力目标

1. 能够对畜肉进行蛋白质及脂肪的检测。
2. 能够对畜肉产品进行简单的微生物实验。
3. 能够根据肉的形态性质判断肉的品质。

第一节 肉的概念及形态学结构

一、肉的概念

广义地讲，凡是可以作为人类食物的动物体组织均可称为“肉”。以这些动物体组织为原料所加工成的制品也属于肉的范畴。虽然几乎每一种动物都可以食用，但是现代人类所消费的肉类主要来自于家养的动物和水产生物，如猪、牛、羊、鸡、鸭、鹅和鱼虾等。狭义地讲，肉指动物的肌肉组织和脂肪组织以及附着于其中的结缔组织、上皮组织、微量的神经和血管。由于肌肉组织是肉的主体，它的特性与肉的主要食用品质和加工性能密切相关，因而肉品研究的主要对象是肌肉组织。

肉类可以分为以下几大类：红肉（red meat），如牛肉、猪肉、羊肉等，是消费量最大的一类；禽肉（poultry meat），指家禽的肉：如鸡、鸭、鹅、火鸡等；海鲜类（sea food）指水产动物的肉，其中最具代表性的为鱼类，蛤、龙虾、蚝、螃蟹等也归为此类；野味肉（game meat），指非家养的动物的肉。本书所涉及的肉类主要指前两大类。

肉还有许多约定俗成的名称，如胴体（carcass），是指畜、禽屠宰放血后，去除头、蹄、尾、皮（毛）、内脏后所剩余的部分；分割肉（cut），将胴体按照不同部位分割而成的小块肉；热鲜肉（fresh meat），是指动物屠宰后胴体未经过冷却处理，体温没有完全散失的情况下分割而成的肉，热鲜肉由于温度较高，保质期较短；冷却肉（chilled meat），是指动物屠宰后，胴体经过低温冷却处理，使胴体最终的中心温度达到 -1 ~ 4℃，并在冷藏温度下分割、包装的肉，冷却肉较热鲜肉的保质期长；冷冻肉（frozen meat），是指冷却分割后的肉置于较低温度下速冻，使中心温度≤ -18℃的肉。

二、 肉的形态学结构

形态上，胴体的四大构成组织为：肌肉组织、脂肪组织、结缔组织、骨组织，还包括一些上皮组织及神经组织。其中肌肉组织为胴体的主要组成部分。

1. 肌肉组织

骨骼肌占畜、禽胴体的35% ~65%。除了骨骼肌还有组成血管主要成分平滑肌和构成心脏的心肌。显微镜下能够观察到骨骼肌和心肌有明暗相间的横纹，因此二者又被称为横纹肌。骨骼肌有时也被称为随意肌，是指脊椎动物的受躯体神经系统直接控制可随意运动的肌肉，而平滑肌和心肌也被称作非随意肌。本节讨论的主要为骨骼肌。

骨骼肌是指通过韧带、筋膜、软骨及皮肤的作用直接或间接的与骨组织连接在一起的组织。动物体中有600多块肌肉，并且这些肌肉的形状、大小及作用各不相同。每一块肌肉都由结缔组织覆盖，并且结缔组织会延伸到肌肉内部，而神经纤维和血管会沿着结缔组织进入肌肉内部形成网络结构而行使传递物质的功能。

骨骼肌组织的基本结构单位是高度分化的肌细胞，也称为肌纤维。肌纤维占整个肌肉面积的75% ~92%，其他的为结缔组织、血管、神经纤维和细胞外液。哺乳动物和禽类的骨骼肌细胞为两端尖细、呈细长型、多核、不分支、丝状的细胞。肌细胞的长度有的会达几厘米长，而其直径10 ~100μm不等。肌纤维根据其颜色及功能的不同，分为红肌纤维、白肌纤维和中间型纤维三大类。红肌纤维中肌红蛋白含量较高，供能方式主要为有氧代谢，线粒体含量较高，纤维收缩速度缓慢，也称为慢肌纤维。白肌纤维中肌红蛋白含量较低，供能方式以无氧酵解为主，线粒体含量较少，纤维收缩速度较快，也称为快肌纤维。中间型纤维的特性介于二者之间。大多数家畜的肌肉是由两种或三种肌纤维混合构成的，也有的肌肉全部由某一种纤维构成，如猪的半腱肌主要由红肌纤维构成，猪的背最长肌主要由白肌纤维构成。

肌纤维膜：包裹在肌细胞周围的细胞膜称为肌纤维膜。肌纤维膜由蛋白质和脂类物质组成，具有较好的弹性可以抵抗细胞在收缩、放松及拉伸时的严重变形。顺着肌纤维的方向不时的会出现纵向的整个肌纤维膜的凹陷，这一凹陷所形成的管状结构称为横小管或T - 小管。

肌浆：肌纤维的细胞质称为肌浆。这一细胞内的胶体物质包含所有的细胞器和内含物。其中水分占75% ~80%，肌细胞内还含有脂肪滴，糖原颗粒，核糖体，很多蛋白和非蛋白的含氮化合物及无机组成元素。

细胞核：肌细胞为多核细胞，呈椭圆形，沿着肌纤维的长轴方向平行排列。但由于其在长度上的多样性，细胞间所含有的细胞核的数量并不相同。一个几厘米长的肌细胞可能含有上百个细胞核，细胞核会沿着细胞长轴方向按5μm的间隔规则排列，但是在细胞的两端会无规则地紧密排列。

肌原纤维：肌原纤维为肌细胞中特有的细胞器。呈长、细、棒状，直径为1～2μm。在多数哺乳动物的肌肉组织中，肌原纤维的长轴与肌纤维的长轴平行排列。一个直径为50μm的肌细胞至少含有1000甚至达2000个肌原纤维。肌原纤维有粗丝和细丝两种肌丝组成，两者均平行整齐地排列于整个肌原纤维。由于粗丝和细丝在某一区域形成重叠，在显微镜下观察时呈现出有规律的明暗相间条纹，即横纹，这也是横纹肌名称之来源。肌肉纤丝的不同密集程度所反映的明暗带是可见的，明带在偏振光下是单反射的，称为单反射带（isotropic band），也称I带，暗带在偏振光下是非单反射的，称为非单反射带（anisotropic band），也称A带。A带比I带密集。I带被一条颜色很深的细线等分，这条细线称为Z盘。两个相邻Z盘之间的肌原纤维称为一个肌节。一个肌节包括一个完整的A带和两个位于A带两侧的半个I带。肌节是肌原纤维的重复构造单位，也是肌肉收缩、松弛交替发生的基本单位。肌节的长度取决于肌肉所处的收缩状态，平均长度是1.5～2.0μm，当肌肉收缩时，肌节变短；松弛时，肌节变长。A带的中央有一颜色较浅的区域，称为H区，它的中央有一条暗线将A带平分为左右两半，H区的这条暗线称M线。H区及M线的表观状态随肌肉收缩状态的变化而变化。

粗丝和细丝不仅在尺寸大小上不同，在化学组成、性质及肌节上的位置也不相同。脊椎动物肌肉的粗丝的最大直径为14～16 nm，长度为1.5 μm。粗丝为组成A带的纤丝。由于粗丝主要为肌球蛋白，因此也称为肌球蛋白微丝。细丝直径约为6～8nm，在Z盘的两侧分别延伸约1.0 μm。细丝为组成I带的纤丝，每条细丝从Z线上伸出，插入粗丝间一定距离。由于细丝的主要组成蛋白为肌动蛋白，因此也称为肌动蛋白微丝。

线粒体：是位于肌浆中的椭圆形细胞器。线粒体能够从碳水化合物、脂肪及蛋白质的代谢中获得能量，因此线粒体常被称为细胞的能量源。线粒体中含有细胞用来进行氧化代谢的各种酶类。肌纤维中线粒体的数量和大小与肌细胞的性质有关，在细胞核周围的含量较多，在肌纤维与肌纤维的链接处，纤维与Z盘，I带及A带的链接处数量较多。

溶酶体：为肌浆中的一种小胞体，内含有多种能够消化细胞和细胞内容物的酶。在这种酶系中，有一种能分解蛋白质的酶称为组织蛋白酶（cathepsin），其中的一些组织蛋白酶对某些肌肉蛋白质有分解作用。

2. 结缔组织

结缔组织，顾名思义，为将动物体的各部分联接、包裹在一起的组织。结缔组织遍布动物体各部分，除包被肌肉组织外，还包被脂肪组织及其他组织。是皮、腱、韧带的主要成分，随动物体年龄的增加而增多。结缔组织包裹着肌纤维，肌束和肌肉块，其中肌纤维与肌纤维之间的很薄的结缔组织膜称为肌内膜（endomysium），每50～150条肌纤维聚集成束，称为肌束（muscle bundle），外包一层结缔组织鞘膜称为肌束膜（perimysium，也称肌周膜），这样形成的小肌束也称初级肌束，由数十多条初级肌束集结在一起并由较厚的结缔组织膜包围就形成了次级肌束（或称二级肌束）。由许多二级肌束集结在一起即形成了肌肉块，外面包有一层较厚的结缔组织称为肌外膜（epimysium）。

结缔组织本身由较少的细胞和细胞外基质组成。这种细胞外基质具有多种状态，有软的胶状物，也有坚硬的纤维状物。在软骨中，细胞外基质呈现橡胶状，而在骨骼中细胞外基质非常硬且浸有钙盐。

从形态学上，结缔组织由胶状的基质、丝状的纤维和细胞成分组成。结缔组织的基质为无色透明的胶态液体，其主要成分是黏多糖和蛋白质，可由溶胶形成凝胶。结缔组织纤维包括胶原纤维、弹性纤维和少量的网状纤维，胶原蛋白构成结缔组织最重要的蛋白质，对肉的嫩度有重要影响。细胞成分有成纤维细胞、组织细胞、肥大细胞、浆细胞和脂肪细胞等。

3. 脂肪组织

脂肪组织为一种分化了的结缔组织，是由脂肪细胞、间充组织细胞、网状细胞等组成。间充组织细胞是一种尚未分化的纺锤形细胞，当其开始在细胞内堆积脂肪时，就称为原脂肪细胞，此时脂肪细胞的数目增加，原脂肪细胞继续在细胞内堆积脂肪，脂肪的体积越来越大，大到细胞直径约为200μm，这一过程称为细胞肥大。许多种动物体内含有两种类型的脂肪组织即白色型和棕色型。大部分成年肉用动物体内的脂肪为白色型。但所有动物在出生时，皆发现棕色脂肪的存在，尤其是肾脂肪。棕色脂肪细胞比白色脂肪细胞小，其色泽因其细胞内线粒体中细胞色素含量过高所致。大部分棕色脂肪会在动物出生几周内转变为白色脂肪。

脂肪堆积的过程，在成年动物中不是细胞数目的增加，而是脂肪细胞体积的增大的过程。脂肪组织产生之初，脂肪在细胞内呈小滴状，而后逐渐变大，相互融合占据细胞大部分，之后形成脂肪小叶，再由脂肪小叶构成脂肪组织。每个脂肪细胞间均有结缔组织包裹。动物脂肪分为蓄积脂肪与组织脂肪，前者存在于细胞内，多成为脂肪滴，参与原生质的构造。而组织脂肪，其脂肪与磷脂的量相当。脂肪在体内的蓄积，依动物种类、品种、年龄和肥育程度不同而异。脂肪蓄积在肌束内可使肉呈现出大理石纹，可改善肉的品质，是评定肉品质的一个重要指标。

4. 骨组织

骨组织也是一种分化了的结缔组织。像其他的结缔组织一样也是主要由细胞、纤维性成分和基质组成，由于其基质已被钙化，所以很坚硬，起着支撑机体和保护器官的作用，同时是钙、镁、钠等矿物质的贮存组织。

骨由骨膜、骨质和骨髓构成，骨膜是由结缔组织包围在骨骼表面的一层硬膜，里面有神经和血管。骨的外层比较致密坚硬，内层较为疏松多孔。骨质根据致密程度分为密质骨和松质骨；按形状分为管状骨和扁平骨，管状骨密质层厚，扁平骨密质层薄。在管状骨的管骨腔及其他骨的松质层孔隙内充满着骨髓，其主要成分是脂类。成年动物骨髓含量较多。成年后动物骨骼含量比较恒定，变动幅度较小。猪骨约占胴体的5%～9%，牛占15%～20%，羊占8%～17%，兔占12%～15%，鸡占8%～17%。

第二节 动物宰后的检验

为确保肉品卫生质量，保障食用者的食肉安全，防止人畜共患病和畜、禽疫病的传播及扩散，动物宰杀后通常进行宰后检验。宰后检验是指动物检疫人员应用兽医病理学知识和实验室诊断技术，依照国家规定的检验项目、标准和方法，对屠宰后的畜、禽胴体、脏器及组织实施检验，并根据检验结果进行综合性的卫生评定，以确保肉类食品的卫生质量。宰后检验是宰前检疫的继续和补充，有助于检出宰前检疫难以检出的疫病和病变，有助于检出妨碍人类健康或已丧失营养价值的胴体、脏器及组织，并检出不符合卫生要求的肉品及肉制品。

1. 检验方法

宰后检验以感官检验和剖检为主，即通过视检、剖检、触检、嗅检等方法对屠宰后的动物胴体和脏器进行病理学诊断与处理，必要时辅之以细菌学、血清学、组织病理学、理化学等实验室化验，以便对宰后检验中所发现的病害肉做出准确诊断，并作出相应的处理。

（1）感官检验

①视检：用肉眼观察胴体的皮肤、肌肉、胸腹膜、脂肪、骨骼、关节、天然孔及各种脏器的色泽、形状、大小、组织状态等是否正常，为进一步的剖检提供依据。

例如，皮肤、结膜、黏膜和脂肪发黄，表明可疑病变为黄疸，应仔细检查肝脏和造血器官有无病变；牛、羊上下颌骨膨大，应注意放线菌病；喉颈部肿胀应考虑炭疽、链球菌病和巴氏杆菌病；猪瘟、猪丹毒、猪肺疫等疫病可通过皮肤的变化发现；口腔黏膜和蹄部发现水疱、糜烂和溃疡，则应注意鉴别口蹄疫、水疱病、羊痘、传染性水疱性口炎等传染病。官方兽医要特别掌握对某些疾病诊断具有指征性的病变和症状。

②触检：主要是采用手触摸或借助检疫刀具触压的方法，来判断组织、器官的弹性、软硬度和质地是否正常，以便发现位于被检组织或器官深部的结节病灶。肌肉组织或脏器，有时在表面不显任何病变，如不以手触摸，则往往不能发觉内部病变。例如肺内结节，只有用手触摸才能发现。

③剖检：借助于检验刀具，剖开被检部位，以检查肉尸、组织、器官及其深层组织有无病变。这对淋巴结、肌肉、脂肪、脏器和所有病变组织的检查以及病变的程度探究是非常重要的。例如剖检咬肌、腰肌有无囊尾蚴寄生，剖检淋巴结有无充血、出血、化脓、坏死等病变现象。

④嗅检：检验人员利用嗅觉探察动物的组织和脏器有无异常气味，以判定肉品卫生质量情况。对于没有显著特征变化的各种局外气味和病理性气味，均可用嗅觉判断出来。例如屠畜生前患尿毒症，肉尸必然带有尿味；芳香类药物中毒、药物中毒或药物治疗后不久屠宰的动物，其肉品则带有特殊的气味或药味，这些异常气味，只有依靠嗅觉才能作出正确的判断。

猪、牛等体型较大的动物，一般需经过头部检验、皮肤检验、内脏检验、寄生虫检验、肉尸检验等环节。头部检验主要检验猪是否患有慢性局部炭疽；皮肤检验主要检验动物是否患有皮肤传染病症、猪瘟、败血型丹毒、疹块型丹毒、黄疸等；内脏检验需要对各个器官进行逐项检验，通过肺脏检验牛结核病及传染性胸膜炎、猪的出血性败血病及肺部寄生虫，通过心脏检验急性传染性出血、囊尾蚴、猪丹毒症等，通过肝脏检验肝硬化及肝蛭，通过胃肠检验炭疽、瘟疫等，通过脾脏检验脾脏急性肿大、脾脏梗塞等。必要时还需检验肾脏、子宫、睾丸、膀胱及乳房等有无病变；寄生虫检验主要查检旋毛虫、囊尾蚴及住肉孢子等；肉尸检验主要观察胴体总体状况及剖检淋巴结。

（2）实验室检验　感官检验不能判断疾病性质时，需要进行实验室检验。常用的实验室检验方法有组织病理学、微生物学、寄生虫学和理化学检验等。如猪的局部炭疽等。为了保证屠体肢解分离后仍能前后对照和统一处理，因此，畜禽的肉尸、内脏、头、蹄和皮张在分离时必须编记同一号码，以便查对。

2. 技术要求

（1）宰后检验人员必须具有相关的专业知识，并熟练掌握各项操作技能。

（2）为了迅速、准确地检验胴体和内脏，不遗漏应检部位、项目，必须遵循一定的方法和程序进行检验。

（3）为了保证肉品的卫生质量和商品外观，只能在一定部位剖检，切口要深浅适度，切忌乱划和拉锯式切割。肌肉要顺肌纤维方向切开，不得横断；淋巴结要纵切；内脏切开时要防止污染产品、环境、设备和工作人员的手。

（4）胴体、内脏、头、蹄和皮张统一编号。

（5）每位卫检人员均应配备两套检验刀和钩，以便污染后替换，被污染的器械应立即消毒。

（6）检验人员应搞好个人防护，穿戴清洁的工作服、鞋帽、围裙和手套上岗，工作期间不得随意走动。

（7）检出疑似重大动物疫病时，要立即上报、封锁现场、按相关规定处理。

3. 检验后肉品的处理

胴体和内脏经过卫生检验后，可按以下四种情况分别处理：一是正常肉品，胴体和内脏经检验确认来自健康牲畜，加盖“兽医验讫”印章后即可出售；二是患有一般性传染病、轻症寄生虫病和病理损伤的胴体和内脏，根据病损性质和程度，经过无害处理后，使传染性、毒性消失或使寄生虫全部死亡，可有条件地食用；三是患有严重传染病、寄生虫病、中毒和严重病理损伤的胴体和内脏，不能食用，可以炼制工业油或骨肉粉；四是患有炭疽病、鼻疽、牛瘟等《肉品卫生检验规程》所列的烈性传染病的胴体和内脏，必须用焚烧、深埋、湿化等方法予以销毁。

第三节　胴体的分级分割

一、分　　级

胴体分级是指生产、加工、营运者或职业人员根据特定市场层次差异质量需求状况与动物产品质量状况按照一定标准对动物胴体进行的归类与等级划分。胴体的等级直接反映肉畜的产肉性能及肉的品质优劣，无论对于生产还是消费都具有很好的规范和导向作用，有利于形成优质优价的市场规律，有助于产品向高质量的方向发展。本节主要以牛胴体的分级为例，介绍动物的胴体分级。

胴体等级由质量级和产量级共同决定。

1. 质量级

表征胴体品质优劣，具体表现为肉的嫩度、风味、颜色、质地和多汁性，反映熟制后产品的整体可接受程度。包括大理石花纹、生理成熟度、肉色、脂肪色、质地等多个评定指标。

大理石花纹的丰富程度表示肌肉内脂肪含量的多少，即蓄积在肌周膜或肌内膜上脂肪的含量，因其蓄积后脂肪在红肉中的形态与大理石的花纹相似，因此称为肉大理石纹。花纹较为丰富的牛肉也称为雪花牛肉。通常通过背最长肌切面中分布的大理石花纹数量来评价。

生理成熟度表示动物的老幼/年龄的大小。常用的评定指标有动物的牙龄、特定部位骨组织的钙化程度。牙龄（牛）：①一般12月龄的牛只有乳牙，且乳钳齿或内中间齿齿冠磨平，牙齿间隙增大；②1.5~2岁的牛出现第一对永久门齿，2.5~3岁出现第二对永久门齿；③3.5~4岁出现第三对永久门齿；④4.5~5岁出现第四对永久门齿，牙齿齐口。骨质化程度：①髋骨的弯曲程度和软骨的钙化程度，弯曲度较大且软骨含量较高牛年龄较小，反之牛较老。②荐椎、肋骨、胸椎及腰椎的颜色及棘突软骨的骨质化程度，颜色发红及棘突软骨含量较高的动物，年龄较小，同时荐椎完全分离，反之颜色发白，棘突软骨较硬已钙化为骨组织的牛较老，且老年动物的荐椎愈合为一个整体。③腕关节的颜色及髅状突起，幼年动物的髋关节颜色发红，反之颜色发白；幼年动物无髅状突起。骨质化程度与动物年龄的关系：<10%，9~30月龄；10%~34%，30~42月龄；35%~70%，42~72月龄；70%~90%，72~96月龄；>90%，>96月龄。

肉色：通常通过背最长肌切面的肉色来判定，颜色鲜红的表征牛肉品质越好，颜色太深可能为DFD肉（黑干肉），颜色过浅或发灰白可能为PSE肉（白肌肉）。

脂肪色：通常通过背最长肌切面中的脂肪来判定，脂肪颜色越白，品质越好，颜色发黄表征动物年龄偏大，品质较低。

质地：通常通过背最长肌切面中肉的质地的感官评定来判定，质地过硬或过软，或者质地粗糙均表示品质较差。

胴体的质量级主要由大理石花纹和生理成熟度决定，并参考肉的颜色、质地进行微调。原则上大理石花纹越丰富、生理成熟度越低，质量等级的级别越高。

2. 产量级

产量级即是牛肉产量等级/出肉率。

评价指标有胴体重量，眼肌面积，肋部肉厚，皮下脂肪厚度，肾脂肪、心脂肪及盆腔脂肪。

热胴体重：宰后剥皮、去头、蹄、内脏以后热胴体重，与胴体产量级呈正比。

眼肌面积的测定：在6~7或12~13胸肋间的眼肌切面处用方格网直接得出眼肌的面积，眼肌面积越大表征胴体高档部位肉产量越高，与胴体产量级呈正比。

背膘厚度的测定：在6~7或12~13胸肋间的眼肌切面处，从靠近脊柱一侧算起，在眼肌长度的3/4处垂直于外表面测量背膘的厚度。

肋间脂肪厚度：在6~7或12~13胸肋间的眼肌切面处，肋部肌间脂肪的厚度。

肾脂肪、心脂肪及盆腔脂肪：脂肪组织的含量越高表明动物越肥，但是脂肪组织不包括在最后的胴体重中，因此脂肪组织含量与产量级呈反比。

胴体的产量等级，一般是由胴体重、眼肌面积及背膘厚度等指标通过一定的公式测算出出肉率，出肉率越高，等级越高。

3. 我国的牛胴体分级标准

我国制定胴体分级标准较晚，现行有效的标准为NY/T676—2010《牛肉等级规格》。

牛肉的质量等级主要由大理石纹等级和生理成熟度两个指标来评定，分为特级、优级、良好级和普通级四个级别。按照表22来评定，同时结合肌肉色和脂肪色对等级进行适当调整。

大理石纹评定选取第5肋至第7肋间或第11肋至第13肋间的背最长肌横切面进行，按照肌内脂肪含量，大理石纹共分5、4、3、2、1五个等级（图2-1）。生理成熟度是以脊椎骨棘突末端软骨的骨质化程度和门齿变化为依据来判断的，分为 A、B、C、D、E 五个等级。生理成熟度判定见表 2－1。肌肉色为背最长肌横切面处肌肉的颜色，等级见表 2－2,按颜色由浅及深分为 8 个等级（对应 8 个颜色比色板），其中 4、5 两级的肉色最好。脂肪色为背最长肌横切面处肌肉的颜色等级，按颜色由浅及深，由白及黄分为 8 个等级，其中 1、2 两级的脂肪色最好。

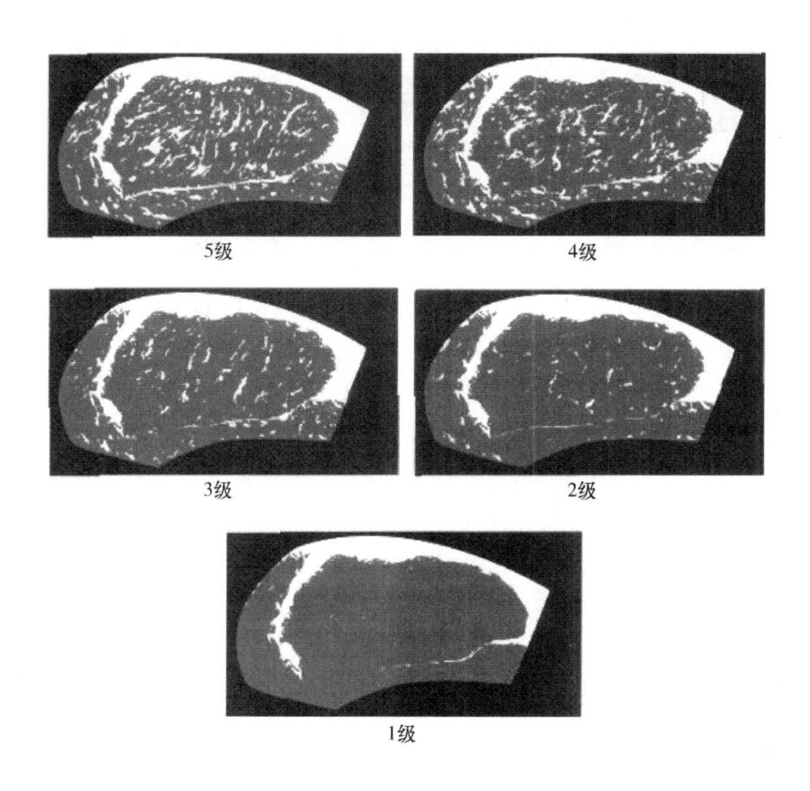

图 2－1　牛肉大理石纹评级图谱（NY/T676—2010）

表 2－1　脊椎骨骨质化程度、门齿变化与生理成熟度的关系（NY/T676—2010）

<table>
<tr><th colspan="2">生理成熟度等级</th><th>A</th><th>B</th><th>C</th><th>D</th><th>E</th></tr>
<tr><td colspan="2">月龄</td><td>24 月龄以下</td><td>24～36 月龄</td><td>36～48 月龄</td><td>48～72 月龄</td><td>72 月龄以上</td></tr>
<tr><td colspan="2">门齿变化</td><td>无或出现第一对永久门齿</td><td>出现第二对永久门齿</td><td>出现第三对永久门齿</td><td>出现第四对永久门齿</td><td>永久门齿磨损较重</td></tr>
<tr><td rowspan="3">脊椎部位</td><td>荐椎</td><td>明显分开</td><td>开始愈合</td><td>愈合
但有轮廓</td><td>完全愈合</td><td>完全愈合</td></tr>
<tr><td>腰椎</td><td>未骨质化</td><td>一点骨质化</td><td>部分骨质化</td><td>近完全
骨质化</td><td>完全
骨质化</td></tr>
<tr><td>胸椎</td><td>未骨质化</td><td>未骨质化</td><td>小部分
骨质化</td><td>大部分
骨质化</td><td>完全
骨质化</td></tr>
</table>

表2-2　　胴体分级标准（NY/T676—2010）

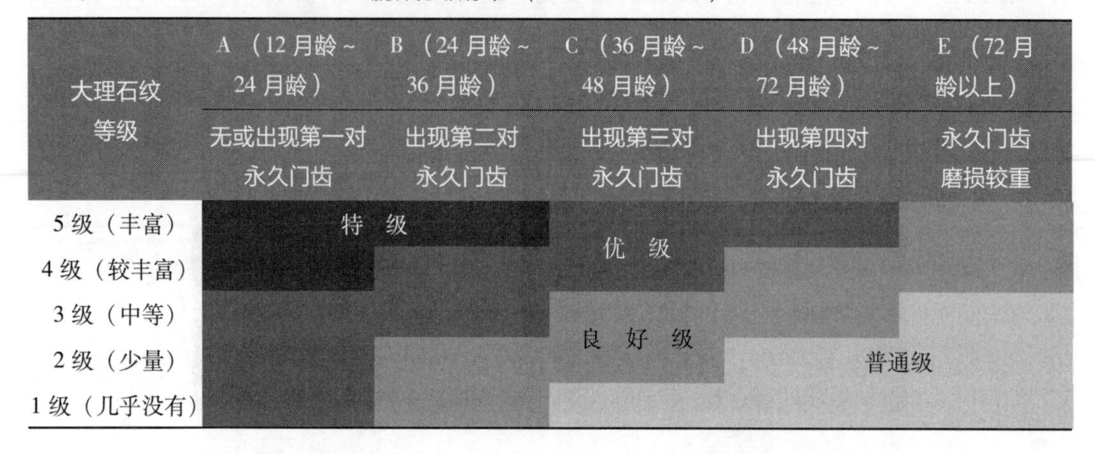

大理石纹等级	A（12月龄~24月龄） 无或出现第一对永久门齿	B（24月龄~36月龄） 出现第二对永久门齿	C（36月龄~48月龄） 出现第三对永久门齿	D（48月龄~72月龄） 出现第四对永久门齿	E（72月龄以上） 永久门齿磨损较重
5级（丰富）	特级	特级	优级	优级	良好级
4级（较丰富）	特级	优级	优级	良好级	良好级
3级（中等）	优级	优级	良好级	良好级	普通级
2级（少量）	优级	良好级	良好级	普通级	普通级
1级（几乎没有）	优级	良好级	普通级	普通级	普通级

当等级由大理石纹和生理成熟度两个指标确定以后，若肉的颜色过深或过浅，则要对原来的等级进行调整，当肉色等级为3~7级，脂肪色等级为1~4级时，不需要调整；当肌肉色等级为1~2级、8级或脂肪色等级为5~8级时，一般来说要在原来等级的基础上降一级。

牛肉的产量级主要以十三块分割肉重为指标。

产量等级计算公式：分割肉重 = -5.9395 +0.4003 × 胴体重 +0.1871 × 眼肌面积

1级：分割肉重≥131kg；2级：121kg≤分割肉重≤130kg；3级：111kg≤分割肉重≤120kg；4级：101kg≤分割肉重≤110kg；5级：分割肉重≤100kg。

4. 我国猪、羊、禽的分级标准

我国的猪胴体分级按GB9959.1—2001《鲜冻片猪肉》执行，按肥膘厚度及片肉质量分为三个等级。目前我国羊肉没有完善的分级标准。禽肉的规格等级划分标准也不完善，一般按照外观和胴体质量划分为三个等级。

二、分　割

1. 我国牛胴体分割标准

根据GB/T 27643—2011《牛胴体及鲜肉分割》，将牛宰杀放血后，除去皮、头、蹄、尾、内脏后剩下的部分称为胴体。将屠宰加工后的整只牛胴体沿脊椎中线纵向锯（劈）成两片称为二分体，将二分体从第11~13肋或第5~7肋骨间横截后成为四分体。将四分体进一步分割，共形成13块分割肉块（里脊、外脊、眼肉、上脑、辣椒条、胸肉、臀肉、米龙、牛霖、大黄瓜条、小黄瓜条、腹肉和腱子肉）。

里脊也称牛柳、菲力，即腰大肌，重量占牛活重的0.83%~0.97%（图2-2）。分割时先剥去肾周脂肪，然后沿耻骨前下方把里脊剔出，再由里脊头向里脊尾，逐个剥离腰椎横突，取下完整的里脊，里脊分粗修里脊（修去里脊表层附带的脂肪，不修去侧边）和精修里脊（修去里脊表层附带的脂肪，同时修去侧边）。牛里脊为牛肉中价格最高的肉块，因此要尽量减少牛柳在剥离时的损失，以牛柳腹面带骨膜为分割作业合格标准。

外脊也称西冷，主要是背最长肌，重量占牛活重的2.0%~2.15%。分割时沿最后腰椎切下，沿背最长肌腹壁侧（离背最长肌5~8cm）切下，在第12~13胸肋处切断胸椎，逐个把胸腰椎剥离（图2-3）。

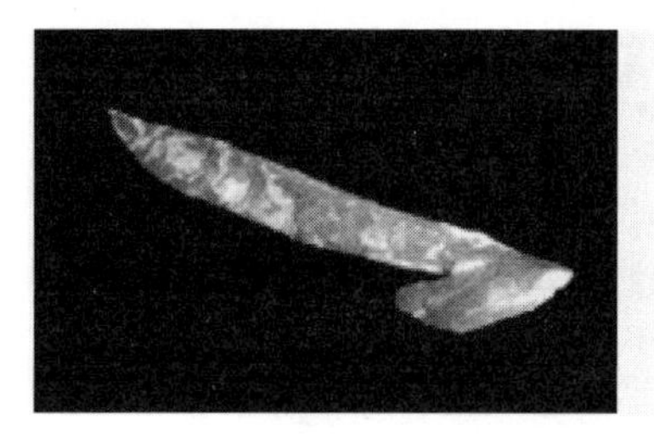
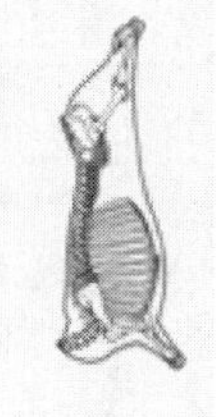

图2－2　牛里脊

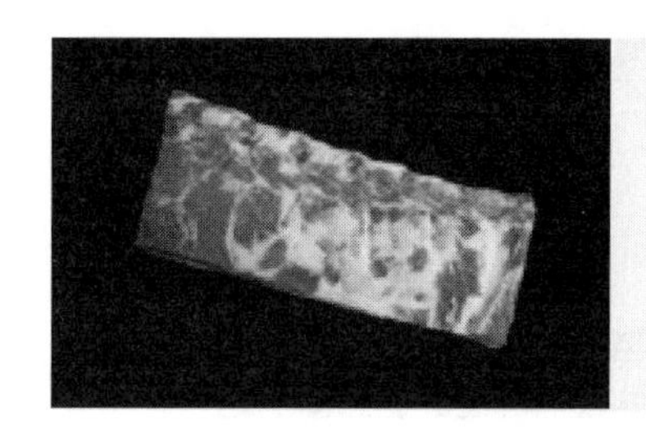

图2－3　牛西冷

眼肉包括背阔肌、背最长肌、肋间肌等，重量占牛活重的2.3%～2.5%。其一端与外脊相连，另一端在第5～6胸椎处。分割时先剥离胸椎，抽出筋腱，在背最长肌腹侧距离为8～10cm处切下（图2－4）。

上脑主要包括背最长肌、斜方肌等。其一端在第5～6胸椎处，与眼肉相连，另一端在最后颈椎后缘。分割时剥离胸椎，去除筋腱，在背最长肌腹侧距离6～8cm处切下（图2－5）。

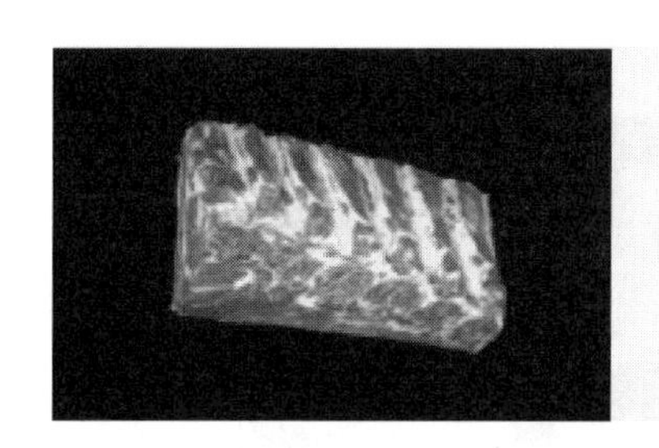
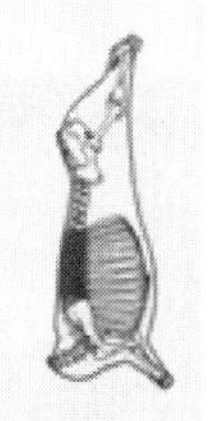

图2－4　牛眼肉

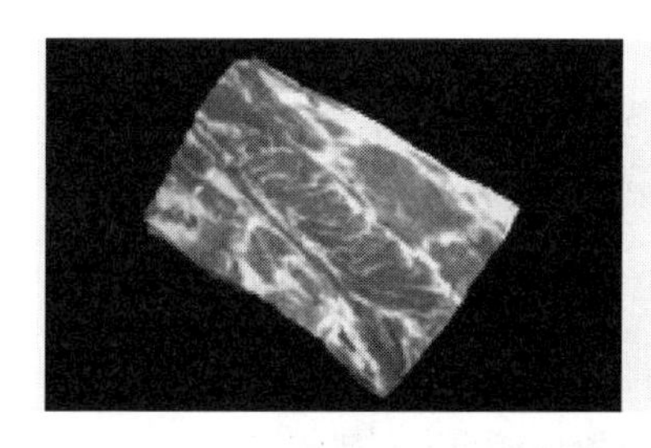

图2－5　牛上脑肉

辣椒条也称嫩肩肉，主要是三角肌。位于肩胛骨外侧，从肱骨头与肩胛骨结节处紧贴冈上窝取出的形如辣椒状的净肉（图2－6）。

胸肉主要包括胸升肌和胸横肌等。在剑状软骨处，随胸肉的自然走向剥离，修去部分脂肪即成一块完整的胸肉（图2－7）。

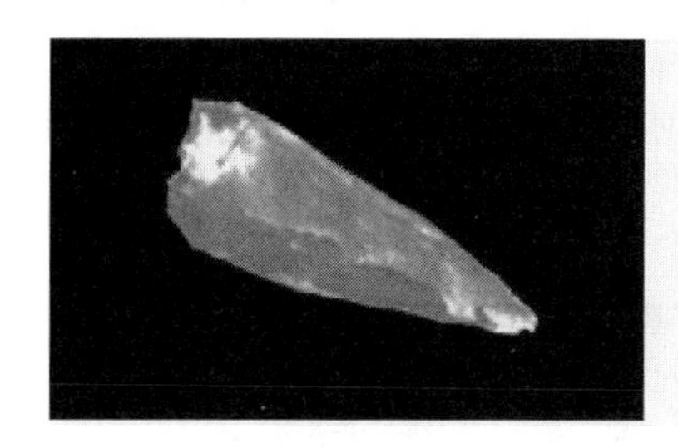
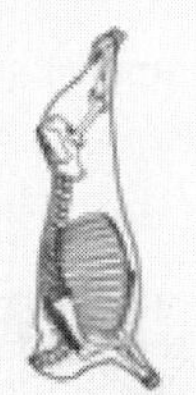

图2－6　牛嫩肩肉

图2－7　牛胸肉

臀肉也称尾龙扒，主要包括臀中肌、臀深肌、股阔筋膜张肌等，重量占活重的2.6%～3.2%，位于后腿外侧靠近股骨一端，沿着臀股四头肌边缘取下的净肉（图2－8）。

米龙也称针扒，主要包括半膜肌、股薄肌等，重量占活重的1.5%～1.9%，位于后腿外侧，沿股骨内侧从臀股二头肌与臀股四头肌边缘取下的净肉（图2－9）。

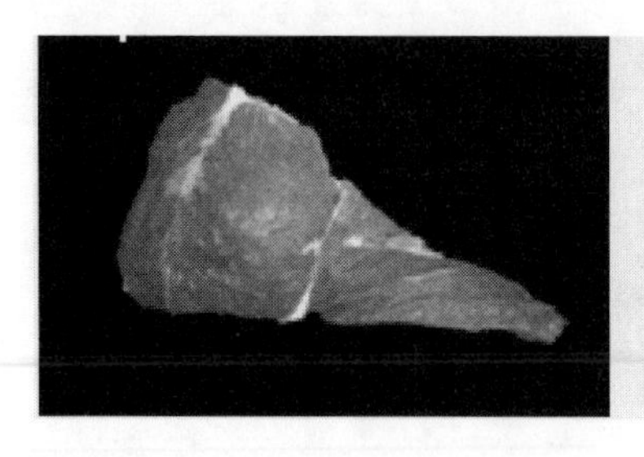
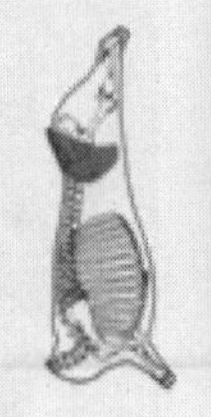

图2-8 牛臀肉

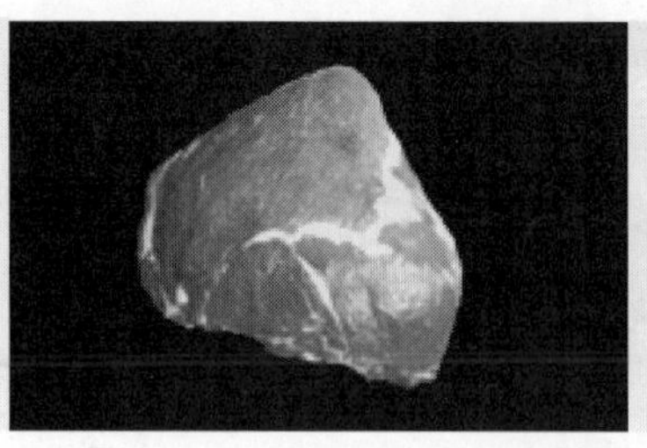
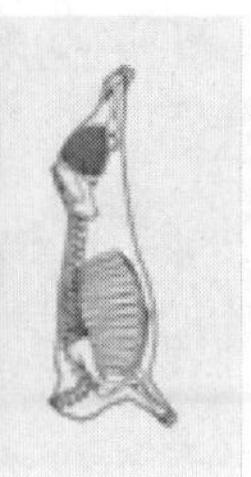

图2-9 牛米龙肉

牛霖位于股骨前面及两侧，被阔筋膜张肌覆盖，主要是臀骨四头肌，重量占活重的2.0%～2.2%。当米龙和臀肉取下后，能见到长圆形肉块，沿自然肉缝分割，得到一块完整的净肉（图2-10）。

小黄瓜条位于臀部，主要是半腱肌，重量占活重的0.7%～0.9%，为沿臀股二头肌边缘取下的形如管状的净肉。当牛后腱子取下后，小黄瓜条处于最明显的位置。分割时可按小黄瓜条的自然走向剥离（图2-11）。

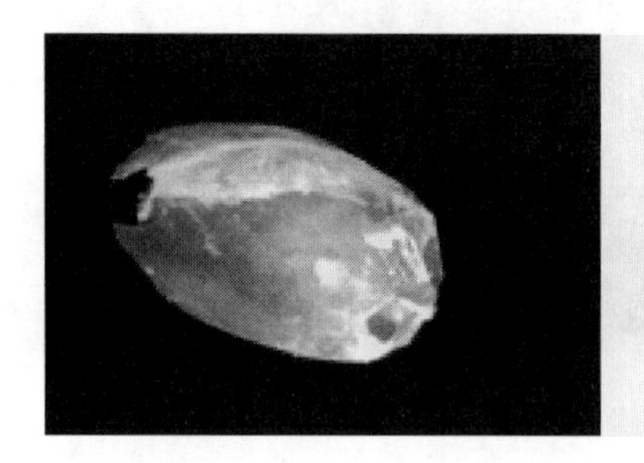
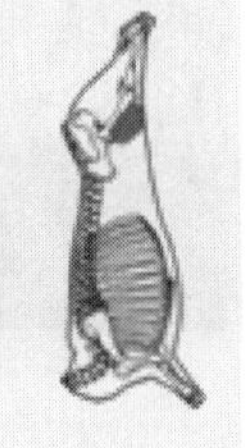

图2-10 牛霖肉

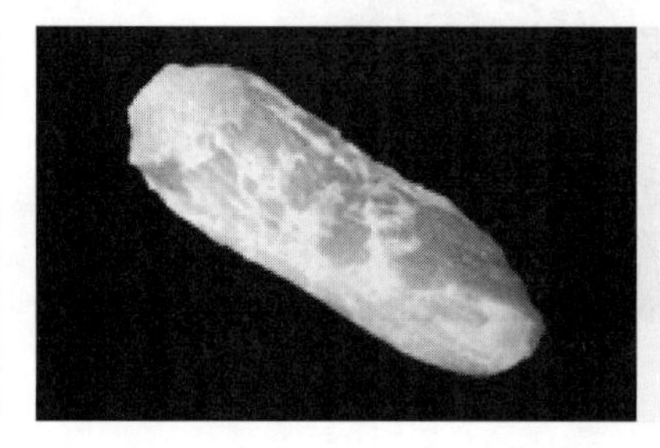

图2-11 牛小黄瓜条肉

大黄瓜条位于后腿外侧，主要是臀股二头肌。沿半腱肌股骨边缘取下的长而宽大的净肉，大黄瓜条与小黄瓜条紧紧相连，剥离小黄瓜条后大黄瓜条就完全暴露，顺着肉缝自然走向剥离，便可得到一块完整的四方形肉块。有些屠宰企业依据用肉单位要求，把大小黄瓜条合并为一块肉，称为黄瓜条肉，也称作烩扒（图2-12）。

腹肉位于腹部，主要包括肋间内肌、肋间外肌和腹外斜肌等。也即是肋排，分无骨肋排和带骨肋排。一般包括4～7根肋骨（图2-13）。

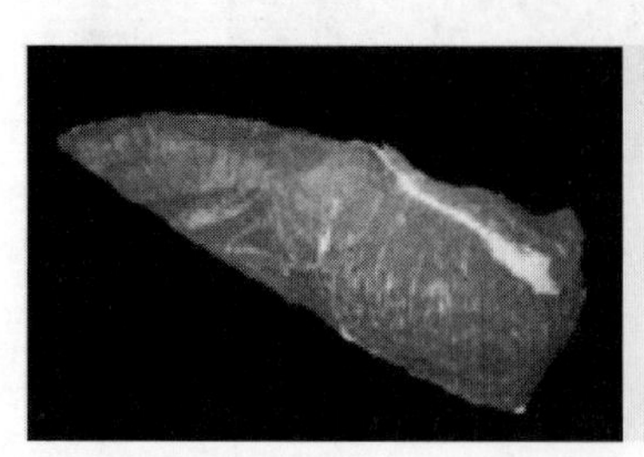
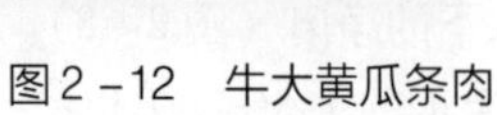

图2-12 牛大黄瓜条肉

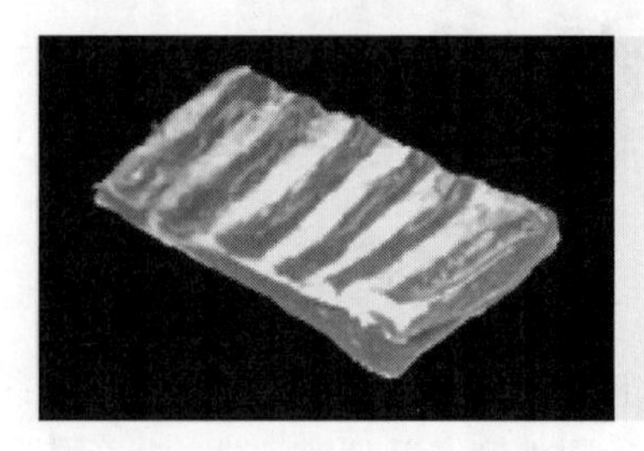

图2-13 牛腹肉

腱子肉，分为前、后两部分，牛前腱包括腕桡侧伸肌、指总伸肌、指内侧伸肌、指外侧伸肌和腕尺侧伸肌等，为取自牛前小腿肘关节至腕关节外净肉。后牛腱取包括腓肠肌、趾伸肌和趾伸屈肌等。为自牛后小腿膝关节至跟腱外净肉。前牛腱从尺骨端下刀，剥离骨头，后牛腱从胫骨上端下刀，剥离骨头取下（图2－14）。

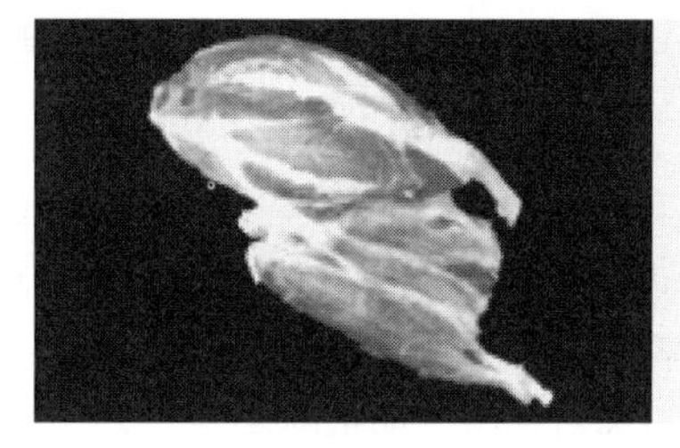
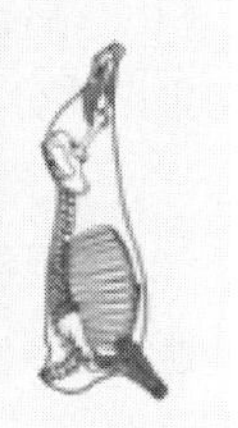

图2－14　牛腱子肉

2. 我国猪、羊胴体分割

目前我国猪胴体一般分为以下几个部分：颈背肌肉、前腿肌肉、脊背大排、臀腿肌肉4个部分，分别称为1、2、3、4号肉。羊胴体按照NY/T1564—2007《羊肉分割技术规范》执行，分割为25块带骨羊肉。

第四节　鲜肉成分及宰后肉的变化

一、肉的化学成分

肉中的化学成分主要有水分、蛋白质、脂肪、无机物、维生素及微量元素等，这些成分因动物的生物学因素（品种、年龄、性别、营养状态、季节及屠宰方式等）的不同而有所差异。但是蛋白质的比例大致相同，而水分与脂肪含量差异较大，育肥程度大的，脂肪含量多，其他成分比例相对减少。宰后的动物肉受内源酶、微生物等的作用，也会发生复杂的生物化学变化，影响肉的化学成分和各组分的含量。表2－3所示为肉中各组分的平均百分含量。

表2－3　肉中主要成分　单位：%

成分	平均含量	成分	平均含量
水分（65～80）	75.0	含氮化合物	1.5
蛋白质（16～22）	19.0	碳水化合物	1.0
脂肪（1.5～13.0）	2.5	无机物	1.0

1. 水分

水分是动物体中的流动介质，部分水分与细胞的结构有很大关系，特别是与胶状蛋白分子关系密切。水分是动物体运送营养因子、代谢产物、激素及体内废弃物的良好介质。也为体内的多种化学反应及代谢活动提供了场所。肉中的水分含量为60%～80%，具体含量与动物的种类、年龄、肌肉的部位等因素有很大关系。一般而言，牛肉比猪肉水分含量高，幼畜肉的水分含量高一些。水分含量高的肉，脂肪含量较少，相反，脂肪含量则较高。肌肉中的水分随着屠宰贮藏时间的延长因贮藏损失而逐渐减少。

肉中的水分是以非游离状态而存在，其存在的形式大致可以分为三种：

（1）结合水　约占肌肉水分总量的5%。是指借助极性基团与水分子的静电引力而紧密结合在蛋白质分子上的水分子，不易受外力条件影响，也不易改变其与蛋白质分子紧密结合的状态。

（2）不易流动水　约占肌肉水分总量的80%。是指存在于纤丝、肌原纤维及膜之间的水分，这些水距离蛋白质亲水基较远，水分子虽然有一定朝向性，但排列不够有序。肉的持水性能主要取决于肌肉对不易流动水的保持能力。不易流动水一般在-1.5~0℃结冰。

（3）自由水　约占肌肉水分总量的15%。指存在于细胞外间隙中能自由流动的水，仅靠毛细管作用力保持。鲜肉贮藏过程中的汁液损失，主要为不易流动水和自由水。

2. 蛋白质

蛋白质是动物体内十分重要的一类物质。有些蛋白是维持动物体基本构架的必需物质，还有一些蛋白参与动物体内的关键代谢活动。在非育肥的动物中，蛋白质是体内含量仅次于水分的物质。大部分的蛋白质位于肌肉组织和结缔组织中。动物体中蛋白分子的大小和形状各不相同，有的呈现球形，有的则呈现纤维状。蛋白质结构及形状的不同与各自的性质密切相关。例如：纤维状的蛋白质构成了基本的肌肉单位，而球状的蛋白分子囊括了多种催化代谢反应的酶类。按其溶解性及存在位置，肉类蛋白质主要分为三大类：结构性蛋白质，占肌肉蛋白质总量的50%；肌浆蛋白质，占肌肉总蛋白质含量的30%；肉基质蛋白质，占肌肉蛋白质总量的20%。

（1）结构性蛋白　主要指肌原纤维蛋白质，具有将化学能转变为机械能的功能。肌原纤维蛋白溶于高离子强度（0.3或更高）的钠盐或钾盐中，因此也称为盐溶性蛋白。肌原纤维蛋白质主要分为肌球蛋白、肌动蛋白、肌动球蛋白、原肌球蛋白、肌钙蛋白五大类：

①肌球蛋白：肌球蛋白是粗丝（A带）的主要成分，占肌原纤维蛋白的50%~55%，是肌肉中含量最高的蛋白质，占肌肉总蛋白的1/3。肌球蛋白的相对分子质量为470000~510000，有黏性，易成凝胶，微溶于水，溶于盐溶液中，在饱和的NaCl及$MgSO_4$溶液中或在半饱和的$(NH_4)_2SO_4$中能够盐析；等电点为pH5.4，热凝温度为43℃。肌球蛋白分子呈豆芽菜状，其长度与直径之比约为100:1。由两条多肽相互盘旋构成，在不同酶的作用下“豆芽”可以裂解成不同的部分，用胰蛋白酶处理，可以得到轻酶解肌球蛋白（“豆芽”尾部）和重酶解肌球蛋白，用木瓜蛋白酶处理后者，又可以将重酶解肌球蛋白降解为肌球蛋白头部和肌球蛋白颈部两部分。肌球蛋白具有ATP酶活力，可以使ATP分解成为ADP+Pi，也可将ITP、UTP及GTP等分解生成二磷酸盐及无机磷酸。钙离子有催化作用，而镁离子是抑制剂。

②肌动蛋白与原肌球蛋白：肌动蛋白与原肌球蛋白是细丝（I带）的主要组分，分别占肌原纤维蛋白的20%与4%~5%。肌动蛋白的相对分子质量为41800~61000，在半饱和的硫酸铵溶液中可盐析沉淀，等电点为4.7。原肌球蛋白呈细杆状，为细丝的支架，相对分子质量65000~80000。肌动蛋白单体为球形的G-肌动蛋白，直径约5.5nm，300~400个G-肌动蛋白单体形成纤维状的F-肌动蛋白，两条F-肌动蛋白扭合在一起，与呈细长条形的原肌球蛋白及肌钙蛋白构成完整的细丝。其结构如图2-15所示。

③肌钙蛋白：肌钙蛋白也叫肌原蛋白，约占肌原纤维蛋白的5%~6%。也是细丝的重要组分。相对分子质量为69000~81000，肌钙蛋白对Ca^{2+}有很高的敏感性，并能结合Ca^{2+}，每一个蛋白分子具有4个Ca^{2+}结合位点，沿着细丝以38.5nm的周期（7个G-肌动蛋白单体）结合在F-肌动蛋白凹槽中的原肌球蛋白分子上，肌原蛋白有三个亚基，各有自己的功

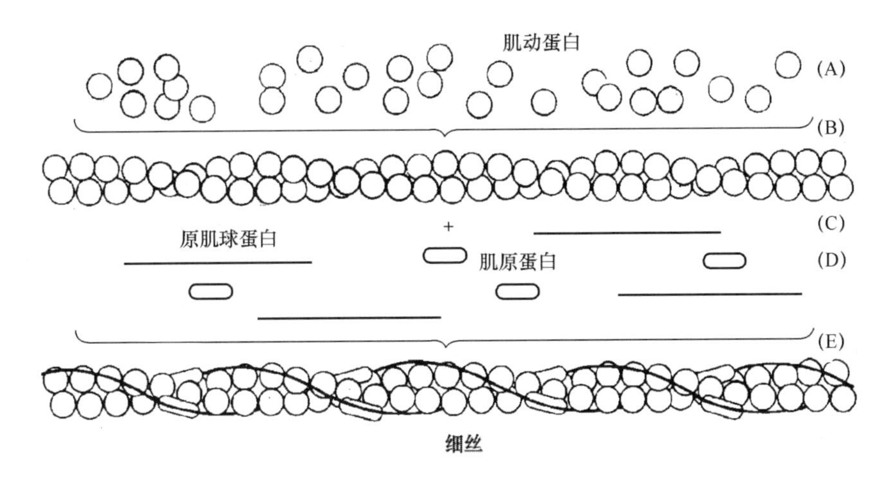

图2－15　细丝结构图谱　（Aberle 等，　1994）

能特性：钙结合亚基相对分子质量 18000～21000，是 Ca^{2+} 的结合部位；抑制亚基相对分子质量 20500～24000，能高度抑制肌球蛋白中 ATP 酶的活力，从而阻止肌动蛋白与肌球蛋白；原肌球蛋白结合亚基相对分子质量 30500～37000，能结合原肌球蛋白，起连接作用。

④肌动球蛋白：肌动球蛋白为肌动蛋白与肌球蛋白的复合物。肌动蛋白与肌球蛋白的结合比例大约为1:(2.5～4)。肌动球蛋白也具有 ATP 酶活力，但与肌球蛋白不同，Ca^{2+} 和 Mg^{2+} 都能激活 ATP 酶。

除上述五种蛋白外，肌原纤维蛋白还包括 M 蛋白，C－蛋白，α－肌动蛋白素，β－肌动蛋白素，γ－肌动蛋白素，I－蛋白，联结蛋白，肌间线蛋白等多种对粗丝和细丝的稳定性起作用的连接蛋白。

（2）肌浆蛋白

①肌溶蛋白：肌溶蛋白存在于肌原纤维间的蛋白，在水中及盐溶液中溶解。如将肌溶蛋白溶液放置，易发生变性沉淀，可溶性的部分为肌溶蛋白 A，沉淀部分为肌溶蛋白 B，二者的相对分子质量分别为 80000～90000 与 150000，等电点分别为 6.3 和 3.3，热凝温度为 55～56℃。

②肌红蛋白：肌红蛋白是一种复合性的色素蛋白质，由一分子的珠蛋白和一个血色素结合而成，是肌肉呈现红色的主要成分，对肉色泽的影响很大，肌红蛋白对细胞质的氧气具有贮存作用，与肉色关系密切，其相对分子质量 18000，等电点 6.78，具体的结构和性能将在后续章节中详细论述。

③肌浆酶，肌浆中还存在大量可溶性肌浆酶，其中解糖酶占 2/3 以上。在肌浆中缩醛酶和肌酸激酶及磷酸甘油醛脱氢酶含量较多。大多数酶定位于肌原纤维之间，其中缩醛酶和丙酮酸激酶对肌动蛋白－原肌球蛋白－肌原蛋白有很高的亲和性。红肌纤维中解糖酶含量比白肌纤维少，只有其 1/10～1/5。而红肌纤维中一些可溶性蛋白的相对含量，以肌红蛋白、肌酸激酶和乳酸脱氢酶含量最高。

④肌粒蛋白：肌粒蛋白主要为三羧酸循环酶及脂肪氧化酶系统，这些蛋白质定位于线粒体中，在离子强度 0.2 以上的盐溶液中溶解，在 0.2 以下则呈不稳定的悬浮液。另外还有一种 ATP 酶，定位于线粒体的内膜上。

（3）基质蛋白

①肉基质蛋白质：肉基质蛋白质为不溶性蛋白质，也是结缔组织蛋白质，是构成肌内膜、

肌束膜、肌外膜和腱的主要成分，包括胶原蛋白、弹性蛋白、网状蛋白及黏蛋白等，存在于结缔组织的纤维及基质中。鉴于其纤维特性，即使在高离子强度的溶液也无法溶解，为不溶性蛋白质。

②胶原蛋白：胶原蛋白是结缔组织的主要结构蛋白，是皮肤、筋腱、软骨等的重要组分，也是牙齿和骨骼等组织的重要基质物质。胶原蛋白占机体蛋白质的20%～25%，主要存在于肌外膜、肌束膜和肌内膜，对肉的嫩度影响很大。胶原蛋白由原胶原蛋白（tropcollagen）构成，原胶原为纤维状蛋白，由3个α－肽链形成三链螺旋体。原胶原很有规则地聚合成胶原蛋白，每一原胶原分子依次头尾相接，呈直线排列，同时，大量这样直线联结的原胶原又互相平行排列。平行排列时，相邻近的原胶原分子，联接点有规则地依次相差1/4原胶原分子的长度，因此，每隔1/4原胶原分子的长度，就有整齐的原胶原分子相互联结点（图2－16）（Aberle等，1994）。胶原蛋白的不溶性和坚韧性是由于其分子间的交联，特别是成熟交联所致。交联是由胶原蛋白分子特定结构形成，并整齐地排列于纤维分子之间的共价化学键。肌肉结缔组织中胶原蛋白的交联，尤其是成熟交联的比例随着动物年龄的增长而增加，所以动物年龄越大，交联程度越大，性质越稳定，肉嫩度越差。

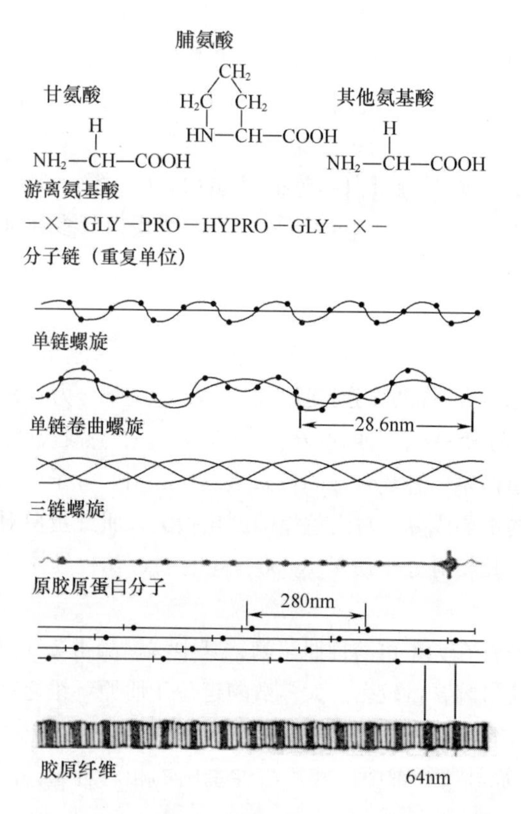

图2－16 原胶原蛋白、胶原蛋白结构和原胶纤维的形成

胶原蛋白性质稳定，具有很强的延伸力，不溶于水及稀盐溶液，在酸或碱溶液中可以膨胀。不易被一般蛋白酶水解，但可被胶原蛋白酶水解。胶原蛋白遇热会发生热收缩，热缩温度与动物种类有关，一般鱼类为45℃，哺乳动物为60～65℃。当加热温度大于热缩温度时，胶原蛋白就会逐渐变为明胶，变为明胶的过程并非水解的过程，而是氢键断开，原胶原分子的三条

螺旋被解开，因而易溶于水中，当冷却时就会形成明胶。

组成胶原蛋白的氨基酸主要是甘氨酸、脯氨酸和羟脯氨酸，三者加在一起占总氨基酸的2/3，其中羟脯氨酸在胶原蛋白中的含量在不同肉畜间变化不大，可用来表示肌肉中胶原蛋白含量。

③弹性蛋白：弹性蛋白是一种具有高弹性的纤维蛋白，在韧带、血管和黄色结缔组织中含量多。是由弹性蛋白质与赖氨酸通过共价交联形成的不溶性的弹性硬蛋白，这种蛋白质不被胃蛋白酶水解，可被弹性蛋白酶（存在于胰腺中）水解。其含量与部位有关，肌肉中的平均含量为胶原蛋白的1/10，但是在半腱肌中达到胶原蛋白的40%。其氨基酸组成与胶原蛋白有很大不同，有1/3为甘氨酸，脯氨酸、缬氨酸占40%～50%，不含色氨酸和羟脯氨酸。

④网状蛋白：网状蛋白的形状组成与胶原蛋白相似，但含有10%左右的脂肪，主要存在于肌内膜。其氨基酸组成也与胶原蛋白相似。网状蛋白对酸与碱较稳定。

3. 脂肪

肉中化学成分以脂肪含量变化最大，与动物的营养状况、年龄等因素有密切关系，也同胴体的不同部位有关。一般随动物年龄的增长含量增加。动物体中含有多种脂肪，多以中性脂（脂肪酸和甘油三酯）的形式存在。在这些脂肪中，有一些为细胞的能量源；一些为细胞膜结构和功能的基本单位，还有一些作为激素、维生素的重要组分而参与体内的代谢活动。肉类脂肪有20多种脂肪酸，除了牛乳脂肪，在动物脂肪中的脂肪酸链很少有低于10个碳原子的，而是多为C16和C18，也有少量为C12、C14及C20。因此，其中的饱和脂肪酸多为硬脂酸和软脂酸，不饱和脂肪酸多为软油酸、油酸、亚油酸及亚麻酸。硬脂酸为动物体内含量最高的脂肪酸。而甘油三酯中的脂肪酸分子多为一分子的软脂酸，两分子的硬脂酸。

脂肪在肌肉中的含量对肉的多汁性和嫩度等品种影响较大，脂肪是重要的风味前提物，基础理论研究证实，只有当肌内脂肪含量超过3.5%时，肉才有可接受的多汁性和风味特征；肉制品中的脂肪含量不应低于16%。不同动物脂肪的脂肪酸组成不一致，相对来说鸡脂肪和猪脂肪含不饱和脂肪酸较多，牛脂肪和羊脂肪含饱和脂肪酸多些。动物脂肪在体内的蓄积顺序为腹腔、皮下、肌间、肌内。脂肪蓄积在肌束内最为理想，这样的肉呈大理石样纹理，肉质较好。不同动物蓄积的部位也有所差异，猪的脂肪主要蓄积在皮下、肾周围和大网膜；羊主要蓄积在尾根和肋间；鸡主要蓄积在皮下、腹腔及肌胃周围；大尾绵阳蓄积在尾内而骆驼则蓄积在驼峰。

4. 浸出物

肉的浸出物是指除蛋白质、盐类、维生素外能溶于水的浸出性物质。新鲜肉中的浸出物约占2%～3%。包括含氮浸出物和无氮浸出物两类。

含氮浸出物，是非蛋白质的含氮物质，多以游离状态存在。如游离氨基酸、磷酸肌酸、核苷酸类、胍基化合物及肽类等。含氮浸出物同肌肉的代谢有直接关系，是蛋白质代谢的降解产物，是肉品呈味的主要成分。如ATP的降解产物肌苷酸及次黄嘌呤，是肉鲜味的主要成分。此外，磷酸肌酸降解成肌酸，进一步加热形成的肌酐，以及谷胱甘肽、鹅肽等物质随着宰后肉的成熟而增加。

无氮浸出物，为不含氮的可浸出的有机化合物，主要是碳水化合物（糖原、葡萄糖、核糖等）和有机酸（乳酸、乙酸、丁酸、延胡索酸等）。糖原是葡萄糖的聚合体，主要存在于肝脏（2%～8%）和肌肉（0.3%～0.8%）中。肌肉中糖原含量的多少，对宰后肌肉的极限pH、持水性、色泽、风味和贮藏性等有显著影响，是导致肉品质变化的主要因素之一。

5. 无机物

肌肉中含有大量的矿物质（灰分），含量为0.8% ~1.2%，其中钾、磷含量最多，但钙含量较低；钾和钠几乎全部存在于软组织及体液中，钾和钠与细胞膜的通透性有关，可提高肉的保水性。肉中尚含有微量的锌，降低肉的保水性。肾和肝中的矿物质含量远高于肌肉组织。各种肉和器官组织中矿物质含量见表2－4。

表2－4 肉和器官组织中矿物质含量 单位：mg/100g

肉名称	钠	钾	钙	镁	铁	磷	铜	锌
生牛肉	69	334	5	24.5	2.3	276	0.1	4.3
生羊肉	75	246	13	18.7	1.0	173	0.1	2.1
生猪肉	45	400	4	26.1	1.4	223	0.1	2.4
脑	140	270	12	15.0	1.6	340	0.3	1.2
肾	197	263	9	17.0	6.0	280	0.5	2.3
肝	81	310	6	19.7	12.5	367	4.6	4.9

6. 维生素

肌肉含有维生素A、维生素B_1、维生素B_2、维生素PP、叶酸、维生素C、维生素D等多种维生素，以B族含量较多，脂溶性维生素含量低。维生素含量受肉畜种类、品种、年龄、性别和肌肉类型的影响，内脏中维生素含量比肉中高，尤其是肾、肝中维生素A的含量可达100 ~150（IU）和10000 ~20000（IU）。鲜肉中维生素含量见表2－5。

表2－5 每100g肉中某些维生素含量

畜肉	维生素A/IU	维生素B_1/mg	维生素B_2/mg	维生素PP/mg	泛酸/mg	生物素/mg	叶酸/mg	维生素B_6/mg	维生素B_{12}/mg	维生素C/mg	维生素D/IU
牛肉	微量	0.07	0.2	5.0	0.4	3.0	10.0	0.3	2.0	—	微量
小牛肉	微量	0.10	0.25	7.0	0.6	5.0	5.0	0.3	—	—	微量
猪肉	微量	1.0	0.20	5.0	0.6	4.0	3.0	0.5	2.0	—	微量
羊肉	微量	0.15	0.25	5.0	0.5	3.0	3.0	0.4	2.0	—	微量
牛肝	微量	0.3	0.3	13.0	8.0	300.0	2.7	50.0	50.0	30.0	微量

二、 屠宰后肉的变化

动物刚屠宰后，肉温还没有散失，如果进行热剔骨，所得的肉有一定弹性的、质地柔软称为热鲜肉。经过一定时间，肉的伸展性消失，肉体变为僵硬状态，这种现象称为死后僵直（rigor mortis），此时的肉如果加热食用，其质地较硬，持水性也差，为尸僵肉。如果继续贮藏，其僵直情况会缓解，经过自身解僵或微生物的作用，肉又变得柔软起来，同时持水性增加，风味提高，为成熟后的肉。成熟肉在不良条件下贮存，经酶和微生物作用分解变质为腐败肉。动物屠宰后，虽然生命已经停止，但由于动物体还存在着各种酶，许多生物化学反应还没有停止，所以从严格意义上讲，还没有成为可食用的肉，只有经过一系列的宰后变化，才能完成从肌肉

（muscle）到可食肉（meat）的转变。屠宰后肉的变化包括上述肉的尸僵、肉的成熟两个连续变化过程。

1. 肌肉收缩原理

活体动物中的骨骼肌是一种高度分化的、具有将化学能转化为动能的组织。如本章上一节所述，肌肉的组成构架决定了它的收缩与舒张功能。但是，动物屠宰后，肌肉转化为营养美味的食肉时，这种收缩、舒张的能力也随之消失，然而在这一肌肉收缩与舒张功能逐渐消失的过程中，肌肉的理化变化对最终食肉品质的影响巨大。动物宰后一段时间内代谢物质的累积过程与活体动物的正常代谢活动是一致的。因此，了解活体肌肉的生理功能将有助于了解肌肉的收缩、舒张与宰后肌肉品质特性之间的关系。

肌肉收缩主要是由构成肌原纤维的两种蛋白质的粗丝和细丝的相对滑动造成，即所谓滑动学说。肌肉收缩和松弛，并不是肌球蛋白粗丝在A带位置上的长度变化，而是I带在A带中伸缩，所以肌球蛋白粗丝的长度不变，只是F-肌动蛋白细丝产生滑动，肌肉收缩包括4种主要因子：

（1）收缩因子　肌球蛋白、肌动蛋白、原肌球蛋白和肌原蛋白。

（2）能源因子　ATP。

（3）调节因子　初级调节因子——Ca^{2+}，次级调节因子——原肌球蛋白和肌原蛋白。原肌球蛋白为中间酶解物质。

（4）疏松因子　肌质网系统和钙离子泵。

肌肉处于静止状态时，由于Mg^{2+}和ATP形成复合体的存在，妨碍了肌动蛋白与肌球蛋白粗丝头部的结合。肌肉收缩的前提条件：肌原纤维周围糖原的无氧酵解和线粒体内进行的三羧酸循环，使ATP不断产生，供肌肉收缩之用。肌球蛋白头部是一种ATP酶，这种酶的激活需要Ca^{2+}。

活体中肌肉收缩的四个过程：

①首先由神经系统（运动神经）传递信号，来自大脑的信息经神经纤维传到肌原纤维膜产生去极化作用，神经冲动沿着T小管进入肌原纤维，可促使肌质网将Ca^{2+}释放到肌浆中。

②进入肌浆中的Ca^{2+}浓度从10^{-7}mol/L增高到10^{-5}mol/L时，Ca^{2+}即与细丝的肌原蛋白钙结合亚基（TnC）结合，引起肌原蛋白3个亚单位构型发生变化，使原肌球蛋白更深地移向肌动蛋白的螺旋槽内，从而暴露出肌动蛋白纤丝上能与肌球蛋白头部结合的位点。

③Ca^{2+}可以使ATP从其惰性的Mg-ATP复合物中游离出来，并刺激肌球蛋白的ATP酶，使其活化。肌球蛋白ATP酶被活化后，将ATP分解为ADP、无机磷和能量。

④同时，肌球蛋白纤丝的头部与肌动蛋白纤丝结合，形成收缩状态的肌动球蛋白。

这里的肌质网起钙泵的作用，当肌肉松弛的时候，Ca^{2+}被回收到肌质网中，而当收缩时使Ca^{2+}被放出。

当神经冲动产生的动作电位消失，通过肌质网钙泵作用，肌浆中的Ca^{2+}被收回。肌原蛋白钙结合亚基（TnC）失去Ca^{2+}，肌原蛋白抑制亚基（TnI）又开始起控制作用。ATP与Mg^{2+}形成复合物，且与肌球蛋白头部结合。而细丝上的原肌球蛋白分子又从肌动蛋白螺旋沟中移出，挡住了肌动蛋白和肌球蛋白结合的位点，形成肌肉的松弛状态。

2. 宰后能量变化

活体中的ATP主要由肌糖原的糖酵解过程产生，糖原贮存在肌肉中，占肌肉重量的1%左右，它可分解为葡萄糖，经过一系列反应生成 CO_2 和 H_2O，一个葡萄糖分子能够释放 39 个 ATP。动物屠宰放血后，体内平衡被打破，机体的死亡引起了呼吸与血液循环的停止、氧气供应的中断，肌肉组织内的各种需氧性生物化学反应停止并转变成厌氧性活动。糖原（牛肉）的含量能够由宰后 1h 的 633.7mg/100g 降低到宰后 24h 的 274mg/100g。厌氧性呼吸促进糖的无氧酵解过程，每分子的葡萄糖产生 2 分子的乳酸，生成 3 个 ATP，相比于有氧呼吸，能量供应显著降低。与此同时，由于糖原的酵解，乳酸增加，ATP 分解产生磷酸根离子，乳酸与磷酸的累积导致肌肉 pH 迅速下降，一般 pH 降低到 5.4 左右，就不再下降。因为肌糖原无氧酵解过程中的酶会被酸的累积所抑制而失活，使肌糖原不能再继续分解，乳酸也不能再产生。这时的 pH 是死后肌肉的最低 pH，称为极限 pH。

3. 宰后尸僵

刚刚宰后的肌肉以及各种细胞内的生物化学等反应仍在继续进行，但是由于放血而带来了体液平衡的破坏、供氧的停止，整个细胞内很快变成无氧状态。从而使葡萄糖及糖原的有氧分解很快变成无氧酵解产生乳酸。ATP 的供应从有氧呼吸的 39 分子降低到无氧酵解的 3 分子。由于 ATP 水平的下降和 pH 的降低，肌浆网钙泵的功能丧失，使肌浆网中 Ca^{2+} 逐渐释放而得不到回收。Ca^{2+} 浓度升高，引起肌动蛋白沿着肌球蛋白的滑动收缩；另一方面引起肌球蛋白头部的 ATP 酶活化，加快 ATP 的分解并减少，同时由于 ATP 的丧失又促使肌动蛋白细丝和肌球蛋白细丝之间交联的结合形成不可逆性的肌动球蛋白，从而引起肌肉的连续且不可逆的收缩，收缩达到最大程度时即形成了肌肉的宰后僵直，也称尸僵。死后肌肉最显著的变化之一是死后僵直的发生。僵直发生时，肌肉收缩为不可逆之死亡收缩。当尸僵完成时，肌肉因肌动蛋白、肌球蛋白间形成横桥，而导致其不能缩短或伸长。

动物死后僵直的过程大体可分为三个阶段：①迟滞期：从屠宰后到开始出现僵直现象为止，即肌肉的弹性以非常缓慢的速度变化的阶段，此阶段内肌肉内 ATP 的含量虽然减少，但在一定时间内几乎恒定，因为肌肉中还含有另一种高能磷酸化合物——磷酸肌酸（CP），若在磷酸激酶的作用下，磷酸肌酸将其能量转给 ADP 再合成 ATP，以补充减少的 ATP。正是由于 ATP 的存在，使肌动蛋白丝细在一定程度上还能沿着肌球蛋白粗肌丝进行可逆性的收缩与松弛，从而使这一阶段的肌肉还保持一定的伸缩性和弹性。②尸僵急速期：随着宰后时间的延长磷酸肌酸的能量耗尽，肌肉 ATP 的来源主要依靠葡萄糖的无氧酵解，致使 ATP 的水平下降，同时乳酸浓度增加，肌浆网中的 Ca^{2+} 离子被释放，从而快速引起肌肉的不可逆性收缩，使肌肉的弹性逐渐消失，肌肉的僵直进入急速形成期。③尸僵后期：当肌肉内的 ATP 的含量降到原含量的 15% ~20% 左右时，肌肉的伸缩性几乎丧失，从而进入僵直后期，此时肉的硬度要比僵直前增加 10 ~40 倍。

肌肉宰后的收缩因动物种类、环境温度、胴体 pH 的不同而不同。刚刚屠宰的离体肌肉会顺着肌纤维的方向缩短，而横向变粗。如果肌肉仍连接在骨骼上，肌肉只能发生等长性收缩，肌肉内部产生拉力。宰后肌肉的缩短，在 15℃时，收缩程度最小；在 15℃以上，与温度呈正相关，温度越高，ATP 的消耗越大，肌肉收缩越剧烈；如果胴体 pH 降低到 6.0 以下时，温度低于 12℃，肌肉尤其是红肉会发生极度收缩，也称为冷收缩。冷收缩不同于发生在中温时的正常收缩，而是收缩更强烈，可逆性更小，这种肉甚至在成熟后，在烹调中仍然是坚韧的。目前冷收缩的机制还不十分明确，为了防止冷收缩带来的不良效果，采用电刺激的方法，使肌肉中 ATP 迅速消失，pH 迅速下降，使尸僵迅速完成，可改善肉的质量和外观色泽。热剔骨的肌肉易发生冷收缩，硬度较大，带骨肉由于只发生等长收缩则可在一定程度上抑制冷收缩。如果肌肉在僵直未完成时进行冻结，容易发生解冻收缩，这是由于此时肌肉仍含有较多的 ATP，在解冻时由于 ATP 发生强烈而迅速的分解而产生僵直，称为解冻僵直。解冻收缩的强度较正常的僵直剧烈的多，并有大量的肉汁流出。解冻僵直发生的收缩急剧有力，可缩短 50%，这种收缩可破坏肌肉纤维的微结构，而且沿肌纤维方向收缩不够均匀。在尸僵发生的任何一点进行冷冻，解冻时都会发生解冻僵直，但随肌肉中 ATP 浓度的下降，肌肉收缩力也下降。在刚屠宰后立刻冻结而后再解冻，这种现象最明显。因此要在形成最大僵直之后再进行冻结，以避免这种现象的发生。

尸僵开始和持续时间因动物的种类、品种、宰前状况、宰后肉的变化及不同部位而异。一般鱼类尸僵开始较早，在宰后 0.1～0.2h 时进入，持续时间也最短，约为 2h；哺乳类动物发生较晚，鸡肉、猪肉、牛肉开始时间分别为宰后 3、8、10h，持续时间依次增长，分别为 8、20、72h。不放血致死较放血致死的动物尸僵发生得早。温度高发生得早，持续时间短；温度低则发生得晚，持续时间长。肉在达到最大尸僵以后，即开始解僵软化进入成熟阶段。

4. 肉的解僵与成熟机制

尸僵持续一定时间后，即开始缓解，肉的硬度降低，保水性有所恢复，这个变化过程即为肉的解僵过程。解僵所需要的时间因动物种类、环境温度及其他条件的不同而异。在冷藏温度下鸡肉需要 3～4h，猪肉 2～3d，而牛肉需要时间最长为 7～10d。成熟是指尸僵完全的肉在冰点以上温度条件下放置一定时间，使其僵直解除、肌肉变软、系水力和风味得到改善的过程。

肉的成熟过程对肉品质的改善具有十分重要的意义，成熟过程中肌肉会发生以下变化：

（1）物理变化　Z 盘的降解，导致肌原纤维的弱化与片段化；肌间线蛋白（desmin）的降解，导致肌原纤维之间的链接的破裂，进而使肌纤维小片化；肌钙蛋白 T（troponin T）的降解与消失。肌钙蛋白 T 的降解可能会导致 F 肌动蛋白完整性及肌动蛋白与肌球蛋白结合强度发生变化；伴肌球蛋白（titin）与伴肌动蛋白（nebulin）的降解。伴肌球蛋白位于 Z 线和 M 线之间，而伴肌动蛋白从 Z 盘伸出，伴随细丝并延伸到细丝的自由端。在活体肌肉中伴肌动蛋白主要起着稳定细丝，控制和调节细丝的生长排列，以及协助细丝和 Z 线连接等功能。这两种蛋白的降解会导致肌原纤维的降解；上述纤维蛋白的降解会导致相对分子质量为 95000 级 28000～32000 小分子肽的出现；但是主要的收缩蛋白——肌球蛋白与肌动蛋白在成熟 56d 后都几乎不发生降解。

（2）肉质变化　嫩度的改善，嫩度随着成熟时间的延长，逐渐提高；保水性的改变，尸僵时保水性最差，随着成熟时间的进一步延长，保水性又有所改善，但随着成熟时间的进一步延长，保水性又有所降低，肉汁损失越来越大；风味的改善，随着成熟时间的延长，ATP 的降解产物次黄嘌呤和蛋白质水解的各种氨基酸，能够增加肉的滋味与香味。

但是目前肉成熟的机制并未完全阐明。迄今为止，较为认可的成熟机制包括以下几方面：

①肌原纤维小片化：宰后肌浆网的崩裂，大量 Ca^{2+} 释放到肌浆中，Ca^{2+} 可激活钙激活酶（calpain）。Granger 等（1978）发现钙激活酶在成熟过程中可降解肌间线蛋白（desmin）及多种肌原纤维骨架蛋白，从而导致肌原纤维结构弱化。观察研究所得的电镜图片发现，经过成熟的肉，在肌原纤维 Z 线附近发生断裂，肌动蛋白离开 Z 盘附着于肌球蛋白上，而 Z 盘并没有发生明显变化。成熟过程中肌原纤维断裂成若干个 1～4 个肌节相连的小片状，称为肌原纤维小片化。

②结缔组织的变化：肌肉中结缔组织的含量虽然很低（占总蛋白的 5% 以下），但是由于其

性质稳定、结构特殊，是构成骨骼肌整个骨架的联接及支撑单位，为肌纤维膜、肌内膜、肌周膜及肌外膜的基本组成单位，在维持肉的弹性和强度上起着非常重要的作用。在肉的成熟过程中胶原纤维的网状结构松弛，由规则、致密的结构变成无序、松散的状态。胶原纤维结构的变化，直接导致了胶原纤维剪切力的下降，从而使整个肌肉的嫩度得以改善。结构弹性网状蛋白在死后鸡的肌原纤维中占5.5%，兔肉中占7.2%，随着保藏时间的延长和弹性的消失而减少，当弹性达到最低值时，结构弹性蛋白的含量也达到最低值。肉类在成熟软化时结构弹性蛋白质消失，导致肌肉弹性消失。

③蛋白酶学：骨骼肌中存在的几种酶系统对肌原纤维蛋白的降解有一定的作用，这些酶包括存在于肌浆中钙激活酶和蛋白酶体及存在于溶酶体中的组织蛋白酶。目前较为认可的酶系统为钙激活酶系统。

钙激活酶系统：钙激活酶是一种中性蛋白酶，它存在于肌纤维Z线附近及肌质网膜上。在动物被屠宰后，随着ATP的消耗，肌质网内积蓄的Ca^{2+}被释放出来，激活了钙激活酶，分解肌原纤维蛋白促进肉的嫩化。钙激活酶于1964年由Guroff首次鉴定出，于1976年由Daytion等人进行了纯化，1981年它被命名为EC3.4.22.7。已经有人证明，钙激活酶的分解作用主要集中于Z线，表现为Z线的裂解和肌原纤维小片化。钙激活酶的活化必须依赖于一定浓度的Ca^{2+}。肉中的钙激活酶系统包括μ-钙激活酶（μ-calpain）、m-钙激活酶（m-calpain）和钙激活酶的专一抑制蛋白（calpastatin）。μ-钙激活酶、m-钙激活酶为同工酶，由相对分子质量为80000的催化亚基和28000的调节亚基构成，两者小亚基相同，大亚基有差别。这两种同型异构体是根据其在最大作用一半时所用酶需要的钙离子量来命名的。一般来说，μ-钙激活酶需要5~65μmol/L钙离子，而m-钙激活酶需要300~1000μmol/L钙离子。μ-钙激活酶和m-钙激活酶都是细胞内部的蛋白酶，这些蛋白酶都分布在原生质膜和细胞器上。在骨骼肌细胞中，钙激活酶分布在肌原纤维、线粒体、核糖体中。钙激活酶以一定的形式作用于底物，产生大的多肽片断，来促进肉的成熟。在横纹肌中，钙激活酶作用于许多肌原纤维蛋白，包括联结蛋白（titin）、伴肌动蛋白（nebulin）、细丝蛋白（filamin）、肌间蛋白（desmin）、肌钙蛋白-T（troponin-T），但不作用于肌球蛋白（myosin）、肌动蛋白（actin）、肌钙蛋白-C（troponin-C）。目前对钙激活酶的基因已经进行了定位，并将其确定为一个和牛肉嫩度相关的数量控制位点。钙激活酶的专一抑制蛋白的相对分子质量大约为125000，由713个氨基酸残基构成，只有一条多肽链，含四个重复结构域和一个非同源结构域，四个重复结构域都可单独发挥对钙激活酶的抑制作用。而钙激活酶的专一抑制蛋白只有在一定的Ca^{2+}浓度下才能和钙激活酶结合并产生抑制作用。

此外，有学者认为溶酶体组织蛋白酶及蛋白酶体等均会对宰后肌肉蛋白有一定的降解作用，进而促进肉的成熟。但是还有一些研究认为溶酶体组织蛋白酶很难从溶酶体内释放，肌原纤维蛋白也并不是蛋白每天的良好产物，因此此二者对肉类成熟的贡献需要进一步研究。

第五节 肉的微生物危害及安全控制

一、肉中的微生物

肉中污染的微生物有病毒、霉菌、酵母菌及细菌。病毒不会对肉的腐败产生影响，但是一旦污染就会使工人和消费者感染，危害极大。霉菌是多细胞的生物体，具有菌丝形态，它们呈现多种颜色，通常利用它们的霉味、绒毛和棉絮形的外观来判定它们的存在。霉菌所产生的很小的孢子能够随空气和其他介质而到处传播，孢子遇到有利于萌芽的环境条件时就会产生新的霉菌。酵母菌一般为单细胞，与普通细菌相比，细胞个体较大，形态独特，且进行分裂发芽。酵母菌的芽与霉菌的孢子一样也能够随风及其他途径传播，污染肉及加工器具的表面。细菌也是单细胞生物体，形态各异，有杆状的、球状的甚至螺旋状的。有些细菌以簇状聚集，也有些杆状和球状细菌则呈链状聚集。细菌还能产生色素，如黄色、棕色、黑色等。有色细菌多具有中间型颜色，如橘色、红色、粉色、蓝色、绿色及四色等。还有一些细菌也能产生孢子，以此在恶劣的环境下得以生存。有些孢子能够对热、化学物质、干燥等产生很大抗性。当生存环境改善后，孢子能够发芽产生新的可见细菌。

在肉品所有的微生物中，细菌及其毒素是危害肉品质量与安全的最主要的微生物。污染肉品的微生物可以分为两大类：一类是导致肉品腐败变质的腐败微生物；另一类是能够引发人类食源性疾病的致病微生物。肉品中较高的 pH、较高的水分活度以及可以随时利用的营养物质是导致肉品中致病微生物和致腐微生物大量存在的原因。

二、 肉品的腐败与致腐微生物

肉的腐败变质是指肉类在组织酶和微生物作用下发生质量的变化，最终失去食用价值的过程。肉类富含蛋白质、脂肪、矿物质和维生素等营养物质，在提供人类全价蛋白质和矿物质及维生素等营养素的同时，也为微生物的生长提供了良好的生长介质。微生物的生长曲线呈现典型的 S 形，具有迟滞期、对数期、稳定期及死亡期四个生长期。对数期为细菌的快速增长期，稳定期的死亡与生长速率持平。从生产实际来看，腐败（发黏及产生腐败味）的迹象在细菌的对数期就开始出现。因此，对细菌的控制措施如冷藏就是为了延长细菌的迟滞期。

肉中存在的微生物的种类和数目是决定肉腐败速率的重要因素。肉的类别及环境因素也是影响肉腐败的另一重要因素。尽管肉中往往含有多种细菌、霉菌及酵母菌，但是能够真正引起肉类腐败的微生物为那些以肉为最佳生长介质的微生物体。因此，肉的最初污染可能有很多种微生物，之后一般有一种到三种快速增长而占据主导地位，进而导致肉的腐败，并且这些优势微生物一开始的数量有可能低于其他种类。在同一条件下，细菌比酵母菌生长快，而酵母的生长又优于霉菌。

肉中污染的腐败菌有很多，主要包括假单胞菌属、不动杆菌属、莫拉氏菌属、气单胞菌属、肠杆菌属。肉类腐败变质时，往往在肉的表面产生明显的理化变化，肉品的这些腐败特征与腐败微生物自身的生物学特性有密切关系。

（1）发黏　微生物在肉表面大量繁殖后，肉体表面会有黏液状物质产生，这是微生物繁殖后所形成的菌落或者微生物的代谢产物。这些黏液物质拉出时如丝状，并伴有较强的臭味，这一现象主要是由革兰阴性细菌、乳酸菌和酵母菌所产生。当肉的表面有发黏、拉丝现象时，其表面含菌数一般为 10^7 CFU/cm^2。

（2）变色　肉类腐败时肉的表面常出现各种颜色变化。最常见的是绿色，这是由于蛋白质分解产生的 H_2S 与肉中的血红蛋白结合后形成的硫化血红蛋白，这种化合物积蓄在肌肉和脂肪表面即显示暗绿色。另外，黏质赛氏杆菌在肉表面产生红色斑点，深蓝色假单胞杆菌能产生蓝色斑点，黄杆菌能产生黄色斑点。

（3）变味　肉类腐败时往往伴随一些不正常或难闻的气味，一般来说，当肉表面菌落数达到 10^7CFU/g，就会产生腐败味。革兰阴性菌在 10^5 ~ 10^6CFU/g 就可能察觉出异味。这些气味的产生主要是由腐败型细菌产生的酶类分解蛋白质产生的高碱性代谢副产物引起的，这些物质主要包括氨、胺、硫化氢和一些其他的含硫化合物（如二甲基硫醚）。假单胞菌属的某些种首先利用肉中的氧和葡萄糖来作为能源，一旦葡萄糖耗尽，它们开始代谢蛋白质来作为碳源。荧光假单胞菌可以降解甲硫氨酸、半胱氨酸等含硫氨基酸。细菌产生的高碱性代谢副产物可以使肉的 pH 在较短的时间内升到 6. 5 ~6. 5 以上，从而引起肉的最后腐败。

（4）霉斑　肉表面有霉菌生长时，往往形成霉斑，特别是一些干腌肉制品，更为多见。如枝霉和刺枝霉在肉表面产生羽毛状菌丝；白色侧孢霉和白地霉产生白色霉斑；扩展青霉、草酸青霉产生绿色霉斑；蜡叶芽枝霉在冷冻肉上产生黑色斑点。

三、致病微生物与肉品的安全

食品首先应考虑其安全性，其次才考虑可食性和其他。食品中一旦含有致病性微生物。其安全性就随之丧失，当然其食用性也不复存在。世界卫生组织指出：“凡是通过摄入食物而使病原体进入人体，以致人体患感染性或中毒性疾病，统称为食源性疾病，能引发食源性疾病的病原菌称为食源性致病菌”。畜产品中营养丰富，是多种食源性致病菌理想的繁殖场所，一旦在生产过程中控制不当，就会导致浸染或者毒素的产生，引发食物中毒。

食源性致病菌的种类很多，主要包括芽孢杆菌、链球菌属、李斯特菌属、丹毒丝菌属、分歧杆菌属、沙门菌属、志贺菌属、大肠埃希菌属、克雷白杆菌属、副溶血弧菌、变形杆菌属、耶尔森菌属和布鲁菌属。这些细菌中，在肉品中能够引发人类疾病的主要食源性致病菌包括沙门菌、致病性大肠杆菌、单核增生李斯特菌以及金黄色葡萄球菌。

沙门菌和 *E. coli* O157：H7 是肉牛等反刍动物无症状携带的严重威胁公共卫生安全的食源性致病菌。据美国 CDC 食源性疾病主动监测网络（FoodNet）统计，沙门菌是引发感染、住院乃至死亡的最为常见的食源性致病菌，在 1996—2010 年的 15 年间，沙门菌的感染位列 10 种常见致病菌的首位，并没有得到显著的控制，每年约有 120 万人感染沙门菌，造成的直接经济损失达到 33 亿美元。自 1982 年第一次发现以来，*E. coli* O157：H7 以其小于 10 个菌的极低感染量及严重的感染症状引起了世界范围内对该致病菌的广泛关注，由于 *E. coli* O157：H7 通常携带 Vero 毒素基因，该基因的靶细胞为灵长类动物肾上皮细胞、肠壁毛细血管内皮细胞和神经细胞，一旦在人体肠道中定植，大量毒素基因的表达会导致肾脏、肠道的出血以及神经系统的破坏，最终导致出血性结肠炎、溶血性尿毒综合征（HUS）和瘫痪等严重后果，因此世界范围内牛肉生产企业对 *E. coli* O157：H7 制订了详细的控制方案。2002 年美国食品安全检验局（FSIS）要求所有的肉类生产企业在 HACCP 体系中重新评估 *E. coli* O157：H7 可能带来的危害及干预措施。

单核细胞增生性李斯特菌（*L. monocytogenes*，简称单增李斯特菌）属于李斯特菌属（*Listeria* spp.），为革兰阳性短杆菌，广泛存在于自然界，是常见的食源性致病菌。该菌除了可污染肉类、牛乳等动物性食品外，尚可存在于蔬菜等植物性食品中。其生长环境是需氧和兼性厌氧，可在极端的环境中生长和存活，如生长温度为 0. 5 ~45℃，pH 为 4. 3 ~9. 8，耐高盐环境，能忍受冷冻和干燥，因此在整个食品加工过程中很容易存活下来。单增李斯特菌是引起动物和人类疾病的重要致病菌，也是冷藏食品威胁人类健康的主要致病菌之一。

单增李斯特菌是李斯特菌属中致病力最强的细菌，也是迄今发现唯一能对人致病的、典型的胞内寄生菌，能在巨噬细胞、上皮细胞、内皮细胞和肝细胞内增殖。人类受感染后可导致胃肠炎、败血症、脑膜炎、流产等症状，孕妇、婴儿、老年人及免疫力低下者更容易引起感染。20 世纪 80 年代后，欧美国家曾多次发生该菌引起的食物中毒事件，死亡率达 30% 以上（Rocourt 等，2000）。20 世纪 80 年代初单增李斯特菌被列为食源性致病菌（Nakamura 等，2004），90 年代被 WHO 列为食品四大致病菌之一，本世纪更被列为 21 世纪对中国人卫生健康具有重大影响的 12 种病原微生物之一。许多国家为了确保食品安全，已采取相应措施来控制食品中单增李斯特菌的污染，并制定了相应的标准。

摄入被沙门菌和 *E. coli* O157：H7 污染的食物如畜禽肉、蛋乳是引发人类感染的主要因素。去皮后肉牛的肌肉组织是无菌的，上述两种食源性致病菌对冷鲜牛肉的污染主要来源于肉牛的宰前管理以及屠宰厂内部的各个工序中，如宰前动物的大面积交叉污染、屠宰过程中机械去皮、动物胃肠道的破裂、喷淋用水、屠宰设备与人员的交叉污染、工厂内动物粪便的污染等。目前虽然我国已经禁止了小作坊式的屠宰加工，同时定点屠宰企业也大量引进国外发达国家的生产设备和生产线，但是与硬件配套的“软件”远远没有达到国外发达国家的水平，目前对主要食源性致病菌在动物屠宰过程中的流行特点、特性的研究鲜见报道，对于国外配套的干预措施一般采取减配甚至不配的措施，对于工厂中致病菌可能出现的交叉污染、关键控制工序没有明确的认识和科学的理论依据。由于我国肉牛饲养模式与国外规模化饲养有很大的不同，上述两种食源性致病菌在我国肉牛屠宰厂内部的流行特点以及关键干预工序的选择、措施的制定都需要结合我国肉牛屠宰工业的经济和生产实际。

虽然我国肉牛屠宰企业在防控致病菌的措施方面存在较多的隐患，但是由于我国传统的饮食以煎、蒸、炸、炒为主，这在一定程度上削减了食源性疾病的暴发，转移了公众对食材中微生物安全的担忧。然而，随着人民生活水平的提高，越来越多的生鲜、天然的肉品得到消费者的青睐，我国人民从传统的消费冻肉制品转移到消费更多的鲜肉制品，从自己烹调肉品转向消费更为方便的调理肉制品及即食肉制品。在这种条件下，牛肉的安全问题引发越来越多的关注。特别是于 2013 年 12 月颁布并由 2014 年 7 月正式实施的《食品安全国家标准——食品中致病菌的限量》，以国家标准的形式正式规定了各类食品中食源性致病菌的限量。如何主动、有效地消除致病菌对肉类生产企业的威胁已经成为越来越多的工厂、企业所关注的焦点。如何对胴体表面出现的食源性致病菌进行溯源，找到污染关键工序，并针对关键工序制定减菌措施并降低最终产品的微生物安全风险已经成为肉品生产企业目前迫切需要解决的问题。

四、 肉中微生物污染源

健康的动物体通常是无菌的。动物体本身具有的皮毛、胃肠和呼吸器官的黏膜及动物体的免疫系统能够阻止微生物的侵害。动物屠宰后胴体上的微生物最初是在屠宰时由动物体本身和屠宰环境污染的。典型的屠宰企业一般包含以下重要生产工序（以肉牛为例）：动物接收及检验检疫→宰前休息、禁食→宰前淋浴→击晕、放血→去头、蹄→预剥臀腿部皮毛→预剥胸、腹部皮毛→机械去皮→开膛去红脏、白脏→胴体劈半→二分体→检疫修整→清水、2% 乳酸溶液喷淋→冷却→成熟→分割→包装、贴标签→金属探测→最终产品（冷、冻藏）。在以上各环节中，宰前验收、宰前管理、去皮、去脏、喷淋、成熟、分割七个工序是引发微生物污染的重要环节。

食源性致病菌在不同地域、地区污染情况是不同的，再加上不同的养殖场卫生环境不尽相同，致病菌的带菌量在不同的动物群体中也不尽相同。动物经过宰前检疫接收后即进入待宰圈进行待宰，待宰过程对致病菌的污染是多方面的。首先，由于不同批次动物带菌量不尽相同，如果前一批次动物携带较多的病原菌，在下一批次牛到达之前如果未进行彻底的消毒，致病菌很容易在不同的动物群体中传播。其次，待宰动物的密度对病原菌的交叉污染有重要影响，待宰圈内动物的过度拥挤导致致病菌在不同动物间通过皮毛－皮毛、皮毛－粪便－皮毛、粪便－皮毛等途径传播。混群状态也能引发致病菌的交叉污染，不熟悉的动物混群后，由于群体内部有争斗性，试图在新的环境中取得高的等级地位，易引起敌对情绪与打斗的现象，这种频繁的身体接触导致了病原菌在动物间的广泛传播。第三，宰前禁食对动物宰前消化系统的菌群平衡具有很大的影响，以肉牛为例，动物在宰前过度饥饿会导致消化道内挥发性脂肪酸含量降低，肠道 pH 升高，进而导致反刍动物消化道内菌群结构发生紊乱，导致其对沙门菌和 *E. coli* O157：H7 的食源性致病菌抑制能力的减弱，最终导致沙门菌和 *E. coli* O157：H7 检出率的增加。在这种情况下，为避免沙门菌和 *E. coli* O157：H7 等食源性致病菌检出率的增加，宰前禁食时间被限定在最多 48h，超过 48h 就会引发致病菌污染上升的危险。除禁食时间外，过长的运输时间也是导致沙门菌和 *E. coli* O157：H7 检出的重要因素，运输时间过长会导致动物产生较大的精神压力，进而导致肉牛消化道的正常发酵受到抑制，进而使消化道内挥发性脂肪酸降低、pH 升高，最终导致动物肠道内抑制能力的减弱、致病菌开始繁殖。

胴体表面初始污染的微生物主要来源于动物的皮表和被毛及屠宰环境，皮表或被毛上的微生物来源于土壤、水、植物以及动物粪便等。胴体表面初始污染的微生物大多是革兰阳性嗜温微生物，主要有小球菌、葡萄球菌和芽孢杆菌，主要来自粪便和表皮。少部分是革兰阴性微生物，主要为来自土壤、水和植物的假单胞杆菌，也有少量来自粪便的肠道致病菌。在屠宰期间，屠宰工具、工作台和人体也会将细菌带给胴体。在卫生状况良好的条件下屠宰动物的肉，每平方厘米表面上的初始细菌数约为 10^2 ~ 10^4CFU/g，其中 1% ~10% 能在低温下生长。猪肉初始污染的微生物数不同于牛羊肉，热烫煺毛可使胴体表面微生物数减少到小于 10^3CFU/cm^2，而且存活的主要是耐热微生物。动物体的清洁状况和屠宰车间卫生状况影响微生物的污染程度，肉的初始菌数越小，保质期越长。

去皮过程是引发腐败微生物与致病微生物污染胴体的一个重要过程。首先是在进行预剥皮的过程中，肉牛腿臀部、胸腹线、腰部、胸口部和前腿部的皮毛被切开，在此工序中，每步操作都需要将刀具的一部分与毛皮上的排泄物残渣进行接触，这会导致刀口处的胴体组织不可避免地沾染了微生物甚至是食源性致病菌，微生物首先从开刀地点进入组织内部，微生物计数最多是在开始剥皮处，而最少的是离下刀的远处。此时附着在肉牛皮毛表面、淋巴系统的微生物特别是致病微生物，会在屠宰加工时通过刀具污染胴体和加工后的冷却肉，造成交叉污染，因此，在进行去皮的过程中通常伴随着刀具的巴氏消毒等干预措施。其次是在肛门的结扎工序，由于预剥皮已经完成，在进行肛门结扎的过程中，肛门、直肠中残留的粪便如果操作不当会沾染到已经预剥皮完成的胴体，在下一步的剥皮过程中进一步污染胴体其余位置，造成微生物的交叉污染。第三，由于去皮的整个过程是高强度的机械力作用的过程，而动物的皮毛通常会由于宰前交叉污染或多或少地携带致病或致腐微生物。在去皮过程中，机械力的作用会导致这些细菌从皮毛中分离，进入空气中，一方面污染工厂操作环境、去皮机器，另外一方面，细菌极有可能重新返回胴体，完成了从皮毛到胴体的转移过程。

去脏的工序引发致病菌污染的重要源头。该工序进行过程中不可避免地导致胃肠道的刺破和肠道内容物的溢出。胴体的清洗过程中低温清水的喷淋在一定程度上导致了微生物在设备和胴体间的重新分配，与此同时，高温喷淋用水的水温波动不仅有导致巴氏灭菌效果的失效的后果，同时也有可能导致致病菌发生由点到面的扩散。完成去脏和清洗工序后，胴体被推入排酸间进行成熟。在排酸间内不同胴体间相互接触增加了微生物在胴体间传播的可能。同时，由于肉牛胴体一般较大，操作员一般采用推、拉的方式对胴体进行摆放，再加上胴体之间较为拥挤的空间，这使得致病菌在工作人员 - 胴体间的传播成为可能。

很多学者认为分割、加工过程中接触面的污染是生鲜肉品中致病、腐败菌交叉污染的重要来源。肉牛胴体的分割由多道工序组成，每个工序中胴体不可避免地与操作人员的手、工具、机械设备、衣服接触，虽然操作前清洗消毒工作可以做到工具、设备彻底无菌，然而胴体自身携带的致病菌很有可能对工具形成二次污染，从而进一步造成了胴体的交叉污染。在分割的过程中，胴体逐渐被破坏、分解，与设备的接触面积逐渐增大，这增加了肉块与案板、传送带、手、工具的接触机会，导致冷却肉中的腐败微生物与致病微生物数量的大幅增加，并最终危及冷却肉的安全性和货架期的缩短。除了分割工序外，工厂环境如生产用水，沙门菌和 *E. coli* O157：H7 菌膜的形成也是造成沙门菌污染的重要原因。沙门菌、*E. coli* O157：H7 和单核增生李斯特菌能够在低温下、营养贫瘠的条件下在工厂墙壁、不锈钢表面、案板形成生物膜，一旦生物膜形成就很难消除，同时增加了沙门菌和 *E. coli* O157：H7 抗酸、耐药、抗热以及毒性，严重威胁了肉品安全。

正确的消毒措施和良好操作规范能够降低微生物的污染，但是有一些微生物是无论采取怎样的措施都是无法消除的。因此，细菌总数及特定的致病菌的检测对于肉品的货架期和安全性的保证具有十分重要的作用。

五、　肉品生产过程中的栅栏减菌技术

栅栏技术是由德国 Leistner 在长期研究的基础上率先提出的。食品要达到可贮藏性和卫生安全性，需要在加工过程中采取不同的减菌防腐技术，细菌可能越过一个栅栏因子，但多种栅栏因子共同作用，就会形成细菌难以逾越的屏障，从而保证了肉品的安全。在肉品加工过程中，可以应用到的栅栏因子主要有温度、pH、水分活度、氧化还原电位等。

（1）温度　每一种微生物都有一个最低、最适及最高生长温度。温度的微小波动都可能会显著改变肉中微生物的多样性进而影响其腐败类型。因此，肉贮藏的温度决定了肉中所生长的微生物的种类及其生长速率，对于温度的控制已经成为控制微生物生长的一个有效手段。

多数微生物的最适生长温度为 15 ~ 40℃。但是有些微生物能够在冷藏条件甚至 0℃以下生长，而另外一些微生物能够在 100℃以上生存。最适生长温度低于 20℃的微生物称为嗜冷微生物，高于 45℃的称为嗜热微生物，介于 20℃与 45℃之间的称为嗜温微生物。细菌、霉菌及酵母菌中均存在以上三种类型，但是嗜冷性霉菌 > 酵母菌 > 细菌。因此，尽管细菌、霉菌和酵母菌在冷藏（ - 1 ~ 3℃）肉中均能生长，但是霉菌和酵母菌更为活跃。

温度对微生物代时（一个微生物细胞繁殖成为两个细胞所用的时间）的影响很大，在 32℃时为 0.5h，21℃时为 1.5h，而在 4.5℃下需要 12h，0℃时为 38h。低于 5℃的条件下，微生物繁殖所需要的代时显著增加，这也进一步说明肉类贮藏及运输条件需要保持低温的重要性。新鲜的汉堡中大约含有 10^6 CFU/g 细菌，当菌落数达 10^7 CFU/g 时出现异味，3×10^8 CFU/g 时出现发黏现象。如果汉堡的贮藏温度为 15.5℃，细菌数量从 10^6 CFU/g 到 3×10^8 CFU/g 所需要的时间

仅为28h，但是如果在冷藏温度下，其贮藏时间超过96h。

当温度接近0℃时，仅有很少的微生物能够存活，其增殖速率也显著降低。低于5℃的条件一般能够阻止几乎所有的微生物的生长（李斯特菌除外），因此5℃是肉贮藏加工的关键温度。

（2）pH　微生物需要在一定酸碱度下才能正常生长繁殖。pH对微生物生命活动影响很大。pH或氢离子浓度能影响微生物细胞膜上的电荷性质，从而影响细胞正常物质代谢的进行。每种微生物都有自己的最适pH和一定的pH范围。大多数细菌的最适pH为6.5～7.5。霉菌、酵母菌和少数乳酸菌可在pH4.0以下生长。超出其生长的pH范围，微生物的生长繁殖就受到抑制或停止。在现代化屠宰加工企业中，乳酸等有机酸的喷淋成为工厂的重要减菌手段。所谓乳酸喷淋是指在生产的过程中向牛胴体喷洒一定浓度的雾状乳酸溶液，在胴体表面形成一个保护层，从而杀灭胴体的微生物并在后续的工序中起到一定的杀菌和抑菌作用。乳酸存在解离和未解离两种形式，未解离的乳酸由于与细菌的细胞膜具有相似相溶的特性，可经自由扩散直接进入细菌内部，由于细菌内部pH接近中性，未解离的乳酸在细菌内部解离，降低膜内pH，削弱菌膜的跨膜梯度，进而抑制细菌的生长。此外，乳酸的抑菌作用还包括能量性竞争、透化细菌细胞外膜、提高细胞内渗透压、抑制细胞内生物大分子合成、诱导宿主细胞产生抗菌肽等五种作用机制。

除对细菌起到有效的抑制作用外，乳酸作为动物宰后糖酵解的产物是肉牛胴体自身存在的天然产物，不会对胴体和冷却肉产生不利影响。乳酸对食源性致病菌有显著的抑制效果，Smulders指出乳酸处理能够抑制沙门菌在贮藏过程中的生长。通过使用1%的乳酸处理，Netten和Van Netten发现猪胴体的空肠弯曲杆菌的生长被显著地抑制，同时胴体上的沙门菌也得到全部的清除。同样，由于单核增生李斯特菌、金黄色葡萄球菌、小肠耶尔森菌、*E. coli* O157：H7等在屠宰环境中不可避免地存在，美国、澳大利亚等畜产发达国家广泛采用乳酸喷淋技术对肉牛屠宰过程中可能出现污染的关键工序进行喷淋减菌，以减少致病菌进入下一工序的可能。

（3）水分活度　水分是微生物生长繁殖所必需的物质，也是肉中含量最高的物质。一般来说，肉中水分含量越高越容易腐败。但微生物的生长繁殖并不完全决定于肉中的水分总含量，而是取决于微生物能利用的有效水分，即A_w的大小。A_w是指食品在密闭容器内的水蒸气压力与同温度下纯水的蒸汽压力之比。纯水的A_w是1.0，3.5% NaCl的A_w为0.98，16% NaCl的A_w为0.90。细菌比霉菌和酵母菌所需的A_w高，大多数腐败细菌的A_w下限为0.94，致腐酵母菌为0.88，致腐霉菌为0.8。降低肉品的A_w，能够延长微生物的延迟期，降低其生长速度，最终可延长肉的货架期。

（4）氧化还原电位（Eh）　氧化还原反应中电子从一种化合物转移到另一化合物时，两种物质之间产生的电位差称作氧化还原电位，其大小用毫伏（mV）表示。氧化能力强的物质其电位较高，还原能力强的物质其电位较低，两类物质浓度相等时，电位为零。氧化还原电位对微生物的生长繁殖有明显的影响。微生物生长需要适宜的*E*h。好氧微生物的生长需要正的*E*h，如芽孢杆菌属；厌氧微生物需要负的*E*h，如梭状芽孢杆菌属。而乳杆菌和链球菌在微弱的还原条件下能较好生长。理解微生物*E*h和食品的关系，对肉品设计、加工控制或延长货架期具有重要指导意义。

第六节　肉的食用品质

一、肉的颜色

肉的食用品质包括肉色、风味、嫩度、保水性、多汁性等，其中肉色是肉质外观评定的重要指标，也是消费者对肉品质量进行评价的主要依据，对消费者购买欲影响很大。鲜肉的变色致使肉类生产行业蒙受着巨大的损失，据联合国粮农组织（FAO）（2014）报道，每年全球牛肉加工总产值达2410亿美元，但仅在美国因肉色恶变而造成的经济损失就高达10亿美元。肉色货架期往往影响或短于通常以其他指标判定的货架期，这充分表明了肉色稳定性在冷藏肉保鲜中的重要性。

1. 肌红蛋白化学

（1）肌红蛋白的结构和化学性质　影响肌肉颜色的主要色素物质是肌红蛋白和血红蛋白，如果放血充分，肌红蛋白是决定肉色的关键物质。肌红蛋白是水溶性蛋白，是一种复合蛋白，它含一个辅基：血红素环，位于肌红蛋白的疏水空穴中，是决定肉色的核心部分。血红素环的中央有一个铁原子，含有六个配位键，其中有四个分别与四吡咯环的氮原子相连，第五个配位键与最近的组氨酸-93相匹配，第六个配位键可以可逆地结合配位体，如O_2、CO和H_2O。一个远端组氨酸-64也会通过影响空间结构关系（主要是影响疏水袋的空间结构）来影响肌肉颜色变化，配体存在和铁的化合价（还原态或氧化态）决定着肌肉的颜色。因此，四个肌红蛋白的化学形态是影响肌肉颜色的主要因素。

（2）肌红蛋白氧合反应　脱氧肌红蛋白（DeoxyMb）本身是紫红色的，脱氧肌红蛋白的第六位配体是空缺的，血红色素铁为二价亚铁，一般常见于真空包装产品或刚刚切割后的肌肉剖面。极低的氧气压（187Pa）是保持肌红蛋白处于脱氧肌红蛋白状态的必要条件。当脱氧肌红蛋白暴露在充足的氧气中时会发生氧合反应，氧合反应发生后脱氧肌红蛋白氧合成氧合肌红蛋白（OxyMb），氧合肌红蛋白使肌肉呈现鲜红色（图2-16）。对于牛肉馅和牛排来讲，暴露在空气中20min和15min颜色呈现鲜红。在氧合反应中脱氧肌红蛋白的第6位配体被氧原子占据，铁离子的价态不改变为还原态，当肌肉表面氧分压降低，氧原子会从肌红蛋白中脱离。此外末端组氨酸会与氧分子结合，改变肌红蛋白的结构和稳定性。随着氧气浓度的增加，氧气渗透到肌肉内部形成一层较厚的氧合肌红蛋白层，肌肉暴露于氧气的时间越长，形成的氧合肌红蛋白层会越厚。氧气渗透的深度以及氧合肌红蛋白层形成的厚度依赖于肉的温度、氧分压、pH以及其它呼吸作用的需氧竞争等。

（3）肌红蛋白氧化反应　肌红蛋白的氧化反应是指脱氧肌红蛋白被氧化成高铁肌红蛋白（MetMb），高铁肌红蛋白呈褐色（图2-17）。氧化反应时肌红蛋白中的二价铁离子被氧成三价铁离子，同时第6配位键上的氧原子被释放出来。通常肌肉的变色是指表面形成了较多的高铁肌红蛋白，但肌肉内部高铁肌红蛋白的形成同样会对肉色起很大作用，因为肌肉内部的高铁肌红蛋白层（位于表层氧合肌红蛋白和内层脱氧肌红蛋白之间）会逐渐变厚和移向表面。较低的氧分压会诱导氧化反应产生高铁肌红蛋白，随着氧气在肌肉内部的渗透，肌肉内部的氧分压是越来越低的，因此肌肉内部会形成一层较薄的高铁肌红蛋白层。当肌肉表面的氧分压下降时内部的高铁肌红蛋白层会慢慢上移。高铁肌红蛋白的形成取决于很多因素，包括氧分压、肌肉的温度、pH、微生物的生长以及肉中具有还原活性的成分等。

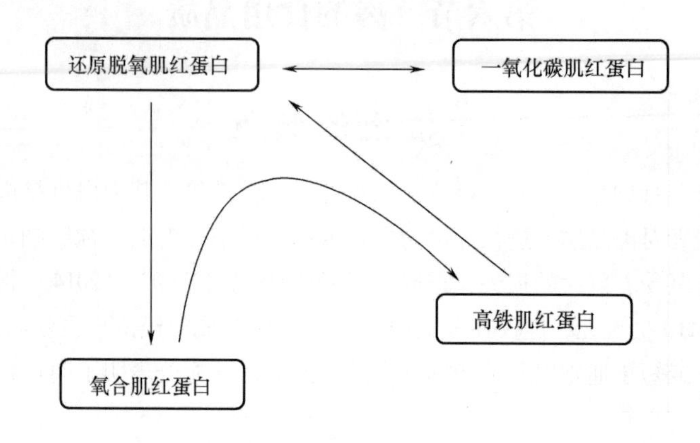

图 2－17　不同肌红蛋白类型的相互转换

（4）氧化还原反应　肌红蛋白的氧化还原反应是可逆的，氧化反应形成的高铁肌红蛋白可以被还原成脱氧肌红蛋白。高铁肌红蛋白的还原很大程度上取决于肌肉内的还原酶系统，包括高铁肌红蛋白还原酶系统和 NADH。随着宰后时间的延长，还原酶活性逐渐降低，NADH 不断地消耗，因此高铁肌红蛋白还原能力逐渐降低。

氧合肌红蛋白不能直接被氧化成高铁肌红蛋白，首先在较低氧分压下氧合肌红蛋白转变成脱氧肌红蛋白，然后脱氧肌红蛋白被氧化成高铁肌红蛋白。氧分压的降低主要是通过线粒体代谢消耗氧来实现，因此肌肉内部可能发生氧化反应将氧合肌红蛋白通过一系列反应氧化成高铁肌红蛋白。

（5）一氧化碳肌红蛋白形成　一氧化碳肌红蛋白是一种与肌红蛋白有关的化学状态，一氧化碳占据脱氧肌红蛋白的血红素辅基铁离子第 6 个配键，形成稳定的樱桃红色的一氧化碳肌红蛋白，CO 与脱氧肌红蛋白的结合能力远高于 O_2，因此生成的一氧化碳肌红蛋白稳定性高于氧合肌红蛋白。脱氧肌红蛋白比高铁肌红蛋白和氧合肌红蛋白更容易转化成一氧化碳肌红蛋白。一氧化碳肌红蛋白暴露在空气中后，CO 会慢慢地从肌红蛋白中分离出来，形成游离 CO。研究发现 1% CO 处理过的牛肉饼放于空气中后牛肉饼的 a^* 值显著降低，一氧化碳肌红蛋白含量逐渐减少，由于 CO 配基丢失生成的脱氧肌红蛋白更易氧化成高铁肌红蛋白。

2. 影响肉色的内在因素

影响肉色的内在因素：性别，物种，内源性抗氧化物质，动物的月龄，肌肉部位和代谢类型，肌肉的极限 pH，宰后肌肉 pH 的下降速率。

宰后无氧糖酵解造成肌肉内乳酸积累，导致 pH 下降。pH 下降的速度和程度对肌肉的颜色有较大影响，pH 匀速下降到极限 pH 为 5.6 左右，肉的颜色是正常的。如果 pH 下降速率过快会导致 PSE 肉的发生，PSE 肉颜色苍白，这在猪肉中比较常见。如果发生应激反应，肌肉内糖原含量较少，极限 pH 较高会导致 DFD 肉的发生，DFD 肉呈现深黑色。

3. 影响肉色的外在因素

影响肉色的外在因素：储藏温度，氧气浓度，展示时灯光类型，包装方式，肌肉表面生长的微生物类型。肌肉表面微生物快速繁殖消耗氧气，氧分压减少有利于高铁肌红蛋白的生成。当微生物繁殖到一定程度会使肌肉表面的氧气消耗掉，这时肌肉表面的高铁肌红蛋白会被还原。

4. 影响肉品颜色稳定性的因素

（1）高铁肌红蛋白还原能力（MRA）　高铁肌红蛋白还原能力是指高铁肌红蛋白能够通过肌肉中酶介导的还原反应还原成脱氧肌红蛋白的能力，高铁肌红蛋白还原酶通过 NADH 传递两个电子到 cytochrome b5，cytochrome b5 将这两个电子传递到高铁肌红蛋白，使得高铁肌红蛋白中的三价铁离子还原成二价铁离子。

高铁肌红蛋白还原能力与颜色稳定性存在较高的相关性，高铁肌红蛋白还原能力越高，牛肉的颜色稳定性越好。气调包装通过气体成分与气体比例影响肌肉中的高铁肌红蛋白还原能力，高氧包装会降低牛肉的高铁肌红蛋白还原能力。高铁肌红蛋白还原能力还受其他因素的影响：温度、pH、储存时间、脂肪氧化和展示光照等。

不同部位牛肉肉色稳定性的差异主要是由于肌肉本身不同的高铁肌红蛋白还原能力和 O_2 消耗率。宰后肌肉中的线粒体影响着高铁肌红蛋白还原能力和 O_2 消耗率，动物死后线粒体会继续代谢消耗 O_2 和释放 CO_2，但是随着宰后时间的延长线粒体的完整性受到破坏。线粒体通过消耗 O_2 来影响肌红蛋白氧化还原形态的稳定性，O_2 的消耗会减少氧分压，氧分压降低会诱导产生高铁肌红蛋白，氧分压越低高铁肌红蛋白形成的越多。肌肉中的氧合肌红蛋白会发生自动氧化产生高铁肌红蛋白和超氧阴离子（O_2^-），超氧阴离子会被歧化成过氧化氢，过氧化氢会诱导脱氧肌红蛋白发生氧化反应生成高铁肌红蛋白。较低氧分压下由于氧气含量的减少使脱氧肌红蛋白含量增加，氧合肌红蛋白自氧化产生的过氧化氢会迅速和脱氧肌红蛋白反应生成高铁肌红蛋白。但研究发现线粒体消耗氧气造成的无氧环境有利于高铁肌红蛋白的还原。高铁肌红蛋白的还原是通过线粒体电子传递链反应和线粒体膜脂质过氧化来实现的，而且线粒体外膜上含有细胞色素 b5 还原酶，通过消耗 O_2 等一系列的代谢反应生成 NADH，NADH 对于高铁肌红蛋白的还原是必不可少的。

（2）烟酰胺腺嘌呤二核苷酸（NADH）　NADH 为还原型辅酶Ⅰ，产生于糖酵解和细胞呼吸作用中的柠檬酸循环。NADH 在高铁肌红蛋白还原过程中起着重要的作用，NADH 主要是作为电子传递体把高铁肌红蛋白中的三价铁离子还原成二价铁离子。宰后肌肉中 NADH 的含量随着储存时间的延长逐渐降低，肌肉中的 NADH 也是逐渐减少的。许多学者研究表明 NADH 含量与肉色稳定性之间存在较大的相关性，NADH 含量越高牛肉的颜色稳定性越好。在整个还原系统中如果缺少 NADH，即使提升高铁肌红蛋白还原酶的活力，整个还原过程没法实现，牛肉的颜色稳定性没有提高。NADH 是整个还原系统中的一个限制性因素，因此增加宰后肌肉中的 NADH 含量对于提高肉色十分重要。

宰后肌肉中乳酸脱氢酶催化乳酸生成丙酮酸和 NADH，所以乳酸和乳酸脱氢酶对宰后肌肉中 NADH 的再生起着关键的作用。研究发现乳酸脱氢酶（LDH）活性对高铁肌红蛋白还原能力和肉色稳定性起着重要的作用。高铁肌红蛋白非酶促还原反应发生在乳酸－乳酸脱氢酶系统中，反应中含有 NAD^+，如果反应中排除 NAD^+，L－乳酸或乳酸脱氢酶就会减少高铁肌红蛋白的还原。他们提出宰后肌肉中乳酸－乳酸脱氢酶系统会通过还原 NAD^+ 来产生 NADH 从而还原高铁肌红蛋白。乳酸脱氢酶是一个四聚体酶，由多肽亚基（A 和 B）组成。亚基 A 和 B 的随机组合产生 5 个同工酶：LDH－1，LDH－2，LDH－3，LDH－4 和 LDH－5。LDH－5 有最大的催化速率，存在于糖酵解型的肌肉中，催化丙酮酸产生乳酸。LDH－1 存在氧化型肌肉中，催化产生丙酮酸和 NADH。

影响 NADH 含量的辅助因子有：反应底物和辅助因子，线粒体的功能特性，肌纤维类型，pH。为了增加宰后肌肉中 NADH 的含量，许多学者尝试在肌肉中加入反应底物，如乳酸盐、苹果酸盐、丙酮酸盐等。

（3）氧气消耗率（OCR） 肌肉中氧气消耗速率的高低与 MetMb 的产生有非常直接的关系。线粒体是细胞内有氧呼吸的主要场所，宰后肌肉中线粒体的持续耗氧会降低氧分压，导致氧合肌红蛋白中的 O_2 释放出来，因而线粒体结构和功能的完整性与 O_2 消耗率密切相关。目前普遍认为，线粒体的氧气消耗使肌红蛋白处于还原状态，而脱氧肌红蛋白不如氧合肌红蛋白稳定，而高的 OCR 会降低氧合肌红蛋白的形成，而有利于高铁肌红蛋白的积累。

线粒体通过降低氧分压来影响肌红蛋白的氧化还原稳定性，O_2 在线粒体中的消耗使得氧合肌红蛋白被还原为脱氧肌红蛋白，从而更容易被氧化为高铁肌红蛋白，不同物种之间肉色稳定性的差异正是由于 O_2 消耗率的不同而产生的。

二、肉的嫩度

肉的嫩度指肉在食用时口感的老嫩，反映肉的质地，由肌肉中各种蛋白质结构特性决定。长期以来，肉的嫩度是影响消费者接受度和满意度的一个非常重要的指标，肉品嫩度的好坏直接决定着消费者是否会重复购买，因此如何改善与提高肉嫩度一直是国内外肉品学者研究的重点和热点。当今肉类工业面临的两大主要问题是肉嫩度过低和产品间嫩度一致性差。

1. 影响牛肉嫩度的因素

影响肉嫩度的因素可概括为宰前因素和宰后因素。宰前因素包括动物品种、性别、年龄、肌肉部位、宰前管理、营养状况和基因调控等，宰后因素主要指使对肉嫩度进行改善的特定的宰后技术手段，例如电刺激，冷却方式，吊挂和拉伸技术，成熟技术及烹制方法等。从本质上讲，影响肉嫩度的因素主要有以下三点：①肌节长度与肌纤维直径；②肌原纤维蛋白降解程度；③肌肉本身特性，主要包括结缔组织含量，组成，基因和环境效应。也就是结缔组织与肌原纤维的结构和生化特性影响肉的基本组织结构，从而导致肉嫩度产生差异，如何改善肉的嫩度，提高肉嫩度一致性可从这三方面入手，而控制尸僵过程中肌节长度对改善肉嫩度显得尤为重要。

2. 提高肉嫩度的措施

（1）生物嫩化方法 生物嫩化方法主要是基于肉的生物学特性，在肌肉转化为肉品的过程中或者在随后的发生在肉中的反应上，通过对分子的控制和调节，从而达到嫩化的目的。

①宰后 pH 和温度控制：宰后早期温度和 pH 关系最终决定肉的嫩度，因此尸僵前对肉 pH 和温度的控制对肉品的嫩度有重要的影响。尸僵前将肌肉暴露在 14～20℃范围内，发生的收缩程度最小，过低或者过高的温度都会导致肌原纤维发生收缩：一方面是冷收缩，就是当肌肉温度低于 10～12℃、pH 在 6.0 以上时，会导致严重收缩，相反，当肌肉 pH 降低到 6.0 以下时、但温度仍然较高，大于 30～35℃时就会发生热收缩（Thompson，2002）。后一种状况会产生蛋白变性，形成 PSE 肉并造成较高的汁液损失和减少成熟的作用。值得注意的是，温度和电刺激的强度会影响 pH 的下降，最终会影响 pH 的下降速率和冷却速率。

②电刺激技术：电刺激技术是对刚屠宰或者正在放血的动物尸体或胴体进行通电，从而加快牛羊肉的成熟速率。

宰后对动物胴体电刺激，高压或者低压电流能使肌肉产生挛缩，从而导致糖酵解速率加快，pH 降低速率加快，避免牛羊肉在僵直前期产生收缩，尤其是冷收缩，并提前蛋白发生降解的时间。因此电刺激能够显著影响肉的嫩度。

此外，电刺激还对肌肉产生其他生化影响，有研究表明：电刺激能够从三个方面影响肌肉宰后变化，第一，使胴体进入尸僵时的状态是最佳的从而预防肌肉产生收缩；第二，破坏肌原纤维结构；第三，加速骨架蛋白水解，这主要是由于宰后温度 - pH 的相互影响，最终导致蛋白酶的活力和稳定性发生变化而引起的（Hwang 等，2003）。

③热剔骨技术：热剔骨肉是指将胴体在冷却前也就是将处于尸僵前的肌肉进行分割，热剔骨能够使整个胴体变成单独的部分，从而有利于冷却、拉伸等其他措施的施行。

目前有两种商业系统被我们所熟知，Pi - Vac© 和 SmartStretch，SmartStretch 是一种利用空气压力将肉定型为一种平整的形状并拉伸热剔骨肉从而防止尸僵期间肌肉的收缩，进而生产更嫩的肉的技术。这个技术正被一个主要的澳大利亚牛肉加工者采用，对肉类屠宰加工企业具有非常重要的价值。但是热剔骨很难在工厂中实行，因为热剔骨需要对屠宰加工线进行严格控制，尤其是对屠宰分割时间的控制和卫生标准，但是热剔骨还是有自己的优势，比如说热剔骨后真空包装能够减少胴体干耗，降低汁液损失，提高肉色稳定性，但是对嫩度提高有限，仍需要成熟来改善嫩度以满足消费者的需要。

④传统成熟技术：传统肉的成熟方法主要有两种：第一种是干法成熟，以胴体或者带骨分割肉的形式置于低温，一定风速和湿度的冷却间中一段时间（dry ageing）；第二种是湿法成熟，将肉块真空包装并置于低温中贮藏（wet ageing）。为实现嫩化，尤其是牛肉，需要在低温条件下放置 7 ~21d，这也取决于动物的年龄和肉块的用途。在较高温度下牛肉嫩化更迅速，但它也可能会腐败和产生异味。这个过程的主要限制是生产时间和能量的消耗，从而造成高生产成本，并且累积的大量肉需要储存在大量的低温空间中。

（2）化学嫩化方法　宰后立刻向胴体注射化学物质，这种方法被称为“post - exsanguination vascular infusion”，这种化学物质是一种干预物，它可以用来增强蛋白水解和/或改进持水能力和肉色稳定性。可注入不同的化学物质对肉进行嫩化：如木瓜蛋白酶或 actinidin 蛋白酶等生物酶，混合成分则包括葡萄糖、麦芽糖、甘油和聚磷酸盐，一些糖类、NaCl、磷酸盐、维生素 C、维生素 E。

①盐溶液注射嫩化：盐是一种化学物质，在一定浓度下可以增加肉的嫩度，通过弱化结缔组织蛋白，胶原蛋白使肉变得更嫩。目前最常用的一种盐是钙盐，最初是将需要嫩化的牛肉产品浸泡于钙盐溶液，随着技术的发展，钙盐嫩化是将钙盐溶液通过动脉注入胴体，最终通过注射器向肉块中直接注射钙盐溶液。研究表明在宰后任意时间注射钙盐溶液都会对牛肉产生嫩化作用（汤晓艳等，2004），并且钙盐溶液不会使过度嫩化。当前钙盐溶液的注射技术牛羊肉的生产过程中正被尝试使用。

注射钙盐时要考虑到注入肉中的方法，因为不恰当的注射方法会造成物理损伤和微生物交叉污染的风险增加，成为在未施加进一步的保鲜过程中的一个重要问题。

②蛋白酶嫩化：外源性蛋白水解酶也被用于肉类嫩化。由于蛋白酶的连续作用，加入蛋白水解酶可能导致肉过嫩的问题。酶的活性需要控制，否则它会导致肌肉蛋白的过度水解，产生异味。

早在四五百年前酶法嫩化处理肉品就在民间流传应用，但直到 20 世纪 40 年代才出现在工业化生产中。酶制剂的发展促进了许多国家使用方便、效果显著的酶嫩化剂。可用于肉品嫩化的酶主要有以下两种来源：植物源和微生物代谢物。植物源主要是从木瓜和菠萝中提取的蛋白酶，这些酶对肌肉中的结缔组织的分解作用较强，其嫩化的效果也十分明显。酶的处理方法包括宰前处理和表面浸蘸处理。宰前处理法是指在宰前较短的时间内将酶注射入动物血管系统，从而使酶在胴体内均匀分布，以此达到嫩化的效果；表面浸蘸处理法是指宰后用酶制剂对肉品进行处理，加入酶的量根据不同部位的分割肉块差异而定，一般可采用粉状的酶制剂或液体溶液。

（3）物理嫩化方法　物理嫩化是提高肉的嫩度很受欢迎和容易的方法，尤其是针对牛肉。这种方法通常用于特别坚韧的肉。

①刀片嫩化：刀片嫩化的欢迎度一直在提高。刀片嫩化可机械嫩削减和穿刺一些包含在瘦肉中的结缔组织并能破坏肌原纤维结构。这些嫩方法用于改善特别坚韧的肉块像臀部肉或肩部肉的嫩度。但它也有一些局限性，如机械损伤影响牛排的质地和外观，在渗透区存在潜在微生物交叉污染和颜色的变化。

②高压嫩化：高压嫩化在食品领域中的应用多采用流体动力学（HDP）或者是冲击波，这种方式能够将压力波瞬间提高到1GPa，以毫秒（ms）为单位。早在20世纪70年代的时候，冲击波技术被作为一种改善肉嫩度的技术出现，但是并没有普遍应用于工业。由于波的强度随着时间的增加而增加，冲击波以超过光速的速度在液体介质中传播，由于肉类是由75%的水分组成的，冲击波在水中迅速传播，这样波会穿过肉并撕裂肌肉蛋白，会产生撕裂效应，导致牛肉嫩化。

③盆骨吊挂：盆骨吊挂是通过盆骨韧带或闭孔将胴体吊挂成熟的技术。也可称为臀部吊挂、H骨吊挂，盆骨吊挂技术就是在屠宰线末端，对跟腱吊挂的二分体进行更换吊挂方式的处理，用S型钩伸入盆骨闭孔，或者盆骨韧带中，对胴体进行吊挂成熟。盆骨吊挂会使牛的后腿和脊柱呈垂直方向，这会使在尸僵过程中牛胴体的后腿和脊柱的方向与正常行走的牛保持一致，这样会使脊柱竖直，并有轻微的拉伸，提高了肉的嫩度。

三、 肉的保水性

1. 肉的保水性

肌肉的保水性（water holding capacity，WHC）又称系水力或持水力（water binding capacity，WBC），是指当肌肉受到外力作用（如加压、破碎、加热、冷冻、解冻、贮存、加工等）时，其保持原有水分与添加水分的能力，表现为在外力作用下从肌肉蛋白质系统释放出的液体量。

正常情况下，肌肉的滴水损失是不可避免的，新鲜肉类销售过程中的贮藏损失一般为1%～3%，冷却肉的滴水损失也可达到0.1%～1.5%，一旦超过1.5%，不仅会影响肉的外观、嫩度、同时还会造成大量水溶性蛋白质和肌浆蛋白的流失，降低营养价值。保水性是生肉最重要的品质特征之一，对于肉类工业，50%的滴水损失通常被认为是不可接受的，较低的保水性意味着较大的经济损失，包括水分流失带来的经济损失和降低加工质量带来的损失。保水性的测量方法有多种，表示方法也不同，目前通常把滴水损失、贮藏损失、离心损失和蒸煮损失作为衡量肌肉保水性的指标。

一般认为肉的保水性与宰后代谢特别是僵直阶段生化反应有关。肌原纤维占肌细胞总体积的83% ~87%，估计在活体肌细胞中80%的水分靠毛细管的虹吸作用滞留在肌原纤维中的粗丝和细丝间。活体肌肉收缩和松弛时肌节的体积保持不变，所以肌原纤维结构中的水分不变，但在宰后发生僵直时，粗丝和细丝间形成横桥连接，滞留水分的空间减小而影响其中存在的水分。宰后肌肉中的葡萄糖经无氧糖酵解过程产生乳酸，随着乳酸的积累，导致肌肉 pH 下降，肌肉蛋白质是高度带电荷的化合物，表面吸附着很多水分子。肌肉 pH 下降，致使负电荷增加，中和蛋白质中的部分正电荷，从而使蛋白质之间的静电斥力减弱，由于肌动蛋白纤丝与肌球蛋白纤丝结合形成肌动球蛋白，导致蛋白质网状结构的空隙减小，迫使内部的水分渗出，肌肉的持水能力下降。此外，很多研究认为蛋白质变性将会导致肉的保水性的降低甚至丧失。宰后肉的 pH 迅速下降，而肉温仍较高时，蛋白质发生变性，使得肌原纤维晶格空间大幅度皱缩，在一定程度上挤压了肌纤维内维系水分的空间，导致汁液的流失。当达到肌肉蛋白质等电点时，肌肉保水性降至最低。

加工和贮藏期间的蛋白氧化也会导致肉品保水性的变化。肌肉在宰后熟化过程中，肌原纤维蛋白氧化逐渐增加，可发现一些氨基酸残基形成羰基衍生物，蛋白分子内或分子间形成二硫键，降低肉品的持水力。关于氧化与肌肉持水力的研究主要集中在蛋白水解酶活力（如钙蛋白酶等）和肌原纤维蛋白功能变化等方面。μ－和 m－钙蛋白酶（calpain）的活性位点上含有组氨酸和含硫氨基酸残基，因此可能在氧化之后发生钝化，减弱了其对一些细胞骨架蛋白如肌间线蛋白（desmin）的水解。如此一来，当肌原纤维蛋白在宰后发生收缩时就将收缩传递到整个肌肉细胞，减弱了肌肉持水力、增加了滴液损失。但值得注意的是适当的巯基氧化（形成二硫键）在肌肉蛋白热导凝胶形成过程中具有相当重要的作用，肉品加工过程中的蛋白质凝胶作用将赋予产品良好的质构口感及保油、保水性。

2. 影响肉保水性的因素

（1）宰前因素对于保水性的影响　畜禽在屠宰前通常会通过动物的混群、装载、运输与休息、入栏、禁食以及宰前致晕等程序。如果这些处理不当会引发动物的应激反应，宰前应激可以被粗略地分成长时间的应激，例如饲养管理、混合，还有一种就是短期的应激，包括装载输、运宰前休息条件和致昏过程。宰前应激会对肉品的保水性起到不良影响，采用降低应激的宰前管理可以使宰后片刻胴体温度处在一个较低的水平上，较低的温度对于提高肉品系水力有积极作用。

饲养管理会影响动物对宰前应激的敏感程度。宰前处理不当会造成动物体内糖原贮备减少，使宰前 PSE 肉发生率提高，这种异质肉保水性较差。在宰前处理中应该尽量避免将不熟悉的动物彼此混合，从而减少混群之后动物之间的打斗，否则糖原损失过快会影响肉的保水性。在养殖场动物被装载到运输车辆上以及在屠宰场被卸载的过程都会有应激产生。此外，运输的密度，运输工具质量，空气流通情况，运输距离，运输时的天气状况都会造成不同程度的应激，对肉的保水性产生影响。宰前休息时间是影响动物质量的最主要的宰前因素，适当宰前休息时间可以消除运输过程中动物产生的应激水平，降低肉品的滴水损失。宰前电驱赶会造成宰前应激，会造成猪肉表面水分渗出，滴水损失加大，保水性下降。宰前禁食虽然会降低胴体质量，但能够显著改善猪肉肉色和保水性，因为如果动物胃内容物充盈，会使消化和代谢机能旺盛，血糖及无机盐浓度提高，水分子的渗透压增大，致使放血不畅，微循环水分增多，造成胴体水分蒸发和汁液流失严重，使保水性降低。

（2）宰后因素对于保水性的影响　宰后较高的温度会加速 pH 的下降，对肌肉保水性不利。胴体宰后45min 的温度处于较低水平，对肌肉的保水性有积极作用，因此对肉类采用冷却技术可以迅速降温，减缓 pH 的下降速率，提高肌肉的保水性。但冷却的时间越长，水分蒸发就越多，会使肌肉的保水性进一步下降。在冷却肉的生产中最为常用的有常规冷却和快速冷却两种，其次为喷淋冷却。不同的冷却技术对肉品保水性的影响差异很大。超急速冷却可以明显改善肉的色泽和质地，提高肌肉保水性，而延迟冷却虽然能改善牛肉的嫩度，但滴水损失严重。喷淋冷却能有效减少冷却过程中，尤其在宰后最初 24h 内的胴体质量损失。

冷藏过程中胴体的大部分水分被冻结，所以通过“升华”使水分蒸发，而没有产生内部扩散现象。但随着冷藏期的延长，“升华”不断加剧，逐渐在肉品表面形成海绵包层，加速了水分的蒸发，降低肌肉保水性。胴体解冻时不可能获得完全可逆性，其中的水分和细胞汁都会不同程度的流失，从而降低了胴体的含水量。因此，胴体应尽早进行预冷，不宜在冷藏间外堆积。胴体在预冷架上不宜堆积过厚，应使肌肉筋膜朝下以便于热量散发。冷却间温度和湿度要控制好，冷却肉应坚持先进先出的原则。冷却尽量快，有条件时可采取急速冷却，缩短冷却时间，减少水分蒸发、流失，提高胴体保水性。此外冷藏间温度和湿度要稳定，波动幅度不能过大以防止胴体产生冻融循环。

使用食品添加剂可有效改善冷却肉的保水性。目前应用的比较多的保水剂有：磷酸盐、大豆蛋白、淀粉、食用胶等。磷酸盐是在肉品生产中应用较多的保水剂，但磷酸盐添加过多也会对人体产生危害。在肉制品生产中应用最为广泛的磷酸盐为多聚磷酸盐（三聚磷酸钠、焦磷酸钠、六偏磷酸钠），它与食盐结合使用可以促进肌动球蛋白解离为肌球蛋白和肌动蛋白和提高产品吸收水分的能力。其中，吸水能力的提高不仅在于该类盐的加入会使 pH 和离子强度有所增高，但更主要的是它们能够辅助食盐解聚粗丝以及解离肌动球蛋白。三种磷酸盐中，焦磷酸钠的保水性较好，能显著减少蒸煮损失、滴水损失和灌肠成品率，而六偏磷酸钠的保水效果则不明显，但六偏磷酸钠的添加可增强焦磷酸钠与多聚磷酸钠的保水效果。

四、肉的风味

肉的风味与质地、营养、安全性等一样，是影响人们对肉品取舍的决定性因素。肉品本身含有一定的风味物质前体化合物，这些风味前体化合物在加热过程中发生一系列的化学变化，从而形成风味。肉风味主要包括滋味和香味两方面。

1. 滋味与香味物质的构成

（1）滋味化合物　滋味化合物是具有滋味的非挥发性或水溶性物质。滋味来源于肉中的滋味呈味物如无机盐、游离氨基酸和小肽、核酸代谢产物如肌苷酸、核糖等；肉香味主要由肌肉基质在受热过程中产生的挥发性风味物质如不饱和醛酮、含硫化合物及一些杂环化合物产生。它们可能产生咸、酸、苦、甜、鲜等感觉。肉中的咸味是由氯化钠和一些其他无机盐以及谷氨酸单钠盐、天门冬氨酸单钠盐引起的。因为瘦肉中盐浓度是恒定的，故肉制品中盐味的感觉受肉中脂肪含量的影响。甜味是由糖和一些氨基酸引起的。在肉中，糖是由尸僵后的糖化形成的，但是这些糖对滋味的贡献微乎其微。肉中的苦味一般来自于氨基酸和肽。酸味是由乳酸、无机酸、氨基酸和酸性磷酸盐引起。谷氨酸单钠盐、一磷酸肌苷（IMP）、一磷酸鸟苷（GMP）是肉中的天然组分，且对肉味的形成起了重要作用，它们已被证明可改善肉味。

（2）香味化合物　香味化合物大都是在加热过程中产生的。在加热过程中，通过化学反应产生的香气化合物赋予肉品各种不同的香味。与肉香味有关的化合物有很多，起决定性作用的可能主要有十几种，主要包括一些含硫化合物（杂环和脂肪族）、其他含氧或氮杂环化合物、醛和酮。单个看来，这些化合物给出“硫味”“肉味”“烘烤的”“烧烤的”“脂肪的”“动物脂的”“水果味”或“蘑菇味”香气，但结合在一起便构成烹煮肉品的特征香气。

2. 产生风味的化学反应

由加热而产生的可导致肉类风味的基本反应包括美拉德（Maillard）反应、脂类的热降解、硫胺素降解、氨基酸和肽类的热解、碳水化合物的焦糖化、核糖核苷酸的降解，其中前三者最为重要。这些复杂的反应能产生对肉类风味起作用的挥发性化合物。

（1）美拉德反应　美拉德反应是还原糖和多种氨基酸之间发生的反应，反应产物又可相互作用或与肉中其他成分反应，其最终产物不仅有挥发性风味物质，还有蛋白黑素、抗氧化物及一些诱变化合物。该反应能够在与烹煮食物相关的温度下产生香味化合物，是加热食品产生风味的最主要途径。由此可见，美拉德反应对肉香生成具有重要的作用。肉中美拉德反应产物主要是呋喃、噻吩、噻唑、吡咯、吡啶和咪唑等。硫化氢来源于含硫氨基酸和二酰化合物的降解，它不但直接影响肉的风味，而且可与肉中羰基化合物反应形成其他风味物质。

（2）脂类的热降解反应　肉中脂肪分肌间脂肪和肌内脂肪。前者主要成分是甘油三酯，通常以淤积形式存在于动物的皮下和结缔组织中；后者则是总磷脂，富含不饱和脂肪酸（如油酸、亚麻油酸和花生四烯酸）。不饱和脂肪酸的热氧化是肉中挥发性物质形成的另一种重要反应。氧化主要包括两个方面：一是不饱和脂肪酸的双键氧化生成过氧化物，进一步分解为香气阈值很低的酮、醛、酸等挥发性羰基化合物；二是羟基脂肪酸水解后生成羟基酸，经过加热脱水、环化生成具有肉香味的内酯化合物。

（3）硫胺素的降解　硫胺素是一种含硫和含氮的双环化合物，受热降解可产生多种含硫和含氮挥发性香味物质。已鉴定的硫胺素分解产物有 80 多种，其中一半以上是含硫化合物，包括脂肪链硫醇、含硫羰基化合物、硫取代呋喃、噻吩和杂环化合物，它们多数具有肉香味。硫胺素分解物不但自身具有香味，而且可与其他物质反应，生成更多的风味物。

3. 影响肉风味的因素

肉自身的组成成分、pH 和烹调温度等对肉的风味都有不同程度的影响。

（1）肉的组成成分　产生香气和风味的各种反应并不是孤立地发生的，所有的肉都是复杂的生物系统。这些反应的前体物质以及肉中其它成分之间会相互作用，诸如美拉德反应与脂类热氧化之间的相互作用。当磷脂单独被加热时，得到一定量的脂类氧化产物；当半胱氨酸与核糖共热时，便产生美拉德反应产物。但是，当这些化合物被一起加热时，美拉德反应产物的存在会降低醛的形成，而磷脂的存在则抑制了对肉味很重要的呋喃硫醇的形成。

（2）pH　许多形成风味的反应取决于 pH，且产生肉风味的香味化合物的量也受 pH 的影响。例如对鸡肉肉味很重要的一些呋喃硫醇及其二硫和三硫化物在低 pH 的肉中含量更高。相反，其它化合物如吡嗪和噻唑则随着 pH 的升高而增加。这些化合物都是美拉德反应产物，但是由不同的途径（pH 不同）形成的。例如，2－甲基－3－呋喃硫醇是通过呈酸性的 1，2－烯醇化途径形成的。脂肪氧化产物也受 pH 影响并反之影响肉的 pH，不饱和醛的形成可使 pH 下降至 4.0～5.5。其它化合物包括脂肪氧化产物和美拉德反应产物，包括含量最多的醛：辛醛和壬醛，则对 pH 几乎没有作用。

（3）烹调温度　提高加热温度有利于美拉德反应和脂肪氧化。较高的温度不仅增加了化学反应速率，而且使肉中游离氨基酸和其他前体物质的释放速率增加。有研究比较了温度对两种美拉德反应产物和两种脂肪氧化产物释放速率的影响，可以看出，尽管 2，3－丁二酮和二甲基二硫在给定温度范围内以几乎恒定的速率增加，但脂肪氧化产物多在70℃以上形成。美拉德反应产物的抗氧化作用在温度高于77℃开始抑制脂肪氧化反应。因此，当温度升高时，风味的强度和气味化合物的平衡都会改变。

五、 提高肉食用品质的措施

1. 宰前管理

不当的宰前管理，如断水、断食、抓捕、混群、运输、装卸、环境温度过高或过低等都会引起动物生理功能和物质代谢发生改变，最终导致宰后肉品质的下降。宰前短暂强烈的应激，会使宰后糖酵解加速，造成肌肉pH迅速下降而容易形成PSE（pale，soft，exudative）肉；长时间的应激则导致宰前肌糖原消耗殆尽，从而容易造成DFD（dark，firm，dry）肉的发生。

宰前管理对肉品质有如下影响：

（1）宰前补充特殊营养　宰前短期内向动物补充特殊的营养物质可以改善其肉品品质。镁在动物体内能降低由钙产生的神经肌肉刺激，减少乙酰胆碱分泌，还能降低儿茶酚胺的释放，因此，宰前为畜禽补充镁能抑制应激所导致的糖酵解加速反应，达到改善肉品质的目的。临宰前补充能量（如葡萄糖）有助于缓解应激和恢复肌肉中的能量水平，减少DFD肉的发生；补充色氨酸则能调节大脑血液中复合胺的浓度水平而缓解动物应激；补饲碳酸氢盐溶液，可以改善猪肉的质构，延缓pH下降；短期补充葡萄糖、维生素、矿物质、氨基酸等复合营养成分后，牛肉的保水性和评分等级提高。

（2）宰前运输　通常情况下，畜禽在运输途中，容易产生应激从而导致畜禽生理性状的改变以及影响宰后肉的品质。不合理的运输方式和运输时间都会引起畜禽体内水分流失，体重下降。如果运输时密度过大、时间过长、不同群体间混群、空气不流通，颠簸等，会造成强烈的运输应激反应导致动物体内糖原过早被消耗，从而产生过高的极限pH。

缓慢、平静地转移和装载不仅能减少畜禽身体的外伤，而且可使PSE肉降低10%，减少暗色肉发生。为了保证牲畜肉的品质，欧盟在2004年12月22日制定了与牲畜宰前最大运输时间相关的第2005号协会章程。该章程严格限定，牛、羊和猪的最大运输时间为8h；出发点必须在距离一个集货中心100km的范围以内，以方便途中供应饮水等条件；或者在离开之前为牲畜提供垫草和供应至少6h的饮水。

（3）待宰管理　动物在待宰杀期间会变得更加躁动，如果待宰管理不合理，如待宰环境温度波动过大、动物休息不足、驱赶或屠宰方式不当等，都会使畜禽的应激进一步加剧，严重影响肉品的最终食用品质。

目前，欧美等国家的畜禽驱赶、装卸、待宰休息等都有精心设计的专用系统，由于这些系统在设计时以动物行为学特点为依据，充分考虑了如何改善动物福利和尽量减少畜禽应激。例如，这类系统对弯曲通道的宽度及弯曲程度、斜道的角度、台阶的高度、地面及通道材料的选择、空气的流动方向、照明方式、装载栏及运输设备等都有严格的要求。因此，畜禽在宰前转运时采用专用的设施与设备，是生产中改良传统方法、进一步降低畜禽应激反应和提高畜禽肉品质的重要条件之一。宰前喷淋在保证屠宰卫生的同时，还可以使动物凉爽舒适，促进毛细血管收缩，易于充分放血。

2. 冷却方式

畜禽宰后冷却的目的在于保证食品安全、最大限度地延长产品的保质期并降低导致最终产品食用品质劣化的胴体变化。当然，由于冷却是胴体加工处理过程中能源消耗最大的环节，如何减少能耗，降低成本也是选择冷却程序需要考虑的因素之一。

（1）延迟冷却　延迟冷却定义为将整个胴体置于冷却室外一段时间的过程。延迟冷却对宰后肉的嫩度有积极的影响，其潜在优点在于防止冷收缩并增加蛋白酶水解，这与钙激活酶的失活率有关，延迟冷却通过高温加快了糖原的酵解速度，提高了μ－钙激活酶的活性，从而加快了牛肉的成熟速度，而这种对嫩度提高的影响，会随着成熟时间的延长，μ－钙激活酶的过早消耗而消失。与传统冷却方式相比，将宰后牛的半胴体在37℃下延迟冷却3h，其嫩度可以得到显著改善。

值得注意的是延迟冷却可能会导致热收缩反而降低肉品的嫩度。同时较高的环境温度会促进微生物的大量增殖，存在一定安全风险。

（2）喷淋冷却　目前在牛肉包装工业，干耗是经济方面关注的焦点。为了减少干耗损失，可以将胴体维持在低温，低空气流速以及高湿的环境下。动物成熟过程中的干耗主要是由水分蒸发引起的，据报道，牛、猪及羊羔进行传统风冷却最初的24h内，蒸汽损失达到热胴体重的2%。喷淋冷却的主要目的是降低冷却过程中的干耗，特别是宰后24h内的干耗。喷淋冷却技术现已在北美、欧洲等多个地区被广泛应用于牛肉、羊肉、猪肉和禽肉的实际生产中，不同企业采用喷淋冷却的时间往往差异很大，但宰后初始的3~12h采用喷淋冷却是目前比较常见的。其目前的主要技术手段是在动物宰后3~8h间歇性的喷淋冷水，通过喷淋冷却，胴体表面可以长时间保持湿润以便减少胴体水分的蒸发，从而减少干耗 。

但喷淋式冷却过程中由于温度相对较高而且湿度极大容易导致整个冷却车间中微生物繁殖迅速，肉制品的安全较难控制，再考虑到肉质较差等局限，目前在欧美工厂中的实际应用较少。

（3）三段式冷却　三段式冷却是目前欧美等发达国家的主流冷却方式，这种工艺需要在第一阶段以较低的温度迅速冷却胴体温度，使胴体表面迅速降温，从而有效减少冷却损失，也可以减少糖酵解速率，因而减慢pH的下降速度。第二阶段为当肉的中心温度达到10~15℃时，停止冷却，然后将胴体在此恒定温度的排酸间放置6h，在这期间相对较高的肌肉温度加速了蛋白质降解，从而改善嫩度，减少汁液损失。第三步：之后再次进行快速冷却从而达到最终的平衡温度（图2－18）。

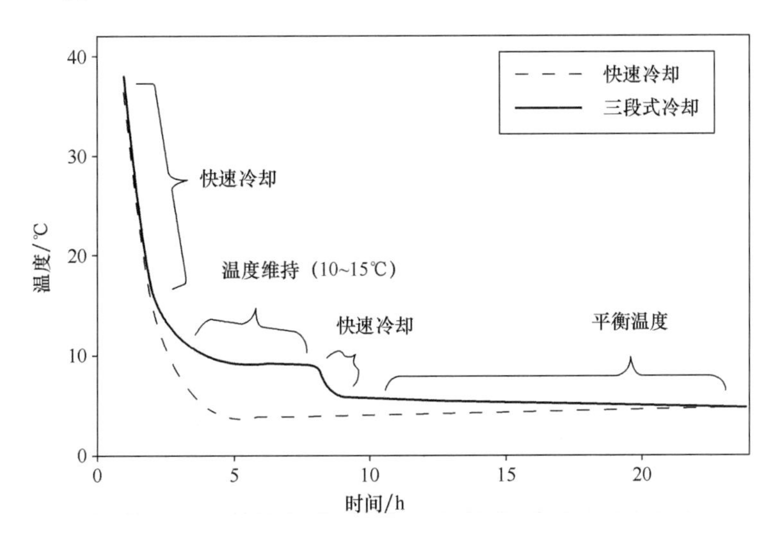

图2－18　三段式冷却步骤

3. 吊挂方式

胴体吊挂成熟技术是影响牛肉嫩度的重要因素之一，传统吊挂方式是后腿或者跟腱吊挂，盆骨吊挂是一种可以代替传统的吊挂方式的嫩化拉伸吊挂方式，这种操作需要在屠宰间内于胴体尸僵之前进行。该技术通过拉伸肌肉的肌节，降低肌节在尸僵过程的收缩程度以提高肉嫩度。跟腱吊挂是牛胴体的传统的吊挂方式。该吊挂方式造成牛的半腱肌、半膜肌、背最长肌和股二头肌等胴体后部肌肉群在整个尸僵过程期间处于游离和容易收缩的状态，降低了骨骼对后腿和沿脊柱肌肉的限制作用。由于该吊挂方式对脊柱的拉伸较弱，脊柱呈弯曲状态，减弱了对背最长肌部位肉在僵直过程中收缩的抑制，会使肌原纤维收缩，导致肌节长度减少，肌原纤维直径增加，造成牛肉嫩度降低。

Tendercut 嫩化处理和盆骨吊挂处理的嫩化原理是相同的。常用的操作方法是在尸僵前期于第 12 和第 13 胸椎之间以及腰荐结合部位分别对牛胴体的脊柱进行斩断，并沿胴体横断面将肉切开，然后置于低温环境中吊挂成熟一段时间。

4. 包装方式

产品包装是肉品生产环节的重要一环，在众多包装方式中，气调包装技术作为未来冷却肉货架展示的主流包装形式，具有护色效果优良，抑菌作用突出等显著特点，该技术现已发展成一大类技术复杂且种类繁多的包装体系。

当今国际市场上比较流行的肉类气调包装方式主要有高氧气调包装（HiOx－MAP）、低氧气调包装（LOx－MAP）和无氧包装三种。其中高氧气调包装的气体比例一般为 70% ~80% 的 O_2 配合 20% ~30% 的 CO_2，是世界上最普遍的一种气调包装方式。其优势在于高氧环境有利于良好的护色效果，缺点是促进了好氧或兼性厌氧微生物的增殖，货架期较短，烹调时会发生提前褐变，加速了肉品氧化，可导致异味、肉色恶化、嫩度降低等缺陷。

近年来随着人们对降氧研究的不断深入，出现了一种新型商业低氧包装方式，其气体比例多为 50% O_2:30% CO_2:20% N_2，其优势在于可以在保证良好肉色的前提下，降低肉品的氧化程度。

常见的无氧气调包装有 80% N_2:20% CO_2 气调包装、真空包装（VP）以及一氧化碳气调包装（CO－MAP），其中 CO－MAP 的气体组成是：0.4% CO:20% ~30% CO_2，剩余为 N_2。其优势在于可使肉品长期呈现出诱人的樱桃红色，并降低了肉品的氧化程度，抑制了好氧微生物的增殖，从而延长了产品货架期。但其缺点就是存在安全风险，有时肉色过于鲜艳，给消费者以误导，同时掩盖了微生物导致的腐败。

真空包装主要包括真空贴体包装和真空热成型包装，是消费者接受度最高的一种包装方式，贮藏货架期长，且能很好地保护肉品的原有品质。由于缺氧环境导致肌红蛋白以脱氧肌红蛋白为主，肉色呈暗紫色，缺乏对消费者的吸引，货架展示前往往需要发色，有可能造成二次污染，存在一定的汁液损失问题。

第七节　典型肉品分析案例

一、 生牛排纵切面出现颜色分层的现象

案例：通常情况下，将生牛排置于空气中一段时间（过夜），纵切后会发现牛排呈现三种

不同的颜色（图2-19），从上往下依次为鲜红色、褐色、紫红色。

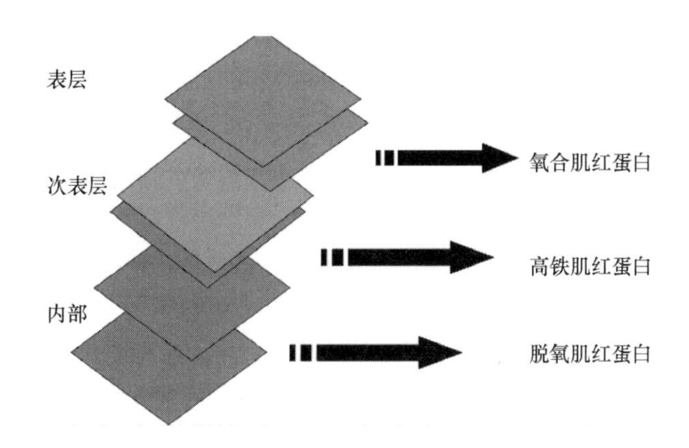

图2-19 生牛排出现颜色分层现象

分析：如本章第五节第一部分所述，肌肉的颜色主要由肌红蛋白的状态所决定。当肌红蛋白第6位配体空缺时，为脱氧肌红蛋白，颜色呈现紫红色，常见于真空包装产品或刚刚切割后的肌肉剖面。当脱氧肌红蛋白暴露在充足的 O_2 中时会发生氧合反应，氧合反应发生后脱氧肌红蛋白氧合成氧合肌红蛋白（OxyMb），氧合肌红蛋白使肌肉呈现鲜红色。当肌红蛋白中的二价铁离子被氧化成三价铁离子，同时第6配位键上的氧原子被释放出来时，此时为高铁肌红蛋白，呈现褐色。

新鲜牛排置于空气中，与氧气接触，氧气渗透到肌肉内部形成一层较厚的氧合肌红蛋白层，肌肉暴露于氧气的时间越长，形成的氧合肌红蛋白层越厚，因此表面会呈现鲜红色的氧合肌红蛋白；较低的氧分压会诱导氧化反应产生高铁肌红蛋白，随着氧气在肌肉内部的渗透，肌肉内部的氧分压越来越低，因此肌肉内部会形成一层较薄的高铁肌红蛋白层，为我们所观察到的中间呈现褐色的部分；最深一层为未接触到氧的脱氧肌红蛋白，颜色为紫红色。

二、DFD肉与PSE肉的鉴别

案例：三块猪肉的颜色深浅不一，有的颜色较浅，有的颜色过深；牛肉也出现同一问题，较为常见的异常颜色的牛肉为暗紫色的牛肉。测定相应的pH发现，颜色较浅的肉pH较低，颜色较深的肉pH较高。

分析：颜色较浅的肉为PSE肉（图2-20①），即肉色灰白（pale）、肉质松软（soft）、有渗出物（exudative）。颜色较深的肉为DFD肉（图2-20③，图2-21①），即暗紫色（dark）、质地坚硬（firm）和表面干燥（dry）。

PSE产生的原因：动物宰前受到应激，使糖原在宰后很短时间内分解，因此使pH在很短时间内快速下降（5.4以下），此时蛋白质变性程度较大，保水性较低，因此肉质松软，有较多汁液损失，肉的颜色发白。

DFD肉产生的原因：动物宰前受到长期应激，如长途运输、混群待宰及暴力驱赶，使动物在屠宰时体内的糖原处于较低水平，而产生较低量的乳酸，只能使pH降低到6.0左右。此时蛋白质变性程度较低，系水力较高，因此渗出的汁液较少，使表面干燥，质地坚硬，肉色发黑。

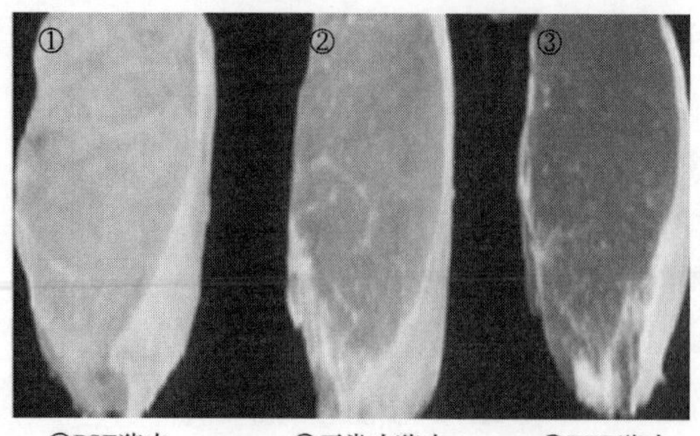

①PSE猪肉 ②正常肉猪肉 ③DFD猪肉

图2－20 呈现不同色泽的猪肉

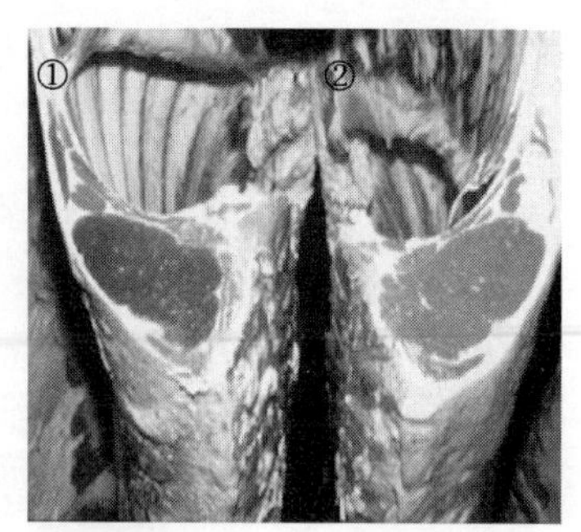

①DFD牛肉 ②正常牛肉

图2－21 DFD牛肉与正常牛肉

三、 牛胴体的分级操作

案例：经检测，有一头牛屠宰时已出现第二对永久门齿，目测四分体的横切面有大理石花纹，如何判断该头牛的质量级别？

分析：根据我国牛肉大理石纹评级图谱（NY/T676－2010），首先应确定大理石花纹等级和颜色及脂肪颜色，然后确定生理成熟度，最后综合评定质量等级。

大理石花纹等级的确定：准备大理石花纹标准板（花纹数量由少及多为1～5级），与四分体横切面（12～13肋骨之间背最长肌横切面）眼肌位置进行比对，选择与所评定胴体花纹数量最接近的一块标准板，做好记录（如4级）。

肉色等级的确定：准备肉色标准板（颜色由浅及深为1～8级）四分体横切面（12～13肋骨之间背最长肌横切面）眼肌位置比对，选择与所评定胴体颜色最接近的一块标准板，做好记录（如4级），颜色过深或过浅都不好，过深可能为DFD肉，过浅可能为PSE肉，如果等级不在3～7级内，整体质量等级要降低一级。

脂肪色等级的确定：准备肉色标准板（颜色由浅及深为1～8级）四分体横切面（12～13肋骨之间背最长肌横切面）眼肌位置比对，选择与所评定胴体颜色最接近的一块标准板，做好记录（如4级），脂肪色较白较浅表明脂肪较好，过深发黄表明肉牛可能偏老，如果等级不在1～4级内，整体质量等级要降低一级。

生理成熟度的确定：肉牛出现第二对永久门齿，对应的年龄为24～36月龄，生理成熟度等级为B。

质量等级的综合评定：生理成熟度与大理石花纹为主要决定因素，由以上分析得出生理成熟度为B，大理石花纹为3级（中等），根据表2－2初步判定该肉牛胴体的等级为优级；根据肉色等级4，在3～7级内，属较好等级的肉色，根据脂肪色4级，也属于较好等级的脂肪色，整体质量级不需调整。最终得出，该肉牛胴体的质量等级为优级。

四、 尸僵对嫩度的影响分析

案例：从市场购买的新鲜牛肉，分成三份：一份当天晚上炒制，一份冷藏了一周后炒制，一份－18℃冷冻，两周后解冻炒制。三份肉嫩度大小比较。

分析：死后肌肉最显著的变化之一是死后僵直的发生。僵直发生时，肌肉收缩为不可逆之死亡收缩。当尸僵完成时，肌肉因肌动蛋白、肌球蛋白间形成横桥，而导致其不能缩短或伸长，此时嫩度极差。牛肉进入尸僵的时间约为8h，因此晚上炒制的牛肉正是牛肉进入尸僵阶段的时刻，此时嫩度较为差。

尸僵持续一定时间后，即开始缓解，肉的硬度降低，保水性有所恢复，这个变化过程即为肉的解僵过程。解僵所需要的时间因动物种类、环境温度及其他条件的不同而异。牛肉需要时间最长为7~10d，这一过程，也称为成熟过程，即尸僵完全的肉在冰点以上温度条件下放置一定时间，使其僵直解除、肌肉变软、系水力和风味得到改善的过程。冷藏一周成熟后的牛肉，嫩度会得到很大改善，此时嫩度较好。

如果肌肉在僵直未完成时进行冻结，容易发生解冻收缩，这是由于此时肌肉仍含有较多的三磷酸腺苷，在解冻时由于三磷酸腺苷发生强烈而迅速的分解而产生僵直，称为解冻僵直。解冻收缩的收缩强度较正常的僵直剧烈的多，并有大量的肉汁流出。解冻僵直发生的收缩急剧有力，可缩短50%，这种收缩可破坏肌肉纤维的微结构，而且沿肌纤维方向收缩不够均匀。在尸僵发生的任何一点进行冷冻，解冻时都会发生解冻僵直，但随肌肉中三磷酸腺苷浓度的下降，肌肉收缩力也下降。在刚屠宰后立刻冷冻，然后解冻时，这种现象最明显。第三份肉，会产生解冻僵直，产生剧烈的解冻收缩，嫩度比其他两种方式都差。

综合评定，冷藏一段时间后牛肉的嫩度最好，刚屠宰的热鲜牛肉的嫩度次之，将热鲜牛肉先冷冻后解冻的肉嫩度最差。

第八节 综合实验

一、 肉中水分的测定

测定水分的方法有很多种，如：干燥法、蒸馏法、卡尔费休（Karl Fischer）法、近红外吸光光度法等。肉中水分含量的测定多用常压干燥法（GB/T 9695.15—2008）。样品与砂及乙醇充分混合，混合物在水浴上预干，然后在（103±2）℃的温度下烘干至恒重，测其质量的损失。

操作流程

样品处理：至少取有代表性的试样200g，将样品于绞肉机中至少绞两次，样品的均匀性非常重要。绞碎的样品保存于密封的容器中，贮存期间必须防止样品变质和成分变化，分析样品最迟不能超过24h。贮存的试样在启用时应重新混匀。

（1）将盛有砂（砂重为样品的3~4倍）和玻璃棒的称量瓶置于（103±2）℃的干燥箱中，瓶盖斜支于瓶边，加热30min，取出盖好，置于干燥器中，冷却至室温，精确称至0.001g，并重复干燥至恒重。

（2）精确称取试样5~10g于上述恒重的称量瓶中。

（3）根据试样的量加入乙醇5~10mL，用玻璃棒混合后，将称量瓶及内含物置于水浴上，瓶盖斜支瓶边。为了避免颗粒迸出，调节水浴温度在60~80℃，不断搅拌，蒸干乙醇（95%）。

（4）将称量瓶及内含物移入干燥箱中在（103±2）℃烘干2h，取出，放入干燥器中冷却至室温，精确称量，再放入干燥箱中烘干1h，直至两次连续称量结果之差不超过0.001g。

结果计算：样品中的水分含量按下式进行：

$$X=(M_2-M_3)/(M_2-M_1)\times100$$

式中 X——样品中的水分含量，g/100g；

M_2——干燥前试样、称量瓶、玻璃杯和砂的质量，g；

M_3——干燥后试样、称量瓶、玻璃杯和砂的质量，g；

M_1——称量瓶、玻璃杯和砂的质量，g。

当平行分析结果符合精密度的要求时，则取两次测定的算术平均值作为结果，精确到0.1%。

二、 肉中蛋白质的测定

肉与 H_2SO_4 和 $CuSO_4$、K_2SO_4 一同加热消化，使蛋白质分解，分解的氨与 H_2SO_4 结合生成 $(NH_4)_2SO_4$，然后碱化蒸馏使氨游离，用 H_3BO_4 吸收后以 H_2SO_4 或者 HCl 标准滴定溶液滴定，根据酸的消耗量乘以换算系数，即为蛋白质含量。测定蛋白质最基本最常用的方法是测定总氮量，其中还包括少量的非蛋白氮，如尿素氮、游离氨氮、生物氨氮、无机盐氮等，由凯氏定氮法测得的蛋白质为粗蛋白。凯氏法是测定总氮最准确和操作最简便方法之一。

实验流程

样品：均质后肌肉组织

（1）消化　称取试样2.000g于硫酸纸上（若脂肪含量高可称取1.500g）连同硫酸纸一起放入凯氏烧瓶中，加入无水 K_2SO_4 15g，$CuSO_4\cdot5H_2O$ 0.5g，再加浓 H_2SO_4 20mL，轻轻摇动使溶液浸湿试样，并在瓶口放一小漏斗。

把烧瓶倾斜于加热装置上，缓慢加热，待内容物全部碳化，停止起泡后加大火力，保持瓶内液体沸腾，不时转动烧瓶，直到液体变成蓝绿色透明时，继续沸腾90min，全部消化时间不应少于2h。消化过程中应避免溶液外溢，同时要防止过热引起的大量硫酸损失，否则影响测定结果。消化液冷却到约40℃，小心地加入约50mL水，使其混合并冷却。

（2）蒸馏　接收瓶内加入 H_3BO_4 溶液50mL，混合指示剂4滴，混合后，将接受瓶置于蒸馏装置的冷凝管下，使出口全部浸入 H_3BO_4 溶液中。

将凯氏烧瓶直接接入蒸馏装置的氮素球下（如果将消化液转移到蒸馏装置中，需用50mL水冲洗烧瓶数次），小心加入 NaOH 溶液100mL。加热让蒸汽通过凯氏烧瓶使消化液煮沸持续30min。收集蒸馏液150mL左右，停止蒸馏时，将接收瓶降低使接口露出液面，再蒸馏10min，用少量水冲洗出口，用蒸馏水浸湿的红石蕊试纸（或 pH 试纸）检验氨是否蒸发完全，否则应重新测定。

（3）滴定　用标准盐酸溶液滴定收集液至灰色为终点，记下所消耗的盐酸量，读数值精确到0.02mL。

同一试样进行两次测定并做空白试验。

$$粗蛋白含量=(V_2-V_1)\cdot c\times0.0140\times6.25/m\times V'/V\times100$$

式中 V_2——滴定样品时所需标准酸溶液体积，mL；

V_1——滴定空白样品时所需标准酸溶液体积，mL；

c——盐酸标准溶液浓度，mol/L；

m——样品质量，g；

V——样品消化液总体积，mL；

V'——样品消化液蒸馏用体积，mL；

0.0140——与1.00mL HCl标准溶液（1mol/L）相当的，以克表示的氮的质量；

6.25——氮换算成蛋白质的平均系数。蛋白质中氮含量一般为15%～17.6%，按16%计算，乘以6.25即为蛋白质。

三、 肉中脂肪的测定

样品经盐酸加热水解，将包含的和结合的油脂释放出来，过滤，留在滤器上的物质经干燥后，用正己烷或石油醚抽提，除去溶剂，得到脂肪含量。肉及肉制品常用索氏抽提法测定其中总脂肪的含量（GB/T 9695.7—2008）。

1. 实验流程

（1）接收瓶的恒重　向索氏提取器的接收瓶里放入少量沸石，于（103±2）℃干燥箱内烘1h。取出，置于干燥器中冷却至室温，准确称重至0.001g。重复以上烘干、冷却和称重过程，直到相继两次称量结果只差不超过0.2mg。

（2）酸水解　称取试样3～5g，精确至0.001g，置250mL锥形瓶中，加入2mol/L HCl溶液50mL，盖上小表面皿，于石棉网上用火加热至沸腾，继续用小火煮沸1h并不时振摇。取下，加入热水150mL，混匀，过滤。锥形瓶和小表面皿用热水洗净，一并过滤。沉淀用热水洗至中性（用蓝石蕊试纸检验）。将沉淀连同滤纸置于大表面皿上，连同锥形瓶和小表面皿一起于（103±2）℃干燥箱内干燥1h，冷却。

（3）抽提脂肪　将烘干的滤纸放入衬有脱脂棉的滤纸筒中，用抽提剂润湿的脱脂棉擦净锥形瓶、小表面皿和大表面皿上遗留的脂肪，放入滤纸筒中。将滤纸筒放入索氏抽提器的抽提筒内，连接内装少量沸石并已干燥至恒重的接收瓶，加入抽提剂至瓶内容积的2/3处，于水浴上加热，使抽提剂以每5～6min回流一次，抽提4h。

（4）称量　取下接收瓶，回收抽提剂，待瓶中抽提剂剩1～2mL时，在水浴上蒸干，于（103±2）℃干燥箱内干燥30min，直到相继两次称量结果之差不超过试样质量的0.1%。

（5）抽提完全程度验证　用第二个内装沸石、已干燥至恒重的接收瓶，用新的抽提剂继续抽提1h，增量不得超过试样质量的0.1%。同一试样进行两次测定。

2. 计算

样品中脂肪的含量按下式计算：

$$W(\%) = (m_2 - m_1)/m_0 \times 100$$

式中　W——样品总脂肪的含量，%；

m_2——接收瓶、沸石连同脂肪的质量，g；

m_1——接收瓶和沸石的质量，g；

m_0——样品的质量，g。

四、 鲜肉颜色的测定

肉色是商品肉色、香、味、质几大要素中最具有主导作用的感官品质指标。肌肉颜色深浅和色度取决于肌肉肌红蛋白的含量。肌红蛋白的三种存在形式分别是还原型肌红蛋白（紫红）、氧合肌红蛋白（鲜红）、高铁肌红蛋白（褐色），这三种肌红蛋白的存在形式赋予肌肉不同的色度，可见肌红蛋白的状态对肉色有很大影响。

测定流程

（1）将实验室内光照强度调至750Lux 以上（用自然漫射光或荧光灯）。

（2）以色差仪为例，仪器预热后，先将色差仪用白板和黑板校正，然后将镜头垂直置于肉面上，镜口紧扣肉面（不能漏光），按下摄像按钮，色度参数即显示。

测量时应避开筋腱和脂肪组织。一般每个样品需测量3~6次，最后取平均值。

参数的表示方式为：亮度值（L^*）、红度值（a^* 值）、黄度值（b^* 值）、饱和度、照度。PSE 肉的 L^* 值高，而 a^* 值低；DFD 肉 L^* 值低，而 a^* 值高。

其中饱和度（C^*）Chroma = $(a^{*2}+b^{*2})^{1/2}$，照度（H^*）Hue = arctan (b^*/a^*)。C^* 值越大说明肉色的饱和度越高，越鲜红，H^* 值则常用于指示牛肉表面的肉色变化，H^* 值增大预示着 a^* 值减少，同时生成较多的高铁肌红蛋白。

五、 鲜肉剪切力的测定

嫩度是指肉在切割时所需的剪切力。剪切力是指测试仪器的刀具切断被测肉样时所用的力。通过测定仪器测传感器记录刀具切割肉样时的用力情况并把测定的剪切力峰值（力的最大值）作为肉样嫩度值。

嫩度是评价肉制品食用物理特性的重要指标，其反映了肉中各种蛋白质的结构特性，肌肉中脂肪的分布状态及肌纤维中脂肪数量等。肉制品嫩度包括以下四方面含义：a. 肉对舌或颊的柔软性，即当舌头与颊接触肉时产生的触觉反应，肉的柔软性变动很大，从软乎乎的感觉到木质化的结实程度；b. 肉对牙齿压力的抵抗力，即牙齿插入肉中所需的力，有些肉硬得难以咬动，而有的柔软的几乎对牙齿无抵抗力；c. 咬断肌纤维的难易程度，指的是牙齿切断肌纤维的能力，首先要咬破肌外膜和肌束膜，这与结缔组织含量和性质密切相关；d. 嚼碎程度，用咀嚼后肉渣剩余的多少以及咀嚼后到下咽时所需的时间来衡量。

1. 实验步骤

（1）取样品，切成6cm×3cm×3cm 大小，剔除肉表面的筋、腱、膜及脂肪，置于真空包装袋中。

（2）置于80℃水浴加热到中心温度70℃（中心温度用穿刺热电耦测温仪测定），室温冷却。

（3）再放入冰箱0~4℃过夜。

（4）用直径为1.27cm 的空心取样器顺着肌纤维的方向取下肉柱，孔样长度不少于2.5cm，取样位置应距离样品边缘不少于5mm，两个取样的边缘间距不少于5mm，剔除有明显缺陷的孔样，测定样品数量不少于3个。

（5）用质构分析仪 TA-XT2i 测定每个肉柱的剪切力值，并使用 Texture Expert V1.0 软件控制。重复测定6次以上，同一个肉块上的所有肉柱的均值为此肉块的剪切力值。实验探头采用 HDP/BSW BLADE SET WITH GUILLOTINE，测定模式与类型（Test Mode and Option），测定压缩时的力（Measure Force in Compression），测定完成时恢复初位（Return to Start）。

2. 测定仪器要求：

参数（Parameters）：测前速（Pre-test Speed）：2.0mm/s

测中速（Test Speed）：1.0mm/s

测后速（Post - test Speed）：5.0mm/s

下压距离（Distance）：23.0mm

负载类型（Trigger Type）：Auto - 40g

探头（Probe）类型：HDP/BSW

数据获得率（Data Acquisition Rate）：200PPS（Point Per Second）

将孔样置于仪器的刀槽上，使肌纤维与刀口走向垂直，启动仪器剪切肉样，测得刀具切割这一用力过程中的最大剪切力值（峰值）为孔样剪切力的测定值。

3. 计算

记录所有的测定数据，取各个孔样剪切力的测定值的平均值扣除空载运行最大剪切力，计算肉样的嫩度值。肉样嫩度的计算公式：

$$X = (X_1 + X_2 + X_3 + ... + X_n) / n + X_0$$

式中　X——肉样的嫩度值，N；

$X_{1\cdots n}$——有效重复孔样的最大剪切力值，N；

X_0——空载运行最大剪切力，N；

n——有效孔样数量。

记录数据时应仔细填写所取肉样种类，取样部位及检测数据；同一肉样，有效孔样的测定值允许的相对偏差应≤15%。

六、肉保水性的测定

肉的保水性是指当肌肉受到外力作用时，例如：加压、切碎、加热、冷冻、融冻、贮存、加工等。保持其原有的水分与添加的水分的能力。

实验流程与计算

（1）汁液损失　取肉样（约50g），擦干表面水分，电子天平称重（M_1），悬挂于密闭充气塑料袋中，肌肉避免与材料接触。肌纤维方向竖直向下，4℃冷藏24h后取出擦干表面水分再次称重（M_2），汁液损失按以下公式计算：

$$汁液损失(\%) = (M_1 - M_2) / M_1 \times 100$$

（2）贮藏损失　取肉样（约50g），擦干表面水分，称重（M_3）。用高阻隔真空袋真空包装，4℃冷藏24h后取出擦干表面水分，再次称重（M_4），贮藏损失按以下公式计算：

$$贮藏损失(\%) = (M_3 - M_4) / M_3 \times 100$$

（3）系水力　取肉样沿着肌纤维方向的肉块，横截面积0.4cm×0.4cm，肉重约0.3~0.5g，肉长约1.5~2cm。用吸水纸吸干水分后称重（M_5），后将其置入带有滤膜的离心管中（Mobicols，MoBiTec，Gottingen，滤膜孔径90μm），将离心管置于冷冻离心机内，4℃条件下，40g离心1h。离心结束后称重（M_6）。按以下公式计算离心损失：

$$离心损失(\%) = (M_5 - M_6) / M_5 \times 100$$

（4）蒸煮损失　取出肌肉擦干表面水分后称重（M_7），真空包装后，在水浴锅中80℃水浴至样品中心温度到70℃，取出后自然冷却至室温，后置于0~4℃过夜，用吸水纸蘸干肉块表面水分，称质量（M_8）；按以下公式计算蒸煮损失：

$$蒸煮损失(\%) = (M_7 - M_8) / M_7 \times 100$$

七、 肉中菌落总数的测定

食品检样经过处理，在一定条件下（如培养基、培养温度和培养时间等）培养后，所得每克或每毫升检样中形成的微生物菌落总数。菌落总数主要作为判定食品被污染程度的标志，也可应用这一方法观察细菌在食品中繁殖的动态，以便为对被检样品进行卫生学评价时提供依据。在食品的细菌总数检测时，可采用 GB 4789.2—2010 规定的方法。

实验流程

（1）样品的稀释　称取 25g（mL）检样置盛有 225mL 磷酸盐缓冲液或生理盐水的无菌均质杯内，8000 ~ 10000r/min 均质 1 ~ 2min，或放入盛有 225mL 稀释液的无菌均质袋中，用拍击式均质器拍打 1 ~ 2min，制成 1:10 的样品均液。用 1mL 无菌吸管或微量移液器吸取 1:10 样品匀液 1mL，沿壁缓慢注于盛有 9mL 稀释液的无菌试管中（注意吸管或吸头尖端不要触及稀释液面），振摇试管，混合均匀，制成 1:100 的样品匀液。按上述操作程序，另取 1mL 无菌吸管，制备 10 倍系列稀释样品匀液。每递增稀释一次，换用 1 次 1mL 无菌吸管或吸头。根据对样品污染状况的估计，选择 2 ~ 3 个适宜稀释度的样品匀液（液体样品可包括原液），在进行 10 倍递增稀释时，吸取 1mL 样品匀液于无菌平皿内，每个稀释度做两个平皿。同时，分别吸取 1mL 空白稀释液加入两个无菌平皿内作空白对照。及时将 15 ~ 20mL 冷却至 46℃ 的平板计数琼脂培养基［可放置于（46 ± 1）℃ 恒温水浴箱中保温］倾注平皿，并转动平皿使其混合均匀。

（2）培养　待琼脂凝固后，将平板翻转，（36 ± 1）℃ 培养（48 ± 2）h。

（3）菌落计数　选取菌落数在 30 ~ 300CFU、无蔓延菌落生长的平板计数菌落总数。低于 30CFU 的平板记录具体菌落数，大于 300CFU 的可记录为“多不可计”。每个稀释度的菌落数应采用两个平板的平均数。其中一个平板有较大片状菌落生长时，则不宜采用，而应以无片状菌落生长的平板作为该稀释度的菌落数；若片状菌落不到平板的一半，而其余一半中菌落分布又很均匀，即可计算半个平板后乘以 2，代表一个平板菌落数。当平板上出现菌落间无明显界线的链状生长时，则将每条单链作为一个菌落计数。

思考题

1. 猪肉胴体的分级标准是什么？
2. 宰后检验的方法有哪些？
3. 引起肉的腐败变质的微生物有哪些？
4. 微生物引起的肉的异常现象有哪些？
5. 肉的贮藏方法有哪些？

推荐阅读书目

［1］周光宏．肉品加工学［M］．北京：中国农业出版社，2009.

［2］孔保华，于海龙．畜产品加工［M］．北京：中国农业科学技术出版社，2008.

第三章 肠类制品加工

CHAPTER 3

知识目标

1. 掌握香肠制品的种类、产品特点、加工工艺流程典型香肠制品的加工技术。
2. 掌握香肠制品的品质分析、常用保存方法。

能力目标

1. 能够辨别中式香肠以及西式香肠加工工艺的不同点。
2. 能够解释出每一步生产工艺的操作的意义。

第一节 中式香肠

香肠是一种将新鲜斩拌的碎肉灌入肠衣中，根据不同人的口感而制成的具有一定风味的圆柱体管状食品。香肠也是一种利用非常古老的食物生产和肉食保存技术的食物。已经有很多文献证明，在几千年的古代人们就开始制作以及销售香肠。罗马尼亚人制作“circelli”“tomacinae”“butuli”等其他类型的美味香肠，主要是在每年盛大的欢庆活动以及供奉活动中使用。在很早以前，香肠主要是由一些条状的或者其他边角料等副产物制作而成。在罗马尼亚的主要的消费群体是一些穷人阶级。并且在早期罗马尼亚的基督教堂中是禁止食用香肠的。

中式香肠有着悠久的历史，种类也有很多种。传统生产过程是在寒冬腊月在较低的温度下将原料肉进行腌制，然后经过自然风干和成熟过程加工制成的。我国地域广阔，气候差异较大，也因此在传统生产条件下形成了众多口味不同的香肠制品。习惯以生产地域对香肠进行分类，如广东香肠（广东腊肠）、四川香肠、北京香肠、如皋香肠、山东招远香肠等。

一、肠　衣

就像午餐肉及西式盐水火腿肉用金属容器或者其他塑料模具进行肉制品塑形一样，香肠是通过肠衣来固定形状的。根据肠衣的类型，可以分为天然肠衣和人工肠衣。

1. 天然肠衣（natural casing）

天然肠衣是将牲畜（如：猪、牛、羊等）宰杀后的新鲜肠道经过深加工，去除肠道内不需要的组织后得到的坚韧、透明性的一层薄膜。由于天然肠衣具有绿色安全、营养可食、易于消化吸收、口径韧性适中等特点，并且在经过蒸、煮、烘、烤、煎等烹制过程后不破裂，因此是灌装各类香肠的理想包装材料。

一个传统的香肠都是通过天然肠衣灌制生产而成。天然肠衣也被称为动物肠衣，主要是由猪（见图3－1）、牛、羊的消化器官和泌尿系统的脏器除去粘膜后腌制或者干制而成。

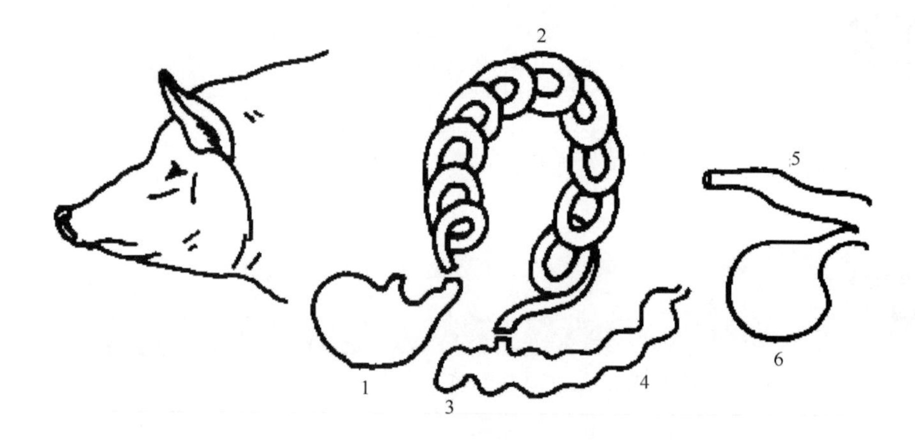

图3－1　猪肠衣的来源

1—胃　2—小肠　3—盲肠　4—结肠　5—直肠　6—膀胱

猪的小肠一般的平均长度为15～20m，并且根据饲养条件、选取部位的不同以及动物年龄不同而使得肠衣的直径以及强度而有所不同。

肠衣的制作过程比较烦琐。一般需要手工或者机器的方式除去脂肪和肠系膜组织，并且清理以及除去小肠内容物。最后，仅有黏膜下层被作为香肠肠衣的生产材料（图3－2）。肠衣最后是通常放在40%盐渍，或者是干盐进行低温保存。目前已发现可以通过其他途径使得片段肠衣相互联结，最后交联成具有一定长度以及一定韧性的再生肠衣，实现废弃肠衣再利用。

天然肠衣按照加工方式的不同可以分为盐渍类肠衣和干制类肠衣两种，其主要加工工艺过程为：

（1）盐渍肠衣　①浸洗：浸泡入清水中18～24h，控制一定的水温；②刮肠：将浸泡好的肠衣置于木板上用无刃刮刀刮去多余部分，控制力度以防出现破损；③灌水：经过刮制的肠衣一头接在水龙头上灌洗，并检查有无孔洞，及时剪除残次部分；④量码：将灌洗好后的肠衣以一定长度为一把（一般为100码，9.5m）；⑤盐制缠把：将扎把后的肠衣置于蹄内均匀撒盐，盐渍12～13h，将水分沥出，当呈现半干状态便可缠把得到半成品光肠；⑥浸漂洗涤；用清水将光肠洗涤干净，控制洗涤水温及时间；⑦灌水分路：洗涤好的肠衣注入清水，检查孔洞，并按口径分路；⑧配码：将同路肠衣按一定的码数扎把；⑨腌制缠把：配码后的肠衣用精盐腌制，

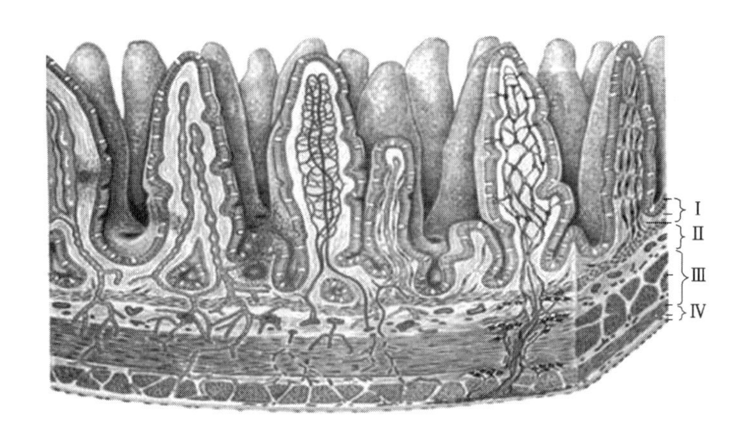

图3－2　动物小肠结构（横截面）

Ⅰ—黏膜层具有绒毛结构　Ⅱ—亚黏膜　Ⅲ—肌肉层　Ⅳ—浆膜

待沥干后缠把即得成品肠衣。

（2）干肠衣　①浸洗：用清水浸洗，冬季1～2d，夏天数小时；②刮油脂：浸洗过的肠衣刮去油脂、筋膜等；③碱洗：刮制完的肠衣用5%的NaOH溶液漂洗去多余油脂；④漂洗：碱洗后的肠衣再用清水洗净；⑤腌肠：漂洗完的肠衣扎把用适量盐腌制12～24h后取出洗净盐粒；⑥吹气：洗净后的肠衣吹气至膨胀，置于通风处晾干，并检查孔洞；⑦压平：晾干后的肠衣压平并喷洒适量水分后便可扎把装箱。

我国生产的天然肠衣（如猪肠衣和羊肠衣）具有直径均匀、强度高等特点，在全球天然肠衣的生产中具有领先水平，主要体现在：①长度长：每根肠衣的平均长度可达20～30m；②直径大：其中一、二级肠衣段占整个肠衣总长度的一半以上；③皮质好，皮质坚实，韧性好，次品率低。然而天然肠衣也存在许多缺点，具体表现在：①由于动物肠道的个体差异较大，不利于实现机械化生产，依靠人工清洗和加工，工作繁重辛苦，效率低，成本高；②动物肠道含有很多天然弯曲，不利于香肠的连续化生产；③由于个体差异和部位差异，动物肠道的粗细和强度也存在差异；④生产过程中残次品率高。这些缺点在一定程度上阻碍了肠衣的标准化和机械化生产。

肠衣通常需要具有良好的韧性以及坚实度，能够耐受由于灌肠加工、热、熏烤处理或者后期处理中的压力强度，并且能够和肉糜结合紧密，具有良好的收缩拉伸以及膨胀性能，具有良好的透水能力以及烟熏透过能力。天然肠衣不仅具有以上的特点，更重要的是，天然肠衣生产出来的香肠具有一定的咀嚼性，并且带有肠衣的特有的风味，因此受到广大消费者的喜爱。天然肠衣一般都能够承受一定的机械抗压性，根据肠衣来源的不同，肠衣的机械抗压性由强到弱分别是牛肠衣 > 猪肠衣 > 羊肠衣。羊肠衣用的比较广泛的是用来制作新鲜油炸香肠、法兰克福香肠、BBQ香肠、热狗以及窄的干制发酵香肠。当然，天然肠衣也有缺陷，主要表现在直径不一、厚薄不均、多呈弯曲状、人工处理情况较为繁琐、技术要求较高。若一旦肠衣在清理内容物时被破坏污染，将很难被洗净以及具有感染微生物的危险。根据贮藏的条件，一般天然肠衣（盐渍）的货架期在3个月或者更长。但如果肠衣一旦进行了脱盐处理并且在10℃温度下贮藏，保质期一般是在4周左右。

2. 人造肠衣（artificial casing）

随着高产的自动灌肠机的出现以及人们对香肠制品的不断需求，天然肠衣的供给已经远远不能满足现代化商业香肠制品的需要，人造肠衣作为一种新型产业从20世纪初开始不断兴起。

塑料人造肠衣因其优良的性能得到了广泛的研究，20 世纪 50 年代美国首先将聚偏二氯乙烯膜（PVDC）用于食品包装，到了 60 年代，日本率先将 PVDC 做成管状膜来灌装火腿肠和鱼肠等，我国到了 80 年代才将 PVDC 大量引进。不可否认，PVDC 作为肠衣膜的包装材料，为香肠生产做出了巨大贡献。然而 PVDC 存在食品安全隐患的问题，并且会对环境造成一定的污染，因此尽管 PVDC 具备优良的性能，但并不是理想的天然肠衣替代品。纤维素肠衣主要是利用植物蛋白纤维和矿物蛋白纤维制成的，美国首先研制成了纤维素肠衣来解决天然肠衣供应不足这一问题。纤维素肠衣虽然不可食，但是其强度高、均匀性好，性能优良，与天然肠衣一样可以使水分透过，有利于蒸煮、烟熏等熟化过程，适合大规模的机械化生产。但是由于纤维素自身的性质影响，其与肉类一起蒸煮的过程中对脂质的传递差，因此也受到一定的使用限制。蛋白类肠衣是人造肠衣中唯一可以食用的，其中又分为植物类蛋白肠衣和动物类蛋白肠衣。植物类蛋白主要以大豆、玉米、小麦等为原料，加入胶质制备而成。动物类蛋白肠衣主要是使用动物的皮、腱等胶原蛋白含量丰富的部分通过一系列加工工艺制备而成。从卫生安全角度来看，人造肠衣在微生物指标方面优于天然肠衣，并且不需要冷藏，易于运输以及长期储藏，一般其货架期在 2 ~3 年或者更久。另一方面，人造肠衣的孔径便于控制，也比较均一，但是人造肠衣缺乏天然肠衣相应的特殊的口感。因此也不能完全地替代现在的天然肠衣。

按照组成以及它们的结构，人造肠衣可以再分为以下两种：

（1）以天然的材质为原料制成的人造肠衣

①由植物组织材料制成的肠衣，比如纤维肠衣；

②由动物性的副产物制成的肠衣，比如胶原肠衣。

（2）以热塑性材料为基质制成的合成肠衣

①纤维肠衣（cellulose casing）：纤维肠衣是用纤维粘胶挤压而成的（图3 –3）。原料主要取自天然的纤维如棉花、木屑、亚麻或者其他纤维成分。纤维肠衣具有以下的特点：

a. 具有一定的机械耐受能力；

b. 被水浸湿以后变宽，在烘干的情况具有收缩皱褶的特点；

c. 具有一定的气体、水分、烟通透性，能够染色、印刷，不能食用。

纤维肠衣适合于小直径的香肠（灌肠管径在 12 ~42mm）。若应用于大管径的香肠，容易出现爆肠的情况。一种法兰克福式无衣香肠的制作是将肉糜填充到这种纤维肠衣，然后在 74℃煮制和烟熏。经过热加工以后，肠衣内部的肉糜中的蛋白在热环境下变性凝结。这种香肠在食用时或者是制成即食食品时，通常需要将纤维肠衣剥去，形成无衣香肠（skinless sausage）（图3 –4）。

图3 –3　纤维肠衣

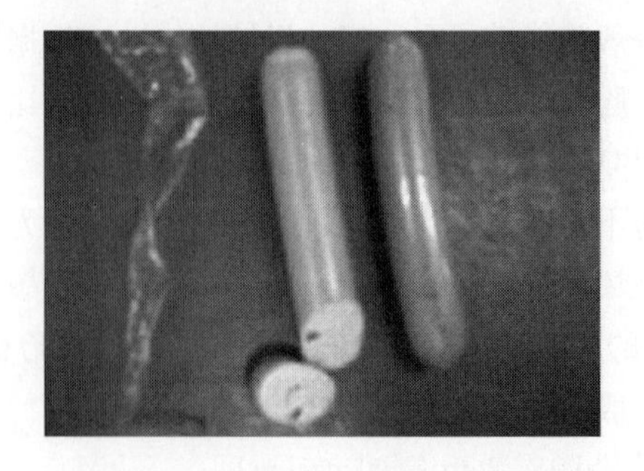

图3 –4　法兰克福式无衣香肠

左为被剥去的肠　中为无衣香肠　右为带有肠衣的香肠

②胶原肠衣（collagen casing）：胶原肠衣是从皮革制品的碎屑，或者从牛皮的真皮层中抽提出的胶原蛋白，在碱液中挤压成型，而制成的“长筒袜”状的管状肠衣（图3－5）。胶原肠衣也具有一定的机械承受力和透气性，能够使得熏烟以及水蒸气透过肠衣。由于胶原是动物组织的一部分，人们也可以直接食用和消化。

如果应用于大直径的香肠，胶原肠衣的厚度必须相应地进行加厚处理，否则不能承受灌肠时所产生的压力。胶原肠衣携带运输较天然肠衣方便，并且在灌肠的过程中不需要温水泡湿而可以直接进行灌肠使用。保存的时间也相应较长。胶原肠衣的应用也非常广泛，比如广泛地应用于西式早餐小香肠以及法兰克福香肠的制作（图3－6）。但是对于许多传统的消费者来说，目前还是较为习惯于食用用天然肠衣灌制的香肠，虽然胶原肠衣已经从质地以及口感上与传统的天然肠衣差别不是太大。

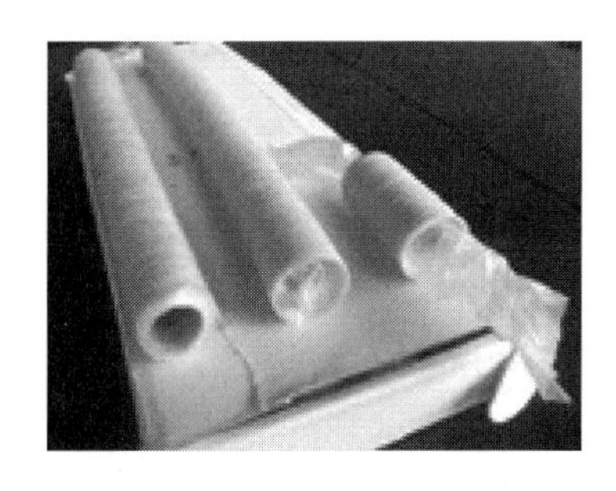

图3－5　胶原肠衣

图3－6　用胶原肠衣制作的法兰克福香肠

③塑料合成肠衣（synthetic casing）：塑料合成肠衣主要是来自热塑性合成材料，例如聚酰胺（尼龙材料）（PA）、聚乙烯（PE）、聚丙烯（PP）、聚偏二氯乙烯（PVDC）以及聚酯（PET）。之前的合成肠衣只能从一种单一的合成物质（多聚材料）制成。由于挤压技术的发展，现在用于生产肠衣的材料可以来自不同种的生产材料。

现在市场上销售的香肠普遍采用了新一代尼龙肠衣——易包龙尼龙肠衣。这是一种新型的5层无缝双向拉伸收缩尼龙肠衣，最初是为满足澳大利亚市场需求而特别设计的。易包龙肠衣具有以下特点：a. 防渗透：蒸煮过程中可保持肉制品的香味，最大程度地保持肉制品的特色风味。b. 高阻隔性：可以延长肉制品的货架期，在蒸煮过程中还可以减少重量损失。c. 高强度：耐浸泡，灌装时不易发生破裂。d. 良好的肉黏性：避免肉制品与肠衣之间出现空隙而导致肉制品腐烂。e. 收缩性好：收缩率为5%～20%，并具有热稳定性，不必进行后期收缩（不必浸入温水池中去褶皱）。肠衣经蒸煮再冷却后不会出现褶皱。f. 耐高温：香肠的蒸煮消毒温度可达120℃。g. 耐低温：冷藏温度可低至2℃。h. 可精确控制：肠衣直径只有±1mm的误差。i. 易剥离：肠衣很容易从肉制品上剥离。j. 化学稳定性好：对油、脂肪、润滑脂、肉酸、溶剂都有很好的抵抗性。

另外，氯偏共聚树脂也是一种常见的肠衣膜材料，是具有良好的阻气、阻湿、耐油、耐化学药品性能的高阻隔性材料。由于均聚PVDC同增塑剂、稳定剂的相容性很差，而且是一种热敏性塑料，所以很难用熔融加工的方法使之成型。

塑料肠衣具有很强的机械韧性、热稳定性和不透气性等特点。由于其不透气，因此不适用于烟熏工艺，合成肠衣主要适用于：

a. 大直径的香肠。

b. 香肠的失水对品质有重要影响的香肠。

c. 香肠在高温下煮制。

d. 货架期长的香肠，并且能够很好的保存香肠的滋味以及气味（防止酸败、褪色以及气味损失）。

最新的合成的肠衣的肠衣壁包含2~5层的合成材料，并且这些合成材料具有很强的隔离气体以及耐受低温（-18℃）以及高温（105~121℃）。这种肠衣适合经受生产货架期很长的香肠，因为他们能够经受轻微灭菌并且如果需要的话，能够进行冻藏。

用塑料肠衣制作的香肠制品一经过蒸煮加热，肠衣就会收缩并紧紧包住填充料，产品的外观较好。但是冷却后肠衣会出现皱褶，可在80℃左右的热水中浸泡5~10s，皱褶即可消退，见图3-7。

图3-7 用塑料肠衣制作的香肠（A）和皱褶的肠衣（B）

合成肠衣不适合用于加工需要干燥、熟化和发酵的产品，因为这种肠衣不透气并且水蒸气也不能透过。随着人们对食品安全性要求的提高，可食性食品包装膜材料倍受欢迎。可食性膜与非可食性膜同样具有较好的机械性能、阻氧性、阻气性、抗渗透、抗微生物和抗氧化剂能力。但因其可食性，不仅可以减少对环境的污染，而且它本身是富含多种营养成分的物质，食用后有益于人体健康。除此之外，还可以通过加入一些风味剂、有色剂、甜味剂等用以改善食品的感官性能。可食性人造肠衣是以天然可食性物质（如蛋白质、多糖、纤维素及其衍生物等）为原料，通过不同分子间互相作用而制成的具有多孔网络结构的薄膜。

二、 辅料的类型及作用

在香肠的加工过程中，除了加入主要的瘦肉以及脂肪以外，加入一些非肉类物质作为配料是必不可少的，如食盐以及香辛料。其他作为一些特有产品的成分加入其中。

按其来源进行分类，可分为：植物源性物质，动物源性物质，化学物质。

这些辅料一般不被消费者直接食用，但在制作香肠的过程中，加入辅料能够在一定程度上提高香肠品质或者加工工艺。如食盐、香辛料、持水性物质以及胶凝增强剂。与之相对的，如淀粉、鸡蛋类的物质被认为是完全的食物成分。

大多数的这些辅料成分都是具有一定的作用的，这些作用主要是对口味、风味、外观、颜色、质地、持水性、防腐以及防止脂肪分离的影响。

1. 植物源性物质

香肠的加工过程中有一类被称为填充剂和增补剂的辅料，他们的作用不仅用于改变肉产品外观或者改善提高质量，还能增加物料的体积。

肉类的增补剂（extender）主要是来自植物性的大豆。组织化植物蛋白是最常用的大豆增补剂。这些廉价的植物蛋白“增补”了比这个更贵的动物性蛋白，减低了生产成本并同时满足了蛋白质含量的需要。

另一类辅料被称为填充剂（fillers），这些填充剂一般是蛋白质含量较低的碳水化合物，其加入量通常是总量的2% ~15%。填充剂的加入可以有效降低产品生产的成本以及增加体积，更重要的是，一些填充剂（面粉/淀粉）能够起着黏合剂的作用，增加产品的多汁性、持水性以及与脂肪结合的能力，改善产品质地。这些填充料主要有：用小麦、大米或玉米制成的谷物面粉（flour）；用小麦、大米、马铃薯、玉米等制成的淀粉（starch）、多糖（polysaccharides）、卡拉胶（carrageenan）等。

在中式火腿肠的生产过程中，淀粉的应用非常广泛，淀粉的含量≤6%为特级火腿肠，≤8%的为优级火腿肠，而≤10%的为普通的火腿肠。淀粉的分子结构是由许多右旋葡萄糖聚合而成。可用热水分为两个部分：融化部分为直链淀粉，不融化部分为支链淀粉。淀粉在肉类制品的加工生产中发挥着重要的作用。新鲜的肉中含有72% ~80%的水分，其余的固体物质大部分为蛋白质和脂肪。当肉制品受热时，蛋白质因变性而失去对水分的结合能力，而淀粉则能够吸收这部分水分，糊化并形成稳定的结构。因此，选择吸水性好、膨胀度高的淀粉，对于保证制品的持水性、改善组织结构非常重要。由于普通淀粉经较长时间保存后存在老化回生问题，添加原淀粉量超过5%时做出来的产品口味差，粉感较强；其次，添加的原淀粉在低温环境中更易导致产品反生及析水现象发生。同时，由于原淀粉的持水性随温度的降低而发生下降，相当部分的自由水挣脱淀粉颗粒的束缚，继而导致产品出水，以致产品在切片出售时易出现干裂及变色发灰等现象，变性淀粉较原淀粉具有许多优良特性，如具有良好的凝胶特性、蒸煮特性、透明度等，在食品工业中已得到广泛的应用。经化学和酶方法对淀粉进行处理的肉制品专用变性淀粉，它的黏度比普通淀粉要大，能增加制品的黏弹性，并具有一定的抗老化性能，而且它的吸水率比普通淀粉高。糊化温度低，能适应不同食品加工工艺要求。肉制品中蛋白质变性和淀粉糊化两种作用几乎同时进行，肉类蛋白质受热变性后形成网状结构，变性淀粉能及时吸收结合蛋白质因加热变性而失去的水分，不会在内部形成小“水塘”，水分被淀粉颗粒吸收固定，同时淀粉颗粒变得柔软而有弹性，起到黏着和保水的双重作用。变性淀粉还可以束缚脂肪的流动，缓解脂肪给制品带来的不良影响，改善肉制品的外观和口感。当然不同的肉制品，原淀粉和变性淀粉在其中的作用也不尽相同，对于灌肠制品来说，如何使肉糜形成稳定的凝胶体，不使水分析出、脂肪溶出，很大程度上取决于淀粉的选择和使用。在灌肠制品，添加变性淀粉可使蛋白质－脂肪－水体系得到加强，使其混合更均匀，结合更紧凑，体系更稳定，改善了灌肠制品的质构，提高灌肠制品的弹性、持水力、肉糜乳状液的稳定性等方面。添加变性淀粉的灌肠样品与添加原淀粉的样品相比，质地、风味、弹性力方面均得到改善，肠体均匀饱满、组织紧密、弹性增加、肠体有光泽度、呈自然的红色，变性淀粉在提高制品质量、改善口感和延长货架期方面，显示出无比的优越性，具有广阔的应用前景。

研究表明，使用改性淀粉，在添加量为固形物的7%时，就能达到与普通淀粉一样的得率，因而能有效地避免发硬老化，从而改善制品品质。研究认为变性淀粉都可以改善猪肉糜的保水性，均表现出随着浓度的增加，肉制品的出品率不断提高。有研究人员认为随着玉米变性淀粉添加量的增大，硬度逐渐升高，而弹性是逐渐降低的。一般认为，产品中淀粉含量增加，其黏着性增大。李应华研究了变性淀粉在熏煮肠中的应用效果，发现可明显提高红肠的弹性和内聚性，降低硬度和咀嚼性。在不同的淀粉中，支链以及直链淀粉的比例是不尽相同的，支链淀粉的比例越大，淀粉的黏度也就越大。通过研究表明，淀粉加入在肉制品中，对于肉制品的保水性以及肉制品的组织结构均具有良好的影响。这是由于在加热的过程中，淀粉颗粒吸水膨胀、糊化所造成的。由于淀粉糊化温度比肉蛋白的变性温度高，因此在淀粉糊化的过程中，肌肉蛋白质已经基本完成并且形成一定的网状结构。此时，淀粉颗粒脱去存在于网状结构中结合不够紧密的水分，将其固定，因而使得制品的保水性提高。同时，淀粉颗粒因吸水膨胀而变得具有弹性，并且可以使肉馅黏合、填充孔洞，也使得产品富有弹性、切面平整美观，具有良好的组织形态。另一方面，淀粉颗粒也可以吸收由于加热而熔化成液态的脂肪，减少脂肪的流失、提高成品率以及保持香肠制品的多汁性。

大豆组织蛋白是指大豆中的无定形球蛋白经组织化处理，充分伸展并在强力、高热、高压作用下发生取向排列，形成一种类似动物肌蛋白特有的纤维结构，复水后成为具有一定强度、弹性和质构力的新型大豆蛋白制品。大豆蛋白具有良好的流变学特性、乳化特性、凝胶性和稳定特性，具有吸水吸油性、质构形成能力、加热成型性，而且具有很高的蛋白质含量。大豆蛋白之所以有以上功能，是与大豆蛋白分子结构中含有游离的 $-NH_2$、$-COOH$ 和 R 有关。因为 $-NH_2$ 和 $-COOH$ 是亲水基团，烃基是亲油基团，这样大豆蛋白就具有吸水性、吸油性、乳胶稳定性和凝结性等功能。由于大豆蛋白结构松弛，遇水膨胀，本身可吸收 3 ~ 5 倍的水，它与其他添加料和提取的蛋白质配成乳浊液时，遇热凝固而起到吸油和保水的作用。在肉制品中添加一定量的大豆蛋白对于肉制品的保水性可以起到良好的效果。使用时添加量以 2% ~ 12%（与肉的质量比例）为宜。在肉制品中通常用于提高肉制品的质构，它们作为另一种凝胶系统来提高产品产量和质构特性。大豆蛋白通过填充或改变凝胶系统的构造而影响肉制品的结构。可直接与肉蛋白相互作用，填满凝胶基质的空隙，或在基质结构上作为不连续的凝胶相。使其组织结构有很大的改善，保持原有产品的风味的同时增加肉制品的鲜香味道。并减少肉制品加热处理后的水分流失，使含脂肪高的产品质量得到提高，提高产品得率，增加经济效益。但并不是添加大豆蛋白越多越好，而是要根据具体情况而定，合理的配方才能收到良好的效果。若添加过多，由于大豆蛋白在 0 ~ 4℃ 的低温下即可吸收大量的水分，致使产生很严重的膜状结构，严重阻碍了水分的活动性，降低了水分的溶解功能，使磷酸盐和盐溶蛋白的溶解性被弱化，大大降低了肉蛋白本身的保水作用。张福等研究认为大豆蛋白作为肉制品加工中的重要辅料，添加量的大小对肉制品的风味、口感、结构起着重要作用，添加量小会导致产品结构松散、口感发软等不良结果，而且会造成产品风味不协调、无法掩蔽不良气味和达到增香的效果；反之，使用量过大会造成产品豆香味过浓、口感发硬等不良现象。周亚军等研究表明，在灌肠制品中添加大豆蛋白，可以提高灌肠的营养价值和质量，使脂肪乳化，提高保水性和产品得率；又可取代部分瘦肉，降低生产成本，增加生产商或企业的经济效益。还有研究表明，大豆分离蛋白和酪蛋白酸钠二者的比例为 1:1 时制品的质构性能最好，二者的比例为 5:1 时香肠的质构、鸡肉感和整体感最易被接受，比例为 1:1 时香肠的咀嚼性、多汁性和咸味的感觉更好。

王存等研究表明猪肉灌肠制品的主料最佳配方为：水分含量为 40%、淀粉含量为 10%、大豆蛋白含量为 7%、脂肪含量为 6%。在猪肉灌肠制品中也常加入大豆蛋白以提高其出品率，增加蛋白质的含量，并赋予产品良好的组织形态。研究认为2%～6%的大豆蛋白对此乳化肠凝胶质构特性的影响不显著。龙虎研究表明单独添加大豆蛋白及对鱼丸凝胶特性的影响不明显。郭世良研究认为添加3%的大豆分离蛋白对猪肉灌肠压缩硬度有极显著的提高作用（$P<0.01$），添加1%和2%的大豆分离蛋白提高了灌肠的内聚性（$P<0.05$），但当添加比例为3%时，灌肠内聚性没有显著变化（$P>0.05$）。大豆分离蛋白在三个添加比例1%、2%和3%时对灌肠的胶黏性有提高作用（$P<0.05$）。从经济角度考虑大豆组织蛋白在肉制品中的应用使得干腌香肠的成本降低了约3%，同时也将质量损失降低了约2%，研究大豆组织蛋白对灌肠质构的影响是有必要的。

在一些清真类香肠的制作中，一般植物油用来替代动物脂肪，使得加热后的香肠变得柔软和具有多汁性的特点。它可以被认为是肉类的增补剂。在添加前，将植物油冷却（1℃）是非常重要的。目的是为了使混合料保持低温。并且这种条件下制作的香肠具有很好的黏稠效果。

2. 动物源性物质

对于动物源性物质添加到香肠中并不是很常见，他们最主要的作用是改善产品的保水性，并且防止在加热过程中产生脂肪分离现象。有些还能被作为动物性增补剂使用。常用的动物性辅料如：酪蛋白（caseinate）、全脂或脱脂乳粉（whole milk/non－fat dried milk，详见西式香肠制作）、明胶（gelatine）、血浆（blood plasma）等。

卡拉胶作为常见食用胶，被广泛应用于肉糜类、火腿类制品的生产，它能够提高产品的保水性和组织结构，使产品结构细腻、弹性好、切片良好、脆度适中、嫩滑爽口。卡拉胶的保水作用在于其本身的双螺旋结构捕捉水分和与肉蛋白的作用。其保水性较磷酸盐作用简单，但稳定性不如磷酸盐效果好。卡拉胶在肉制品中的使用量不宜太多，否则易因卡拉胶造成失水的作用而使肉制品产生渗水现象。其他胶类增稠剂和淀粉类配料的保水作用与卡拉胶相似，保水容易，失水也很快，易因使用量大，导致肉制品产生渗水现象。它在肉制品中的添加量一般为0.2%～1.5%。Jarmoluk通过向肉糜凝胶里添加血浆蛋白和κ－卡拉胶研究其质构特性，结果显示：随着二者的加入，质构特性逐渐减弱，易形成脆的凝胶。代佳佳研究认为随着卡拉胶添加量的增加，鸡肉肠的硬度逐渐增大，但在添加量0.3%～0.5%时的硬度变化不显著。弹性是先降低后升高，以卡拉胶添加量0.1%时的弹性最高。芦嘉莹等实验结果表明，食用胶的添加会提高产品的感官质量和总体可接受性，卡拉胶等食用胶均具有改善乳化肠品质和质地的作用，可将其广泛应用于肉制品加工中。王健等确定当卡拉胶的添加量为0.2%时，无论在持水力、成品质构（硬度、咀嚼性、弹性、内聚性），还是感官评价等方面均与传统高脂香肠无明显差别（$P>0.05$），可较好地取代传统高脂肪香肠中的部分脂肪。

Bradford等研究表明，添加0.4%的卡拉胶到8%脂肪的猪肉饼中，可以提高猪肉饼的嫩度和多汁性，以进行脂肪替代。瓜尔豆胶在加工肉糜过程中，迅速结合游离的水分，特别是与其他胶体做乳化水溶胶，稳定脂肪和水分。改善肠衣的充填性，消除烹煮、烟熏和贮藏期间脂肪和游离水的分离和移动，改善冷却后产品的坚实度。瓜尔豆胶为天然胶中黏度最高者，是已知胶体中增稠效果最好的胶体，同时吸水性也最好。瓜尔豆胶可以作为各种食品的增稠剂，但单独使用仍有许多缺点，因此常常与其他增稠剂复配。目前对瓜尔豆胶添加到灌肠中的研究较少。

与大豆分离蛋白一样，牛乳蛋白质具有与肉蛋白质反应的能力或者补充蛋白质缺乏的能力（肉蛋白可以由延伸混合肉料提供）。由于牛乳蛋白质的需要量少（2%）以及其昂贵的价格，它的主要功能不是作为肉类增补剂以增加体积，而是作为一种黏合剂增加持水性和脂肪黏合性，以减少蒸煮损失。这些性质可以用在各种类型的热处理肉制品中。牛乳蛋白质能使肉产生一种浅灰色和柔软质地，一些肉制品加工者认为这是一个缺点。在热处理强度较高的产品中，由于具有良好的黏合性，并且能防止肉冻和脂肪离析，这一缺点被抵消了。牛乳蛋白质的用量不应超过2%，牛乳蛋白质以干粉或者以预制的乳液添加到混合肉料中，乳液通常由牛乳蛋白质、脂肪组织、水组成，其比例为1:5:5～1:8:8。乳液在盘式斩拌机中很容易制成，将配料在盘式斩拌机中混合，并在高速旋转下乳化。应用热水（80～100℃）有助于乳化过程。脱脂奶粉是干脱脂奶粉，用于由生料煮制而成的延伸制品中。可以认为脱脂奶粉是具有黏合性的增补剂。

明胶是一种可使用的肉冻，含有通过蒸煮从动物组织（主要是皮，也有骨头）提取的胶原蛋白。商业上可以买到的明胶是一种不同颗粒大小的干粉，它首先在冷水中分散，然后完全溶解于50～60℃的水中。冷却后明胶的蛋白质分子吸收水分，并形成凝胶。如果肉块与液体明胶混合，降低温度会逐步增强明胶的内聚性就导致形成一种固态的、有弹性的和可切片的产品。

有时采用的另一项技术是将少量干明胶与湿混合肉料混合。因此，在加热期间，明胶就会吸收肉颗粒周围的水分，在冷却期间固化并使产品聚在一起。如果不采用商业明胶，可以用含胶原丰富的动物组织作为混合肉料的一部分，例如猪皮、肉牛或黄牛头的皮以及蹄或结缔组织丰富的其他肉的下脚料（腱、韧带、筋膜等）。

3. 化学物质

在大多数的国家，将化学物质应用在肉类生产中是非常有限的，但是这些物质对于改善香肠制品起着非常重要的作用。

（1）食盐　食盐在肉制品的加工过程中起着非常重要的作用，其目的主要在于：

①提供风味；

②抑制微生物的生长，延长保存期限；

③溶解肌肉蛋白质产生我们所期望的质构。

食盐的添加料对于肌球蛋白、肌动蛋白和丝联蛋白三种蛋白质的萃取量具有重要影响。这三种蛋白在脂肪颗粒外周形成一层具有一定强度和致密性的吸附界面膜，对于肉乳浊液的稳定具有重要作用。当低盐浓度时，使得蛋白质的萃取量变少而导致稳定性变差，导致较高的脂肪与汁液的分离能力，使得产品的出品率明显降低。由图3-8、图3-9、图3-10可以看到，添加了食盐和水以后，多数肌肉纤维片段与水结合后膨胀（蓝色），然后变成凝胶或者溶解（图3-9②），一些肌肉纤维片段（图3-9①）和连接纤维颗粒（绿色）保持不变。

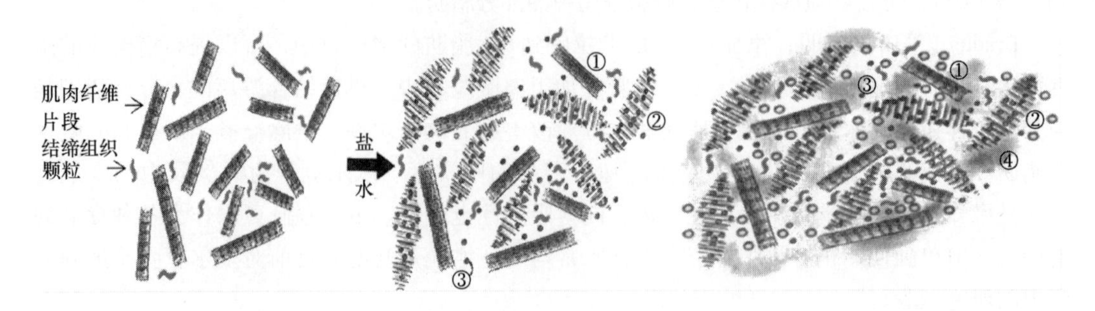

图3-8　斩拌以后肉糜状态　图3-9　添加食盐和水之后的肉糜状态　图3-10　脂肪粉碎与添加后的肉糜状态

另外，食盐与水结合将有助于蛋白质结构的断开（溶解肌原纤维蛋白）。这些蛋白质经过加热，和诱捕的水分与脂肪结合在一起。

（2）水分 通常，将水分设想成只能增加产品重量和制作厂商的利润是不正确的。事实上，由于工艺上的原因或者为补充烹饪时的失水，许多类型的肉制品中，都需要添加水分。

额外的添加水分对于制作香肠来说非常重要。在这种情况下，水分以及食盐、磷酸盐共同作用溶解肌肉蛋白。这样就能产生一种坚固的蛋白质网络结构，在热处理后使产品抱团。

在制作由预煮料煮制而成的混合肉料中，加水以补充蒸煮损失，因为生肉在预煮时水分损耗大约为30%。为了避免制作的成品太硬，需要给最终的混合肉料补充充足的水分。作为腌制物质或其他非肉类成分以及食肉增补剂复水，也需要将水作为一种基质。采用像翻滚的技术结合添加磷酸盐和其他物质，能使其产量进一步提高。

（3）亚硝酸盐 亚硝酸钠的添加能使加工肉制品产生所需的令人愉快的红色。不添加亚硝酸盐会使得肉制品在加热时变成灰色。此外，亚硝酸盐还有能够抑制微生物繁殖的潜力，通过固定脂肪，能够防止氧化酸败。

（4）维生素C、抗坏血酸钠、异抗坏血酸盐 维生素C又称抗坏血酸，是一种还原性物质。这种物质能够促进亚硝酸盐与红色肌肉色素反应，导致产生“pickling red”。需要进行加热处理的肉制品在生产期间立即产生均匀的红色。在存在腌制促进剂时会增强这种红色。

（5）磷酸盐 作为肉类加工业中重要的盐类，磷酸盐能够改善加工肉制品的黏合性以及质地。磷酸盐类是常见的水分保持剂。在肉制品中，磷酸盐通过提高肉的pH，螯合肉中的金属离子，增加肉的离子强度，解离肌肉蛋白质中肌动球蛋白等作用机制，促使肉类制品保持持水性，增强结着力，保持肉的营养成分及柔嫩性，提高制品的保水性及成品率，改善食品的形态、风味、色泽等。不同磷酸盐作用机制不同，三聚磷酸钠及焦磷酸钠可以通过改变蛋白质电荷的密度来提高肉体系的离子强度并使其偏离等电点，使电荷之间相互排斥，在蛋白质之间产生更大的空间，六偏磷酸钠能螯合金属离子，减少金属离子与水的结合。提高肉的保水性，改善肉制品质构的能力则取决于所应用的磷酸盐的类型、应用磷酸盐体系的条件和磷酸盐的添加量。由于焦磷酸钠、三聚磷酸钠、六偏磷酸钠三种磷酸盐按一定比例配合使用效果更好，为发挥各种磷酸盐以及磷酸盐与其他添加剂之间的协同增效作用，肉制品中使用磷酸盐常常复合使用。扶庆权等研究认为磷酸盐可以提高香肠成品的硬度而降低产品的黏附性。还有学者研究表明：磷酸盐能够改变肌原纤维蛋白质热诱导凝胶的流变特性，提高盐溶蛋白热诱导凝胶保持水分和脂肪的能力，影响有关工艺过程，并决定肉制品的硬度、保水性、产率等。添加磷酸盐能使产品呈现较大的脆性，在TPA（texture profile analysis，质地剖面分析）特征曲线上的表征是出现较大的破碎距离，这可能与磷酸盐的保水性有关。高艳红研究结果表明，复合磷酸盐处理组的作用效果要明显优于单因素处理组；增加复合磷酸盐添加水平可以显著提高鸡肉丸的保水性（$P<0.05$），改善产品的质构，提高感官评定值；复合磷酸盐添加量为0.4%时，既能保证冷冻鸡肉丸磷酸盐不超标，又能赋予产品较高的食用品质。孙健等研究认为复合磷酸盐的添加仅对鸡肉肠的弹性有显著性影响，说明磷酸盐作为品质改良剂主要是影响鸡肉肠的保水性、增加出品率，但不能显著改善鸡肉肠的硬度。郝娟等研究得出鸡肉制品中复合磷酸盐最佳配比三聚磷酸钠:焦磷酸钠:六偏磷酸钠为2:3:1，总添加量为0.3%时，鸡肉制品的硬度、弹性、黏着性、咀嚼性、回复性等质构特性均有了明显的提高。复合磷酸盐最佳配比一般为2:2:1（三聚磷酸钠:焦磷酸钠:六偏磷酸钠），但不同产品的复合磷酸盐最佳添加量不同，火腿的最佳用量0.4%。崔艳飞

研究表明随着复合磷酸盐含量的增加，肉糜制品的TPA各项指标相应的呈增加趋势。还有研究表明复合磷酸盐在0.2%～0.5%添加量范围内，复合磷酸盐用量的增加，肉糜制品产品得率增加，产品的硬度和咀嚼性增强，而复合磷酸盐添加量对肉糜制品产品的黏聚性和弹性无显著影响。磷酸盐的pH在7.0以上，呈碱性，因而通过提高pH能直接增加产品的保水性。通过增加与食盐有关的蛋白质的溶解性，能够有效地稳定肉制品的质地并且减少脂类氧化、酸败以及由此而产生的异味。此外，磷酸盐能够有效地抑制微生物的繁殖。在配制腌制盐水溶液时，应该具有一定的顺序：首先加入的是磷酸盐，搅拌以后溶解，如果出现不溶解的状态，可以适当的加热，加速其溶解。此后加入腌制用盐，最后加入亚硝酸盐。腌制盐水配制好以后，需要冷藏保存以备用，一般是现配现用。

（6）糖　糖（蔗糖、葡萄糖或者淀粉糖浆）可以添加到肉制品中，以提供特殊的风味和中和咸味，降低水分活度值，这可能对于干的和灌装产品是重要的，并在干发酵香肠和生火腿中起微生物营养源的作用，这些微生物将糖转化为有机酸（乳酸、醋酸），从而导致酸化。亚洲风格的传统产品中添加大量糖（最高达8%）是很常见的，添加糖有助于降低水分活性和延长贮藏期限。虽然引进了西式产品，但许多地方仍保持此传统，用糖作为调味剂，与原来的产品相比，加糖是为了改变产品的味道和风味。

（7）增味剂　增味剂不能与调味料相混淆。增味剂是增强特定肉制品的风味特征。食物蛋白，例如大豆蛋白、牛乳蛋白、血蛋白或者酵母浸膏是部分水解性的，即分解成较简单的组分（主要是肽），肽具有肉的风味或者增强肉的风味的性质。一种人们熟知的能增强肉风味的增味剂是谷氨酸一钠（味精，MSG）。味精在亚洲地区使用，尤其是在我国的使用更为普遍，被广泛用于大多数荤菜，但也用于许多加工肉制品中（添加量0.5%或以上）。

第二节　西式香肠

西式香肠的种类也比较繁多，如法兰克福香肠、意大利萨拉米香肠、欧式血肠、欧式早餐肠、维也纳香肠等，构成了一套完整的西式香肠体系。

一、肌肉蛋白质的凝胶特性及影响因素

肌肉蛋白质的胶凝性、保水性、保脂性以及乳化性决定了重组肉制品和肉糜类产品的成功与否。肌肉蛋白质的功能特性是决定最终产品品质的关键因素，而蛋白质的溶解性则是完成上述功能的基础。在加热的过程中，溶出的肌肉蛋白质的分子构型发生改变和聚集，最终经过胶凝过程而形成凝胶。肌肉蛋白质的胶凝特性决定了乳化类肉糜产品中肉糜之间的结合特性和物理稳定性。

作为肌细胞的主要组分，肌原纤维蛋白质是肌肉中主要的可萃取性蛋白质。肌原纤维蛋白质主要包括肌球蛋白和肌动蛋白。肌球蛋白（myosin）是肌肉中含量最高也是最为重要的蛋白质，约占1/3肌肉总蛋白质，占肌原纤维蛋白的50%～55%。肌球蛋白是粗丝的主要成分，相对分子质量为470000～510000，由一两条肽链相互盘旋构成。肌球蛋白也不溶于水或微溶于水，但可以溶解于离子强度为0.4mol/L以上的中性盐溶液中。在酶作用下，肌球蛋白可以裂解为头

部和一部分尾部构成的重酶解肌球蛋白（heavy meromyosin，HMM）和尾部的轻酶解肌球蛋白（light meromyosin，LMM）两个部分。肌动蛋白（actin）约占肌原纤维蛋白的20%，是构成细丝的主要成分。肌动蛋白只有一条多肽链构成，相对分子质量为41800～61000。肌动蛋白溶于水及稀的盐溶液。肌动球蛋白单独地存在时为球形结构的蛋白分子，称为G－肌动蛋白。肌动球蛋白（actomyosin）是肌动蛋白与肌球蛋白的复合物，蛋白黏度很高，分子量大小因聚合度不同而不同。肌动蛋白与肌球蛋白的结合比例大约为1∶(2.5～4)。肌动球蛋白能够被焦磷酸盐和三聚磷酸盐裂解成肌球蛋白和肌动蛋白。原肌球蛋白（propomyosin）约占肌原纤维蛋白的4%～5%，形为杆状分子，构成细丝的支架。每1分子的原肌球蛋白结合7分子的肌动蛋白和1分子的肌钙蛋白，相对分子质量65000～80000。在正常生理的离子强度下（0.15～0.2mol/L），肌球蛋白是不可溶的。并且以彼此分离的粗肌丝的形式存在于肌原纤维中。当添加食盐以及磷酸盐使得肉中的离子强度提高到0.3～0.6mol/L时，肌球蛋白能够被有效地溶解和萃取，并且能够提高肉的pH（偏离了其等电点），能够有效地促进肌球蛋白的溶出。在较高的离子强度和合适的pH条件下，肌球蛋白保持其可溶性。当降低肉的离子强度到0.3mol/L以下时，肌球蛋白又自发地聚集形成微丝，尽管这种合成的微丝的长度和形态是不均匀的，而且缺乏天然肌球蛋白中存在的结合蛋白质。根据pH和离子强度的不同，这种合成的粗微丝的结构各异。一般的，pH越低，这种微丝越长、越粗。

蛋白质的凝胶性是食品加工过程中广泛存在的一个热动力学过程，是指一定浓度蛋白质溶液受热时，蛋白质分子经过变性和解折叠聚集后形成凝胶。具体来说，蛋白质的凝胶形成一般可以分为几个阶段：蛋白质最初变性展开成多肽，然后形成凝聚体；当凝聚作用到达某一临界点时，许多肽发生相互交联，形成三维网状结构；最终的凝胶状态是部分或全部变性的蛋白质凝聚在一起。形成的蛋白质凝胶能够表现出黏弹性，即既有液体黏性又固体弹性，是一种介于固体和液体之间的中间形式。它通过线状或链状的交联，产生一个可存在于液体介质中的连续的网状结构。在流变学上，凝胶不具有稳定的流动性。现在研究普遍认为，肌原纤维蛋白热诱导凝胶对肉制品的特性起主要作用。关于肌球蛋白、肌动蛋白和肌动球蛋白在凝胶形成中的机制已经比较清晰：肌球蛋白可以单独形成良好的凝胶，肌动蛋白则因凝胶体系中肌动蛋白与肌球蛋白两者比例不同，对肌球蛋白凝胶有协同或拮抗效应，而且在肉糜体系中胶凝过程比单蛋白更复杂。Sharp和Offer（1992）提出了稀溶液中肌球蛋白分子凝胶形成机制，认为肌球蛋白分子的头－头凝集、头－尾凝集和尾－尾凝集是凝胶形成的基本机制。多数研究者认为：凝胶结构和理化特性取决于变性和凝集的相对速率，蛋白质凝集速率比蛋白质展开速率慢，有利于更细致凝胶网络的形成；蛋白质凝集速率高于展开速率时，就形成粗糙、无序的凝胶结构或凝结物。在肌肉蛋白质中，结构相对简单、球状的肌浆蛋白形成的凝胶和肉糜之间的结合能力较差。但肌原纤维蛋白，特别是由多重互相作用的结构域构成的肌球蛋白和肌动球蛋白形成高黏弹性的凝胶网络结构，对肉制品加工形成的黏合力起着主要作用。因而，肌肉蛋白热诱导凝胶对肉制品的质构、凝聚性、形状和保水（油）等其他特性有重要作用。

从加工的角度讲，萃取肌球蛋白和其他盐溶性蛋白质的最终目的是为了获得重组肉制品以及肉糜类肉制品良好的结合特征。不同种类的肉或者同种家畜中不同类型的肉，其肌肉蛋白的萃取量是不尽相同的。在相同的pH和离子强度条件下，鸡胸肉肌原纤维释放的肌球蛋白的量高于腿肉。红肌和白肌中含有的肌球蛋白在构成上是不完全相同的，但是肌球蛋白萃取量的差异则可能是肌原纤维蛋白质的超微结构的不同和与肌球蛋白结合的细胞骨架蛋白的不同造成的，而不是源于肌球蛋白自身溶解性的差异。相应的，尸僵前的肉中萃取的肌球蛋白的量多于尸僵后的肉，但是 pH 大于 5.8 的尸僵后鸡胸肉中蛋白质分解的量较多（蛋白分解活性较高）。

萃取的肌球蛋白在加热过程中能够形成凝胶，并具有肌肉食品体系所要求的各种流变特性。肌肉蛋白的凝胶从过程上可以分为蛋白质变性、蛋白质－蛋白质间的相互作用（聚集）和蛋白质的凝胶三个步骤。肌肉蛋白质凝胶的形成是不可逆的，且是在蛋白质的变性温度之上，由变性蛋白质分子间的相互作用而形成，其最根本的原因是热诱导的蛋白质之间的相互作用。研究表明，当肌球蛋白与肌动蛋白的比例为 4:1 时，可获得最佳的凝胶效果。调节蛋白和肌浆蛋白对肌球蛋白凝胶的形成能力无显著性影响。

此外，红肌与白肌的肌球蛋白的凝胶特性也是不尽相同的。鸡腿肉和胸肉的盐溶性蛋白质间蛋白质变性和蛋白质－蛋白质聚集的基质是相似的，但是熊肉肌球蛋白的蛋白质－蛋白质聚集所需的温度较低，而腿肉肌球蛋白的聚集速度较快（40～50℃范围内）。肌肉中肌球蛋白的质量比从死后 0.5h 的 7 降低为死后 24h 的 0.8，且胸肉肌球蛋白在盐溶液中聚合形成了更长和更有序的微丝，故尸僵后鸡胸肉的凝胶强度大于尸僵前。

肌球蛋白在肉糜制品的胶凝特性上具有非常重要的作用，因此有关肌球蛋白溶解和胶凝的理化参数对于高品质肉制品的配方设计和生产具有重要的作用。而肌球蛋白的理化学性质是由其一级结构中的氨基酸组成所决定的。例如，近来的研究发现，肌球蛋白尾部从 C 末端开始的一段区域（大约由 100 氨基酸残基组成的片段），是控制肌球蛋白在低离子强度条件下不溶解和影响肌球蛋白凝胶结构的主要部位，因此利用基因重组技术，就有可能改变该片段的氨基酸组成，使其在较低的离子强度下能够溶解，从而为低盐肉制品的开发奠定理论基础。

二、 影响肌肉蛋白乳化的因素

绞碎的肉、脂肪颗粒、水、香辛料和溶解的蛋白质在各种吸引力的作用下，形成复杂的分散体系，被称为肉类乳浊物（meat emulsion）。肉乳化通常是由肌肉组织（瘦肉）、脂肪组织（肥膘）、非肉蛋白、食盐和水等多种成分混合剪切而成。因而，肉的乳化过程是发生在整个剪切斩拌过程中。在剪切斩拌条件下，瘦肉组织中一些盐溶性蛋白质（如肌球蛋白）被高浓度盐溶液萃取出来，形成一种黏性物质，通过疏水作用包围在脂肪球周围，从而使肉糜得以相对稳定存在。此外，还有肌肉纤维，结缔组织纤维，纤维碎片和凝胶化蛋白质形成的基质悬浮在含有可溶性蛋白质和其他可溶性肌肉成分的水相中。从物理化学角度来看，生肉糜是由蛋白质盐溶液、蛋白质胶体溶液和水（盐）溶性肌肉蛋白包裹的脂肪颗粒和游离脂肪滴等多种体系构成。在这一系统中，可溶性蛋白质包裹着的脂肪球分散在基质中当乳化剂作用。从这种意义上说，肉乳状液也属于水包油型乳状液的范畴。由于这种多相复合体系中的各种可溶性及不溶性的成分使肉乳化后呈现为有黏性的半固体糊状。因此也可以称之为“肉糜”或“肉糊”。典型的乳化型肉制品有法兰克福香肠（frankfurter）、维也纳香肠（wiener）和波罗尼亚香肠（bologna）等。肉乳浊物中的肌原纤维蛋白质吸附在脂肪颗粒的外周，形成一个稳定的界面膜，从而稳定肉乳浊物。在肉的破碎的过程中，摩擦力使得部分脂肪熔化，肌球蛋白的单分子层相连。在乳化理论中，肌球蛋白的乳化特性是保持肉乳浊液稳定的关键因素。

1. 化学因素

影响肉的乳浊液稳定性因素有很多，前文已经提出，食盐的添加量对于肌球蛋白、肌动蛋白和丝联蛋白三种蛋白质萃取量具有重要的影响。Gordon（1991）指出，添加 2.5% 食盐时，鸡胸肉中蛋白质的萃取量为26.79mg/mL，而添加1.5% 的食盐时，仅为13.52mg/mL。降低食盐的用量是必须的，但也是有限度的，最低为2%。必要的时候需要使用其他氯盐（KCl或者$MgCl_2$）。制备肉糜时，先将瘦肉和盐一起斩拌，有助于蛋白质溶解和膨胀。当形成基质和作为乳化剂的蛋白质含量增加时，肉糊的稳定性提高。pH能够直接影响盐溶性蛋白的溶解度，从而影响蛋白质的乳化和凝胶特性。当宰后肉pH下降至盐溶性蛋白的等电点，会影响蛋白的乳化持水性。有学者发现PSE肉和DFD肉相比正常肉，pH存在差异，可通过控制pH来防止肉糜质量下降。孔保华等（2003）研究发现，当肉糜的pH逐渐增大至中性时，牛肉糜制品的凝胶硬度、弹性和黏聚性均随之逐渐增大。因而，pH在肉糜制品生产工艺上相当重要。应该选择经过正常宰后成熟（排酸）的原料肉（pH 5.7以上）来生产肉糜制品。同时，要注意控制肉糜的pH远离盐溶性蛋白的等电点。另一研究发现，肌肉pH高时，有利于蛋白质提取，尸僵前的肉优于尸僵后的肉，因为从尸僵前提取出50%以上的盐溶性蛋白质。肉糜稳定性受到盐溶性蛋白质来源的影响，如品种、肌肉部位、动物年龄和其他因素，公牛肉的蛋白质黏结能力最佳。家禽白肌肉和红肌肉相比，白肌肉的盐溶性蛋白易形成稳定的肉糜，这可能与不同肌肉中存在着不同形式的肌球蛋白有关。

肌肉纤维结构的破坏，增加了蛋白质与细胞外液和添加水的接触。肌球蛋白、肌动蛋白以及肌动球蛋白这些不溶性蛋白，以网络结构的形式存在，在适合的离子浓度或其他条件下，吸收水分于网络中。加盐类后，蛋白质吸水发生膨胀，从而产生黏性的基质。当然，这些蛋白质仍在肌肉脆片和结缔组织碎片中保持原状（不膨胀）。然而，另一些蛋白质溶解于肉糊中，具有乳化性能。肉糊中的蛋白质以三种水合状态存在：未膨胀的蛋白质、膨胀的蛋白质和可溶性蛋白质。他们之间不是独立存在的，而是相互转化的结果。肌原纤维蛋白质具有盐溶性，这就意味着在盐以及水共同存在的情况下，它们能够从固体转化为胶状或液体状态。凝胶以及溶解的程度取决于可用盐的数量、粉碎程度、肉类的pH和处理温度。因此混合肉料包含了肌原纤维蛋白质不同的结构状态：

（1）一部分是具有固体肌原纤维蛋白质改变的肌肉细胞碎块；

（2）其他的肌原纤维蛋白质通过摄取水而膨胀；

（3）大部分的肌原纤维蛋白质由于盐和水的作用而完全溶解变成了胶状体。

虽然这类产品有时被描述为“胶质型香肠”，但是上述情况表明混合肉料并不是稳定的胶质。最好用“肉糊（batter）”而不是“胶质（emulsion）”来描述蛋白质、脂肪和水的混合物的特点。

肉糊中蛋白质基质的形成有助于自由水固定，防止在热处理过程中的水分损失，从而使成品的结构稳定。蛋白质基质还有助于稳定粉碎时所形成的脂肪颗粒，防止其在加热时熔化聚合。

在香肠的制作过程中，肉糜的主要成分是动物蛋白质、动物脂肪和水。脂肪和水在肉糜中像微小的水滴一样均匀地分布在斩拌的蛋白质团里，以维持其稳定的“蛋白质矩阵结构”（protein matrix）（图3-11）。由图3-11②可以看到，浅绿色代表蛋白质结构网周边围绕的脂肪和水（浅蓝色）。同样可见的是结缔组织颗粒（深绿色）。

由粉碎得到的香肠肉糊被定义为水溶性蛋白状态（“矩阵结构”），小的脂肪球分散于其中。脂肪球通过以下两种方式，防止其恢复：

（1）液态胶原纤维蛋白质通过物理作用，利用其蛋白膜包裹住脂肪球并使之稳定；

（2）脂肪球被包裹并固定于黏性蛋白基质中。由于在热处理过程中，固态或黏性的脂肪球

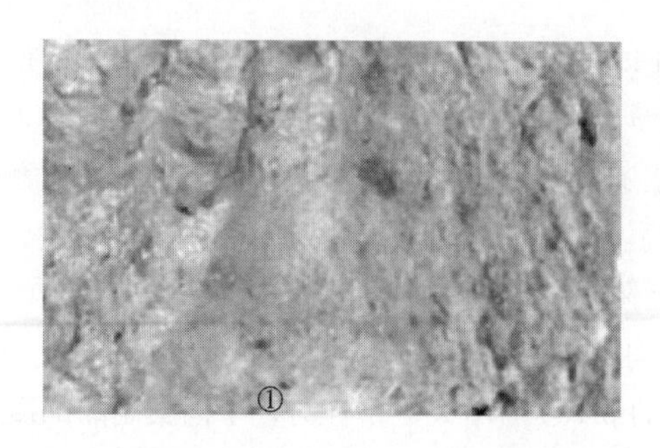

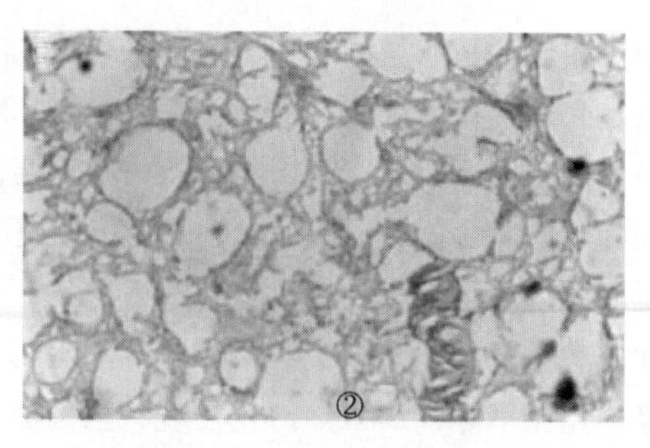

图3－11 均匀混合肉糊的近距离视图和围观视图
①近距离视图 ②围观视图

变成了液态，脂肪球被蛋白质矩阵结构固定。在同一加热过程中，蛋白质从黏性逐渐固化，蛋白质结构变性或凝固。最后，脂肪球被均匀地分散，并且在逐渐硬化的蛋白质网络中防止它们恢复原状。

保持蛋白质矩阵结构中脂肪和水分的稳定性目的在于防止它们聚合成更大的颗粒。为了达到这一目标，具体的加工条件必须符合有关的原料选择、粉碎设备和技术以及粉碎过程中低温的要求。

水分被保持在蛋白质矩阵结构中是由于斩拌过程中水分稳定地吸附在蛋白质中，或者在蛋白质变性过程中，水被包裹并保持在蛋白质网络结构中。

作为原材料使用的肌肉对于维持肉糜的保水性能起着非常重要。瘦肉的 pH 对于肉的保水性能影响非常大。pH 越高，水分的保持能力越强。在屠宰后的某一时期内存在于肌肉中的天然的磷酸盐（ATP）或者是肉糜的制作过程中加入的合成磷酸盐，对于肌动蛋白合成体分裂的产生具有一定的影响。磷酸盐对于增加肌原纤维的保水能力具有重要意义。

通过粉碎的过程后，肌肉纤维的细长结构被切成大量的小碎块（图3－8）。因此，存在肌肉组织中的三种类型的蛋白质的释放，分别是：

（1）结缔组织蛋白（connective tissue proteins） 主要是胶原蛋白，来源于细胞膜和细胞间的组织。

（2）肌质蛋白（sarcoplasmatic protein） 具有水溶性和柔性，主要来源于肌肉细胞内部。

（3）肌纤维蛋白质（myofibrillar proteins） 由肌动蛋白和肌球蛋白组成，是肌肉细胞中的固体蛋白链。

2. 物理因素

斩拌作为重要的香肠加工的工序，其操作的温度以及时间将会对肉糜的稳定性具有重要影响。斩拌作业的目的在于混合好碎原料精肉与脂肪的同时，充分地萃取肌肉中的盐溶性蛋白质，完成对斩拌、绞碎过程中游离脂肪的乳化过程。在全部的肉蛋白中，大约有40%是肌动球蛋白，其中肌球蛋白占很大部分，其在斩拌过程中可以被水或盐溶液从肌肉中萃取出来，形成一种黏性物质，成为乳化液的基础，在稳定肉、脂肪乳化物中起重要的作用。

斩拌温度在乳化中起着重要作用。首先应严格控制原辅料温度。斩碎瘦肉提取盐溶蛋白最好在4～8℃条件下进行，当肉馅温度升高时，盐溶性蛋白的萃取量显著减少，同时温度过高，易使蛋白质受热凝固，致使其保油保水能力下降。与此相反，最佳的脂肪结合则需在稍高温度下进行。但如果斩拌时的温度过高，一会导致盐溶性蛋白变性而失去乳化作用；二会降低乳化物的黏度，使分散相中比重较小的脂肪颗粒向肉糜乳化物表面移动，降低乳化物稳定性；三会使脂肪颗粒熔化而在斩拌和乳化时更容易变成体积更小的微粒，表面积急剧增加，以至于可溶性蛋白不能把其完全包裹，即脂肪不能被完全乳化。这样肠体在随后的热加工过程中，乳化结构崩溃，凝胶结构破坏，弹性下降，持油、持水性能降低，最终导致产品感官发散，出油析水。在肉糜生产过程中，质地比较软的脂肪组织剪切破碎释放出脂肪滴，而质地比较硬的脂肪组织被剪切成大小和形状不同的脂肪颗粒。此外，还有高速剪切斩拌或摩擦产生了大量热量，刀片产生瞬间高温使周围的脂肪熔化成液态脂肪滴。这些形状和大小不同的脂肪颗粒或脂肪滴周围表面包裹着一层蛋白膜，分布在蛋白基质中通过 TPA 测定研究斩拌温度对产品质构的影响，结果证明斩拌温度越高，产品的硬度和咀嚼性越差，剪切力也越小。温度升高，蛋白质发生变性，从而使得蛋白质、水分和脂肪的结合性变差。另外，伴随温度的升高，脂肪熔化和部分熔化也促使三者的结合性变差。2007 年有学者提出理想最终斩拌温度，当脂肪含量为 25% ~35% 时，温度为 12 ~16℃；低于 20% 脂肪含量时，温度为 10 ~12℃；如果使用了一定比例鸡肉，斩拌温度则为 8 ~10℃。随后，另有学者提出，随着斩拌温度的升高，蒸煮损失逐渐增加，水分含量逐渐下降，红度值 a^* 减小，黄度值 b^* 增加。这可能是由于斩拌终温高时，高铁肌红蛋白的形成速度加快。斩拌温度升高，脂肪颗粒减小，并有部分熔化，因此香肠的硬度、咀嚼性降低。香肠的弹性和剪切力与斩拌终温密切相关。随着斩拌终温的升高，弹性逐渐增加，剪切力逐渐减小，斩拌温度为 12℃时，乳化香肠的保水保油性最好。斩拌温度的不同，提取的盐溶性蛋白的含量不同。斩拌温度为 12℃的肉糜基质分布均匀紧密细腻，脂肪球周围形成了网状稳定的乳化体系，这是由于 12℃时提取的盐溶性蛋白比较多，使蛋白质 - 脂肪 - 水体系得到加强，使其混合更均匀，结合更紧凑，体系更稳定，改善了乳化香肠制品的质构，使乳化肠制品的弹性、保水保油性、肉糜乳状液的稳定性等方面有所提高。斩拌温度为 12℃的肉糜脂肪球周围形成的网状结构不明显；斩拌终温为 12℃时，香肠的乳化体系比较稳定，质构较好；可溶性蛋白的提取率高，蛋白质、脂肪、水分三者结合性较好，保水保油性好。因此，乳化型香肠的最佳斩拌终温为 12℃。因此在实际操作中采取斩拌最初阶段加冰屑后期加冷水的方法，并把斩拌的最终温度控制在 8 ~12℃，有时为了控制水的加入量并达到更迅速有效的降温效果可以在斩拌过程中加入干冰或液氮。这样不仅可以很好地提取出盐溶性蛋白增强乳化效果，而且也使脂肪乳化效果更佳。而且在斩拌过程中加冰除了可吸热外，还可使乳化物的流动性变好，从而利于随后进行的灌装。斩拌环境温度尽量控制在 18℃以下。

斩拌时间要能保证形成最好的乳化结构和乳化稳定性，一般斩拌时间为 3 ~10min，应将所有原料斩到均匀一致。其中先低速后高速干斩 30s，然后再加入冰屑干斩 30s 后，加入辅料肥肉，先低速后高速斩 2 ~5min，最后加入大豆分离蛋白和淀粉高速乳化斩拌 2 ~4min，充分有效的斩拌能切开结缔组织膜，将肌动蛋白和肌球蛋白等蛋白碎片游离出来，从而能充分地吸收外加的冰水，并通过吸收水分膨胀形成蛋白凝胶网络，从而包容脂肪，并防止了加热时脂肪粒聚集。原料的添加顺序上最主要的是先斩拌原料肉，且在预腌时或斩拌最初阶段加入盐和磷酸盐等，让盐溶性蛋白充分溶解出来 [盐浓度达 5% ~6% （按瘦肉量计）时溶解度达到最大值]，即干斩 30s，干斩作用是将所有肌膜切开，把游离的结构蛋白斩碎，最大限度地提取出盐溶蛋白与水和脂肪等很好乳化，对形成良好的质构具有很重要的作用，一方面其具有乳化性，可以将脂肪稳定下来，另一方面是盐溶蛋白的热凝胶性，形成的胶体具有良好的弹性、咀嚼感、嫩度和一定的硬度。然后逐渐加入部分冰水，斩拌后，加入脂肪和调味料、香辛料。因为淀粉和大豆分离蛋白会加速斩拌机中肉馅温度的上升，因此，为避免超过适宜的最终温度，在大部分情况下，都必须把淀粉和大豆分离蛋白作为最后的原料与剩余的冰水一起加入（霍景庭，2006）。另外，为达到均匀一致的斩拌效果，应根据肉的硬度，从硬到软，依次加入。加肉和料时不要集中一处，要全面铺开。斩拌过程中加料员必须合理安排时间，有序地准备好原辅料，防止不必要地停机和错加、漏加等现象的发生。斩拌时间受几种因素的影响，主要是脂肪含量、脂肪类型（熔点）及水相的离子强度（盐量）。适当的斩拌时间可提取出乳化脂肪所需要的足够量的盐溶性肌原纤维蛋白，这些蛋白质可以包在脂肪球表面并形成稳定的凝胶基质。要注意斩拌时间不能太短，否则会使脂肪分布不均匀，肌原纤维不能充分起到乳化的作用，盐溶性蛋白的溶解性低，肉糜制品的凝胶特性不好；斩拌时间过长，会使脂肪球过小，产生过大的表面积，这样就没有充足的盐溶性蛋白将脂肪球覆盖。因而，脂肪必须剪切成适当大小的脂肪颗粒或脂肪滴，才能形成乳化性能良好的肉糜蛋白质被过分搅拌、研磨，部分发生变性，影响肌原纤维蛋白质的乳化力和黏着力，所以凝胶硬度、弹性、黏聚性减小。而且产品易缺乏咀嚼感。以上乳化不当的任何一种情况，都会使加热熟制时乳状液和凝胶结构被破坏。过度斩拌的肉类乳化物生产的肉糜制品，在产品内部和产品表面都会有脂肪析出，使产品看起来很油腻。而且乳化结构的破坏也会使产品在加热中析出水分，使产品的出品率降低。

尽管瘦肉中的其他种类蛋白质也有结合性，但它们的作用很有限。因此通过斩切将肌动蛋白和肌球蛋白从肌肉细胞中释放出来，然后充分地膨润和提取是至关重要的。肌动蛋白和肌球蛋白是嵌在肌肉细胞中的丝状体，肌肉细胞被一层结缔组织膜包裹，如果这层膜保持完整，肌动蛋白和肌球蛋白只能结合本身的水分，不能结合外加水，因此斩切时要求必须切开细胞膜，以便使结构蛋白的碎片游离出来；吸收外加水分并通过吸水膨胀形成蛋白凝胶网络，从而包容脂肪并且在加热时防止脂肪粒聚焦，才能得到较好的系水性、脂肪结合性以及结构组织特性。生产肉糜时，先将瘦肉和盐混合斩拌，有助于蛋白质增溶、膨胀和提取。提取出的盐溶性蛋白越多，肉糜稳定性越好；肌球蛋白含量越多，肌肉蛋白乳化能力越大，肉糜乳化越稳定。肉糜稳定性受盐溶性蛋白质来源的影响，如品种、肌肉位置、年龄和其他因素等。家禽白肌肉和红肌肉相比，前者的盐溶性蛋白易形成稳定的肉糜。这些差别可能是由于不同肌肉中存在着不同形式的肌球蛋白的缘故；不同部位牛肉和猪肉的乳化能力存在差异，长时间存放也会降低肉品的乳化能力；热鲜肉比冷鲜肉有更好的保水和保油性。研究发现：当蛋白质浓度为5%时，牛肉蛋白凝胶的蒸煮损失比猪肉大；当蛋白质浓度为7%和10%时，猪肉蛋白凝胶的蒸煮损失比牛肉大，鸡胸肉蛋白质凝胶的蒸煮损失始终最小。在乳化肉制品生产中，由于肉糜中肌原纤维蛋白含量的不足或蛋白乳化性能比较差，可以向肉糜中加入部分非肉蛋白（如酪蛋白钠），以增强肉糜乳化稳定性。

通常来说：肉糜黏度大，脂肪分离（出油）少；肉糜黏度小，脂肪分离（出油）多。肉糜的不稳定性通常发生在热处理时，未被蛋白质完全包裹的脂肪微粒熔化，会重新聚合成较大的、易见的脂肪粒，但这种现象可能直到产品被冷却时才发现。如果脂肪微粒被可溶性蛋白质完全包裹，并且被黏性基质很好地分散，则不可能再发生聚合现象。

在肉糜生产过程中，质地比较软的脂肪组织剪切破碎释放出脂肪滴，而质地比较硬的脂肪组织被剪切成大小和形状不同的脂肪颗粒。肉馅颗粒大小能够影响乳化肉制品的保水性。颗粒越小，保水性越强。斩拌能够充分粉碎肉的结构，但也有肌纤维和肌球蛋白片段存在。食盐、多聚磷酸盐和水能在肌丝水平和分子水平上对肉的结构进行化学分解。因而，就有更多盐溶性蛋白溶解，并从肌节上游离下来。溶出的肌原纤维蛋白质是游离的，能形成热诱导凝胶，而膨胀的肌原纤维能形成凝聚体。从工艺上说，肌球蛋白是最重要的蛋白质，它的数量大约是溶出的肌原纤维蛋白质的一半。溶解出来的肌原纤维蛋白质能够在肠馅里形成热诱导凝胶。这些溶解出来的蛋白质与熔化的脂肪能够形成具有黏性的类似于乳状液的物质，后者能把膨胀的肌纤维片一段、肌原纤维以及脂肪颗粒黏结在一起。随着水的添加量增多，可用于溶解蛋白质的水量增加，相应地，溶出的肌原纤维蛋白质数量也增加，保水性也随之提高。但是，当添加水量增加到一定程度时，加热时肉馅的乳化体系就会破坏。这就是说，对任何一个既定的配方中的影响凝胶形成的因素来说，都有一个最低浓度问题。加水过多，浓度就会过低，就会出现破乳现象，跑油跑水现象也随之发生。原料肉经斩拌后形成一种黏性的肉糜，脂肪均匀地分散其中。斩拌期间部分脂肪发生熔化，溶出的肌肉蛋白质在熔化的脂肪表面上形成一层蛋白膜，从而使“乳状液”相对稳定。从根本上说，肉糜是一种混合物，含有较大的纤维状颗粒、肌纤维、肌原纤维、以多种形式存在的脂肪、溶出的蛋白质，甚至还有淀粉等添加物，它们在凝胶类肉制品加工中，以独特方式影响凝胶形成。凝胶形成通常分两个阶段，第一阶段是蛋白质中氢键、盐键和疏水作用遭到破坏，蛋白质的三级和四级结构发生变化。第二阶段是由加热引起的新化学键的形成。在适宜温度下，肉蛋白、非肉蛋白或淀粉、亲水胶体等都能形成凝胶。当加热到60℃时，肉蛋白和其他添加物就会释放其原有的水或拌馅时添加的水。在整个加工过程中，如果 pH、温度和离子环境适宜，肉蛋白和其他添加物就能保持住添加的水，或者能吸收加热期间释放出的水。这些形状和大小不同的脂肪颗粒或脂肪滴周围表面包裹着一层蛋白膜，分布在蛋白基质中。一般来说，脂肪组织剪切得愈细，游离出来的脂肪滴愈多，脂肪颗粒直径越小。如果剪切斩拌时间不充分，脂肪颗粒直径太大（$\Phi > 50\mu m$），达不到乳化要求；如果剪切斩拌时间过度，脂肪颗粒很小或脂肪细胞被破坏，脂肪颗粒总表面积增大，使得蛋白质不足以包围所有脂肪颗粒，加热时脂肪就会析出。例如，一个直径为 50μm 的脂肪球可粉碎成 125 个直径为 10μm 的脂肪微粒，总表面积也从 $7850\mu m^2$ 上升到 $39250\mu m^2$，这样就需要 5 倍的可溶性蛋白质来包裹脂肪滴和脂肪颗粒。研究发现，牛肉糜类肉制品的硬度、弹性、黏聚性都随着斩拌时间增加先增大后减少，其中以剪切 20min 时达到最大值，随后又开始减小；研究发现在 1500r/min 斩拌速度下制成的肉糜，其蒸煮损失随着斩拌时间（>8min）延长急剧增加。有学者研究斩拌时间（2、5、8min）和牛肉肉糜稳定性的相关性，结果发现剪切 5min 时肉糜乳化物体系最为稳定。因而，脂肪必须剪切成适当大小的脂肪颗粒或脂肪滴，才能形成乳化性能良好的肉糜。

脂肪蛋白比大小能够影响肉糜制品的特性。脂肪蛋白比越大，包裹脂肪滴（或脂肪颗粒）蛋白质数量越少，肉糜产品松散易碎；脂肪蛋白比越小，蒸煮损失下降越多，肉糜产品多汁性不好，生产成本大。因而，适当脂肪蛋白比对维持肉糜乳化稳定性是必不可少的。增加瘦肉比例，肉糜中肌原纤维蛋白含量增加，充足的蛋白质包裹在脂肪滴周围表面，并随着脂肪颗粒减小，乳化稳定性增强。

肉乳浊液是以肉中脂肪作为分散相，食盐和蛋白质的水溶液以及散在的肌纤维颗粒和结缔组织共同组成的复杂的具有交替性质的复合体为分散介质的分散体系，作为分散相的动物脂肪，以颗粒形式散在连续相中，脂肪球的外周包有一层由肌肉的盐溶性蛋白质定向排列组成的吸附包有一层由肌肉的盐溶性蛋白质定向排列组成的吸附界面膜。肌肉盐溶性蛋白质的萃取量除了受食盐等因素的影响外，肉馅的温度亦影响其萃取量。肌肉中盐溶性蛋白质的最适萃取温度为 4~7℃，肉馅温度，盐溶性蛋白（salt-soluble protein）的萃取量显著减少。在斩拌粉碎的工序中，由于摩擦以及斩刀的高速旋转的作用，使得肉馅的升温是不可避免的。适宜的升高温度也是加工过程中所需要的，但是必须要控制这一最终温度。因为在产热的过程中，有些脂肪发生熔化，蛋白质初步变性，从而有利于蛋白质吸附到分散的脂肪颗粒上。另外，加工过程中，适当的升温有助于可溶性蛋白质的释放，加速腌制色形成并改善肉糊流动性。但是如果斩拌温度过高，将会导致肌肉盐溶性蛋白质的变性而失去乳化性。以猪脂和牛脂为配方时，其最终温度应该低于16℃，鸡肉制品则为10～12℃。为了控制温度，一般是在斩拌过程中加入冰屑来降低肉馅以及斩拌机的温度。

斩拌时间对于肉乳浊物的稳定性也具有重要影响。适宜的斩拌时间对于增加原料的细度、改善制品的品质是必须的。然而过度的斩拌，会导致脂肪颗粒变得过小，使其总表面积将大幅度增加，造成可溶性蛋白质数量不足以包裹脂肪微粒，而使得乳浊液失去稳定性。以法兰克福牛肉香肠为例，当斩拌转速为1750r/min时，斩拌150s，随后斩拌转速为3500r/min，斩拌240s时，香肠的多汁性（juiceness）、硬度（hardness）、弹性（springiness）、咀嚼性（chewiness）以及总体接受性（acceptability）为最好。对此，一些香肠的斩拌速度的总结如下：60r/min，用于搅拌与混合（无斩拌功能）；120r/min，用于搅拌加斩拌，如生产火腿粒香肠；1500r/min，用于粗斩和排气；2300r/min，用于生产干香肠和获得细肉末；4300r/min，用于生产精细灌肠；6300r/min，用于生产最精细香扬和乳化香肠（张坤生，2006）。

斩拌好的肉糜在进一步加工处理之前，可能会因为工序设置等问题不得不存放一定时间，但是随着存放时间的延长，包裹脂肪球的界面膜会由于膜蛋白质的降解（如酶解）变得脆弱，而使肉乳浊物的稳定性降低，从而导致较高的汁液分离。因此，肉糜的存放时间不宜超过几个小时。

3. 原料肉的品质

肌肉蛋白通常被分为三类，即肌原纤维蛋白质（50%～55%）、肌浆蛋白（30%～34%）、肉基质蛋白（10%～15%），在这些蛋白中盐溶性的肌原纤维蛋白质的乳化力优于水溶性的肌浆蛋白质（标准状况下，一定量的蛋白质所能乳化脂肪的最高量称为乳化力，因为在肉类乳浊液中的蛋白质从不被脂肪所饱和，因此乳化力更具科学性）。研究表明，盐溶性蛋白的乳化力在pH6.0～6.5最高，且在pH5～6范围内随食盐浓度的增高而增高。有学者用纯化的肌肉蛋白质测定乳化力，发现有如下顺序：肌动蛋白>肌球蛋白>肌动球蛋白>肌浆蛋白，胶原蛋白的乳化力很低或几乎没有乳化性。因此，原料肉的品质直接影响到肉乳浊物的稳定性。当原料肉的骨骼肌含量较少时则肌肉的乳化力降低。对于原料肉的选择来说，选取背部脂肪要优于内脏脂肪，原因在于内脏脂肪具有较大的脂肪细胞和较薄的细胞壁，易使得脂肪细胞破裂而释放出脂肪，这样乳化时需要的乳化剂的量就多。如果脂肪在使用前处于冻结状态，应该首先将脂肪进行解冻。原因在于在斩拌以及绞碎的过程中，会使脂肪游离出来。当原料肉的骨骼肌含量减少时，则肌肉的乳化力降低。在胴体的不同部位，肌肉的乳化能力也不尽相同。内脏肌肉的乳化能力远小于骨骼肌，另外PSE肉和低pH肉的乳化力也相对较低。利用乳化力低的原料肉进行乳化，所得到的肉乳浊物是不稳定的，极易造成乳浊物的破乳而导致油脂分离，影响产品的品质。

虽然热鲜肉的保水性等加工性能较好，但一般加工厂完全使用热鲜肉进行生产有一定的难度。所以与热鲜肉相比更宜采用冷鲜肉。因为虽然热鲜肉有更好的保水性和保油性，且能多提供50%左右的盐溶性蛋白，但其容易造成加工中微生物的污染，且当斩拌处理是在屠宰后3h

或更长时间完成时，肉中原来带有的磷酸盐基本上被代谢完，同时会形成肌动球蛋白，可以被抽提出来的肌球蛋白数量将减少，从而影响肉馅的保水和保油性能，并导致最终产品起皱或是出油。而冷鲜肉经过预处理（在斩拌前，将冷鲜肉混合冰水和盐腌制剂粗斩拌后，在0～4℃下腌制12h），也能使蛋白更有效地提取出来，具有热鲜肉的加工优势。蛋白质在肉类乳化的形成和稳定性上起着关键作用。存在于生肉糊水相中可溶性蛋白的浓度及类型，会影响最终乳化产品的超微结构和组织特性。但一些不溶性蛋白也会通过物理上的交互作用，以及对肉糜保水性的影响来影响乳化过程。肉类乳化也经常使用含有大量结缔组织的肉，结缔组织中富含胶原蛋白，胶原在斩拌时，会吸收大量的水分，但在后续的加热过程中遇热收缩（约72℃），把水分挤出。这会引起蛋白凝胶结构和界面蛋白膜结构被破坏，而使脂肪转移到产品表面，且降低保水性。因而应注意控制肉中胶原蛋白的含量。从新鲜的未冻结的肉中提取出的肌原纤维蛋白要比冻结及解冻肉中提取出的多，这是由于肉经冷冻会使蛋白质发生部分变性。从瘦的骨骼肌中提取的肌原纤维蛋白比从心肌提取的多、从鸡胸肉（糖酵解型快速肌纤维）提取的肌原纤维蛋白会比鸡腿肉（氧化型慢速纤维）提取的多。

从胶体化学的观点来看，对一定体相而言，相体积分数为0.26～0.74时，O/W或者W/O型乳浊液就可以形成。因此，在肉乳浊物中即使是瘦肉与脂肪在50:50的情况下，仍可以形成稳定的乳浊液，故脂肪分离现象很大程度上是由于脂肪的分散状态、脂肪的品质或斩拌的升温所致。

三、西式香肠介绍

1. 血肠

血肠（blood sausage）是在欧洲中部、南部及南美盛行的一类香肠，其中以南美的Morcilla最为典型，它是传统烧烤香肠的一类（图3－12）。在英语国家中，传统的血肠被称为黑布丁（black pudding）。在屠宰过程中，屠宰一头猪可以获得大约3L的血，而屠宰一头牛可以获得大约10L的血液。血液中含有将近20%的蛋白质是动物蛋白的重要来源，在世界许多地方被用作肉类加工制品的重要原材料。在许多发展中国家，由于落后的屠宰设备和做法，使得血液白白浪费。合理地利用血液能够为消费者提供更多宝贵的动物蛋白，能够很好地提高经济收益，减少浪费。血肠是由未凝结的新鲜血液与其他食物成分（肉、脂肪和非肉成分）所组成的混合料填充到肠衣后进行热处理制成的。血肠需要一个稳定的并且富有弹性的结构，而以液体形式加入的血液将有助于达到这样的结构。在热处理过程中，填充到肠衣的混合料中的血液的凝结，将有助于稳定结构的形成。几个世纪以来，采用一些低成本的原料如谷物或蔬菜来替代那些更为昂贵的肉作为血肠成分，开发了具有当地特色的血肠品种。在爱尔兰，黑布丁中含有燕麦。在德国南部农场血肠中含有烤面包和洋葱的混合物。在东非发现的一种产品中，血液是与发酵后的牛乳混合，有时则与粉碎后的木薯以及其他蔬菜进行混合。

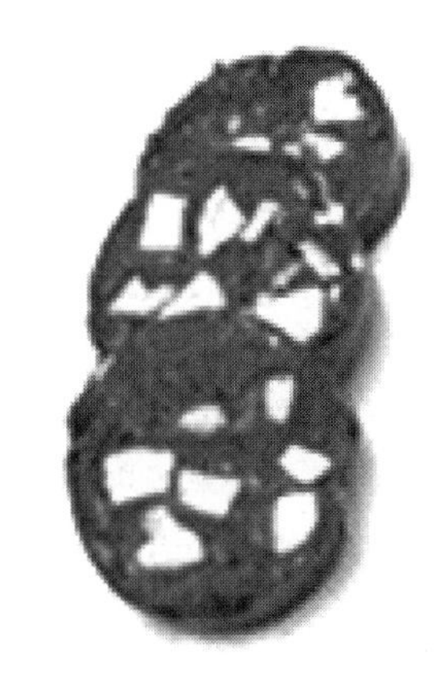

图3－12　血肠（Mocilla）

传统血肠的血含量在5%～30%，而且还含有预煮过的原料。这些原料通常较为便宜，如富含胶原蛋白成分的肉、可使用的屠宰副产物例如脾脏和肾等。有一种传统血肠只采用血和预煮过的可食用的胴体部分，如猪皮、猪头肉和蒸煮过的骨头肉。除食盐、干草药和用于改善口味的调味料外，不能添加其他任何非肉类成分/肉类增补剂。产品的所有成分都混合到一起然后通过绞肉机绞碎至一定大小，最后将其填装入天然肠衣并进行热处理。

中欧血肠通常含有10%～20%的血、猪皮、瘦肉和背膘。除脂肪组织只用沸水简单的嫩煮外，生产中所采用的所有生肉料都预先蒸煮过。通常在血液收集完成之后，立即使用腌制用亚硝酸盐进行预腌制，使得最终产品获得诱人红色。预腌制还具有抑制冷藏新鲜血液中细菌生长的优点。血肠的制作方法与其他香肠的做法类似，血液是在物料最后加入，并且加入时，要等预煮的其他物料在45℃以下方可加入。否则，加入的血液使得腌制反应变得不稳定。此外，抗坏血酸也是在斩拌过程中最后加入，因为它将有助于稳定红色的形成。

为了使最终产品有硬的弹性质地，血肠中通常加入富含结缔组织或者胶原蛋白的猪皮，其具有很强的凝胶形成能力。在实际实践中，在斩拌开始之前，先把预煮热猪皮（65℃）粗绞一遍，然后将其转至转盘搅拌机与一些预煮后不含脂肪的液体一起剁碎。当温度降到45℃以下，把血加入其中直到斩拌过程完成为止。最终混合料的温度应该保持在30～40℃。

2. 谷物香肠

在欧洲，谷物香肠（cereal sausage）来源于某个时期，这个时期的肉相对来说较为昂贵，而肉作为生产香肠的一种原料是大部分人消费不起的。为此，为了保持较低的成本，谷物主要与可使用的屠宰副产品作为原料生产香肠。这类产品中，有一部分种类从穷人食品变成当地佳肴，价格也相应的提高。如果这类的产品脂肪含量低而纤维含量高，人们还因此认为他们促使饮食更加平衡。此外，在发展中国家，这些传统制品为那些难以购买昂贵肉制品的人们提供了低成本的物质并且增加了动物蛋白的消耗机会。

3. 热狗

热狗（hot dog），1960年时，细长的流线型的香肠，在美国是一种新奇的食物，有各种各样不同的叫法，如“法兰克福香肠”“维也纳香肠”“小红肠”等，通常是将香肠夹在两片面包之间，由于其形状比较像狗在夏天张开口露出舌头的样子，因此被形象地称为热狗。关于热狗的叫法，还有一个有趣的来历：《赫斯特报》的漫画家塔德·多尔根在看台上，看见狗型的香肠和听到小贩们犬吠般的叫卖声，突发灵感，即兴画了一幅漫画：一个小圆面包里夹了一节“德希臣狗”香肠，上边抹了一些芥末。多尔根回到办公室，把漫画润饰了一下，但写说明时不知为何突然想不起来如何拼写dachshund（德希臣），只好写个狗字，结果漫画中小贩的喊声就被写成了“快来买热狗”。有趣的是，这一讹写居然很受欢迎，立刻传开了，不仅站住了脚，而且还把其他叫法都送进了历史博物馆。

热狗的直径小，适合填装于小口径（18～22mm）肠衣。热狗通常含有大量的增补剂。与此相反，在需求旺盛的市场，维也纳香肠被称为纯肉/脂肪制品。在世界各地的许多地方，没有采用这种严格的质量模式，各种含增补剂和填充剂总是结合黏合剂一起使用。

添加3%（再水合）的组织化植物蛋白作为增补剂，并添加约2.5%的具有持水性能的淀粉作为填充剂，提高黏着性，从而使得产品与全肉类产品没有很大的区别。约6%的植物蛋白的含量（再水合）会使得产品的“肉感”降低。一些要求较高的消费者可能会不喜欢它们。但是即使是约10%（再水合）水平的组织化植物蛋白对于某些消费群体来说仍然是可以接受的。特别是它们以较低的价格出售，并且作为三明治或汤类的一个组分而消费。

4. 维也纳鸡肉肠，鸡肉热狗

由于文化或者宗教的原因，一些地区不能食用牛肉或猪肉。最近对于小口径肠衣的家禽产品作为快餐或者全部食物的需求较为旺盛。在这种产品中，脂肪成分也来自脂肪丰富的鸡皮。另外，植物油也可以使用。从社会 - 文化角度来看，将香肠混合料填充到可以剥出的纤维素肠衣中，不会对相关动物组织产生任何影响。喜欢鸡肉肠的地区大多数是购买力相对低下的发展中国家。因此，添加增补剂和填充剂也是一件很普遍的现象。

制作更优质产品主要采用鸡腿肉作为原料。在低成本配方中，瘦肉的主要部分或所有的瘦肉都是来自机械去骨鸡肉（mechanically deboned chicken meat，MDM）。机械去骨鸡肉并非完全是瘦肉，它平均包含 20% 的脂肪。因此，需要调整含大量脂肪的鸡皮或者植物油替代物的用量。鸡肉的黏着力仅仅略低于牛肉或者猪肉。因此，使用增补剂和填充剂有可能实际上与牛肉或者猪肉热狗以及维也纳香肠使用增补剂和填充剂的方式相同。

在某些国家，高增补型鸡肉热狗的生产是为了迎合购买力非常有限的消费者。20% 以上的增补剂和填充剂（主要是植物蛋白，均衡数量的面包屑、面粉和淀粉），25% 的水和 30% 左右的“瘦”鸡肉（MDM），20% 左右的脂肪（脂肪丰富的鸡皮，菜子油）这一配方是常见的。在这种混合物，肉蛋白网络不能使所有的增补剂、脂肪和水融为一体。

在这些情况下，填充剂的吸水功能发挥了主要作用，以限制脂肪和水分离。这通常可以成功的达到令人满意的水平，但在感官性能（味道，质地）方面仍属于非典型的肉类产品。

图 3 - 13 所示为这种高增补型产品的不同生产阶段。在第一阶段半加工产品的质量仍然很高。在增加了大量的含添加料物的这一阶段，有助于降低产品价格，但是同时也造成质量下降（为了清楚地表明不同阶段的肉糊，肉糊被填充入通常比用于热狗口径更大的肠衣。所有产品均要进行热处理）。

图 3 - 13　高增补型生熟鸡肉产品的不同生产阶段

①混合瘦肉、磷酸盐、食盐和水　②添加黏合剂（分离大豆蛋白、牛奶蛋白）　③添加脂肪（鸡皮）
④添加淀粉、面粉、植物油和一些人工色素　⑤增加了大量（15%）组织化植物蛋白和面包屑。

图 3 - 13①为混合瘦肉、磷酸盐、食盐和水，产品质地紧实、色泽粉红、没有脂肪和水析出；图 3 - 13②为添加黏合剂（分离大豆蛋白、牛奶蛋白），产品的质地仍然紧实、颜色明显变得苍白；图 3 - 13③为添加脂肪（鸡皮），产品质地稍微变软、颜色略显苍白；图 3 - 13④为添加淀粉、面粉、植物油和一些人工色素，产品色泽变成粉红色，但不像典型腌制颜色，质地更加柔软，但仍然良好；图 3 - 13⑤为增加了大量（15%）组织化植物蛋白和面包屑，产品颜色发生重大变化，有水渗出，口味变得只有一点点肉味。

为了降低成本，质量的下降是不可避免的，尤其是从步骤④到步骤③（图 3 - 13）。但是只要它们的价格较低且人们能够支付得起，这些产品仍然可以发挥其重要作用，为低收入群体提高基本的动物性蛋白质。动物蛋白质含量仍可能保持在7% ~8%的范围内。为了改善此类产品的感官质量，其最便宜部分的原料如面包屑（除水），可用当地现有的其他廉价食物，如木薯（淀粉）或大米（米粉）代替。这有助于获得更为柔软的质地和更好的味道。

这种加工技术也将有助于改进高增补型肉制品的品质。特别是应进一步减少粗颗粒增补剂的颗粒大小。锋利的和高效率的转盘斩拌机至关重要。在转盘斩拌机中斩拌完所有成分后，把混合料通过交替研磨机以促使更好地结合和黏着所有的增补剂和填充剂。

第三节　香肠加工典型案例

亚洲的肉类加工传统悠久，尤其在中国，历史远比欧洲香肠长。为了延长贮藏的期限和获得令人满意的风味和口味，有一类香肠，以广味香肠为代表，在制作的过程总添加糖。添加糖的目的为了降低水分活度并且改善风味。生鲜猪肉和猪脂肪是制作香肠的基本组成成分。猪脂肪应该是固体状的，最好是猪的背膘。在某些情况下，也可以使用猪的颊肉脂肪，然后就是将这类脂肪切成小方块。瘦肉，尤其是除去了腱和脂肪的后腿肉，需要用刀盘孔径为2mm的绞肉机将其绞碎。所用到的非肉类成分，包括腌制用盐、糖、胡椒、大蒜和可选的某些中国调味品（包括桂皮、姜、酱油1% ~6%和中国米酒1.5% ~3.5%）。肉制品中糖含量因地区不同而不同。在我国较冷的北部地区，糖含量为1.4%，到中部地区为4%，再到与东南亚国家相临近的气候比较热的南部地区则为6%。在某些地方，消费需要的糖含量甚至达到10%以上。肉制品中的糖含量越高，微生物稳定性也就越好。正如前面所叙述那样，糖可以降低肉制品中的水分活度。脂肪含量的变化范围在30% ~65%。某些廉价的中式香肠品种也可以含有淀粉和着色剂。

与西式香肠不同的是，中式香肠既不需要发酵，也不需要熟化。它们都是一些干制品，其风味基本上都保持了所用材料的风味。干制方法也与其他的肉制品的干制方法不尽相同。香肠制品在第一个阶段用大约60℃温度（主要是用木炭、木头和电交替产生）处理2d，接下来的阶段是用大约50℃温度处理2 ~3d。香肠的内部温度一定不要超过50℃。在中式香肠制作过程中，干热无烟处理是有必要进行的。

中式香肠都不用于三明治的涂布或者切片，也不直接进行使用。一般食用时需要进行烹饪，通常需要切成小块进行食用。

香肠的种类繁多，根据不同地区以及不同的口味习惯，划分方法繁多，配方也千差万别。本节主要介绍两类具有中西方特色的香肠加工案例进行分析。

一、川味香肠（腊肠）

1. 工艺流程

原料肉选择与修整 → 切碎成丁 → 香辛配料、腌制 → 绞碎 → 灌肠 → 捆线结扎 → 排气 → 晾晒或烘烤 → 包装 →成品

2. 工艺要点

（1）原料肉选择与修整　主要选择新鲜猪肉味加工原料。瘦肉以腿臀肉最好，肥肉以背部硬膘为好，腿膘次之。原料肉经过修整，去掉筋腱、骨头和皮，切成50～100g大小的肉块，然后瘦肉用绞肉机以孔直径0.4～1.0cm的筛孔板绞碎，肥肉切成0.6～1.0cm大小的肉丁。肥肉丁切好后用温水清洗1次，以除去浮油及杂质。

（2）切碎成丁　主要是通过此道工序将大块的肉块切成小的块丁，减轻绞肉以及斩拌中对机器的负担，并且便于后续的腌制过程中混合均匀。

（3）香辛配料、腌制　川式香肠种类很多，配方也各不相同。常用的配料主要有食盐、糖、酱油、料酒、硝酸盐、亚硝酸盐；使用的调味料主要有大茴香、豆蔻、小茴香、桂皮、丁香、山柰、甘草等。中式香肠的配料中一般不用淀粉和玉果粉。腌制时，按照配料要求将原料肉和辅料混合均匀。腌制的目的使得原料肉呈现均匀的鲜红色；使得肉含有一定量的食盐以保证产品具有适宜的咸味；并且更重要的是提高制品的保水性和黏性。根据不同产品的配方将瘦肉加食盐、亚硝酸盐、混合磷酸盐等添加剂混合均匀，放入（2±2)℃的冷库内腌制1～2h。肥膘只加入食盐进行腌制。当瘦肉变为内外一致的鲜红色以后，肉馅中有汁液渗出，手摸触感坚实、不绵软、表面有滑腻感、肉结实而富有弹性的时候，即完成腌制的过程。

（4）绞碎　将腌制的原料精肉和肥膘分别通过筛孔直径为3mm的绞肉机绞碎。绞肉时应该注意，即使从投料口将肉用力下按，从筛板流出的肉量也不会增多，而且会造成肉的温度上升，对于肉的黏着性产生不良影响。绞脂肪比绞肉的负荷更大。因此，如果脂肪的投入量与肉相等，会出现旋转困难的问题。并且如果绞肉机一旦转不动，脂肪就会熔化，从而导致脂肪分离。

（5）灌肠　将肠衣套在灌装机灌嘴上，使得肉馅均匀地灌入肠衣中。要掌握松紧程度，不能过紧或过松。用天然肠衣灌装时，干或盐渍肠衣要在清水中浸泡柔软，洗去盐分后使用。

（6）捆线结扎　捆线结扎的长度依据产品的规格而定。一般每隔10～20cm用细线结扎一道。

（7）排气　用排气针扎刺湿肠，排出内部空气，以避免在晾晒或者烘烤时产生爆肠现象。

（8）晾晒或烘烤　将悬挂好的香肠放在日光下晾晒2～3d。在日晒过程中，有胀气的部位应针刺排气。晚间送入房内烘烤。温度应该保持在40～60℃。烘烤的温度是很重要的加工参数，需要合理控制烘烤过程中的热、质传递速度，达到快速脱水的目的。一般采用梯度升温程序，开始过程温度控制在较低的状态。随生产过程的延续，逐渐升高温度。烘烤过程中温度太高，易造成脂肪熔化，同时瘦肉也会烤熟，影响到产品的风味和质感，使得色泽变暗，成品率降低。温度太低则难以达到脱水干燥的目的，易造成产品变质。一般经过3昼夜的烘晒，然后将半成品挂到通风良好的场所风干10～15d，成熟后即可成为产品。

（9）包装　可根据消费者的需求选择包装的方式。利用小袋进行简易包装或者进行真空、充气包装，可以有效地抑制产品销售过程中的脂肪氧化现象，提高产品的卫生品质。

二、爱尔兰新鲜香肠

1. 配方

猪的瘦肩头肉：43.44%

猪背部脂肪：20.49%

粗磨干洋葱：4.9%

香辛料：4.9%

碎冰：19.67%

面包碎屑粉（rusk meal）：9.8%

腌制溶液：1.64%

腌制溶液的配制比例：纯水：81%，盐：12.5%，三聚磷酸钠盐：2.0%，抗坏血酸钠：0.25%，$NaNO_3$：0.1%

2. 工艺流程

原料肉选择→切碎成丁→配料、腌制、绞肉、斩拌→灌肠填充→拧结扎→包装→成品

腌制溶液一般是现用现配，三聚磷酸钠盐在冷水中溶解度很小，可以利用加热以及不断搅拌加速其溶解过程。待其溶解后，再分别加入食盐、抗坏血酸钠以及 $NaNO_3$。所有溶剂全部溶解以后，放置在4℃冷藏间中降温，直至腌制溶液的温度在4℃以下方可使用。

3. 工艺要点

（1）原料肉选择　所用瘦肉最好选用新鲜肉或者冷却肉，剔除可见筋腱以及碎骨。脂肪通常选用背部脂肪（back fat），原因是内脏脂肪由于具有较大的脂肪细胞以及较薄的细胞壁，容易使脂肪细胞破裂而释放出脂肪。这样在乳化时所需要的乳化剂的量就较多。如果所用的脂肪处于冻结状态，应先将脂肪进行解冻。因为在后期斩拌或者绞碎的过程中，会使更多的脂肪游离出来。

（2）切碎成丁　将瘦肉以及脂肪分别切碎成小块，放入碎肉机（图3-14）中，进行打碎处理。

（3）配料、腌制、绞肉、斩拌　将瘦肉、脂肪、腌制溶液、香辛料以及部分碎冰按先后顺序放入斩拌机（图3-15）中，慢速斩拌2min；随后加入粗磨干洋葱以及面包碎屑粉，以快速额外再斩拌2min。

(1)

(2)

图3-14　碎肉机及工作图

（1）碎肉机　（2）打碎的碎肉

图3-15　斩拌机

斩拌是香肠制作工艺中最为重要的一步，斩拌作业的目的在于混碎原料精瘦肉与脂肪的同时，充分萃取肌肉中的盐溶性蛋白，完成对斩拌、绞碎过程中游离脂肪的乳化过程。肌肉中的肌球蛋白以及盐溶性蛋白是保证肉糜类肉制品良好结合的一个关键因素。因为萃取的肌球蛋白

以及盐溶蛋白在后期加热的过程中，能够形成凝胶，并具有肌肉食品体系所要求的各种流变特性。胶凝特性对香肠的质地以及口感起着关键的作用。在肌肉中的盐溶性蛋白的萃取量除了受到食盐等因素的影响外，肉馅的温度也会影响萃取量。因此在进行斩拌前，应该对斩拌机进行预冷处理（如在斩拌盆中放入冰袋进行降温，一般是降至2℃方可使用）。在斩拌初期加入一部分冰水（约总水量的1/2），剩余冰水稍后加入，主要目的是控制升温。因为机械在高速旋转以及斩拌肉的过程中会产生热量，使得肉糜温度升高。另一方面，向肉馅中加入一定量的水，可以提高肉馅的黏稠性和结着力。为了达到组织结构的机械破坏，肉馅必须有足够大的正面阻力，因此，只有经过1～2min后才能加水，否则会因为正面阻力降低而达不到组织的必要程度破坏。适当的水分含量（或添加的冰屑）还可以在斩拌时降低肉馅温度；提供给产品嫩滑和多汁的口感；另外，提高出品率可以给厂家带来更多利润。但如果水分含量过高，在蒸煮时候也可能造成胶原肠衣的断裂或掉落。水的添加量一般为原料肉的10%～25%。通常建议将水分三批加入，40%于肌肉、食盐与磷酸盐等腌制剂斩拌时加入。30%于脂肪斩切时加入。30%最终与淀粉等加入。此外，斩拌的加料顺序会影响产品质量。如果猪肉产品中结缔组织较多，应最先放入斩拌机进行斩拌，之后再加入辅料。某些产品添加柠檬酸可在最后添加，不可与混合盐一起加，否则起不到发色的作用。添加0.3%～0.5%的磷酸盐可改善肠馅的结构、稠度及成品的色泽和滋味，使制品在蒸煮时避免出水现象。适当添加一些复合磷酸盐以提高肉的pH，帮助盐溶性蛋白的提取，同时还可适当添加一些食品级非肉蛋白，如组织蛋白、血清蛋白、大豆分离蛋白等以帮助提高肉的乳化效果。斩拌时添加辅料决定了肠馅的组成比例，性质状态以及加水量、成品质量和出品率。应该较为科学地控制原辅料的比例。在加入辅料时应该注意斩拌时要控制时间，防止过度斩拌。过度斩拌会导致脂肪颗粒变得过小，大大增加脂肪球的表面，导致萃取的蛋白质不能在全部脂肪颗粒表面形成适合厚度的完整的吸附膜，而出现脂肪分离的现象。

通常的斩拌是在常压斩拌条件下进行。但是相比而言，真空斩拌的方式更好，因为其能够避免大量空气进入肉糜，对于减少微生物污染、防止脂肪氧化、稳定肉色、保证产品风味具有重要意义。其次，真空斩拌有利于盐溶性蛋白的溶出和均相乳化凝胶体的形成。

（4）灌肠填充　肉糜在准备完毕以后，接下来就是进行灌肠填充，需要注意的是，灌肠最好采用真空灌肠机，这样获得的香肠，其肠衣与肉糜能够很好的贴合。利用真空灌装机有如下优点：

①真空斩拌的优点大大降低了肉浆中空气量，采用真空操作，隔绝了与空气的接触，并将其中的残余气体抽出，使肉浆中的化学的和细菌学性质的消极影响降低到最低程度。蒸煮时间缩短，因热阻很大的气泡非常少，使热传递迅速。

②可以减少脂肪和肌红蛋白（亚硝基肌红蛋白）的氧化，从而保持腌制肉特有的颜色和风味。利用真空乳化制得的产品乳化能力高，香肠制品的物理稳定性好，这主要是由于在真空条件下，可从肌肉组织中萃取出更多的蛋白质（乳化剂），而且除去的气泡可以减少空气竞争性地与蛋白质结合，使得脂肪可利用的蛋白质增多。

③生产的肉馅密度高，无气泡，改善了产品的外观（真空减少气泡的产生）。比用普通法生产的肉馅体积要小，所以同样重量肉馅所耗费包装材料也较少；因肉馅密实，所以各种筋腱和硬的肉块均能被斩碎；使肌肉发色迅速和稳定，且色泽持久。

④假若因为真空度过高，使肉馅变得过于密实，可以迅速用氮气回充。目前，许多工厂采用真空高速斩拌技术，有利于提高产品的质量，特别是色泽和结构有所改善。用一般灌肠机进

行灌肠工序一般会出现肠衣与肉糜结合不紧密（肉肠分离），并且肠衣内部会出现气泡，原因在于再将肉糜放入灌肠机中，不能保证没有空气混入。

（5）拧结扎、包装、成品　有的灌肠机能够进行定量灌装，并且在过后自动拧结扎。拧结扎的优点在于不需要其他绳或扣环，也不需要引入其他外来物质，保证了香肠生产的安全性并且减少了工艺流程，提高效率。在进行包装时，通常是采用气调包装（modified atmosphere packaging）。图3－16所示分别为爱尔兰新鲜香肠以及具有其他香辛料（herb）的新鲜香肠。

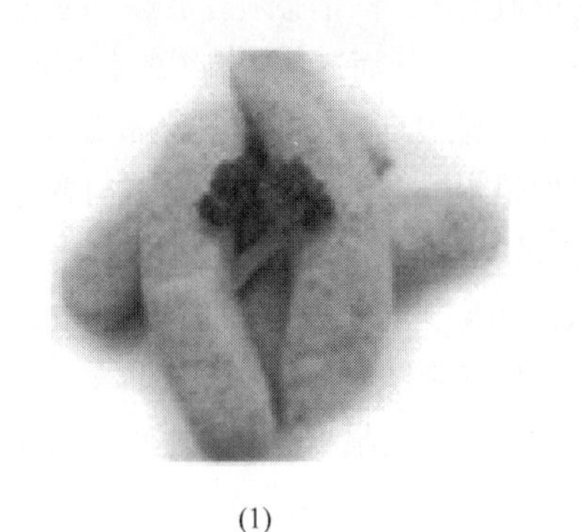

(1)

(2)

图3－16　爱尔兰香肠

（1）爱尔兰新鲜香肠　（2）具有其他香辛料的爱尔兰新鲜香肠

三、　高温火腿肠

高温火腿肠是以鲜或冻畜、禽、鱼肉为主要原料，经腌制、斩拌、灌入塑料肠衣、高温杀菌加工而成的乳化型香肠。

1. 工艺流程

原料肉的处理→绞肉→斩拌→充填→灭菌→成品

2. 工艺要点

（1）原料肉的处理　选择经兽医卫检合格的热鲜肉或者冷冻肉，经过修整处理去除筋、腱、碎骨与污物，用切肉机切成5～7cm宽的长条后，按配方要求将辅料与肉搅匀，送入（2±2)℃的冷库内腌制16～24h。

（2）绞肉　将腌制好的原料肉送入绞肉机，用筛孔直径为3mm的筛板绞碎。

（3）斩拌　将绞碎的原料肉导入斩拌机的料盘内，开动斩拌机用搅拌速度转动几圈后，加入碎冰总量的2/3，高速斩拌至肉馅温度4～6℃，然后添加剩余数量的碎冰继续斩拌，直到肉馅温度低于14℃，最后再用搅拌速度转几圈，以排除肉馅内的气体。总的斩拌时间要大于4min。

（4）充填　将斩拌好的肉馅倒入充填机的料斗内，按照预定充填的重量，充入PVDC肠衣内，并自动打卡结扎。

（5）灭菌　填充完毕经过检查的肠坯（无破袋、夹肉、弯曲等）排放在灭菌车内，顺序堆入灭菌阀进行灭菌处理。灭菌处理后的火腿肠，经充分冷却，贴标签后，按照生产日期和品种规格装箱，并入库或发货。

火腿肠的外观指标为肠体均匀饱满，无损伤，表面干净，密封良好，结扎牢固，肠衣的结扎部位无内容物。从色泽上观察，断面呈淡粉红色。在质地上，要求组织紧密，具有弹性，切片良好，无软骨及其他杂物。从风味上讲，咸淡适中，鲜香可口，具有固有的风味而无异味。从理化指标来看，特级的火腿肠其水分含量应该小于70%，淀粉含量应小于6%。优级的水分含量应该小于67%，淀粉含量小于11%，脂肪含量小于6%～16%，淀粉含量小于8%。

第四节 综合实验

根据西式香肠的工艺流程，设计一组带有中式口味的天然肠衣灌制的香肠。要求写明每一步工序操作的意义以及顺序。

思考题

1. 人造肠衣的类型有哪些？
2. 香肠制作过程中斩拌的作用是什么？
3. 西式香肠制作中斩拌应该控制的因素有哪些？
4. 香肠制作中添加淀粉的作用是什么？

推荐阅读书目

［1］周光宏．畜产品加工学（第二版）［M］．北京：中国农业出版社，2002.

［2］Gunter Heinz，Peter Hautzinger. Meat Processing Technology For Small – to Medium – scale Producers［M］. FAO Regional Ofice for Asia and the Pacific，2007.

CHAPTER 4

第四章 腌腊烟熏干制品加工

知识目标

1. 了解腌腊烟熏产品的分类和特点。
2. 理解腌制、粉碎、乳化、熏制、干制等肉品加工原理。
3. 掌握腌腊烟熏产品的原辅料选择要求、熟悉工艺技术要点和机械设备操作要领。
4. 掌握不同腌腊烟熏产品加工过程中常见问题的分析与控制。

能力目标

1. 能制作腌腊烟熏产品，能熟悉有关仪器设备的使用及保养。
2. 能对不同腌腊烟熏产品加工过程中常见的问题进行分析和控制。

第一节 腌腊肉制品

腌腊肉制品（cured meat product）以其悠久的历史和特有的风味、口感而广受消费者欢迎。闻名天下的浙江金华火腿已有900多年的加工历史。深受消费者喜爱的板鸭又称“贡鸭”，创始于明末清初，已有300多年的加工历史。腌腊肉制品已成为中国传统肉制品的典型代表。随着食品科学与工程技术的不断发展及其在传统肉制品工艺改造中的应用，腌腊肉制品的生产已由传统的手工操作、作坊式生产逐渐实现了生产工业化、产品质量标准化，同时又保持了传统产品的风味和口感特色。

腌腊制品是肉经腌制、酱制、晾晒（或烘烤）等工艺加工而成的生肉类制品，食用前需经熟化加工。根据腌腊制品的加工工艺及产品特点将其分为咸肉类（pickled meat in salt）、腊肉类（cured meat）、酱肉类（marinated meat in soy sauce）和风干肉类（air－dried meat）。

咸肉类原料肉经腌制加工而成的生肉类制品，食用前需经熟制加工。咸肉又称腌肉，其主要特点是成品肥肉呈白色，瘦肉呈玫瑰红色或红色，具有独特的腌制风味，味稍咸。常见咸肉类有咸猪肉、咸羊肉、咸水鸭、咸牛肉和咸鸡等。

腊肉类肉经食盐、硝酸盐、亚硝酸盐、糖和调味香料等腌制后，再经晾晒或烘烤或烟熏处理等工艺加工而成的生肉类制品，食用前需经熟化加工。腊肉类的主要特点是成品呈金黄色或红棕色，产品整齐美观，不带碎骨，具有腊香，味美可口。腊肉类主要代表有中式火腿、腊猪肉（如四川腊肉、广式腊肉）、腊羊肉、腊牛肉、腊兔、腊鸡、板鸭、鸭肫干、板鹅、鹅肥肝、腊鱼等。

酱肉类肉经食盐、酱料（甜酱或酱油）腌制、酱渍后，再经脱水（风干、晒干、烘干或熏干等）而加工制成的生肉类制品，食用前需经煮熟或蒸熟加工。酱肉类具有独特的酱香味，肉色棕红。酱肉类常见的有清酱肉（北京清酱肉）、酱封肉（广东酱封肉）和酱鸭（成都酱鸭）等。

风干肉类肉经腌制、洗晒（某些产品无此工序）、晾挂、干燥等工艺加工而成的生肉类制品，食用前需经熟化加工。风干肉类干而耐咀嚼，回味绵长。常见风干肉类有风干猪肉、风干牛肉、风干羊肉、风干兔和风干鸡等。

一、肉的腌制

用食盐或以食盐为主，并添加硝酸钠（或钾）、蔗糖和香辛料等腌制材料处理肉类的过程为腌制。通过腌制使食盐或食糖渗入食品组织中，降低它们的水分活度，提高它们的渗透压，借以有选择地控制微生物的活动，抑制腐败菌的生长，从而防止肉品腐败变质。自古以来，肉类腌制就是肉的一种防腐贮藏方法，公元前3000多年，就开始用食盐保藏肉类和鱼类。到了今天，腌制目的已从单纯的防腐保藏，发展到主要为了改善风味和颜色，以提高肉的品质。因此腌制已成为肉制品加工过程中一个重要的工艺环节。

1. 腌制材料及其作用

肉类腌制使用的主要腌制材料为食盐、硝酸盐（或亚硝酸盐）、糖类、抗坏血酸盐、异抗坏血酸盐和磷酸盐等。

（1）食盐　食盐是肉类腌制最基本的成分，也是唯一必不可少的腌制材料。肉制品中含有大量的蛋白质、脂肪等成分，具有的鲜味，常常要在一定浓度的咸味下才能表现出来，盐可以通过脱水作用和渗透压的作用，抑制微生物的生长，延长肉制品的保存期。此外食盐促使硝酸盐、亚硝酸盐、糖向肌肉深层渗透。然而单独使用食盐，会使腌制的肉色泽发暗，质地发硬，并仅有咸味，影响产品的可接受性。

食盐具有防腐作用，主要通过以下几点达到对微生物的抑制作用。

①脱水作用：食盐溶液可以形成较高的渗透压，造成微生物质壁分离。1%的食盐溶液可以产生67888Pa的渗透压，而大多数的微生物细胞的渗透压为30398～60795Pa。在食盐高渗透压的影响下，微生物细胞脱水，而造成细胞质膜分离。

②毒性作用：微生物对Na^+很敏感，它能与细胞原生质中的阴离子结合，因而对微生物产生毒害作用。酸能加强Na^+的毒害作用。如酵母活动在20%中性食盐溶液中才会受到抑制，但在酸性溶液中食盐浓度达到14%时就受到了抑制。Cl^-对微生物也有毒害作用，它可以和细胞原生质结合，从而促使细胞死亡。

③对酶活力的影响：食盐溶液可以抑制微生物蛋白质分解酶的作用。这是由于食盐分子可

以和酶蛋白质分子中的肽键结合，因而减少了微生物酶对蛋白质的作用，因此降低了微生物利用它作为物质代谢的可能性。

④盐溶液中缺氧的影响：食盐溶液减少了氧的溶解度。盐溶液的缺氧环境抑制了需氧菌的生长。

所有上述因素都影响到微生物在盐水中的活动，因而能防止肉免于腐败。但是食盐溶液仅仅能抑制微生物的活动而不能杀死微生物。

5% 的 NaCl 溶液能完全抑制厌氧菌的生长，10% 的 NaCl 溶液对大部分细菌有抑制作用，但一些嗜盐菌在 15% 的盐溶液中仍能生长。某些种类的微生物甚至能够在饱和盐溶液中生存。

肉的腌制宜在较低温度下进行，腌制室温度一般保持在 2 ~ 4℃，腌肉用的食盐、水和容器必须保持卫生状态，严防污染。

（2）糖　在腌制肉制品时要添加一定量的糖，常用糖的品种有：葡萄糖、蔗糖和乳糖。糖类主要作用为：

①调味作用：糖和盐有相反的滋味，在一定程度上可缓和腌肉咸味。

②助色作用：还原糖对于保持腌肉色泽具有很大的意义。还原糖（葡萄糖等）能吸收氧而防止肉脱色；糖为硝酸盐还原菌提供能源，使硝酸盐转变为亚硝酸盐，加速 NO 的形成，使发色效果更佳。在短期腌制时建议使用具有还原性的葡萄糖，而在长时间腌制时加蔗糖，它可以在微生物和酶的作用下形成葡萄糖和果糖。

③增加嫩度：由于糖类的羟基均位于环状结构的外围，使整个环状结构呈现为内部为疏水性，外部为亲水性，这样就提高了肉的保水性，增加了出品率。另外，由于糖极易氧化成酸，使肉的酸度增加，利于胶原膨润和松软，因而增加了肉的嫩度。

④产生风味物质：糖和含硫氨基酸之间发生美拉德反应，产生醛类等羰基化合物及含硫化合物，增加肉的风味。

糖可以在一定程度上抑制微生物的生长，它主要是降低介质的水分活度，减少微生物生长所能利用的自由水分，并借渗透压导致微生物细胞质壁分离。但一般的使用量达不到抑菌的作用，低浓度的糖，还能给一些微生物提供营养，因而在需发酵成熟的肉制品中添加糖，有助于发酵的进行。

（3）硝酸盐和亚硝酸盐　在腌肉中少量使用硝酸盐已有几千年的历史。亚硝酸盐由硝酸盐生成，也用于腌肉生产。腌肉中使用亚硝酸盐主要有以下几方面作用：

①抑制肉毒梭状芽孢杆菌的生长，并且具有抑制许多其它类型腐败菌生长的作用。

②优良的呈色作用。

③抗氧化作用，延缓腌肉腐败，这是由于它本身有还原性。

④有助于腌肉独特风味的产生，防止二次加热腌制品产生蒸煮味。

亚硝酸盐是唯一能同时起上述几种作用的物质，至今还没有发现有一种物质能完全取代它。

亚硝酸很容易与肉中蛋白质分解产物二甲胺作用，生成二甲基亚硝胺，其反应式如下：

$$(H_3C)_2NH + HONO \longrightarrow (H_3C)_2N{-}NO$$

二甲胺　　亚硝酸　　二甲基亚硝胺

亚硝胺可以从各种腌肉制品中分离出。这种物质具有致癌性，因此在腌肉制品中，硝酸盐的用量应尽可能降到最低限度。美国食品安全和审查机构（FSIS）仅允许在肉的干腌品（如干腌火腿）或干香肠中使用硝酸盐，干腌肉最大使用量为2.2g/kg，干香肠1.7g/kg，培根中使用亚硝酸盐不得超过0.12g/kg（与此同时须有0.55g/kg的抗坏血酸钠作助发色剂），成品中亚硝酸盐残留量不得超过40mg/kg。我国食品卫生法标准规定，硝酸钠在肉类制品的最大使用量为0.5g/kg，亚硝酸钠在肉类罐头和肉类制品的最大使用量为0.15g/kg，残留量以亚硝酸钠计，肉类罐头不得超过0.05g/kg，肉制品不得超过0.03g/kg。

（4）碱性磷酸盐　肉制品中使用磷酸盐的主要目的是提高肉的持水能力，使肉在加工过程中仍能保持其水分，减少营养成分损失，同时也保持了肉的柔嫩性，增加了出品率。可用于肉制品的磷酸盐有三种：焦磷酸钠，三聚磷酸钠和六偏磷酸钠。磷酸盐提高肉持水性的作用机制是：

①提高肉的pH的作用：磷酸盐呈碱性反应，加入肉中可提高肉的pH，这一反应在低温下进行得较缓慢，但在烘烤和熏制时会急剧地加快。

②对肉中金属离子有螯合作用：聚磷酸盐与金属离子有螯合作用，加入聚磷酸盐后，原与肌肉的结构蛋白质结合的钙镁离子，被聚磷酸盐螯合，肌肉蛋白中的羟基游离，由于羧基之间静电力的作用，使蛋白质结构松弛，可以吸收更多量的水分。

③增加肉的离子强度的作用：聚磷酸盐是具有多价阴离子的化合物，因而在较低的浓度下可以具有较高的离子强度。由于加入聚磷酸盐使肌肉的离子强度增加，这有利于肌球蛋白从凝胶状态转变为溶胶状态，因而提高了持水性。

④解离肌动球蛋白的作用：焦磷酸盐和三聚磷酸盐有解离肌肉蛋白质中肌动球蛋白为肌动蛋白和肌球蛋白的特异作用。而肌球蛋白的持水能力强，因而提高了肉的持水能力。

聚磷酸盐的使用量为肉量的0.1%～0.4%，使用量过高则有害于肉风味，并使呈色效果减弱。

在实际生产中，常将几种磷酸盐按一定比例混合使用。由于多聚磷酸盐对金属容器有一定的腐蚀作用，所以所用设备应选用不锈钢材料。此外，使用磷酸盐可能使腌制肉制品表面出现结晶，这是焦磷酸钠形成的。预防结晶的出现可以通过减少焦磷酸钠的使用量，或使产品存放在高湿的环境中。

（5）抗坏血酸盐和异抗坏血酸盐　在肉的腌制中使用抗坏血酸钠和异抗坏血酸钠主要有以下几个目的：

①抗坏血酸盐可以同亚硝酸发生化学反应，增加NO的形成，使发色过程加速。

$$2HNO_2 + C_6H_8O_6 \longrightarrow 2NO + 2H_2O + C_6H_6O_6 \text{（脱水抗坏血酸）}$$

如在法兰克福香肠加工中，使用抗坏血酸盐可使腌制时间缩短1/3。

②抗坏血酸盐可以将高铁肌红蛋白还原为亚铁肌红蛋白，因而加速了腌制的速度。

③抗坏血酸盐能起到抗氧化剂的作用，因而稳定腌肉的颜色和风味。

④在一定条件下抗坏血酸盐具有减少亚硝胺形成的作用。

因而抗坏血酸盐被广泛应用于肉制品腌制中。已表明用550mg/kg的抗坏血酸盐可以减少亚硝胺的形成，但确切的机制还未知。目前许多腌肉都同时使用120mg/kg的亚硝酸盐和550mg/kg的抗坏血酸盐。

通过向肉中注射5%～10%的抗坏血酸盐能有效地减轻由于光线作用而使腌肉褪色现象。

抗坏血酸钠（Na－AsA）和异抗坏血酸钠（Na－ErA）添加率与发色的关系如表4－1和表4－2所示。

表4－1　　抗坏血酸钠和异抗坏血酸钠添加率与发色的关系

添加量/%	赤色值*		发色效率	
	Na－ErA	Na－AsA	Na－ErA	Na－AsA
0.01	2.02±0.03	1.98±0.01	1.01	0.98
0.02	2.01±0.02	2.09±0.02	1.00	1.04
0.03	2.05±0.02	2.05±0.02	1.02	1.02
0.04	2.08±0.08	2.08±0.01	1.04	1.03
0.05	2.14±0.08	2.04±0.02	1.06	1.01
0.06	2.05±0.05	2.06±0.03	1.02	1.03

注：*表面反射率：E640mμ/E540mμ＝赤色值。

表4－2　　褐色防止率*

添加量/%	Na－ErA	Na－AsA	添加量/%	Na－ErA	Na－AsA
0.01	1.091	1.075	0.04	1.039	1.087
0.02	1.039	1.149	0.05	1.330	1.299
0.03	1.148	1.266	0.06	1.417	1.613

注：*以贮存前后所测的赤色值的差表示。

此外腌制剂中添加谷氨酸会增加抗坏血酸的稳定性；烟酰胺可与肌红蛋白相结合生成稳定的且很难被氧化的烟酰胺肌红蛋白，可以防止肌红蛋白在从亚硝酸生成亚硝基期间的氧化变色。如果在肉类腌制过程中并用，即有使肉发色和防止褪色的效果。

（6）水　浸泡法腌制或盐水注射法腌制时，水可以作为一种腌制成分，使腌制配料分散到肉或肉制品中，补偿热加工（如烟熏、煮制）的水分损失，且使得制品柔软多汁。

2. 腌肉的呈色机制

（1）硝酸盐和亚硝酸盐对肉色的作用　肉在腌制时会加速血红蛋白（Hb）和肌红蛋白（Mb）的氧化，形成高铁肌红蛋白（MetMb）和高铁血红蛋白（MetHb），使肌肉丧失天然色泽，变成带紫色调的浅灰色。而加入硝酸盐（或亚硝酸盐）后，由于肌肉中色素蛋白和亚硝酸盐发生化学反应，形成鲜艳的亚硝基肌红蛋白，且在以后的热加工中又会形成稳定的粉红色。亚硝基肌红蛋白是构成腌肉颜色的主要成分，关于它的形成过程虽然有些理论解释但还不完善。NO基是由硝酸盐或亚硝酸盐，在腌制过程中经过复杂的变化而形成的。

首先在酸性条件和还原性细菌作用下形成亚硝酸盐。

$$NaNO_3 \xrightarrow[+2H]{\text{细菌还原作用}} NaNO_2 + 2H_2O$$

亚硝酸盐在微酸性条件下形成亚硝酸。

$$NaNO_2 \xrightarrow{H^+} HNO_2$$

肉中的酸性环境主要是乳酸造成的。由于血液循环停止，供氧不足，肌肉中的糖原通过酵解作用分解产生乳酸，随着乳酸的积累，肌肉组织中的 pH 逐渐降低到 5.5～6.4 左右，在这样的条件下促进亚硝酸盐生成亚硝酸，亚硝酸在还原性物质作用下形成 NO。

$$3HNO_2 \xrightarrow{\text{还原物质}} H^+ + NO_3^- + H_2O + 2NO$$

这是一个歧化反应，亚硝酸既被氧化又被还原。NO 的形成速度与介质的酸度、温度以及还原性物质的存在有关，所以形成 NO—肌红蛋白需要有一定的时间。直接使用亚硝酸盐比使用硝酸盐的呈色速度要快。

生成的 NO 和肌红蛋白反应，取代肌红蛋白分子中与铁相连的水分子，就形成 NO—Mb，为鲜艳的亮红色，很不稳定。NO 并不能直接和肌红蛋白反应，许多迹象都表明最初和 NO 起反应的色素是 Met—Mb，大致可以经以下三个阶段，才能形成腌肉的色泽：

①　$$NO + Mb \xrightarrow{\text{适宜条件}} NO—Met—Mb$$

一氧化氮　肌红蛋白质　一氧化氮高铁肌红蛋白

②　$$NO - Met - Mb \xrightarrow{\text{适宜条件}} NO—Mb$$

一氧化氮肌红蛋白质

③　$$NO - Mb \xrightarrow{\text{热，烟熏}} NO—\text{血色原}\ (Fe^{2+})$$

一氧化氮亚铁血色原（稳定粉红色）

（2）影响腌肉制品色泽的因素

①亚硝酸盐的使用量：肉制品的色泽与亚硝酸盐的使用量有关，用量不足时，颜色淡而不均，在空气中氧气的作用下会迅速变色，造成贮藏后色泽的恶劣变化。为了保证肉呈红色，亚硝酸钠的最低用量为 0.05g/kg。用量过大时，过量的亚硝酸根的存在又能使血红素物质中的卟啉环的 α－甲炔键硝基化，生成绿色的衍生物。为了确保安全，我国规定，在肉类制品中亚硝酸盐最大使用量为 0.15g/kg，在这个范围内根据肉类原料的色素蛋白的数量及气温情况来决定。

②肉的 pH：肉的 pH 影响亚硝酸盐的发色作用。亚硝酸钠只有在酸性介质中才能还原成 NO，故 pH 接近 7.0 时肉色就淡，特别是为了提高肉制品的持水性，常加入碱性磷酸盐，加入后常造成 pH 向中性偏移，往往使呈色效果不好，所以必须注意其用量。在过低的 pH 环境中，亚硝酸盐的消耗量增大，如使用亚硝酸盐过量，又容易引起绿变，一般发色的最适宜的 pH 范围为 5.6～6.0。

③温度：生肉呈色的进行过程比较缓慢，经过烘烤、加热后，则反应速度加快，而如果配好料后不及时处理，生肉就会褪色，特别是灌肠机中的回料，因氧化作用而褪色，这就要求迅速操作，及时加热。

④腌制添加剂：添加抗坏血酸，当其用量高于亚硝酸盐时，在腌制时可起助呈色作用，在贮藏时可起护色作用；蔗糖和葡萄糖由于其还原作用，可影响肉色强度和稳定性；加烟酸、烟酰胺也可形成比较稳定的红色，但这些物质没有防腐作用，所以暂时还不能代替亚硝酸钠。另一方面有些香辛料如丁香对亚硝酸盐还有消色作用。

⑤其他因素：微生物和光线等影响腌肉色泽的稳定性。正常腌制的肉，切开置于空气中后切面会褪色发黄，这是因为一氧化氮肌红蛋白在微生物的作用下引起卟啉环的变化。一氧化氮肌红蛋白不仅受微生物影响，对可见光线也不稳定，在光的作用下，NO－血色原失去 NO，再氧化成高铁血色原，高铁血色原在微生物等的作用下，使得血色素中的卟啉环发生变化，生成绿色、黄色、无色的衍生物。这种褪、变色现象在脂肪酸败，有过氧化物存在时可加速发生。

综上所述，为了使肉制品获得鲜艳的颜色，除了要有新鲜的原料外，必须根据腌制时间长短，选择合适的发色剂，掌握适当的用量，在适宜的 pH 条件下严格操作。此外，要注意低温、避光，并采用添加抗氧化剂，真空或充氮包装，添加去氧剂脱氧等方法避免氧的影响，保持腌肉制品的色泽。

3. 腌制和肉的保水性、黏结性

肉制品如西式培根、成型火腿、灌肠等，加工过程中腌制的主要目的，除了使制品呈现美丽的红色外，还提高原料肉的保水性和结着性。

保水性是指肉类在加工过程中肉中的水分以及添加到肉中的水分的保持能力。持水性和蛋白质的溶剂化作用相关联，因而与蛋白质中的自由水和溶剂化水有关。黏着性表示肉自身所具有的黏着物质可以形成具有弹力制品的能力，其程度则以对扭转、拉伸、破碎的抵抗程度来表示。黏着性和保水性常保持一致性。

试验表明，绞碎的肉中加入 NaCl 使其离子强度为 0.8 ~ 1.0mol/L，即相当于 NaCl 浓度为 4.6% ~5.8%时的持水性最强，超过这个范围反而下降。

（1）与持水性、结着性有关的蛋白质　形成肉的持水性和结着性的主体物质是肌肉中蛋白质，肌肉中的蛋白质包括肌溶蛋白、球蛋白 X、肌球蛋白、肌动蛋白、肌动球蛋白以及间质蛋白等。为了确定哪些蛋白质与肉的保水性有关深泽氏做了如下试验。

用牛的肌肉，根据各蛋白质的不同溶解性，分别提取，制成如下 5 种试料并分别加入 2.5% NaCl 再制成灌肠（图 4 -1）。

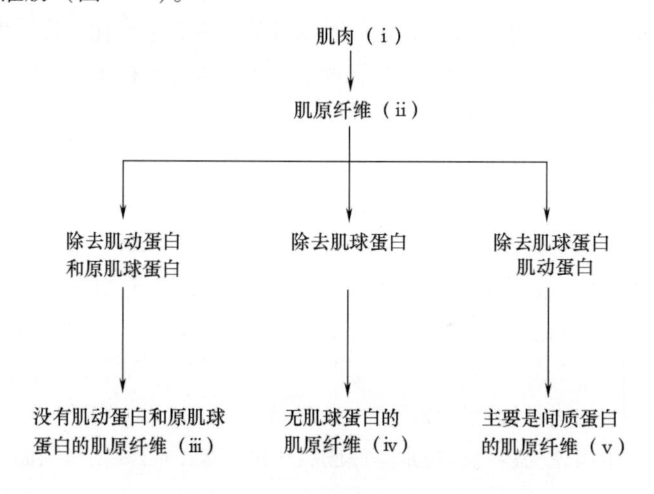

图 4 -1　牛肌肉的五种状态

结果（表 4 -3）表明，处于（iv）和（v）种状态下灌肠的黏着性几乎不存在，而在（ii）和（iii）中，即使除去水溶性蛋白质、肌动蛋白、原肌球蛋白，灌肠仍保持很好的黏着性，说明肌肉中起保水性和黏着性作用的是结构蛋白质中的肌球蛋白，一旦失去了这种蛋白，则持水性和黏着性就消失。另外残存 ATP 酶活力和由 ATP 形成超沉淀两项指标表明各个试料中或多或少存在肌球蛋白或肌动球蛋白。

（2）腌制中持水性的变化　通过上面的试验，可知肌球蛋白是肌肉中存在量最多的结构蛋白质，用离子强度为 0.6mol/L 的溶液提取时可以得到。若宰后时间增加，或提取的时间延长，则肌球蛋白与肌动蛋白结合而生成肌动球蛋白，所以被提取的物质是以肌动球蛋白为主体的混合物，通常将此混合物称为肌球蛋白 B。

表 4-3　　肌肉中蛋白质与黏着性的关系

状态	残存蛋白质含量/%	残存 ATP 酶活性/%	由 ATP 形成超沉淀	灌肠的结着性
(i)	100.0	100.0	+	+
(ii)	71.4	97.4	+	+
(iii)	45.4	92.6	+	+
(iv)	55.2	25.9	+	±
(v)	28.8	9.3	+	-

注：“+”表示形成超沉淀或灌肠黏着性好；“-”表示灌肠黏着性差。

在通常的腌制条件下，其离子强度约在 0.6mol/L 左右，处理时间 24h 以上。此外腌制所用的原料肉都在屠宰后经过成熟过程，因此在这种条件下从肌肉中提取的水溶性蛋白质主要是肌球蛋白 B。

未经腌制的肌肉中的结构蛋白质处于非溶解状态或处于凝胶状态，而腌制后由于受到离子强度的作用，使非溶解状态的蛋白质转变为溶解状态，或从凝胶状态转变为溶胶状态，也就是腌制时肌球蛋白 B 被提出是增加持水性的根本原因。处于凝胶状态的肌球蛋白 B，由于溶剂化作用，也能吸收水分而膨润，本身也能具有一定的持水性，但这种溶剂化作用所形成的吸水膨润是有限的，因而其持水能力则被局限在一个较小的范围的。在加热过程中，由于变性的原因，使原来被包藏在蛋白质次级结构内的非极性基团暴露出来，造成了疏水条件，同时也就使持水能力大大降低。未经腌制的肉加热失去大量水分，可能就是这种原因。

由于腌制，使凝胶状的肌球蛋白 B 转变为具有相当浓度的溶胶状态，这种转变，实际是凝胶状的肌球蛋白 B 由有限膨润转变为无限膨润，实现高度溶剂化的过程。在一定的离子强度下，可以使这种溶剂化过程进行的最充分，也就是使持水能力达到最高。在加工过程中经绞碎、斩拌，溶胶状的肌球蛋白 B 从细胞内释放出来，起黏着的作用，当加热的时候，溶胶状态的蛋白质形成巨大的凝胶体，将水分和脂肪封闭在凝胶体的网状结构里。

4. 腌肉风味的形成

腌肉产品加热后产生的风味和未经腌制的肉的风味不同，主要是使用腌制成分和肉经过一定时间的成熟作用形成的。腌肉中形成的风味物质主要为羰基化合物、挥发性脂肪酸、游离氨基酸、含硫化合物等物质，当腌肉加热时就会释放出来，形成特有风味。腌肉制品在成熟过程中由于蛋白质水解，会使游离氨基酸含量增加。许多试验证明游离氨基酸是肉中风味的前体物质，并证明腌肉成熟过程中游离氨基酸的含量不断增加，这是由于肌肉中自身所存在的组织蛋白酶的作用。

腌制品风味的产生也是腌肉的成熟过程，在一定时间内，腌制品经历的成熟时间愈长，质量愈佳。通常条件下，出现特有的腌制香味大约需腌制 10～14d，腌制 21d 香味明显，40～50d 达到最大程度。

腌肉制品的成熟过程不仅是蛋白质和脂肪分解而形成特有的风味过程，并且在成熟过程中仍然在肉内进一步进行着腌制剂如食盐、硝酸盐、亚硝酸盐、异构抗坏血酸盐以及糖分等均匀扩散过程，并和肉内成分进一步进行着反应的过程。

许多研究已证明硝酸盐和亚硝酸盐对腌肉风味有极大的影响，但亚硝酸盐在腌肉风味中的作用机理还不够清楚，可能对肌肉中自身含有的组织酶有促进作用。

有人认为长期腌制过程中形成的挥发性醛类也是腌肉风味源之一。现认为的特殊风味是含有组氨酸、谷氨酸、丙氨酸、丝氨酸、甲硫氨酸等氨基酸的浸出液，脂肪、糖和其他挥发性羧基化合物等少量挥发性物质，以及在一些微生物作用下糖类的分解物等组合而成。

腌肉的成熟过程和温度、盐分以及腌制品成分有很大关系。温度愈高，腌制品成熟的也愈快。脂肪含量对成熟腌制品的风味也有很大的影响，不同种类肉具有的特有风味都和脂肪有关，传统腌肉制品一般都要经过几个星期到几个月成熟过程，由于酶的作用使脂肪分解而供给产品特有的风味。多脂鱼腌制后的风味胜过少脂鱼，低浓度的盐水腌制的猪肉制品其风味比高浓度腌制的好。

成熟过程中的化学和生物化学变化，主要由微生物和肉组织内本身酶活动所引起。腌制过程中肌肉内一些可溶性物质外渗到盐水组织中，如肌球蛋白、肌动球蛋白、肌浆蛋白等都会外渗到盐水中去，它们的分解产物就会成为腌制品风味的来源。

传统腌肉制品生产的成熟过程中腌肉表面会长满霉菌。例如，我国金华火腿的生产，过去认为霉菌生长与火腿产生的风味有关，这些霉菌会分泌一些酶类，促使蛋白质脂肪分解，促进腌肉的成熟。现在认为，霉菌生长只反映了温度、湿度条件及卫生条件，与腌肉的成熟无关，肉的成熟主要是肉中自身所具有的酶所起的作用。关于腌肉成熟的机制尚待深入研究。

5. 腌制方法

肉类腌制的方法可分为干腌、湿腌、盐水注射及混合腌制法四种。

（1）干腌法　干腌是利用食盐或混合盐，涂擦在肉的表面，然后层堆在腌制架上或层装在腌制容器内，依靠外渗汁液形成盐液进行腌制的方法。在食盐的渗透压和吸湿性的作用下，使肉的组织液渗出水分并溶解于其中，形成食盐溶液，但盐水形成缓慢，盐分向肉内部渗透较慢，腌制时间较长，因而这是一种缓慢的腌制方法，但腌制品有独特的风味和质地。我国名产火腿、咸肉、烟熏肋肉采用此法腌制。在国外，这种生产方法占的比例很少，主要是一些带骨火腿，如乡村式火腿。这种方法腌制需要时间很长，我国咸肉和火腿的腌制时间一般约需一个月以上，培根需 8 ~ 14d。由于腌制时间长，特别对带骨火腿，表面污染的微生物很易沿着骨骼进入深层肌肉，而食盐进入深层的速度缓慢，很容易造成肉的内部变质。此外，干腌法失水较大，通常火腿失重为 5% ~ 7%。经干腌法腌制后，都要经过长时间的成熟过程，如金华火腿成熟时间为 5 个月，有利于风味的形成。

（2）湿腌法　湿腌法，就是将肉浸泡在预先配制好的食盐溶液中，并通过扩散和水分转移，让腌制剂渗入肉内部，并获得比较均匀的分布，常用于腌制分割肉、肋部肉等。

湿腌时盐的浓度很高，不低于 25%，硝石不低于 1%，肉类腌制时，首先是食盐向肉内渗入而水分则向外扩散，扩散速度决定于盐液的温度和浓度。高浓度热盐液的扩散率大于低浓度冷盐液。硝酸盐也将向肉内扩散，但速度比食盐要慢。瘦肉中可溶性物质则逐渐向盐液中扩散，这些物质包括可溶性蛋白质和各种无机盐类。为减少营养物质及风味的损失，一般采用老卤腌制。即老卤水中添加食盐和硝酸盐，调整好浓度后再用于腌制新鲜肉，每次腌制肉时总有蛋白质和其他物质扩散出来，最后老卤水内的浓度增加，因此再次重复应用时，腌制肉的蛋白质和其他物质损耗量要比用新盐液时的损耗少得多。卤水越来越陈，会出现各种变化，并有微生物生长。糖液和水为酵母的生长提供了适宜的环境，可导致卤水变稠并使产品产生异味。湿腌的缺点就是其制品的色泽和风味不及干腌制品，腌制时间长，蛋白质流失（0.8%～0.9%），含水分多，不宜保藏。

（3）盐水注射法　为了加快食盐的渗透，防止腌肉的腐败变质，目前广泛采用盐水注射法。盐水注射法最初出现的是单针头注射，后发展为动脉注射腌制法，并进而发展为由多针头的盐水注射机械进行注射。

①动脉注射腌制法：此法是用泵将盐水或腌制液经动脉系统压送入分割肉或腿肉内的腌制方法，因此能使配料尽可能均匀地分散在肉中。

注射用的单一针头插入前后腿上的股动脉的切口内，然后将盐水或腌制液用注射泵以275kPa压力压入动脉，使其重量增至8%～10%，有的增至20%。

动脉注射的优点是腌制速度快，成品率比较高。缺点是只能腌制前后腿，且胴体分割时还要注意保证动脉的完整性；腌制的产品容易腐败变质，故需要冷藏运输。

②肌肉注射腌制法：此法有单针头和多针头注射法两种，肌肉注射用的针头大多为多孔的。单针头一般每块肉注射3～4针，每针盐液注射量为85g左右。盐水注射量可以根据盐液的浓度计算，一般增重10%。

肌肉注射时盐液经常会过多地聚积在注射部位的四周，短时间内难以散开，因而肌肉注射时就需要较长的注射时间以便获得充分扩散盐液的时间而不至于聚积过多。多针头肌肉注射最适用于形状整齐而不带骨的肉类，如腹部肉、肋条肉用此法最为适宜。带骨或去骨肉均可采用此法，操作情况和单针头肌肉注射相似。用盐水注射法可以缩短操作时间，提高生产效率，降低生产成本，但是其成品质量不及干腌制品，风味略差，煮熟时肌肉收缩的程度也比较大。肌肉注射现在已有专业设备，一排针头可多达20枚，每一针头中有小孔，插入深度可达到26cm，平均注射60000次/h之多，注射直至获得预期增重为止，由于针头数量大，两针相距很近，因而注射至肉内的盐液分布较好。另外，为进一步加快腌制速度和盐液吸收程度，注射后通常采用按摩或滚揉操作，即利用机械的作用促进盐溶性蛋白质抽提，以提高制品保水性，改善肉质。这些机械设备国内已有多家企业生产，我国大型肉制品企业多直接引进国外此类设备。

（4）混合腌制法　混合腌制法是利用干腌和湿腌互补性的一种腌制方法。用于肉类腌制可先行干腌而后放入容器内用盐水腌制。注射腌制法常和干腌或湿腌结合进行，这也是混合腌制法，即盐液注射入鲜肉后，再按层擦盐，然后堆叠起来，或装入容器内进行湿腌，但盐水浓度应低于注射用的盐水浓度，以便肉类吸收水分。干腌和湿腌相结合可以避免湿腌液因食品水分外渗而降低浓度，因干腌及时溶解外渗水分；同时腌制时不像干腌那样促进食品表面发生脱水现象；另外，内部发酵或腐败也能被有效阻止。

二、火　腿

火腿（ham）是用猪后腿经腌制、干燥和陈化成熟（发酵）等加工步骤制作而成的一种发酵肉制品。

火腿的生产具有悠久的历史，在中国和欧洲都超过了1000年。历史上，制作火腿的主要目的是为了贮存肉制品。火腿成品可以在无需冷藏或特殊包装的条件下安全贮存一年以上并能很好地保持其营养价值和风味品质，从而满足人们常年对肉制品的需求。在现代化的食品贮藏技术发明之前，这对于人类的生存和发展具有很大的意义，尤其在战争等特殊环境下满足人们对肉制品的需求具有更重要的作用。中国和欧洲的文献都有关于在战争期间军队依靠火腿作为肉类食品的记载。

然而，随着冷藏和罐藏等现代化食品贮藏技术的发明和广泛使用，生产火腿作为一种贮存肉制品的手段已经变得越来越不重要。目前，消费者接受火腿这一传统肉制品的主要原因是火腿所具有的特殊风味品质。火腿鲜美的口味和优良的香气深深地吸引着人们。此外，火腿切面红（肌肉）白（脂肪）相间的色彩对消费者也具有很大的吸引力。

火腿特有风味的形成机制是人们关心的问题。长期以来，人们缺乏这方面的科学知识，因而延缓了火腿制作技术的发展，近几十年以来，关于这方面的知识已经有了很大的增长。在火腿的制作过程中，特别是在干燥阶段和陈化成熟（发酵）阶段，腿肉中的蛋白质和脂肪发生了剧烈的降解作用。腿肉蛋白质在腿肉中酶的作用下水解而形成的大量的肽和游离氨基酸是火腿特有风味的主要化学物质。脂肪也发生了剧烈的水解和氧化作用。以脂肪中的不饱和脂肪酸为前体，经过氧化降解反应生成了很多种类的挥发性化合物，与游离氨基酸降解生成的挥发性化合物一起构成了最终产品的香气成分。这些挥发性化合物包括多种醛类、酮类、羧酸类、酯类、内酯类、苯衍生物、烃类、醇类、胺类和酰胺类化合物。

火腿的表面和内部都存在着多种微生物。对于火腿中微生物的研究主要关注以下问题：火腿生产过程的各阶段中，表面和内部存在着哪些种类的微生物？哪些微生物是优势菌种？火腿中是否存在着致病微生物？这些致病微生物及其产生的毒素在生产过程中如何变化？在生产过程中有些火腿的腿肉发生的腐败变质与哪些微生物有关？如何防止腿肉发生腐败变质？火腿特有风味和色泽的形成是否与微生物的作用有关？

在火腿生产的最初阶段，从健康的生猪宰杀后取得的鲜腿肉内部一般不存在微生物。在火腿的加工过程中，周围环境中的微生物附着到腿肉表面，首先在腿肉表面生长繁殖，然后向内部扩展。加工时不正确的操作，也可能使微生物直接进入到腿肉内部大量繁殖。

火腿的表面和内部生长和繁殖着大量的细菌、酵母菌和霉菌，腿肉中也可能存在病毒。在整个加工过程中，随着外界环境（温度、湿度）和腿肉的状态（盐分含量、水分含量和氧化还原电位等）的不断变化，猪腿表面和内部的微生物群体的组成也在发生着不断的变化。因而，在火腿生产的各个阶段，火腿中微生物的种类和数量发生着很大的变化。

总体上看，火腿加工过程中腿肉内的各种条件不适合致病微生物的存活、生长或产生毒素。在长期的加工过程中，原先存在于鲜肉中的某些致病微生物也可能失去活性，从而使火腿成品比其鲜腿肉原料更为安全。然而，若加工不正确，某些致病微生物和微生物毒素，如金黄色葡萄球菌、葡萄球菌肠毒素以及多种霉菌毒素仍然可能存在于火腿中并对人的健康构成威胁。

火腿生产过程中腿肉也可能发生多种类型的腐败变质，每种类型的腐败变质都与一定条件下特定的腐败菌在腿肉中的大量繁殖有关。

有些微生物的活动与火腿特有风味的形成有一定的关系，但微生物的活动不是火腿特有风味形成的主要原因。

生猪体内可能存在着口蹄疫、猪瘟、非洲猪瘟和猪水泡病等病毒，在火腿的制作过程中应该杀灭可能存在于腿肉中的这些病毒。生猪体内也可能存在旋毛虫和粪地弓形虫等寄生虫，在火腿的制作过程中也应该杀灭这些致病性寄生虫以保证火腿的食用安全。

在火腿制作过程中的干燥和陈化成熟阶段，火腿表面可能生长大量的螨，从而损害了火腿的品质，必须积极地进行治疗。在火腿长期的加工过程中，腿肉中的部分游离氨基酸可以转化为胺类物质，脂肪中的部分胆固醇可以转化为胆固醇氧化物。胺类物质和胆固醇氧化物都不利于人体的健康，对于火腿中的这两类物质的含量应该加以控制。

火腿品质的优劣评价包括对其外形、外观、颜色、质构和风味等多方面品质的评价。评价的方式包括感官检测和仪器检测两类。目前，火腿的品质评价仍以感官检测为主；同时，也越来越多地开始使用仪器进行检测。

近年来，火腿的生产在很多国家都有了很大的发展。火腿是意大利重要的肉制品，在意大利约60%的猪腿用于制作火腿。西班牙的火腿占其肉制品总产值的近一半。火腿具有很高的经济价值，在欧洲一些著名火腿的生产地区，一头猪的两个猪火腿所加工成的火腿的价值可以占到整个猪的价值的约2/3。目前，全世界火腿的产量以及消费者的需求持续增长。

我国火腿的传统生产区域集中在长江流域和云贵高原，欧洲主要在地中海周围地区，美国则在其东南部地区。传统的火腿生产依赖于自然气候。火腿的传统生产区域冬季的气温不太高，但也不太寒冷，一般在0~10℃。这样的冬季气温有利于腌制。冬季气温太高（如我国的华南地区），腌制时腿肉易腐败变质；冬季气温太低（如我国的东北和华北地区），食盐的溶解和渗透有困难，因而这些地区都不适合火腿的制作。火腿的传统生产区域的春、夏季节则需要长时间的较高气温和适宜的湿度以利于火腿的自然干燥和陈化成熟（发酵）。由此可见，火腿对生产地区的气候有一定的要求，因而火腿的生产具有地域性，特别是优质火腿的生产具有很强的地域性。

经历了几百年以上的历史，各国都发展出了一些著名的火腿品种。我国著名的火腿品种有浙江的金华火腿，云南的宣威火腿，鹤庆火腿、撒坝火腿和三川火腿，江苏的如皋火腿，贵州的威宁火腿，江西的安福火腿、湖北的恩施火腿等。西班牙的著名火腿品种有伊比利亚火腿（Iberian Ham）和塞拉喏火腿（Serrano Ham）等。意大利的著名火腿品种有巴马火腿（Parma Ham）和圣丹尼尔火腿（San Daniele Ham）等。法国著名的火腿品种有贝约火腿（Bayonne Ham）和科西嘉火腿（Corsica Ham）等。美国的火腿称作乡村火腿（Country Ham）。美国最著名的火腿品种是史密司火腿（Smithfield Ham）。德国最著名的火腿品种是西发里亚火腿（Westphalian Ham）。

对一些著名的火腿品种，各国都实施了原产地产品保护，如我国的金华火腿和宣威火腿、西班牙的塞拉喏火腿、意大利的巴马火腿和美国的史密司火腿。国外大多数享有原产地保护的火腿品种对制作火腿的生猪品种、饲料成分、饲养方式、宰杀时的最小猪龄、猪腿的重量、制作过程中各阶段的加工条件（温度、湿度和加工时间等）以及成品的质量标准和化学成分等都有着严格的规定。

根据食用习惯，可以将火腿分为生食与熟食两类。一些著名的火腿品种，如西班牙的伊比利亚火腿和塞拉喏火腿、意大利的巴马火腿以及法国的贝约火腿，通常采用生食方式，即无需加热煮制而直接食用。其他的火腿，如美国的乡村火腿和德国的西发里亚火腿以及中国的火腿，一般需经加热煮制后才能食用。

1. 制作火腿的材料

（1）猪腿肉　用于加工火腿的猪腿应取自检验、检疫合格的健康猪，病、弱猪的猪腿不得用于加工火腿。猪腿原材料的性质对加工后的火腿成品的品质有很大的影响。生猪品种是其中一个重要的因素。不同品种的火腿对猪种有不同的要求。一些著名的火腿品种如塞拉喏火腿和贝约火腿使用通用的良种猪如大白猪或其杂交后代猪的猪腿作原料。这些猪经过5~6个月的生长期，体重达到 100 ~ 120kg 时即可宰杀，腿肉中瘦肉比例高，脂肪含量低（2.6% ~3.5%）。另一些著名的火腿如巴马火腿也使用通用良种猪或其杂交后代猪的后腿作原料，但要求生猪的生长期为 9 ~ 12 个月，体重达 160 ~ 180kg 时宰杀。还有一些著名的火腿品种如伊比利亚火腿和科西嘉火腿，传统上以本地猪种的猪为原料。这些猪生长缓慢，生长期可达 18 ~ 24 个月，体重达 140 ~ 160kg，腿肉中脂肪含量高达 5% ~13%。目前，这些品种的火腿也使用本地猪和通用良种猪的杂交后代猪的后腿作原料。

生猪的性别、猪龄、体重、宰杀前后的处理以及饲料和饲养条件的不同，决定了用于火腿加工的原材料（猪腿）的一些性质如水分含量、脂肪含量、脂肪的脂肪酸组成和酶的活力等都存在着很大的差别，因而影响到火腿的品质。

根据宰杀后肉的 pH 的变化、色度的 *L* 值以及汁液损失等性状可将鲜肉分为以下四类：PSE（pale，soft，exudative）肉、RSE（red，soft，exudative）、DFD（dark，firm，dry）肉和正常肉。宰杀后 24h 的 pH 为 6.0 以上的猪肉称为 DFD 肉。DFD 肉（“黑、硬、干”型肉）颜色比正常肉暗，硬度比正常肉高，持水性比正常肉大。这类肉在腌制时很容易发生腐败变质，成品火腿的质构也会过度柔软，因而 DFD 肉不适合用作加工火腿的原料。宰杀后 1h 的 pH 为 6.0 以下的猪肉为 PSE 肉或者 RSE 肉。PSE 肉（“白、软、湿”型肉）色泽苍白，结构疏松，缺乏弹性，持水性差，肉中的水分渗出到表面，表面特别潮湿。RSE 肉（“红、软、湿”型肉）除了肉的色泽正常外，其余特征与 PSE 肉相同。这两类肉在制成火腿后的重量损失比正常肉要大 4% 以上，火腿成品的腿肉过度干燥，盐分含量也过高，因而 PSE 肉和 RSE 肉也不适合用作加工火腿的原料。宰杀后 1h 的 pH 不小于 6.0，宰杀后 2h 的 pH 大于 5.8，宰杀后 24h 的 pH 为 5.6 ~ 6.0 的为正常肉，其色度 *L* 值为 44 ~ 50，汁液渗出损失小于 6%，适合于加工成火腿。

传统上都使用鲜猪腿为原料加工成火腿，然而，目前也越来越多地使用经冷冻贮藏并解冻的猪腿作为原料制作火腿，但冻藏期不能过长，否则在长期的冻藏中发生的脂肪氧化作用会严重影响火腿的风味。此外，在使用冻藏后解冻的猪后腿作为原料时，加工工艺应作必要的调整，火腿成品才能达到应有的品质。有的品种火腿，如巴马火腿，只允许以鲜猪腿为原料，不允许以冻藏后解冻的猪腿为原料。

（2）食盐　食盐是火腿制作中最主要的腌制剂成分。所有的火腿制作过程中都必须使用食盐。有的品种的火腿（如巴马火腿）则规定食盐为唯一的腌制剂成分，腌制剂中不允许加入任何其他成分。

用于火腿加工的食盐大多为海盐，也可使用岩盐。有些种类的火腿对食盐的来源有严格的规定，如巴马火腿要求使用产于地中海的海盐。

（3）硝酸盐和亚硝酸盐　很多种类的火腿都将硝酸盐或亚硝酸盐作为腌制剂的一部分，有时使用硝酸盐和亚硝酸盐的混合物，通常使用的是 $NaNO_3$、KNO_3、$NaNO_2$ 和 KNO_2。硝酸盐在存在于火腿中的微生物的作用下还原为亚硝酸盐。

硝酸盐和亚硝酸盐在火腿的制作中起着发色的作用，即可以使火腿的肌肉具有鲜艳的桃红色。在腌制时混合使用硝酸盐和亚硝酸盐对于火腿颜色的形成要比单独使用亚硝酸盐的效果好得多。腌制剂中的硝酸盐可逐渐还原为亚硝酸盐，这样在火腿的腌制过程中，亚硝酸盐可缓慢而长时期地起作用。在腌制过程的早期，腌制剂不可能渗透到猪腿的深部组织。因而，当猪腿的深部组织在腌制后期需要亚硝酸盐起发色作用时，可以从硝酸盐还原而得到。

然而，某些不使用硝酸盐或亚硝酸盐的火腿经过长期的腌制，也可以使火腿的肌肉具有鲜艳的红色。

硝酸盐和亚硝酸盐可以抑制某些有害微生物的生长，特别对危险性很大的肉毒杆菌有强烈的抑制作用，因而对保证火腿的安全性和防止腿肉发生腐败变质也有一定的作用。

添加硝酸盐和亚硝酸盐对火腿的风味也会有一定的影响。亚硝酸盐通过调节氧化过程，对火腿风味的形成具有一定的作用。

（4）抗坏血酸和异抗坏血酸　抗坏血酸或异抗坏血酸或者它们的钠盐有时也作为火腿腌制剂的一部分。它们作为还原剂有利于 NO 的形成，因而有助于火腿肌肉红色的形成。它们还具有抗氧化功能，因而有助于肌肉红色的稳定性。此外，它们还能抑制致癌物质亚硝胺的生成。

（5）其他腌制材料　葡萄糖和蔗糖这些糖类在某些品种的火腿中也作为腌制剂的一部分。糖起到增添甜味和缓冲食盐咸味的作用。糖在火腿中促进乳酸菌的生长，并且在乳酸菌的作用下发酵生成乳酸。因而在腌制剂中添加糖会影响火腿中微生物的菌相构成和火腿的风味。

有些品种的火腿在制作中也使用一些香料以增添风味。

2. 火腿的传统生产工艺

火腿制作过程中最主要的几个工序分别是腌制、干燥和陈化成熟（发酵）。通过腌制，腿肉内的食盐含量升高；通过干燥，腿肉内的水分含量下降；因而，火腿成品可以在无需冷藏或者特殊包装条件下长期保存。然而仅仅经过腌制和干燥，只能提高肉的贮存性能，不能产生火腿鲜美的滋味和优良的香味，不能形成火腿特有的风味。猪腿在腌制和干燥之后，还必须经过长时间的陈化成熟（发酵），才能形成火腿特有的风味和色泽。通常，在火腿的生产周期中，陈化成熟（发酵）期要比腌制期长很多，腿肉在陈化成熟（发酵）期产生深刻的变化。所以，火腿属于发酵肉制品，与一般的腌制肉制品有很大的不同。

传统工艺制作火腿的生产周期很长，需要几个月至两年。几种著名火腿的传统工艺加工周期见表 4－4。通过在腿肉上涂抹食盐进行腌制以及干燥腿肉，使腿肉具有一定的防腐作用，这是在制作过程中腿肉一般不会发生腐败变质的一个原因。腿肉一般不会发生腐败变质的另一个原因是利用了自然气候的作用，传统工艺制作火腿必须在冬季开始加工，整个腌制阶段也必须在冬季的低气温下完成。之外，在制作过程中的每个步骤都必须进行正确的加工操作，这些加工操作步骤往往也有助于防止腿肉发生腐败变质。所以，在火腿的加工过程中，多种防腐因素在不同加工阶段的连续和协同作用，保证了在长期的制作过程中腿肉一般不会发生腐败变质。

表 4－4　几种火腿传统工艺的加工周期

火腿名称	加工周期/月	火腿名称	加工周期/月
塞拉诺火腿	7～12	乡村火腿	8～10
伊比利亚火腿	18～24	贝约火腿	9～10
巴马火腿	12～14	科西嘉火腿	18～24
金华火腿	8～10		

传统工艺加工火腿的主要步骤包括：鲜腿冷却、修整、腌制、洗涤、干燥、陈化成熟（发酵）等。

（1）鲜腿冷却　宰杀后刚切割下的鲜猪腿不能立即进行腌制，而应在通风良好的条件下经12～18h的冷却，使腿肉的温度较快地下降到与冬天的气温相一致。

（2）修整　冷却后的鲜腿在腌制前必须加以修整，或称为“修坯”。

修整的第一个目的是为了加速腌制时食盐的渗透，因而在修整时要去除部分腿皮，使较多的肌肉外露，形成猪腿的“肉面”，而留下的腿皮则构成猪腿的“皮面”。在之后的加工过程中，食盐通过肉面向腿肉内部扩散，水分通过肉面向外渗出和蒸发。食盐和水分很难透过皮面扩散或蒸发。

修整的第二个目的是使火腿有完美和统一的外形，因而在修整中一般都要削除部分的骨头、脂肪和表面的碎肉。各个品种的火腿有不同的形状要求，因而各种火腿有不同的修整操作。

在修坯时还必须注意将血管中的淤血用大拇指挤出，并用刮刀去除残毛、污物，使皮面光洁。这些操作有助于防止腿肉发生腐败变质。这是修整的第三个目的。

（3）腌制　有些品种的火腿如西班牙的部分火腿有一个预腌制工序。预腌制时的腌制剂中含有4%的KNO_3，其余为食盐，用手工将少量这种含有硝酸盐的腌制剂抹擦到肉面上，在之后正式腌制时的腌制剂中不再含有硝酸盐和亚硝酸盐。预腌制的目的是在正式腌制前，使腿肉首先与硝酸盐接触。其他品种的火腿如法国火腿和美国的乡村火腿的生产工艺中没有预腌制工序，硝酸盐和亚硝酸盐添加到正式腌制时的腌制剂中。或者腌制时完全不使用硝酸盐或亚硝酸盐，如意大利的巴马火腿。

腌制时食盐的使用有两种方式：比较粗放的掩埋方式和精确的添加方式。西班牙火腿以及部分法国火腿一般以粗放的掩埋方式腌制。以这种方式腌制时，先用手工将食盐在猪腿的肉面上用力抹擦，然后将猪腿的肉面向上，皮面向下进行堆叠，相邻两层猪腿之间铺满食盐，从而使每个猪腿完全被食盐所掩埋包围。最下层以下架空，便于腌制过程中产生的卤水流出和去除。猪腿腌制的程度以腌制时间的长短来控制。单个猪腿以每1kg需腌制1.3～1.5d来计算，重量大的猪腿腌制的时间长。一个10kg的猪腿需腌制13～15d。有些品种的火腿，如某些法国火腿，对一些重量较大的猪腿进行两次腌制。第一次腌制到一定时间，将腌制中的猪腿取出洗净，再重新加盐掩埋腌制。

精确的食盐添加方式与上述粗放的掩埋方式的不同之处是根据猪腿的重量来计算添加的食盐的量。一般食盐添加的总量为猪腿重的4%～10%。食盐基本上都涂抹于肉面，食盐没有包围住整个猪腿。我国的金华火腿和意大利的巴马火腿都使用这种方式进行腌制。使用这种方式腌制时，一般都将食盐分几次添加。因为在第一次添加后，涂抹到肉面上的食盐会被肉中渗出的水所溶化而大多流失，必须再次添加食盐。我国的金华火腿在腌制时一般分6～7次加盐，每次添加食盐的量都有严格的规定。精确加盐方式的腌制期较长，一般需要20～30d，而且耗用的劳动力较多，操作也比较复杂。在腌制过程中，由于腿肉中水分的渗出流失和蒸发，猪腿重量会减少4%～10%。在国外火腿的制作过程中，在加盐腌制完成后还需要一个后腌制期，或称作盐分平衡期、放置期，即将猪腿的外表面上的食盐全部刷除，然后将猪腿吊挂或放置于架子上。在这期间猪腿内各部分的盐分含量趋于均匀。这个过程一般需1～2个月。在此期间猪腿的重量损失约为4%～6%。我国火腿的加工过程中一般没有后腌制期。

（4）洗涤　腌制完成后的猪腿称为咸腿。咸腿需用水浸泡、冲洗和刷洗，去除咸腿表面的污物和黏液。洗涤的另一个作用是减少腿肉表层过多的盐分，使表层腿肉的含盐量适宜。如果表层腿肉中食盐含量过高，在以后的加工过程中由于腿肉逐渐干燥，当水分活度低于0.75时食盐可能结晶析出，从而严重影响火腿的品质。

（5）干燥　洗涤后的咸腿要立即进行吊挂干燥。吊挂时应注意相邻的咸腿不能相碰，以免影响咸腿的水分蒸发。国外的火腿多采用室内阴干。我国的火腿如金华火腿采用室外太阳光直接照射（晒腿）进行干燥。

这时的气温逐渐升高，干燥作用逐渐加强，干燥阶段中咸腿的水分含量持续下降。在这个阶段中咸腿因水分蒸发大约损失8%～14%的重量。

（6）陈化成熟（发酵）　干燥后，将咸腿在室内吊挂进行陈化成熟，也称为发酵。吊挂时同样应注意相邻的咸腿不能相碰，以免影响咸腿的干燥和成熟。陈化成熟的场所应该比较干燥且通风良好。如金华火腿的发酵室都在二楼或更高的楼层。发酵室窗户占墙面的比例要大，通过窗户的开启或关闭可以在一定程度上控制发酵室内的温度、湿度和空气的流速。陈化成熟期的气温和湿度以及咸腿中的水分含量和盐分含量等条件特别适合于霉菌的生长，咸腿表面上会长满各种霉菌。

陈化成熟是一个长时间的过程，依据火腿品种的不同，一般要几个月至几十个月。陈化成熟阶段一般可分为前期和后期。在陈化成熟阶段的前期，咸腿的水分继续蒸发，咸腿进一步干燥，但并不形成火腿特有的风味。进入夏季后，陈化成熟进入后期。在较高气温的作用下，火腿开始成熟，即形成火腿特有的风味。盛夏季节火腿完成陈化成熟（发酵）过程，咸腿转化为完全成熟的火腿产品。

然而有些著名的火腿品种，如伊比利亚火腿和科西嘉火腿，陈化成熟所需的时间更长，整个加工过程需要一年以上的时间。伊比利亚火腿必须经过18～24个月的加工期，才能达到其最佳品质，而其中最重要的因素是火腿在地窖中经过两个夏天的陈化成熟。在陈化成熟过程中，有些品种的火腿用辅料对咸腿表面进行涂抹。辅料由猪油、大米粉等制成。

目前，世界上很多国家和地区都已经实现了火腿的现代产业化生产。火腿的现代产业化生产是在封闭的厂房内控制整个生产过程的温度和湿度，并采用计算机控制和标准化管理，提高了产品的品质和安全性。我国火腿的现代产业化生产也已经开始起步。目前，大量采用真空包装和气调包装的方式对火腿和火腿切片进行包装。真空包装和气调包装有助于减少火腿的水分蒸发和脂肪氧化。然而，必须注意真空包装和气调包装的火腿和火腿切片中微生物的数量和火腿品质发生的变化。

3. 西式火腿

西式火腿（Western Pork Ham）与我国传统火腿（如金华火腿）的形状、加工工艺、风味等有很大不同，习惯上称其为西式火腿，包括带骨火腿（Regular Ham）、去骨火腿（Boneless Boiled Ham）、里脊火腿（Loin Ham）、成型火腿（Pressed Ham）及目前在我国市场上畅销的可在常温下保藏的肉糜火腿等。西式火腿虽加工工艺各有不同，但其腌制都是以食盐为主要原料，而加工中其他调味料用量甚少，故又称之为盐水火腿。

西式火腿中除带骨火腿为半成品，在食用前需熟制外，其他种类的火腿均为可直接食用的熟制品。其产品色泽鲜艳、肉质细嫩、口味鲜美、出品率高，且适于大规模机械化生产，成品能完全标准化。因此，近几年西式火腿成了肉品加工业中深受欢迎的产品。

（1）带骨火腿　带骨火腿是将猪前后腿肉经盐腌后加以烟熏以增加其保藏性，同时赋以香味而制成的半成品。带骨火腿有长形火腿（long cut ham）和短形火腿（short cut ham）二种。带骨火腿生产周期较长，成品较大，且为半成品，生产不易机械化，因此生产量及需求量较少。

①工艺流程：

原料选择→整形→去血→腌制→浸水→干燥→烟熏→冷却→包装→成品

②工艺要点：

a. 原料选择：长形火腿是自腰椎留1~2节将后大腿切下，并自小腿处切断。短形火腿则自耻骨中间并包括荐骨的一部分切开，并自小腿上端切断。

b. 整形：除去多余脂肪，修平切口使其整齐丰满。

c. 去血：指在盐腌之前先加适量食盐、硝酸盐，利用其渗透作用进行脱水以除去肌肉中的血水，改善色泽和风味，增加防腐性和肌肉的结着力。取肉量3%~5%的食盐与0.2%~0.3%的硝酸盐，混合均匀涂布在肉的表面，堆叠在略倾斜的操作台上，上部加压，在2~4℃下放置1~3d，使其排除血水。

d. 腌制：腌制有干腌、湿腌和盐水注射法。

干腌法：干腌法是在肉块表面擦以食盐、硝酸钾、亚硝酸钠、蔗糖等的混合腌料，利用肉中所含50%~80%的水分使混合盐溶解而发挥作用。按原料肉重量计，一般用食盐3%~6%，KNO_3 0.2%~0.25%，$NaNO_2$ 0.03%，砂糖1%~3%，调味料0.3%~1.0%，调味料常用的有月桂叶、胡椒等。盐糖之间的比例不仅影响成品风味，而且对质地、嫩度等都有显著影响。

腌制时将腌制混合料分1~3次涂擦于肉上，堆于5℃左右的腌制室内尽量压紧，但高度不应超过1m。每3~5d倒垛一次。腌制时间随肉块大小和腌制温度及配料比例不同而异。小型火腿5~7d；5kg以上较大火腿需20d左右；10kg以上需40d左右。腌制温度较低，用盐量较少时可适当延长腌制时间。

湿腌法：配制腌制液时，腌制液的配比对风味、质地等影响很大，特别是食盐和砂糖比随消费者嗜好不同而异，不同风味的腌制液配比见表4-5。

表4-5 腌制液的配比

辅料	湿腌		注射
	甜味式	咸味式	
水	100	100	100
食盐	15~20	21~25	24
硝石	0.1~0.5	0.1~0.5	0.1
亚硝酸盐	0.05~0.08	0.05~0.08	0.1
砂糖	2~7	0.5~1.0	2.5
香料	0.3~1.0	0.3~1.0	0.3~1.0
化学调味品	—	—	0.2~0.5

为了提高肉的保水性，腌制液中可加入3%~4%的多聚磷酸盐，还可以加入约0.3%的抗坏血酸钠以改善成品色泽。有时，为制作上等制品，在腌制时可适量加入葡萄酒、白兰地、威

士忌等。

在腌制时，将洗净的去血肉块堆叠于腌制槽中，并将预冷至2～3℃的腌制液，按肉重的1/2量加入，使肉全部浸泡在腌制液中，然后在腌制库中（2～3℃）腌制。1kg肉腌制5d左右。如腌制时间较长，需5～7d翻检一次，检查有无异味，保证腌制均匀。

注射法：无论是干腌法还是湿腌法，所需腌制时间较长，且盐水渗入大块肉的中心较为困难，常导致肉块中心与骨关节周围可能有细菌繁殖，使腌肉中心酸败。湿腌时还会导致肉中盐溶性蛋白等营养成分的损失。注射法是用专用的盐水注射机把已配好的腌制液，通过针头注射到肉中而进行腌制的方法。注射带骨肉时，在针头上装有弹簧控制。有滚揉机时，腌制时间可缩短至12～24h，这种腌制方法不仅能大大缩短腌制时间，且可通过注射前后称重严格控制盐水注射量，保证产品质量的稳定性。

e. 浸水：用干腌法或湿腌法腌制的肉块，其表面与内部食盐浓度不一致，需浸入10倍的5～10℃的清水中浸泡以调整盐度。浸泡时间随水温、盐度及肉块大小而异。一般每公斤肉浸泡1～2h，若是流水则数十分钟即可。浸泡时间过短，咸味重且成品有盐结晶析出。浸泡时间过长，则成品质量下降，且易腐败变质。采用注射法腌制的肉无需经浸水处理。因此，现在大生产中多用盐水注射法腌肉。

f. 干燥：干燥的目的是使肉块表面形成多孔以利于烟熏。经浸水去盐后的原料肉，悬吊于烟熏室中，在30℃温度下保持2～4h至表面呈红褐色，且略有收缩时为宜。

g. 烟熏：带骨火腿一般用冷熏法，烟熏时温度保持在30～33℃，时间1～2昼夜至表面呈淡褐色时则芳香味最好。烟熏过度则色泽变暗，品质变差。

h. 冷却、包装：烟熏结束后，自烟熏室取出，冷却至室温后，转入冷库冷却至中心温度5℃左右，擦净表面后，用塑料薄膜或玻璃纸等包装后即可入库。

上等成品要求外观匀称，厚薄适度，表面光滑，断面色泽均匀，肉质纹路较细，具有特殊的芳香味。

（2）去骨火腿　去骨火腿是用猪后大腿经整形、腌制、去骨、包扎成型后，再经烟熏、水煮而成。因此去骨火腿是熟制品，具有肉质鲜嫩的特点，但保藏期较短。近来加工去骨火腿较多。在加工时，去骨一般是在浸水后进行。去骨后，以前常连皮制成圆筒形，而现在多除去皮及较厚的脂肪，卷成圆柱状，故又称为去骨成卷火腿（boneless rolled ham）。亦有置于方形容器中整形者。因一般都经水煮，故又称其为去骨熟火腿（boneless boiled ham）。

①工艺流程：

选料、整形→去血→腌制→浸水→去骨、整形→卷紧→干燥→烟熏→水煮→冷却→包装→成品

②工艺要点：

a. 选料整形：与带骨火腿相同。

b. 去血、腌制：与带骨火腿比较，食盐用量稍减，砂糖用量稍增为宜。

c. 浸水：与带骨火腿相同。

d. 去骨、整形：去除两个腰椎，拔出骨盘骨，将刀插入大腿骨上下两侧，割成隧道状取出大腿骨及膝盖骨后，卷成圆筒形，修去多余瘦肉及脂肪。去骨时应尽量减少对肉组织的损伤。有时去骨在去血前进行，可缩短腌制时间，但肉的结着力较差。

e. 卷紧：用棉布将整形后的肉块卷紧，包裹成圆筒状后用绳扎紧，但大型的原料一定要扎成枕状，有时也用模型进行整形压紧。

f. 干燥、烟熏：30～35℃下干燥12～24h。因水分蒸发，肉块收缩变硬，须再度卷紧后烟熏。烟熏温度在30～50℃之间。时间随火腿大小而异，约为10～24h。

g. 水煮：水煮的目的是杀菌和熟化，赋予产品适宜的硬度和弹性，同时减缓浓烈的烟熏味。水煮以火腿中心温度达到62～65℃保持30min为宜。若温度超过75℃，则肉中脂肪大量熔化，常导致成品质量下降。一般大型火腿煮5～6h，小型火腿煮2～3h。

h. 冷却、包装、贮藏：水煮后略加整形，快速冷却后除去包裹棉布，用塑料膜包装，在0～1℃的低温下贮藏。

优质的去骨火腿要求长短粗细配合适宜，粗细均匀，断面色泽一致，瘦肉多而充实，或有适量肥肉但较光滑。

（3）里脊火腿及Lachs火腿　里脊火腿以猪背腰肉为原料，Lachs火腿以猪后大腿与肩部小块肉为原料，两者所用肉部位不同，而其加工工艺则一样。

①工艺流程：

整形→去血→腌制→浸水→卷紧→干燥→烟熏→水煮→冷却→包装→成品

②工艺要点：

a. 整形：里肌火腿系将猪背部肌肉分割为2～3块，削去周围不良部分后切成整齐的长方形。Lachs火腿则将原料肉块切成1.0～1.2kg的肉块后整形。这二种火腿都仅留皮下脂肪5～8mm。

b. 去血：方法与带骨火腿相同。

c. 腌制：用干腌、湿腌或盐水注射法均可，大量生产时一般多采用注射法。食盐用量可以无骨火腿为准或稍少。

d. 浸水：处理方法及要求与带骨火腿相同。

e. 卷紧：用棉布卷时，布端与脂肪面相接，包好后用细绳扎紧两端，自右向左缠绕成粗细均匀的圆柱状。

f. 干燥、烟熏：约50℃干燥2h，再用55～60℃烟熏2h左右。

g. 水煮：70～75℃水中煮3～4h，使肉中心温度达62～75℃，保持30min。

h. 冷却、包装：水煮后置于通风处略干燥后，换用塑料膜包装后送入冷库贮藏。

优质成品应粗细长短相宜，粗细均匀无变形，色泽鲜明光亮，质地适度紧密而柔软，风味优良。

（4）成型火腿　猪的前后腿肉及肩部、腰部的肉除用于加工高档的带骨、去骨及里脊和Lachs火腿外，还可添加其他部位的肉或其他畜禽如牛、马、兔、鸡，甚至鱼肉，经腌制后加入辅料，装入包装袋或容器中成型、水煮后则可制成成型火腿（又称压缩火腿）。

①成型火腿的种类：根据原料肉的种类，成型火腿可分为猪肉火腿、牛肉火腿、兔肉火腿、鸡肉火腿、混合肉火腿等；根据对肉切碎程度的不同，可分为肉块火腿、肉粒火腿、肉糜火腿等；根据杀菌熟化的方式，可分为低温长时杀菌和高温短时杀菌火腿；根据成型形状，可分为方火腿、圆火腿、长火腿、短火腿等；根据包装材料的不同，可分为马口铁罐装的听装火腿，耐高温高压的复合膜包装的常温下可长期保藏的火腿肠及普通塑料膜包装的在低温下作短期保藏的各类成型火腿。

②成型火腿的特点：成型火腿是以精瘦肉为主要原料，经腌制提取盐溶性蛋白，经机械嫩化和滚揉破坏肌肉组织结构，装模成型后蒸煮而成。它的最大特点是良好的成形性、切片性，适宜的弹性，鲜嫩的口感和很高的出品率。在成型火腿加工中，使肉块、肉粒或肉糜黏结为一体的黏结力来源于两个方面：一方面是经过腌制尽可能使肌肉组织中的盐溶性蛋白溶出；另一方面在加工过程中加入适量的添加剂，如卡拉胶、植物蛋白、淀粉及改性淀粉。经滚揉后肉中的盐溶性蛋白及其他辅料均匀地包裹在肉块、肉粒表面并填充于其空间，经加热变性后则将肉块、肉粒紧紧粘在一起，并使产品富有弹性和良好的切片性。成型火腿经机械切割嫩化处理及滚揉过程中的摔打撕拉，使肌纤维彼此之间变得疏松，再加之选料的精良和高的含水量，保证了成型火腿的鲜嫩特点。成型火腿的盐水注射量可达20%～60%。肌肉中盐溶性蛋白的提取，复合磷酸盐的加入，pH的改变以及肌纤维间的疏松状都有利于提高成型火腿的保水性，因而提高了出品率。因此，经过腌制、嫩化、滚揉等工艺处理，再加上适宜的添加剂，则保证了成型火腿的独特风味和高质量。

③成型火腿的加工工艺：

原料肉预处理→腌制→嫩化→滚揉→装模→熏制→蒸煮→冷却→成品

a. 原料肉的选择：最好选用新鲜的结缔组织和脂肪组织少而结着力强的猪背肌、腿肉。但在实际生产中也常用生产带骨和去骨火腿时剔下的碎肉以及其他禽、鱼、肉。适量的牛肉可使成品色泽鲜艳。和兔肉一样，牛肉蛋白的结着力强，特别适于作成型火腿中的肉糜粘着肉使用。但兔肉色泽较淡，用量应适宜。

b. 原料肉处理：宰后胴体处理是保证原料肉品质的主要环节。胴体应用加压冷水冲洗掉，尽量减少胴体二次污染；刀具及操作台必须彻底清洗。原料处理过程中环境温度不应超过10℃。原料肉经剔骨、剥皮、去脂肪后，还要去除筋腱、肌膜等结缔组织。采用湿腌法腌制时。需将肉块切成2～3cm（约20～50g）的方块，并根据肉块色泽及组织软硬分开，以便腌制时料液渗透均匀和保证色泽一致。为改善肉制品的光泽，也将切块后的瘦肉放在搅肉机中，用冷水以20～40r/min、搅洗5～10min以除去肉中血液，并用离心机脱水。为了增加制品的香味，可根据原料肉结着力的强弱，酌加10%～30%的猪脂肪。将脂肪切成1～2cm方块，用50～60℃的热水浸泡后用冷水冲洗干净，沥水备腌。

c. 腌制：肉块较小时，一般采用湿腌法，肉块较大时则采用盐水注射法。腌制液中的主要成分为水、食盐、硝酸盐、亚硝酸盐、磷酸盐、抗坏血酸、大豆分离蛋白、淀粉等。其中盐与糖在腌制液中的含量取决于消费者的口味，而硝酸盐及亚硝酸盐、磷酸盐、抗坏血酸等添加剂的量依据GB2760—2014《食品添加剂使用标准》确定。盐水的注射量为20%～60%，使最终产品中的含量在下列范围内变化：盐2.0%～2.5%；糖1.0%～2.0%；磷酸盐≤0.5%（以P_2O_5计）。

在注射量较低时（≤25%），一般无需加可溶性蛋白质。否则，使用不当可能会造成产品质量下降和机器故障（如注射针头阻塞等）。

如果是采用湿腌法，定量称取过滤冷却后的腌制液与预处理后的原料肉混匀。若采用注射法，则应将肉均匀摆放在注射机的传送系统上，保持注射的连续性。通过调节每分钟注射的次数和腌制液的压力，准确控制注射量。一般通过称量肉在注射前后重量的变化了解注射量。注射时流失在盘中的腌制液，必须经过滤后方能再用。

d. 嫩化：利用嫩化机特殊的刀刃切压肉块，使肉内部的筋腱组织被切开，减少加热而造成的筋腱组织收缩对产品结着性的影响。同时肉的表面积增加，改善盐水的均匀分布，增加盐溶性蛋白质的提出和肉的结着性。盐水注射机工作过程中亦能作用于肌肉组织，从而起到机械嫩化作用。

e. 滚揉：原料肉与腌制液混合后或经盐水注射后，就进入滚揉机。滚揉的目的是通过翻动、碰撞机械摔打作用使肌肉纤维变得疏松，加速盐水的扩散和均匀分布，缩短腌制时间。促使肉中的盐溶性蛋白的提取，改进成品的黏着性和组织状况，增强肉的吸水能力，因而提高产品的嫩度和多汁性。

将注射盐水后的原料肉装入滚揉机中进行滚揉（装入量约为容器的60%）。滚揉程序包括滚揉和间歇两个过程。间歇可减少机械对肉组织的损伤，使产品保持良好的外观和口感。通常盐水注射量在25%的情况下，需要一个16h的滚揉程序。在每一小时中，滚揉20min，间歇40min，在实际生产中，滚揉程序随盐水注射量的增加而适当调整。

在滚揉时应将环境温度控制在6~8℃。温度过高有利于微生物的生长繁殖。温度过低生化反应速度减缓，达不到预期的腌制和滚揉目的。

用于该工艺的设备有真空滚揉机和开放式按摩机两种。真空滚揉使肉得到均匀的机械处理，有利于盐水的吸收，同时可以消除肉块表面微小气泡，防止蒸煮时气泡增大而造成蒸煮损失，延长保存期。

为了增加风味，须加入适量调味料及香辛料。调味料可加入腌制液中，也可在腌制滚揉过程中加入。现在也有将调味料有效成分抽提出来，吸着于可溶性淀粉中，经喷雾干燥后制成固定香料粉（locked spices powder），使用方便卫生。各国所加调味料各有所异。常用香辛料及使用量为：白胡椒0.3%，小豆蔻0.1%，肉豆蔻0.1%，肉豆蔻花0.1%，洋葱0.1%，味精0.3%~0.5%。在滚揉过程中可以添加3%~5%玉米淀粉。腌制、滚揉结束后原料肉色泽鲜艳，肉块发黏。如生产肉粒或肉糜火腿，腌制、滚揉结束后需进行绞碎或斩拌。

f. 装模：装模的方式有手工装模和机械装模。机械装模有真空装模和非真空装模两种。真空装模是在真空状态下将原料装填入模，肉块彼此黏附紧密，且排除了空气，减少了肉块间的气泡，因此切片性好，并可减少蒸煮损失，延长保存期。手工装模不易排除空气和压紧，成品中易出现空洞，缺角等缺陷，切片性及外观较差。

将腌制好的原料肉通过填充机压入动物肠衣，或不同规格的胶质及塑料肠衣中，结扎后即成圆火腿。将灌装后的圆火腿两个或四个一组装入不锈钢模可挤压成方火腿。有时将原料肉直接装入有垫膜的金属模中挤压成简装方火腿，或是直接用装听机将已称重并搭配好的肉块装入听内，再经压模机压紧，真空封口机封口制成听装火腿。

g. 烟熏：只有用动物肠衣灌装的火腿才经烟熏。一般50℃熏30~60min。其他包装形式的成型火腿若需烟熏味时，可在混入香辛料时加熏液。

h. 蒸煮：蒸煮是火腿熟制和热杀菌过程，一般采用巴氏杀菌法，有汽蒸和水煮两种方式。水煮时可用水浴槽。而汽蒸现多用三用炉。常压水煮时一般用煮槽，将水温控制在75~80℃，使火腿中心温度达到68~72℃，保持30min即可，一般需要2~5 h，三用炉是目前国内外广泛使用的集烤、熏、煮为一体的先进设备，其烤、熏、煮工艺参数均可程控。

i. 冷却：蒸煮结束后要迅速使火腿中心温度降至45℃，再放入2℃冷库中冷却12h左右，使火腿中心温度降至5℃左右。

第二节　熏肉制品

烟熏是肉制品加工的主要手段，许多肉制品特别是西式肉制品如灌肠、火腿、培根等均需经过烟熏。肉品经过烟熏，不仅获得特有的烟熏味，而且保存期延长，但是随着冷冻保藏技术的发展，烟熏防腐已降为次要的位置，烟熏技术已成为生产具有特殊烟熏风味制品的一种加工方法。

一、烟熏的目的

烟熏的主要目的：①赋予制品特殊的烟熏风味，增进香味；②使制品外观产生特有的烟熏色，对加入硝酸盐的肉制品起到促进发色的作用；③脱水干燥，杀菌消毒，防止腐败变质，使肉制品耐贮藏；④烟气成分渗入肉内部防止脂肪氧化。

1. 呈味作用

烟气中的许多有机化合物附着在制品上，赋予制品特有的烟熏香味，如有机酸（蚁酸和醋酸）、醛、醇、酯、酚类等，特别是酚类中的愈创木酚和4－甲基愈创木酚是最重要的风味物质。将木材干馏时得到的木馏油进行精制处理后得到一种木醋液，用在熏制上也能取得良好的风味。

2. 发色作用

熏烟成分中的羰基化合物可以和肉蛋白质或其他含氮物中的游离氨基发生美拉德反应；熏烟加热促进硝酸盐还原菌增殖及蛋白质的热变性，游离出半胱氨酸，从而促进一氧化氮血素原形成稳定的颜色；受热有脂肪外渗起到润色作用。

3. 杀菌作用

熏烟中的有机酸、醛和酚类杀菌作用较强。有机酸可与肉中的氨、胺等碱性物质中和，由于其本身的酸性而使肉酸性增强，从而抑制腐败菌的生长繁殖。醛类一般具有防腐性，特别是甲醛，不仅具有防腐性，而且还与蛋白质或氨基酸的游离氨基结合，使碱性减弱，酸性增强，进而增加防腐作用；酚类物质也具有弱的防腐性。

熏烟的杀菌作用较为明显的是在表层，经熏制后产品表面的微生物可减少1/10。大肠杆菌、变形杆菌、葡萄球菌对熏烟最敏感，3h即死亡。只有霉菌及细菌芽孢对熏烟的作用较稳定。以波罗尼亚（Bologna）肠为例，将肠从表层到中心部分切成14～16mm厚度，对各层进行分析，结果酚类在表面附着显著，愈接近中心愈少，酸类则相反；碳水化合物仅表层浓，从第二层到中心部各层浓度差异不显著（表4－6）。直径粗的肠和大的肉制品如带骨火腿，微生物在表面被抑制，而中心部位可能增殖。

表4－6　波罗尼亚香肠中酚类、碳水化合物及酸类的分布　单位：mg/100g

区分	酚类	碳水化合物	酸类
1（表层）	3.70	1.38	4.47

续表

区分	酚类	碳水化合物	酸类
2	2.04	1.17	5.48
3	1.41	1.23	5.51
4	1.02	1.06	6.58
5	0.78	1.09	
6	0.43	1.22	
7	0.26	1.24	
8（深层）	0.12	1.05	

特别是未经腌制处理的生肉，如仅烟熏则易迅速腐败。可见由烟熏产生的杀菌防腐作用是有限度的。而通过烟熏前的腌制和熏烟中和熏烟后的脱水干燥则赋予熏制品良好的贮藏性能。

4. 抗氧化作用

烟中许多成分具有抗氧化作用，有人曾用煮制的鱼油试验，通过烟熏与未经烟熏的产品在夏季高温下放置12d测定它们的过氧化值，结果经烟熏的为2.5mg/kg，而非经烟熏的为5mg/kg，由此证明熏烟具有抗氧化能力。烟中抗氧化作用最强的是酚类，其中以邻苯二酚和邻苯三酚及其衍生物作用尤为显著。

二、 熏烟的成分

现在已在木材熏烟中分离出200种以上不同的化合物，但这并不意味着熏烟肉中存在着所有这些化合物。熏烟的成分常因燃烧温度、燃烧室的条件、形成化合物的氧化变化以及其它许多因素的变化而有差异。熏烟中有一些成分对制品风味及防腐作用来说无关紧要。熏烟中最常见的化合物为酚类、有机酸类、醇类、羰基化合物、羟类以及一些气体物质。

1. 酚类

从木材熏烟中分离出来并经鉴定的酚类达20种之多，其中有愈创木酚（邻甲氧基苯酚）、4-甲基愈创木酚、4-乙基愈创木酚、邻位甲酚、间位甲酚、对位甲酚、4-丙基愈创木酚、香兰素（烯丙基愈创木酚）、2，5-双甲氧基-4-丙基酚、2，5-双甲氧基-4-乙基酚、2，5-双甲氧基-4-甲基酚。

在肉制品烟熏中，酚类有以下三种作用：抗氧化剂作用；对产品的呈色和呈味作用；抑菌防腐作用。其中酚类的抗氧化作用对熏烟肉制品最为重要。

熏制肉品特有的风味主要与存在于气相的酚类有关。如4-甲基愈创木酚、愈创木酚、2，5-二甲氧基酚等。然而熏烟风味还和其他物质有关，它是许多化合物综合作用的效果。

酚类具有较强的抑菌能力。正由于此，酚系数（phenol coefficient）常被用作为衡量和酚相比时各种杀菌剂相对有效值的标准方法。高沸点酚类杀菌效果较强。但由于熏烟成分渗入制品的深度有限，因而主要对制品表面的细菌有抑制作用。

大部分熏烟都集中在烟熏肉的表层内，因而不同深度的总酚浓度常用于估测熏烟的渗透深度和浓度。然而由于各种酚所呈现的色泽和风味并不相同，同时总酚量并不能反映各种酚的组成成分，因而用总酚量衡量烟熏风味并不总能同感官评定相一致。

2. 醇类

木材熏烟中醇的种类繁多，其中最常见和最简单的醇是甲醇或木醇，称其为木醇是由于它为木材分解蒸馏中主要产物之一。熏烟中还含有伯醇、仲醇和叔醇等，但是它们常被氧化成相应的酸类。

木材熏烟中，醇类对色、香、味并不起作用，仅成为挥发性物质的载体。它的杀菌性也较弱，因此，醇类可能是熏烟中最不重要的成分。

3. 有机酸类

熏烟组分中存在有含1~10个碳原子的简单有机酸，熏烟蒸汽相内含有1~4个碳的酸，常见的酸为蚁酸、醋酸、丙酸、丁酸和异丁酸；5~10个碳的长链有机酸附着在熏烟内的微粒上，有戊酸、异戊酸、已酸、庚酸、辛酸、壬酸和癸酸。

有机酸对熏烟制品的风味影响甚微，但可聚积在制品的表面，呈现微弱的防腐作用。酸有促使烟熏肉表面蛋白质凝固的作用，在生产去肠衣的肠制品时，将有助于肠衣剥除。虽然热将促使表面蛋白质凝固，但酸对形成良好的外皮颇有好处。用酸液浸渍或喷雾能迅速达到目的，而用烟熏要取得同样的效果就缓慢得多。

4. 羰基化合物

熏烟中存在有大量的羰基化合物。现已确定的有20种以上的化合物：戊酮-[2]、戊醛、丁酮-[2]、丁醛、丙酮、丙醛、丁烯醛、乙醛、异戊醛、丙烯醛、异丁醛、丁二酮（双乙酰）、3-甲基丁酮-[2]、3，3-二甲基丁酮、4-甲基-3-戊酮、α-甲基戊醛、顺式-2-甲基丁烯-[2]-醛[1]、已酮-[3]、已酮-[2]、5-甲基糠醛、丁烯酮、糠醛、异丁烯醛、丙酮醛及其他。

同有机酸一样，它们存在于蒸汽蒸馏组分内，也存在于熏烟内的颗粒上。虽然绝大部分羰基化合物为非蒸汽蒸馏性的，但蒸汽蒸馏组分内有着非常典型的烟熏风味，而且还含有所有羰基化合物形成的色泽。因此，对熏烟色泽、风味来说，简单短链化合物最为重要。

熏烟的风味和芳香味可能来自某些羰基化合物，但更可能来自熏烟中浓度特别高的羰基化合物，从而促使烟熏食品具有特有的风味。总之，烟熏的风味和色泽主要是由熏烟中蒸汽蒸馏成分所致。

5. 烃类

从熏烟食品中能分离出许多多环烃类，其中有苯并[a]蒽、二苯并（a、h）蒽、苯并[a]芘、芘以及4-甲基芘。在这些化合物中至少有苯并[a]芘和二苯并[a、h]蒽二种化合物是致癌物质，经动物试验已证实能致癌。波罗的海渔民和冰岛居民习惯以烟熏鱼作为日常食品，他们患癌症的比例比其他地区高，这就进一步表明这些化合物有导致癌症的可能性。

在烟熏食品中，其他多环烃类，尚未发现它们有致癌性。多环烃对烟熏制品来说无重要的防腐作用，也不能产生特有的风味。它们附在熏烟内的颗粒上，可以过滤除去。

6. 气体物质

熏烟中产生的气体物质如CO_2、CO、O_2、N_2、N_2O等，其作用还不甚明了，大多数对熏制无关紧要。CO和CO_2可被吸收到鲜肉的表面，产生一氧化碳肌红蛋白，而使产品产生亮红色；氧也可与肌红蛋白形成氧合肌红蛋白或高铁肌红蛋白，但还没有证据证明熏制过程会发生这些反应。

气体成分中的NO可在熏制时形成亚硝胺，碱性条件有利于亚硝胺的形成。

三、熏烟的产生

用于熏制肉类制品的烟气，主要是硬木不完全燃烧得到的。烟气是由空气（氮、氧等）和没有完全燃烧的产物——燃气、蒸气、液体、固体物质的粒子所形成的气溶胶系统，熏制的实质就是产品吸收木材分解产物的过程，因此木材的分解产物是烟熏作用的关键，烟气中的烟黑和灰尘只能污染制品，水蒸气成分不起熏制作用，只对脱水蒸发起决定作用。

已知的200多种烟气成分并不是熏烟中都存在，受很多因素影响，并且许多成分与烟熏的香气和防腐作用无关。烟的成分和供氧量与燃烧温度有关，与木材种类也有很大关系。一般来说，硬木、竹类风味较佳，而软木、松叶类因树脂含量多，燃烧时产生大量黑烟，使肉制品表面发黑，并含有多萜烯类的不良气味。在烟熏时一般采用硬木，个别国家也采用玉米芯。

熏烟中包括固体颗粒，液体小滴和气相，颗粒大小一般在50~800μm，气相大约占总体的10%。熏烟包括高分子和低分子化合物，从化学组成可知这些成分或多或少是水溶性的，这对生产液态烟熏制剂具有重要的意义，因水溶性的物质大都是有用的熏烟成分，而水不溶性物质包括固体颗粒（煤灰）、多环烃和焦油等，这些成分中有些具有致癌性。熏烟成分可受温度和静电处理的影响。在烟气进入熏室内之前通过冷却烟气，可将高沸点成分如焦油、多环烃等减少到一定范围。将烟气通过静电处理，可以分离出熏烟中的固体颗粒。

木材含有50%的纤维素、25%半纤维素和25%的木质素。软木和硬木的主要区别在于木质素结构的不同。软木中的木质素中甲氧基的含量要比硬木少。如山毛榉中的木质素分子式：$C_9H_{8.13}O_3(OCH_3)_{1.41}$，松树中木质素分子式：$C_9H_{8.18}O_2(OCH_3)_{0.99}$。

木材在高温燃烧时产生烟气的过程可分为二步：第一步是木材的高温分解；第二步是高温分解产物的变化，形成环状或多环状化合物，发生聚合反应、缩合反应以及形成产物的进一步热分解。

在缺氧条件下木材半纤维素热分解温度在200~260℃；纤维素在260~310℃；木质素在310~500℃；缺氧条件下的热分解作用会产生不同的气相物质、液相物质和一些煤灰，表4-7所示为木材干馏时所形成的各种产物的含量。大约有35%木炭、12%~17%对熏烟有用的水溶性化合物，另外还产生10%的焦油、多环烃及其他有害物质。

表4-7　不同木材干馏的产物　单位：%

木材种类	云杉木	松木	桦木	山毛榉
木炭	37.8	37.8	31.8	35.0
CO_2，CO	13.9	14.1	13.3	15.1
CH_4，C_2H_4	0.8	0.8	0.7	0.7
水	22.3	25.7	27.8	26.6
水溶性有机化合物	12.6	12.1	17.0	14.2
焦油	11.8	8.1	7.9	8.1

木材和木屑热分解时表面和中心存在着温度梯度，外表面正在氧化时内部却正在进行着氧化前的脱水，在脱水过程中外表面温度稍高于100℃，脱水或蒸馏过程中外逸的化合物有CO、CO_2以及醋酸等挥发性短链有机酸。当木屑中心水分接近零时，温度就迅速上升到300~400℃。

发生热分解并出现熏烟。实际上大多数木材在200～260℃温度范围内已有熏烟发生，温度达到260～310℃则产生焦木液和一些焦油，温度再上升到310℃以上时则木质素裂解产生酚和它的衍生物。

正常熏烟情况下常见的温度范围在100～400℃。熏烟时燃烧和氧化同时进行。供氧量增加时，酸和酚的量增加，供氧量超过完全氧化时需氧的8倍左右，形成量就达到了最高值，如温度较低，酸的形成量就较大，如燃烧温度增加到400℃以上，酸和酚的比值就下降。因此以400℃温度为界限，高于或低于它时所产生的熏烟成分有显著的差别。

燃烧温度在340～400℃以及氧化温度在200～250℃所产生的熏烟质量最高。在实际操作条件下难以将燃烧过程和氧化过程完全分开，因烟熏为放热过程，但是设计一种能良好控制熏烟发生的烟熏设备却是可能的。欧洲已创制了木屑流化床，能较好地控制燃烧温度和速率。

虽然400℃燃烧温度最适宜形成最高量的酚，但同时有利于苯并芘及其他烃的形成。实际燃烧温度以控制在343℃左右为宜。

四、熏烟的沉积和渗透

影响熏烟沉积量的因素有：食品表面的含水量、熏烟的密度、烟熏室内的空气流速和相对湿度。一般食品表面越干燥，沉积的越少（用酚的量表示）；熏烟的密度愈大，熏烟的吸收量越大，和食品表面接触的熏烟也越多；然而气流速度太大，也难以形成高浓度的熏烟，因此实际操作中要求既能保证熏烟和食品的接触，又不致使密度明显下降，常采用7.5～15m/min的空气流速。相对湿度高有利于加速沉积，但不利于色泽的形成。

熏烟过程中，熏烟成分最初在表面沉积，随后各种熏烟成分向内部渗透，使制品呈现特有的色、香、味。

影响熏烟成分渗透的因素是多方面的：熏烟的成分、浓度、温度、产品的组织结构、脂肪和肌肉的比例、水分的含量、熏制的方法和时间等。

五、烟熏方法

1. 冷熏法

在低温（15～30℃）下，进行较长时间（4～7d）的熏制，熏前原料须经过较长时间的腌渍。冷熏法宜在冬季进行，夏季由于气温高，温度很难控制，特别当发烟很少的情况下，容易发生酸败现象。冷熏法生产的食品水分含量在40%左右，其贮藏期较长，但烟熏风味不如温熏法。冷熏法主要用于干制的香肠，如色拉米香肠、风干香肠等，也可用于带骨火腿及培根的熏制。

2. 温熏法

原料经过适当的腌渍（有时还可加调味料）后用较高的温度（40～80℃，最高90℃）经过一段时间的烟熏。温熏法又分为中温法和高温法。

（1）中温法　温度为30～50℃，用于熏制脱骨火腿和通脊火腿及培根等，熏制时间通常为1～2d，熏材通常采用干燥的橡材、樱材、锯木，熏制时应控制温度缓慢上升，用这种温度熏制，重量损失少，产品风味好，但耐贮藏性差。

（2）高温法　温度为50～85℃，通常在60℃左右，熏制时间4～6h，是应用较广泛的一种方法，因为熏制的温度较高，制品在短时间内就能形成较好的熏烟色泽。熏制的温度必须缓慢上升，不能升温过急，否则产生发色不均匀，一般灌肠产品的烟熏采用这种方法。

3. 焙熏法（熏烤法）

烟熏温度为90~120℃，熏制的时间较短，是一种特殊的熏烤方法，火腿、培根不采用这种方法。由于熏制的温度较高，熏制过程完成熟制，不需要重新加工就可食用，应用这种方法熏制的肉贮藏性差，应迅速食用。

4. 电熏法

在烟熏室配制电线，电线上吊挂原料后，给电线通1万~2万V高压直流电或交流电，进行放电，熏烟由于放电而带电荷，可以更深地进入肉内，以提高风味，延长贮藏期。电熏法使制品贮藏期增加，不易生霉；烟熏时间缩短，只有温熏法的1/2；制品内部的甲醛含量较高，使用直流电时烟更容易渗透。但用电熏法时在熏烟物体的尖端部分沉积较多，造成烟熏不均匀，再加上成本较高等因素，目前电熏法还不普及。

5. 液熏法

用液态烟熏制剂代替烟熏的方法称为液熏法，又称无烟熏法，目前在国外已广泛使用，代表烟熏技术的发展方向。液态烟熏制剂一般是从硬木干馏制成并经过特殊净化而含有烟熏成分的溶液。表4-8所示为日本市场上的几种液态烟熏液。

表4-8　　日本市场上的烟熏液（每100g中的含量）

序号	性状	相对密度	酸含量/g（以醋酸计）	酚类含量/g（以 C_6H_5OH 计）	醛类含量/g	双甲酮含量/mg	甲醇含量/μg	铅含量/μg	锌含量/μg	砷含量/μg
1	液体	1.048	4.5	0.095	6.25	9.07	0.106	3.0	24.0	0.8
2	液体	1.014	0.5	0.058	1.01	3.09	0.030	0	4.0	0.1
3	液体	1.006	0.5	0.056	0.60	1.11	0.009	0	13.0	1.0
4	液体	1.007	1.8	0.034	47.50	41.20	0.182	2.01	9.8	1.8
5*	液体	1.08	6.3	0.169	475.00	344.40	0.156	0	6.8	1.2
6	油状	1.170	0.1	0.093	2.02	1.82	0.150	0	13.7	2.0
7	固体			0.223	4.10	5.92		0	48.2	3.5
8	半固体			0.420	5.00			14.20	50.4	0

注：*为粗木醋液。

使用烟熏液和天然熏烟相比有不少优点：①不再需用熏烟发生器，可以减少大量的投资费用；②过程有较好的重复性，因为液态烟熏制剂的成分比较稳定；③制得的液态烟熏制剂中固相已去净，无致癌的危险。

一般用硬木制液态烟熏剂，软木虽然能用，但需用过滤法除去焦油小滴和多环烃。最后产物主要是由气相组成，并含有酚、有机酸、醇和羰基化合物。

利用烟熏液的方法主要有两种：①用烟熏液代替熏烟材料，用加热方法使其挥发，包附在制品上。这种方法仍需要熏烟设备，但其设备容易保持清洁状态。而使用天然熏烟时常会有焦油或其他残渣沉积，以致经常需要清洗。②通过浸渍或喷洒法，使烟熏液直接加入制品中，省去全部的熏烟工序。采用浸渍法时，将烟熏液加3倍水稀释，将制品在其中浸渍10～20h，然后取出干燥，浸渍时间可根据制品的大小、形状而定。如果在浸渍时加入0.5%左右的食盐风味更佳，一般来说稀释液中长时间浸渍可以得到风味、色泽、外观均佳的制品，有时在稀释后的烟熏液中加5%左右的柠檬酸或醋，便于形成外皮，这主要用于生产去肠衣的肠制品。

用液态烟熏剂取代熏烟后，肉制品仍然要蒸煮加热，同时烟熏溶液喷洒处理后立即蒸煮，还能形成良好的烟熏色泽，因此烟熏制剂处理宜在即将开始蒸煮前进行。

六、有害成分控制

烟熏法具有杀菌防腐、抗氧化及增进食品色、香、味品质的优点，因而在食品尤其是肉类、鱼类食品中广泛采用。但如果采用的工艺技术不当，烟熏法会使烟气中的有害成分（特别是致癌成分）污染食品，危害人体健康。如熏烟生成的木焦油被视为致癌的危险物质；传统烟熏方法中多环芳香类化合物易沉积或吸附在腌肉制品表面，其中3，4－苯并芘及二苯并蒽是两种强致癌物质；熏烟还可以通过直接或间接作用促进亚硝胺形成。因此，必须采取措施减少熏烟中有害成分的产生及对制品的污染，以确保制品的食用安全。

（1）控制发烟温度　发烟温度直接影响3，4－苯并芘的形成，发烟温度低于400℃时有极微量的3，4苯并芘产生，当发烟温度处于400～1000℃时，便形成大量的3，4－苯并芘，因此控制好发烟温度，使熏材轻度燃烧，对降低致癌物是极为有利的。一般认为理想的发烟温度为340～350℃为宜，既能达到烟熏目的，又能降低毒性。

（2）湿烟法　用机械的方法把高热的水蒸气和混合物强行通过木屑，使木屑产生烟雾，并将之引进烟熏室，同样能达到烟熏的目的，而又不会产生污染制品的苯并芘。

（3）室外发烟净化法　采用室外发烟，烟气经过滤、冷气淋洗及静电沉淀等处理后，再通入烟熏室熏制食品，这样可以大大降低3，4－苯并芘的含量。

（4）液熏法　前已所述，液态烟熏制剂制备时，一般用过滤等方法已除去了焦油小滴和多环烃。因此液熏法的使用是目前的发展趋势。

（5）隔离保护　3，4－苯并芘分子比烟气成分中其他物质的分子要大得多，而且它大部分附着在固体微粒上，对食品的污染部位主要集中在产品的表层，所以可采用过滤的方法，阻隔3，4－苯并芘，而不妨碍烟气有益成分渗入制品中，从而达到烟熏目的。有效的措施是使用肠衣，特别是人造肠衣，如纤维素肠衣，对有害物有良好的阻隔作用。

七、熏烟设备

烟熏方法虽有多种，但常用的是温熏法。这里着重介绍温熏法的设备。烟熏室的形式有多种，有大型连续式、间歇式的，也有小型简易的家庭使用的。但不管什么形式的烟熏室，应尽可能地达到下面几个要求：温度和发烟要能自由调节；烟在烟熏室内要能均匀扩散；防火、通风；熏材的用量少；建筑费用尽可能少；操作便利，可能的话要能调节湿度。

工业化生产要求能连续地进行烟熏过程，而原来比较简单的烟熏装置其烟熏炉要控制温度、相对湿度和燃烧速度比较困难。现在已设计出既能控制前述三种因素，又能控制熏烟密度的高级熏烟设备。

1. 简易熏烟室（自然空气循环式）

这一类型的设备是按照自然通风的要求设计的，空气流通量用开闭调节风门进行控制，于是就能进行自然循环，如图4－2所示。

烟熏室的场址要选择湿度低的地方。其中搁架和挂棒可改成轨道和小车，这样操作更加便利。图4－2所示是木结构，为防火内衬白铁皮。也可全部用砖砌。调节风门很重要，是用来调节温湿度的。室内可直接用木柴燃烧，烘焙结束后，在木柴上加木屑发烟进行烟熏。这种烟熏室操作简便，投资少。但操作人员要有一定技术，否则很难得到均匀一致的产品。

2. 强制通风式烟熏装置

这是美国在20世纪60年代开发的烟熏设备，熏室内空气用风机循环，产品的加热源是煤气或蒸汽，温度和湿度都可自动控制，但需要调节。这种设备可以缩短加工时间，减少重量损耗。

强制通风烟熏室和简易烟熏室相比有如下优点：

（1）烟熏室里温度均一，可防止产品出现不均匀。

（2）温、湿度可自动调节，便于大量生烟。

（3）因热风带有一定温度，不仅使产品中心温度上升很快，而且可以阻止产品水分的蒸发，从而减少损耗。

（4）香辛料等不会减少。

由于以上优点，国外普遍采用这种设备。实际生产中这种烟熏装置除可烟熏外，常具有蒸煮、熏烤等功能，如图4－3所示。

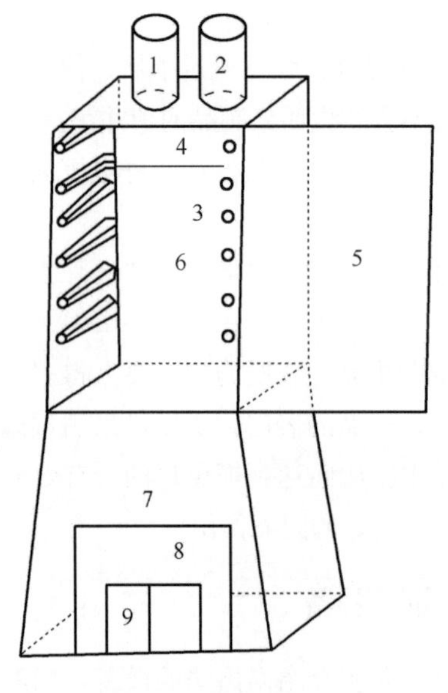

图4－2 简易熏烟室

1—烟筒 2—调节风门 3—搁架 4—挂棒 5—活门

6—烟熏室 7—火室 8，9—火室调节门

图4－3 多功能熏烤炉

3. 隧道式连续烟熏装置

现在连续生产系统中已设计有专供生产肠制品用的连续烟熏房，这种系统通常每小时能生产1.5～5t。产品的热处理、烟熏加热、热水处理、预冷却和快速冷却均在通道内连续不断地进行。原料从一侧进，产品从另一侧出来。这种设备的优点是效率极高，为便于观察控制，通道内装设闭路电视，全过程均可自动控制调节。不过初期的投资费用大，而且高产量也限制了其

用途，不适于批量小、品种多的生产。

4. 熏烟发生器

强制通风式烟熏室和隧道式连续烟熏装置的熏烟由传统方法提供，显然是不科学的。现通常采用熏烟发生器，其发烟方式有以下三种：①木材木屑直接用燃烧发烟，发烟温度一般在500～600℃，有时达700℃，由于高温，焦油较多，存在多环芳烃类化合物的问题；②用过热空气加热木屑发烟，温度不超过400℃，不用担心多环芳烃类化合物的问题；③用热板加热木屑发烟，热板温度控制在350℃，也不存在多环芳烃类化合物。

第三节　干肉制品

干肉制品是将肉先经熟加工、再成型、干燥或先成型再经熟加工制成的干熟肉类制品。干肉制品主要包括肉干、肉松及肉脯三大类。

一、肉　　干

肉干是指瘦肉经预煮、切丁（条片）、调味、浸煮、干燥等工艺制成的干、熟肉制品，由于原辅料、加工工艺、形状、产地等的不同，肉干的种类很多，但按加工工艺有传统工艺和改进工艺之分。

1. 肉干传统加工工艺

（1）配方　按肉干味道分为以下四种：

①五香肉干：以江苏靖江五香牛肉干为例，每100kg鲜牛肉所用辅料（kg）：食盐2.0，蔗糖8.3，酱油2.0，味精0.18，生姜0.3，白酒0.63，五香粉0.20。

②咖喱肉干：以上海咖喱牛肉干为例，每100kg鲜牛肉所用辅料（kg）：食盐3.0，酱油3.0，蔗糖12.0，白酒2.0，咖喱粉0.5，味精0.5，葱1，姜1。

③麻辣肉干：以四川生产的麻辣猪肉干为例，每100kg鲜肉所用辅料（kg）：食盐3.5，酱油4.0，老姜0.5，混合香料0.2，蔗糖2.0，白酒0.5，胡椒粉0.2，味精0.1，海椒粉1.5，花椒粉0.8，菜油5.0。

④果汁肉干配方：以江苏靖江生产的果汁牛肉干为例，每100kg鲜肉所用辅料（kg）：食盐2.5，酱油0.37，蔗糖10，姜0.25，大茴香0.19，果汁露0.20，味精0.30，鸡蛋10枚，辣酱0.38，葡萄糖1.0。

（2）工艺流程

原料预处理→初煮→切坯→复煮→收汁→脱水→冷却→包装→成品

（3）工艺要点

①原料预处理：肉干加工一般多用牛肉，但现在也用猪、羊、马等肉，无论选择什么肉，都要求新鲜，一般选用后腿瘦肉为佳，将原料肉剔去皮、骨、筋腱、脂肪及肌膜后，顺着肌纤维切成1kg左右的肉块，用清水浸泡1h左右除去血水污物，沥干后备用。

②初煮：初煮的目的是通过煮制进一步挤出血水，并使肉块变硬以便切坯。将清洗沥干的肉块放在沸水中煮制，以水盖过肉面为原则。初煮时一般不加任何辅料，但有时为了除异味，可加

1%~2%的鲜姜，初煮时水温保持在90℃以上，并及时撇去汤面污物。初煮时间随肉的嫩度及肉块大小而异，以切面呈粉红色、无血水为宜。通常初煮1h左右，肉块捞出后，汤汁过滤待用。

③切坯：经初煮后的肉块冷却后，按不同规格要求切成块、片、条、丁，但不管是何种形状，都力求大小均匀一致。常见的规格有：1cm×1cm×0.8cm的肉丁或者2cm×2cm×0.3cm的肉片。

④复煮、收汁：复煮是将切好的内坯放在调味汤中煮制，其目的是进一步熟化和入味。取肉坯重20%~40%的过滤初煮汤，将配方中不溶解的辅料装纱布袋入锅煮沸后，加入其他辅料及肉坯。用大火煮制30min左右后，随着剩余汤料的减少，应减小火力以防焦锅。用小火煨1~2h左右，待卤汁收干即可起锅。

⑤脱水：肉干常规的脱水方法有以下三种：

a. 烘烤法：将收汁后的肉坯铺在竹筛或铁丝网上，放置于烘房或远红外烘箱烘烤。烘烤温度前期可控制在60~70℃，后期可控制在50℃左右，一般需要5~6h，即可使含水量下降到20%以下。在烘烤过程中要注意定时翻动。

b. 炒干法：收汁结束后，肉坯在原锅中文火加温，并不停搅翻，炒至肉块表面微微出现蓬松茸毛时，即可出锅，冷却后即为成品。

c. 油炸法：先将肉切条后，用2/3的辅料（其中白酒、蔗糖、味精后放）与肉条拌匀，腌渍10~20min后，投入135~150℃的菜油锅中油炸。油炸时要控制好肉坯量与油温之间的关系，如油温高，火力大，应多投入肉坯，反之则少投入肉坯，宜选用恒温油炸锅，成品质量易控制。炸到肉块呈微黄色后，捞出并滤净油，再将酒、蔗糖、味精和剩余的1/3辅料混入拌匀即可。

在实际生产中，亦可先烘干再上油衣，例如四川丰都生产的麻辣牛肉干，在烘干后用菜油或麻油炸酥起锅。

⑥冷却、包装：冷却以在清洁室内摊晾、自然冷却较为常用。必要时可用机械排风，但不宜在冷库中冷却，否则易吸水返潮。包装以复合膜为好，尽量选用阻气阻湿性能好的材料。

⑦肉干成品标准：

a. 感官指标：烘干的肉干色泽酱褐泛黄，略带绒毛；炒干的肉干色泽淡黄，略带茸毛；油炸的肉干色泽红亮油润，外酥内韧，肉香味浓。

b. 理化指标：理化指标和微生物指标见表4-9和表4-10。

表4-9 肉干理化指标

项目	指标	项目	指标
水分/%	≤20	食盐含量/%	4.0~5.0
A_w	<0.7	蔗糖含量/%	<20~30
pH	5.8~6.1	残留亚硝酸根和硝酸根含量[以亚硝酸钠计/（$\times10^{-6}$mg/kg）]	<0.2

表4-10 肉干微生物指标

项目	指标
细菌总数/（个/g）	≤10000
大肠菌群数/（个/100g）	≤40
致病菌或产毒菌数/（个/100g）	不得检出

资料来源：蒋爱民，南庆贤．畜产食品工艺学（第二版）．北京：中国农业出版社，2000.

2. 肉干生产新工艺

传统肉干制品普遍存在出品率低、质地较硬等问题。随着肉类加工业的发展和生活水平的提高，消费者要求干肉制品向组织较软、色淡、低甜方向发展。Lothar leistner 等（1993）在调查中式干肉制品配方、加工和质量的基础上，对传统中式肉干的加工方法提出了改进，并把这种改进工艺生产的肉干称之为莎脯（Shafu）。这种新产品既保持了传统肉干的特色，如无需冷冻保藏时细菌含量稳定、质轻、方便和富于地方风味，但感官品质如色泽、结构和风味又不完全与传统肉干相同（表4－11）。

表4－11　　莎脯与传统肉干感官、理化及微生物学指标及比较

指标	品质	莎脯	传统肉干
感官	色泽	浅褐	深褐或黄褐
	结构	很软	很硬
	风味	稍甜	甜
	形状	条状	片、丁、条状
理化	水分/%	<30	≤20
	Aw	<0.79 (0.74～0.76)	<0.70 (0.60～0.69)
	pH	5.6～6.1	5.8～6.1
	盐含量/%	4.0～4.6	4.0～5.0
	蔗糖含量/%	9.0～10.0	20～30
	残留亚硝酸根和硝酸根含量［以亚硝酸钠计/×（10^{-6}mg/kg）］	<0.15	<0.20
微生物	细菌总数/（个/g）	$<10^4$	$<10^4$
	大肠菌群数/（个/100g）	<10	<20
	致病菌或产毒菌数/（个/100g）	无	无

资料来源：蒋爱民，南庆贤．畜产食品工艺学（第二版）北京：中国农业出版社，2000.

（1）配方　每100kg原料肉所需辅料（kg）：食盐3.0，蔗糖2.0，酱油2.0，黄酒1.50，味精0.2，抗坏血酸钠0.05，$NaNO_3$ 0.01，五香浸出液9.0，姜汁1.0。

（2）工艺流程

原料肉修整→切块→腌制→熟化→切条→脱水→包装→成品

3. 工艺要点

莎脯的原料与传统肉干一样，可选用牛、羊肉、猪肉或其他肉。瘦肉最好用腰肌或后腿肉的热剔骨肉，冷却肉也可以。剔除脂肪和结缔组织，再切成4cm的肉块，每块约200g。然后按配方要求加入辅料，在4～8℃下腌制48～56h，腌制结束后，在100℃蒸汽下加热40～60min至中心温度80～85℃，再冷却到室温并切成厚3mm的肉条。然后将其于85～95℃下脱水直至肉表面成褐色，含水量低于30%，成品的A_w低于0.79（通常为0.74～0.76）。最后用真空包装，成品无需冷藏。

二、肉 脯

肉脯是指瘦肉经切片（或绞碎）、调味、摊筛、烘干、烤制等工艺制成的干、熟薄片型的肉制品。与肉干加工方法不同的是肉脯不经水煮，直接烘干而制成。随着原料、辅料、产地等的不同，肉脯的名称及品种不尽相同，其中以靖江肉脯最为出名，但就其加工工艺主要有传统肉脯和新型肉糜脯两大类。

1. 肉脯的传统加工工艺

（1）配方 常见肉脯辅料配方如下：

①靖江猪肉脯（kg）：原料肉 100，酱油 8.5，鸡蛋 3.0，蔗糖 13.5，胡椒粉 0.1，味精 0.25。

②上海猪肉脯（kg）：原料肉 100，食盐 2.5，硝酸钠 0.05，蔗糖 15，高粱酒 2.5，味精 0.30，白酱油 1.0，小苏打 0.01。

③牛肉脯（kg）：牛肉片 100，酱油 4.0，山梨酸钾 0.02，食盐 2.0，味精 2.0，五香粉 0.30，白砂糖 12，维生素 C 0.02。

（2）工艺流程

原料选择与修整→冷冻→切片→解冻→腌制→摊筛→烘烤、烧烤→压平→切片成型→包装→成品

（3）工艺要点

①原料选择和修整：传统肉脯一般是由猪、牛肉加工而成，选用新鲜的牛、猪后腿肉，去掉脂肪、结缔组织，顺肌纤维切成 1kg 大小肉块。要求肉块外形规则，边缘整齐，无碎肉、淤血。

②冷冻：将修割整齐的肉块装入模内移入 -20 ~ -10℃ 的冷库中速冻，以便于切片。冷冻时间以肉块深层温度达 -5 ~ -3℃ 为宜。

③切片：将冻结后的肉块放入切片机中切片或手工切片。切片时须顺肌肉纤维切片，以保证成品不易破碎。切片厚度一般控制在 1 ~ 3mm。国外肉脯有向超薄型发展的趋势，最薄的肉脯只有 0.05 ~ 0.08mm，一般在 0.2mm 左右。超薄肉脯透明度、柔软性和贮藏性都很好，但加工技术难度较大，对原料肉及加工设备要求较高。

④拌料腌制：将辅料按配方要求混匀后，与切好的肉片拌匀，在不超过 10℃ 的冷库中腌制 2h 左右。腌制的目的一是入味，二是使肉中盐溶性蛋白尽量溶出，便于摊筛时使肉片之间粘连。

⑤摊筛：在竹筛上涂刷食用植物油，将腌制好的肉片平铺在竹筛上，肉片之间彼此靠溶出的蛋白粘连成片。

⑥烘烤：烘烤的主要目的是促进发色和脱水熟化。将摊放肉片的竹筛上架晾干水分后，进入远红外烘箱或烘房中脱水熟化。烘烤温度控制在 55 ~ 75℃，前期烘烤温度可稍高。肉片厚度为 2 ~ 3mm 时，烘烤时间约 2 ~ 3h。

⑦烧烤：烧烤是将成品放在高温下进一步熟化并使质地柔软，产生良好的烧烤味和油润的外观。烧烤时可把半成品放在远红外空心烘炉的转动铁丝网上，用 200℃ 左右温度烧烤 1 ~ 2min，至表面油润，色泽深红为止。成品中含水量小于 20%，一般在 13% ~ 16% 为宜。

⑧压平、成型、包装：烧烤结束后趁热用压平机压平，按规格要求切成一定的形状。冷却后及时包装，塑料袋或复合袋须真空包装，马口铁听装加盖后锡焊封口。

2. 肉糜脯

肉糜脯是由健康的畜禽瘦肉经斩拌腌制抹片，烘烤成熟的干薄型肉制品。与传统肉脯生产相比，其原料来源更为广泛，可充分利用小块肉、碎肉，且克服了传统工艺生产中存在的切片、推筛困难的问题，实现了肉脯的机械化生产，因此在生产实践中广泛推广使用。

（1）配方　以鸡肉脯为例，每100 kg鸡肉所需辅料（kg）：$NaNO_3$ 0.05，浅色酱油5.0，味精0.2，蔗糖10，姜粉0.30，白胡椒粉0.3，食盐2.0，白酒1，维生素C 0.05。

（2）工艺流程

原料肉处理→斩拌→腌制→抹片→烘烤→压平→烧烤→成型→包装→成品

（3）工艺要点

①原料肉处理：选用健康畜禽的各部位肌肉，经剔骨、去除肥膘和粗大的结缔组织后，切成小块。

②斩拌：此步操作是影响肉糜脯品质的关键。将经预处理的原料肉和辅料入斩拌机斩成肉糜，肉糜斩的越细，腌制剂的渗透越迅速、充分，盐溶性蛋白质的溶出量就越多。同时肌纤维蛋白质也越容易充分延伸为纤维状，形成高黏度的网状结构，其他成分充填于其中而使成品具有韧性和弹性。因此，在一定范围内，肉糜斩的越细，肉脯质地及口感越好。在斩拌过程中，需加入适量冰水，一方面可增加肉糜的黏着性和调节肉馅的硬度，另一方面可降低肉糜的温度，防止肉糜因高温而发生变质。

③腌制：在10℃以下腌制1～2h为宜。若在腌制料中添加适量的复合磷酸盐，则有助于改善肉脯的质地和口感。

④抹片：竹筛的表面涂油后，将腌制好的肉糜均匀涂抹于竹筛上，厚度以1.5～2.0mm为宜，要求均匀一致。因为随涂抹厚度增大，肉脯柔性及弹性降低，且质脆易碎。

⑤烘烤：若烘烤温度过低，不仅费时耗能，且香味不足、色浅、质地松软；若温度超过75℃，在烘烤过程中肉脯很快卷曲，边缘易焦，质脆易碎，且颜色开始变褐。故烘烤温度70～75℃则时间以2h左右为宜。

⑥压平：通过在肉脯表面涂抹蛋白液和压平机压平，可以使肉脯表面平整，增加光泽，防止风味损失和延长货架期。在烘烤前用50%的全鸡蛋液涂抹肉脯表面效果很好。在烧烤前进行压平效果较好，因肉脯中水分含量在烧烤前比烧烤后高，易压平；同时烧烤前压平也减少污染。

⑦烧烤：烧烤时若温度超过150℃，肉脯表面起泡现象加剧，边缘焦煳、干脆。当烧烤温度高于120℃则能使肉脯具有特殊的烤肉风味，并能改善肉脯的质地和口感。因此，烧烤以120～150℃、2～5min为宜。

⑧切块、包装：按成品规格要求切片、包装。肉糜脯理化指标和微生物指标见表4－12和表4－13。

表4－12　肉糜脯理化指标

项目	指标
水分/%	≤14
脂肪含量/%	≤11
亚硝酸盐含量（以 $NaNO_2$ 计）/(mg/kg)	≤30

表4－13　　　　　　　　　　肉糜脯微生物指标

项目	指标
细菌总数/（个/g）	≤10000
大肠菌群数/（个/100g）	≤40
致病菌	不得检出

资料来源：周光宏．肉品学．北京：中国农业出版社，1999.

三、肉　　松

肉松是指瘦肉经煮制、调味、炒松、干燥或加入食用动植物油或谷物粉炒制而成的肌纤维蓬松成絮状或团粒状的干熟肉制品。由于原料、辅料、产地等的不同，我国生产的肉松品种繁多、名称各异，按其加工工艺及产品形态的差异可分为三类：肉松、油酥肉松和肉松粉。

1. 肉松

肉松是指瘦肉经煮制、撇油、调味、收汤、炒松、搓松和干燥等工艺制成的肌肉纤维蓬松成絮状的肉制品，以太仓肉松为代表。太仓肉松创始于江苏省太仓县，有100多年的历史，传统的太仓肉松以猪肉为原料，成品呈金黄色，带有光泽，纤维成蓬松的絮状，滋味鲜美。

（1）配方　以太仓肉松为例，每100kg猪瘦肉所需辅料（kg）：食盐1.67，酱油7，蔗糖11，白酒1，大茴香0.38，生姜0.28，味精0.17。

（2）工艺流程

原料肉的选择与整理→配料→煮制→炒压→炒松→搓松→跳松→拣松→包装→成品

（3）工艺要点

①原料肉的选择与整理：传统肉松是由猪瘦肉加工而成。现在除猪肉外，牛肉、鸡肉、兔肉等均可用来加工肉松。将原料肉剔除皮、骨、脂肪、腱等结缔组织。结缔组织的剔除一定要彻底，否则加热过程中胶原蛋白水解后，导致成品黏结成团块而不能呈良好的蓬松状。将修整好的原料肉切成1.0～1.5kg的肉块。切块时尽可能避免切断肌纤维，以免成品中短绒过多。

②煮制：将香辛料用纱布包好后和肉一起入锅（夹层锅、电热锅等），加入与肉等量的水进行煮制。煮沸后撇去油沫，这对保证产品质量至关重要。若不撇尽浮油，则肉松不易炒干，成品容易氧化，贮藏性能差而且炒松时易焦锅，成品颜色发黑。煮制的时间和加水量应根据肉质老嫩决定。肉不能煮得过烂，否则成品绒丝短碎。以筷子稍用力夹肉块时肌肉纤维能分散为宜。煮肉时间约3～4h。

③炒压：也称打坯。肉块煮烂后，改用中火，加入酱油、酒，一边炒一边压碎肉块。然后加入蔗糖、味精，减小火力，收干肉汤，并用小火炒压肉丝至肌纤维松散时即可进行炒松。

④炒松：肉松中由于糖较多，容易塌底起焦，要注意掌握炒松时的火力，且勤炒勤翻。炒松有人工炒和机炒二种。在实际生产中可人工炒和机炒结合使用。当汤汁全部收干后，用小火炒至肉略干，转入炒松机内继续炒至水分含量小于20%，颜色由灰棕色变为金黄色，具有特殊香味时即可结束炒松。在炒松过程中如有塌底起焦现象，应及时起锅，清洗锅巴后方可继续炒松。

⑤搓松：利用滚筒式搓松机搓松，使肌纤维成绒丝状态即可。

⑥跳松：利用机器跳动，使肉松从跳松机上面跳出，而肉粒则从下面落出，使肉松与肉粒分开。

⑦拣松：跳松后的肉松送入包装车间凉松，肉松凉透后便可拣松，即将肉松中焦块、肉块、粉粒等都拣出，提高成品质量。

⑧包装贮藏：肉松吸水性很强，不宜散装。短期贮藏可选用复合膜包装，贮藏期 6 个月；长期贮藏多选用玻璃或马口铁罐，可贮藏 12 个月。

⑨太仓肉松卫生标准：见表 4－14。

表 4－14 太仓肉松卫生标准

项目	指标	项目	指标
水分/%	≤20	大肠菌群数/（个/100g）	≤40
细菌总数/（个/g）	≤30000	致病菌（系指肠道致病菌致病性球菌）	不得检出

资料来源：周光宏．肉品学．北京：中国农业出版社，1999.

2. 油酥肉松

油酥肉松是指瘦肉经煮制、撇油、调味、收汤、炒松，再加入食用油脂炒制而成的肌肉纤维断碎成团粒状的肉制品，以福建肉松为代表。福建肉松成品色泽红润、香气浓郁、质地酥松、入口即化，但因含油量高而不耐贮藏。

（1）配方　以猪瘦肉 100kg 计，所需辅料（kg）：白酱油 10，蔗糖 10，精炼猪油 25，红糖 5。

（2）工艺流程

原料肉选择与整理→配料整理→煮制→炒松→油酥→包装→成品

（3）工艺要点

①原料修整：选猪后腿精肉，去皮除骨，除去肥肉及结缔组织，切成 10cm 长，宽、厚各 3cm 的肉块。

②煮制：加入与肉等量的水将肉煮烂，撇尽浮油，最后加入白酱油、蔗糖和红糖混匀。

③炒松：将肉块与配料混合后边加热边翻炒，并用铁勺压散肉块。炒至汤干时，分小锅边炒边压使肉中水分压出。待肌纤维松散后，再改用小火炒成半成品。

④油酥：将半成品用小火继续炒至 80% 的肉纤维成酥脆粉状时，用筛除去小颗粒，再按比例加入熔化猪油，用铁铲翻拌使其结成球形颗粒即为成品。成品率一般为 32% ~35% 。

⑤包装、保藏：真空白铁罐装可保存 1 年，普通罐装可保存半年。听装要热装后抽真空密封。塑料袋装保藏期 3 ~6 个月。保藏期过长，易发哈变质。

3. 肉松粉

肉松粉是指瘦肉经煮制、撇油、调味、收汤、炒松，再加入食用油脂和谷物粉炒制而成的团粒状、粉状的肉制品。谷物粉的量不超过成品重的 20% 。油酥肉松与肉粉松的主要区别在于，后者添加了较多的谷物粉，故动物蛋白的含量低。

（1）配方　以台湾风味肉松为例，每 100kg 瘦肉所需辅料：谷物粉 15 ~18，芝麻 6 ~8，蔗糖 16 ~18，精盐 2.5 ~3.0，味精 0.3，混合香料 0.15，生姜 1.0，葱 1.0。

（2）工艺流程

原料肉的选择与整理→煮制→拌料→拉丝→炒松→油酥→冷却→包装→成品

（3）工艺要点

①原料选择与整理：选择猪瘦肉，剔去皮骨及粗大的筋腱等结缔组织，顺着肌纤维方向切

成重约250g左右的长方形肉块。

②煮制：将切好的肉块放入锅中，按1:1.5的肉水比加水，再将混合香料、生姜、葱用纱布包好入锅同煮。煮沸后小火慢煮直至肉纤维能自行分离，时间约3～4h。

③拌料：待肉煮烂后，汤汁收干时将糖、盐、味精混匀加热溶化拌入肉料中，微火加热边拌和边收汤汁，冷却后将谷物粉均匀拌撒至肉粒中。

④拉丝：用专用拉丝机将肉料拉成松散的丝状，拉丝的次数与肉煮制程度有关，一般为3～5次。

⑤炒松：将拉成丝的肉松加入专用机械炒锅中，边炒边手工辅助翻动，炒至色呈浅黄色、水分含量低于10%时，加入脱皮熟芝麻，再用漏勺向锅中喷撒150℃的热油，边撒边快速翻动拌炒5～10min，至肉纤维成蓬松的团状，色泽呈橘黄或棕红色为止，炒制时间1～2h，视加料量的多少而定。

⑥冷却、包装：出锅的肉松放入成品冷却间冷却。冷却间要求有排湿系统及良好的卫生状况，以减少二次污染。冷却后，立即包装，以防肉松吸潮、回软，影响产品质量。包装用复合透明袋或铝箔包装。

⑦成品质量指标：台湾肉松感官、理化及微生物指标见表4－15，表4－16和表4－17。

表4－15　台湾肉松感官指标

项目	指标	项目	指标
色泽	橘红色和棕红色	滋味	具有该产品固有的滋味，无异味
气味	具有该产品固有的香味，无异味	形态	酥松柔软，短丝部分颗粒

表4－16　台湾肉松理化指标

项目	指标	项目	指标
水分/%	≤8	铅（以Pb计）含量/（mg/kg）	≤0.5
蛋白质含量/%	>24	砷（以As计）含量/（mg/kg）	≤0.5
脂肪含量/%	≤25		

表4－17　台湾肉松微生物指标

项目	指标
细菌总数/cfu	$\leqslant 3\times10^4$
大肠菌群/mpn	≤40
致病菌（系指肠道致病及致病性球菌）	不得检出

资料来源：周光宏．肉品学．北京：中国农业出版社，1999.

第四节　腌制肉品及熏制肉品典型案例

一、浙江咸肉

浙江咸肉又称家乡南肉，皮薄、肉嫩，颜色嫣红，肥肉光洁，色美味鲜，气味醇香，能久藏。江苏如皋咸肉（又称北肉）、上海咸肉亦是选用大片猪肉，而四川咸肉则是以小块肉为原料，但加工方法大同小异。

1. 工艺流程

原料选择→修整→开刀门→腌制→成品

2. 工艺要点

（1）原料选择　选择新鲜整片猪肉或截去后腿的前、中躯作原料。

（2）修整　斩去后腿做咸腿或火腿。剔去第一对肋骨，挖去脊髓，割去碎油脂，去净污血肉、碎肉和剥离的膜。

（3）开刀门　为了加速腌制，从肉面用刀划开一定深度的若干刀口。刀口的大小、深浅和多少取决于腌制时的气温和肌肉的厚薄。肉体厚、气温在20℃以上，则刀口深而密；15℃以下刀口浅而少；10℃以下少开或不开刀口。

（4）腌制　100kg 鲜肉用食盐 15～18kg，花椒微量，碾碎拌匀。分三次上盐。第一次上盐：将盐均匀地擦抹于肉表面，用盐量 30%；第二次上大盐：用盐量 50%，于第一次上盐的次日进行。沥去盐液，再均匀地上新盐。刀口处塞进适量盐，肉厚部位适当多撒盐；第三次复盐：用盐量为 20%，于第二次上盐后 4～5d 进行。肉厚的前躯要多撒盐，颈椎、刀门、排骨上必须有盐，肉片四周也要抹上盐。每次上盐后，将肉面向上，层层压紧整齐地堆叠。第二次上盐后 7d 左右为半成品，称嫩咸肉。以后根据气温，经常检查翻堆和再补充盐。从第一次上盐到腌至 25d 即为成品，出品率约为 90%。

（5）咸肉的质量标准　咸肉的感官指标和理化指标见表 4－18 和表 4－19。

表 4－18　咸肉感官指标

项目	一级鲜度	二级鲜度
外观	外表干燥清洁	外表稍湿润，发黏，有时有霉点
色泽	有光泽，肌肉呈红色或暗红色，脂肪切面白色或微红色	光泽较差，肌肉呈咖啡色或暗红色，脂肪微带黄色
组织形态	肉质紧密而坚实，切面平整	肉质稍软，切面尚平整
气味	具有咸肉固有的风味	脂肪有轻度酸味，骨周围组织稍具酸味

表 4－19　咸肉理化指标

项目	一级鲜度	二级鲜度
挥发性盐基氮含量/（$\times 10^{-5}$mg/100g）	≤20	≤45
亚硝酸盐含量/（$\times 10^{-5}$mg/kg），（以 $NaNO_2$ 计）		≤30

资料来源：周光宏．肉品学．北京：中国农业出版社，1999.

二、腊　　肉

1. 广式腊肉

广式腊肉的特点是选料严格，制作精细，色泽鲜艳，咸甜爽口。

（1）配方　以 100kg 原料肉计，所需辅料（kg）：食盐 3，蔗糖 4，曲酒 2.5，酱油 3，$NaNO_2$ 0.01，其他 0.1。

（2）工艺流程

原料选择→剔骨、切肉条→腌制→烘烤或熏制→包装→保藏→成品

（3）工艺要点

①原料选择：精选肥瘦层次分明的去骨五花肉或其它部位的肉，一般肥瘦比例为 5:5 或 4:6。

②剔骨、切肉条：剔除硬骨或软骨，切成长方体形肉条，肉条长 35～40cm，宽 2～5cm，厚 1.3～1.8cm，重约 200～250g。在肉的上端用尖刀穿一小孔，系 15cm 长的麻绳，以便于悬挂。将切条后的肋肉浸泡在 30℃左右的清水中漂洗 1～2min，以除去肉条表面的浮油、污物，然后取出沥干水分。

③腌制：一般采用干腌法和湿腌法腌制。按上述配方用 10% 清水溶解配料，倒入容器中，然后放入肉条，搅拌均匀，每隔 30min 搅拌翻动一次，于 20℃下腌制 4～6h，腌制温度越低，腌制时间越长，使肉条充分吸收配料，取出肉条，滤干水分。

④烘烤或熏制：腊肉因肥膘肉较多，烘烤或熏制温度不宜过高，一般将温度控制在 45～55℃，烘烤时间为 1～3d，根据皮、肉颜色可判断，此时皮干瘦肉呈玫瑰红色，肥肉透明或呈乳白色。熏烤常用木炭、锯木粉、瓜子壳、糠壳和板栗壳等作为烟熏燃料，在不完全燃烧条件下进行熏制，使肉制品具有独特的腊香。

⑤包装与保藏：冷却后的肉条即为腊肉成品。采用真空包装，即可在 20℃下保存 3～6 个月。

⑥广式腊肉的质量标准：广式腊肉的感官指标和理化指标见表 4－20 和表 4－21。

表 4－20　广式腊肉感官指标

项目	一级鲜度	二级鲜度
色泽	色泽鲜明，肌肉呈鲜红色或暗红色，脂肪透明或呈乳白色	色泽稍淡，肌肉呈暗红色或咖啡色，脂肪呈乳白色，表面可以有霉点，但抹后无痕迹
组织状态	肉身干爽、结实	肉身稍软
气味	具有广式腊味固有的风味	风味略减，脂肪有轻度酸败味

表 4－21　广式腊肉理化指标

项目	指标
水分/%	≤25
食盐含量/（%，以 NaCl 计）	≤10
酸价含量（以 KOH 计）/（$\times 10^{-3}$mg/g 脂肪）	≤4
亚硝酸盐（以 $NaNO_2$ 计）/（$\times 10^{-5}$mg/100g）	≤20

2. 川味腊肉

川味腊肉产于四川和重庆等地，包括小块腊肉、腊猪头、腊猪杂等。川味腊肉的特点是色

泽鲜艳、皮肉红黄、脂肪透明、腊香浓郁、咸鲜绵长。

（1）配方 以100kg原料肉计，所需辅料（kg）：食盐7.5，白酒0.5，焦糖1.5，硝酸钠0.03，香辛调料（桂皮0.3，八角0.1，草果0.1，茴香0.5，花椒0.1，混合碾成粉或熬成香料汁）0.2。

（2）工艺流程

原料选择→腌制→烘烤或熏制→冷却包装→保藏→成品

（3）工艺要点

①原料选择：选择新鲜优质的肥膘在1.5cm以上，符合卫生标准的带皮去骨猪肉为原料。将其边缘修整，长宽厚与广式腊肉相同，肥瘦比例一般为5:5或3:7。

②腌制：按上述配方配制腌制剂，混合香辛调料进行腌制。采用干腌或湿腌法均可。干腌时，将调匀的配料涂抹在肉块表面，然后把肉块皮面向下，肉面向上，整齐平放堆码于腌制池或腌制容器中，进行腌制，一般腌制时间为5～7d，腌制2～3d后应翻缸一次，保持调料均匀渗透，然后再腌，直到瘦肉呈玫瑰红色为止。湿腌法操作方便，腌制速度快，需时短，将配料熬制成腌制液，先将肉块放入腌制容器中，然后待腌制液冷却后，再灌入腌制容器中浸泡肉块，一般在10℃以下需腌制3～5d，在20℃以下腌制1～2d，即可达到良好腌制效果。

③烘烤或熏制：将腌制好的肉块取出，去掉血污与杂质，然后穿孔套绳，进入烘房或烟熏炉中烘烤或熏制。初始温度掌握在45～50℃，烘烤4～5h，然后逐渐升温，最高温度不超过70℃，避免烤焦流油。烘烤12h左右，可烟熏上色。一般总的烘烤时间为24h，此时，肉皮干硬，瘦肉呈鲜红色，肥肉透明或呈乳白色，即为腊肉成品。

④冷却、包装与保藏：烘烤完毕，将肉块取出，自然冷却，然后采用真空包装，可在20℃下保存3～6个月。

三、火腿制品

1. 金华火腿

金华火腿产于浙江省金华地区诸县，历史悠久，驰名中外。其特点：皮薄、色黄亮、爪细，以色、香、味、形“四绝”为消费者所称誉。

（1）工艺流程

原料选择→截腿坯→修整→腌制→洗晒→整形→发酵→修整→成品

（2）工艺要点

①原料选择：选择金华“两头乌”猪的鲜后腿。皮薄爪细，腿心饱满，瘦肉多肥膘少，腿坯重5.5～7.0kg为好。

②截腿坯：后腿切线：先在最后一节腰椎骨处切断，然后沿大腿内斜向切下。前腿切线：前端沿颈椎二关节处将前颈肉切除，后端从第6肋骨处切下，最后将胸骨连同肋骨末端的软骨切下成方形，俗称方腿。

③修整

a. 整理：刮净腿皮上的细毛和脚趾间的细毛、黑皮、污垢等。

b. 修骨：用刀削平腿部耻骨、股关节和脊椎骨。修后的荐椎仅留两节荐椎体的斜面，腰椎仅留椎孔侧沿与肉面水平，防止造成裂缝。

c. 修整腿面：腿坯平置于案板上，使皮面向下，腿干向右，捋平腿皮，从膝关节中央起将疏松的腿皮割开一半圆形，前至后肋部，后至臂部。再平而轻地割下皮下结缔组织。切割方向应顺着肌纤维的方向进行。修后的腿面应光滑、平整。

d. 修腿皮：用尖刀从臀部起弧形割除过多的皮下脂肪及皮，捋平腹肌，弧形割去腿前侧过多的皮肉。修后的腿坯形似竹叶，左右对称。用手指挤出股骨前、后及盆腔壁三个血管中的淤血。鲜腿雏形即已形成。

④腌制：腌制是加工火腿的主要工艺环节，也是决定火腿加工质量的重要过程。根据不同气温，恰当地控制时间、加盐数量、翻倒次数，是加工火腿的技术关键。由于食盐溶解吸热一般要低于自然温度，大致在4～5℃之间，因此腌制火腿的最适宜温度应是腿温不低于0℃，室温不高于8℃。

在正常气温条件下，金华火腿在腌制过程中共上盐与翻倒7次。上盐主要是前三次，其余四次是根据火腿大小、气温差异和不同部位而控制盐量。总用盐量约占腿重的9%～10%。一般重量在6～10kg的大火腿需腌制40d左右。

每次擦盐的数量：第一次用盐量占总用盐量的15%～20%，第二次用盐量最多，约占总用盐量的50%～60%，第三次用盐量变动较大，根据第二次加盐量和温度灵活掌握，一般在15%左右。

第一次上盐：是将鲜腿露出的全部肉面上均匀地撒上一薄层盐。并在腰椎骨节、耻骨节以及肌肉厚处敷少许硝酸钠，然后以肉面向上，重复依次堆叠，并在每层间隔以竹条，一般可堆叠12～14层。在第一次上盐后若气温超过20℃，表面食盐在12h左右就溶化时，必须立即补充擦盐。

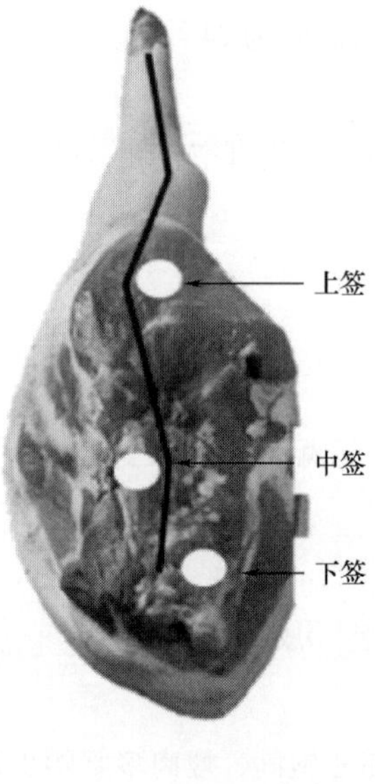

第二次上盐（上大盐）：在第一次上盐24h后进行，加盐的数量最多，并在三签头（图4－4）上略用少许硝酸盐。

第三次上盐（复三盐）：第二次上盐3d后进行第三次上盐，根据火腿大小及三签处的余盐情况控制用盐量。火腿较大、脂肪层较厚，三签处余盐少者适当增加盐量。

第四次上盐（复四盐）：第三次上盐堆叠4～5d后，进行第四次上盐。用盐量少，一般占总用盐量的5%左右。目的是经上下翻堆后调整腿质、温度，并检查三签头处盐溶化程度。如不够再补盐，并抹去脚皮上黏附的盐，以防腿的皮色不光亮。

第五次和第六次上盐：当第五、六次上盐时，火腿腌制10～15d，上盐部位更明显地收拢在三签头部位，露出更大的肉面。此时火腿大部分已腌透，只是脊椎骨下部肌肉处还要敷盐少许。火腿肌肉颜色由暗红色变成鲜艳的红色，小腿部变得坚硬呈橘黄色。大腿坯可进行第七次上盐。在翻倒几次后，约经30～35d即可结束腌制。

上签
中签
下签

图4－4 火腿三签部位

⑤洗晒和整形：腌好的火腿要经过浸泡、洗刷、挂晒、印商标、整形等过程。

a. 浸泡和洗刷：将腌好的火腿放入清水中浸泡一定的时间，其目的是减少肉表面过多的盐分和污物，使火腿的含盐量适宜。浸泡的时间10℃左右约10h。

浸泡后即进行洗刷。肉面的肌纤维由于洗刷而呈绒毛状，可防止晾晒时水分蒸发和内部盐分向外部的扩散，不致使火腿表面出现盐霜。

第二次浸泡，水温5～10℃，时间4h左右。如果火腿浸泡后肌肉颜色发暗，说明火腿含盐量小，浸泡时间需相应缩短；如肌肉面颜色发白而且坚实，说明火腿含盐量较高，浸泡时间需酌情延长。如用流水浸泡，则应当缩短时间。

b. 晾晒和整形：浸泡洗刷后的火腿要进行吊挂晾晒。待皮面无水而微干后进行打印商标，再晾晒3～4h即可开始整形。

整形是在晾晒过程中将火腿逐渐校成一定形状。将小腿骨校直，脚爪弯曲成镰刀形，皮面压平，腿心饱满，使火腿外形美观，而且使肌肉经排压后更加紧缩，有利于贮藏发酵。

整形之后继续晾晒。气温在10℃左右时，晾晒3～4d，晒至皮紧而红亮，并开始出油为度。

⑥发酵：经过腌制、洗晒和校形等工序的火腿，在外形、颜色、气味、坚实度等方面尚没有达到应有的要求，特别是没有产生火腿特有的芳香味，与一般咸肉相似。发酵就是将火腿贮藏一定时间，形成火腿特有的颜色和芳香气味。火腿吊挂发酵2～3个月至肉面上逐渐长出绿、白、黑、黄色霉菌时（这是火腿的正常发酵）即完成发酵。如毛霉生长较少，则表示时间不够。发酵过程中，这些霉菌分泌的酶，使腿中蛋白质、脂肪发生发酵分解作用，从而使火腿逐渐产生香味和鲜味。

⑦修整：发酵完成后，腿部肌肉干燥而收缩，腿骨外露。为使腿形美观，要进一步修整。修整时割去露出的耻骨、股关节，整平坐骨，并从腿脚向上割去腿皮，除去表面高低不平的肉和表皮，达到腿正直，两旁对称均匀，腿身成竹叶形的要求。

⑧保藏：经发酵修整的火腿，可落架，用火腿滴下的原油涂抹腿面，使腿表面滋润油亮，即成新腿，然后将腿肉向上，腿皮向下堆叠，一周左右调换一次。如堆叠过夏的火腿就称为陈腿，风味更佳，此时火腿重量约为鲜腿重的70%。火腿可用真空包装，于20℃下可保存3～6个月。

⑨质量规格：金华火腿质量规格标准见表4－22。

表4－22 金华火腿规格标准

等级	香味	肉质	每只重量/kg	外形
特级	三签香	瘦肉多 肥肉少 腿心饱满	2.5～5.0	竹叶形，皮薄，脚直，皮面平整，色黄亮，无毛，无红疤，无损伤，无虫蛀，无鼠咬，油头小，无裂缝，刀工光洁，式样美观，皮面印章清楚
一级	三签香 一签好	瘦肉较少 腿心饱满	2.0	出口腿无伤疤，内销腿无大红疤，其他要求同特级。
二级	一签香 二签好	腿心稍偏薄，腿头部分稍咸	2.0	竹叶形，爪弯，脚直，稍粗，无虫蛀鼠咬，刀工细致，无毛，皮面印章清楚
三级	三签中一签有异味（但无臭味）	腿质较咸	2.0	无鼠咬伤，刀工略粗，印章清楚

2. 宣威火腿

宣威火腿产于云南省宣威县，距今已有250余年的历史。在清雍五年间宣威火腿就已闻名。

宣威火腿的特点是腿肥大，形如琵琶，故有“琵琶腿”之称，其香味浓郁，回味香甜。

（1）工艺流程

原料选择→修整→腌制→发酵→堆放→成品

（2）工艺要点

①选料：选用云南乌蒙山至金沙江一带出产的乌金猪的鲜腿为原料。原料腿要求新鲜、干净，且皮薄、腿心饱满，无淤血和伤残斑疤。

②修整：鲜腿修整与火腿成品的外形和质量密切相关。修腿时应去掉血污，挤出血管中的残血，刮净残毛，边缘修割整齐，成为火腿的坯形。

③腌制：一般采用干腌法腌制，选用云南省一平浪精盐和黑井筒盐为腌制用盐，用量为鲜腿重量的7%。腌制前将盐磨细，分三次将盐涂擦在腿肉和腿皮上，每次用盐量分别为鲜腿重的2.5%、3.0%和1.5%。在第一次用盐后间隔24h后再第二次上盐，每隔3d上盐一次。涂擦时先擦脚爪和后腿部位，然后擦腿皮，最后擦腿肉面，使其盐分能均匀地分散于腿中。一般腌制时间为15～20d。

④发酵：经腌制后的猪腿于一定温度和湿度条件下，进一步发生一系列生物化学变化，使其腿中部分营养成分发生分解，产生更多的风味物质。发酵时要求场地清洁、干燥、通风良好。挂腿时相互保持一定距离，不发生接触，以利于发酵微生物的生长，促进发酵，最终达到发酵的目的。发酵后的火腿即为成品，宣威火腿的成品率为76%左右。

⑤堆放：火腿发酵完毕，即可从悬挂架上取下，并按大、中、小火腿堆叠在腿床上，一般堆叠不超过15只。大腿堆叠时腿肉向上，腿皮向下，然后每隔5～7d上下翻堆，同时，检查火腿的品质。

3. 如皋火腿（北腿）

如皋火腿产于江苏省如皋县，近似金华火腿，风味较咸。如皋火腿形如琵琶状，皮色金黄，每只重2.5～3.5kg，在干燥条件下，可存3年以上，以1年半左右时口味最美。

配方：100kg腿坯用盐17.5kg，每100kg盐中加硝1kg，腌制时分4次用盐，第1次约3kg，第2次7kg，第3次6kg，第4次1.5kg，干腌法制成。

4. 帕尔玛火腿

帕尔玛火腿是全世界最著名的生火腿，其色泽嫩红，如粉红玫瑰般，脂肪分布均匀，口感于各种火腿中最为柔软。

（1）工艺流程

原料选择→修割→上盐→腌制→清洗干燥→发酵→成品

（2）操作步骤与要求

①原料选择：传统的意大利大白猪、长白猪和杜洛克等优秀品种或它们的杂交品种，饲养在意大利北部，养足9个月，并且体重约160kg（允许有10%的浮动空间）的重型猪。原料猪由屠宰厂屠宰后送住腌制火腿加工厂，放入冷藏间，新鲜猪后腿除冷藏外不允许采用包括冷冻在内的任何防腐处理，温度保持在0～2.5℃的范围，相对湿度75%～80%，冷却后猪肉变硬，方便修割。24h后取出称重，不能使用屠宰后不到24h或超过120h的猪的后腿。

②修割：在修割车间（温度须控制在1～4℃）修割掉可能影响产品形象的末端部分（足部）和任何外部缺陷，并且要修割成“鸡大腿”型。然后给新鲜猪后腿加上金属箍环，箍环上

印有制作的起始时间（年份和月份），方便追踪。

③上盐：此阶段在上盐间完成。上盐间系统由天花板安装的空气交换器、ABS 制造带传输装置的传送器组成。

a. 第一次上盐：海盐是整个火腿腌制过程中的唯一添加物，不能使用任何化学物质、防腐剂或者其他添加剂，也不进行熏制。做好标记的新鲜后腿直接送往一次撒盐机（湿盐，用量为腿重的3% ~4%），在经过撒盐机后，在露骨头的猪肉肉面上还需用手工加上适量的干盐，因为这个区域较易发生表面腐败。然后进入一次上盐车间，其温度控制在 1.5 ~3.5℃，相对湿度应控制在 80% ~85%，以利于盐的溶化形成溶液。

b. 第二次上盐：6 ~7d 后，把后腿从一次上盐车间取出，在揉制机上进行揉制。然后进行盐的更新，首先用水冲洗，再送入撒盐机，这次食盐的量比前一次要减少 1%，在经过撒盐机后，同样再手工撒适量盐。之后，进入二次上盐车间，温度仍为 1.5 ~3.5℃，但相对湿度为 70% ~80%，大约需要 15 ~18d，时间长短要取决于猪后腿的重量，后腿重的时间要长，后腿轻的时间要短。若原料选用冻融原料，则需适当缩短腌制时间，以免盐分过度吸收。

该阶段结束后，将腌腿表面残留的盐分去除并再次将腌腿整理成传统的“鸡大腿”型。

④腌制：此阶段的主要目的在于确保盐分在火腿内部均匀平衡扩散。

a. 预腌制：此步骤在预腌间进行，腌制火腿取出，经过水去除腿肉表面的盐，经过砸绳机，便于成串上挂，然后进入腌制间，其室温保持在 2.5 ~4.5℃，相对湿度为 60% ~75%。14d 后进行下一工序。

b. 腌制：这一阶段在腌制间进行，在较低的温度和相对湿度条件下，让产品逐步的脱水，防止表面出现硬壳。温度 2.5 ~4.5℃，相对湿度提高到 65% ~80%，其目的是为防止过快干燥造成外层肌肉结壳以及由此产生的腌腿内部形成空穴。在此阶段腿肉要进行“呼吸”作用，使盐分由表层及里面深处慢慢渗透、均匀地分布在肌肉内部。不能太湿也不能太干，房间里的空气要更换非常频繁。大约 70d 后取出，此次腌制重量损失为 4% ~6%。

⑤清洗干燥：此阶段具有两个作用，第一是使火腿进一步蒸发水分，丢失重量；第二是保证充足的时间，促使肉组织中的酶发挥作用，产生特有风味。此阶段对于火腿的最终质量具有决定性作用，因此，干燥室的环境条件应严格控制和调节。用高压温水（38℃以上）冲洗腌腿的表面以除去表面上盐腌造成的条纹以及微生物活动产生的黏液的痕迹，去除盐粒和杂质。清洗后的湿火腿放入干燥间干燥 7d，干燥室内顶部有冷风装置，地面有热风管道，上冷下热，室内温度要求 20℃，相对湿度 60% ~75%，保持 1d。在以后的 6d 内，温度逐渐降低到 15℃。

⑥发酵成熟：

a. 预发酵：该阶段可以进一步使产品脱水，保证产品储藏的保质期。在预发酵间进行，其温度 14.5 ~16.5℃，相对湿度 70% ~80%。在腿肉外露的部分涂上以猪油、米磨成的粉以及胡椒混成的脂肪泥，防止火腿干硬、干硬使后腿肌肉表面层软化，避免表面层相对于内部干燥过快。

b. 发酵：在温和的温度下使腌腿成熟，这个过程需要 10 个月。而对于成品重量大于 9kg 的火腿，则需要 12 个月。此阶段在发酵成熟间进行，前期温度 18.5 ~20.5℃，相对湿度 70% ~85%，经过 6 ~7 个月的成熟，腿肉表面变得又干又硬。此时，腌腿还只具有咸肉风味，尚未产生帕尔玛火腿特有的风味。腌腿还需要再陈化 4 ~5 个月。陈化阶段的温度控制在 18℃，相对湿度为 65%。经过成熟与陈化，腌腿转化为火腿，形成了帕尔玛火腿特有的风味品质。

四、板　鸭

1. 南京板鸭

南京板鸭是南京传统肉类特产，根据生产季节不同，有春板鸭和腊板鸭之分。春板鸭则是指从立春到清明腌制的板鸭，保存期短。腊板鸭是指从大雪至冬至这段时间腌制的板鸭，品质最好，保存期长。春板鸭和腊板鸭的共同特点是外观体肥、肉红、皮白、骨绿，保持了鸭的基本特征和本味，食用时鲜、香、酥、嫩，余味回甜。

（1）工艺流程

原料选择→宰杀→修整→腌制→滴卤叠坯→排坯晾挂→成品

（2）工艺要点

①原料选择：选择体重在1.75kg以上，健康的肉用仔鸭作原料。宰杀前要用稻谷（或糠）饲养15～20d催肥，使膘肥、肉嫩、皮肤洁白。这种鸭脂肪熔点高，在温度高的情况下也不容易滴油、发哈。经过稻谷催肥腌制的鸭，叫“白油”板鸭，是板鸭的上品。

②宰杀：宰前18～24h断食。采用口腔或颈部宰杀法，用电击昏（60～70V）后宰杀利于放血。浸烫煺毛必须在宰杀后5min内进行，用60～65℃热水烫毛，时间为30～60s，烫好立即煺毛。拉出鸭舌齐根割下，并置冷水中浸洗，去血污，净细毛，降低鸭体温度，保持皮肤洁白干净。

③修整：在翅和腿的中间关节处把两翅和两腿切除。然后再在右翅下开一长约5～8cm长月牙形开口，取出食管嗉囊、结肠及其他内脏，然后冷水浸泡，再沥水，滴干水分，再压扁鸭体。

④腌制：南京板鸭腌制包括腌鸭、抠卤和复卤三个过程。先配制炒盐，将食盐放入锅内，加入适量八角（按盐重0.5%计），用火炒制。炒盐用量为16∶1，即1只2kg白条鸭用盐125g。用炒盐遍擦鸭体及体腔，特别注意大腿、颈部切口处、鸭口腔和胸部肌肉等部位，充分抹透。

把擦好盐的鸭子叠放入腌缸中，经过12h左右，翻动一次，倒出腹腔中的血卤，这是抠卤。将抠卤后的鸭子再叠放入缸中，经过8h后，进行第二次抠卤，直到将鸭全部腌透。

经过抠卤，去除血卤的鸭子要进行复卤。复卤用的卤水有新卤和老卤两种。新卤是用浸泡鸭子的淡红色血水加盐配制而成。腌过鸭的新卤煮过2～3次以上即为老卤。复卤时，用老卤灌满鸭体腔，反复多次，最后灌满老卤后置于腌缸中，并保持鸭子被完全淹没，腌制15～20h，据腌制温度和鸭子大小而定。

盐卤制备：卤由食盐水和调料配制而成。因使用次数多少和时间长短的不同而有新卤和老卤之分。新卤的制法是每50kg盐加大料150g，在热锅上炒至没有水蒸气为止。每50kg水中加炒盐约35kg，放入锅中煮沸成盐的饱和溶液，澄清过滤后倒入腌制缸中。卤缸中要加入调料，一般每100kg放入生姜50g、大料15g、葱75g，以增添卤的香味，冷却后即为新卤。盐卤腌4～5次后需要重新煮沸。煮沸时可加适量的盐，以保持咸度，通常为22～25°Bé。同时要清除污物，澄清冷却待用。

⑤排坯：排坯的目的是使鸭体肥大好看，同时使鸭子内部通气。将腌制好的鸭子从腌缸中取出，倒净卤水，然后将其放在案板上，背向下，腹向上，右掌与左掌相互叠起，放在鸭的胸部，使劲向下压，使鸭成为扁形。叠入缸中2～4d后取出，用清水洗净鸭体，用手将嗉口（颈部）、胸腹部和双腿理开，挂在阴凉通风处晾干。

⑥晾挂保藏：将经过排坯的鸭子晾挂在仓库内，仓库四周要通风，不受日晒雨淋。晾挂鸭

体之间距离为50cm，这样经过2～3周即为成品。遇阴雨期，应适当延长晾挂时间。加工制成南京板鸭后，可进行真空包装，于低温（10℃）以下可保存3～6个月。

2. 南安板鸭

南安板鸭产于江西省大余县，是江西省的名特产品。南安板鸭加工季节是从每年秋分至大寒，其中立冬至大寒是制作板鸭的最好时期，可分早期板鸭（9月中旬～10月下旬）、中期板鸭（11月上旬～12月上旬）、晚期板鸭（12月中旬～翌年元月中旬），以晚期板鸭质量最佳。南安板鸭造型美观，似桃圆形，皮肤洁白，肉嫩骨脆，腊味香浓，但加工方法不同于南京板鸭。

（1）工艺流程

原料选择→宰杀→割外五件→开膛→去内脏→修整→腌制→造型晾晒→成品

（2）工艺要点

①原料选择：通常选用麻鸭，该品种肉质细嫩、皮薄、毛孔小，是制作南安板鸭的最好原料。或者选用一般麻鸭。原料鸭饲养期为90～100d，体重约1.25～1.75kg，然后以稻谷进行育肥28～30d，以鸭子头部全部换新毛为标准。

②宰杀：宰杀、脱毛同南京板鸭。

③割外五件：外五件指两翅、两脚和舌的下颌：将鸭体仰卧，左手抓住下颌骨，右手持刀从口腔内割破两嘴角，右手用刀压住上腭，左手将舌及下颌骨撕掉。用左手抓住左翅前臂骨，右手持刀对准肘关节，割断内外侧韧带与皮肤。再用左手抓住脚掌，用同样方法割去右翅和右脚。割外五件时要求刀口一定要对准骨缝，保持骨骼完整、肌肉整齐。

④开膛：鸭体仰卧，头朝前，双手将腹中线左压约0.8～1.0cm，左手食指和大拇指分别压在胸骨柄和剑状软骨处，右手持刀刃稍向内倾斜，由胸骨柄处下刀，沿外线向前推刀，破开皮肤及浅层胸大肌；再将刀刃稍向外倾斜向前推斩断锁骨，剖开腹腔。左边胸骨、胸肉较多的称大边，右边胸骨、胸肉较少的称小边。然后将两侧关节劈开，便于造型。

⑤去内脏：在肺与气管连接处将气管拉断并抽出，再将心脏、肝脏取出，然后将直肠畜粪前推，距肛门3cm处拉断直肠，扒出所有内脏。

⑥修整：割去残留内脏，仰卧鸭体、尾朝前，右手持刀放在右侧肋骨上，刀刃前部紧贴胸椎，刀刃后部偏开胸椎1cm左右，左手拍刀背，将肋骨斩断，同时，将与皮肤相连的肌肉割断，并推向两边肋骨下，使皮肤上部粘有瘦肉。用同样的方法斩断另一侧肋骨。两侧肋骨斩断，刀口呈八字形，俗称劈八字。劈八字时母鸭留最后两根肋骨，公鸭全部斩断，最后割去直肠断端、生殖器及肛门，割肛门时只割去1/3，使肛门在造型时呈半圆形。

⑦腌制：将盐放入铁锅内用大火炒，炒至无水气，凉后使用。早水鸭（立冬前的板鸭）每只用盐150～200g，晚水鸭（立冬后的板鸭）每只用盐125g左右。将待腌鸭子放在擦盐板上，将鸭颈椎拉出3～4cm，撒上盐再放回揉搓5～10次，再向头部刀口撒些盐，将头颈弯向胸腹腔，平放在盐上，将鸭皮肤朝上，两手抓盐在背部来回擦，擦至手有点发黏。擦好盐后，将头颈弯向胸腹，皮朝下放在缸内，一只压住另一只的2/3，呈螺旋式上升，使鸭体有一定的倾斜度，盐水集中尾部，便于尾部等肌肉厚的部位腌透。腌制时间8～12h。

⑧造型晾晒：将腌制好的鸭体从缸中取出，先在40℃左右的温水中冲洗一下，以除去未溶解的结晶盐，然后将鸭体放在40～50℃的温水中浸泡冲洗3次，浸泡时要不断翻动鸭体，同时将残留内脏去掉，洗净污物，挤出尾脂腺，当僵硬的鸭体变软时即可造型。将鸭体放在长2m、宽0.63m吸水性强的木板上，先从倒数第四、第五颈椎处拧脱臼（早水鸭不用），然后将鸭皮

肤朝上尾部向前放在木板上，将鸭子左右两腿的股关节拧脱臼，并将股四头肌前推，便鸭体显得肌肉丰满，外形美观，最后将鸭子在板上铺开，四周皮肤拉平，头向右弯，使整个鸭子呈桃月形。晾晒4~6h后，板鸭形状已固定，在板鸭的大边上用细绳穿上，然后用竹竿挂起，放在晒架上日晒夜露，一般经过5~7d的露晒，小边肌肉呈玫瑰红色，明显可见5~7个较硬的颈椎骨，说明板鸭已干，可贮藏包装。若遇天气不好，应及时送入烘房烘干。板鸭烘烤时应先将烘房温度调整至30℃，再将板鸭挂进烘房，烘房温度维持在50℃左右，烘2h左右将板鸭从烘房中取出冷却，待皮肤出现奶白色时，再放入烘房内烘干直至符合要求取出。

⑨成品包装：传统包装采用木桶和纸箱的大包装，现在多采用单个真空包装。

3. 重庆白市驿板鸭

重庆白市驿板鸭是中国三大板鸭之一，因产于重庆白市驿镇而得名，具有悠久的历史。白市驿板鸭主要特点是色泽棕红，肌肉紧密，呈淡红色，味美可口，咸淡适中，腊香浓郁，肥而不腻，其形如扇，美观自然。白市驿板鸭食法多种多样，蒸、煮、爆炒皆鲜美可口。

（1）配方　每100kg白条鸭所用辅料（kg）：食盐3~5，白酒0.5~1，蔗糖1~2，桂皮0.2，花椒0.1，干姜0.04，山柰0.01，大茴香0.01，小茴香0.01，玉果0.015，丁香0.015，广香0.015，亚硝酸盐0.01~0.02。

（2）工艺流程

原料选择→宰杀→整形→腌制→排坯→晾挂→熏烤→冷却、包装→保藏→成品

（3）工艺要点

①原料选择：选用当年产的重1.4~2.0kg的肥鸭为原料。

②宰杀：按南京板鸭加工方式进行宰杀，剖开鸭的胸腹腔，去掉内脏、脚与翅，将其放入冷水中浸泡2~3h，然后沥干水，进行整形。

③整形：将鸭子放在案上，使其背向下，腹向上，用两只手分开胸腹腔使其呈扇形，美观且易于腌制。

④腌制、漂洗、排坯：在鸭体上喷洒少许白酒，其他配料经粉碎后和食盐混合，均匀地抹在鸭体上和腔膛内（食盐可预先经炒盐处理），特别注意大腿、颈部、口腔和肌肉丰满部位，抹匀腌透。然后一层层叠放在腌池（缸）内，腌制3~5d，据气温高低确定腌制时间。在腌制过程中，需翻池2~3次，避免腌制不均。腌好的鸭体起池后，滴净盐水，放入40℃水中翻动漂洗2~3次，洗去脏物、余血和盐粒。注意水温，太高则烫熟外皮，脂肪熔化；温度太低污物不易洗干净，鸭体不柔软，影响造型。用清水洗净鸭身，待皮肤水晾干后，再用两块竹片交叉支撑鸭体，使其绷直形成扁平扇形，同时也使鸭内部通气。

⑤晾挂及熏烤：将绷直的鸭体挂于仓库内，仓库四周要通风，不受日晒雨淋，鸭体相互不接触，以利通风，这样经过2~3周即为成品；如遇到天气阴雨，回潮时应延长晾挂时间。也可在通风处或烘房内风（烘）干（烘房烘烤时烘烤温度为45~65℃，时间8~12h）后，用玉米壳、糠壳和锯木粉等烟熏材料不完全燃烧形成烟雾烟熏，熏烤40~50min，待表面金黄，腹腔干燥时即为成品。

⑥冷却、包装与保藏：熏烤完毕，取出自然冷却，此时可在板鸭体表涂刷麻油，增加色泽。待完全冷却后，真空包装于室温（25℃）下保存1个月，在10℃左右可保存3个月左右。

（4）板鸭卫生标准　板鸭感官指标和理化指标见表4-23和表4-24。

表4-23 板鸭感官指标

项目	一级鲜度	二级鲜度
外观	体表光洁，黄白色或乳白色，咸鸭有时为灰白色，腹腔内壁干燥有盐霜，肌肉切面呈玫瑰红色	体表呈淡红色或淡黄色，有少量油脂渗出，腹腔潮润有霉点，肌肉切面呈暗红色
组织状态	肌肉切面紧密，有光泽	切面稀松，无光泽
气味	具有板鸭固有的气味	皮下及腹内脂肪有哈喇味，腹腔有腥味或轻度霉味
煮沸后肉汤及肉味	芳香，液面有大片团聚的脂肪，肉嫩味鲜	鲜味较差，有轻度哈喇味

表4-24 板鸭理化指标

项目	指标	
	一级鲜度	二级鲜度
酸价（以KOH计）/（mg/g脂肪）≤	1.6	3.0
过氧化值/（meq/kg）≤	197	315

资料来源：周光宏．肉品学．北京：中国农业出版社，1999.

五、腊　　肠

1. 配方

（1）广式腊肠（kg）　瘦肉70，肥肉30，食盐2.2，蔗糖7.6，白酒（50°）2.5，白酱油5，$NaNO_3$ 0.05。

（2）哈尔滨风干肠（kg）：瘦肉75，肥肉25，食盐2.5，酱油1.5，蔗糖1.5，白酒0.5，硝石0.1，苏砂0.018，大茴香0.01，豆蔻0.017，小茴香0.01，桂皮粉0.018，白芷0.018，丁香0.01。

（3）川式腊肠（kg）：瘦肉80，肥肉20，食盐3.0，蔗糖1.0，酱油3.0，曲酒1.0，$NaNO_3$ 0.005，花椒0.1，混合香料0.15（大茴香、山柰1份，桂皮3份，甘草2份，荜拔3份）。

（4）武汉腊肠（kg）：猪瘦肉70，猪肥膘30，食盐3，蔗糖4，汾酒2.5，KNO_3 0.05，味精0.3，生姜粉0.3，白胡椒粉0.2。

2. 工艺流程

原料肉选择与修整→切丁→拌馅、腌制→灌制→排气→捆线结扎→漂洗→晾晒或烘烤→成品

3. 工艺要点

（1）原料选择与修整　香肠的原料肉以猪肉为主，要求新鲜，最好是不经过排酸鲜冻成熟的肉，结着力较强。瘦肉以腿臀肉为最好，肥膘以背部硬膘为好，腿膘次之。加工其他肉制品切割下来的碎肉亦可作原料。原料肉经过修整，去掉筋腱、骨头和皮。

（2）切丁　瘦肉用绞肉机以0.4~1.0cm的筛板绞碎，肥肉切成0.6~1.0cm^3大小的肉丁。肥肉丁切好后用温水清洗一次，以除去浮油及杂质，捞入筛内，沥干水分待用，肥瘦肉要分别

存放。

（3）拌馅与腌制　按选择的配料标准，把肉和辅料混合均匀。搅拌时可逐渐加入20%左右的温水，以调节黏度和硬度，使肉馅更滑润、致密。在清洁室内放置1～2h。当瘦肉变为内外一致的鲜红色，用手触摸有坚实感、不绵软，肉馅中有汁液渗出，手摸有滑腻感时，即完成腌制。此时加入白酒拌匀，即可灌制。

（4）天然肠衣准备　用干或盐渍肠衣，在清水中浸泡柔软，洗去盐分后备用。肠衣用量，每100kg肉馅，约需300m猪小肠衣。

（5）灌制　将上列配料与肉充分混合后，将肠衣套在灌嘴上，使肉馅均匀地灌入肠衣中。要掌握松紧程度，不能过紧或过松。

（6）排气　在每一节上用细针刺若干小孔，以利于烘肠时水分和空气的排出。

（7）捆线结扎　按品种、规格要求每隔10～20cm用细线结扎一道。生产枣肠时，每隔2～2.5cm用细棉绳捆扎分节，挤出多余的肉馅，使成枣形。

（8）漂洗　将湿肠用35℃左右的清水漂洗一次，除去表面污物，然后依次分别挂在竹竿上，以便晾晒、烘烤。

（9）晾晒和烘烤　将悬挂好的香肠放在日光下曝晒2～3d。在日晒过程中，有胀气处应针刺排气。晚间送入烘烤房内烘烤，温度保持在40～60℃。温度过高易使脂肪熔化，同时瘦肉也会烤熟。这不仅降低了成品率，而且色泽变暗；温度过低又难以干燥，易引起发酵变质。因此必须注意温度的控制。一般经过三昼夜的烘晒即完成，然后再晾挂到通风良好的场所风干10～15d即为成品。在10℃以下可以保藏1～3个月，一般应悬挂在通风干燥的地方。

（10）腊肠的卫生标准　腊肠的感官指标和理化指标见表4－25和表4－26。

表4－25　腊肠感官指标

项目	一级鲜度	二级鲜度
外观	肠衣（或肚皮）干燥完整且紧贴肉馅，无黏液及霉点，坚实或有弹性	肠衣（或肚皮）干燥完整且紧贴肉馅，无黏液及霉点，坚实或有弹性
组织状态	切面坚实	切面齐，有裂隙，周缘部分有软化现象
色泽	切面肉馅有光泽，肌肉灰红至玫瑰红色，脂肪白色或稍带红色	部分肉馅有光泽，肌肉深灰或咖啡色，脂肪发黄
气味	具有香肠固有的风味	脂肪有轻微酸味，有时肉馅带有酸味

表4－26　腊肠理化指标

项目	指标
水分/%	≤25
食盐含量/（%，以NaCl计）	≤9
酸价/（mg/g脂肪，以KOH计）	≤4
亚硝酸盐含量/（mg/kg，以$NaNO_2$计）	≤20

六、 其他腌腊制品

1. 北京清酱肉

北京清酱肉与金华火腿、广东腊肉并称为中国三大名肉，是我国传统食品，创制于明代，至今已有400多年的历史。成品色泽酱红，肉丝分明，入口酥松，清香鲜美，利口不腻，肥肉薄片，晶莹透明，瘦肉片则不柴不散，风味独特。

（1）配方 以100kg猪肉为原料，所需辅料（kg）：食盐5~8，硝酸钠0.05，花椒0.1，大料0.1，小茴香0.1，甘草（用细布过滤）0.1，酱油适量。

（2）工艺流程

原料选择→腌制→酱制→煮制→成品

（3）工艺要点

①原料选择：清酱肉要选用薄皮猪的后臂尖部位，要35~40mm厚的带肥膘肉，割去碎头，旋成椭圆形，不要碰破骨膜，每块3.5kg左右。

②腌制：将食盐1.5~2.5kg加硝酸钠，分七次撒在肉坯上（每天一次），挤出血水，共腌7~10d，每隔12h倒翻、摊晾各一次，然后从边沿穿绳，上挂内干1d。

③酱制：将腌好的肉坯加其余全部调料入大缸内酱制8d，每天倒缸一次，然后捞出，挂在通风处晾干，到来年2月（约100d左右）入净缸或密封室内存放。

④煮制：到霜降前后，将肉坯取出，用清水浸泡1d，用碱水刷洗干净，开水下锅，以适当火候煮制1h左右即为成品。

2. 风干鸭

（1）工艺流程

原料选择→宰杀→脱毛→净膛→预冷→腌制→风干→熟化→冷却→整形包装→杀菌→贮藏与运输→成品

（2）工艺要点

①原料选择：加工风干鸭用的鸭子要选用瘦肉多、体重1.6~1.7kg、90~100日龄的健康樱桃谷鸭为原料鸭，宰杀前经28~30d喂养催肥。宰前鸭子要严格经兽医检验合格，同时应进行12~24h断粮，只供清水。

②宰杀、脱毛、净膛：常用人工或机械化宰杀，不论何种方法，均采用颈部宰杀法，切断气管、食道和两侧血管，倒挂放血，刀口要小，以免细菌污染影响质量，放血要充分，否则屠体呈暗红色。流尽余血的鸭要趁热烫毛，烫毛温度为（70±3）℃，时间1.5~3min。烫毛后将鸭仰放于操作台面上，从龙骨中间部位开膛，下切至腹腔肛门处，摘取气管、食管、心、肝、肺、肠等内杂，开肩胛，在近胸椎内壁处，将第1~7肋骨切断，但不可切破鸭皮，以免影响整体美观。净膛室温度要控制在10℃左右，室内清洁卫生，应装有紫外灯。

③预冷：要求将净膛并清洗干净后的光鸭迅速冷却至4℃左右。

④腌制：应先配好无（少）菌的12%左右的食盐水，食盐水应将鸭体浸没，温度在3~5℃。卤汁的配方要稳定、定量，各种香辛配料符合相关质量标准。腌制时间为24h，若腌制时间太短，易腐败变质；腌制时间过长，咸味太重，肌肉收缩发硬，皮肤发灰，影响质量。

⑤风干：腌制结束沥干水分后，将鸭挂在风干设备的挂钩上风干，吊挂时应注意鸭与鸭之

间留有一定的隔隙，便于空气流通。风干一般3d左右，第1d风干室温度控制在16℃左右，随着风干时间的延长温度逐渐升高，有利于风干鸭产品腊香味的产生。除湿和吹风的目的是使鸭体脱水，开始风力稍大，在风干后期风力减小，防止鸭体表面生产硬壳，体内水分无法散出，除湿量因风干室大小，挂鸭的数量多少而异。

⑥熟化：将鸭胚放入吊篮中，每锅约50只左右进行吊篮式煮制锅煮制，水量以没过鸭体为标准，入锅时连续提降3次，煮制中再提降2～3次，以便受热均匀，煮制液煮沸后90℃焖煮60～70min。

⑦冷却及整形：包装熟化后将鸭体冷却，冷却时间10～15min，冷却后用真空复合透明包装袋包装。

⑧杀菌：真空包装好后进行微波杀菌，杀菌过程中注意控制好温度和时间，防止破袋，杀菌结束，应及时将其送至冷却室冷却。

⑨风干鸭的贮藏与运输：风干鸭经真空包装后，应放在25℃以下、通风良好的环境下贮藏，最好在4℃下存放，运输过程要防止撞击而使塑料袋破洞失真空。

3. 牛干巴

牛干巴是云南、贵州、四川和重庆等地著名的特产，凡是回民居住的地方，几乎都制作有牛干巴。主要产于滇东北、黔东南、川西北和重庆黔江地区，其中，云南寻甸牛干巴和贵州普安的牛干巴最有名。牛干巴肉质致密，色彩红亮，香气四溢，味道鲜美，外形整齐，易于保藏。

（1）配方　以100kg鲜牛肉计，腌制时所需辅料（kg）：食盐6.0，蔗糖1.0，辣椒粉0.5，$NaNO_3$ 0.04，花椒粉0.05，香辛料0.1。

（2）工艺流程

原料选择→修整→腌制→烘烤→冷却、包装与保藏→成品

（3）工艺要点

①原料选择：选择新鲜健康的优质牛肉，以肌肉丰满，腱膜较少的大块牛肉为宜。

②修整：将牛肉切分成长方形肉块，每块重约500～800g，去掉骨骼和腱膜等结缔组织。

③腌制：采用干腌方法腌制。按上述配方配制腌制液，混合均匀，逐块涂抹，反复揉搓，直到肉表面湿润，然后置于腌制容器中，在表面再敷一些腌制剂，密封容器，腌制7～15d。

④烘烤：将腌好的牛肉块置于不锈钢网盘中或吊挂于烘烤推车上，然后推进烘箱或烘房烘烤，温度为45～60℃，烘烤24～48h，即为牛干巴。

⑤冷却、包装与保藏：牛干巴的成品率一般为55%～60%。牛干巴冷却后可用真空包装，于10～15℃下可保存3～6个月。

4. 缠丝兔

缠丝兔是四川和重庆著名的传统肉制品，其中以四川广汉的缠丝兔最为驰名。缠丝兔色泽棕红色，油润光亮，肌肉紧密，爽口化渣，风味浓郁。

（1）配方　以100kg鲜兔肉计，腌制时所需辅料（kg）：食盐5.5，蔗糖1.0，黄酒0.5，$NaNO_3$ 0.02，酱油2.5，香辛料0.3。

（2）工艺流程

原料选择→腌制→整形→烘烤→冷却、包装与保藏→成品

（3）工艺要点

①原料选择：选择新鲜健康，体重为1.5～2kg的活兔，经宰杀的兔胴体，要求肌肉丰满，肥瘦适度。

②腌制：按上述配方配制腌制液，混合香料（山柰、八角、茴香、桂皮、花椒和草果等），另加味精0.1kg，水20kg熬成汁，冷却即成腌制液。将兔胴体放入上述腌制液中，混合均匀，腌制1～2d，每天翻动2～3次。

③整形：腌制完毕，将前腿塞入前胸，腹部抄紧，后腿拉直，然后用麻绳或可食绳从颈部开始至后腿，每隔2～3cm缠丝一圈，使其呈螺旋形，全身肌肉充实绷紧。

④烘烤：将缠好的兔体吊挂于烘箱或烘房中，于50～60℃烘烤12～24h即可。

⑤包装保藏：烘烤完毕，自然冷却。采用真空包装，可在室温下保存3～6个月。

七、柴沟堡熏肉

柴沟堡熏肉是河北省怀安县柴沟堡镇传统的汉族名吃，距今已有200多年的历史。它用柏木熏制而成，肥不腻口、瘦不塞齿是其一绝，且皮烂肉嫩，表里一致，色泽鲜艳，味道醇香。品种主要有熏猪肉（五花肉、猪头、猪排骨、下水），熏羊肉、熏鸡肉、熏兔肉、熏狗肉等。

1. 配方

以100kg鲜肉计，所需辅料（kg）：花椒0.4，大料0.2，桂皮0.05，丁香0.05，装入一纱布袋；茴香0.15，砂仁0.05，肉蔻0.05，装入另一纱布袋；酱油6，甜面酱1，酱豆腐适量。

2. 工艺流程

选料→煮制→熏制→成品

3. 工艺要点

（1）选料　选用二级猪肉，切成16cm见方的大块，厚度约5cm。

（2）煮制　先将切好的带皮肉码入锅内，把脊肉放在底层，肥、瘦肉分别放在上面，两袋香辛料也放入锅内，加水（以淹没肉块为度），盖好锅盖，旺火烧煮。约30min后再放入甜面酱、酱豆腐、酱油。每隔半小时翻动一次，共煮2.5h即可。煮肉汤可连用7次，每次应追加适量水、食盐、大葱、大蒜、姜等，甜面酱等调味料加量要根据肉汤成色，灵活掌握。

（3）熏制　煮好的肉捞出沥尽油汤，码放在铁箅子上。铁箅下的铁锅内放柏木锯末（150～200g），盖好锅盖，用慢火加热15min，即可出锅。

五花肉、猪头肉、猪蹄、排骨、下水也可照此方法熏制。

八、培　　根

“培根”系由英语“Bacon”译音而来，其原意是烟熏肋条肉（即方肉）或烟熏咸背脊肉。其风味除带有适口的咸味之外，还具有浓郁的烟熏香味。培根外皮油润呈金黄色，皮质坚硬，瘦肉呈深棕色，质地干硬，切开后肉色鲜艳。培根是西式早餐的重要食品。一般切片蒸食或烤熟食用。培根切片托上蛋浆后油炸，即谓“培根蛋”，清香爽口，食之留芳。

培根有大培根（也称丹麦式培根），排培根和奶培根三种，制作工艺类似。

1. 工艺流程

原料选择→初步整形→腌制→浸泡→清洗→剔骨、修刮、再整形→烟熏→成品

2. 工艺要点

(1) 原料选择　选择经兽医卫生部门检验合格的中等肥度白毛猪，并吊挂预冷。

①选料部位：大培根坯料取自整片带皮猪胴体（白条肉）的中段，即前端从第三肋骨处斩断，后端从腰间椎之间斩断，再割除奶脯；排培根和奶培根各有带皮和去皮两种。前端从白条肉第五根肋骨处斩断，后端从最后两节荐椎处斩断，去掉奶脯，再沿距背脊13～14cm处分斩为两部分，上为排培根，下为奶培根之坯料。

②膘厚标准：a. 大培根最厚处以3.5～4.0cm为宜；b. 排培根最厚处以2.5～3.0cm为宜；c. 奶培根最厚处约为2.5cm。

(2) 初步整形　修整坯料，使四边基本各成直线，整齐划一，并修去腰肌和横隔膜。

(3) 腌制　腌制室温度保持在0～4℃。

①干腌：将食盐（加1% $NaNO_3$）撒在肉坯表面，用手揉搓，务使均匀。大培根肉坯用盐约200g，排培根和奶培根约100g，然后堆叠，腌制20～24h。

②湿腌：用16～17°Bé（其中每100kg液中含$NaNO_3$ 70g）食盐液浸泡干腌后的肉坯，盐液用量约为肉重量的1/3。湿腌时间与肉块厚薄和温度有关，一般为两周左右。在湿腌期需翻缸3～4次。其目的是改变肉块受压部位，并松动肉组织，以加快盐硝的渗透、扩散和发色，使腌液咸度均匀。

(4) 浸泡、清洗　将腌制好的肉坯用25℃左右清水浸泡30～60min，其目的：①使肉坯温度升高，肉质还软，表面油污溶解，便于清洗和修刮；②熏干后表面无“盐花”，提高产品的美观性；③软化后便于剔骨和整形。

(5) 剔骨、修刮、再整形　培根的剔骨要求很高，只允许用刀尖划破骨表的骨膜，然后用手轻轻扳出。刀尖不得刺破肌肉，否则生水侵入而不耐保藏。修刮是刮尽残毛和皮上的油腻。因腌制、堆压使肉坯形状改变，故要再次整形，使四边成直线。至此，便可穿绳、吊挂、沥水，6～8h后即可进行烟熏。

(6) 烟熏　用硬质木先预热烟熏室。待室内平均温度升至所需烟熏温度后，加入木屑，挂进肉坯。烟熏室温一般保持在60～70℃，约经8h左右。烟熏结束后自然冷却即为成品。出品率约83%。如果贮存，宜用白蜡纸或薄尼龙袋包装。若不包装，吊挂或平摊，一般可保存1～2个月，夏季7d。

第五节　综合实训

一、中式香肠加工

1. 目的要求

通过本实训，学习中式传统香肠加工过程和操作方法，熟悉中式香肠配方的特点和操作要点，掌握制馅、灌肠、烘干等工艺过程的技术要求。

2. 方法步骤

(1) 肠衣的制备　取清除内容物的新鲜猪或羊小肠，剪成1m左右的小段，翻出内层洗净，置于平木板上，用有棱角的竹刀均匀用力刮去浆膜层、肌肉层和黏膜层后，剩下的色白而坚韧的薄膜（黏膜下层）即为肠衣。刮好、洗净后泡于水中备用。若选用盐渍肠衣或干肠衣，用温水浸泡，清洗后即可。

（2）原料肉预处理　选用猪后臀，肥瘦比为3∶7为宜。瘦肉绞成0.5～1.0cm^3的肉丁，肥肉用切丁机或手工切成1cm^3的丁后用35～40℃热水漂选去浮油，沥干水备用。

（3）配料

①广式香肠：以10kg鲜肉计，所需辅料（kg）：食盐0.32，蔗糖0.7，酱油0.1，白酒0.2，味精0.02，$NaNO_2$ 0.01（以少量水溶解后使用）。

②麻辣香肠：以10kg鲜肉计，所需辅料（kg）：食盐0.25，蔗糖0.3，酱油0.1，白酒0.2，味精0.02，花椒粉0.015，胡椒粉0.03，五香粉0.03，辣椒粉0.008，姜粉0.02，$NaNO_2$ 0.004（用少量水溶解后使用）。

（4）腌制　配料用少量温开水（50℃左右）溶化，然后与绞切后的肉搅拌均匀，腌制30min后即可灌入肠衣。

（5）灌制　将腌制好的肉馅用灌肠机灌入肠内，按要求长度用线绳结扎。

（6）刺孔漂洗　肠衣灌满后用排针刺孔排气，然后置于温水中将肠衣漂洗干净。

（7）日晒或烘烤　将漂洗干净的肠悬挂于日光下晒4～5d至肠衣干缩并紧贴肉馅后进行烘烤。烘烤温度50℃左右，时间36～48h。若遇阴天，可直接进行烘烤，但时间需酌情延长。

（8）成熟　将日晒或烘烤后的肠悬挂于通风透气的成熟间，20d左右即可产生腊肠独有的风味。出品率为65%左右。

3. 实训作业

总结中式香肠加工操作要点，计算其出品率，写出实训报告。

二、　干肉制品加工

1. 目的要求

了解干肉制品加工工艺，掌握肉干、肉脯、肉松的加工方法。

2. 方法步骤

（1）牛肉干加工

①原料肉修整：选用新鲜牛肉，除去筋腱、肌膜、肥脂等，切成大小相等肉块，洗去血污备用。

②配料：以10kg牛肉计，所需辅料（kg）：蔗糖1.5，五香粉0.025，辣椒粉0.025，食盐0.4，味精0.03，安息香酸钠0.005，曲酒0.1，茴香粉0.01，特级酱油0.3，玉果粉0.01。

③初煮：将牛肉煮至七成熟后取出，置筛上自然冷却（夏天放于冷风库）。然后切成3.5cm×2.5cm薄片。要求片形整齐，厚薄均匀。

④烘烤：取适量初煮汤，将配料混匀溶解后再将牛肉片加入，烧至汤净肉酥出锅，平铺在烘筛上，60～80℃烘烤4～6h即为成品。

（2）肉脯加工

①原料肉修整：选用新鲜猪后腿，去皮拆骨，修尽肥膘、筋膜。将纯精瘦肉装模，置于冷库使肉块中心温度降至－2℃，上机切成2cm厚肉片。

②配料：猪瘦肉100kg精肉计，所需辅料（kg）：特级酱油9.5，蔗糖13.5，白胡椒粉0.1，

鸡蛋3.0，味精0.5，食盐2.0。

③拌料：将配料混匀后与肉片拌匀，腌制50min。不锈钢丝网上涂植物油后平铺上腌好的肉片。

④烘烤：肉片铺好后送入烘箱内，保持烘箱温度80～55℃，烘约5～6h便成干坯。冷却后移入空心烘炉内，150℃烘烧至肉坯表面出油，呈棕红色为止。烘好的肉片用压平机压平，切成120mm×80mm长方形即为成品。

（3）肉松加工

①原料肉整理：选用猪后腿瘦肉为原料，剔去皮、骨、肥肉及结缔组织后，切成1.0～1.5kg的肉块。

②配料：猪瘦肉100kg精肉计，所需辅料（kg）：红酱油7.0，白砂糖11，白酱油7.0，50°高粱酒0.28、味精0.17，精盐1.7。

③煮烧：将肉与香辛料下锅煮烧2.5h左右至熟烂，撇去油筋及浮油，加入酱油、高粱酒，煮至汤清油尽加入蔗糖、味精，调节温度收汁。煮烧共计3h左右。

④炒松：收汁后移入炒松机炒松至肌纤维松散，色泽金黄，含水量小于20%即可。再经搓松、跳松、拣松后即可包装。

⑤包装：炒松结束后趁热装入塑料袋或马口铁听。

3. 实训作业

对干肉制品进行感官评定，总结比较三种干肉制品的特点，写出实训报告。

三、熏鸡加工

1. 目的要求

通过实训，基本掌握熏制方法，初步掌握熏鸡制品的加工技术。

2. 方法步骤

（1）原料选择与整理　选用健康一年生公鸡（现多采用淘汰蛋鸡为原料）。从鸡的喉头底部切断颈动脉血管放血，刀口以1～1.5cm为宜。然后浸烫煺毛，煺毛后用酒精灯烧去鸡体上的小毛、绒毛，在鸡下腹部切3～5cm的小口，取出内脏，用清水浸泡1～2h，待鸡体发白后取出。

（2）造型　用剪刀将胸骨剪断，打断大腿（大腿的上1/3处），将两腿交叉插入腹腔，右翅由放血刀口进入，从口腔伸出向后背，左翅向后背，使之成为两头尖的造型。

（3）煮制　鸡10只，约15kg计，所需辅料（kg）：食盐0.5，香油0.05，蔗糖0.08，味精0.01，陈皮0.008，桂皮0.008，胡椒粉0.005，五香粉0.005，砂仁0.005，豆蔻0.005，山柰0.005，丁香0.007，白芷0.007，肉桂0.007，肉蔻0.005。

先将陈汤煮沸，取适量陈汤浸泡配料约1h，然后将鸡入锅（如用新汤，上述配料除加盐外加成倍量的水），锅中水以淹没鸡体为度。煮时火候适中，以防火大导致皮裂开。应先用中火煮1h再加入盐，嫩鸡煮1.5h，老鸡约2h即可出锅。

（4）熏制　出锅趁热在鸡体上刷一层香油，随即送入烟熏室或锅中进行熏烟，约熏8～10min，待鸡体呈红黄色即可。熏好之后再在鸡体上刷一层香油。目的在于保证熏鸡有光泽，防止成品干燥，增加产品香气和保藏性。

3. 实训作业

根据实训内容，按实际操作过程写出实习报告。

思考题

1. 试述腌腊制品的种类及其特点。
2. 硝酸盐和亚硝酸盐在肉制品腌制中有什么作用?
3. 肉类腌制的方法有哪些?腌制的作用是什么?
4. 腌腊制品加工中的关键技术是什么?
5. 试述中式火腿和西式火腿加工的异同点。
6. 传统火腿加工中存在的主要缺点是什么?怎样改进?
7. 试述南京板鸭加工工艺及操作要点。
8. 肉干、肉松和肉脯在加工工艺上有何主要不同?

推荐阅读书目

[1] 周光宏,南庆贤.畜产品加工学(第二版)[M].北京:中国农业出版社,2011.
[2] 周光宏.肉品加工学(第二版)[M].北京:中国农业出版社,2008.
[3] 蒋爱民,南庆贤.畜产食品工艺学(第二版)[M].北京:中国农业出版社,2010.

第五章 禽蛋加工

CHAPTER 5

知识目标

1. 了解禽蛋的形成过程及形成器官，禽蛋的营养价值，禽蛋的分级标准。
2. 理解禽蛋异常蛋的种类及特征，理解禽蛋腐败的原因及过程。
3. 掌握禽蛋的构造及化学组成、禽蛋的特性、禽蛋的品质鉴定。
4. 掌握禽蛋贮藏的方法及原理。
5. 理解禽蛋制品的种类及加工原理。
6. 掌握禽蛋加工的关键技术。

能力目标

1. 能够对禽蛋品质进行鉴定，判断禽蛋的新鲜度。
2. 能够为禽蛋的加工进行初步的技术指导。

第一节　禽蛋的形成、组成及功能

一、禽蛋的形成

1. 禽蛋的形成过程

禽蛋在母禽的生殖器官内形成，整个过程分为两个阶段：首先在卵巢形成卵黄，然后在输卵管中形成蛋白、壳膜和蛋壳，经泄殖腔排出体外（图5-1）。

母禽的卵巢产生卵细胞，经10d左右发育成熟（形成蛋黄），成熟的卵母细胞即发生分裂，释放出卵子即卵黄。卵黄从卵巢释放出来后，立即被输卵管的漏斗部纳入，此处若与精子相遇

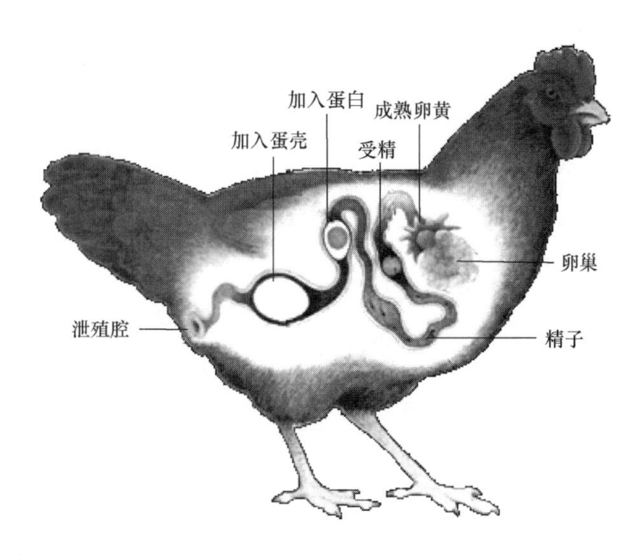

图5－1　鸡的生殖系统示意图

则完成受精作用。卵黄在漏斗部停留15～18min，随即进入膨大部。膨大部也称蛋白分泌部，有腺体分泌浓蛋白，包围卵黄（表5－1）。由于输卵管蠕动作用，推动卵黄在卵输管内旋转前进。因机械旋转，引起这层浓蛋白扭转而形成系带（卵带）。然后分泌稀蛋白，形成内稀蛋白层，再分泌浓蛋白形成浓蛋白层。卵在蛋白分泌部停留约3h，在这里形成浓厚黏稠状蛋白。蛋白分泌部的蠕动，促使包有蛋白的卵进入峡部（管腰部），在此处停留75min，峡部会分泌一些水和无机盐进入卵中，蛋清蛋白的浓度被稀释很多，同时腺细胞分泌形成内外蛋壳膜。卵进入子宫部，约存留18～20h，由于渗入子宫液，蛋白吸收水分，使蛋白的重量增加一倍，并形成外稀蛋白层，同时使蛋壳膜鼓胀而形成蛋的形状。壳腺分泌含钙化物沉积到蛋壳膜上形成卵壳。产蛋前4～5h子宫壁色素细胞分泌色素涂于壳表面，形成各种色斑。卵在子宫部已形成完整的蛋。蛋到达阴部，约停留20～30min。在脑下垂体后叶分泌的催产素和加压素的作用下，子宫和阴道的肌肉收缩，阴道向泄殖腔外翻，迫使蛋产出体外。蛋总是细端向前移动，但是在其产出之前半小时，它会急速翻转，最终钝端朝前产出（表5－1）。

表5－1　禽蛋的形成部位及功能

器官名称		卵停留时间	功能
卵巢		10d	形成卵黄
输卵管	漏斗部	15～18min	承接卵，受精作用
	膨大部	3h	合成蛋白
	峡部	1.25h	形成壳膜
	子宫	18～20h	注入水分、盐类，形成蛋壳、着色、壳上膜
	阴道部	20～30min	将蛋排出体外

2. 禽蛋的形成器官

母禽的生殖器官包括卵巢和输卵管，但仅左侧卵巢和输卵管能正常发育，右侧卵巢和输管管在孵化的第7~9d即停止发育并逐步退化。成禽的生殖器官具有显著的季节性变化：生殖季节达到充分发育并具有生殖功能，而在非生殖季节又逐渐萎缩，直到下一个生殖季节再重新生长发育，这种周期性变化也是禽类在长期进化中的一种适应。

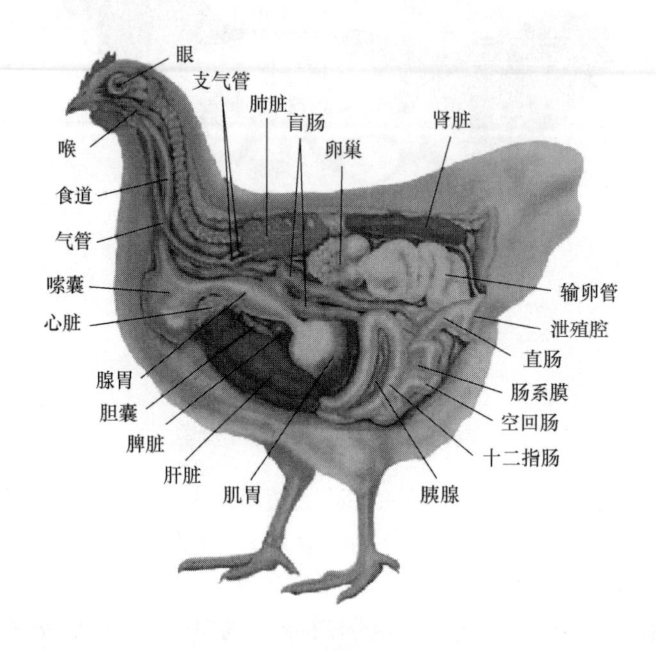

图5-2 鸡的内脏分布示意图

（1）卵巢 卵巢位于腹腔左侧、左肺最后方、左肾前叶顶端，以短的卵巢系膜悬吊于腹腔背侧。一个卵巢有数百万枚卵泡，肉眼可见的卵泡有数百至数千个，鸡有1000~3000个，鸭鹅有600~1000个，但其中仅有少数能成熟排卵。常见4~6个依次增大的卵泡与其他小卵泡，在卵巢腹面以短柄与卵巢相连接，呈葡萄状（图5-3）。

图5-3 鸡卵

卵巢主要由结缔组织构成，分为内外两层，内层为髓质，外层为皮质。髓质富含血管、神经，皮质含有很多发育层次不同且大小不等的卵泡。每个卵泡含有一个生殖细胞，即卵母细胞，由一根细梗与卵巢相连。细梗内有动脉血管，在卵泡表面形成微细血管网络，为卵泡提供卵细胞发育所需的营养物质。

卵细胞初期发育缓慢，后期迅速增长。根据卵泡发育程度的不同分为初级卵泡、生长卵泡和成熟卵泡；同时卵细胞的颜色从白色逐渐转变为黄色。黄色的卵细胞通常称为卵黄（形成蛋后叫蛋黄），其黄色来源于饲料中的脂溶性叶黄素。卵细胞的成熟需要9~10d，成熟后，自卵泡缝痕破裂排出卵子掉入输卵管，称为排卵。排卵一般发生在产蛋后半小时。家禽的排卵期比较固定，鸡、鹌鹑一般为24h，鸭一般为25~26h。

（2）输卵管　输卵管是一个长而弯曲的管状器官，起自卵巢正后方，沿腹腔左背侧体壁向后行，止于泄殖道。从前向后，依次为漏斗部、膨大部（蛋白分泌部）、峡部、子宫和阴道5部分（图5-4）。

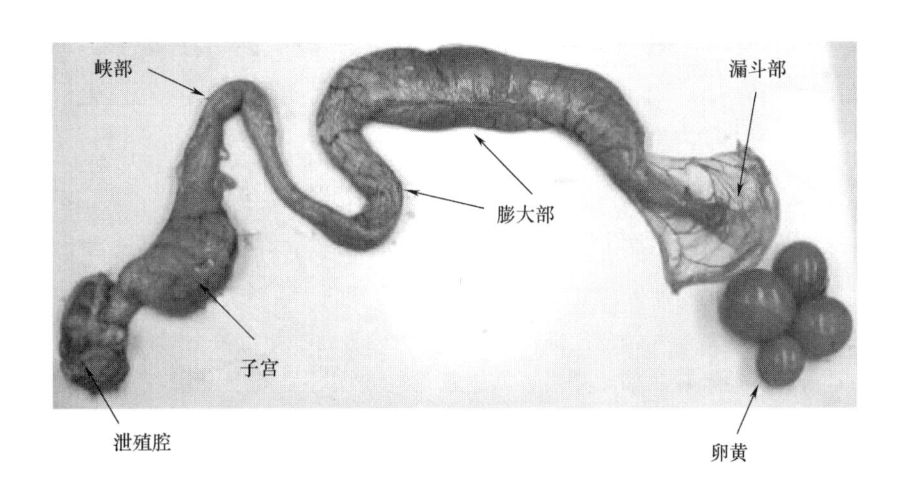

图5-4　母鸡生殖系统实物图

①漏斗部：漏斗部又称伞部或喇叭口，是蛋进入输卵管的入口，长约9cm，分为漏斗区和管状区。在排卵前后做波浪式蠕动，成熟的卵细胞排出时，被漏斗部张开的边缘包裹。发生过交配的母禽，卵细胞与精子结合形成受精卵。

②膨大部：膨大部又称蛋白分泌部，是输卵管最长的部分，长30~50cm，管壁较厚，管壁外层为肌肉层，内层为黏膜固有层，黏膜有纵褶，布满管状腺和单胞腺，前者分泌稀蛋白，后者分泌浓蛋白。输卵管的蠕动作用促使卵黄沿着管轴以旋转方式下移通过膨大部，由于蛋白内层黏蛋白纤维收到机械的扭转和分离，形成螺旋形的蛋黄系带（钝端顺时针方向旋转，锐端逆时针方向旋转）。系带能固定蛋黄使其位于蛋的中央。膨大部能分泌蛋白、多糖及无机离子等。

③峡部：峡部较短，是输卵管最细的部分，长约10cm。峡部与膨大部具有一条白色分界线。峡部的主要功能是形成内壳膜和外壳膜，从而固定蛋的形状，但比较柔软。软蛋以其长轴为中心旋转前行。受精卵在此处第一次卵裂。

④子宫：子宫是输卵管管径最宽的部位，呈袋状，具有玫瑰色，长8~12cm。壁厚且肌肉发达，内壁分布着可分泌子宫液的管状子宫腺体（壳腺）。卵黄在子宫中停留的时间最长，达到18~20h。软蛋进入子宫后的前6~8h，子宫分泌无机盐（主要是钾盐和碳酸氢盐）溶液。该溶液被软蛋吸收而使蛋白重量增加一倍，冰形成稀薄蛋白层。软蛋体积膨大，蛋壳膜呈紧绷状态。子宫液中的碳酸钙在蛋壳膜表面缓慢沉积，并逐渐加快，经20h蛋壳完全钙化。最后5h，子宫的壳腺分泌产生一些着色物质，沉积在蛋壳表面。

⑤阴道：阴道为输卵管的最后一部分，开口位于泄殖腔的左侧，其肌肉发达有助于母禽将蛋产出体外。蛋通过阴道时，会刺激黏液分泌腺产生一种胶质黏液，具有润滑蛋体的作用，促进蛋体的排出。该黏液遇到冷空气便凝结成膜，称为壳外膜。在阴道部与子宫部的交界处分布着阴道腺（vaginal gland），又称精子腺（sperm host gland），能分泌糖类和脂类物质，用于贮存精子，精子能在该腺存活 21d 之久。当母禽产蛋时，被挤压出腺管的精子会陆续进入漏斗部与卵子受精。

3. 禽蛋营养组分的合成

（1）蛋黄的生物合成　蛋黄中的主要成分是蛋白质和卵黄脂质，在雌激素作用下，由肝脏合成。合成的蛋黄物质被释放进入血液循环，通过血液运输到卵泡，与卵母细胞表面的受体结合，经过内吞作用进入卵细胞。每个卵细胞发育的时间约 10d，开始阶段，卵细胞发育缓慢，当卵细胞直径达 6mm 时，卵子急剧增大。通常由数个卵子同时有序发育，分别处于不同的发育阶段，发育时间相隔 1 ~2d。

蛋黄中的色素来自饲料，母禽进食后，色素会沉积在蛋黄内，由于鸡一般白天进食，因此，白天在蛋黄中沉积的色素多，夜晚沉积的少，而蛋黄仍在持续的生长，导致蛋黄呈现出深浅两种交替的蛋黄层。饲料中的色素种类和含量会影响蛋黄色泽，青饲料和黄色玉米能增进蛋黄色泽，过量的亚麻油粕粉使蛋黄呈绿色。一般煮过的饲料无着色力；干燥的粉料着色力高。

（2）蛋清的生物合成　蛋清的形成全部在输卵管内进行。与蛋黄不同，蛋清的蛋白质主要在输卵管中进行，甾类激素（如雌激素、黄体激素），通过控制输卵管管壁中合成蛋白的细胞中这些蛋清蛋白基因的转录而调节各蛋白质的合成。卵子在膨大部（蛋白分泌部）形成蛋清 4 层中的 3 层（系带膜状层、内稀薄蛋白层、中浓厚蛋白层），离开膨大部时，其外观是一层蛋清，分层并不明显。在峡部会分泌一些水和无机盐进入蛋清。在子宫部继续吸收大量的水分和盐分，蛋清重量增加，形成外稀蛋白层，此时蛋清显现出明显的分层。

蛋清中除了蛋白质，还有糖、无机盐等其他物质。蛋清中的糖是由峡部提供并在壳腺部（子宫）进入蛋清的。蛋清中的无机盐主要是在膨大部进入蛋清的，而 K^+ 是在壳腺部进入蛋清的。

（3）壳下膜的生物合成　禽卵离开膨大部时，蛋内容物基本形成，接着进入峡部，在峡部形成蛋壳膜，所以峡部也称为壳膜部。壳下膜分为两层，首先形成贴近蛋清的内壳膜，然后形成贴近蛋壳的外壳膜。膜的主要成分是角质蛋白纤维。

（4）蛋壳的生物合成　禽蛋蛋壳的生物合成是一种受时间和空间严格控制的生物矿化过程。

①准备阶段：在峡部，富含蛋白聚糖的有机聚合物按一定周期沉积在壳下膜表面，形成随机分布的乳头核，这些乳头核由于富含蛋白聚糖而带有一定电荷；禽卵进入子宫后，最初 8h 内迅速吸收水分而膨大，形成蛋的卵形。

②成壳阶段：子宫壳腺分泌大量的 Ca^{2+}、HCO_3^-（远超其 $CaCO_3$ 溶解度）以及构成蛋壳的有机物质。碳酸钙会因为与乳头核电荷相反而被吸引沉积在乳头核上，并逐步沉积呈放射状生长，依次形成乳头层和栅栏层等蛋壳主要部分。

形成蛋壳的钙主要从饲料中获取。若饲料供给不足，则从骨头中调动钙离子，若长期缺钙，就会形成软壳蛋，甚至中止产蛋。缺乏维生素 D 也会影响钙吸收和蛋壳形成。

③成膜阶段：在产蛋前 2h，生物矿化作用停止，形成壳外膜。

二、禽蛋的构造

1. 禽蛋的整体构造

禽蛋由蛋壳、蛋白和蛋黄3大部分组成，其具体结构如图5－5所示。

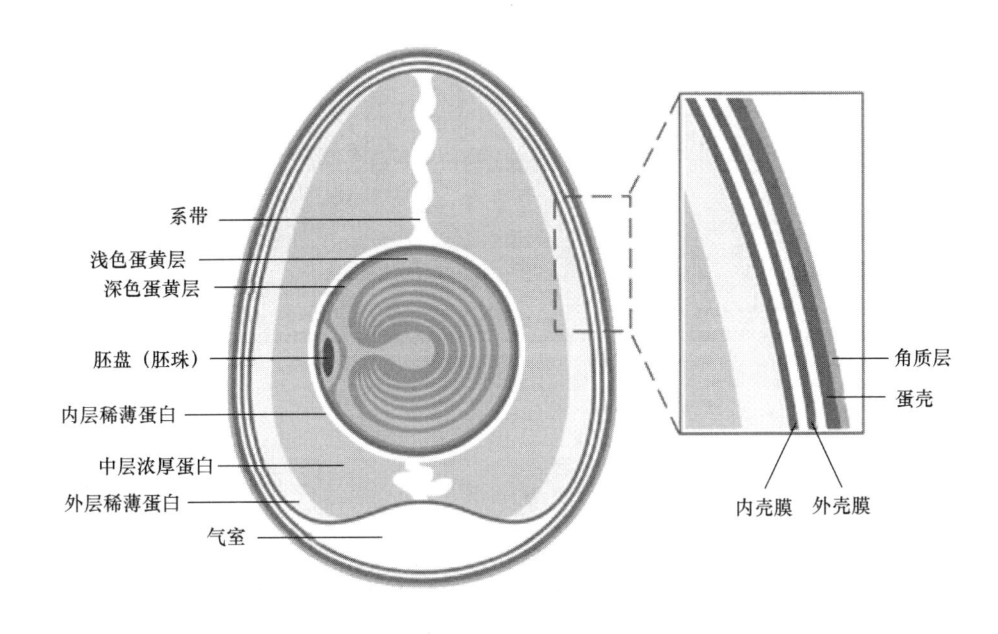

图5－5　禽蛋的结构示意图

2. 蛋壳的构造

蛋壳及膜部分由角质层、蛋壳、壳下膜（壳外膜和壳内膜统称）构成（图5－6、图5－7、图5－8）（Hunton，2005）。

（1）角质层　角质层是指鲜蛋表面覆盖的一层膜，又称壳上膜、外壳膜、角质膜，是由一种无定形结构、透明、可溶性的胶质黏液干燥后形成的膜。其主要化学组成为糖蛋白。外蛋壳膜有封闭气孔的作用，完整的膜能阻止蛋内水分蒸发、二氧化碳逸散及外部微生物的侵入，但水洗、受潮或机械摩擦均易使其脱落。因此，该膜对蛋的质量仅能起短时间的保护作用。壳上膜的完整程度可作为判断蛋新鲜度的依据。鸡蛋涂膜保鲜就是人工仿造壳上膜的作用而发展起来的一种禽蛋保鲜方法。

（2）蛋壳　蛋壳是包裹在蛋内容物外面的一层石灰质硬壳，主要由碳酸钙组成，一般厚0.2～1.0mm。具有保持蛋的形状，保护蛋内容物的作用，但质地薄脆，不耐挤压。蛋壳的纵轴比横轴耐压，因此储运时，通常将蛋竖放。

蛋壳主要由基质和方解石晶体构成，二者比例为1:50。基质由交错的蛋白质纤维和团块组成，分为乳头基质层和海绵基质层，乳头基质层内嵌在壳下膜的蛋白纤维网络中，乳头核心中的蛋白团块与壳下膜的蛋白纤维发生连接。方解石晶体按一定方式堆积在基质网络中，并形成微小的气孔（图5－9）。

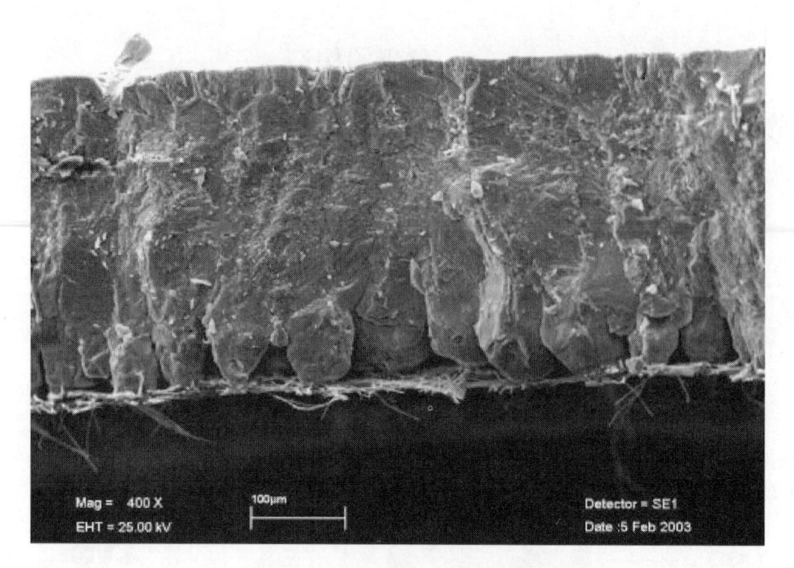

图5 -6　蛋壳的扫描电镜图

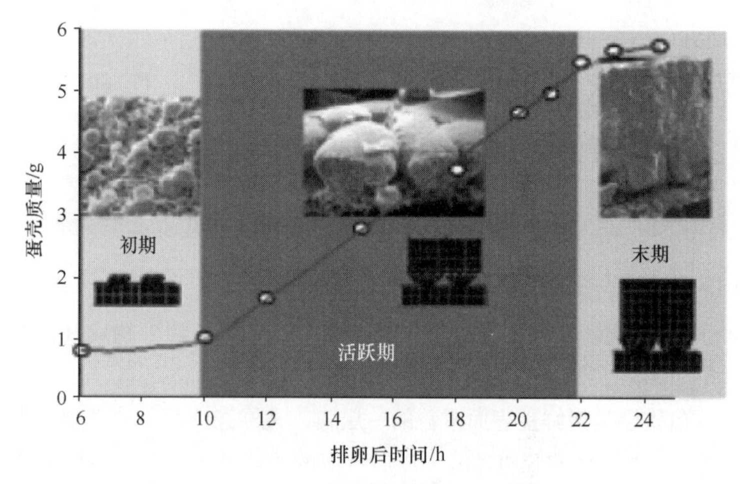

图5 -7　蛋壳的结构示意图

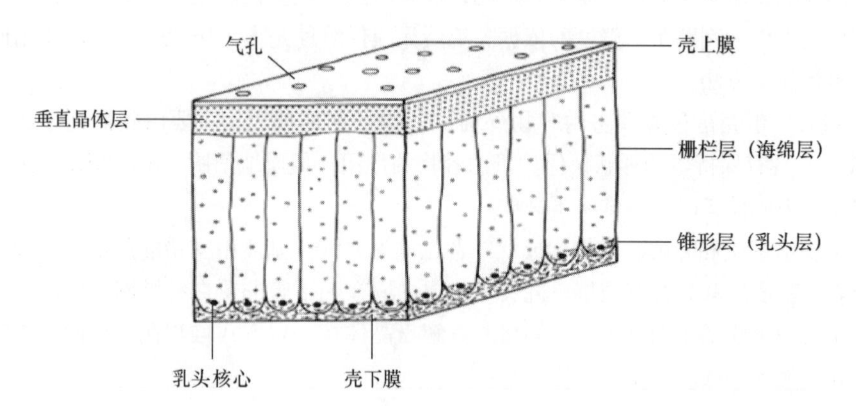

图5 -8　蛋壳的形成过程

(3) 气孔　蛋壳上具有很多气孔，结构不规则呈弯曲状，100～300 个/cm^2，总数可达10000～20000 个，其分布并不均匀，一般钝端较多，锐端较少。鸡蛋的气孔小，鸭蛋和鹅蛋的气孔大。气孔的主要作用是作为通道，沟通蛋内外水分和气体的交换，因此胚胎发育所需要的氧气和产生的二氧化碳及水气可透过气孔排出。气孔似漏斗状，从外向内逐渐变窄，其直径多在 1.4～5.6μm，但少数气孔较大，可穿过细菌。刚生出来的蛋，气孔是封闭的，表面光滑；随着时间延长，气孔会逐渐敞开，蛋的表面会越来越粗糙。

蛋存放的时间越长，蛋内水分扩散到蛋外的就越多，导致气室逐渐增大，蛋重逐渐减轻，据此可以判断蛋的新鲜度。气孔具有透湿性，在暗室中通过强光照射，可以观察蛋的内容物情况（图 5－10）。

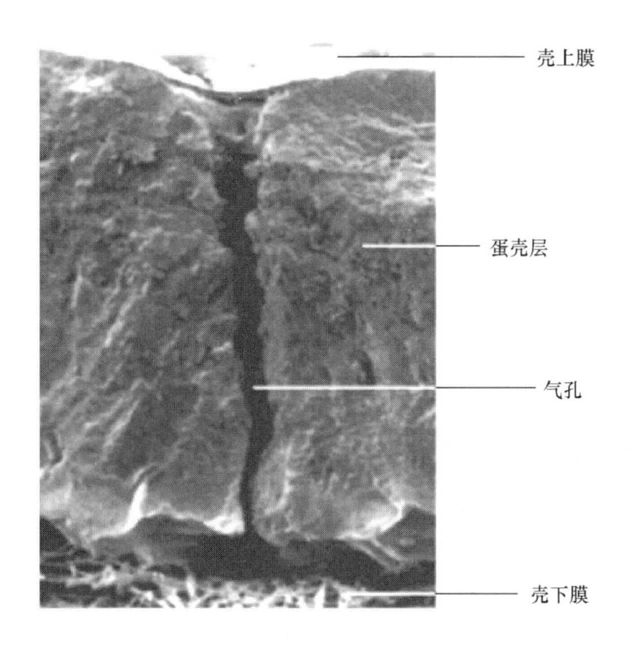

图 5－9　蛋壳横截面扫描电镜图

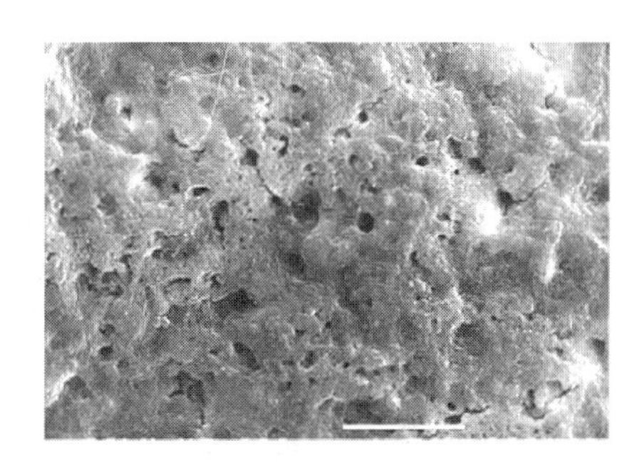

图 5－10　蛋壳外膜上的气孔
（标尺长度 5μm）

3. 蛋壳膜的构造

(1) 壳下膜　壳下膜又称壳内膜，厚约 50μm，分内外两层。外层称为外壳膜，厚 4～60μm，紧贴蛋壳；内层称为内壳膜或蛋白膜，厚 13～17μm，紧贴蛋白。两层膜的结构大致相同，都是由角质蛋白纤维交织构成的网状结构，但外壳膜结构粗糙，网孔隙较大，微生物可以穿过外壳膜进入蛋内；而蛋白膜纤维纹理紧密细致，网间孔隙小，微生物不能直接穿过内壳膜，只能先分泌蛋白酶分解蛋白纤维后，才能进入蛋内。

壳下膜对微生物的阻挡能力高于蛋壳，可以保护蛋内容物不受微生物入侵，同时保护蛋白不流散。壳下膜具有透水、透气性，不溶于水、酸和盐溶液。

(2) 气室　壳下膜的两层蛋壳膜（外壳膜和内壳膜）原本贴合在一起，但禽蛋离体后，蛋内容物冷却收缩，形成负压，使得外部气体进入蛋内。由于钝端气孔较多较大，外界空气从钝端进入相对容易。另外，外壳膜与蛋壳内壁结合紧密，而内壳膜则紧贴蛋白。因此，气体在钝端的两层膜间聚集，使得钝端的两层膜分开，形成一个气室（图 5－11）。

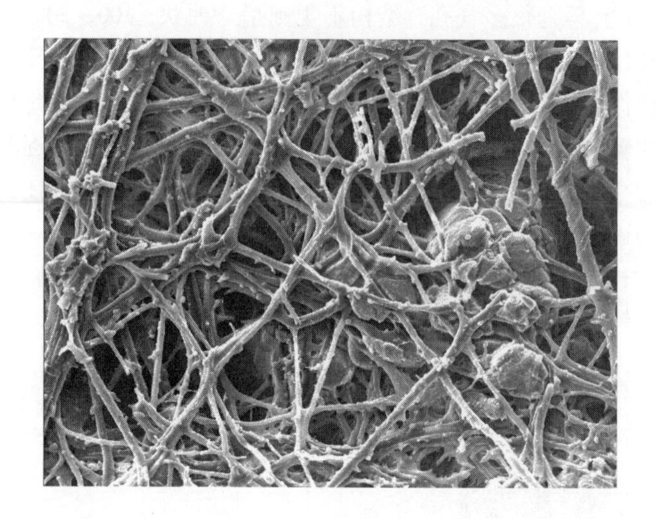

图5－11　壳下膜的微观网络结构

禽蛋在产下后6～10min形成气室，24h形成直径1.3～1.5cm的气室。随着存放的时间延长，蛋内的水分会逐渐散失，从而导致气室不断增大。因此，气室的大小反映蛋的新鲜度（图5－12）。

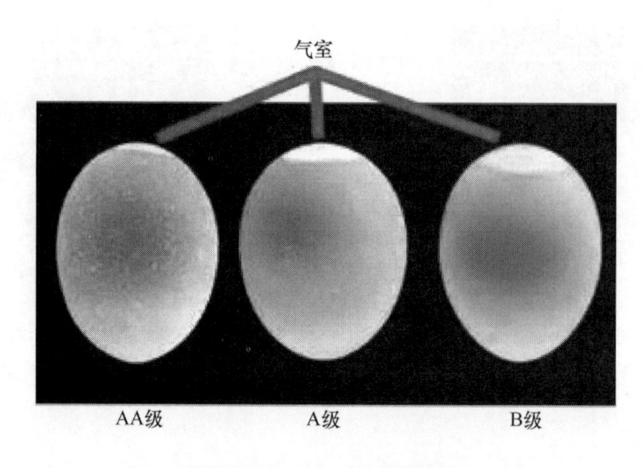

图5－12　气室与鸡蛋等级

4. 蛋白的构造

（1）蛋白　蛋白也称蛋清，是一种半透明半流动黏稠胶体物质，位于蛋黄膜和蛋白膜之间，约占蛋质量的45%～60%。蛋白从外向内分为四层，外稀蛋白层，约占23.2%；中浓蛋白层，约占57.3%；内稀蛋白层，约占16.8%；内浓蛋白层，也称系带膜状层，约占2.7%（图5－13）。

浓厚蛋白含有黏蛋白和溶菌酶。黏蛋白能使浓厚蛋白成为一个整体，溶菌酶具有杀菌抑菌能力。蛋在存放过程中，黏蛋白会发生水解，浓厚蛋白会逐渐转变为稀薄蛋白，溶菌酶也会逐渐失去抑菌能力。浓厚蛋白和稀薄蛋白质量之比称为蛋白指数，用于评价蛋的新鲜度，鲜蛋一般为6:4或5:5。当蛋贮藏时间过长，蛋内稀薄蛋白含量就会大量增加，从而变为水响蛋。

（2）系带　沿着鸡蛋纵轴方向，在蛋黄两端各有一个连接蛋黄和两端的带状扭曲物，称为

图5－13　蛋清与蛋黄

系带。系带由浓厚蛋白构成，粗而具有弹性，其作用是将蛋黄固定在蛋的中心。随着蛋存放时间的延长，浓厚蛋白会逐渐变稀，系带也会逐渐变细甚至消失，从而造成蛋黄游动而出现黏壳蛋。因此，系带的状态也可用于鉴别的蛋新鲜度。系带在加工时须除去。

5. 蛋黄的构造

蛋黄由蛋黄膜、蛋黄内容物和胚盘 3 个部分组成，位于蛋的中心，呈圆球形。

（1）蛋黄膜　蛋黄膜是一层薄但很有韧性的透明薄膜，平均厚度为 16μm，质量占蛋黄的 2% ~3%，包裹整个蛋黄部分，防止蛋黄和蛋白混合。

由于蛋黄含有较多的盐类，渗透压高于蛋白，因此蛋白中的水分不断向蛋黄渗透，使蛋黄体积不断增大，蛋白膜逐渐变薄，其韧性也逐渐下降。当体积增大 19% 以上时，蛋黄膜就会破裂，蛋内容物外泄，形成散黄蛋。

新鲜的蛋打开后，蛋黄高耸，而陈旧的蛋打开后，蛋黄扁平。因此可以根据蛋黄的凸出程度判断蛋的新鲜度。蛋黄指数是蛋黄的高度和直径之比，用于指示蛋的新鲜度，指数越大代表蛋越新鲜（图 5－14）。

图5－14　蛋黄指数检测

（2）胚盘　蛋黄表面有一个直径为 2 ~3mm 的白点，未受精的呈圆形，称胚珠；受精的呈靶心形，称胚盘（图 5－15）。因为胚盘的密度比蛋黄小，因此浮在蛋黄表面。未受精的蛋相比受精的蛋耐贮藏。当外界的温度高于 25℃时，受精的胚盘就会发育，形成血环，并随温度升高而产生树枝状的血丝（图 5－16）。

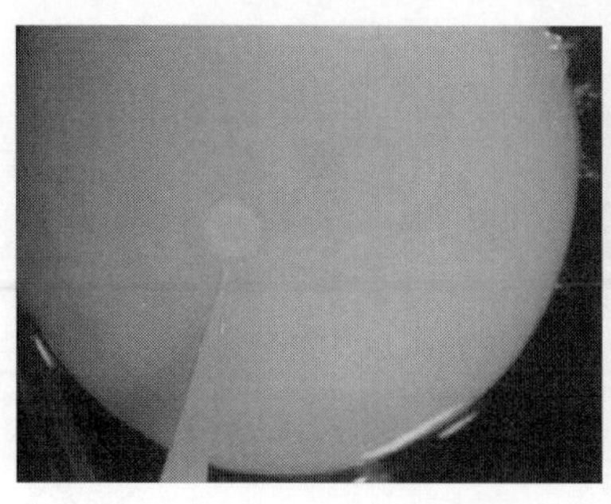
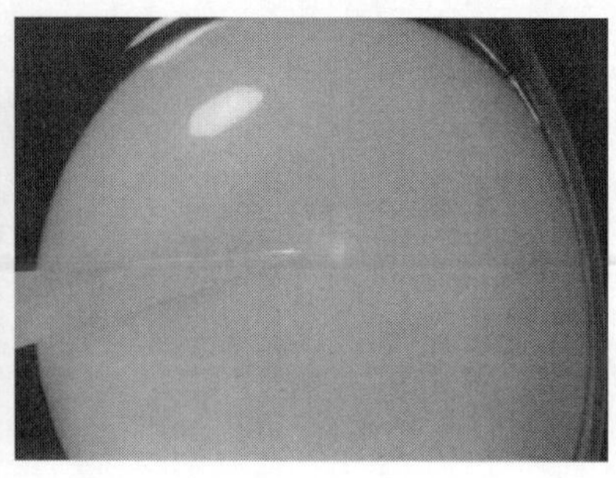

图5－15　胚盘（受精）和胚珠（未受精）

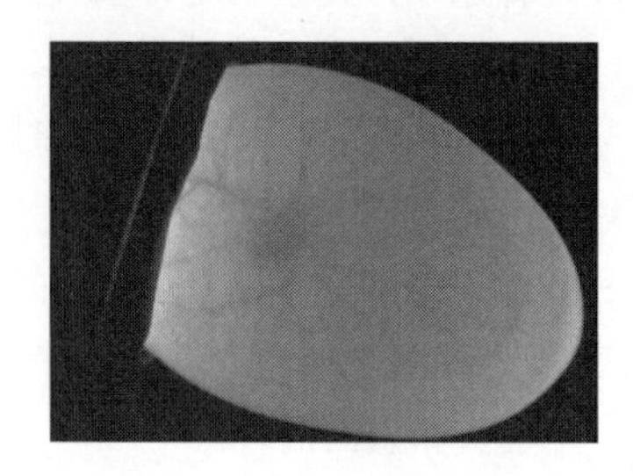

图5－16　发育4d的鸡蛋显示出血丝

（3）蛋内容物　蛋内容物是蛋黄的主体部分，是一种浓厚且不透明的半流动黄色乳状液。胚胎的下部至蛋黄中心有一细长近似白色的部分称蛋黄芯。

新鲜的蛋黄内容物由浅色蛋黄和深色蛋黄交替组成。蛋黄之所以呈现颜色深浅不同的轮状，是由于母禽一般白天进食，因此白天比夜晚有更多的色素沉积在蛋黄内。因此白天形成深色蛋黄，而夜晚形成浅色蛋黄，一昼夜沉积形成的蛋黄层厚度为1.5～2.2mm，如此循环，结果蛋黄内形成7～10个深浅蛋黄交替组成的同心圆。

蛋黄的色泽主要来自饲料里所含的3种色素：叶黄素、β－胡萝卜素以及黄体素。饲料中色素的成分和含量会影响蛋黄的色泽，因此饲料不同，所产的蛋黄色泽也会有所不同（图5－17）。一般浅色蛋黄仅占全蛋黄的5%左右。

图5－17　不同色泽的蛋黄

三、禽蛋的化学组成

禽蛋含有水分、蛋白质、脂肪、矿物质、糖类及维生素等成分。禽蛋的化学组成受家禽的种类、畜龄、蛋重、饲养条件和产蛋时间等因素影响，变化较大（表5－2）。

表5－2　禽蛋的化学成分表　单位：%

蛋的种类	水分	蛋白质	脂肪	灰分	碳水化合物
鸡蛋	72.5	13.3	11.6	1.1	1.5
鸭蛋	70.8	29.2	15.0	1.1	0.3
鹅蛋	69.5	30.5	14.4	0.7	1.6
鸽蛋	76.8	23.2	8.7	1.1	—
火鸡蛋	73.7	25.7	11.4	0.9	—
鹌鹑蛋	67.5	32.3	14.4	1.2	—

1. 蛋壳的成分

(1) 角质层　角质层大部分成分是非角质蛋白，以及一些糖类（半乳糖、葡萄糖、甘露糖、果糖和戊糖），3.5%的灰分，极少量的脂类和色素。

(2) 蛋壳　蛋壳主要由无机物组成，约占整个蛋壳的94%～97%，有机物约占整个蛋壳的3%～6%。无机物主要是碳酸钙（约93%），碳酸镁（约1%），以及少量的磷酸钙、磷酸镁。这些物质以乳头核为起点呈放射状生长，形成两种晶体：方解石晶体，主要成分为 $CaCO_3$；白云石晶体，主要成分为 $CaMg(CO_3)_2$。白云石晶体比方解石晶体硬度大，其分布从外侧向内侧逐步减少。有机物主要为蛋白质，少量的水和脂质（表5－3）。

表5－3　蛋壳的化学组成　单位：%

蛋的种类	有机物	$CaCO_3$	$MgCO_3$	$Ca_3(PO_4)_2$ [$Mg_3(PO_4)_2$]
鸡蛋	3.2	93.0	1.0	2.8
鸭蛋	4.3	94.4	0.5	0.8
鹅蛋	3.5	95.3	0.7	0.5

蛋壳的色素主要是卟啉类色素：原卟啉Ⅸ，胆绿素Ⅸ和胆绿素Ⅸ的锌离子螯合物。褐色的蛋主要含有原卟啉色素，而蓝色或蓝绿色的蛋主要含有胆绿素Ⅸ及其锌离子螯合物。在孕酮的影响下，色素会聚集在母亲生殖道的壳腺，随蛋壳形成而沉积，在产蛋前3～5h，沉积速度加快。

2. 蛋壳膜的成分

蛋壳膜含有约20%的水分和80%的有机物。有机物大部分为蛋白质（硬蛋白为主），少量多糖和脂肪。蛋壳膜中含有丰富的溶菌酶，其含量是浓厚蛋白的4倍。

3. 蛋白的成分

蛋白部分的重量约占全蛋重的2/3，主要含有水分、蛋白质、脂肪、维生素、矿物质和糖类。这些成分受家禽种类、品种、饲养条件、生理期等因素影响，差异较大（表5－4）。

表 5 -4　蛋白的化学组成　单位：%

蛋的种类	水分	蛋白质	无氮浸出物	葡萄糖	脂肪	矿物质
鸡蛋	85 ~88	11 ~13	0.8	0.7 ~0.8	极少	0.6 ~0.8
鸭蛋	87	11.5	10.7	—	0.03	0.8

（1）水分　蛋白质中的水分除少量与蛋白结合，以结合水形式存在外，大部分水分以溶剂形式存在。蛋白中的水分分布并不均匀，外稀蛋白层含水 89%，中厚蛋白层含水 84%，内稀蛋白层含水 86%，内浓蛋白层（系带膜状层）含水 82%。

（2）蛋白质　蛋白中的蛋白质约占蛋白重量的 11% ~13%，其种类将近 40 种，主要有卵白蛋白、卵伴白蛋白（卵转铁蛋白）、卵类黏蛋白、卵球蛋白、溶菌酶等。按照蛋白的结合形式，分为简单蛋白类和糖蛋白类，简单蛋白包括卵白蛋白、卵球蛋白和卵伴白蛋白等，糖蛋白是指与碳水化合物结合的蛋白，包括卵黏蛋白和卵类黏蛋白。蛋白质在各层的分布类似，但卵黏蛋白和溶菌酶的含量差异明显，正是这种差异造成各蛋白层凝胶结构的不同（表 5 -5）。

表 5 -5　三种蛋白在各层中的分布　单位：%

蛋白种类	外稀蛋白层	浓厚蛋白层	内稀蛋白层
卵类黏蛋白	1.91	5.11	1.10
卵类球蛋白	3.66	5.59	9.89
卵清蛋白	94.43	89.18	89.29

（3）碳水化合物　蛋白中的碳水化合物分两种状态：结合态和游离态。结合态的糖与蛋白呈共价结合状态；游离态的糖主要是葡萄糖（98%），其余的是微量的果糖、甘露糖、阿拉伯糖、木糖和核糖。蛋白中的糖类虽然很少，但是能与蛋白产生美拉德反应，因此在生产蛋粉类产品时，要除去这些糖，避免蛋制品产生深色的色泽。

（4）脂质　新鲜蛋白中脂质含量很少，约占 0.03%，中性脂质和复合脂质是（7:1）~（6:1），主要含有棕榈油酸、油酸、亚油酸、花生四烯酸以及硬脂酸等。

（5）无机成分　蛋白中的无机成分含量较少，但种类丰富，主要有 S、K、Na、Cl。

（6）酶　蛋白中含有溶菌酶、三丁酸甘油酯酶、肽酶、磷酸酶、过氧化氢酶等。

（7）维生素　蛋白中含有的维生素有维生素 B_2、维生素 C、维生素 PP 等。

4. 蛋黄的化学成分

蛋黄富含蛋白质、脂肪、维生素和矿物质等多种物质（表 5 -6）。

表 5 -6　蛋黄的化学成分　单位：%

蛋的种类	水分	脂肪	蛋白质	矿物质
鸡蛋	47 ~52	30 ~33	16	0.4 ~1.3
鸭蛋	46	36	19	1.2

（1）脂质　蛋黄中的脂质约占蛋黄总重的 30% 左右，中性脂质约为 65%，磷脂约为 30%，胆固醇约为 4%。磷脂主要包括卵磷脂和脑磷脂两类。

除胆固醇外，蛋黄中的脂质受鸡种和饲料的影响，因此可以通过调整饲料来控制蛋黄中脂质的构成。

（2）蛋白质　蛋黄中的蛋白质主要是磷蛋白和脂肪结合而成的脂蛋白，其组成为：低密度脂蛋白65%、高密度脂蛋白16%、卵黄球蛋白10%、卵黄高磷蛋白4%、其他5%。

低密度脂蛋白（low density lipoprotein，LDL）的脂质含量高达89%，而蛋白质只有11%，因此密度低（0.89g/cm^3）。低密度脂蛋白是使蛋黄显示出乳化性，以及蛋黄解冻时凝胶化的组分。

高密度脂蛋白（high density lipoprotein，HDL）又称卵黄磷脂蛋白（lipovitellin），包括α-卵黄脂磷蛋白和β-卵黄脂磷蛋白两种蛋白质（含量比为1∶1.8）。高密度脂蛋白中蛋白质的含量约为80%，脂质含量约为20%。卵黄脂磷蛋白还具有抗氧化性。

卵黄高磷蛋白（phosvitin）是一种细长的分子，与卵黄磷脂蛋白相互作用，以脂蛋白-卵黄磷脂蛋白复合体的形式存在于卵黄中。卵黄高磷蛋白具有许多特殊性质：可与多价金属离子作用；具有很强的乳化性；较强的抗氧化性；具有一定是杀菌作用；在中性溶液中有很高的电荷。

卵黄球蛋白（livetin）分为α-卵黄球蛋白（血清白蛋白）、β-卵黄球蛋白和γ-卵黄球蛋白3中蛋白。

（3）色素　蛋黄含有较多的色素，其中绝大部分是脂溶性色素，如胡萝卜素、叶黄素，水溶性色素主要是玉米黄色素。每100g蛋黄中含有约0.3mg叶黄素、0.031mg玉米黄素和0.03mg胡萝卜素。

（4）维生素　鲜蛋中的维生素主要存在于蛋黄中，因此蛋黄中的维生素不仅种类多而且含量丰富，特别是维生素A、维生素E、维生素B_2、维生素B_6和泛酸含量较多（表5-7）。

表5-7　蛋黄的维生素

维生素的种类	含量/（μg/100g）	维生素的种类	含量/（μg/100g）	维生素的种类	含量/（μg/100g）
维生素A	200～1000	维生素B_1	49	泛酸	580
维生素D	20	维生素B_2	84	叶酸	4.5
维生素E	15000	维生素B_6	59	烟酸	3
维生素K_2	25	维生素B_{12}	342		

（5）无机物　蛋黄中含有1%～1.5%的矿物质，其中磷含量最高，其次为钙，还有铁、硫、钾、钠、镁等（表5-8）。

表5-8　蛋黄的无机物

无机物种类	P	Ca	K	S	Mg	Fe	Na
含量/%	0.543～0.980	0.121～0.262	0.112～0.360	0.016	0.032～0.128	0.0053～0.011	0.070～0.093

（6）酶　蛋黄中含有淀粉酶、三丁酸甘油酯、蛋白酶、肽酶、胆碱酯酶、磷酸酶、过氧化

氢酶等。

四、 禽蛋的营养价值

禽蛋含有蛋白质、脂肪、类脂质、矿物质及维生素等营养物质，营养成分丰富，且消化吸收率非常高，是一种高营养食品。

1. 禽蛋蛋白质的营养特性

禽蛋的蛋白质含量比较高，鸡蛋蛋白含量为11% ~13%，鸭蛋为12% ~14%，鹅蛋为12% ~15%。禽蛋的蛋白含量低于豆类和肉类，但高于其它食物，是一种高蛋白食品。鸡蛋含有人体所需的各种氨基酸，且氨基酸组成模式与人体需求相近，消化吸收率高，其生物价高达94，是理想的优质蛋白（表5 -9）。

卵铁转运蛋白对婴儿急性肠炎有治疗作用，对细菌具有广谱抗菌作用。溶菌酶能分解微生物的细胞壁，促进微生物死亡，因此是一种抗菌剂，同时还具有抗癌活性。卵黏蛋白可抑制肿瘤细胞的生长。免疫球蛋白对人或动物有良好的被动免疫保护功能。

表5 -9　　常见食物的蛋白生物价

蛋白质	鸡全蛋	鸡蛋黄	鸡蛋白	牛乳	牛肉	猪肉	大米	大豆	面粉
生物价	94	96	83	85	76	74	77	64	52

2. 禽蛋脂肪的营养特性

禽蛋的脂类成分主要集中在蛋黄中，蛋清中的脂类极少。蛋黄的30%以上都是脂类，中性脂质约为65%，磷脂约为30%，胆固醇约为4%。磷脂主要包括卵磷脂和脑磷脂两类。磷脂有助于改善肝脏脂肪和胆固醇代谢，对健康有益。

蛋黄油可从鸡蛋中提取而得，其主要成分有甘油三酯、卵磷脂、脑磷脂、甾醇及少量的游离脂肪酸等。在医学上具有多种应用，具有调节生理机能，促进智力发育和表皮修复等功能。

胆固醇是细胞膜的重要组成成分，并参与一些甾体类激素和胆酸的生物合成。胆固醇在蛋黄中的含量达6.8mg/g。过量摄入容易导致营养失调，因此要适当控制胆固醇的摄入。

3. 禽蛋矿物质和维生素的营养特性

禽蛋含有约1%的矿物质，含量较多的为钙、磷、钾、钠、氯、镁、硫7种。禽蛋中的钙主要分布在蛋壳中，蛋清和蛋白中的钙含量相对较少。鸡蛋含钙大约为35mg/100g，鸭蛋中含钙约为107mg/100g。禽蛋中的铁主要存在于蛋黄中，全鸡蛋中含铁量为4.5mg/100g，蛋黄中含铁量为7mg/100g。禽蛋中磷的含量较高，多以高磷蛋白的形式存在。由于磷在食物中广泛存在，所以磷缺乏比较少见。

禽蛋中富含维生素A、维生素B_1、维生素B_2、维生素D以及烟酸，这些维生素主要存在于蛋黄之中，禽蛋中缺乏维生素C。

4. 抗营养成分

（1）抗生物素蛋白　抗生物素蛋白是存在于蛋清卵白蛋白中的一种碱性糖蛋白，与生物素具有很强的亲和力。一个抗生物素蛋白具有4个相同的亚基，能结合4个生物素。同时，抗生物素蛋白具有较强的稳定性，耐酸耐碱、对蛋白和水解酶也有相当强的耐性，也有一定的耐热性。

生蛋清当中含有的抗生物素蛋白与生物素结合后，使得生物素失去活性，导致体内生物素缺乏，引起皮炎和舌炎。

（2）胰蛋白酶抑制剂（鸡卵类黏蛋白） 鸡卵类黏蛋白是鸡卵清中的一种糖蛋白，具有强烈的抑制胰蛋白酶的作用，对热和酶解都很稳定。

（3）过敏原物质 禽蛋中的过敏原物质主要包括：卵白蛋白、卵转铁蛋白和溶菌酶。

五、 禽蛋的特性

1. 禽蛋的理化特性

（1）禽蛋的重量 禽蛋的重量受品种、年龄、体重、饲养条件等多种因素的影响。一般鸡蛋约52g（32~65g），鸭蛋约85g（70~100g），鹅蛋约180g（160~200g）。贮藏期间，由于水分通过蛋壳气孔蒸发，蛋的重量会有所减轻（图5－18）。

一般初产母禽所产的蛋较轻，经产母禽所产的蛋较重。

图5－18 禽蛋（从左至右：鹅蛋、鸭蛋、鸡蛋、鹌鹑蛋）

（2）禽蛋的颜色 鸡蛋有白壳蛋和褐壳蛋，鸭蛋有白色和青色，鹅蛋有暗白色和浅蓝色。

（3）禽蛋的密度 禽蛋的密度与新鲜度有关。新鲜鸡蛋的密度为1.08~1.09g/cm^3，陈蛋的密度是1.025~1.06g/cm^3。通过测定蛋的密度，可以鉴定蛋的新鲜度。

蛋白密度为1.039~1.052g/cm^3，蛋黄的密度为1.028~1.029g/cm^3，蛋壳的密度为1.741~2.134g/cm^3。

（4）蛋壳的厚度 蛋壳具有保护作用。一般鸡蛋蛋壳厚度不低于0.33mm，深色蛋壳厚度高于白色蛋壳。鸭蛋蛋壳平均厚度是0.4mm。

（5）禽蛋的pH 新鲜蛋的pH约为7.5，蛋白的pH为6.0~7.7左右，蛋黄的pH为6.5左右。

鸡蛋在贮藏期间，由于二氧化碳不断逸出以及蛋白分解，蛋黄和蛋白pH逐渐升高。蛋白pH上升较快，蛋黄变化较缓慢。产蛋后10d左右，蛋白的pH上升至9.0~9.7。

（6）蛋液的黏度 蛋白分浓厚蛋白和稀薄蛋白，各部分的黏度不同。新鲜鸡蛋蛋白的黏度为3.5×10^{-3} ~ 10.5×10^{-3}Pa·s，蛋黄为0.11~0.25Pa·s。陈蛋由于蛋白质分解，黏度会降低。

（7）蛋液的表面张力 蛋液中存在大量的蛋白质和磷脂，这些成分可以降低表面张力，因此蛋液的表面张力低于水的表面张力。新鲜鸡蛋的表面张力为50~55N/m，其中蛋白为56~65N/m，蛋黄为45~55N/m。

（8）禽蛋的扩散性和渗透性 由于蛋的内容物不是均一的，化学组成也存在差异。各构成部分的化学成分从高浓度向低浓度进行扩散和渗透，从而使各部分的构成趋向一致。

(9) 禽蛋的耐压性　禽蛋的耐压性取决于蛋壳的形状、厚度和均匀性。球形蛋耐压度最大，椭圆形蛋居中，圆筒形蛋最小；蛋壳厚度越大越耐压，反之耐压度越小。禽蛋的纵轴耐压性大于横轴，因此以竖放为佳。

(10) 禽蛋的热学性质　鲜蛋蛋白的热凝固温度为62～64℃；蛋黄的热凝固温度为68～72℃，混合蛋的热凝固温度为72～77℃。蛋白的冻结点为-0.48～-0.41℃，蛋黄的冻结点为-0.62～-0.55℃。在禽蛋加工和冷藏时，应注意温度可能带来的不利影响。

蛋白的冻结点为-0.48～-0.41℃，平均为-0.48℃，蛋黄的冻结点为-0.617～-0.545℃，平均为-0.6℃，

(11) 禽蛋的透光性　蛋壳上分布有大量的微小气孔，可穿过光线，因此禽蛋具有透光性。用灯光照射蛋时，可以观察蛋内容物特征。

2. 禽蛋的功能特性

(1) 蛋的凝固性和凝胶化性　蛋的凝固是一种蛋白质分子的结构变化，由流体变成固体或半固体（凝胶）状态。蛋白质的凝固作用分为两个阶段：变性和结块。

变性就是在外界因素作用下，如热、盐、碱及机械作用，蛋白质分子的非共价键被破坏，使分子有规则的结构展开，暴露内部的疏水基团，形成中间体。当外界因素作用不强或时间很短时，中间体可重新折叠成原始状态，称为可逆变性。当外界因素作用强度大或时间长时，中间体会进一步折叠成新的稳定结构，即使撤销外界作用也不会复原，称为不可逆变性。在不变性过程中，蛋白质分子间发生交联，形成新的聚合体。聚合和变性并非是截然分开的两个过程，在变性过程中，即发生相互的聚合，凝胶的最终状态取决于变性和聚合的平衡。

①热凝固：蛋白在57℃长时间加热开始凝固，58℃即呈现混浊，60℃以上即凝固，70℃以上由柔软的凝固状态变为坚硬的凝固状态。

在蛋中添加盐类可以促进蛋的凝固，因为盐可以降低蛋白质分子间的排斥力。蛋在盐水中加热，蛋液凝固完全，且易脱壳。在蛋液中加糖可使凝固温度升高，凝固物变软。加糖后制品的硬度与砂糖添加量成比例下降。

②酸碱凝胶化：蛋白在pH2.3以下或pH12.0以上会形成凝胶。松花蛋生产就是基于碱能使蛋白凝胶这个原理。

鸡蛋卵白蛋白的等电点为pH4.5，这时蛋白质加热最容易凝固变性，反之偏离等电点，则加热时较不易凝固变性。可以利用此特点，在蛋液灭菌时适当提高变性温度，避免蛋白发生凝固变性。

③冷冻胶化：蛋黄在冷冻时黏度剧增，形成弹性胶体，解冻后也不能完全恢复蛋黄原有状态。蛋黄低温冻结时，蛋黄冰点由-0.58℃降至-6℃，水形成冰晶，未冻结的部分的盐溶液剧增，促进蛋白质盐析或变性。

④添加物对凝固变性的影响：加入糖、食盐时，蛋的凝固温度会发生变化。盐具有促进蛋白质凝固的作用，因为盐类能减弱蛋白质分子间的排斥力。糖具有减弱蛋白质凝固的作用，因为糖能使凝固温度升高，并使凝固物变软。加入砂糖后制品的硬度与砂糖添加量成比例下降。

(2) 蛋的起泡性　搅打蛋清时，空气进入蛋液中形成泡沫。在气泡形成过程中，首先形成大气泡，随后气泡逐渐变小而数目增多，泡膜弹性逐渐下降，最后泡膜坚实而易脆，失去流动性。通过加热，可以使蛋清固定。球蛋白、伴白蛋白起发泡作用，而卵黏蛋白、溶菌酶则起稳

定作用。蛋白的发泡性受酸碱影响很大，在等电点或强酸强碱时，由于蛋白质变性并凝集而起泡力最大。

蛋的起泡性取决于表面张力，表面张力越低越有利于起泡，加入表面活性剂，可以降低表面张力，提高蛋的起泡性。升高温度也能降低表面张力，同时还影响起泡的稳定性。高温（38℃）起泡快，起泡体积大，但是不够稳定，达到最大起泡力后，泡沫会逐渐变小；15℃搅打起泡慢，起泡体积小；起泡力和泡沫稳定性两者都较佳的是21℃左右。

蛋清发泡能力受加工因素影响。蛋白经加热杀菌后，会不可逆地使卵黏蛋白与溶菌酶形成复合体变性，延长气泡所需时间，降低发泡力。

（3）蛋的乳化性　蛋黄具有优异的乳化性。蛋黄中的卵磷脂、胆固醇、脂蛋白均具有乳化力。卵磷脂等既具有能与油结合的疏水基，又具有能与水结合的亲水基，能促使形成水包油型的乳化体系。蛋黄黏稠的连续相能促进乳化液的稳定，若蛋黄用水稀释，乳化固形物下降，则乳化稳定性下降。蛋黄中添加少量食盐、糖，可以提高乳化力；蛋黄发酵后，乳化能力增强；温度也会影响乳化性，凉蛋的乳化性较差，而以16～18℃比较适宜，温度超过30℃降低乳化力；另外，酸、冷冻、干燥、贮藏等都会使乳化力下降。

3. 禽蛋的贮运特性

（1）孵育性　低温有利于抑制蛋内微生物和酶的活动，使鲜蛋呼吸作用缓慢，水分蒸发减少，有利于保持鲜蛋营养价值和鲜度。禽蛋贮藏以－1～0℃为宜，当温度增加到10～20℃时品质开始下降，21～25℃时胚胎开始发育，25～28℃时发育加快，37.5～39.5℃时仅3～5d胚胎周围就出现树枝血管。未受精的蛋，气温过高会引起胚珠和蛋黄过大。高温还造成蛋白变稀、水分蒸发、气室增大、质量减轻。据测定，一枚鲜蛋放在9℃环境中，每昼夜失重为1mg；22℃时，失重10mg；37℃时，失重50mg。

（2）怕潮性　潮湿的环境（雨淋、水洗、受潮）会破坏蛋壳表面的胶质薄膜，裸露气孔，湿润的环境有助于细菌进入蛋内繁殖，加快蛋的腐败。因此禽蛋应在通风干燥的环境下进行。

（3）冻裂性　当气温低于－2℃，蛋壳容易被冻裂；－7℃时，蛋液开始冻结。禽蛋冷藏或冬季运输时，应避免温度过低。

（4）吸味性　禽蛋能通过蛋壳气孔进行气体交换，当环境存在异味时，能吸收环境中的异味。因此禽蛋的贮藏环境要干净、无异味。

（5）易碎性　蛋壳质地薄脆，不耐压，磕碰、挤压容易使蛋壳破碎，造成裂纹、流清，变成劣质蛋。

（6）易腐性　禽蛋营养成分丰富，适合微生物生长。若禽蛋受到污染，微生物会从蛋壳表面穿过气孔进入蛋内。在适宜的温度下，微生物会迅速繁殖，加速蛋的腐败变质。

第二节　禽蛋的标准与分级

一、禽蛋品质的鉴定

对鲜蛋的品质进行鉴定，选用合格的蛋品，对确保产品品质具有重要作用。常用的鉴别方法有感官鉴别法、光照鉴别法、密度鉴别法、荧光鉴别法等。

1. 感官鉴定法

感官鉴别是检验人员根据自身技术与经验，按照一定的规程，通过眼看、耳听、手摸和鼻闻等方法对蛋进行多项鉴别，最后进行综合判定的一种方法。该方法简便易行，使用面比较广。

（1）视觉鉴定　“看”，就是用肉眼来查看蛋壳色泽是否新鲜、清洁，壳和角质层是否破损，形状、大小是否正常。新鲜蛋蛋壳比较粗糙，色泽鲜明，完整坚实，附有一层霜状胶质薄膜。若壳表面胶质脱落、壳色油亮或发乌，则为陈蛋。蛋壳上若有霉斑、霉块或有石灰样的粉末则是霉蛋。蛋壳上有水珠或潮湿发滑的是出汗蛋。蛋壳上有红疤或黑疤的是贴皮蛋。

（2）听觉鉴定　听觉鉴定科采用两种方法：敲击法和振摇法。敲击法就是敲击蛋壳，通常采用手持两蛋相互轻碰，从发出的声音上来区别有无裂纹、是否变质、蛋壳厚薄程度。新鲜蛋发出的声音坚实，似砖头碰击声。裂纹蛋声音沙哑，有“啪啪”声。空头蛋的钝端有空洞声。钢壳蛋发音尖脆，有“叮叮”响声；贴皮蛋、臭蛋发音像敲瓦片声；用指甲竖立在蛋壳上敲击，有吱吱声的是雨淋蛋。振摇法，就是将蛋紧握手中振摇，没有晃动声响为鲜蛋，有声响的是散黄蛋。

（3）触觉鉴定　触觉鉴定是根据蛋壳上有无胶质霜样薄膜和蛋的相对密度来区分禽蛋的品质。新鲜蛋蛋壳粗糙，蛋体较沉，有压手感。孵化过的蛋，外壳发滑，分量轻。霉蛋和贴皮蛋外壳发涩。

（4）嗅觉鉴定　鲜鸡蛋、鹌鹑蛋无异味，咸鸭蛋有轻微的鸭腥味。霉蛋有霉味，臭蛋有臭味，另有一些蛋内容物正常，但气味异常，是异味污染的蛋。

感官鉴定方法是根据蛋的结构特点和性质为基础的鉴定方法，对判定人员的感官分辨度和实践经验要求比较高，可以对禽蛋进行比较准确的判断，但由于受人为主观因素影响很大，一般还需要结合其它方法进行鉴定。

2. 光照鉴别法

光照透视鉴定法根据禽蛋蛋壳具有透光性，采用日光或灯光对蛋进行照射，根据蛋内容物对光照的反应，判定蛋品质的方法。新鲜蛋在光照透视时，蛋白透明，呈淡橘红色；气室位于钝端，大小界限分明，略微发暗。蛋黄居中，呈现朦胧暗影，蛋转动时，蛋黄亦随之转动。通过照蛋，还可以看出蛋壳是否有裂纹，气室是否固定，蛋内是否有血丝血斑、异物等（图5－19）。

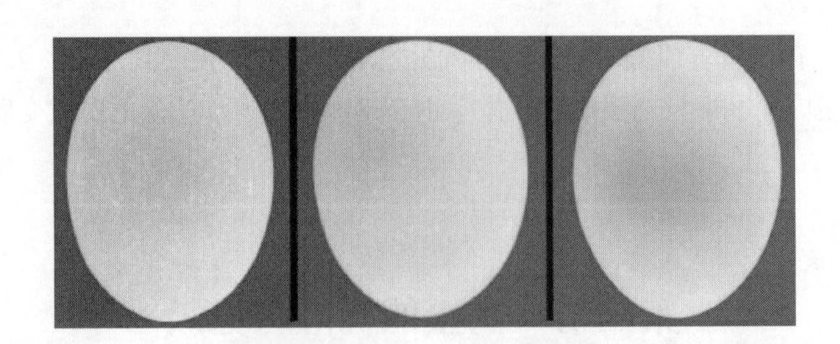

图5－19　灯光投射下的鸡蛋（从左向右新鲜度依次下降）

根据光源和自动化程度的不同，主要有四种照蛋法：日光照蛋、手工照蛋、机械传送照蛋、电子自动照蛋。后三种照蛋都采用人工光源，自动化程度逐步提高。

（1）日光照蛋　在条件严重受限时，没有专业装置时，可借助日光鉴别法。日光鉴别法分为暗室照蛋和纸筒照蛋两种。暗室照蛋，是在暗室光线强烈的一侧开一个与蛋大小相近的孔，将蛋贴近小孔进行透视。纸筒照蛋，是将厚纸卷成15cm长的喇叭圆筒，一端直径与禽蛋大小相近，另一端直径只有眼睛大小，将蛋放于大口端，眼睛对着小口端，纸筒对着日光进行观察。

（2）手工照蛋　利用照蛋灯代替日光，在特制的照蛋器上进行。照蛋器分单体型和组合型。照蛋时，需人工将蛋放置于光源上，让灯光透视禽蛋进行观察。

（3）机械传送照蛋　人工照蛋需手动操作，速度慢，效率低。通过机械化传送，可以对数十个蛋同时进行灯光透视，检验人员只需要在一旁进行观察，剔除次劣蛋即可，因此不仅可以节省人力，而且极大提高了生产效率（图5－20）。

图5－20　机械传送照蛋

（4）电子自动照蛋　机械传送照蛋，只是极大解放了人的四肢，但仍需要人眼来判断检测结果。电子自动照蛋利用光学原理，采用光电元件装置代替人的肉眼，可以自动探测透光情况，自主分析蛋的品质，基本无须人工判断。将机械传送和电子照蛋结合，就可以实现自动化、智能化生产。自动照蛋方法有两种，一种是利用光谱变化的原理来检测（基于荧光鉴定法）；另一种是根据蛋的透光度进行检测（基于可见光透视肉眼观察法），鲜蛋变质会引起蛋黄位置、体积、形态以及色泽的变化，从而引起透光度的差异，因此根据透光量不同即可分辨蛋的优劣（表5－10）。

表5－10　鲜蛋的光照特征

蛋品质	照蛋时呈现特征	食用性
新鲜蛋	蛋体透光，呈均匀浅橘红色，蛋白内无异物，蛋黄固定稍动，轮廓模糊，气室很小，无移动	食用佳
陈蛋	蛋体透光性较差，蛋黄轮廓明显，转动蛋体时，蛋黄向周围移动，气室增大	可食用
胚胎发育蛋	蛋内呈暗红色，在胚盘附近有明显黑色影子移动，气室增大	轻者可食用
靠黄蛋	蛋白透光性较差，呈淡暗红色，转动时有一个暗红色影子（蛋黄）始终上浮	可食用
贴壳蛋	靠近蛋壳，气室增大，蛋白透光性差，蛋内呈暗红色，转动时	轻者可食用

续表

蛋品质	照蛋时呈现特征	食用性
散黄蛋	蛋体内呈云雾状或暗红色，蛋黄形状不正，气室大小不一，不流动	未变质者可食用
霉蛋	蛋体周围有黑斑点，气室大小不一，蛋黄整齐或破裂	霉菌未进入蛋内可食用
黑腐蛋	蛋壳面呈大理石花纹，除气室外，全部不透光	不能食用
气室移动蛋	气室位置不定，有气泡	可食用
孵化蛋	蛋内呈暗红色，有血丝，呈网状，有黑色移动影子	一般不食用
异物蛋	光照时蛋白或系带附近有暗色斑点或条形蠕动阴影	一般可食用

3. 荧光鉴定法

荧光鉴别法是应用发射紫外线的水银灯照射禽蛋，使其产生荧光，根据荧光光谱变化来鉴别蛋的新鲜程度的一种方法。鲜蛋腐败时，氨气的含量会增加并引起光谱的变化。在荧光灯照射下，鲜蛋发出深红、红或淡红的光线，而变质蛋发出紫青或淡紫的光线，由此判断蛋的品质。

4. 理化指标检测法

（1）蛋形指数　蛋的纵径与横径之比表示蛋的形状，亦有用蛋的横径与纵径之比的百分率表示。

$$蛋形指数=\frac{纵径（mm）}{横径（mm）}\ 或\ 蛋形指数（\%）=\frac{横径（mm）}{纵径（mm）}\times 100$$

蛋的形状与禽蛋种类、大小有密切关系。最轻的鸡蛋，其指数为1.10，最重的为1.36；最轻的鸭蛋，其指数为1.20，最重的为1.40；最轻的鹅蛋，其指数为1.25，最重的为1.50。正常蛋为椭圆形，蛋形指数为1.30～1.35。指数大于1.25为细长形，小于1.30为近似球形。蛋的形状与耐压程度有密切关系，圆筒形蛋耐压程度最小，球形蛋耐压程度最大（表5－11）。

表5－11　禽蛋大小与蛋形指数的关系

蛋别	蛋重/g	蛋形指数
鸡蛋	30～40	1.10～1.20
	40～50	1.24～1.30
	50～60	1.28～1.36
鸭蛋	65～75	1.20～1.25
	75～85	1.25～1.41
	85～100	1.41～1.48
鹅蛋	150～170	1.25～1.31
	170～190	1.32～1.40
	190～210	1.37～1.54

（2）蛋壳厚度和强度　蛋壳厚度受品种、气候、饲料等影响，鹅蛋壳最厚，鸭蛋壳次之，鸡蛋壳和鹌鹑壳最薄。蛋壳厚度在0.35mm以上时，具有良好的耐压性（图5－21）。

图5－21　测厚仪

图5－22　蛋壳强度测定仪

蛋壳强度取决于蛋壳的形状、壳的厚度和均匀性。禽蛋的纵轴耐压性大于横轴，所以运输和贮藏禽蛋时，以大头朝上竖放为佳（图5－22）。

图5－23　盒装鸡蛋

（3）蛋重及相对密度　蛋重是评定蛋的等级、新鲜度和蛋的结构的重要指标。鸡蛋的国际重量标准为58g/枚。禽蛋存放时间越长，蛋内水分蒸发越多，气室越大，蛋重越轻，其相对密度越小。相对密度在1.08以上为新鲜蛋，相对密度在1.06以上为次鲜蛋，1.05以上为陈次蛋，1.05以下为腐败蛋。大小相同的蛋，重量越轻者，新鲜度越低（图5－23）。

蛋的比重可以用食盐水对蛋的浮力来表示，共分9级。首先配制不同浓度（级别）的食盐水：在1000mL水中加入68g食盐为0级，每增加4g，级别增加一级，配制好后还需相对密度计检测和校正。然后，将蛋放入不同相对密度的食盐水中，以能使蛋悬浮的食盐水级别代表蛋的级别。测定最适温度为34.5℃。商业上，一般配制成1.080、1.070、1.060、1.050四种相对密度等级来测定蛋的相对密度（图5－24）。

表 5 - 12　　蛋的相对密度等级表

级别	0	1	2	3	4	5	6	7	8
相对密度	1.068	1.072	1.076	1.080	1.084	1.088	1.092	1.096	1.100

图 5 - 24　盐水法测蛋的相对密度

需要注意的是，由于食盐水能使蛋壳表面的角质层脱落，失去保护膜，长时间浸泡还能进入蛋的内部，因此浸过盐水的禽蛋不宜久存。

（4）气室高度　产后 14d 内气室高度在 5mm 以内。存放越久，水分蒸发越多，气室越大。测量时，利用照蛋器照射钝端，用记号笔画出气室的边缘，然后用气室高度测定规尺测量气室的高度，读出两边的刻度，依照下面公式进行计算。

$$\text{气室高度（mm）}=\text{（气室左边高度}+\text{气室右边高度）}/2$$

（5）蛋白指数　蛋白指数是浓厚蛋白与稀薄蛋白之比。浓厚蛋白多则越新鲜。新鲜蛋为6:4或5:5。

$$\text{蛋白指数}=\frac{\text{浓厚蛋白质量（g）}}{\text{稀薄蛋白质量（g）}}$$

（6）蛋黄指数　蛋黄指数是蛋黄高度与蛋黄直径之比（图 5 - 25）。

$$\text{蛋黄指数}=\frac{\text{蛋黄高度（mm）}}{\text{蛋黄直径（mm）}}\text{或蛋黄指数（\%）}=\frac{\text{蛋黄高度（mm）}}{\text{蛋黄直径（mm）}}\times 100$$

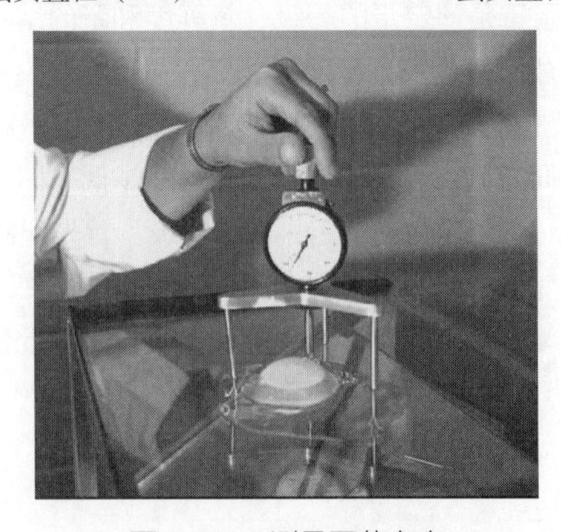

图 5 - 25　测量蛋黄高度

新鲜蛋 0.38 ~ 0.44，合格蛋 >0.30，散黄蛋 <0.25。

（7）哈夫单位　哈夫单位（Haugh unit）是根据蛋重与浓厚蛋白高度来衡量禽蛋新鲜度的一个方法。

$$哈夫单位（Hu）=100\times\lg（h-1.7\times m^{0.37}+7.57）$$

式中　h——测量蛋品的高度 mm；

m——测量蛋品的质量，g。

SB/T 00638—2011《鲜鸡蛋、鲜鸭蛋分级》规定，AA 级蛋哈夫单位大于 72，A 级大于 60，B 级 55。

（8）蛋黄色泽　蛋黄色泽用于衡量蛋黄颜色的深浅。国际通行将蛋黄颜色划分为 15 个等级，出口鲜蛋的蛋黄色泽要求达到 8 级以上（图 5-26）。饲料叶黄素是影响蛋黄色泽的主要因素。

图 5-26　蛋黄测量标尺

（9）血斑和肉斑率　血斑和肉斑率指含血斑和肉斑的蛋数占总蛋数的比率。

$$血斑和肉斑率(\%)=\frac{(血斑和肉斑蛋总数)}{测定蛋总数}\times 100$$

血斑和肉斑都是因生理原因形成。血斑是由于排卵时滤泡囊的血管或输卵管出血，血附在蛋黄上而形成的，呈红色小点。肉斑是卵子进入输卵管时因黏膜上皮组织损伤脱落混入蛋白而造成的。

（10）系带状况　系带粗且有弹性，紧贴在蛋黄两端的蛋属于正常蛋。系带变细并同蛋黄脱落甚至消失的蛋，属次劣蛋。

5. 微生物学检测法

微生物检测主要鉴定蛋内有无霉菌和细菌污染，特别是沙门菌污染状况，蛋内菌数是否超标等。

二、鲜蛋卫生标准

2003 年，国家卫生部和国家标准化管理委员会联合发布了 GB 2748—2003《鲜蛋卫生标准》，该标准规定了鲜蛋的卫生标准（表 5-13，表 5-14）。

表 5-13　感官指标

项目	指标
色泽	具有禽蛋固有的色泽
组织形态	蛋壳清洁、无破裂，打开后蛋黄凸起、完整、有韧性，蛋白澄清、稀稠分明
气味	具有产品固有的气味，无异味
杂质	无杂质，内容物不得有血块及其他鸡组织异物

表 5－14　　理化指标

项目		指标
无机砷/（mg/kg）	≤	0.05
铅（Pb）	≤	0.2
镉（Cd）	≤	0.05
总汞（以 Hg 计）	≤	0.05
六六六、滴滴涕		按 GB 2763 规定执行

食品添加剂的使用应符合 GB 2760—2014《食品添加剂使用标准》的规定。产品的包装的标识应符合有关规定，产品名称应当标为“鲜××蛋”。

产品入库前应剔除破壳蛋，贮藏在阴凉、干燥、通风良好的场所，贮存冷库温度为－1～0℃。避免日晒、雨淋。搬运过程中应轻拿轻放，不得与有毒、有害、有异味、易挥发、易腐蚀的物品同处贮存或混装运输。

三、禽蛋分级标准

1. 中国鲜蛋分级标准

截至 2015 年 6 月，我国尚未发布鲜蛋质量等级的国家标准，只有部颁标准，农业部和商务部各自制定了鲜蛋质量等级标准。1997 年，原国内贸易部（现商务部）发布 SB/T 10277—1997《鲜鸡蛋》，该标准结合重量和感官评价进行分级。2007 年农业部发布 NY/T 1551—2007《禽蛋清洗消毒技术规范》，该标准规定了禽蛋的重量分级标准。2009 年农业部发布 NY/T 1758—2009《鲜蛋等级规格》，该标准分两种分级方法：哈氏单位分级和感官评价分级。2011 年，商务部发布 SB/T 10638—2011《鲜鸡蛋、鲜鸭蛋分级》，该标准包括品质分级（包括感官分级和哈氏单位分级）和重量分级两种。

下面主要以 NY/T 1551—2007《禽蛋清洗消毒技术规范》、NY/T 1758—2009《鲜蛋等级规格》和 SB/T 10638—2011《鲜鸡蛋、鲜鸭蛋分级》为例介绍禽蛋的分级。

（1）鲜鸡蛋分级

①哈氏单位分级：NY/T 1758—2009《鲜蛋等级规格》根据哈氏单位将鸡蛋分为特级、一级、二级、三级四个等级（表 5－15）。

表 5－15　　鲜鸡蛋哈氏单位分级

等别	哈氏单位
特级	>72
一级	60～72
二级	31～59
三级	<31

SB/T 10638—2011《鲜鸡蛋、鲜鸭蛋分级》根据哈氏单位将鸡蛋分为 AA、A、B 三个等级（表 5－16）。

表5－16　鲜鸡蛋（鲜鸭蛋）哈氏单位分级

等别	哈氏单位
AA	≥72
A	60～72
B	55～60

②感官指标分级：NY/T 1758—2009《鲜蛋等级规格》根据感官指标将鸡蛋分为特级、一级、二级、三级四个等级（表5－17）。

表5－17　感官指标分级

项目	指标			
	特级	一级	二级	三级
蛋壳	清洁无污物、坚固、无损	基本清洁、无损	不太清洁、无损	不太清洁、有粪污、无损
气室	高度小于4mm，不移动	高度小于6mm，不移动	高度小于8mm，略能移动	高度小于9.5mm，移动或有气泡
蛋白	清澈透明且浓厚	透明且浓厚	浓厚	稀薄
蛋黄	居中，不偏移，呈球形	居中或稍偏，不偏移，呈球形	略偏移，稍扁平	移动自如，偏移，稍扁平

SB/T 10638—2011《鲜鸡蛋、鲜鸭蛋分级》根据感官指标将鸡蛋分为AA、A、B三个等级（表5－18）。

表5－18　鲜鸡蛋（鲜鸭蛋）感官分级标准

项目	指标		
	AA级	A级	B级
蛋壳	清洁、完整，呈规则卵圆形，具有蛋壳固有的色泽，表面无肉眼可见污物		
蛋白	黏稠、透明，浓蛋白、稀蛋白清晰可辨	较黏稠、透明，浓蛋白、稀蛋白清晰可见	较黏稠、透明
蛋黄	居中，轮廓清晰，胚胎未发育	居中或稍偏，轮廓清晰，胚胎未发育	居中或稍偏，轮廓较清晰，胚胎未发育
异物	蛋内容物中无血斑、肉斑等异物		

③重量分级：NY/T 1551—2007《禽蛋清洗消毒技术规范》根据重量规格将鸡蛋分为一级、二级、三级、四级、五级、六级共六个级别（表5－19）。

表5－19　　鸡蛋的重量规格分级标准

级别	一级	二级	三级	四级	五级	六级
每枚蛋重/g	>65	60～65	55～60	50～55	45～50	<45

SB/T 10638—2011《鲜鸡蛋、鲜鸭蛋分级》根据感官指标将鸡蛋分为XL、L、M、S四个等级。在分级过程中生产企业可根据技术水平可以将L、M、S进一步分为“+”和“-”两种级别（表5－20）。

表5－20　　鲜鸡蛋的重量分级标准

级别		单枚鸡蛋蛋重范围/g	每100枚鸡蛋最低蛋重/kg
XL		≥68	≥6.9
L	L（+）	≥63且<68	≥6.4
	L（-）	≥58且<63	≥5.9
M	M（+）	≥53且<58	≥5.4
	M（-）	≥48且<53	≥4.9
S	S（+）	≥43且<48	≥4.4
	S（-）	<43	—

注：在分级过程中生产企业可根据技术水平将L、M进一步分为“+”和“-”两种级别。

（2）鲜鸭蛋分级

①哈氏单位分级：NY/T 1758—2009《鲜蛋等级规格》未制定鸭蛋的哈氏单位分级标准。

SB/T 10638—2011《鲜鸡蛋、鲜鸭蛋分级》根据哈氏单位将鸭蛋分为AA、A、B三个等级，分级标准与鸡蛋一致。

②感官指标分级：NY/T 1758—2009《鲜蛋等级规格》根据感官指标将鸭蛋分为特级、一级、二级、三级四个等级（表5－21）。

表5－21　　感官指标分级

项目	指标			
	特级	一级	二级	三级
蛋壳	清洁无污物、坚固、无损	基本清洁、无损	不太清洁、无损	不太清洁、有粪污、无损
气室	高度小于5mm，不移动	高度小于8mm，不移动	高度小于11mm，略能移动	高度小于13mm，移动或有气泡
蛋白	清澈透明且浓厚	透明且浓厚	浓厚	稀薄
蛋黄	居中，不偏移，呈球形	居中或稍偏，不偏移，呈球形	略偏移，稍扁平	移动自如，偏移，稍扁平

SB/T 10638—2011《鲜鸡蛋、鲜鸭蛋分级》根据感官指标将鸭蛋分为AA、A、B三个等级，分级标准与鸡蛋一致。

③重量分级：NY/T 1551—2007《禽蛋清洗消毒技术规范》根据重量规格将鸭蛋分为一级、二级、三级、四级共四个级别（表 5 -22）。

表 5 -22　　鸭蛋的重量规格分级标准

级别	一级	二级	三级	四级
每枚蛋重/g	>75	65 ~ 75	55 ~ 65	<55

SB/T 10638—2011《鲜鸡蛋、鲜鸭蛋分级》根据感官指标将鸭蛋分为 XXL、XL、L、M 和 S 五个级别（表 5 -23）。

表 5 -23　　鲜鸭蛋的重量分级标准

级别	单枚鸭蛋蛋重范围/g	每 100 枚鸡蛋最低蛋重/kg
XXL	≥85	≥8. 6
XL	≥75 且 <85	≥7. 6
L	≥65 且 <75	≥6. 6
M	≥55 且 <65	≥5. 5
S	<55	—

④包装产品分级判别要求：SB/T 10638—2011《鲜鸡蛋、鲜鸭蛋分级》对包装产品分级判别标准（表 5 -24）。

表 5 -24　　包装产品分级判别要求

级别	AA 级鲜禽蛋比例/%	A 级鲜禽蛋比例/%	B 级鲜禽蛋比例/%
AA	≥90	—	—
A	—	≥90	—
B	—	—	≥90

2. 美国鲜蛋分级标准

美国的鲜蛋分级标准主要有 *United states standards*, *Grades*, *and Weight Classes for Shell Eggs* 2000。将蛋分级为净壳蛋和污壳蛋。净壳蛋又分为 AA、A、B、C 四个级；污壳蛋分为污壳蛋和次污壳蛋两级。均按蛋壳、气室 、蛋白、蛋黄和胚胎五个指标鉴定。除蛋壳指标用外观检查外，其他指标均用光照检查。现在美国还用哈氏单位和重量来分级（表 5 -25）。

表 5 -25　　美国鲜蛋分级标准

质量因素	质量规格		
	AA 级	A 级	B 级
蛋壳	清洁、无裂纹，蛋形接近正常	清洁、无裂纹，蛋形接近正常	清洁或稍有不洁，无裂纹，形状可能不正常
气室	高度≤3. 0mm，可以移动，有或没有小泡	高度≥4. 8mm，可以自由移动，有或没有小泡	高度>4. 8mm，可以自由移动，有或没有小泡

续表

质量因素	质量规格		
	AA 级	A 级	B 级
蛋白	清亮，有硬度，哈夫单位≥72	清亮，有一定硬度，哈夫单位60~72	清亮，可能略有浑浊或水样，有血斑和肉斑，哈夫单位30~60
蛋黄	总体很好	好，无缺陷	眼观正常或扩大和扁平，可能有一定缺陷，可见细菌繁殖，但繁殖不需血液

脏蛋	核实
未破裂。沾有污渍或异物，中等及以上程度，超过 B 级	破裂或有裂纹，但是壳下膜完整，没有漏出蛋液。

*中等污染（表面有 1/32 面积的斑块污渍，或 1/16 面积的点污渍）；

**小斑点（直径 <3.2mm）；

***蛋壳破裂或壳膜破裂，蛋液在泄漏或会泄漏。

3. 日本鲜蛋分级标准

根据日本农林部颁布的日本工业标准（JIS）规定，箱装鸡蛋分为特级、一级、二级、级外四个级别。依据蛋壳、蛋黄、蛋白、气室状况进行分级 。对鲜蛋除进行外观检查、灯光逐视检查外，还实行开蛋检查（表 5－26）。

表 5－26　日本新蛋分级标准

项目		特级	一级	二级	级外
光照检查	蛋壳	清洁、无伤、正常	基本清洁，无伤，稍有异常	不太清洁，无伤，有异常	有伤，不清洁，形状异常
	蛋黄	位于中心，轮廓稍见	基本位于中心，轮廓大体上无明显缺陷，稍扩大，有点扁平	偏离中心，严重扩大扁平，有若干缺陷	有异常现象，有血块或异物，稍有臭味
	蛋白	透明，坚实	透明，稍软弱	软弱，呈液状	异样，水样
	气室	高度 < 4mm，不移动	高度 < 8mm 以内，稍移动	高度 > 8mm，有气泡，移动自如	
打开检查	扩散面积	小	一般	相当大	
	蛋黄	圆形	稍扁平	扁平	
	浓厚蛋白	含量多，包围卵黄	量少，扁平	几乎没有	
	稀薄蛋白	量少	一般	量多	

四、异 常 蛋

异常蛋是相比于正常蛋而言，由于机械损伤、生理变化、微生物污染、贮运温度、饲料条件等原因造成的品质异常的蛋。

1. 结构异常蛋

结构异常蛋是由于机械损伤或母禽生理、病理等原因造成的结构异常的禽蛋。

①破损蛋：破损蛋是指受到挤压、碰撞等机械损伤造成蛋体不同程度破损的鲜蛋。

②裂纹蛋：蛋壳出现细小裂纹，但壳下膜没有破裂，肉眼难以察觉，灯光透视时可看到裂缝。若用两只蛋相互轻轻敲击时，发出嘶哑声，故又称哑子蛋。

③硌窝蛋：蛋壳的某一局部区域破裂，形成凹陷的小窝，壳下膜未破裂。

④流清蛋：蛋壳和壳下膜均破裂，蛋液发生外流。

⑤水泡蛋：鲜蛋因剧烈振动，靠近气室一侧的蛋白膜破裂，空气进入蛋白，产生许多小气泡，形似水花，又称水花蛋。灯光照蛋时，在蛋的大头部位能看到水泡浮游。

2. 生理异常蛋

生理异常蛋是由于母禽因为生理缺陷、生理疾病、饲养条件等影响而生产的结构非正常禽蛋。

①多黄蛋：多黄蛋内有两个或两个以上的蛋黄，以双黄蛋最为普遍。多黄蛋往往比正常蛋大，钝端和锐端难以分清。多黄蛋是由于母禽同时排出多个卵，或者由于输卵管不畅，导致前后两次排卵汇合，导致多个卵同时被蛋白包埋，形成多黄蛋。多黄蛋可以食用，也可用于咸蛋和皮蛋的加工。

②无黄蛋：无黄蛋是指蛋内只有蛋白没有蛋黄的蛋。无黄蛋外形稍小，多呈球形。产生的原因是输卵管在没有卵黄的情况下，由于输卵管黏膜上皮脱落，刺激蛋白分泌而形成。

③重壳蛋（蛋中蛋）：重壳蛋是指一个蛋内含有两层或以上的蛋壳的蛋。照蛋时，能看见蛋内有一个黑影。打开蛋壳，除去一层蛋白后，里面还有一个硬壳蛋。重壳蛋的蛋黄较小，蛋白稀薄。产生的原因是第一个蛋形成后，母禽因受到惊吓或生理异常等原因，导致输卵管将蛋逆向推送到蛋白分泌部（膨大部），重新包裹一层蛋白。待母禽生理正常后，蛋又重新下行进入峡部和子宫，形成壳下膜和蛋壳，最后排出体外。重壳蛋可以食用，不宜加工。

④软壳蛋：软壳蛋是指蛋壳柔软不硬的膜状蛋。软壳蛋产生的原因是：营养不良，没有充分的含钙物质以形成硬壳；生理异常，不能分泌足量的钙质物质或者在输卵管中移动过快，未能形成硬壳。软壳蛋可以食用，但是不适宜贮运。

⑤钢壳蛋：钢壳蛋的蛋壳比正常蛋坚硬厚实，气孔细密，敲击时声音很脆。钢壳蛋产生的原因是输卵管子宫部功能旺盛，分泌的钙质多。钢壳蛋由于气孔细密，因此内外物质不易发生流通，不适宜用于再制蛋加工。

⑥沙壳蛋：沙壳蛋的蛋壳表面厚薄不均、粗糙，呈细砂粒状。敲击这种蛋时，声音发哑。手摸时，手感粗糙。沙壳蛋产生的原因是输卵管子宫部分泌功能失调，含钙物质在蛋表面沉积不规则导致的。

⑦油壳蛋：油壳蛋表面光滑，有类似油脂的物质。油壳蛋产生的原因是泄殖腔分泌出油脂性的黏液黏附于蛋壳表面，禽蛋排出体外后这层黏液不易凝固所致。

⑧血白蛋：血白蛋指蛋白中掺有血液的蛋。产生的原因是输卵管管壁毛细管破裂，血液渗

出进入蛋白所致，蛋白中的血液不成块，蛋白部分或全部呈淡红色。

⑨血斑蛋：血斑蛋是指蛋黄内或系带附近有紫色血斑块的蛋。血斑蛋形成的原因是，母禽排卵时卵巢血管破裂或输卵管发炎出血所致。

⑩肉斑蛋：肉斑蛋是指蛋白中混杂有肉状物的蛋。照蛋时，蛋白中或系带附近有一灰白色的斑点，光线较系带为暗。这是卵黄进入输卵管时，输卵管黏膜上的上皮组织脱落，被蛋白包住而成。

⑪异物蛋：异物蛋是指蛋内含有杂物的蛋，照蛋时，蛋白中显示暗色物。产生异物蛋的原因是禽类的阴道开口同肛门的开口同在泄殖腔内，肠道内容物进入泄殖腔后，可能通过阴道收缩而进入输卵管，同蛋白一起包裹在蛋内。

⑫寄生虫蛋：寄生虫蛋是指蛋内含有寄生虫的蛋，如禽线虫、绦虫、吸虫等。照蛋时，可见蛋内有条形蠕动的阴影。寄生虫的来源：一是原本就寄生在输卵管；二是从其他器官迁移而来；三是肠道寄生虫经泄殖腔逆行进入输卵管。

⑬异味蛋：异味蛋是指蛋白、蛋黄正常而有异味的禽蛋。异味的来源有两种，一是由于蛋吸收了贮藏环境中的异味；二是由于进食后饲料中的异味物质在蛋内聚集所致。

⑭异形蛋：异形蛋指蛋呈枣核型、球形、长筒形、扁形等畸形的蛋。异形蛋产生的原因：一是输卵管畸形；二是输卵管生理功能异常；三是母禽受外界刺激而使输卵管功能暂时紊乱所致。

3. 品质异常蛋

品质异常蛋是指已经发生明显理化性质的变化，品质下降的蛋。轻微变质的蛋可以食用，严重变质的蛋则不能食用和加工。

（1）自身劣变的蛋

①雨淋蛋：在运输过程中，因受到雨淋，蛋的角质层（壳上膜）脱落。雨淋蛋不宜贮存，更不宜用于加工腌制蛋。

②出汗蛋：蛋壳上出现过水珠，水干后有水渍痕迹，蛋壳黯淡无光。照蛋时，可见气室较大，蛋黄明显可见。开蛋后，蛋白呈水样，蛋黄膜松软。造成出汗的原因是贮存环境湿度大，或者由于温度波动，导致水分在蛋壳表面凝结。出汗蛋容易伴随微生物污染，处理不及时将成为霉腐蛋。

③空头蛋：禽蛋保存期过长，蛋内水分蒸发过多，照蛋时，可见空头部分已占全蛋的1/3～1/2，蛋内暗或不透明。开蛋后，可见蛋白浓稠，有点部分凝固。空头蛋不宜食用。

④陈蛋：气室较大，气室位置稍移动，蛋白稀薄、澄清，蛋黄不在蛋白中央，轮廓明显，蛋黄膜松弛。当转动蛋时，蛋黄也容易转动。

⑤靠黄蛋：气室变大，蛋黄靠近但未接触蛋壳，浮于蛋白上部。蛋黄的暗红影子很明显，当转动蛋时，蛋黄靠着蛋壳移动，蛋转动缓慢。靠黄蛋的蛋白稀薄，系带消失。

⑥红贴皮蛋：红贴皮蛋的气室大于靠黄蛋，蛋黄已经贴在蛋壳上，照蛋时可见其贴皮处呈红色。蛋白则变得稀薄，透光度高。轻微贴壳的蛋，用力旋转时，蛋黄可以摇落。重度贴壳的蛋，开蛋后贴壳部分的蛋黄膜容易破裂而成为散黄蛋。红贴皮蛋未有斑点和异味时，仍可食用。

（2）热伤蛋　禽蛋受高温作用，品质发生劣变。高湿能加剧高温的影响。

①血圈、血筋蛋：由于高温影响，胚胎开始发育和增大。照蛋时，可见气室增大，蛋黄膨大上浮，胚胎体积增大，在蛋黄上形成血圈和血丝。在气温30℃时，半天胚胎即可增大一倍。

该蛋若无腐败性变化，可以食用。

②大黄蛋：大黄蛋，气室很大，蛋白变稀，蛋白水分渗入蛋黄，蛋黄体积增大，蛋黄膜松弛。原因是存放时间长，禽蛋受热或吸潮所致。

③孵化蛋：孵化蛋是由于外界温度等适宜禽蛋孵化所致。

④死胎蛋：禽蛋在孵化过程中因微生物或寄生虫污染，加上温湿度不好等原因，导致胚胎停止发育的蛋称为死胎蛋。死胎蛋的蛋白分解会产生多种有毒物质，故不宜食用。

（3）微生物污染蛋

①霉蛋：受霉菌污染的蛋称为“霉蛋”。霉菌先在蛋壳表面生长，可以经气孔进入蛋内，从而引起蛋内的腐败变质。若霉菌只在蛋白，未在蛋内，蛋仍可食用。

②黑贴皮蛋：由红贴皮蛋进一步发展所致，并有细菌、霉菌繁殖。贴皮直径在25mm以上，属于“大贴皮”；贴皮直径25mm以下，属于“小贴皮”。照蛋时，可见黑影贴在蛋壳的边沿，轻摇不动，气室大，蛋白稀薄。黑贴皮蛋若无异味和霉菌污染，高温烹调后可以食用。

③散黄蛋：散黄蛋的蛋黄膜发生了破裂，蛋黄从蛋黄膜逸出。形成散黄蛋的原因有：一是贮运过程中的剧烈震动导致蛋黄膜破裂；二是贮藏时间过长，蛋黄吸水膨胀所致；三是细菌污染所致。前两种散黄蛋可以食用，后一种若已经发臭则不可食用。

④黑腐蛋：黑腐蛋是由于长期放置，导致严重变质所致。蛋壳发乌，蛋白分解产生的H_2S气体，并可进一步膨胀而使蛋壳破裂，蛋内容物呈灰绿色或暗黄色，并伴有恶臭味，黑腐蛋不可食用和加工。

第三节　禽蛋的变质及控制方法

一、禽蛋腐败变质的原因

禽蛋在贮存过程中会发生一定的新陈代谢，挥发出水分和释放二氧化碳，自身酶系还能产生一定的水解作用，导致禽蛋的品质逐渐下降。由于微生物无处不在，禽蛋的形成、贮藏和加工过程中均可能被微生物污染。一旦蛋内容物被污染就开始腐败变质，因此导致禽蛋腐败变质的主要原因是微生物。分解蛋白质的微生物主要有梭状芽孢杆菌、醋样芽孢杆菌、假单胞菌属、变形杆菌、液化链球菌、青霉菌以及肠道菌科的各种细菌等。分解脂肪的微生物主要有荧光假单胞菌、沙门菌属、产碱杆菌属等。分解糖的微生物有大肠杆菌、枯草杆菌、丁酸梭状芽孢杆菌等。

二、禽蛋对微生物的防御

健康母禽所生产的蛋，内部不存在微生物，呈无菌状态。禽蛋本身具有一套防御系统，可以一定程度上阻挡微生物的入侵。因此禽蛋在一定条件下可以保持其无菌状态。

1. 物理防护

（1）角质层　刚产下的蛋表面有一层胶状物即角质层，能够堵塞蛋壳气孔，从而可以阻挡微生物入侵，但该膜容易脱落，防护作用有限。

(2) 蛋壳　蛋壳主要由无机矿物质构成，微生物无法分解，可以阻碍微生物直接浸染蛋内容物，气孔为锥形结构，直径很小，微生物不容易穿过，但少数气孔直径较大，还是能被微生物穿过。

(3) 壳下膜　壳下膜（外壳膜和内壳膜）具有紧密的结构，网孔很小，微生物无法穿过，一定程度上阻碍了微生物的入侵。若微生物产生蛋白酶，则可以将壳下膜水解，从而产生破裂。

2. 化学防护

刚产下蛋的蛋白 pH 为7.4~7.6，一周内会上升到9.4~9.7，如此高的 pH 不适宜普通微生物生存。

3. 生物防护

蛋白内含有杀菌成分溶菌酶，可以在一定时间内抑制入侵的微生物。溶菌酶可以破坏细菌的细胞壁，具有较强的杀菌效果。在存放过程中，溶菌酶活力会逐步间降低，但是降低温度，可以保护溶菌酶的活力，使其具有较长的杀菌时间。

三、 微生物污染的来源及种类

鲜蛋所携带的微生物来源有三个途径：一是由于母禽健康状况较差时，生殖器官的杀菌作用减弱，来自肠道或肛门中的沙门菌等病原微生物将通过卵巢污染禽蛋；二是禽蛋产出经过泄殖腔时，蛋壳外表会不可避免地被粪便细菌或致病菌所污染；三是禽蛋在生产、贮运和销售过程中由于环境不卫生或者包装不够严密而受到污染。

污染禽蛋的微生物有禽病病原菌、腐生性细菌和霉菌。蛋内发现的细菌主要有葡萄球菌、链球菌、大肠埃希氏菌、变形杆菌、假单胞菌属、沙门菌属等；霉菌主要有曲霉菌、青霉菌、毛霉菌等。

四、 禽蛋腐败变质的类型

禽蛋的腐败变质大致可分为两类：细菌性腐败变质和霉菌性腐败变质。

1. 细菌性腐败变质

细菌性腐败变质因细菌种类的不同而产生不同表象的变质。细菌进入蛋内后，首先使蛋白液化产生不正常的色泽，一般多为灰绿色，并产生 H_2S，具有强烈刺激性的臭味。有的蛋白、蛋黄相混合并产生具有人粪味的红、黄色物质，这种腐败变质主要由荧光菌和变形杆菌引起。有的呈现绿色样物，这种腐败变质主要是由绿脓杆菌所引起。

蛋白初期腐败所呈现的局部淡灰绿色，会逐步扩散到全部蛋白，使蛋白变成稀薄状，并产生腐败臭味。同时，蛋黄上浮，黏附于蛋壳并逐渐干结，蛋黄失去弹性而破裂形成散黄蛋。散黄蛋进一步腐败，产生大量的 H_2S 气体并使蛋内发黑，形成黑腐蛋。黑腐蛋蛋壳呈灰色，并从蛋壳气孔向外逸出厌恶的臭味，气体逐步聚集而使内压增大，蛋壳受气体压迫而破裂，导致腐败的内容物逸出蛋外，散发出臭味。黑腐蛋是禽蛋腐败变质的最高阶段。有时蛋液变质不产生 H_2S 而产生酸臭，蛋液呈红色，变稠呈浆状或有凝块出现，称为酸败蛋。

2. 霉菌性腐败变质

霉菌性腐败变质，蛋中常出现褐色或其他丝状物，这主要由腊叶芽孢霉菌、褐霉菌所引起。此外，青霉菌、白霉菌、曲霉菌，也能引起不同程度的腐败变质。

在蛋壳上生长的霉菌，可以通过肉眼看到。通过蛋壳气孔侵入的霉菌菌丝体，首先在外蛋壳膜上生长，靠近气室的霉菌因为有充分的空气而生长迅速。接着霉菌破坏壳下膜后，进一步进入蛋白进行繁殖并形成微小的菌落，在照蛋检查时，可看见蛋壳内的斑点。由于霉菌继续繁殖，斑点不断扩大，并与相邻斑点汇合，形成较大的斑点，称为“斑点蛋”。随着霉菌腐败的继续，斑点相互连接，使整个蛋的内部被密集的霉菌覆盖，在照蛋检查时，内部会出现黑团，称为“霉菌腐败蛋”。

五、 影响禽蛋腐败变质的因素

1. 环境因素

（1）环境的清洁程度　母禽产蛋和存放鲜蛋的场所干净清洁，则鲜蛋被微生物浸染的机会就会减少，有利于禽蛋的保鲜。

（2）环境温度　温度对禽蛋的品质影响很大。首先，浸染禽蛋的微生物多为嗜温微生物，较高的气温会使微生物生长繁殖速度加快，分解腐败能力增强，因此夏季最容易出现腐败变质蛋。另外，高温加速蛋内水分的散失，以及水分向蛋黄渗入，使蛋黄失去弹性而破裂成散黄蛋；高温还加速蛋内酶活性的增强，加速蛋内营养物质的分解，促进腐败变质；高温还使溶菌酶活力快速下降，从而使得蛋抑制微生物的能力减弱。

（3）环境湿度　温度和湿度是影响微生物生长的两个非常重要的因素。当环境的温度和湿度适宜时，微生物的繁殖能力增强，容易侵入蛋内，使禽蛋迅速腐败变质。若湿度很低，环境干燥，即使温度适宜，微生物也不容易侵入蛋内。若湿度很高，环境潮湿，即使温度很低，霉菌也能生长，使蛋产生霉变。

2. 自身因素

（1）壳上膜完整程度　壳上膜的主要作用就是防止微生物入侵，是抵抗微生物的第一道防线。但是，壳上膜不耐摩擦和水淋，因此很容易脱落，从而失去对微生物的抵抗能力。

（2）蛋壳的完整程度　蛋壳有很多微小的气孔，大部分气孔很小，以至于细菌无法穿过，减少了微生物进入蛋内的机会。另外紧贴蛋壳的壳下膜（外壳膜和内壳膜）具有紧密的结构，网孔很小，微生物无法穿过，一定程度上阻碍了微生物的入侵。

若蛋壳破损，特别是壳下膜破损，那么微生物就可长驱直入，很快就会发生腐败变质（表5－27）。

表5－27　蛋壳破损后腐败变质的时间

温度/℃	5	10	20	35
破壳蛋	124h	37h	22h	10h
正常蛋	240d	120d	60d	15d

（3）禽蛋的品质情况　新鲜蛋自身携带的微生物很少，且有比较强的抗菌能力，不易腐败变质；陈旧的蛋携带微生物的几率加大，且抗菌能力弱，容易腐败变质。

六、 控制禽蛋品质方法

1. 总体原则

要保持禽蛋的新鲜品质，必须采用适当的措施，基本原则如下：

（1）确保母禽的健康，生产高品质的禽蛋。

（2）保持蛋壳和壳膜的完整性，维护其自身的防卫能力。

（3）注意环境卫生，减少微生物的污染机会。

（4）合适的环境温度和湿度，抑制微生物的生长繁殖。

（5）维持其新鲜状态，减小其自身劣变反应。

2. 加强过程管理

（1）加强饲养管理　选择优良品种的母禽，合理投喂营养全面、无污染的优质饲料，有充足的营养物质供给产蛋之用，以保证蛋白浓厚、蛋黄完整，饲料还应含有足量的钙质成分，保证蛋壳厚度正常。合理设计笼舍，保持笼舍的清洁，及时采集产下的蛋，清除粪便，减少被粪便污染的机会。

（2）加强流通环节管理　鲜蛋具有在常温下贮存品质下降快、贮运时易破裂的特点。因此在收购、包装、运输、销售时应充分考虑到这些因素。第一，收购是禽蛋质量管理的首要环节，直接关系到蛋品的整体品质，因此收购人员应严格按照标准进行验收。第二，要加强鲜蛋的包装管理。由于蛋壳极易破损，因此要对包装材料和容器进行严格检查，做到包装容器规格化，操作方法标准化，技术人员专业化。第三，加强运输搬运管理。鲜蛋在搬运过程中最容易破损，所以首先蛋品应有合适的包装，另外搬运人员应严格按照搬运流程，注意防护，节省搬运时间。

（3）加强贮藏管理　在贮藏中要始终保持蛋的质量新鲜，就必须采用科学合理的贮藏方法，抑制蛋内的生化反应，同时防止微生物侵入蛋内，减少水分的蒸发。因此，需要对环境的温度、湿度、气体、卫生进行合理的控制，最大限度延长禽蛋的贮藏期。贮藏的方法有很多，包括：冷藏法、气调法、涂膜法、巴氏杀菌法等。

3. 冷藏法

冷藏法是利用低温来抑制微生物生长和降低蛋内酶的活力，延缓蛋内的生理代谢，使鲜蛋在较长时间内能较好地保持原有的品质，从而延长贮藏期，达到保鲜的目的。该方法适合大批量贮藏，操作简单，贮藏时间长，可达6个月以上，但贮藏能耗高，贮藏成本较大。

（1）冷藏前的准备

①冷库消毒：鲜蛋入库前，首先要对冷库进行打扫，通风换气，消毒，消灭微生物和害虫。可采用漂白粉溶液喷雾消毒、乳酸熏蒸消毒、过氧乙酸喷雾消毒和硫磺熏蒸消毒的方法进行消毒。冷库内禁止存放任何有异味的物品，以免被蛋吸收。

②严格选蛋：鲜蛋入库前要进行严格的感官检查和灯光透视检查，剔除破损蛋、孵化蛋、变质蛋、异形蛋、脏污蛋等次劣蛋，选择新鲜合格的蛋进行贮存。鲜蛋的品质越高，就越有利于贮藏。蛋选择好后，应尽快预冷入库。

③合理包装：蛋品包装用的材料要干燥、清洁、结实，无异味。

④鲜蛋预冷：鲜蛋入库前要预冷。若将鲜蛋直接放入冷库，会使库温上升，水蒸气会在其他已经是低温状态的蛋的表面凝结，给微生物的浸染创造了条件；另外，蛋内容物预冷收缩，外界微生物易随空气进入蛋内。

预冷须在专门的预冷间进行，预冷温度0～2℃，相对湿度75%～85%，预冷时间20～40h，蛋品温度降低至2～3℃时转入冷藏库。

（2）冷藏管理

①入库堆码：入库时，蛋要堆码整齐，有规则，切忌码放过高、过挤和堆码过大，保证既能充分利用冷库空间，又要保证空气流通，库温均匀。堆垛应顺着冷空气流向堆码，垛与垛之

间、垛与墙面、地面、天花板之间均应留有一定孔隙，以保证空气流通顺畅。另外垛与冷风机不可靠地过近，避免禽蛋冻裂。

入库时，要标示好入库时间、数量以及产品类别等信息（图5－27，图5－28）。

图5－27　码放在冷库中的鸭蛋

图5－28　冷库中堆放的蛋品

②冷藏条件：冷藏期间，应严格监控贮藏的温度、湿度，并及时通风换气。

鲜蛋冷藏的最适宜温度为－1.5～－1℃，最低不能低于－2.5℃，否则会因蛋内容物结冰而破裂。库内温度应保持恒定，不可忽高忽低，温度昼夜波动不能超过±0.5℃。

相对湿度以85%～88%为宜，湿度超过90%，蛋就会发霉；湿度过低，会加速蛋内水分蒸发。

为防止不良气体，影响蛋的品质，冷库要定期更换空气。

③定期检查：在冷藏期间要定期检查禽蛋质量，及时掌握禽蛋质量变化。每隔1～2个月检查一次，每次开箱取样2%～3%进行灯光照检，根据蛋的品质变化决定是否冷藏。

（3）出库升温　冷藏的蛋出库前需要升温至环境温度后方可出库。若直接出库，由于蛋的温度较低，空气中的水汽会在蛋壳表面凝结形成水珠，容易造成微生物的污染，因此必须在特设的房间，使蛋的温度缓慢回升，当蛋品的温度比环境温度低3～4℃时，方可出库。

4. 气调贮藏法

气调贮藏法是在密闭的空间内，调节气体的组成和含量，利用气体来抑制微生物的活动，减缓蛋内容物的生化反应，从而保持蛋的新鲜状态。常用的气体有 CO_2、N_2、O_3 等。

（1）CO_2 气调法　先将挑选合格的禽蛋放置于蛋箱中，将一定数量的蛋箱码放在聚乙烯薄膜帐内。在薄膜帐内放入装有吸潮剂、硅胶屑、漂白粉的布袋，用于吸潮和消毒，然后将薄膜帐封口密封，薄膜帐与底板应黏紧不漏气。然后抽出帐内气体，通入 CO_2 至要求浓度。

（2）化学保鲜剂气调法　通过化学保鲜剂吸收氧气，降低贮藏环境中 O_2 含量的方法。化学保鲜剂一般由无机盐、金属粉末、有机物质组成，主要作用是将贮存蛋的食品袋中 O_2 含量在24h 内降低到1%，同时具有杀菌、防霉、调整湿度等作用。

（3）O_3 气调法　O_3 具有较强的活性，能够有效杀灭细菌，能自然降解无残留。O_3 由臭氧发生器产生。O_3 主要有两个方面的作用：一是空库消毒；二是鲜蛋灭菌保鲜。臭氧消毒成本低、方便、省时省力，可有效抑制霉菌的生长。

5. 涂膜保鲜

涂膜保鲜是将无色、无味、无毒的涂膜剂，涂抹于蛋壳表面，以堵塞蛋壳气孔，阻止微生物的入侵，减少蛋内水分的散失，使蛋内 CO_2 的浓度升高，从而抑制蛋白酶的活力和生化反应速度，达到长期贮藏保鲜的目的。

（1）选蛋　同冷藏法一样，需选择新鲜合格的蛋。这种方法要求在产蛋后尽快进行分级、清洗，然后进行涂膜、干燥、包装等工序。如果原料蛋已经不新鲜，蛋内受到微生物污染，这样涂膜后蛋内的微生物就可以继续繁殖而造成蛋的变质。

（2）涂膜　涂膜前先对禽蛋进行清洁消毒，除去表面的微生物。

涂膜的方法有浸渍法、喷雾法和手搓法。涂膜以蛋壳表面覆盖一层厚薄均匀的涂膜剂为宜，不可过厚，也不可太薄。

保藏效果很大程度上取决于涂膜剂，良好的涂膜剂应具备安全无毒、成膜性好、附着力强、吸湿性小、成本低廉、操作简单等特点。目前使用的有：石蜡、凡士林、聚乙烯醇、环氧乙烷高级脂肪醇、动植物油脂、蜂胶、壳聚糖等。

6. 浸泡法

浸泡法是将蛋浸泡在保鲜溶液中，堵塞蛋壳气孔，阻止蛋内水分向蛋外蒸发，抑制蛋内 CO_2 逸出，避免微生物的浸染，达到保鲜目的的一种方法。浸泡法常用的是石灰水和水玻璃。

（1）石灰水贮藏法　石灰水贮藏法利用蛋内呼出的 CO_2 与石灰水中的 Ca（OH_2）反应，生成不溶性的 $CaCO_3$，沉积在蛋壳表面，从而堵塞气孔，阻止蛋内外物质的交换。另外石灰水本身具有杀菌作用，可以保护蛋的质量。

按50kg 清水加入1～1.5kg 生石灰，搅拌后静置冷却。待石灰水澄清、温度下降到10℃以下时，将澄清液缓慢倒入放有禽蛋的容器中，液面应高于蛋10cm。贮藏期间应控制温度在0～22℃，库温越低越好，贮藏期间应检查库温和水质。若发现水质发浑、发绿、有异味应及时处理。

此方法操作简便、费用低、贮藏时间长，但是蛋壳外观差，在煮制时蛋壳易破裂。

（2）水玻璃贮藏法　水玻璃俗称泡花碱，是一种不挥发的硅酸盐溶液，通常为白色透明黏稠溶液，遇水生成偏硅酸或多聚硅酸。将蛋放入该溶液后，硅酸胶吸附在蛋壳表面，堵塞气孔，达到隔绝外界与蛋内容物的作用，还使蛋内生化反应减弱，延长保质期。

将水玻璃（45～46°Bé）与水按一定比例（1∶15）混合，然后放入鸡蛋，放入库内，温度与石灰水法要求一致。利用此法可使禽蛋保鲜4个月。贮藏15d左右，若溶液呈粉红色，有一层浓厚浆糊层，说明温度过高，应该重新配制溶液，剔除坏蛋，重新浸泡。需要出缸停止浸泡时，应用15～20℃的水将表面清洗干净，否则容易产生粘连，发生破裂。这种方法浸泡蛋壳发暗，存在浸泡液渗入蛋内的情况，使蛋的质量受到影响。

7. 巴氏杀菌法

利用巴氏杀菌的原理，将蛋壳表面的微生物大部分杀灭，使靠近蛋壳的一层蛋白凝固，防止蛋内水分、CO_2逸出，阻止外界微生物入侵，达到延长贮藏期的目的。

先将鸡蛋放入特制框内，然后将框浸入95～100℃的水中，浸泡5～7s，立即取出，沥干表面水分，即可放入干燥、阴凉的地方进行贮藏。

第四节 禽蛋制品

一、鲜蛋类

1. 鲜蛋的种类

鲜蛋是符合GB 2748—2003《鲜蛋卫生标准》规定，由各种禽类生产、未经加工的蛋。鲜蛋类主要包括鲜蛋、洁蛋和营养强化蛋。

2. 鲜蛋的变质

刚由健康母禽产下的鲜蛋，其内容物无菌或含少量细菌，其自身的自我防御体系可以阻碍微生物的入侵，然而自我防御体系的防卫能力随时间延长而逐渐下降，来自禽类自身、产蛋场所以及贮运过程中所感染的微生物，就有可能入侵到蛋内，引起蛋腐败变质。

3. 鲜蛋的清洁

有效防止禽蛋腐败变质的手段就是对鲜蛋进行清洗，杀灭或抑制微生物的生长，从根本上防止鲜蛋的腐败变质。洁蛋在选用符合国家标准的鲜蛋基础上，通过清洁、分级、涂膜、包装等工序处理后的带壳鲜蛋。

蛋品的清洗一般采用干擦和水洗两种方法，目前干擦法已经被水洗法取代。清洗用水应符合相关卫生用水标准，并注意水温。水温过低，则蛋内容物会因冷却收缩产生蛋内负压形成吸力，造成微生物随着水分渗透进入蛋内；水温过高，蛋可能因为受热膨胀而发生破裂。一般要求水温比蛋温高10℃为宜（约为40℃）。清洗会洗掉角质层（壳上膜），从而使蛋壳的气孔裸露，而失去遮挡，因此还需要对蛋壳进行涂膜保鲜处理，以阻止微生物侵入和蛋内水分蒸发，减缓鲜蛋品质劣变。

刚清洗后的蛋表面沾有水分，必须及时烘干，因为潮湿的表面有利于微生物入侵。禽蛋烘干温度40～45℃。

涂膜就是人工仿造禽蛋的壳外膜，将具有一定成膜性且所成膜气密性较好的涂料涂抹在蛋壳表面，恢复蛋壳气孔闭塞的状态，从而阻隔微生物入侵和水分蒸发。涂膜能有效延长禽蛋的货架期，并能在一定程度上增强蛋壳的硬度和光泽度。喷涂的方法有浸涂法、喷涂法和涂抹法三种。浸涂法就是将蛋浸入已配好的涂膜液中，浸泡一段时间（30~60s），然后取出晾干即可，浸涂法简便易行，但耗时长，涂膜厚度不均匀；喷涂法是通过薄层喷雾器喷头将雾化涂膜液喷到鸡蛋上，形成超薄、均一的膜，干燥快，品质稳定，但涂膜液利用率低，易产生涂膜液飞散现象；涂抹法是利用两个水平间距10cm沾有涂膜液的刷子，对经过的蛋进行涂刷而形成一层薄薄的涂膜液，此法涂膜液利用率高，但干燥时间较长。

二、液 蛋 类

1. 液蛋的种类

液蛋制品是指将检验合格的新鲜蛋清洗、消毒、去壳后，将蛋清与蛋黄分离（或不分离），搅匀过滤后经杀菌或添加防腐剂，浓缩或不浓缩，制成的一类蛋制品。液蛋制品分为液蛋、冰蛋和湿蛋三大类别。

（1）液蛋　液蛋是指鲜蛋经去壳、杀菌、包装等工艺后制成的液体蛋制品。液蛋包括：全蛋液、蛋清液、蛋黄液。

（2）冰蛋　冰蛋是指将蛋液杀菌后装入罐内，进行低温冷冻后的一类蛋制品。冰蛋分为冰全蛋、冰蛋白、冰蛋黄三种。

（3）湿蛋　湿蛋是以蛋液为原料，加入不同的防腐剂制成的一类含水量较高的蛋制品。我国主要以蛋黄为原料生产少量湿蛋黄。湿蛋包括：湿全蛋、湿蛋黄、湿蛋白。根据所用的防腐剂不同分为新粉盐黄、老粉盐黄和蜜黄三种。新粉盐黄以苯甲酸钠为防腐剂，老粉盐黄以硼酸为防腐剂，蜜黄以甘油为防腐剂。

2. 蛋液杀菌

蛋液一经离开蛋壳，便失去保护，在加工流程中均可能受到微生物污染，因此蛋液必须进行杀菌处理以确保产品卫生和安全。蛋液杀菌要求彻底杀灭致病菌，最大限度减少杂菌数，同时保持蛋液原有的营养特性和加工特性的一种加工措施。

由于蛋白、蛋黄、全蛋的化学组成不同，因此有不同的热学特性。采用热杀菌技术时应充分考虑不同蛋液对热的耐受力不同的情况。鲜蛋蛋白的热凝固温度为62~64℃；蛋黄的热凝固温度为68~72℃，混合蛋的热凝固温度为77~77℃（表5-28）。

表5-28　部分国家的蛋液低温杀菌条件

国名	全蛋液	蛋白液	蛋黄液
波兰	64.5℃，3min	56℃，3min	60.5℃，3min
德国	65.5℃，5min	56℃，8min	58℃，3.5min
法国	58℃，4min	55~56℃，3.5min	62.5℃，4min
瑞典	58℃，4min	55~56℃，3.5min	62~63℃，4min
英国	64.4℃，2.5min	57.2℃，2.5min	62.8℃，2.5min
澳大利亚	64.4℃，2.5min	55.6℃，1.0min	60.6℃，3.5min
美国	60℃，3.5min	56.7℃，1.75min	60℃，3.1min
中国	64.5℃，3min		

3. 蛋液浓缩

蛋液含水量高，容易腐败变质，仅能在低温下短时间贮藏。将蛋液进行浓缩，可以方便运输和延长常温下的贮藏期，于是出现浓缩液蛋。浓缩液蛋分两种：一是全蛋加糖或盐后浓缩；另一种是蛋白的浓缩。

（1）浓缩蛋白　浓缩蛋白一般采用反渗透和超过滤法，将蛋白液浓缩至固形物含量为24%左右，即为原来的2倍。在浓缩过程中，葡萄糖和无机盐等小分子会随水分子透过膜而损失。由于损失了钠离子，导致蛋白的起泡能力降低。

（2）浓缩全蛋　蛋液的热稳定差，全蛋液在60～70℃范围内开始凝固，加糖（盐）后，其凝固温度会上升。添加蔗糖量为50%时，凝固温度为85℃。

全蛋液的固形物含量约为25%，水分约75%，加入蛋液重50%的蔗糖，均质后在60～65℃下真空浓缩至固形物含量为72%左右，然后在70～75℃下加热杀菌，固形物含量达到75%左右（其中蔗糖50%，蛋固形物25%），水分含量降低至约25%。浓缩后的全蛋液，微生物受到抑制，室温下（25℃）可以贮藏1个月，冷藏（0～4℃）可贮藏1～2年。

加盐浓缩全蛋和加糖浓缩全蛋的工艺基本相同，一般加盐浓缩全蛋的固形物含量为50%，含盐量为9%。

4. 蛋液冻结

（1）蛋白　蛋白经冷冻、解冻后，其浓厚蛋白含量减少，且黏度下降以致外观呈水样。蛋白的加工特性受冷冻影响较小，可认为与鲜蛋清相同。

（2）蛋黄　蛋黄的冰点约为－0.6℃，当温度降低到－6℃以下时，蛋黄发生凝胶现象，并失去流动性，即使搅打也不容易分散。蛋黄在－6℃以上保藏，不会发生凝胶化现象，但是该温度下长期贮藏会变味以致生成异味。因此，蛋黄长期贮藏应在－6℃以下。为了防止低温凝胶化，可在蛋黄中加入2%～10%食盐或8%～10%蔗糖，生产中一般添加10%的盐或糖，以降低蛋黄的冻结点。含有15%蛋白的蛋黄添加10%食盐后，其冻结点降低到－17℃，可以实现蛋黄在冻结点以上保藏，既可达到保藏目的，又可避免冷冻胶化。

除食盐和蔗糖，糖浆、甘油、磷酸盐等也可以防止蛋黄冷冻胶化。另外，蛋白分解酶可以破坏形成凝胶的成分，从而抑制蛋黄冷冻胶化。

（3）全蛋　全蛋冻结也会产生冷冻胶化，特别是蛋黄和蛋白未混合时更为明显。在冻结前添加食盐、蔗糖、玉米糖浆，或进行混合，可以抑制冰冻时凝胶的形成。

5. 湿蛋防腐

湿全蛋和湿蛋白在我国已经基本停止生产。湿蛋黄制品是以蛋黄为原料加入防腐剂后制成的液蛋制品。湿蛋产品加入防腐剂的主要目的是抑制细菌的繁殖，延长产品的贮藏期。湿蛋常采用混合防腐剂，常用的有：加蛋黄液量0.5%～1.0%的苯甲酸钠和8%～10%的精盐，称为新粉盐黄；加蛋黄液量1%～2%的硼酸及10%～12%的精盐，称为老粉盐黄；加蛋黄液量10%上等甘油，称为蜜黄。因为硼酸可引起肾脏疾病，因此主要供工业用。目前主要用于生产新粉盐黄。

三、干燥蛋品类

干燥蛋制品是经过干燥脱水后含水量很低的蛋制品。干燥蛋制品的含水量很低，能阻止微生物的生长，减缓化学反应速度。

1. 干燥蛋制品的种类

干燥蛋制品由于原料及加工方法不同，种类很多，主要干燥蛋制品如表5－29所示。

表5－29 常见干燥蛋制品

品种	分类
干蛋白	干蛋白粉、蛋白片
干蛋黄	普通干蛋黄粉、除葡萄糖干蛋黄粉、加糖干蛋黄粉
干全蛋	普通干全蛋粉、除葡萄糖干全蛋粉、加糖干全蛋粉
特殊类型干蛋品	炒蛋用混合蛋粉、煎鸡蛋粉、蛋汤用鸡蛋粉

（1）干燥蛋白

①蛋白粉：蛋粉是指用喷雾干燥法除去蛋液中的水分而加工出来的粉末状产品，主要有全蛋粉、蛋黄粉和蛋白粉三种。用于生产蛋粉的主要原料是鸡蛋（图5－29）。

图5－29 蛋液和蛋粉

蛋白粉是通过喷雾干燥而制成的粉状制品，其种类、品质及用途见表5－30。

表5－30 蛋白粉的种类、品质及用途

种类	品质特性	用途
酶法除糖干蛋白	起泡性甚佳	用于需要高起泡性的产品如蛋白酥皮
酵母除糖干蛋白	结着性良，凝固性良，有起泡性	鱼丸等水产品，香肠等畜产品
细菌除糖干蛋白	起泡性良	一般用
酵素除糖干蛋白	有起泡性	一般用
起泡剂添加干蛋白	起泡性甚佳	用于需要高起泡性的产品如蛋白酥皮
加盐干蛋白	有起泡性	改良面质

②蛋白片：蛋白片是通过浅盘干燥而制成的片状或粒状或磨成粉状的蛋白制品，多为1cm左右的浅黄色透明晶片，色泽光亮、发泡力强，黏着性大。暴露在空气下，光泽会减退，需密封保存，但不需冷藏（图5－30）。

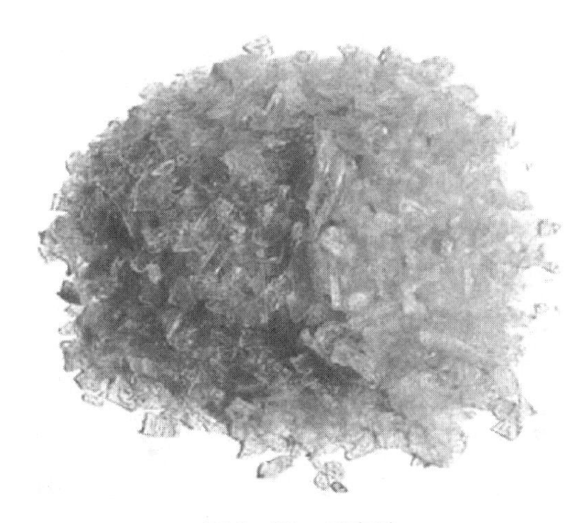

图5-30　蛋白片

（2）普通干燥全蛋及蛋粉　这类制品可能除去或未除去糖分，或加入抗结块剂，如硅铝酸钠，以改进蛋粉的一些特性。全蛋粉或蛋黄粉，发泡能力很差，具有良好的黏着性、乳化性及凝固性，可用于制作夹心蛋糕、油炸圈饼及酥饼等。

（3）加糖干燥全蛋或蛋黄　加糖干燥全蛋和蛋黄是在干燥前的杀菌阶段加一定量的糖，使制品具有一定良好功能特性，尤其是起泡性，故该类制品可用于糕饼制品、冰淇淋等。

（4）其他干蛋品　蛋可与其他食物成分混合后干燥，如蛋与脱脂乳、酥烤油等。将蛋液pH调至5.5后喷雾干燥而成酸化蛋粉，可以改善碎炒蛋的风味。另外还有蛋汤用速食蛋粉等。

2. 脱糖处理

禽蛋中含有游离葡萄糖，全蛋、蛋白和蛋黄中分别含有0.3%、0.4%和0.2%。如果将蛋液直接进行干燥，干燥后贮藏期间，葡萄糖会与蛋白质产生美拉德反应，导致干燥后产品出现褐变现象。因此蛋液在干燥前必须除去葡萄糖，俗称脱糖。

（1）脱糖作用　脱糖具有三个方面的作用：首先是消除葡萄糖与蛋白质间的美拉德反应，防止产品褐变；第二，发酵产酸和产气（CO_2），使蛋白液pH降低，能促使卵黏蛋白、系带和其他不纯物一起澄清出来，从而降低蛋白液黏度，使蛋白澄清，提高成品的打擦度、光泽和透明度；第三，部分蛋白分子发生分解，提高产品水溶性成分含量。

（2）脱糖方法

①自然发酵法：该法仅适用于自然发酵法，其原理是利用蛋白液所含有的发酵菌（主要为乳酸菌），在适宜条件下繁殖，并使蛋白液中的葡萄糖分解，达到脱糖的目的。

$$C_6H_{12}O_6 \longrightarrow 2C_2H_4OHCOOH$$

$$C_6H_{12}O_6 \longrightarrow C_2H_4OHCOOH + C_2H_5OH + CO_2$$

由于蛋白液初始菌数不同，发酵很难保持稳定，而且污染的杂菌中可能含有沙门菌等致病菌。目前打蛋工艺卫生程度提高，蛋白液的初始菌数少，不易发酵，该方法已经逐渐被淘汰。

②细菌发酵法：细菌发酵是指用纯培养的细菌在蛋白中进行繁殖，并达到脱糖目的的一种方法。细菌发酵一般只适用于蛋白发酵。目前使用的细菌有乳酸链球菌、产气杆菌、费氏埃希菌、粪链球菌、阴沟气杆菌。欧美国家通常采用产气（CO_2）杆菌，pH低，有特殊的甜酸味，起泡性很好。我国采用费氏埃希菌和阴沟气杆菌，发酵时间短，发酵终点容易判断，制成品质量好。

细菌发酵采用逐级扩大的方法进行。一般在培养瓶中装入无菌培养液500g，接入菌种培养，然后按5% ~10% 的添加比例，逐步扩大至1t，进行发酵除糖。发酵结束后，取出中间澄清部分，再添加蛋白液继续发酵。

细菌发酵时，初期发酵缓慢（原因是初期细菌数少，蛋白液 pH 高，溶菌酶等抗菌物质抑制了细菌繁殖），2d 后，pH 下降加快，3.5d 下降至 5.5 左右，以后 pH 基本不变。当 pH 达 5.6 ~6.0 时，或葡萄糖含量在 0.05% 以下，则认为发酵完毕。若继续发酵，则会导致蛋白质过度分解，已经上浮或下沉的黏蛋白再度分解溶入，而影响成品的透明度。

细菌发酵法在 27℃时，大约 3.5d 即可完成除糖。检测方法是取 0.1mL 发酵液用红外线灯照射 15min，若无褐色出现，即可判定除糖完成。发酵完的蛋液取中间澄清部分，或用过滤法过滤。

③酵母发酵法：酵母发酵不仅可以用于蛋白液，也可用于全蛋液和蛋黄液发酵。常用的酵母有：面包酵母、圆酵母。

$$C_6H_{12}O_6 \longrightarrow 2C_2H_5OH + 2CO_2$$

该发酵反应不产酸，虽然产生的 CO_2 可溶解于蛋白液中，使 pH 有所下降，但干燥过程中，CO_2 会逸出，导致产品的 pH 非常高。酵母本身适宜弱酸性环境，为降低产品的 pH，可用有机酸将 pH 降低至 7.5 左右，或者添加柠檬酸铵之类热分解性中性盐，使其分解成柠檬酸和氨，氨因热而被蒸发，柠檬酸可使产品的 pH 呈中性。

酵母发酵速度很快，只需数小时即可，但酵母不能分解蛋白，导致黏蛋白等沉析或上浮不足，产品中常含有黏蛋白的白色沉淀物。酵母还不能分解脂肪，导致产品的起泡力较低。为使黏蛋白沉淀析出，可添加柠檬酸铵，使产品的 pH 维持在中性。为了分解蛋白和脂肪，可以添加胰酶或胰蛋白酶等，以分解部分蛋白质和混入的蛋黄脂肪。

④酶法脱糖：该法利用葡萄糖氧化酶把蛋液中的葡萄糖分解成葡萄糖酸而脱糖的方法。该法适于蛋白液、蛋黄液和全蛋液。

$$C_6H_{12}O_6 + O_2 + H_2O \longrightarrow C_6H_{12}O_7 + H_2O_2$$

葡萄糖氧化酶在 pH6.7 ~7.2 时除糖效果最好。目前的葡萄糖氧化酶制剂除了含有葡萄糖氧化酶之外，还含有过氧化氢酶，能分解产生的 H_2O_2 提供 O_2。为了保证葡萄糖氧化酶对 O_2 的需求，需要额外添加 H_2O_2，或者直接通入 O_2。

该法能产生葡萄糖酸，因此制品 pH 比酵母发酵低，只需添加少量的酸即可得到中性产品。

蛋白液脱糖先用 10% 有机酸调节 pH 至 7.0 左右，然后加 0.01% ~0.04% 葡萄糖氧化酶，搅拌均匀，同时加入总蛋液量 0.35% 的（7%）H_2O_2，以后每小时加入等量的 H_2O_2，经 5 ~6h 即可完成发酵。蛋黄 pH 约为 6.5，不必调整 pH 即可在 3.5h 内除糖。全蛋液调节 pH 至 7.0 ~7.3 后，约 4h 即可除糖。

⑤膜过滤法：蛋白质和葡萄糖分子质量差异很大，选用孔径大于葡萄糖而小于蛋白的过滤膜，如超滤膜等，在一定的外界推力下，将葡萄糖和水等小分子物质与蛋白质等大分子物质分离，不仅可以去除葡萄糖，还可以浓缩蛋白质。

3. 杀菌

(1) 低温杀菌　低温杀菌指蛋液在除糖后即进行杀菌。蛋白采用自然发酵、细菌发酵除糖时，蛋液中微生物数量很多，低温杀菌效果不理想；全蛋或蛋黄一般使用葡萄糖氧化酶除糖，蛋液中微生物数量少，可采用低温杀菌。

（2）干热处理　干热处理是将干燥后的制品，放置于50～70℃的环境下进行杀菌的方法。该法在欧美被广泛使用，通常采用：44℃，保持3个月；55℃，保持14d；57℃，保持7d；63℃，保持3d。蛋白因微生物发酵后微生物数量多，所以多采用干热杀菌。蛋黄和全蛋中含有大量脂肪，干热杀菌容易导致脂肪氧化产生不良风味，故不宜采用干热灭菌。

（3）冷杀菌技术　冷杀菌是在较低的常温条件下杀灭微生物的一种杀菌技术，因为没有加热，因此产品的功能特性和营养特性未受到破坏。目前可以使用的技术有：超高压杀菌法、高密度CO_2杀菌技术、高压脉冲电场杀菌、辐射杀菌等。

4. 干燥

目前大部分的全蛋、蛋白及蛋黄均使用喷雾干燥，少部分蛋品使用真空干燥、浅盘式干燥、滚筒干燥及微波干燥。

（1）喷雾干燥　喷雾干燥法，首先通过雾化器将蛋液雾化成小液滴，然后与热空气相接触，液滴水分瞬间被汽化，水汽被热风带走，干燥后的颗粒在重力作用下降落至干燥室底部，整个过程在15～30s内完成（图5－31）。

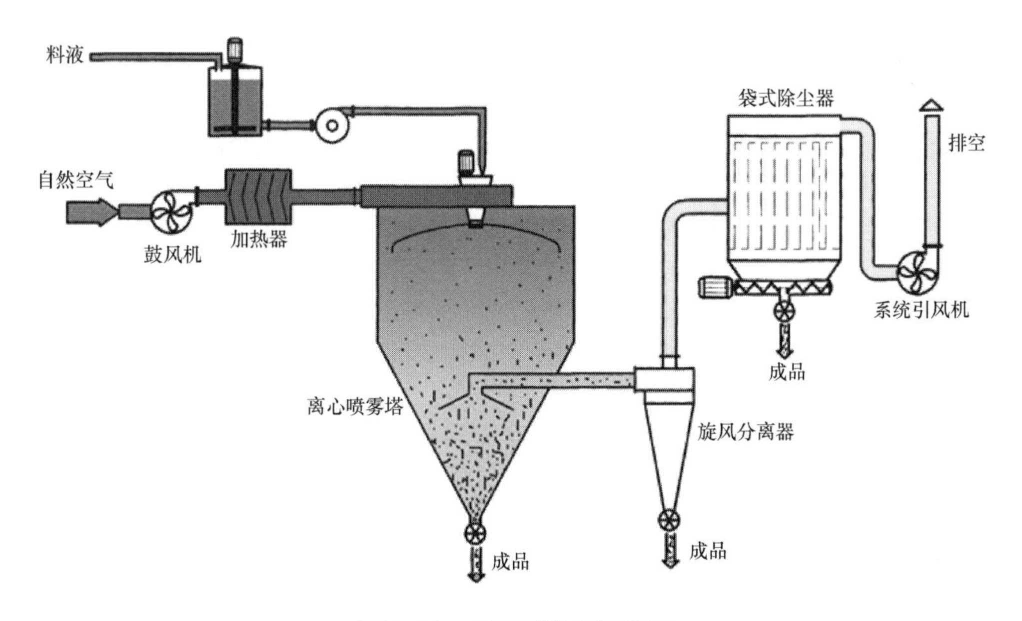

图5－31　喷雾干燥原理示意图

（2）浅盘干燥　浅盘干燥是将蛋白液置于金属浅盘（长、宽各0.1～1m，深度2～7cm）中，然后将此浅盘置于干燥室进行干燥，为避免蛋白变性，通常温度在54℃以下。随着干燥的进行，表面水分蒸发，液面形成干燥蛋白皮膜，并逐渐增厚，干燥至适当程度后需将该膜移入其他浅盘，当干燥至水分为15%时，即可得到薄片状浅黄色透明蛋白片。蛋白片可进一步破碎成粉末状。

浅盘式干燥根据加热方式不同分为炉式和水浴式。炉式是通过锅炉直接向干燥室输送热气使水分蒸发；水浴式是通过热水加热浅盘使水分蒸发。

（3）真空干燥　真空干燥是利用真空条件下，水的沸点降低的原理，促进水分在低温下较快蒸发。另一种真空干燥是将真空和低温结合起来，可以极大提高干燥的品质，它首先需要将蛋液进行冻结，然后置于真空冷冻干燥机内，在真空和冷冻条件下，使水分升华而除去。由于真空冷冻的温度很低，因此干燥品质极佳。

(4) 带状干燥和滚筒干燥　带状干燥是将蛋白涂布于箱式干燥室内铝制平带上，使其在热风中移动干燥，当蛋白干燥至一定厚度时，用刮刀刮离而成。滚筒干燥是将蛋液涂布在圆筒上而干燥的方法。

带状干燥或滚筒干燥均可制成薄片状或颗粒状干燥蛋白，但所制成的干燥全蛋或蛋黄色泽、香味均差。

四、腌制蛋类

腌制蛋也叫再制蛋，主要通过碱、盐、糟、卤等辅料加工处理后制成的仍具有蛋形的蛋制品，包括松花蛋、咸蛋、糟蛋以及其他多味蛋等。

1. 松花蛋

(1) 松花蛋的概念　松花蛋也叫皮蛋、变蛋、彩蛋等，是我国著名的传统产品之一，其蛋白是呈褐色的弹性凝胶体，蛋白表面有松花状的花纹，故称松花蛋。松花蛋主要分为溏心松花蛋和硬心松花蛋。

溏心松花蛋：这种松花蛋蛋黄未完全凝固，中心有类似饴糖似的软心，故称为“溏心”松花蛋。

硬心松花蛋：这种由蛋外包裹的辅料腌制而成，蛋黄完全凝固，故称为硬心松花蛋。

(2) 松花蛋的加工原理　松花蛋的基本原理主要是蛋白质遇碱发生变性而凝固。鲜蛋蛋白中的 NaOH 含量达到 0.2% ~0.3% 时就会凝固，而碱含量过高蛋白又会重新液化。松花蛋的加工可分为以下四个阶段。

①化清阶段：化清阶段是指蛋白从黏稠态变成水样态，蛋黄有轻度凝固的阶段。此阶段蛋内含碱量达到 4.4 ~5.7mg/g，卵蛋白在碱性条件下发生变性，蛋白分子由卷曲状态变为伸直状态，蛋白分子的非极性基团逐渐暴露，蛋白质分子的溶剂化作用下降，原来被束缚的水分变成了自由水，即为蛋白的化清阶段。此时，蛋白质分子的一二级结构未被破坏，蛋白质仍具有热凝固性。

②凝固阶段：NaOH 浓度不断增加，当含碱量达到 6.1 ~6.8mg/g 时，蛋白质分子二级结构开始受到破坏，主链开始带上少量负电，负电斥力进一步破坏其他氢键，分子内部侧链暴露，亲水基团增加，使得蛋白质分子的亲水能力增加，自由水又重新被大量吸附而成束缚水，蛋白质分子之间相互聚合形成透明胶体。此阶段，蛋黄凝固厚度约 1 ~3mm。

如果蛋内碱液浓度过大，会使已经凝胶的蛋白重新解体转化为深红色的液体，称为第二次化清，俗称“碱伤”。因此需要掌控碱液浓度和腌制截止时间。

③变色阶段：由于蛋白质凝固，水分子大量被蛋白质约束，蛋内的 OH^-、CO_3^{2-}、PbO_2^-、Na^+、Cl^- 等离子的浓度相对增大，这些离子一部分又回到料液中去，一部分进入蛋黄，使蛋黄发生变化。如蛋黄由于蛋白中有大量 NaOH 而损伤膜的致密度，蛋白中水分及其他离子进入蛋黄中的速度加快，致使蛋黄中蛋白质变性和呈现变色，脂肪也发生皂化。蛋白逐渐变成深黄色的透明胶体，蛋黄凝固层厚度达到 5 ~10mm（鸡蛋、鸭蛋）或 5 ~7mm（鹌鹑蛋），变色层分别为 2mm 或 0.5mm。蛋白的颜色变化主要是羰胺反应造成。加工过程中，葡萄糖分解产生 5 - 羟基呋喃甲醛，而 5 - 羟基呋喃甲醛很容易与蛋白结合形成黑色素。由于鸭蛋的含糖量高于鸡蛋，所以鸭蛋蛋清的色泽也比鸡蛋深。

蛋黄颜色的变化主要是在碱的作用下，部分蛋白质分解后产生胱氨酸和半胱氨酸。这两种氨基酸中含有硫氢基（-SH）及二硫基（-S-S），这两种活性基团与蛋黄中的金属离子结合，便会产生各种不同的颜色。与铁结合生成硫化铁，使蛋黄呈墨绿色或黄绿色。蛋黄中的色素受硫化氢作用，变为绿色。

④成熟阶段：蛋白质全部转变为褐色的半透明凝胶体；蛋黄凝固层变为墨绿色或多种色层，中心呈溏心状。

鲜蛋在碱性条件下蛋白质经酶分解而产生氨基酸，故松花蛋有鲜味。蛋白质分解产生氨和硫化氢，轻微的 NH_3、H_2S 的味道为产品的特征。氨基酸分解产生酮酸而有微苦味。加食盐故成品有咸味。蛋白中的酶在碱性条件下，将蛋白质分解成氨基酸，氨基酸与盐类生成混合结晶体，形成松花状花纹样物质。

⑤松花状花纹：在松花蛋加工过程中，当蛋内的 Mg^{2+} 浓度达到0.009%以上时，同 OH^- 结合形成 $Mg(OH)_2$，在蛋内形成水合晶体，呈松针状排列。蛋白中 Mg^{2+} 主要来自鲜蛋本身（46%）和料液（54%）。鲜蛋中的 Mg^{2+} 除蛋内含有少量外，主要来自蛋壳（图5-32）。

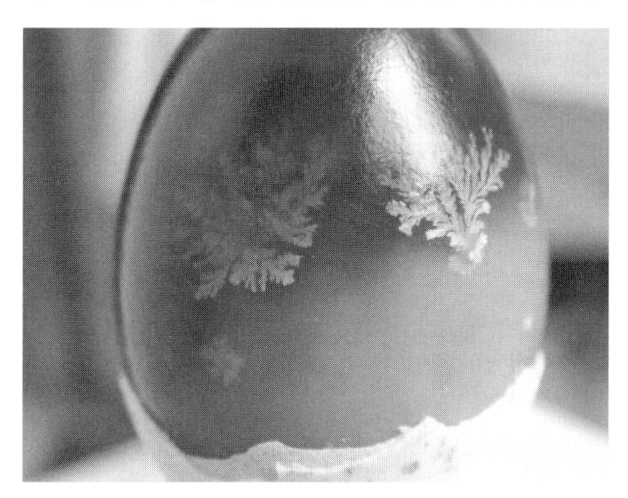

图5-32　松花蛋及其表面松花花纹

蛋品变为成品松花蛋后，在贮存期间，蛋的化学反应仍在进行，其含碱量不断下降，游离脂肪酸和氨基酸含量不断增加，风味变得更加完美。

（3）原辅料的选择

①原料蛋的选择：松花蛋加工用原料蛋必须是经感官检查、灯光透射选出的新鲜、蛋壳完整、大小均匀、壳色一致的鸭蛋或鸡蛋。凡是哑子蛋（肉眼看不出的裂纹，只有两蛋相撞发出沙沙声的蛋壳损伤蛋），钢壳蛋（蛋壳无气孔或气孔很小的蛋），沙壳蛋（蛋壳厚薄不均，手触有粗糙感之蛋），畸形蛋等不能作加工松花蛋的原料蛋。

②配料的选择：a. 生石灰（CaO）：要求体轻，块大，无杂质，加水后能产生强烈气泡和热量，并迅速由大块变小块，最后呈白色粉末为好。生石灰中氧化钙的有效含量不应低于75%。

b. 纯碱（Na_2CO_3）：要求色白、粉细，含 Na_2CO_3 在96%以上，久存的 Na_2CO_3 吸收空气中 CO_2 而生成 $NaHCO_3$，使用时效低，因此，使用前必须测定 Na_2CO_3 含量。

c. 烧碱（NaOH）：又名苛性钠、火碱，固体烧碱一般纯度为95%以上，液体烧碱纯度为30%～42%，烧碱易吸潮，使用前必须测定。烧碱可替代纯碱和生石灰。碱液浓度一般为

4.5% ~5.5%。使用烧碱时，浓度过高或时间过长，都会造成产品碱味重，甚至造成产品烂头等现象。

d. 食盐（NaCl）：食盐能够加快蛋的化清、帮助凝固、抑制蛋内微生物，还有调味作用。食盐浓度一般为3% ~4%。浓度太高时蛋白的凝固力差，蛋黄变硬。

e. 茶叶：要求新鲜，有光泽，无变质，无发霉，无杂质，无杂物。茶多酚含量为20% ~30%。

茶多酚是茶叶中多酚化合物的总称，具有抗氧化能力，抑制细菌生长，清除异臭等功能。茶碱、茶单宁可与料液中的 $Ca(OH)_2$ 作用，形成有色沉淀析出，茶单宁在 NaOH 溶液中红色加深。茶单宁有凝固蛋白作用。

因此加工中，对蛋白起增色和帮助蛋白凝固的作用，同时增添香味。

f. 氧化铅取代盐：氧化铅是传统法加工松花蛋的添加剂。Pb 与 S 形成难溶的 PbS 会堵塞蛋壳和蛋壳膜上的气孔和网孔，从而阻止 NaOH 过量向蛋内渗透，这样蛋黄中的 NaOH 浓度较低，不能使其完全凝固而形成溏心。由于铅是一种能对人体有害的重金属，因此现采用硫酸铜、硫酸锌等替代。

g. 草木灰：主要成分为 K_2CO_3 和 Na_2CO_3。加工中起调匀配料和辅助蛋白凝固的作用。应是清洁、干燥、无杂质的细粉状。

h. 黄土：应是地深层的，不含腐殖质的优质干黄土。黄土黏性强，具有保护松花蛋的作用。

i. 水：水质的硬度对料液的碱度有一定影响，硬度愈高消耗纯碱愈多。

2. 咸蛋

（1）咸蛋的概念　咸蛋又称腌蛋、盐蛋、味蛋，用食盐腌制而成。

（2）咸蛋的加工原理　咸蛋的腌制过程，就是食盐通过蛋壳及蛋壳膜向蛋内进行渗透和扩散的过程。

首先是含有食盐的泥料或食盐水溶液包围在鸭蛋的外面，这时蛋内和蛋外食盐浓度不同因而产生渗透压，蛋外的食盐溶液的浓度大，蛋外食盐溶液的渗透压也大于蛋的内部，从而泥料里的食盐或溶液里的食盐通过蛋壳、蛋壳膜和蛋黄膜渗入蛋内，而蛋中的水分通过渗透，不断地被脱出而向外渗入泥料或食盐水溶液中。

蛋腌制成熟时，蛋液里所含的食盐成分浓度与泥料或食盐水溶液中的食盐浓度基本相近，渗透和扩散作用也将停止。

利用盐的腌制作用，抑制微生物的生长，同时赋予蛋品一定的咸香味。

（3）原辅料的选择

①原料蛋的选择：加工咸蛋宜采用新鲜鸭蛋。因为鸭蛋脂肪含量高，色泽较深，制成咸蛋的品质较佳。原料蛋应根据其大小进行分级和检验，以便于加工。

②辅料的选择：食盐以海盐为佳，要求晶粒洁白均匀，咸味正常，无异味、无杂质，NaCl 含量应在96%以上。

草木灰可用稻草灰、麦秸灰或其他植物灰，但稻草灰最佳。要求干燥洁净，无异味、无杂质。

黄泥要色黄纯净，有机物含量少，无异味。禁用含腐殖质多的表层土，因为容易使蛋发臭。

3. 糟蛋

（1）糟蛋的概念　糟蛋是鲜蛋经酒糟糟渍而成的蛋制品。根据加工方法，糟蛋分为生蛋糟蛋和熟蛋糟蛋；根据糟蛋成品是否有蛋壳，分为硬壳糟蛋和软壳糟蛋。硬壳糟蛋一般以生蛋糟渍，软壳糟蛋则有生蛋糟渍和熟蛋糟渍两种。

（2）糟蛋的加工原理　糟蛋加工过程中，酒糟中的乙醇和乙酸渗透进入蛋内使蛋白发生变性和凝固，但酒糟中的乙醇和乙酸含量并不高，故蛋中的蛋白质并未完全变性和凝固。糟蛋的蛋白呈乳白色或酱黄色的胶冻状，蛋黄呈橘红色或橘黄色的半凝固柔软状态。

酒糟中的乙醇和糖类（主要是葡萄糖）渗入蛋内，使糟蛋具有一定的醇香味和轻微的甜味；酒糟中的醇类和有机酸渗入蛋内后缓慢作用，产生芳香的酯类，这是糟蛋芳香气味的主要来源。

$$RCOOH + R'OH \longrightarrow RCOOR' + H_2O$$

蛋壳的主要成分是碳酸钙，能被酒糟中的乙酸所侵蚀，所以蛋壳会变软、变薄，逐渐与壳内膜脱离而脱落，使乙醇等有机物更容易渗入蛋内。壳下膜的主要成分是蛋白质，微量的乙酸不足以破坏这层膜，因此壳下膜仍完好无损。

糟蛋在糟渍过程中添加了食盐，在食盐和乙醇的作用下，抑制了微生物的生长，尤其是致病菌和沙门菌都被杀死，因此糟蛋可以生食。

（3）原辅料的选择

①原料蛋：选用新鲜的鸡蛋或鸭蛋，但普遍以鲜鸭蛋为主。对鸭蛋进行检查，剔除不合格的蛋。按照蛋的重量或大小进行分级，以便加工产品品质一致。

②糯米：要求糯米洁白、颗粒均匀，淀粉多，脂肪和蛋白少，新鲜无异味。

③酒药：酒药是酿酒用的菌种，是多种菌种在特殊培养基（用辣蓼草粉、芦黍草粉等制成）生长而成的一种发酵剂和糖化剂。菌种包括毛霉、根霉、酵母等菌种。

a. 绍药：色白，为球形，它是用糯米粉配合辣蓼粉及芦黍粉用辣蓼汁调和而成。绍药所酿酒糟，香气较浓，但糟味较猛，酒性强且带辣味，不宜单独使用。

b. 甜药：色白，为球形，它是以面粉或米粉配合草本植物一丈红的茎、叶制成的。甜药性较淡，酿制成的酒精带有甜味，糟中乙醇含量不足，也不宜单独使用。

c. 糠药：是用芦黍粉及辣蓼草、一丈红等制成。酿成的酒糟，性较醇和，味略甜。

在实践中，使用上述 3 种酒药时，很少单用一种，多采用两种酒药混用。

五、 蛋品饮料类

1. 蛋品饮料的概念与分类

（1）乳酸发酵蛋品饮料　鸡蛋发酵饮料是以新鲜鸡蛋为主要原料，经乳酸菌发酵而成的饮料。由于鸡蛋发酵饮料中通常添加有乳品，因此又称为蛋乳饮料。按是否添加乳品，分为蛋白发酵饮料和蛋乳发酵饮料。

①蛋白发酵饮料：蛋白经除去溶菌酶，加糖或不加糖，杀菌消毒，调节 pH 至乳酸发酵适宜 pH，接种乳酸菌进行乳酸发酵。

②蛋乳发酵饮料：蛋乳发酵饮料是指以新鲜鸡蛋和牛乳为原料，经乳酸菌发酵而成的一种新型饮料。

蛋液和牛乳按一定比例配合，通过乳酸菌发酵所制成的饮料，颜色发黄，黏度较低，组织状态均匀，口感清香醇厚，酸甜，无蛋腥味。

（2）非发酵蛋品饮料

①醋蛋饮料：醋蛋饮料是以醋蛋液为原料，添加适量蜂蜜、果汁、糖、增稠剂等配料，加工而成的一种营养丰富、风味较佳且有一定医疗保健作用的功能饮料。

②蛋黄酱饮料：蛋黄酱饮料是将蛋黄、色拉油、酿造醋等混合，再添加葡萄糖或果糖溶液、薄荷脑水溶液、CO_2 及酒石酸溶液加工而成的饮料。

③蛋清肽饮料：蛋清肽饮料是将蛋白进行水解，制成符合要求的蛋白肽，然后以蛋白肽为原料，辅以其他原料，制成各种营养饮料。

④蜂蜜鸡蛋饮料：在蛋液中添加有糖、蜂蜜、果汁等复合配制，经均质，杀菌，包装等工艺加工而成的针对儿童的营养型饮料。

2. 原辅料选择

（1）鸡蛋液　鸡蛋液可采用蛋白液、蛋黄液或全蛋液，但多用全蛋液。蛋液的用量对产品的品质有显著影响。有研究表明，6.5% ~7.0% 的蛋液所制得的产品色香味和组织状态较佳；蛋液少于 6% 则蛋味不足，黏稠度偏低；蛋液高于 8% 则蛋味较重，黏稠度大，适口性不好。

蛋液在与其他配料混合前，应进行杀菌处理。杀菌温度不宜低于 50℃，否则不能杀灭细菌；也不能高于 70℃，否则蛋白会发生热凝固。为保证杀菌效果同时确保蛋白不凝固，可以将糖、乳品与蛋白混合，从而提高蛋液的热耐受性。

（2）乳品　添加一定量乳品有利于乳酸菌生长繁殖，增强蛋液的抗凝固性，改善产品的风味和营养价值。鲜牛乳加入量可控制在 10% ~50%，脱脂乳粉添加量为 30% ~50%，但不论何种乳品，均不宜超过 50%。用鸡蛋清时，乳品加入量要少些；用鸡蛋黄时，乳品加入量可多些。

（3）白砂糖和稳定剂　添加白砂糖不仅影响风味和口感，而且可增强蛋液的抗凝固性。白砂糖用量一般在 5% ~10%，加糖量高于 10% 则过甜，低于 5% 则甜味不足。

为了增强产品的稳定性，防止蛋白颗粒沉降，可适当添加稳定剂，用量一般为 0.3%。

（4）有机酸　蛋液中添加适量的酸味剂如柠檬酸，不仅可以改善产品的风味，还可以促进发酵菌的生长，但蛋液中的蛋白质对酸不够稳定，如卵白蛋白、酪蛋白等电点均在 4.6 左右，另外球菌和杆菌的最适 pH 在 6.5 和 5.5，应注意适量添加，一般调节 pH 至 6.5 ~7.0 即可。

3. 发酵剂与发酵

（1）发酵剂　蛋品发酵饮料多选用保加利亚乳杆菌和嗜热链球菌作为发酵菌种，其比例为 1∶1，接种量为 2.5% ~3.0%。这两种菌最佳生长温度相近，耐盐量均为 2%。保加利亚乳杆菌与嗜热链球菌之间存在互惠共生作用，通常利用这两种乳酸菌混合发酵会提高产酸速度，减弱后酸化程度，促进风味物质产生，产生更多的胞外多糖，所以将二者混合发酵蛋品饮料。

将菌种活化、扩大即可得到生产用发酵剂。

（2）接种发酵　调配好蛋液和 pH，然后过滤，使其温度在 45℃ 左右。加入 3% 左右的发酵剂，搅拌均匀，然后在 40℃ 条件下发酵。当发酵液的 pH 降低至 4.0 左右即可。

与酸乳发酵类似，可以先灌装后发酵，也可以先发酵后灌装。

六、调味蛋品类

1. 调味蛋制品的概念与分类

调味蛋制品包括：鲜蛋酱、皮蛋酱、咸蛋酱、调理蛋制品等。

（1）鲜蛋酱　蛋黄酱和色拉酱是一类西式特色的调味料，二者均呈半固体状，由鸡蛋、植物油、盐、糖、香料、醋和乳化增稠剂等调制而成，是酸性高脂肪乳状液。蛋黄酱和沙拉酱的区别是以油脂和蛋黄的含量而确定的，蛋黄酱最低含75%的油脂、6%以上的蛋黄和10%～20%的水分，而沙拉酱最低含50%油脂、3.5%以上蛋黄和20%～35%的水分。

①沙拉酱：沙拉酱以植物油、水、蛋、酸性配料为主要原料，添加或不添加食糖、食用盐、香辛料和食用增稠剂等辅料经乳化、灌装而成的半固体复合调味料。

沙拉酱按所用原料的不同分为"轻"沙拉酱与"重"沙拉酱。"轻"沙拉酱用白醋和橄榄油、花生油或豆油等植物油按一定比例调制而成，调制过程中加入盐、胡椒和芥末等调味料，也可加入各种香辛料，如洋葱、大蒜和番茄汁等。"重"沙拉酱以油、醋为基料，还需加入鲜鸡蛋黄，调制"重"沙拉酱也可与不同香辛料搭配，调制出不同风味的"乳脂型"沙拉酱。传统沙拉酱即为"重"沙拉酱。通常传统沙拉酱的油脂含量最低50%，蛋黄含量3.5%以上，而蛋黄含量在6%以上的沙拉酱又称为蛋黄酱。

②蛋黄酱：蛋黄酱是以食用植物油，蛋黄或全蛋，醋为主要原料，并辅之以食盐、糖、香辛料、调味料及酸味料等，经调制乳化混合制成的水包油型的半固体食品。蛋黄在该体系中发挥乳化剂的作用，醋、盐、糖等除有调味的作用以外，还具有防腐和稳定产品的作用。

（2）皮蛋酱　由于皮蛋生产过程中采用碱液浸泡，食用时有刺鼻的味道，另外皮蛋的存放期有限。皮蛋酱以皮蛋为主要原料，将皮蛋磨碎，加入醋、味精、料酒等多种调味料，搅拌混合而成。

（3）发酵蛋酱　发酵蛋酱是以禽蛋为原料，添加黄豆、淀粉等配料，蒸煮后接种发酵而得到的一种调味品，产品具有独特的色泽和风味。

（4）调理蛋制品　调理蛋制品是以禽蛋为原料，经过适当加工（切割、搅拌、脱水、调味），并在适当温度下贮藏、销售，消费者可以直接食用或仅需简单烹饪即可食用的产品。

2. 沙拉酱（蛋黄酱）加工原理

在调味蛋制品制作中，水、油、蛋黄通过搅拌形成稳定的乳化液，蛋黄起到乳化剂的作用。蛋黄中起乳化作用的物质是卵磷脂，卵磷脂既含亲水基团（如羧基、羟基），又含疏水基团（如脂肪烃链R）。它的亲水基团能与水结合，疏水基团能与油脂结合，从而在油滴（或水滴）周围形成一层单分子保护膜，使水、油混合在一起，形成稳定的水包油型乳状液。

除蛋黄外，常添加柠檬酸甘油单酸酯、柠檬酸甘油二酸酯、乳酸甘油单酸酯、乳酸甘油二酸酯等乳化剂，可改善蛋黄酱的黏稠度和稳定性。

3. 沙拉酱（蛋黄酱）原辅料的选择

（1）蛋黄　蛋黄具有乳化作用，蛋黄酱是一种天然的完全乳状液。蛋黄中类脂物质对产品的稳定性、风味、颜色起着关键作用；蛋清则能在酸性条件下发生凝结而产生胶状的结构。

（2）植物油　一般蛋黄酱中的含水量为10%～20%，沙拉酱中的含水量为20%～35%，含水量较高，具有较低的凝固点，所以必须使用植物油，否则晶体析出会导致乳状液破乳，从而影响产品的品质，大豆油、玉米油、棉籽油和葵花籽油特别适合制作蛋黄酱。蛋黄酱用油，要求色淡或无色、浊度低，因此棕榈油、花生油则不宜用于蛋黄酱。

（3）食醋　要求用无色的白醋，醋酸浓度在3.5%～6.5%。醋不仅可以调节风味，还可以抑制微生物生长。

在蛋黄和植物油用量一定的情况下，产品的黏度及稳定性会随食醋添加量的增加而大大降低，可能是因为食醋的主要成分是水的缘故。食醋的添加量以醋酸在水相中的浓度为2%左右为宜，即食醋（4.5%醋酸）用量在9.4%～10.8%最为合适。食醋含量高于12%，则醋味太浓，低于9%则蛋腥味太浓。

（4）香辛料　香辛料主要用于增加产品的风味，常用芥末、胡椒、辣椒等。其中芥末还是一种非常有效的乳化剂，可以提高产品的稳定性。

（5）糖和盐　糖和盐不仅可以调节产品的风味，还具有一定的防腐、稳定产品的功能。

七、蛋品罐头类

蛋品罐头是以禽蛋为原料，经卤煮或油炸等工艺，去壳或不去壳，按照罐头制品工艺进行排气、密封、杀菌工艺，采用金属罐、玻璃罐或塑料袋包装的熟蛋制品。比较常见的产品有鹌鹑蛋虎皮罐头，鹌鹑蛋软罐头等。

八、蛋　肠　类

蛋肠是一种以鸡蛋为主要原料，适当添加其他配料，仿照灌肠工艺加工而成的一种蛋制品。蛋肠主要分为：松花蛋肠、蛋蔬复合肠、蛋肉复合肠、风味蛋肠等。

（1）松花蛋肠　松花蛋肠是由鲜蛋液和松花蛋，加色素或不加色素，灌制而成的蛋肠制品。不加色素的松花蛋肠，仅蛋肠中夹杂的松花蛋是深色的外，其他部分为黄色或者白色；加色素的松花肠整体呈灰绿、灰蓝、灰黑色（图5－33）。

图5－33　松花蛋肠

（2）复合肠　复合肠是在蛋液中添加蔬菜粉或肉类，搅拌均匀，按照蛋肠工艺加工而成的蛋肠制品。复合肠的风味和营养较佳。

（3）风味蛋肠　风味蛋肠工艺与灌肠加工类似，以鸡蛋为主要原料，为增加风味，在配料中采用不同风味的香辛料和调味料，制作出不同风味的蛋肠。

九、方便蛋品类

方便蛋品类主要是通过煮制、烤制或油炸高温熟制处理，添加适量的调味料供人们直接食用的一种熟蛋食品。方便蛋品的种类很多，主要有：白煮蛋、卤煮蛋、烤蛋、熏蛋、茶叶蛋、铁蛋、虎皮蛋等。

水煮蛋是用水煮熟的蛋，一般没有调味料或仅加少量盐。采用蒸汽蒸蛋，可以达到同样的效果。

卤蛋是用鲜蛋煮熟后剥去蛋壳，再放入卤料中卤制而成的一种熟蛋制品。根据卤汁的不同可分为：五香卤蛋、桂花卤蛋、肉汁卤蛋、熏卤蛋等。

烤蛋是用高温烤制成熟的蛋。

熏蛋分生熏和熟熏。熟熏的蛋一般都经过蒸、煮、炸等处理。

茶叶蛋是将蛋与茶叶一同煮制后的加味水煮蛋。

铁蛋是以新鲜鸡蛋为原料，经煮制、烘烤等一系列工艺制成的色泽棕黑、蛋白柔韧，耐贮藏的熟蛋制品。

陈皮蛋是用陈皮煮取浓汁，然后注射到蛋内，再将蛋煮熟而成的蛋。

虎皮蛋，是将鲜蛋放在水中煮熟，剥壳、油炸后的一种蛋品。虎皮蛋的蛋白经过油炸以后，呈现出深黄色，皮层起皱，看上去形似虎皮，故名虎皮蛋。炸制后的蛋白皮层食之油酥，增进了蛋的风味。

醉蛋是将新鲜的鸡蛋，在高粱酒和调味料中经历大约一周时间的浸泡而成。

蛋松是鲜蛋液加调味料经油炸后炒制而成的疏松脱水蛋制品。

蛋干是将鸡蛋全蛋蒸煮、卤制、烘干而成，其质地和色泽类似传统豆腐干。

蛋脯是利用蛋制品受热凝固的特性，添加多种果蔬、肉制品、豆制品等辅料制成的一种蛋制品。

蛋品果冻是以果冻生产工艺为基础，在果冻配方中添加食品胶、糖等配料，经调节糖酸比，煮制杀菌而成的胶冻状食品。此类产品包括蛋黄果冻、蛋清果冻、全蛋果冻等。

十、 蛋与蛋制品分类与代码

我国商业部于2011年年底发布了SB/T 10639—2011《蛋与蛋制品分类与代码》，并于2012年起实施。该标准规定了蛋与蛋制品的分类原则与方法、代码结构、编码方法、分类与代码，为蛋制品计划、统计、生产与流通信息交换、管理提供了统一规范。

1. 蛋及蛋制品种类

（1）鲜蛋　人工驯养禽类所产符合GB 2748—2003《鲜蛋卫生标准》的禽蛋，主要有鸡蛋、鸭蛋、鹅蛋、鹌鹑蛋及其他人工驯养的禽所产的禽蛋。

（2）洁蛋　选用符合国家有关标准的鲜禽蛋经过蛋壳表面清洁、除菌、分级、喷码、涂膜、包装等工序处理后的带壳鲜蛋。

（3）营养强化蛋　通过鲜蛋清洗、打蛋、收集、过滤或杀菌等工序处理获得的蛋液产品，主要有全蛋液、蛋黄液、蛋清液三种产品形式。

（4）液蛋　液蛋是指液体鲜蛋，是禽蛋经打蛋去壳，将蛋液经一定处理后包装冷藏（或冷冻），代替鲜蛋消费的产品。

（5）冰蛋品　鲜蛋经过清洗、打蛋去壳、过滤、灌装等工序处理后，在低于－18℃温度下冷冻贮藏的蛋制品，可分为冰全蛋液（冰全蛋）、冰蛋黄液（冰蛋黄）、冰蛋白液（冰蛋白）三类。

（6）湿蛋品　以蛋液为原料，加入盐或糖类等制成的蛋制品，它分为湿全蛋、湿蛋黄和湿蛋白。

（7）干燥蛋品（干蛋品）　鲜蛋经过清洗、打蛋、干燥等加工处理而制成的产品，它分为蛋粉和干蛋片两种产品形式。干蛋片可分为干蛋白片、干全蛋片两种产品形式，蛋粉可分为全蛋粉、蛋白粉和蛋黄粉。

（8）腌制蛋品　鲜蛋经过盐、碱、糟等系列制作工艺，未改变蛋形的一类蛋制品，主要包括松花蛋、咸蛋、糟蛋及其他具有蛋形的蛋类产品。

（9）蛋品饮料　以蛋液为主要原料，经加工而成的饮料。饮料所有组分中除水分以外，蛋液必须是最多的一种配方组分。

（10）调味蛋品　以蛋液为主要原料，同其他配料（或辅料）加工成烹饪、辅助食用等用于调味目的的一类产品。在所有配料中，蛋液组分必须是最多的一种组分。

（11）蛋品罐头　以禽蛋为原料，经预处理、装罐、密封、杀菌等工艺制成的罐头食品。

（12）蛋肠　以禽蛋为主要原料，适当添加其他配料，按照蛋肠制品工艺，经配料、灌制、蒸煮等工序加工而成的一种产品，在所有配料中，蛋的组分必须是最多的。

（13）方便蛋品　以禽蛋为原料，经清洗、去壳、熟制、包装、杀菌等工序而成的可即食产品。

2. 蛋与蛋制品分类原则与方法

蛋与蛋制品的分类原则是以其加工属性和特征工艺作为分类依据，与已有的相关分类标准相协调，并兼顾企业在管理和使用上的要求以及在流通领域中的稳定性、唯一性的特点进行分类。

蛋与蛋制品的排列顺序是任意排列，采用线分类法。线分类法也陈称等级分类法。线分类法按选定的若干属性（或特征）将分类对象逐次地分为若干层级，每个层级又分为若干类目。统一分支的同层级类目之间构成并列关系，不同层级类目之间构成隶属关系。同层级类目互不重复，互不交叉。

3. 代码结构与编码方法

（1）代码结构　蛋与蛋制品分类代码采用层次码，代码分为四个层次。各层次命名分别为大部类、部类、大类以及小类（图5－34）。

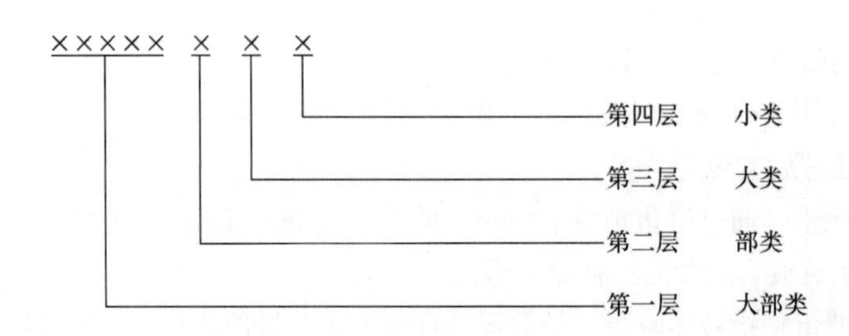

图5－34　分类代码结构

（2）编码方法　代码采用顺序码，用阿拉伯数字表示。代码用8位数字表示。第一层用五位数字表示，由02921～02929组成。第二、三、四层均由一位数字表示，由1～9组成。

4. 蛋与蛋制品编码表

蛋与蛋制品的分类采用层次分类法，数字编码，共有8位数字，其中前五位数字为类目标识，与GB/T 7635.1—2002《全国主要产品分类与代码》中有关禽蛋部分一致，后三位分别表示该类目中不同类型产品的编号代码（表5－31）。

表 5-31 蛋与蛋制品编码表

分类号/类别（大部类）	代码		
	第一位（部类）	第二位（大类）	第三位（小类）
02921/鲜蛋类	1 鲜蛋 2 洁蛋	1 笼养型 2 放养型 3 兼养型 4 其他	1 鸡蛋 2 鸭蛋 3 乌鸡蛋 4 鹌鹑蛋 5 鹅蛋 6 鸽蛋 7 火鸡蛋 8 鸵鸟蛋 9 其他禽蛋
	3 营养强化蛋	1 强化碘 2 强化锌 3 强化硒 4 强化铁 5 强化维生素 6 富不饱和脂肪酸 7 其他	
02922/液蛋类	1 冰蛋品	1 冰全蛋 2 冰蛋白 3 冰蛋黄	1 鸡蛋 2 鸭蛋 3 乌鸡蛋 4 鹌鹑蛋 5 鹅蛋 6 鸽蛋 7 火鸡蛋 8 鸵鸟蛋 9 其他禽蛋
	2 液（体）蛋	1 全蛋液 2 蛋清液 3 蛋黄液	
	3 湿蛋品	1 无盐湿全蛋 2 无盐湿蛋白 3 无盐湿蛋黄 4 有盐湿全蛋 5 有盐湿蛋白 6 有盐湿蛋黄 7 蜜湿全黄 8 蜜湿蛋白 9 蜜湿蛋黄	
02923/干燥蛋品类	1 全蛋 2 蛋白 3 蛋黄	1 蛋粉 2 干蛋片	1 鸡蛋 2 鸭蛋 3 乌鸡蛋 4 鹌鹑蛋 5 鹅蛋 6 鸽蛋 7 火鸡蛋 8 鸵鸟蛋 9 其他禽蛋

续表

分类号/类别（大部类）	代码		
	第一位（部类）	第二位（大类）	第三位（小类）
02924/腌制蛋品类	1 再制腌蛋	1 咸蛋 2 皮蛋	1 鸡蛋 2 鸭蛋 3 乌鸡蛋 4 鹌鹑蛋 5 鹅蛋 6 鸽蛋 7 火鸡蛋 8 鸵鸟蛋 9 其他禽蛋
	2 咸蛋黄	1 生咸蛋黄 2 熟咸蛋黄	1 鸡蛋 2 鸭蛋 3 鹌鹑蛋 4 其他禽蛋
	3 其他腌蛋品	1 醉蛋 2 糟蛋	
02925/蛋品饮料类	1 全蛋饮料 2 蛋白饮料 3 蛋黄饮料	1 纯蛋饮料 2 发酵饮料 3 复合饮料 4 蛋酸奶 5 蜂蜜蛋饮料 6 醋蛋功能饮料 7 干酪蛋饮料 8 多肽饮料 9 其他蛋品饮料	1 鸡蛋 2 鸭蛋 3 乌鸡蛋 4 鹌鹑蛋 5 鹅蛋 6 鸽蛋 7 火鸡蛋 8 鸵鸟蛋 9 其他禽蛋
02926/调味蛋品类	1 全蛋 2 蛋清 3 蛋黄	1 鲜蛋酱 2 皮蛋酱 3 咸蛋酱 4 调理蛋制品 5 其他调味蛋制品	1 鸡蛋 2 鸭蛋 3 乌鸡蛋 4 鹌鹑蛋 5 鹅蛋 6 鸽蛋 7 火鸡蛋 8 鸵鸟蛋 9 其他禽蛋

续表

分类号/类别（大部类）	代码		
	第一位（部类）	第二位（大类）	第三位（小类）
02927/蛋品罐头类	1 全蛋 2 蛋黄 3 蛋白	1 白煮蛋 2 皮蛋 3 胚蛋 4 其他	1 鸡蛋 2 鸭蛋 3 乌鸡蛋 4 鹌鹑蛋 5 鹅蛋 6 鸽蛋 7 火鸡蛋 8 鸵鸟蛋 9 其他禽蛋
02928/蛋肠类	1 全蛋肠 2 蛋清肠 3 复合蛋肠 4 其他蛋肠	1 皮蛋肠 2 蛋蔬复合肠 3 蛋肉复合肠 4 风味蛋肠 5 其他	1 鸡蛋 2 鸭蛋 3 鹌鹑蛋 4 鹅蛋 5 其他禽蛋
02929/方便蛋品类	1 油炸蛋品	1 全蛋 2 蛋片 3 蛋豆腐 4 其他	
	2 风味蛋	1 白煮蛋 2 卤煮蛋 3 烤蛋 4 熏蛋 5 茶叶蛋 6 铁蛋 7 虎皮蛋 8 其他	1 鸡蛋 2 鸭蛋 3 乌鸡蛋 4 鹌鹑蛋 5 鹅蛋 6 鸽蛋 7 火鸡蛋 8 鸵鸟蛋 9 其他禽蛋
	3 其他	1 蛋干 2 蛋脯 3 蛋松 4 熏蛋干 5 蛋黄果冻 6 全蛋营养果冻 7 其他	

第五节　蛋品加工典型案例

一、洁　　蛋

1. 工艺流程

预消毒→集蛋→清洗消毒→干燥→涂膜→喷码→分级→包装→恒温保鲜

2. 加工要点

（1）预消毒　蛋品在正式加工前，在蛋品加工承建消毒室进行消毒，可采用紫外线消毒、熏蒸消毒和臭氧消毒，其中臭氧消毒简便可行，且效果较好。臭氧消毒时，关闭门窗，消毒15min 即可。

（2）集蛋　通过人工或专用集蛋装置将蛋品转运至洁蛋生产线。在集蛋传输过程中，对蛋进行检验，剔除不合格的蛋。

（3）分级　分级是为了便于禽蛋清洗，提高清洗效率。分级工作主要是对蛋的大小、干净程度、蛋壳颜色及裂纹蛋进行分级。

（4）检测　为了保证洁蛋品质，对原料蛋进行检测，剔除血斑蛋、破损蛋、异物蛋等异常蛋。在专用的选蛋机上，输送链上的蛋可通过链的导向传送，使蛋有序排列。选蛋是在相应的检测单元上进行的，包括光照透视选蛋、敲击听声选蛋等。

（5）清洗消毒　清洗是采用冲洗、喷淋、刷洗等方式，先把蛋壳表面脏污清洗干净，然后再对蛋壳表面滞留细菌进行消毒处理。清洗后的污水，要及时排出加工区域，避免环境温度高而产生异味。

清洗用水要符合卫生，并注意温度和水质。一般水温比蛋温高 10℃，以 35～40℃为宜。

消毒可以采用过氧乙酸消毒、漂白粉消毒、高锰酸钾消毒、热水杀菌消毒等。洗蛋杀菌机种类繁多，常用的是次氯酸盐，用量为 100～200mg/L。加热消毒时，温度不宜太高，超过 70℃蛋白质会发生变性凝固，温度太低则无杀菌效果，实践表明以 60℃加热 320s 杀菌效果较佳。

（6）烘干涂膜　清洗消毒后的禽蛋要尽快烘干，否则空气中的微生物会落到蛋壳表面并借助水而游动到蛋内。利用去水毛刷、强风及加热系统多重措施迅速干燥蛋壳，烘干时温度为40～45℃。烘干之后，即可进行涂膜。

涂膜材料有聚乙烯醇、液体石蜡、壳聚糖、蜂胶等。

喷涂方法有空气喷涂法、热喷涂法、高压无气喷涂法、气雾喷涂法、双口喷枪喷涂法、静电喷涂法。

（7）包装与贮运　鲜蛋包装应选择符合 NY/T 658—2015《绿色食品　包装通用准则》规定，以确保对蛋品的保护，减少破损。摆放时，禽蛋的大头朝上，小头朝下放置在蛋托中，然后将蛋托放入蛋箱。

3. 质量标准

目前，我国国内没有统一的洁蛋国家标准，仅有湖北省质量技术监督局 2009 年 7 月发布并于当年10月实施的地方标准DB42/T 547—2009《洁蛋（保洁蛋）》。该标准对洁蛋的感官指标、理化指标、微生物指标做了如下规定（表5-32，表5-33，表5-34）。

表5-32　洁蛋的感官指标

项目	指标
外观	蛋壳表面洁净，无粪便、无羽毛、无饲料等污染黏附；蛋形正常；蛋壳外观完整，色泽光亮，无破损、裂纹；蛋壳表面涂膜、喷码。
气室	完整，气室高度不超过9mm、无气泡
蛋白	浓稠，透明
蛋黄	蛋黄完整、圆紧、凸起，有韧性，轮廓清晰，胚胎未发育
杂质	内容物不得有血块和其他组织异物
气味	具有产品固有的气味，无异味
破损率	≤2%

表5-33　洁蛋的理化指标

项目		指标
无机砷含量/（mg/kg）	≤	0.05
总汞（以Hg计）含量/（mg/kg）	≤	0.05
铅（Pb）含量/（mg/kg）	≤	0.2
镉（Cd）含量/（mg/kg）	≤	0.05
六六六含量/（mg/kg）	≤	0.1
滴滴涕含量/（mg/kg）	≤	0.1
土霉素含量/（mg/kg）	≤	0.2
磺胺类（以磺胺类总量计）含量/（mg/kg）	≤	0.1
恩诺沙星		不得检出

注：兽药、农药最高残留和其他有毒有害物质限量应符合国家相关标准及有关规定。

表5-34　洁蛋的微生物指标

项目		指标
菌落总数/（cfu/g）	≤	5×10^4
大肠菌群数/（MPN/100g）	≤	100
致病菌（沙门菌、志贺菌）		不得检出

二、液　　蛋

1. 工艺流程

液蛋的工艺流程如图5-35所示。

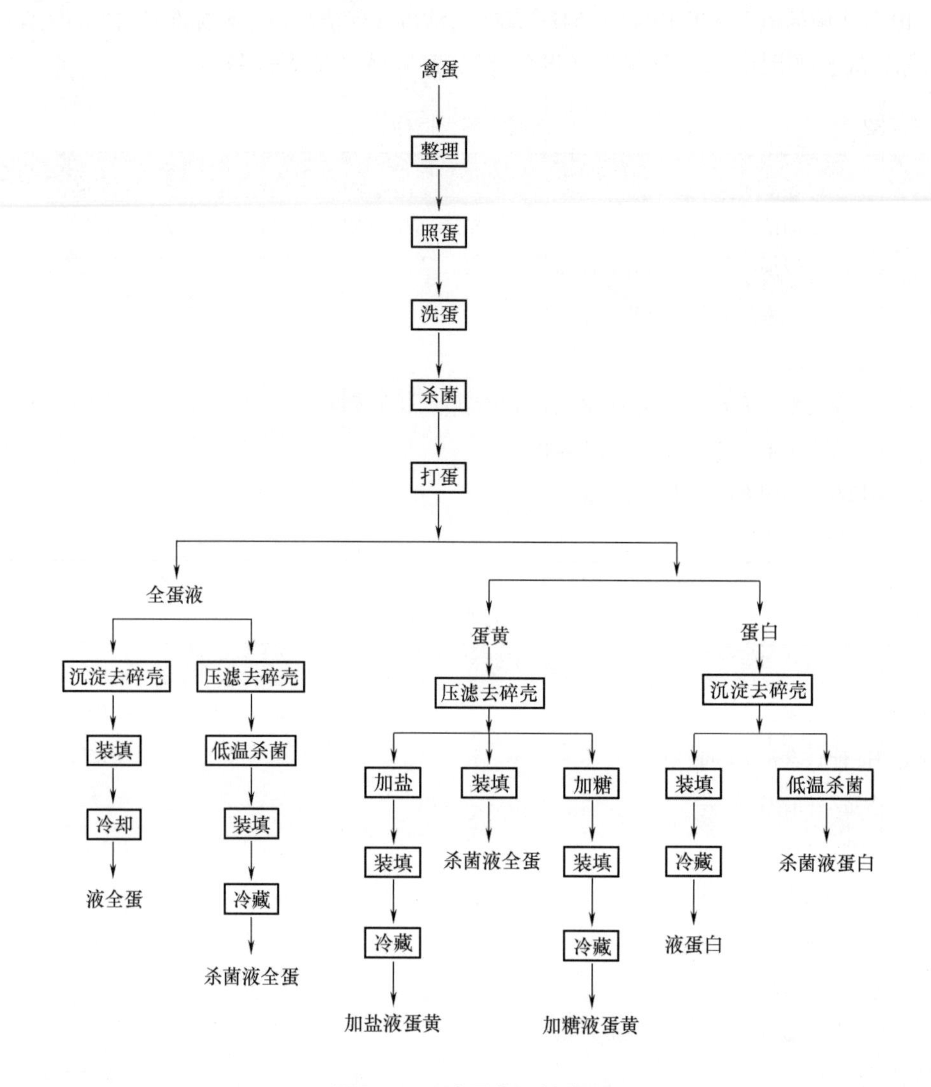

图5－35　液蛋的工艺流程

2. 加工要点

(1) 选蛋　用于加工液蛋的原料蛋主要为鸡蛋。原料蛋的质量直接关系到产品的质量，必须对原料蛋进行严格的挑选和检验。液蛋加工必须选择新鲜、完整、清洁的蛋为原料，剔除不合格的蛋，包括异色蛋、异味蛋、含异物蛋、胚胎发育蛋、破损蛋、靠黄蛋、腐败蛋、陈蛋等。

在选蛋前，首先对蛋进行简单的清理，去除鸡蛋附着的稻壳、稻草、麦秸等，剔除已经破裂或明显受到污染不合格的陈次蛋。

为了将不合格蛋检查出来，可采用照蛋法进行检验，使用照蛋装置，逐一对蛋品进行灯光透视检查，将散黄蛋、热伤蛋、孵化蛋、霉蛋、腐败蛋等次劣蛋剔除。

(2) 洗蛋　鸡蛋表面往往携带有微生物，甚至带有污物，为避免不洁净的蛋壳污染蛋液，因此需先对鸡蛋进行清洗。清洗分人工清洗和机械清洗两种，对于较大规模生产多采用洗蛋机清洗。洗蛋机清洗时，通过输送带将蛋运送到清洗机，清洗机内部的毛刷转动，刷洗蛋壳，同时有清洗液喷洒到毛刷上，加强刷洗效果，然后用清水喷洗，输送带移动速度控制着清洗时间。

在清洗过程中，应避免禽蛋之间的相互污染，注意将干净蛋和脏污蛋分开清洗，也不宜将蛋直接进入水槽中清洗。

（3）杀菌　洗涤后的蛋壳表面仍然有不少微生物存在，为保证蛋液品质，需对蛋壳进行消毒杀菌处理。常用的方法有漂白粉消毒法、碱液消毒法和热水消毒法。

漂白粉是 $NaClO_3$、$CaCl_2$ 和 $Ca(OH)_2$ 的混合物，为白色至灰白色的粉末或颗粒，有氯臭味，遇水后生成 $HClO_3$，并进一步分解生成强氧化性的原子氧，故能杀菌。对于洁蛋壳，漂白粉溶液的有效氯含量为 100～200mg/kg，对于脏污蛋，有效氯含量为 800～1000mg/kg。消毒时，首先将漂白粉溶液加热到 32℃左右，然后喷淋蛋壳 5min，再用 60℃温水喷淋 1～3min 洗去余氯。经过清洗可以使细菌减少 99% 以上，并杀灭全部肠道致病菌。

碱液消毒法是采用 0.4% 的 NaOH 溶液浸泡禽蛋 5min 来消毒。

热水消毒法是将蛋在 78～80℃的水中浸烫 6～8s。

（4）晾蛋　蛋清洗消毒后，应迅速晾干，避免空气中的微生物降落蛋壳表面，借助水滴进入蛋内。

（5）打蛋　打蛋就是将蛋壳（钝端）击破，取出蛋液的过程，分打全蛋和打分蛋两种。打全蛋：蛋黄和蛋白混装；打分蛋：蛋黄和蛋白分装。打蛋的理想温度是 15～20℃。为了减少蛋液因暴露于空气而污染，打蛋设备应使用净化空气保持正压，减少外界空气污染。打蛋方法分人工打蛋和机械打蛋两种。人工打蛋效率低，且容易污染，但可以减少蛋黄和蛋白相互混合，适宜制造特殊需求的产品。机械打蛋效率高，但对蛋的大小、新鲜度均有严格要求（图 5－36，图 5－37）。

图 5－36　自动打蛋机

（6）混合与过滤　由于蛋清和蛋黄均具有层次结构，为使产品均一一致，则需对蛋液进行搅拌使其混合均匀。蛋液中还往往夹杂着蛋壳、壳下膜、蛋黄膜、系带等杂物，需要通过过滤器加以去除。在混合和过滤的前后，蛋液均需冷却，而冷却会造成蛋液不均匀，可采用均质机或胶体磨，或添加食用乳化剂使其混合均匀。

（7）杀菌　禽蛋已经破壳，蛋液即失去了保护，在加工过程中可能会被微生物浸染，因此在蛋液灌装前应进行杀菌消毒处理。由于蛋液不耐热，采用热杀菌技术时应充分考虑不同蛋液对热的耐受力。鲜蛋蛋白的热凝固温度为 62～64℃，蛋黄的热凝固温度为 68～72℃，混合蛋的热凝固温度为 77～77℃。一般采用热处理温度较低的巴氏杀菌法进行杀菌，但也有研究显示，

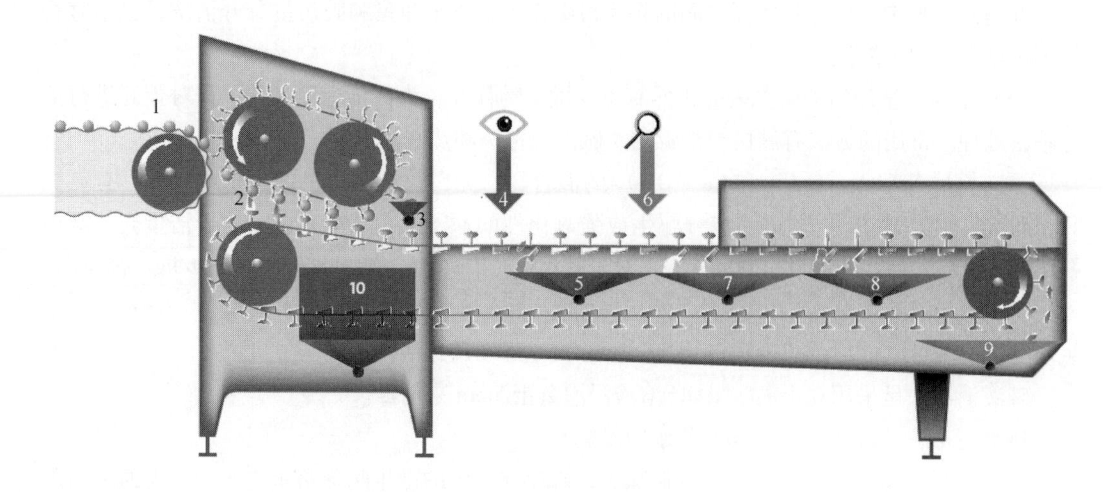

图5－37　自动打蛋机示意图

1—传送带　2—打蛋　3—收集蛋壳　4—人工检测　5—坏蛋收集　6—蛋黄检测　7—蛋清收集　8—全蛋收集　9—蛋黄收集　10—蛋杯清洗

蛋液可以像牛乳一样采用高温瞬时灭菌法杀菌。

巴氏杀菌效果通过测定α－淀粉酶和过氧化氢酶的活力来检测。过氧化氢酶在加热至54.5℃时，活力会大幅下降；α－淀粉酶在64.5℃，2min下即失活。由于酶活力在蛋体之间存在较大差异，一般要求对杀菌器的酶活力也要测定，以方便根据酶活力的变化判断杀菌的效果。

（8）冷却　搅拌过滤和杀菌后的蛋液均应及时冷却，以防止蛋液中微生物生长和繁殖。生产加糖或加盐的蛋液时，应在真空搅拌器中进行，因为蛋液容易起泡。为防止由糖和盐引入的污染，应在杀菌之前加糖或加盐。

（9）包装　蛋液经冷却后，在洁净的包装间将蛋液灌装到灭菌处理过的包装袋中，并在低温下保藏。

三、冰　蛋

1. 工艺流程

禽蛋→选蛋→洗蛋→打蛋→全蛋→加或不加盐（糖）→杀菌→充填包装→冻结→冻藏

2. 加工要点

①预冷：预冷的目的是抑制微生物的生长和繁殖，加速冻结速度，缩短冻结时间。预冷罐中有冷却盘旋管，管内有－8℃的氯化钙冷却液循环流动，蛋液通过热交换释放热量，温度降低。

②包装：经杀菌消毒后的蛋液或未经杀菌消毒的蛋液，冷却至4℃以下即可包装。我国冰蛋包装以马口铁罐为主，容量有5、10、20kg共3种大包装，为满足用量小的消费者需求，也生产1～3kg的小包装。

③冻结：冰蛋的冻结在速冻车间进行。将蛋液预冷、灌装好后，运送至速冻间码放整齐，包装之间要留有一定的孔隙，便于冷空气流通。速冻车间的温度应在－20℃以下，速冻72h，产品中心温度达到－18～－15℃。冻结所需时间与温度和蛋液种类有关。温度越低，冻结越快；

蛋液所含固体越多，越易生成冻结块。同温度下，蛋黄最早完成冻结，其次是全蛋。蛋白虽开始最早冻结，但最迟结束。另一种冻结方式是将预冷的蛋液不经包装，直接倒入蛋液盘内进行速冻。

冰蛋在速冻时常出现胖听现象，罐变形甚至破裂。为避免此类现象，速冻 36h 后进行翻罐，使罐的四角和内壁冻结结实，然后由外向内冻结。

④贮藏：冷冻好的产品，移送至冻藏库，保持库温为 -18℃。

四、蛋　粉

（1）工艺流程

蛋液→搅拌→过滤→巴氏杀菌→混合→喷雾干燥→二次干燥→出粉→冷却→筛分→包装→成品

（2）操作要点

①搅拌、过滤：通过搅拌、过滤除去蛋液中的碎蛋壳、蛋黄膜、蛋壳膜等杂物，使蛋液组织状态达到均匀一致的目的，否则这些杂质会堵塞喷雾装置，妨碍正常生产。为提高过滤效果，除机械过滤外，喷雾前再用细筛进行过滤，确保生产顺利进行和提高产品品质。

②巴氏杀菌：采用低温巴氏杀菌法（64.5℃、3.5min）杀菌，以使杂菌和大肠杆菌基本被杀死。消毒后立即贮存于贮蛋液槽内。有时因蛋黄液黏度大，可少量添加无菌水，充分搅拌均匀后，再进行巴氏消毒。

③脱糖

a 酵母发酵法：常用的酵母有面包酵母、圆酵母。酵母发酵只需数小时，这种发酵仅产生醇和 CO_2，不产酸。

蛋黄液或全蛋液进行酵母发酵时，可直接使用酵母发酵，也可加水稀释蛋白液，降低黏度后再加入酵母发酵；蛋白液发酵时，则先用 10% 的有机酸将 pH 调到 7.5 左右，再用少量水把占蛋白液量 0.15% ~0.20% 的面包酵母制成悬浊液，加入到蛋白液中，在 30℃左右，保持数小时即可完成发酵。

b 酶法脱糖：酶法完全适用于蛋白液、全蛋液和蛋黄液的发酵，是一种利用葡萄糖氧化酶把蛋液中葡萄糖氧化成葡萄糖酸而脱糖的方法。葡萄糖氧化酶的最适 pH 为 3 ~8，一般以 6.7 ~7.2 最好。目前使用的酶制剂，除含有葡萄糖氧化酶外还含有过氧化氢酶，可分解蛋液中的 H_2O_2 而形成氧，但需不断向蛋液中加 H_2O_2，另外，也可不加 H_2O_2 而直接吹入氧。酶法脱糖应先用 10% 的有机酸调蛋白液（蛋黄液或全蛋液不必加酸）pH 至 7.0 左右，然后加 0.01% ~0.04% 的葡萄糖氧化酶，缓慢搅拌，同时加入 0.35% 的 7% H_2O_2，每隔 1h 需加入同等量的 H_2O_2。蛋白酶发酵除糖约需 5 ~6h；蛋黄 pH 约为 6.5，不必调整 pH 即可在 3.5h 内除糖。全蛋液调节 pH 至 7.0 ~7.3 后，约 4h 即可除糖。

④喷雾干燥：调节干燥塔的温度在 120 ~140℃，进口温度 120 ~150℃，出口温度 62 ~73℃，干燥过程中干燥塔的温度为 60 ~70℃，蛋粉温度控制在 60 ~80℃。进料温度 25 ~45℃（图 5 -38）。

喷雾干燥须在喷雾干燥装置中完成，喷雾干燥装置包括雾化器、干燥室、空气过滤器、空气加热器、滤粉器和出粉器等构件。

雾化器分离心式雾化器和压力式雾化器两种。离心式雾化器有一个高速旋转的离心喷雾盘，其直径为160～180mm，转速5000～20000r/min。蛋液经物料泵输送至离心雾化盘，从中央空心的转轴进入高速旋转的离心雾化盘，随后被高速甩出，与空气摩擦而雾化成小液滴，进入干燥室与热空气接触而瞬间被干燥成粉末。压力式雾化器包括高压泵、喷嘴和喷射管等。蛋液经高压泵输送到喷射管，在强大的压力（15～25MPa）下从喷嘴（0.6～1.0mm）喷出，在干燥室内形成雾滴。喷雾压力越大或喷嘴越小，喷出的蛋粉颗粒就越细。

干燥室是一个大容量的腔体，是蛋液雾化后与热空气进行热交换，蒸发水分，形成干粉的场所。

空气过滤器和空气加热器能够将空气净化并加热。空气净化器要求每平方米过滤面积每分钟过滤100m^3空气，除去空气中肉眼看不见的灰尘、杂质。过滤层长期使用后，过滤阻力增大，清洁能力降低，因此需要定期进行清洗或更新。空气加热器的热源有电、蒸汽、燃油和煤气等多种形式，将空气加热至150～200℃。蛋粉喷雾干燥的温度过低，则产品水分偏高；反之，水分过低，还容易出现焦粉，产品颜色深，降低溶解度。

滤粉器用于收集夹杂在干燥气流中的微细蛋粉，这部分蛋粉约占总蛋粉的10%，因此必须回收。常用袋滤器和旋风分离器。

图5-38 立式喷雾干燥塔

⑤二次干燥：将喷雾干燥后的蛋粉堆放在热空气中，使水分蒸发，产品的水分含量降低至2%以内。

⑥筛分、包装：干燥塔中卸出的蛋粉充分冷却后过筛。筛分对产品有二次冷却作用，同时对块状产品有散块作用，去除蛋粉中过大的颗粒，使成品均匀一致。采用不锈钢旋振筛可实现连续作业。

包装在无菌室内进行，包装材料首先经过消毒。双层复合材料的外层为牛皮纸袋，内层为无毒、无味、耐水、耐油的聚乙烯塑料袋。在整个包装过程中，要从各方面注意防止细菌污染。

具体操作要求：

①检查合格的铁桶，内外擦净，经85℃以上干热消毒6h，或用75%酒精消毒。

②衬纸（Na_2SO_4）需经蒸汽消毒30min或浸入75%酒精内消毒5min，晾干备用。

③室内所有工具用蒸气消毒30min。室内空气用紫外线灯。

④在铁箱内铺上衬纸，装满压平后，盖上衬纸，加盖即可封焊。再外用木箱包装。印上商标、品名、日期和重量。

五、蛋　白　片

（1）工艺流程

鸡蛋→前处理→打蛋→混匀→脱糖发酵→中和→烘制→晾干→贮藏→包装→成品

（2）加工要点

①混匀：打蛋后得到的蛋白液，在发酵前必须进行搅拌过滤，使浓蛋白和稀蛋白混合均匀，有利于发酵，缩短发酵时间。搅拌过滤还可除去碎蛋壳、蛋壳膜等杂质，使成品更加纯洁。

a. 搅拌混匀法：蛋白液在搅拌器内以30r/min的速度进行搅拌。若搅拌速度过快，产生泡沫，影响出品率。另外，要严格控制搅拌时间，春、冬季蛋品质好，浓蛋白多，需搅8～10min。夏、秋季稀蛋白多，搅3～5min即可。搅拌后的蛋白液可用铜丝筛过滤，筛孔的选择依蛋质而定，春、冬季用12～16孔，夏、秋季用8～10孔的筛过滤。

b. 过滤混匀法：鲜蛋液用离心泵抽至过滤器，施加压力，使蛋白液通过过滤器上的过滤孔（孔径2mm），从而使浓蛋白和稀蛋白均匀混合，还可除去杂质。压力的大小与蛋品质有关，浓蛋白多的蛋白液所需用压力较大，夏、秋季的蛋白液稀蛋白多，压力相对要小。

②脱糖发酵：蛋白液的发酵是通过细菌、酵母菌及酶制剂等的作用，使蛋白液中的糖分解的过程，是干蛋白片加工的关键工序。发酵的目的主要是为了除去蛋白中的糖分，俗称蛋白脱糖。

a. 发酵用设备：用来发酵蛋白的传统设备是木桶或陶制缸，通过蒸汽调节发酵温度。

b. 操作方法：发酵前将发酵桶彻底清洗并消毒，用蒸汽消毒15min，或煮沸消毒10min。待发酵桶沥干后，倒入蛋白液，其量为桶容量的75%。因发酵过程中易产生大量泡沫，因此不宜过满。舀去蛋液表面的上浮物，静置发酵。发酵室温度一般应保持在26～30℃。温度高，虽发酵期短，但易使蛋白液发生腐败变质。发酵时间应根据季节和蛋品品质而定。一般当年12月～翌年3月，发酵约需120～125h，4～5月和9～11月约需55h，6～8月约需30h。

c. 成熟度鉴定：蛋白液发酵的好坏，直接影响成品的质量。一般根据泡沫、澄清度、滋味、pH、打擦度进行综合鉴定。

泡沫：当蛋白液开始发酵时，会产生大量泡沫于蛋白液面，当蛋白液成熟时，泡沫不再上升，反而开始下塌，表面裂开，裂开处有一层白色小泡沫出现。

澄清度：用试管取约30mL蛋白液密封，将试管反复倒置，经5～6s后观察，若无气泡上升，蛋白液呈澄清的半透明淡黄色，则表明已发酵成熟。

滋味：取少量蛋白液，以拇指和食指蘸蛋白液对摸，如无黏滑性，有轻微的甘蔗汁气味和酸甜味，无生蛋白味即为成熟的标志。

pH：微生物发酵分解葡萄糖产生乳酸，导致pH下降。在发酵初期0～24h，pH变化不明显；中期24～48h，pH迅速下降，达到5.6左右；末期49～96h，pH小幅下降。一般蛋白液pH达5.2～5.4时即为发酵充分。

打擦度：用霍勃脱氏打擦度机测定。其方法是取蛋白液284mL，加水146mL，放入该机的紫铜锅内，以2号及3号转速各搅拌1.5min，削平泡沫，用米尺从中心插入，测量泡沫高度。高度在16cm以上者为成熟的标志，但要参考其他指标确定。

③放浆：发酵成熟后，及时放出蛋白液。放浆分3次进行，第一次放出总量的75%，再澄清3～6h后放第二次、第三次，每次放出10%，最后剩下的5%为杂质及发酵产物不能使用。第一次放出的蛋白液为透明的淡黄色，质量最好。为避免桶内余下的蛋白液变成暗赤色和产生臭味，在第一次放浆后，应将发酵温度降低到12℃以下，以抑制杂菌生长，确保蛋白液澄清无异味，降低次品率。

④中和：发酵后的蛋白液在放浆的同时进行过滤，然后及时用氨水进行中和，使发酵后的蛋白液呈中性或微碱性（pH7.0～8.4），然后进行烘干。

发酵后的蛋液呈酸性，如果直接烘干会产生大量气泡，不利于产品的外观和透明度。另外，在贮藏过程中，酸性成品的色泽会逐渐变深，溶解度逐渐降低。因此，为保证产品质量，必须对发酵蛋液进行中和。

蛋白中和时，先除去蛋白液表面的泡沫，然后加氨水，并进行适度搅拌，但速度不宜过快，以防产生大量泡沫。氨水的添加量与蛋白液的酸度和所要求的pH有关。因此在批量生产时，中和前需进行小试。

⑤烘制：对蛋白液加热至适当温度，温度应低于蛋白热凝固温度，使其水分蒸发，烘干成透明的晶体薄片。蛋白烘干可采用浅盘分批式干燥机进行烘干，或采用室内水流式烘干法。下面以传统的室内水流式烘干法为例介绍蛋白片的干燥方法。

a. 烘制设备及用具：水流式烘干设备及用具主要包括加热系统、热水循环系统、水流烘架、烘盘和打泡沫板。加热系统将循环水加热至规定温度；热水循环系统驱动热水循环流动；水流烘架为槽深约20cm的大水槽，用于盛放热水和烘盘；烘盘深约5cm，用于盛放蛋液；打泡沫板为木制薄板，宽度与烘盘内径相同，用于除去烘制过程中所产生的泡沫。

b. 烘制方法：

前期准备：将烘盘洗净擦干，放置于水槽中。将水温提高到70℃，以达到烘烤灭菌的目的，然后降温至54～56℃。用白凡士林涂盘，涂油应均匀、适量。涂油过多则产生油麻片次品，过少则揭片困难，片面无光，碎片多。

浇浆：将中和后的蛋液浇于盘中，浇浆量依水流温度和层次不同而有差异。位于出水处、通风不良处的烘盘，应适当少浇浆；位于进水处的烘盘可多浇浆。按上述烘盘大小，每盘浇浆2kg，浆液深度为2.5cm左右。

水槽内的水面应高于蛋白液面。进水口的水温应保持在56℃左右，浇浆后出水口的温度由于受凉浆的影响而降低，但随后逐渐升高。2h内，出水口温度保持55℃。当浆液温度升高到51～52℃时，出水口处浆液温度为50～51℃，浆液为浅豆绿色，澄清状。

浇浆后2～4h，出水口处浆液温度上升到52℃，浆液色泽同上。浇浆后4～6h内应使出水口处的浆液温度提高到53～54℃，这样的温度保持到第一次揭片为止，同时可达到杀菌的目的。

c. 除水沫及油沫：蛋白液在烘制过程中会产生泡沫，使盘底的凡士林受热上浮于液面而形成油污，影响蛋白片的光泽和透明度。因此，须用打泡沫板刮去泡沫。打水沫在浇浆2h后即可进行，打油沫在浇浆后7～9h进行。

d. 揭蛋白片：揭蛋白片要求准确掌握好片的厚度和时间，而烘干的时间又取决于烘干水温，因此准确控制水温极为重要。

揭片一般分3～4次。在正常的情况下，浇浆后11～13h（打油沫后2～4h），蛋白液表面开始逐渐凝结成一层薄片，再经过1～2h，薄片加厚约为1mm时，即可揭第一张蛋白片。

第一次揭片后约经45～60min，即可进行第二次揭片；再经20～40min，进行第三次揭片。一般可揭2次大片，余下揭得的为不完整的碎片。

当成片状的蛋白片揭完后，将盘内剩下的蛋白液继续干燥后，取出放于镀锌铁盘内，送往晾白车间进行晾干，再用竹刮板刮去盘内和烘架上的碎屑，送往成品车间。

第一次揭片后，水温逐渐降低，应先将进水口水温降到约55℃；第二次揭片时，再下降1℃；第三次揭片时，水温可降到53℃。烘制过程不应超过22h，烘干全程应在24h内结束。

⑥晾白：烘干揭出的蛋白片仍含有24%的水分，因此须晾干，俗称晾白。晾白时，应根据蛋白片的干湿不同放置在距热源远或近的地方晾干，尽量使水分蒸发均匀，成熟期一致。

晾白室温度调至40～50℃，然后将大张蛋白片湿面向外搭成“人”字形，或湿面向上，平铺在布棚上进行晾干。4～5h后含水量大约为15%左右，取下放于盘内送至拣选车间。

烘干时的碎屑用10mm×10mm孔的竹筛进行过筛，筛上面的碎片放于布棚上晾干，筛下粉末，可送包装车间。

⑦拣选：晾白后的蛋白，送入拣选室按不同规格、不同质量分开处理。

a. 拣大片：将大片蛋白裂成20mm大小的小片，同时将厚片、潮块、含浆块、无光片等拣出，返回晾白车间，继续晾干后再次拣选。优质小片送入贮藏车间进行焐藏。

b. 拣大屑：清盘所得的碎片用孔径2.5mm的竹筛，筛下碎屑与筛上晶粒分开存放。

c. 拣碎屑：烘干和清盘时的碎屑用孔径1mm的铜筛筛去粉末，拣出杂质，分别存放。

d. 粉末处理：将所拣出的杂质、粉末等用水溶解、过滤，再次烘干成片，作次品处理。

⑧焐藏：焐藏是将不同规格的产品分别放在铝箱内，上面盖上白布，再将箱置于木架上约48～72h，使成品水分蒸发或吸收，以达水分平衡、均匀一致的目的，称为焐藏。

焐藏的时间与温度和湿度有关，因此要随时抽样检查含水量、打擦度和水溶物含量等，达标后进行包装。

⑨包装及贮藏：干蛋白的包装是将不同规格的产品按照蛋白片85%，晶粒1.0%～1.5%、碎屑13.5%～14%的比例包装，外包装用马口铁箱（容积50kg）。

储藏蛋白片用的仓库应清洁干燥、无异味、通风良好、库温在24℃以下。

⑩桶头、桶底处理

a. 桶头处理：蛋白液发酵过程中的上浮物即为桶头。将收集的上浮物（桶头）存放于洁净的桶内，搅拌均匀，静置使其澄清，放出澄清液，经过滤、加氨水中和、烘干等步骤得到成品。质量好的成品可搭配包装，余下的加水搅拌10～15min，沉淀约10h，取出澄清的蛋白水溶液，再次加工后作为次品。

b. 桶底处理：发酵蛋白液放浆后所剩余的沉淀物为桶底。将沉淀物（桶底）加1倍水，搅匀后静置12h，上清液加氨水中和，再次烘制成产品。挑选质量好的搭配包装，次屑加10倍水，搅拌溶解，放置澄清，取澄清液，再次加工后作为次品。

六、 溏心松花蛋

1. 工艺配方

鲜鸭蛋100kg，开水100L，烧碱5~5.4kg，食盐3~4kg，红茶末3kg，$ZnSO_4$ 或 $CuSO_4$ 360~500g。

2. 工艺流程

鲜蛋检验、分级→装缸→浸泡及管理→出缸→洗蛋→晾蛋→质检→包装→成品

↑（浸泡及管理）

料液配制→检料→灌料液

3. 操作要点

（1）原材料的准备　原料蛋经感官检查，光照鉴定必须是形状正常、颜色相同、蛋壳完整、大小一致的新鲜蛋才能使用。然后洗净、晾干，将合格蛋一一入缸。

①照蛋：加工松花蛋的原料蛋用灯光透视时，气室高度不得高于9mm，整个蛋内容物呈均匀一致的微红色，蛋黄不见或略见暗影，胚珠无发育现象。转动蛋时，可略见蛋黄也随之转动。次蛋，如破损黄，热伤蛋等均不宜加工变蛋。

②敲蛋：经过照蛋挑选出来的合格鲜蛋，还需检查蛋壳完整与否，厚薄程度以及结构有无异常。裂纹蛋、沙壳蛋、油壳蛋都不能作变蛋加工的原料。此外，敲蛋时，还根据蛋的大小进行分级。

（2）配制料液　将茶叶投入耐碱容器内，加入沸水。然后放入石灰和纯碱，搅匀溶解。加入 $CuSO_4$ 或 $ZnSO_4$，再加入食盐。充分搅匀后捞出杂质及不溶物，凉后使用。

（3）料液的检定　检验料液浓度的方法有三种，简易测定法、波美相对密度法和化学分析法。

①简易测定法：以蛋清为原料，取一匙放入含量为一匙的料液中，若15min凝固，再经过60min化水，说明料液浓度适中；若30~45min化水，说明料液浓度过高，需适当加水稀释；若60~70min化水，说明料液浓度过低，需适当添加原料。

②波美相对密度计测定法：现将料液倒入量筒内，然后放入波美相对密度计测重。浸泡料液浓度在13~15°Bé左右为宜。波美度=测定值+（15.5-测定时温度）×0.05。

③化学分析法：取少量上清液进行NaOH浓度检查。先加入 $BaCl_2$，使 CO_3^{2-} 以 $BaCO_3$ 形式沉淀下来，再以酚酞作指示剂用HCl溶液（0.1mol/L）进行滴定。NaOH浓度在4.5%~5.5%时，浸泡松花蛋的效果最好。

（4）灌料及管理　将冷后的料液搅匀，灌入蛋缸中，使蛋全部淹没为止，若蛋上浮应该加盖使其沉入缸内。

浸泡成熟期间，蛋缸不要任意移动。注明数量、等级、日期。蛋缸要防止日晒、雨淋，要注意通风。

室内温度以20~25℃为佳。温度过低，虽然蛋白能够凝固，但浸泡时间长，蛋黄不易变色；温度过高，虽然蛋黄变色较快，但是料液进入蛋内的速度加快，很容易造成“碱伤”。

后期应定时抽样检查，以便确定具体出缸时间。一般检查三次。溏心松花蛋的成熟时间一般为30d左右，其范围为20~40d，气温低，浸泡时间长些，气温高，浸泡时间短些。

第一次检查：鲜蛋入缸后5~10d（夏季5~6d；冬季7~10d）进行，这时蛋白已基本凝固。取蛋三枚，在灯光下透视。三枚蛋中有类似鲜蛋的黑贴蛋，说明蛋凝固良好且料液中碱液浓度合适；如果都与新鲜蛋类似，说明料液浓度太低；如果蛋内部全部发黑，则碱液浓度太重，需稀释。

第二次检查：在浸泡加工20d左右进行。检查方法是剥开几个蛋观察，如果蛋白表面光洁、色泽褐黄带青，蛋黄部分变成褐绿色，说明情况正常。

第三次检查：在浸泡加工30d左右进行。检查时剥去蛋壳，如果发现蛋白烂头和黏壳，则料液碱性太强，需要提前出缸；如果蛋白较柔软，不坚实，说明料液碱性较低，需延长浸泡时间。

第四次检查：出缸前检查。取几枚蛋，用手抛起，回落手中，微有弹震感；用灯光透视检查，蛋内呈灰黑色，小头呈微红色或橙黄色；剥壳检查，蛋白凝固很光洁，不粘壳，呈墨绿色或棕黑色，蛋黄大部分凝固呈绿褐色，轮状色彩明显，蛋黄中心呈淡黄色的溏心，表明皮蛋已成熟，即可出缸。

（5）出缸　用上清液洗去壳面污物，沥干并进行质量检查。

（6）品质检验　皮蛋包泥前必须进行品质检验，剔除一切破、次、劣皮蛋。检验方法以感官检验为主，灯光检验为辅，方法为“一观、二掂、三摇晃、四弹、五照、六剥检”。

出缸前取数枚变蛋，用灯光透视蛋内呈灰黑色。用手颠抛，变蛋回到手心时有震动感。摇晃无声音，指弹声为柔软的“特特”声。剥壳检查蛋白凝固光滑，不粘壳，呈黑绿色，蛋黄中央呈溏心即可出缸。

成熟标准：蛋清完全凝固，具有良好的弹性，茶色或茶褐色，透明或半透明，蛋黄凝固层约5~7mm，且呈黄绿或墨绿色，切开有色层，蛋黄中部有溏心。

（7）包泥/涂膜保质　方法是采用出缸后的残料加30%~40%经干燥、粉碎、过筛的细黄泥调成浓稠浆糊状，两手戴包料手套，左手抓稻糠，右手用泥刀取50~60g料泥在左手稻糠上压平，放皮蛋于泥上，双手揉团捏拢搓几下即可包好，要包得均匀，不“露白”。实践证明，料泥中NaOH浓度以2.5%左右为宜，可抑制霉菌繁殖和促进皮蛋后熟，达到保质作用。皮蛋出缸后要及时洗蛋、及时晾蛋、及时检查、及时包蛋，否则很难保证皮蛋的质量。

传统“包泥滚糠”的方式逐渐被现代“涂膜”的方式替代，常用的白油保质涂料配方为：液体石蜡29.7%，司班2.6%，吐温3.9%，平平加0.67%，硬脂酸2%，三乙醇胺1.04%，水60%。将前三种原料按配方投入反应锅中，缓缓加热，慢慢搅动，使温度上升到92℃，然后将三乙醇胺快速倒入反应锅中，并加热使温度达到95℃，此时需不断搅拌。冷却至室温，所得白色乳液即为白油保质涂料。取涂料40%、水60%倒入容器中，搅匀，即可使用。

（8）装箱贮藏　对皮蛋密封保存主要是防止水分蒸发和包泥脱落，延长产品保质期。库房要求能防止风吹、日晒、雨淋、闷热、潮湿和冷冻，库温以15~20℃为宜，避免骤冷骤热。贮存时间视库温而定，库温高，贮存时间短，库温低，贮存时间长，一般贮存3~4个月，在贮存期间，要经常检查皮蛋的质量变化，以便及时处理。

即先用浸泡法制成溏心皮蛋，再用含有料汤的黄泥包裹，最后滚稻谷壳、装缸、密封贮存。

此法优点是便于大量生产；浸泡期间易于发现问题；残余料液经调浓度后可重复使用，是当前加工松花蛋广泛使用的方法。

七、 硬心松花蛋

1. 工艺配方

鲜鸭蛋100kg，水40～48kg，生石灰12～13kg，纯碱2.6～3.2kg，红茶末2～3kg，食盐3.2～4kg，草木灰30～32kg。

2. 工艺流程

配料→制料→起料→打料→检验
↓
照蛋→靠蛋→搓蛋→钳蛋→装缸→质检→出缸→选蛋→包装→成品

3. 操作要点

（1）选蛋　同溏心松花蛋要求。

（2）制料　先将红茶末加水煮沸，再慢慢投入生石灰，生石灰溶解后加入食盐和纯碱，除去石灰渣，按重量补足生石灰。将草木灰倒进搅拌机，再将纯碱、食盐、石灰水倒入搅拌机，开动搅拌机搅拌，直至料泥细腻、光滑无孔、发黏无块时方可停止搅拌。将料泥取出平铺在地上，厚度10cm左右，用铁铲划成面积为30cm^{2}的小块。冷却后，放入打料机内，搅打至发黏似浆糊状即可。

取成熟的料泥一块，将表面抹平，然后将蛋白滴在料泥上，等待10min后观察蛋白是否凝固、有黏性，若是，则料泥配制正常。若蛋白不凝固，无黏性，则说明料泥碱性过重。若触摸有粉末感，则说明碱性不足。

（3）包泥　包泥多少关系松花蛋的质量。春季每个蛋用泥16g，秋季每个蛋用泥17g，包泥要均匀，松紧适度。将蛋放入稻壳内沾满稻壳，用竹钳夹住放入缸内。

（4）成熟　因为料泥尚软，蛋缸不宜立刻搬动，等待数十分钟后，再加盖，贴上标签，送入仓库，码放整齐。库温维持15.5～26.5℃，避免日晒雨淋。40～50d即可成熟，通常40d即要开缸抽检，合格的可以出缸，包装。

4. 产品标准

2014年，国家质量监督检验检疫总局和国家标准化管理委员会联合发布GB/T 9694—2015《皮蛋》。

（1）感官要求　皮蛋的感官标准如表5－35所示。

表5－35　皮蛋的感官标准

项目	等级		
	优级	一级	二级
外观	包泥蛋的泥层和稻壳薄厚均匀，微湿润。涂膜蛋的涂膜均匀。真空包装蛋封口严密，不漏气。涂膜蛋、真空包装蛋及光头蛋无霉变，蛋壳应清洁完整	包泥蛋的泥层和稻壳薄厚均匀，未湿润。涂膜蛋的涂膜均匀。真空包装蛋封口严密，不漏气。涂膜蛋、真空包装蛋及光头蛋无霉变，蛋壳应清洁完整	泥蛋的泥层和稻壳要求基本均匀，允许有少数露壳或干枯现象。涂膜蛋、真空包装蛋及光头蛋无霉变，蛋壳应清洁完整

续表

项目		等级		
		优级	一级	二级
蛋内品质	形态	蛋体完整，有光泽，有明显震颤感，松花明显，不黏壳或不黏手	蛋体完整，有光泽，略有震颤，有松花，不黏壳或不黏手	部分蛋体允许不够完整，允许有轻度黏壳和干缩现象
	颜色	蛋白呈半透明的青褐色或棕褐色，蛋黄呈墨绿色并有明显的多种色层	蛋白呈半透明的青褐色或棕褐色或棕色，蛋黄呈墨绿色，色层允许不够明显	蛋白允许呈不透明的深褐色或透明的黄色，蛋黄允许呈绿色，色层可不明显
	气味与滋味	具有皮蛋应有的气味与滋味，无异味，不苦、不涩、不辣，回味绵长	具有皮蛋应有的气味与滋味，无异味	具有皮蛋应有的气味与滋味，无异味，可略带辛辣味
破损率/%　≤		3	4	5

（2）理化指标　皮蛋的理化指标如表 5－36 所示。

表 5－36　理化指标

项目	指标
pH（1:15 稀释）	≥9.0

（3）其他指标　污染物指标应符合 GB 2762—2012《食品中污染物限量》规定的要求。微生物指标应符合 GB 2749—2015《蛋与蛋制品》规定的要求。食品添加剂使用应符合 GB 2760—2014《食品添加剂使用标准》规定的要求。净含量应符合《定量包装商品计量监督管理办法》的规定。

八、咸　蛋

1. 配方

食盐 25kg，开水 100kg，食用碱 0.625kg。

2. 工艺流程

配料→盐水→检验
↓
禽蛋→验蛋→装缸→腌制→检查→出缸→包装→成品

3. 操作要点

（1）配制盐水　加入食盐和食用碱，用开水溶解，冷却待用。

盐水浓度测定时的标准温度是 20℃（可以将盛料液的量筒放在此温度的水浴中）。对在非标准温度下测得的结果，按照下述方法换算成标准温度的波美度数：温度相差 1℃，波美度相差 0.05°Bé。料液温度高于标准温度时，每高 1℃，实测值应增加 0.05°Bé；料液温度低于标准温度时，每低 1℃，实测值应减少 0.05°Bé。

盐水浸泡法剩余的残液可以进行重复利用。一般蛋品加工厂常采用波美表测定残液食盐浓度，然后再添加食盐补足浓度，以备重复利用。其方法是先将残液过滤除去可能产生的杂质，再用上面介绍的验料方法测定浓度。根据测出的读数，添加食盐将残液的波美度调整至22～23°Bé，每重复利用1次增加1波美度，完全溶解后便可腌蛋。

（2）腌制　将检验合格的蛋装至离缸口5～6cm时，将蛋面摆平，盖上1层竹篾，再用3～5根粗竹片压住，以防灌料后鲜蛋上浮。然后将配制好的料液缓缓倒入腌制缸内，待液面将蛋全部淹没后，在表层撒一层盐并加盖密封。

咸蛋腌制时间的长短因季节不同、蛋的大小和所需口味轻重而不同。一般情况下，成熟期夏季需18d左右，春、秋季需30d左右，冬季则需40d左右。腌制成熟后的咸蛋要及时出缸或在浓度较低的食盐水中存放，否则将导致咸蛋的含盐量越来越高。

九、软壳糟蛋

1. 工艺流程

糯米→浸米→蒸饭→淋饭→拌酒药→酿糟

↓

鲜鸭蛋→选蛋→洗蛋→晾蛋→破壳→装坛糟制→封坛→检验→成熟→成品

2. 加工要点

（1）酿糟制作

①选米：应选择米粒饱满、颜色洁白、无异味和杂质少的糯米作为酿酒制糟的原料。

②浸米：投料量以糟渍100枚蛋用糯米9～9.5kg计算。将糯米淘洗干净，放入缸内用冷水浸泡，目的是使糯米吸水膨胀，便于蒸煮糊化。一般气温20℃以上浸20h，12～20℃浸24h，10℃以下浸28h。

③蒸饭：蒸饭的目的是促进淀粉糊化，改变其结构，利于糖化。把浸好的糯米从缸中捞出，用冷水冲洗1次，倒入蒸桶内，米面铺平。在蒸饭前，先将锅内水烧开，再将蒸饭桶放在蒸板上，先不加盖，待蒸汽从锅内透过糯米上升后，再用木盖盖好，约10min左右将木盖拉开，泼洒少量热水，以使上层米饭蒸涨均匀，防止上层米饭因水分蒸发而米粒水分不足，米粒不涨，出现僵饭。再将木盖盖好蒸15min，揭开锅盖，用木棒将米搅拌1次，再蒸5min，使米饭全部熟透。蒸饭的程度掌握在出饭率150%左右，要求饭粒松，无白心，透而不烂，熟而不黏。

④淋饭：亦称淋水，目的是使米饭迅速冷却，便于接种。将蒸好饭的蒸桶放于淋饭架上，用冷水浇淋2～3min，使米饭冷却至30℃左右，但也不能降得太低，以免影响菌种的生长和发育。

⑤拌酒药：淋水后的饭，沥去水分，倒入缸中，撒上预先研成细末的酒药，酒药的用量应根据气温的高低而增减用药量（表5－37）。将饭和酒药搅拌均匀，面上拍平、拍紧，并在中间挖一个上大下小的圆洞（上面直径约30cm）直至缸底。

表5－37　糟蛋酒药添加量

温度/℃	5～8	8～10	10～14	14～18	18～22	22～24	24～26
白酒药用量/g	215	200	190	185	180	170	165
甜酒药用量/g	100	95	85	80	70	65	60

⑥制糟：用保温材料（糟盖或棉絮）包裹缸体，以促进糖化和发酵。经 20~30h，温度达 35℃时就可出酒酿。当缸内酒酿有 3~4cm 深时，应适当撑起保温材料，以降低温度，防酒糟热伤、发红、产生苦味。

为确保发酵正常进行，抑制杂菌生长，应经常将槽内酒酿用勺浇泼在糟面上和四周缸壁，使糟充分酿制，经 7d 左右酒糟酿制成熟。经过 7d 后，将酒糟拌和均匀，静置 14d 即酿制成熟可供糟蛋使用。品质优良的酒糟色白、味香、略甜，乙醇含量为 15% 左右。质量差的酒糟发红而酸、有辣味，不能使用。

（2）禽蛋处理

①选蛋：根据原料蛋的要求进行选蛋，通过感官鉴定和照蛋，剔除不合格蛋，整理后粗分等级。其规格（每千枚重）为：特级 >75kg；一级 >70kg；二级 >65kg。

②洗蛋：挑选好的蛋，人工或机械清洗干净。人工清洗方法如下：在糟渍前 1~2d 逐枚用板刷清洗，除去蛋壳上的污物，再用清水漂洗、通风晾干。

③击蛋破壳：击蛋破壳是平湖糟蛋加工的特有工艺，是保证糟蛋软壳的主要措施。其目的是在糟渍过程中，使醇、酸、糖等物质易于渗入蛋内，提早成熟，并使蛋壳易于脱落和蛋身膨大。击蛋时，将蛋放在左手掌上，右手拿竹片，对准蛋的纵侧，从大头部分轻击两下，在小头再击一次，使蛋产生纵向裂纹，然后将蛋转半周，仍用竹片照样击一下，使纵向裂纹延伸连成一线，击蛋时用力轻重要适当，壳破而膜不破，否则不能加工。

（3）洗坛蒸坛　糟渍前将所用的坛检查一下，看是否有破漏，用清水洗净后进行蒸汽消毒。消毒时，将坛底朝上，涂上石灰水，倒扣在不锈钢蒸架上，打开蒸汽进入坛内。如发现坛底或坛壁有气泡或蒸汽透出，即是漏坛，不能使用，待坛底石灰水蒸干时，消毒即完毕。然后把坛口朝上，使蒸汽外溢，冷却后叠起，坛与坛之间用纸衬垫，最上面的坛，要盖严备用。

（4）装坛糟制

①落坛：取经过消毒的糟蛋坛，用酿制成熟的酒糟铺于坛底，摊平后，随手将击破蛋壳的蛋放入，每枚蛋的大头朝上，直插入糟内，蛋与蛋依次平放，相互间的间隙不宜太大，但也不要挤得过紧，以蛋四周均有糟、且能旋转自如为宜。第 1 层蛋排放后铺上同量的酒糟，同样将蛋放上，即为第 2 层蛋。如此堆放，然后均匀地撒上一定量的食盐。

②封坛：目的是防止乙醇、乙酸挥发和细菌的侵入。蛋入糟后，坛口用牛皮纸 2 张，刷上猪血，将坛口密封，用绳将坛口扎紧。封好的坛，每 4 坛一叠，坛与坛之间用纸垫上，排坛要稳，防止摇动而使食盐下沉，每叠最上一只坛口用重物压实。每坛上面标明日期、蛋数、级别，以便检验。

（5）成熟　糟蛋的成熟期为 4.5~5.5 个月，应逐月抽样检查，以便控制糟蛋的质量。根据成熟的变化情况，来判别糟蛋的品质。

第 1 个月，蛋壳带蟹青色，击破裂缝已较明显，但蛋内容物与鲜蛋相仿。

第 2 个月，蛋壳裂缝扩大，蛋壳与壳内膜逐渐分离，蛋黄开始凝结，蛋白仍为液体状态。

第 3 个月，蛋壳与壳内膜完全分离，蛋黄全部凝结，蛋白开始凝结。

第 4 个月，蛋壳与壳内膜脱开 1/3，蛋黄微红色，蛋白乳白状。

第 5 个月，蛋壳大部分脱落，或虽有小部分附着，只要轻轻一剥即脱落。蛋白呈乳白胶冻状，蛋黄呈橘红色的半凝固状，此时蛋已糟渍成熟。

十、 发酵蛋品饮料

1. 配方

蛋液5kg，水5kg，蔗糖350g，木瓜蛋白酶100g，乳粉70g，姜汁80g，蔗糖酯12g，蛋白糖6g，香兰精3g，乳酸钙5g，琼脂10g，黄原胶20g，羧甲基纤维素钠20g。

2. 加工工艺

鲜蛋→打蛋→搅蛋→过滤

↓

鲜牛乳→杀菌→加糖→混合→均质→恒温杀菌→冷却→接种→灌装→发酵→冷藏→成品

3. 加工要点

（1）蛋的预处理

选蛋：选用鲜蛋、好蛋；剔除次蛋、劣蛋、破损蛋。

洗蛋：目的在于洗去蛋表面污染的细菌和污物，一般用棕刷刷洗，后用清水冲净并晾干。

消毒：将晾干后的鲜蛋放入NaOH水溶液中浸渍，消毒后取出再晾干。

打蛋：打蛋时须注意，蛋液中不得混入蛋壳屑和其他杂质，更不得混入不新鲜的变质蛋液。

过滤：将蛋黄液和全蛋液分别充分搅拌，后用20目筛布过滤，滤后除去蛋膜、系带及其他杂质。

（2）牛乳预处理　牛乳的酸度应在18°以下，细菌数小于50万个/mL，干物质不得低于11.5%。脱脂乳粉也应无抗生素无防腐剂。

（3）均质　蛋液和牛乳混合，加入糖和脱脂乳粉，并充分搅拌均匀。于20MPa下均质15min。

（4）恒温杀菌　采用65～70℃，保温20～30min进行杀菌。由于蛋白热稳定性差，应充分混合糖、乳粉和蛋液，以增强蛋液的热稳定性。

（5）接种　杀菌后马上将温度降低到发酵剂菌种适宜生长的温度约42℃。菌种采用嗜热链球菌和保加利亚乳杆菌（1:1或1:2），接种量为2%～4%。

（6）灌装发酵　将接种好的蛋液灌入玻璃杯或塑料杯，在42～43℃下发酵约4h，达到凝固状态即停止发酵。

（7）冷却　发酵好的酸奶，应立即移入0～5℃的冷库中贮藏24h，进行低温后熟。

十一、 蛋　黄　酱

1. 工艺配方

色拉油75.0%～80.0%，醋（含醋酸4.5%）9.4%～10.8%，蛋黄8.0%～10.0%，糖1.5%～2.5%，盐1.5%，香辛料0.6%～1.2%。

2. 工艺流程

原料蛋检验→清洗、晾干→照蛋→打分蛋→配料混合→搅拌→乳化→杀菌→成品

3. 加工要点

（1）将蔗糖溶于醋中。因为蔗糖在油中的溶解度很低，所以要先将蔗糖溶于醋中。

（2）将蛋黄、芥末和香辛料混合。蛋黄是一种乳化剂，既可溶解水溶性物质，又可溶解脂溶性物质，搅拌混合后会形成均一的液态。

（3）将糖醋混合物和色拉油交替添加于混合机中。因为蛋黄酱是一种水包油型的乳状液，要形成这种状态，就不能使色拉油和醋的比例在添加过程中变化太大。

（4）将含大量食盐的蛋黄酱混入工序（2）混合好的蛋黄酱中；搅拌后灌入胶体磨进行均质，可反复均质直至蛋黄酱各组分全部溶于液体中，最后形成均一、稳定的半固体态为止。

（5）乳化好的蛋黄酱可在45℃下8～24h杀菌，但温度不能超过55℃，在60℃温度下，一般蛋黄酱都会产生凝固。

（6）蛋黄酱中含有大量醋抑制了微生物繁殖，因而在常温下也可放置1～2周。如果向其中加少量乳酸菌，贮藏期可延长至一个月。

十二、鹌鹑蛋软罐头

1. 配方

酱油12%，蔗糖0.4%，味精0.2%，黄酒0.2%，焦糖色素3.0%，桂皮0.02%，丁香0.02%，小茴香0.05%，花椒0.2%，八角0.05%，甘草0.02%，沙姜0.02%，月桂叶0.01%，罗汉果叶0.01%。

2. 工艺流程

鹌鹑蛋→检验→清洗消毒→预煮→冷却→碎皮剥壳→除腥味→卤制→烘干→装袋封口→高温灭菌→冷却→检验→成品

3. 工艺要点

（1）选蛋　选用产后10d以内的新鲜蛋。通过感官检验、照蛋和敲蛋检验，挑选大小均匀一致、表面清洁完整、蛋壳完整正常的新鲜鹌鹑蛋。

（2）清洗消毒　将鹌鹑蛋清洗干净，然后置于质量分数为5%的NaOH溶液中浸泡消毒10min，取出清水冲洗干净后，晾干。或者用有效氯600～800mg/kg的漂白粉溶液浸泡5～7min。

（3）预煮　配制0.6%的$CaCl_2$溶液，添加柠檬酸，调节pH为4.0～5.0。将鹌鹑蛋置于$CaCl_2$溶液中，缓慢加热至95～100℃，保持2～5min，取出迅速放入水中冷却至常温。加热不可过快，否则蛋壳容易破裂流出蛋内容物。鹌鹑蛋蛋白质的等电点为4.6～4.8，加酸和电解质能促进其凝固，提高韧性，便于剥壳。

长时间预煮的蛋，蛋中的含硫蛋白分解生成H_2S，它能与铁反应生成FeS而附着在蛋黄表面，使蛋黄表面变成绿色。为了使蛋黄呈现绿色，减少不良气味的产生，应将预煮好的鹌鹑蛋迅速放入水中冷却，使H_2S快速向低温处扩散，并通过蛋壳释放出去。

（4）碎皮剥壳　将冷却好的鹌鹑蛋放在振荡机内振荡3min，使蛋壳破碎，去掉蛋壳。

（5）去腥味　将剥壳后的鹌鹑蛋投入2倍体积的清水中，加入0.5%的生姜末，煮制并保持微沸状态30min。

（6）卤制　将蛋放入酱香料液中，于1h内升温至90～95℃，煮30min；停火30min，再煮20min；停火2h，再煮30min，捞起沥干。

（7）烘干　将鹌鹑蛋放入干燥箱内，60℃烘烤20min，使其表面干爽。

（8）装袋封口　采用真空蒸煮袋包装，封口真空度0.09MPa，真空时间30s，热封时间3～4s。真空度太高，鹌鹑蛋易渗出水分，真空度太低，则灭菌时包装袋会胀破。

（9）高温灭菌　包装后的鹌鹑蛋高温120℃反压灭菌20min。

十三、虎皮鹌鹑蛋

1. 配方

食盐4%，冰糖2%，味精0.2%，黄酒2%，香辛料2%（其中桂皮15.6%，小茴香15.6%，花椒31.3%，八角31.3%，白芷6.2%）。

2. 工艺流程

选蛋→清洗消毒→预煮→冷却→碎皮剥壳→油炸→卤制→装袋封口→高温灭菌→冷却→检验→成品

3. 加工要点

（1）前处理　虎皮鹌鹑蛋的选蛋、清洗消毒、预煮、冷却、碎皮剥壳，与鹌鹑蛋软罐头加工要求相同，可参照之。

（2）油炸　油炸是虎皮鹌鹑蛋的关键工序之一，宜选用猪油进行油炸。因为猪油有特殊的香味，同时也有助于上色。

将一定量的新鲜猪油倒入油炸锅内，调节油温至（185±5）℃。将剥壳后的鹌鹑蛋倒入油锅，翻动油炸60～120s，直至蛋皮起泡，颜色金黄时取出，沥油。

（3）卤制　按配方配制卤液，按料液比1∶2加入已油炸的鹌鹑蛋，同时加入同等质量的五花肉，于1h内升温至100℃，连续小火煮制4～6h。加入适量的生姜、葱白、大蒜，密封卤制2～6h，捞出沥干。

（4）后处理　虎皮鹌鹑蛋的装袋密封、高温灭菌、保温检验，成品装箱与鹌鹑蛋软罐头类似，可参照之。

十四、蛋　肠

1. 配方

鸡蛋50kg，湿蛋白粉10kg，食盐2kg，食糖1kg，白胡椒粉100g，葱汁500g，姜汁200g，味精200g，山梨酸钾70g，温水2kg。

2. 工艺流程

　　　　　辅料
　　　　　↓
选蛋→打蛋→配料→灌制→扎口→漂洗→蒸煮→冷却→贴标→成品→贮藏

3. 加工要点

（1）选蛋　禽蛋都可以制作蛋肠，但以鸡蛋最佳。通过感官检验、照蛋检验和敲蛋检验，剔除不合格蛋，选用新鲜蛋作为加工原料。

（2）打蛋、配料　鸡蛋去壳，将蛋液倒入打蛋机搅打15min，然后加入辅料，继续搅打，直至均匀。

（3）灌装　用灌肠机将搅打均匀的蛋液灌入 PVC 肠衣中。每 20cm 打结。

（4）漂洗　将灌好的蛋肠放入清水中进行漂洗，洗净肠衣表面的污物。

（5）蒸煮　带蒸煮槽内的水温达到 85℃左右时，放入蛋肠，维持水温 80℃，焖煮 30min，中心温度达到 72℃以上，然后出锅。将蛋肠挂在挂架上，推入熟食品冷却间，使蛋肠的中心温度冷却到 16℃以下，表面干燥。

（6）贮藏　采用 PVC 灌制的蛋肠在冻藏（<13℃）条件下可贮藏 6 个月左右。

十五、禽蛋制品的卫生标准

2003 年国家卫生部和国家标准化管理委员会联合发布了 GB 2749—2003《蛋制品卫生标准》，规定了蛋制品的定义、指标要求、食品添加剂、生产加工过程的卫生要求、包装、标识、运输、贮存和检验方法（表 5－38，表 5－39，表 5－40）。

表 5－38　感官指标

品种	指标
巴氏杀菌冰全蛋	坚洁均匀，呈黄色或淡黄色，具有冰全蛋的正常气味，无异味，无杂质
冰蛋黄	坚洁均匀，呈黄色，具有冰蛋黄的正常气味，无异味，无杂质
冰蛋白	坚洁均匀，白色或乳白色，具有冰蛋白正常气味，无异味，无杂质
巴氏杀菌全蛋粉	呈粉末或极易松散之块状，均匀淡黄色，具有全蛋粉的正常气味，无异味，无杂质
蛋黄粉	呈粉末状或极易松散之块状，均匀黄色，具有蛋黄粉的正常气味，无异味，无杂质
蛋白片	呈晶片状，均匀浅黄色，具有蛋白片的正常气味，无异味，无杂质
皮蛋	外壳包泥或涂料均匀洁净，蛋壳完整，无霉变，敲摇时无水响声；剖检时蛋体完整，蛋白呈青褐、棕褐或棕黄色，呈半透明状，有弹性，一般有松花花纹。蛋黄呈深浅不同的墨绿色或黄色，略带溏心或凝心。具有皮蛋应有的滋味和气味，无异味
咸蛋	外壳包泥（灰）或涂料均匀洁净，去泥后蛋壳完整，无霉斑，灯光透视时可见蛋黄阴影；剖检时蛋白液化，澄清，蛋黄呈橘红色或黄色环状凝胶体。具有咸蛋正常气味，无异味
糟蛋	蛋形完整，蛋膜无破裂，蛋壳脱落或不脱落。蛋白呈乳白色、浅黄色，色泽均匀一致，呈糊状或凝固状。蛋黄完整，呈黄色或橘红色，半凝固状。具有糟蛋正常的醇香味，无异味

表5－39　　理化指标

项目			指标
水分/（g/100g）	巴氏杀菌冰全蛋	≤	76.0
	冰蛋黄	≤	55.0
	冰蛋白	≤	88.5
	巴氏杀菌全蛋粉	≤	4.5
	蛋黄粉	≤	4.0
	蛋白片	≤	16.0
脂肪含量/（g/100g）	巴氏杀菌冰全蛋	≥	10
	冰蛋黄	≥	26
	巴氏杀菌全蛋粉	≥	42
	蛋黄粉	≥	60
游离脂肪酸含量/（g/100g）	巴氏杀菌冰全蛋	≤	4.0
	冰蛋黄	≤	4.0
	巴氏杀菌全蛋粉	≤	4.5
	蛋黄粉	≤	4.5
挥发性盐基氮含量/（mg/100g）	咸蛋	≤	10
酸度（以乳酸计）/（g/100g）	蛋白片	≤	1.2
铅（Pb）含量/（mg/kg）	皮蛋	≤	2.0
	糟蛋	≤	1.0
	其他蛋制品	≤	0.2
锌（Zn）含量/（mg/kg）		≤	50
无机砷含量/（mg/kg）		≤	0.05
总汞（以Hg计）含量/（mg/kg）		≤	0.05
六六六、滴滴涕			按GB2763规定执行

表5－40　　微生物指标

项目			指标
菌落总数/（cfu/g）	巴氏杀菌冰全蛋	≤	5000
	冰蛋黄、冰蛋白	≤	1000000
	巴氏杀菌全蛋粉	≤	10000
	蛋黄粉	≤	50000
	糟蛋	≤	100
	皮蛋	≤	500

续表

项目			指标
大肠菌群/（MPN/100g）	巴氏杀菌冰全蛋	≤	1000
	冰蛋黄、冰蛋白	≤	1000000
	巴氏杀菌全蛋粉	≤	90
	蛋黄粉	≤	40
	糟蛋	≤	30
	皮蛋	≤	30
致病菌（沙门菌、志贺氏菌）			不得检出

生产过程的卫生要求应符合 GB 14881—2013《食品生产通用卫生规范》的有关规定。产品的包装的标识应符合有关规定，产品应贮藏在阴凉、干燥、通风良好的场所，不得与有毒、有害、有异味、易挥发、易腐蚀的物品同处贮存或混装运输。

十六、 绿色食品产品要求

2011 年，我国农业部发布 NY/T 754—2011《绿色食品　蛋与蛋制品》行业标准，对符合绿色食品要求的蛋与蛋制品的质量特征进行了规定。

1. 感官指标

符合绿色食品要求的蛋与蛋制品的感官指标如表 5－41 所示。

表 5－41　感官指标

品种	指标
鲜蛋	蛋壳清洁完整，灯光透视时，整个蛋呈橘黄色至橙红色，蛋黄不见或略见阴影。打开后，蛋黄凸起、完整、有韧性，蛋白澄清、透明、稀稠分明，无异味
皮蛋	蛋壳完整，无霉变，敲摇时无水响声，剖检时蛋体完整；蛋白呈青褐、棕褐或棕黄色，呈半透明状，有弹性，一般有松花花纹。蛋黄呈深浅不同的墨绿色或黄色，略带溏心或凝心。具有皮蛋应有的滋味和气味，无异味
咸蛋	蛋壳完整，无霉斑，灯光透视时可见蛋黄阴影；剖检时蛋白液化，澄清，蛋黄呈橘红色或黄色环状凝胶体。具有咸蛋正常气味，无异味 熟咸蛋剥壳后蛋白完整，不黏壳，蛋白无“蜂窝”现象，蛋黄较结实，具有熟咸蛋固有的香味和滋味，咸淡适中，蛋黄松沙可口，蛋白细嫩
糟蛋	蛋形完整，蛋膜无破裂，蛋壳脱落或不脱落。蛋白呈乳白色、浅黄色，色泽均匀一致，呈糊状或凝固状。蛋黄完整，呈黄色或橘红色，半凝固状。具有糟蛋正常的醇香味，无异味。
巴氏杀菌冰全蛋	坚洁均匀，呈黄色或淡黄色，具有冰全蛋的正常气味，无异味，无杂质
冰蛋黄	坚洁均匀，呈黄色，具有冰禽蛋黄的正常气味，无异味，无杂质
冰蛋白	坚洁均匀，白色或乳白色，具有冰蛋白正常气味，无异味，无杂质
巴氏杀菌全蛋粉	呈粉末或极易松散之块状，均匀淡黄色，具有全蛋粉的正常气味，无异味，无杂质
蛋黄粉	呈粉末状或极易松散之块状，均匀黄色，具有蛋黄粉的正常气味，无异味，无杂质
蛋白片	呈晶片状，均匀浅黄色，具有蛋白片的正常气味，无异味，无杂质

续表

品种	指标
巴氏杀菌蛋白液 鲜蛋白液	均匀一致，浅黄色液体，具有禽蛋蛋白的正常气味，无异味，无蛋壳、血丝等杂质
巴氏杀菌蛋黄液 鲜蛋黄液	均匀一致，呈黄色稠状液体，具有禽蛋蛋黄的正常气味，无异味，无蛋壳、血丝等杂质
卤蛋	蛋粒基本完整，有弹性有韧性，蛋白呈浅棕色至深褐色，蛋黄呈黄褐色至棕褐色，具有该产品应有的滋气味，无异味，无外来可见杂质
咸蛋黄	球状凝胶体，表面无糊（退）溶，无裂纹，无虫蚀，稠密胶状，组织均匀，呈橘红色或黄色，表面润滑，光亮，具有咸蛋黄正常的气味，无异味，无霉味，无明显可见蛋清，无可见杂质

2. 理化指标

符合绿色食品要求的蛋与蛋制品的理化指标如表 5－42 所示。

表 5－42　理化指标

种类	项目						
	水分/%	脂肪含量/%	蛋白质含量/%	游离脂肪酸含量/%	酸度/%	pH	食盐（以NaCl 计）含量/%
鲜蛋	—	—	—	—	—	—	—
皮蛋	—	—	—	—	—	≥9.5	—
糟蛋	—	—	—	—	—	—	—
巴氏杀菌冰全蛋	≤76.0	≥10.0	—	≤4.0	—	—	—
冰蛋黄	≤55.0	≥26.0	—	≤4.0	—	—	—
冰蛋白	≤88.5	—	—	—	—	—	—
巴氏杀菌全蛋粉	≤4.5	≥42.0	—	≤4.5	—	—	—
蛋黄粉	≤4.0	≥60.0	—	≤4.5	—	—	—
蛋白片	≤16.0	—	—	—	≤1.2	—	—
咸蛋	—	—	—	—	—	—	2.0～5.0
咸蛋黄	≤20.0	≥42.0	—	—	—	—	≤4.0
卤蛋	≤70.0	—	—	—	—	—	≤2.5
巴氏杀菌/鲜全蛋液	≤78.0	—	≥11.0	≤4.0	—	6.9～8.0	—
巴氏杀菌/鲜蛋白液	≤88.5	—	≥9.5	—	—	8.0～9.5	—
巴氏杀菌/鲜蛋黄液	≤59.0	—	≥14.0	≤4.0	—	6.0～7.0	—

3. 卫生指标

符合绿色食品要求的蛋与蛋制品的卫生指标如表 5－43 所示。

表 5－43　卫生指标

项目	指标
总汞（以 Hg 计）含量/（mg/kg）	≤0.03
铅（以 Pb 计）含量/（mg/kg）	≤0.1

续表

项目	指标
无机砷（以 As 计）含量/（mg/kg）	≤0.05
镉（以 C 计 d）含量/（mg/kg）	≤0.05
氟（以 F 计）含量/（mg/kg）	≤1.0
铬（以 Cr 计）含量/（mg/kg）	≤1.0
六六六（BHC）含量/（mg/kg）	≤0.05
四环素含量/（mg/kg）	≤0.2
滴滴涕（DDT）含量/（mg/kg）	≤0.05
金霉素含量/（mg/kg）	≤0.2
土霉素含量/（mg/kg）	≤0.1
硝基呋喃类代谢物含量/（μg/kg）	不得检出（<0.25）
磺胺类（以磺胺类总量计）含量/（mg/kg）	≤0.1

注：对于巴氏杀菌全蛋粉、蛋黄粉和蛋白片表内数字应相应增高 7.5 倍。

4. 微生物指标

符合绿色食品要求的蛋与蛋制品的微生物指标如表 5－44 所示。

表 5－44　　微生物指标

<table>
<tr><th colspan="2" rowspan="2">种类</th><th colspan="6">项目</th></tr>
<tr><th>菌落总数/（cfu/g）</th><th>大肠菌群/（MPN/g）</th><th>沙门菌</th><th>志贺氏菌</th><th>金黄色葡萄球菌</th><th>溶血性链球菌</th></tr>
<tr><td colspan="2">鲜蛋</td><td>≤100</td><td>≤0.3</td><td colspan="4" rowspan="19">不得检出</td></tr>
<tr><td colspan="2">皮蛋</td><td>≤500</td><td>≤0.3</td></tr>
<tr><td colspan="2">糟蛋</td><td>≤100</td><td>≤0.3</td></tr>
<tr><td colspan="2">巴氏杀菌冰全蛋</td><td>≤5000</td><td>≤10</td></tr>
<tr><td colspan="2">冰蛋黄</td><td>≤10^6</td><td>≤1×10^4</td></tr>
<tr><td colspan="2">冰蛋白</td><td>≤10^6</td><td>≤1×10^4</td></tr>
<tr><td colspan="2">巴氏杀菌全蛋粉</td><td>≤1×10^4</td><td>≤0.9</td></tr>
<tr><td colspan="2">蛋黄粉</td><td>≤5×10^4</td><td>≤0.4</td></tr>
<tr><td colspan="2">蛋白片</td><td>≤5×10^4</td><td>≤0.4</td></tr>
<tr><td rowspan="2">咸蛋</td><td>生咸蛋</td><td>≤500</td><td>≤1</td></tr>
<tr><td>熟咸蛋</td><td>≤10</td><td>≤0.3</td></tr>
<tr><td colspan="2">咸蛋黄</td><td>≤1×10^5</td><td>≤46</td></tr>
<tr><td colspan="2">巴氏杀菌全蛋液</td><td>≤5×10^4</td><td>≤10</td></tr>
<tr><td colspan="2">巴氏杀菌蛋白液</td><td>≤3×10^4</td><td>≤10</td></tr>
<tr><td colspan="2">巴氏杀菌蛋黄液</td><td>≤3×10^4</td><td>≤10</td></tr>
<tr><td colspan="2">鲜全蛋液</td><td rowspan="3">≤1×10^4</td><td rowspan="3">≤1×10^3</td></tr>
<tr><td colspan="2">鲜蛋黄液</td></tr>
<tr><td colspan="2">鲜蛋白液</td></tr>
<tr><td colspan="2">卤蛋</td><td>≤10</td><td>≤0.3</td></tr>
</table>

第六节 综合实验

一、禽蛋的品质鉴定

1. 开蛋前检验

(1) 感官检验 凭借检验人员的感官器官鉴别蛋的质量，主要靠眼看、手摸、耳听、鼻嗅4种方法进行综合判定。

①检验方法：逐个拿出待检蛋，先仔细观察其形态、大小、色泽、蛋壳的完整性和清洁度等情况；然后仔细观察蛋壳表面有无裂痕和破损等；利用手指摸蛋的表面和掂重；双手持蛋轻轻碰击，听碰撞声；最后嗅检蛋壳表面有无异常气味。

②判定标准：新鲜蛋：蛋壳表面常有一层粉状物；蛋壳完整而清洁，无粪污、无霉点；蛋壳表面粗糙，壳壁坚实，相碰时发清脆声音；手感发沉。

裂壳类：外形已经发生破裂，根据破裂程度分为裂纹蛋、格窝蛋和流清蛋。部分裂纹蛋非常细小，肉眼不易鉴别，通过碰击听声音若声音发哑则为裂纹蛋。

劣质蛋：往往在形态、色泽、清洁度、完整性等方面有一定的缺陷。如腐败蛋外壳常呈乌灰色；受潮霉蛋外壳多污秽不洁；孵化或漂洗的蛋，外壳光滑；有的蛋甚至可嗅到腐败气味。

(2) 照蛋检验 利用照蛋器的灯光来透视检蛋，可见到气室的大小、内容物的透光程度、蛋黄的阴影及蛋内有无斑点等。

①检验方法：照蛋。

将照蛋器放置在合适的高度，在暗室中将蛋的大头紧贴照蛋器的洞口上，使蛋的纵轴与照蛋器约成30°倾斜，视线与水平线呈45°，先观察气室大小和内容物的透光程度，然后上下左右轻轻转动，根据蛋内容物移动情况来判断气室的稳定状态和蛋黄、胚盘的稳定程度，以及蛋内有无斑点或异物等（图5-39）。

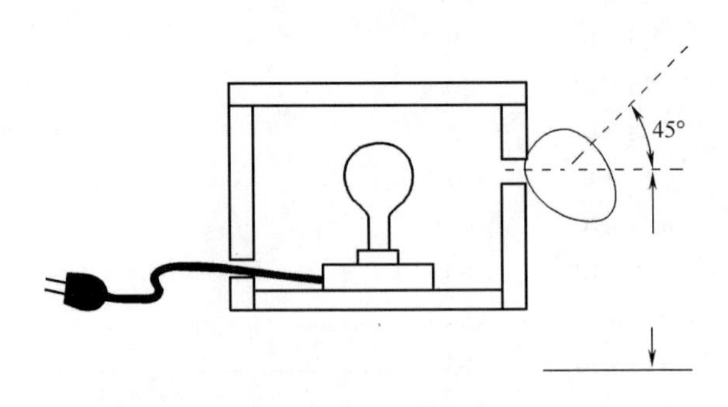

图5-39 人工照蛋器

②气室测量：先将气室测量规尺固定在照蛋孔上缘，将蛋的大头端向上正直地嵌入半圆形的切口内，在照蛋的同时即可测出气室的高度与气室的直径，读取气室左右两端落在规尺刻线上的数值（即气室左、右边的高度），按下式计算：

$$气室高度 = \frac{气室左边的高度 + 气室右边的高度}{2}$$

气室底部直径可用游标卡尺测量。

最新鲜蛋的气室高度小于4mm，底部直径10～15mm。普通蛋高度为10mm以内。

③判定标准：a. 最新鲜蛋：透视全蛋呈橘红色，蛋黄不显现，内容物不流动，气室高4mm以内，底部直径10～15mm。

b. 新鲜蛋：透视全蛋呈红黄色，蛋黄所在处颜色稍深，蛋黄稍有转动，气室高5～7mm以内，此系产后约2周以内的蛋，可供冷冻贮存。

c. 普通蛋：内容物呈红黄色，蛋黄阴影清楚，能够转动，且位置上移，不再居于中央。气室高度10mm以内，底部直径15～25mm，且能动。此系产后2～3个月的蛋，应速销售，不宜贮存。

d. 可食蛋：因浓蛋白完全水解，蛋黄显见，易摇动，且上浮而接近蛋壳（贴壳蛋）。气室移动，高达10mm以上。这种蛋应快速销售，只作普通食用蛋，不宜作蛋制品加工原料。

（3）蛋的重量　蛋的重量跟蛋的大小和密度密切相关，反映蛋的质量和等级。

①检验方法：用天平测定蛋的重量。

②判定标准：蛋重大于68g为特大蛋，58～68g为大号蛋，48～58g为中号蛋，小于48g为小号蛋。

（4）蛋的形状　蛋的形状用蛋形指数表示。蛋形指数即蛋的纵径与蛋的横径之比。正常蛋为椭圆形，其中鸡蛋的指数多为1.30～1.35。圆形的蛋比筒形的蛋耐压性强。

①检验方法：取蛋数枚，逐个用游标卡尺量出蛋的最长和蛋的最宽处，用下式进行计算。

$$蛋形指数 = \frac{蛋长径}{蛋短径}$$

②判定标准：蛋形指数小于1.30者为球形，大于1.35者为长形。比较鸡、鸭和鹅的蛋形指数。

（5）相对密度测定　新鲜蛋的相对密度为1.08～1.09，由于蛋内水分逐渐蒸发，导致蛋的相对密度减小。

①检验方法：配制8%、10%、11%三种浓度的食盐溶液，其相对密度分别为1.060、1.073和1.080，用相对密度计校正。按照食盐水从高浓度到低浓度，依次将蛋放入食盐水，根据上浮和下沉情况加以判定。

②判定标准：首先放入相对密度为1.080的食盐水中，下沉的蛋为新鲜蛋；上浮的蛋放入相对密度为1.073的食盐水中，下沉的蛋为普通蛋；上浮的蛋再放入相对密度为1.060的食盐水中，下沉的蛋为合格蛋，上浮的蛋为次劣蛋。

2. 开蛋检验

（1）感官检验　将蛋打开倒入玻璃平皿，观察蛋黄与蛋白颜色、蛋黄高度、浓厚蛋白比例，有无异物、异色和异味。

（2）蛋黄指数　蛋黄指数（又称蛋黄系数）是蛋黄高度与蛋黄横径之比。蛋越新鲜，蛋黄膜包得越紧，蛋黄指数就越高；反之，蛋黄指数就越低。因此，蛋黄指数可表明蛋的新鲜程度。

①检验方法：把鸡蛋打在一洁净、干燥的平底白瓷盘内，用蛋黄指数测定仪量取蛋黄最高点的高度和最宽处的宽度。测量时注意不要弄破蛋黄膜。

$$蛋黄指数=\frac{蛋黄高度\ (mm)}{蛋黄宽度\ (mm)}$$

②判定标准：新鲜蛋的蛋黄指数为0.4以上，普通蛋的蛋黄指数为0.35～0.4，合格蛋的蛋黄指数为0.3～0.35。

（3）哈夫单位　哈夫单位是测定蛋白存在状态和质量的指标。

①检验方法：哈夫单位可以直接采用蛋品质测定仪或蛋白高度测定仪测定。

蛋品质测定仪：打开电源，调节载物台到水平位置。首先将蛋称重（精确到0.01g），然后打蛋，将蛋内容物倒在载物台的玻板上。测量破壳后蛋黄边缘与浓蛋白边缘的中点的浓蛋白高度（避开系带），测量呈正三角形的三个点，取平均值（图5－40）。

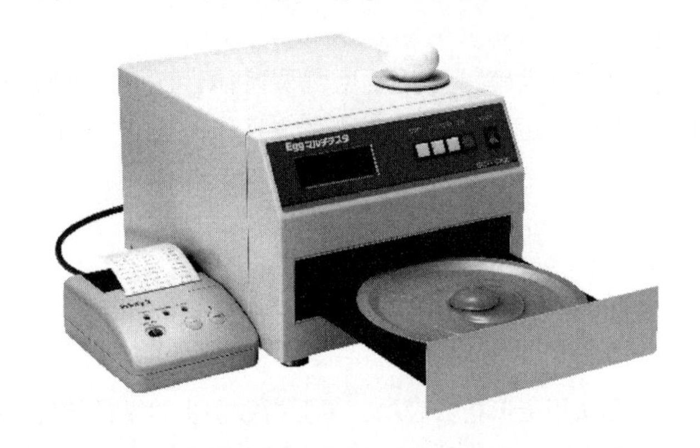

图5－40　蛋品质测定仪

蛋白高度测定仪：蛋品质测定仪通常与测定台组合使用测定浓厚蛋白高度。测定台附带水平调节器，确保测定玻璃平面处于水平状态；测定台底部的反射镜可以自由调节角度，便于观察蛋白，蛋黄表面有无血斑、肉斑及其他异物存在。首先测定蛋重，然后将蛋打开，倒在测定台面上，然后放置测定仪，转动中央测定针测量破壳后蛋黄边缘与浓蛋白边缘的中点的浓蛋白高度（避开系带），测量呈正三角形的三个点，取平均值。

按以下公式测定哈夫单位：

$$H \cdot U = 100 \times \lg\ (H - 1.7m^{0.37} + 7.57)$$

式中　H·U——哈夫单位；

H——蛋白的高度，mm；

m——蛋的质量，g。

②判定标准：优质蛋哈夫单位为72以上，中等蛋哈夫单位为60～71，次劣蛋哈夫单位为31～60。

（4）蛋pH的测定　蛋在储存时，由于蛋内CO_2逸出，加之蛋白质在微生物和自溶酶的作用下不断分解，产生氮及氨态化合物，使蛋内pH向碱性方向变化。

①检验方法：将蛋打开，取1份蛋白（全蛋或蛋黄）与9份水混匀，用酸度计测定pH。

②判定标准：新鲜鸡蛋的pH为：蛋白7.3～8.0，全蛋6.7～7.1，蛋黄6.2～6.6。

（5）蛋壳厚度　用蛋壳厚度测定仪或游标卡尺测定。取蛋壳的不同部位，分别测定其厚度，然后求出平均厚度。也可只取中间部位的蛋壳，除去壳内膜后测出厚度，以此厚度代表该类蛋的蛋壳厚度。

3. 蛋的品质特征

蛋的品质特征如表5－45所示。

表5－45　　不同品质蛋的特征

蛋品质	照蛋时呈现	开蛋后呈现	产生原因	食用性
	特征			
新鲜蛋	蛋体透光，呈均匀浅橘红色，蛋白内无异物，蛋黄固定稍动，轮廓模糊，气室很小，无移动	蛋白浓厚并包围在蛋黄周围，蛋黄高高凸起，系带坚固有弹性		食用佳
陈蛋	蛋体透光性较差，蛋黄轮廓明显，转动蛋体时，蛋黄向周围移动，气室增大	蛋白稀薄澄清，蛋黄膜松弛，蛋黄呈扁平状，系带松弛	放置时间长，未变质	可食用
胚胎发育蛋	蛋内呈暗红色，在胚盘附近有明显黑色影子移动，气室增大	蛋白稀，胚胎增大，蛋黄膜松弛，蛋黄扁平，系带细而无弹性	未受精蛋受热，胚胎膨胀增大	轻者可食用
靠黄蛋	蛋白透光性较差，呈淡暗红色，转动时有一个暗红色影子（蛋黄）始终上浮	蛋白稀薄，系带较细，蛋黄扁平，无异味	贮存时间太长	可食用
贴壳蛋	靠近蛋壳，气室增大，蛋白透光性差，蛋内呈暗红色，转动时有一个不动的暗影贴在蛋壳上，轻者经转动蛋后，蛋黄脱离蛋壳后暗影流动上浮，重者无此现象。气室大	蛋白稀，系带细，蛋黄扁平或成散蛋	靠黄蛋进一步发展的结果	轻者可食用
散黄蛋	蛋体内呈云雾状或暗红色，蛋黄形状不正，气室大小不一，不流动	蛋白与蛋黄混合，浓蛋白很少或无，轻度散黄无异味	受震动后蛋黄膜破裂所致	未变质者可食用
霉蛋	蛋体周围有黑斑点，气室大小不一，蛋黄整齐或破裂	蛋白浓稀不一，蛋黄扁平，蛋壳内有黑斑或黑点	受潮或破裂后霉菌侵入所致	霉菌未进入蛋内可食用
黑腐蛋	蛋壳面呈大理石花纹，除气室外，全部不透光	内容物呈水样弥漫状，蛋黄、蛋白分不清	细菌引起内容物变质	不能食用
气室移动蛋	气室位置不定，有气泡	内容物变化不大	气室移动	可食用
孵化蛋	蛋内呈暗红色，有血丝，呈网状，有黑色移动影子	可见到发育不全的胚胎及血丝	受精蛋，孵化受热胚胎发育所致	一般不食用
异物蛋	光照时蛋白或系带附近有暗色斑点或条形蠕动阴影	具备新鲜蛋特征，蛋内容物内有异物	异物入蛋内	一般可食用

4. 实验结果

记录实验结果，并综合分析禽蛋的新鲜度、蛋的类型以及等级。

思考题

1. 国内外在对蛋品进行分级时，采用了哪些指标？谈谈你的见解。
2. 根据你的实验和结果，从结果的准确性和可操作性方面比较感官分析法和客观分析的优势和劣势。

二、 鸡蛋蛋黄粉

1. 工艺流程

蛋白
↑
选蛋→洗蛋→消毒→清水喷淋→吹干→打分蛋→搅拌（蛋黄）→搅拌→酶法脱糖→过滤→巴氏杀菌→离心喷雾干燥→出粉→冷却→筛粉→真空包装→成品

2. 加工要点

（1）选蛋　通过感官检验、照蛋检验，挑选新鲜合格的鸡蛋，剔除不合格的蛋，包括异色蛋、异味蛋、含异物蛋、胚胎发育蛋、破损蛋、靠黄蛋、腐败蛋、陈蛋等。

（2）洗蛋　将鸡蛋放入清水中浸泡8min，再取出喷洗或擦洗蛋壳表面，将鸡蛋清洗干净。

（3）消毒　采用有效氯1100mg/kg的漂白液浸泡鸡蛋8min，然后再用清水对鸡蛋进行喷淋。

（4）吹干　把喷淋干净的蛋放在风循环式干燥箱内，用强制风将蛋吹干。

（5）打分蛋　将鸡蛋轻轻打开，分离蛋清和蛋黄，分别放置在不同的干净容器中。

（6）酶法脱糖　在蛋黄液中加0.01%～0.04%的葡萄糖氧化酶，缓慢搅拌的同时加入0.35%的H_2O_2（质量分数7%），每隔1h需加入同等量的H_2O_2。发酵温度30℃，发酵3.5h即可。

（7）过滤　用160目的筛网过滤，除去蛋壳、系带、蛋壳膜等杂物，使蛋液组织状态一致。

（8）巴氏杀菌　采用60℃保温5min进行杀菌。

（9）喷雾干燥　进料温度25℃，进口温度150℃，出口温度72℃。

雾化器转速分别设置：4000、6000、8000、10000r/min。

（10）二次干燥　将喷雾干燥后的蛋粉堆放在热空气中，使水分蒸发，产品的水分含量降低至2%以内。

（11）筛分、包装　干燥塔中卸出的蛋粉充分冷却后过筛。筛分对产品有二次冷却作用，同时对块状产品有散块作用，去除蛋粉中过大的颗粒，使成品均匀一致。采用不锈钢旋振筛可实现连续作业。

包装在无菌室内进行，包装材料首先经过消毒。双层复合材料的外层为牛皮纸袋，内层为无毒、无味、耐水、耐油的聚乙烯塑料袋。在整个包装过程中，要从各方面注意防止细菌污染。

3. 产品标准

（1）感官指标　呈粉末状或极易松散的块状，均匀淡黄色，具有禽蛋黄粉的正常气味，无异味，无杂质。

（2）理化指标　水分含量≤4.5%；脂肪含量≥60%；游离脂肪酸含量≤4.5%。

（3）细菌指标　细菌总数不超过 5×10^4 cfu/g；大肠菌群不超过 0.4MPN/g；致病菌不得检出。

4. 产品检验

（1）还原性检测　按蛋黄粉∶水 = 1∶1.25 进行还原，观察蛋黄液的状态。正常蛋黄液呈黏性糊状，乳化性和胶黏性好，形状与鲜蛋相似。

（2）冲调性检验　按蛋黄粉∶水 = 1∶7 进行冲调，观察蛋黄液的状态。正常蛋黄液无浑浊，稳定性好。

5. 实验结果

记录实验结果，并分析离心转速对产品品质的影响。

思考题

1. 酶法脱糖过程中为什么要添加 H_2O_2？
2. 喷雾干燥条件对蛋黄粉会产生什么样的影响？

三、纸包无铅皮蛋（鸡蛋）

1. 配方

NaOH 5.5%，食盐 4.5%，$ZnSO_4$ 0.1%，$CuSO_4$ 0.1%，$FeSO_4$ 0.1%，五香粉 0.5%，红茶末 0.5%。

2. 工艺流程

辅料（红茶末、五香粉）→熬煮→冷却→加腌制料→搅拌溶解→检验→腌制液

鲜蛋→检验→洗净→晾干→包裹→装袋→灌液→封口→腌制→检验→清洗打蜡→包装→成品

3. 加工要点

（1）辅料的选择

①NaOH：又名苛性钠、火碱，固体烧碱一般纯度为 95% 以上，液体烧碱纯度为 30% ~ 42%，烧碱易吸潮，使用前必须测定。

②茶叶：选用新鲜红茶或茶末为佳。要求新鲜，有光泽，无变质，无发霉，无杂质，无杂物。

③$CuSO_4$ 或 $ZnSO_4$：选用食品级 $CuSO_4$ 或 $ZnSO_4$。

④食盐：NaCl 含量不低于 90%。

（2）配制腌制液　按配方称取红茶末、五香粉，加适量水，大火烧开再小火煮制 0.5h，滤除茶叶备用。取适量水，加入 $CuSO_4$、$ZnSO_4$，然后加入 NaOH，搅拌使之完全溶解。然后倒入茶汁、盐搅匀，补足水分。

（3）鲜蛋检验　选择新鲜大小一致的新鲜鸡蛋，逐一检验，剔除不合格的蛋。

人工感官检验：用右手捡 3 枚蛋，将感官不合格蛋分类放入不合格蛋筐中，感官合格蛋转入左手。左手拿 2 枚蛋，用右手拿 1 枚蛋轻轻地回转相敲听其声音，声音清脆坚实者为合格蛋，声音沉闷沙哑者为窝子蛋或哑子蛋，声音比较尖脆有“叮叮”响声为钢壳蛋。将敲击合格蛋全部转入左手，同时左手中指和无名指并拢轻轻摇晃手指，使蛋与蛋发出轻微的碰撞声，蛋与蛋之间距离不超过 1mm（动作幅度以不碰破蛋为宜），再次根据响声判别蛋的好坏，剔除裂纹蛋、蛋钢壳蛋、沙壳蛋、热伤蛋、贴壳蛋、散黄蛋、尖嘴蛋、臭蛋、水蛋、空头蛋等。

灯光照蛋检验：一般为左右手各取 2 枚交替放在照蛋孔前旋转，观察蛋内情况以检验蛋的质量好坏。气室高度不得高于 9mm，整个蛋内容物呈均匀一致的微红色，蛋黄不见或略见暗影，胚珠无发育现象。转动蛋时，可略见蛋黄也随之转动。次蛋，如破损黄，热伤蛋等均不宜加工变蛋。

将合格蛋按重量分级分出一级、二级、三级和脏蛋，拿不准的蛋品用小天平称量，做到分级准确无误。

（4）清洗　将鸡蛋用清水洗涤干净，晾干待用。

（5）包裹装袋　用 150mm × 160mm 大小的火纸或面纸 3 ~ 4 层将晾干的鸡蛋包裹起来，装入塑料袋中，每袋灌入一定量腌制液，然后封口腌制 45d 左右。

灌液量确定：取适量的料液，浸入包装纸，以能充分浸湿包装纸而无滴漏为宜。

腌制液 NaOH 浓度分别设置：4.5%，5.5%，6.5%。

腌制温度分别设置：15、25、35℃。

（6）成熟　腌制 10、20、30、40d 时，取出 3 ~ 5 枚蛋进行检查，确定出缸日期。

出缸前取数枚变蛋，用手颠抛，变蛋回到手心时有震动感。用灯光透视蛋内呈灰黑色。剥壳检查蛋白凝固光滑，不粘壳，呈黑绿色，蛋黄中央呈溏心即可出缸。

成熟标准：蛋清完全凝固，具有良好的弹性，茶色或茶褐色，透明或半透明，蛋黄凝固层约 5 ~ 7mm，且呈黄绿或墨绿色，切开有色层，蛋黄中部有溏心。

（7）涂膜、包装　取出腌制好的皮蛋，去掉包裹用纸，用冷开水洗净表面残余的碱液并晾干。对检验合格的蛋，进行涂膜和包装。

将石蜡融化，控温 100 ~ 120℃。将皮蛋浸入石蜡液，并迅速取出冷却。然后放入蛋托内进行包装和装箱。

4. 产品标准

2014 年，国家质量监督检验检疫总局和国家标准化管理委员会联合发布 GB/T 9694—2015《皮蛋》。

（1）感官指标　皮蛋的感官指标如表 5 – 35 所示。

（2）理化指标　理化指标如表 5 – 36 所示。

（3）其他指标　污染物指标应符合 GB 2762—2012《食品中污染物限量》规定的要求。微生物指标应符合 GB 2749—2015《蛋与蛋制品》规定的要求。食品添加剂使用应符合 GB 2760—2014《食品添加剂使用标准》规定的要求。净含量应符合《定量包装商品计量监督管理办法》的规定。

5. 产品检测

感官检测参照 GB/T 9694—2015《皮蛋》进行，具体见产品标准。

用游标卡尺测定蛋黄和溏心的直径，计算溏心指数。溏心指数 = 溏心直径（mm）/蛋黄直径（mm）。

$$成品率(\%) = \frac{合格成品蛋数}{入缸蛋数 - 破损蛋数} \times 100$$

6. 实验结果

记录实验结果，并分析纸包无铅皮蛋的合适的腌制液用量、碱液浓度和浸泡温度。

思考题

1. 腌制液浸泡条件（碱液浓度、碱液温度）对皮蛋加工有和影响？如何加以控制？
2. 纸包法与浸泡法加工皮蛋各有什么优势和劣势？

四、 醉鹌鹑皮蛋肠

1. 工艺流程

（1）醉鹌鹑蛋

花椒→煮制→加盐→冷却
↓
选蛋→煮蛋→剥壳→装缸→灌料→加酒→密封→成品

（2）醉鹌鹑蛋肠

醉鹌鹑蛋
↓
鸡蛋→去壳→搅拌→配料→静置→灌装→打卡→蒸煮→冷却→贴标签→成品→装箱

2. 加工要点

（1）醉鹌鹑蛋加工

①选蛋：感官检验结合照蛋检验剔除裂纹蛋、破损蛋和陈腐蛋。

②煮蛋：将鹌鹑蛋放入冷水锅中，中火烧开，再小火煮 3min，取出放入冷水冷却，剥去蛋壳。

③煮花椒水：将花椒∶水 =1∶20 加入水中，大火烧开，然后小火煮 30min。加入食盐、充分搅拌均匀，冷却备用。

④醉制：将蛋放入腌制容器中，灌入花椒水和白酒，白酒的添加量为 450mL/kg 鹌鹑蛋，将蛋淹没，密封腌制容器，经 7d 左右成熟。

（2）醉鹌鹑蛋肠加工

①选蛋：挑选新鲜的正常鸡蛋，剔除陈腐蛋、破损蛋、孵育蛋等异常蛋。

②打蛋：将鲜蛋洗净，然后放入双氧水中消毒 3 ~ 5min，取出冲洗干净。打开蛋壳，收集蛋液，倒入打蛋机中将蛋搅匀，然后用不锈钢筛过滤，去除蛋壳、系带、蛋壳膜、蛋黄膜等。

③配料：NaOH 溶液：配制 NaOH 溶液，并加入蛋液中搅匀，使蛋液中 NaOH 的浓度达到 0.2%、0.4%、0.6%、0.8%。

花椒茶汁：先将 100g 花椒和 400g 红茶加入 10kg 水中煮成 5L 花椒茶汁，再将花椒茶汁加入到蛋液中，加入量为50mL/kg蛋液。

将食盐等辅料用温水融化后，加入蛋液中搅拌均匀。静置60min消去泡沫。最后将醉鹌鹑蛋和鸡蛋液混合，蛋液添加量为30%、40%、50%、60%、70%。

④灌装：将蛋液混合均匀后，灌入肠衣，去除气泡，每20cm打卡。

⑤蒸煮：将蛋肠投入蒸煮锅，先升温至60~65℃蒸煮60min，然后升温至90~95℃蒸煮30min，使其中心温度升高至85℃，蛋液全部凝固。

⑥冷却：将蛋肠从蒸煮锅中捞出，置于冷水中，待其中心温度降至30℃时取出晾干，即为成品。

3. 成品质量特征

成品切面光洁细腻，底色为松花蛋的墨绿色，中间嵌有醉蛋的白色蛋白和红色蛋黄，多彩美观；风味既有松花蛋的浓郁碱香又有醉蛋的诱人醇香，协调一致，适口性强。

4. 实验结果

记录实验结果，并分析碱液浓度和蛋液添加量对产品品质的影响。

思考题

你认为该产品的特色是什么？

五、 综合设计实验

请你完成一个蛋品加工的产品方案设计，要突出产品的与众不同之处。具体要求如下：

1. 方案设计

经过文献查找（书籍、数据库、网络资源）收集相关资料，经认真阅读归纳，提出自己的产品设计方案。方案内容应包含：产品名称、产品配方、工艺流程、操作要点、产品预期特征、创新点或工艺优化。

2. 产品制作

在实验室条件下，根据产品方案，自我完成一个禽蛋产品的制作。

3. 产品展示

对所制作的产品，以PPT汇报的形式进行总结汇报。汇报内容应包括：产品名称、产品配方、工艺流程、制作过程、产品结果、主要特色。汇报时间5min。

4. 考核办法

考核成绩根据平时表现（占30%）、实验报告（占30%）和产品汇报（占40%）三部分成绩进行相加而得，成绩考核一般采用百分制。

平时表现主要考察产品制作整个过程的表现，实验报告主要考察文本材料的整理质量，产品汇报主要考察产品制作的完成情况。评分由学生代表和教师共同组成的评分小组执行评分。

5. 考核要求

（1）平时表现30%：满分为100分，迟到和早退一次扣5分，旷课扣10分；课堂中违反课堂纪律一次扣10分，情节严重者扣20分。

（2）产品方案及实验报告30%：满分为100分，有缺陷一次扣2分，严重者扣5分。

（3）产品汇报40%：满分为100分，邀请专业老师和同学共6人，按评分表对产品进行评分。

思考题

1. 简述禽蛋的形成过程。
2. 简述禽蛋的构造及其与新鲜度的关系。
3. 简述禽蛋的功能特性和贮运特性。
4. 禽蛋的理化特性包括哪些？跟蛋品品质有何关系？
5. 禽蛋的鉴定方法有哪些？目前分级标准的指标有哪些？
6. 异常蛋有哪些，产生的主要原因是什么？
7. 简述禽蛋腐败变质的原因及类型。
8. 控制禽蛋品质的方法有哪些？
9. 禽蛋制品加工的原理和生产流程？

推荐阅读书目

[1] 李灿鹏，吴子健．蛋品科学与技术［M］．北京：中国质检出版社，2013.

[2] 蔡朝霞，马美湖，余劼，等．蛋品加工新技术［M］．北京：中国农业出版社，2013.

[3] United States Department of Agriculture. United States Standards, Grades, and Weight Classes for Shell Eggs, 2000.

[4] Stadelman W J, Newkirk D, Newby L. Egg Science and Technology［M］. CRC Press, 1995.

CHAPTER 6

第六章 乳品加工

知识目标

1. 了解乳的组成及化学成分。
2. 掌握原料乳的检测及预处理方法。
3. 掌握不同乳制品的加工工艺流程以及操作要点。
4. 掌握不同乳制品加工过程中常见问题的分析与控制。

能力目标

1. 能够对原料乳及乳制品进行检测和评价。
2. 能够制作常见的乳制品。
3. 能够对乳制品加工过程中常见问题进行分析和控制。

第一节 乳的组成及性质

一、乳的组成和分散体系

1. 组成

乳是哺乳动物产仔后由乳腺分泌的一种白色或稍带黄色的不透明液体，其味微甜并具有特殊香气。由于乳中含有幼小动物生长发育所必需的全部营养成分，因此它是哺乳动物出生后赖以生长发育的最易于消化吸收的全价食物。

乳的成分十分复杂，含有上百种化学成分。主要成分包括水分、乳脂肪、乳蛋白质、乳糖、矿物质。乳中还含有其他微量成分，如：维生素、酶类、色素及气体等。牛乳的基本组成见表 6-1。

表 6-1　牛乳的基本组成　单位：%

成分	平均含量	范围	成分	平均含量	范围
水分	87.1	85.3~88.7	蛋白质	3.3	2.3~4.4
非脂乳固体	8.9	7.9~10.0	酪蛋白	2.6	1.7~3.5
脂肪	4.0	2.5~5.5	无机盐	0.7	0.57~0.83
乳糖	4.6	3.8~5.3	有机酸	0.17	0.12~0.21

正常牛乳中各种成分的组成大体上稳定，但也受乳牛的品种、个体、年龄、地区、泌乳期、畜龄、挤乳方法、饲料、季节、环境及健康状态等因素的影响而有差异。

2. 分散体系

乳中含有多种化学成分，其中水是分散剂，其他各成分如脂肪、蛋白质、乳糖、无机盐等呈分散质分散在水中，形成复杂的分散体系。乳脂肪在常温下呈液态的微小球状分散在乳中，球的平均直径约为 3μm，可在显微镜下明显观察到，因此乳中的脂肪球即为乳浊液的分散质。分散在乳中的酪蛋白颗粒，其粒子大部分为 5~15nm，乳白蛋白的粒子为 1.5~5nm，乳球蛋白的粒子为 2~3nm，这些蛋白质都以乳胶体状态分散。此外，凡直径在 0.1μm 以下的脂肪球以及部分聚磷酸盐也以胶体状态分散在乳中。乳糖，钠，钾，氯，柠檬酸盐及部分磷酸盐以分子或离子形式存在于乳中。

二、　乳的化学成分及性质

1. 水

水是乳的主要成分之一，含量为 87%~89%。由于水的存在，使乳呈均匀而稳定的流体。乳中的水可分为游离水、结合水和结晶水三种，乳中绝大多数为游离水，是乳的分散剂，许多生化过程与游离水有关；其次是结合水，它与蛋白质结合存在，无溶解其他物质的特性，冰点以下也不结冰；此外还有极少量与乳糖结晶体一起存在，称为结晶水。奶粉中保留了 3% 左右的水分，就是因为有结合水和结晶水的存在。

2. 干物质

通常乳中的干物质含量为 11%~13%，干物质含有乳的全部营养。干物质中的碳水化合物和矿物质呈溶液状态，脂肪等脂质成分呈乳浊液状态，而蛋白质主要以胶体粒子形式分散在乳中。受品种、年龄、泌乳期、营养水平、季节、健康状况等的影响，干物质成分有所差异，其中乳脂肪的含量变化很大，其次是蛋白质，而乳糖、灰分含量相对稳定。

3. 气体

气体的含量一般为乳容积的 5.7%~8.6%，乳中的气体主要为 CO_2、O_2 和 N_2，且在各个时期气体含量会发生变化。刚挤出的新鲜乳中以 CO_2 为最多，N_2 次之，O_2 最少。乳在冷却处理时与空气接触，空气中的 O_2 和 N_2 溶于乳中，使两者的含量增加，而 CO_2 由于逸出则减少，因此在乳品生产中刚挤出的原料乳不能用于密度和酸度检验。

4. 乳蛋白质

牛乳的含氮化合物中95%为乳蛋白质，乳蛋白质是乳中最有价值的成分，在乳中的含量约为3.0%～3.5%。乳蛋白可分为酪蛋白和乳清蛋白两大类，还有少量的脂肪球膜蛋白。牛乳的含氮物中，除蛋白质外，还有非蛋白态的含氮化物，占总氮的5%左右，包括游离氨基酸、尿素、肌酸及嘌呤等。

（1）酪蛋白　20℃时调节脱脂乳的pH至4.6（等电点）时沉淀的一类蛋白质称为酪蛋白，占乳蛋白总量的80%～82%。酪蛋白为白色非吸湿性化合物，不溶于水、酒精及有机质但可溶于碱性溶液。酪蛋白中约含有1.2%的钙，乳中的酪蛋白以酪蛋白酸钙—磷酸钙复合体的状态存在。

①分类：酪蛋白不是单一的蛋白质，有α_s、β、γ、κ四种，主要区别在于含磷量的不同。α_s－酪蛋白含磷多，称为磷蛋白。含磷量对皱胃酶的凝乳作用影响很大。α_s－酪蛋白、β－酪蛋白在皱胃酶的作用下可完全形成沉淀。γ－酪蛋白含磷量极少，因此γ－酪蛋白几乎不能被皱胃酶凝固。在制造干酪时，有些乳常发生软凝块或者不凝固的现象，就是由于蛋白质中含磷量过少所致。κ－酪蛋白具有稳定Ca^{2+}的作用，起到保护胶体的作用，只有当Ca^{2+}浓度很高时才可发生凝固沉淀现象。酪蛋白虽然是一种两性电解质，但其分子含有的酸性氨基酸多于碱性氨基酸，因此具有明显的酸性。

②存在形式：乳中的酪蛋白与钙结合生成酪蛋白酸钙，再与胶体状的磷酸钙结合形成酪蛋白酸钙—磷酸钙复合物，大体呈球形，以微胶粒的形式存在于乳中，其胶体的微粒直径为10～300nm，一般多为40～160nm。此外，酪蛋白微胶粒中还含有镁等物质。

③酸凝固：酪蛋白胶粒具有明显的酸性，对pH的变化很敏感。在乳中加酸，或因微生物的作用，使乳中的乳糖转化为乳酸，导致乳的pH降低时，酪蛋白胶粒中的钙与磷酸盐逐渐游离出来，生成游离的酪蛋白，当酸度达到酪蛋白的等电点pH4.6时，形成酪蛋白沉淀。酸乳就是利用微生物产酸引起酪蛋白的凝固而制成。在加酸凝固时，酸只和酪蛋白酸钙、$Ca_3(PO_4)_2$起作用，而对白蛋白和球蛋白不起作用。工业上利用该原理生产干酪素。

④酶凝固：酪蛋白胶粒在皱胃酶或其他凝乳酶的作用下形成副酪蛋白钙凝块，原因是凝乳酶能使κ－酪蛋白分解为κ－副酪蛋白，它可在Ca^{2+}存在下形成不溶性的凝块，这种凝块叫做副酪蛋白钙。而本身不稳定的α－酪蛋白、β－酪蛋白，在失去κ－酪蛋白的胶体保护作用后一起凝固，工业上生产干酪就是利用此原理。

⑤盐类及离子对酪蛋白稳定性的影响：乳中的酪蛋白酸钙—磷酸钙胶粒容易在氯化钙或硫酸铵等盐类饱和或半饱和溶液中形成沉淀，这种沉淀起因于电荷的抵消与胶粒脱水。酪蛋白酸钙—磷酸钙胶粒，对于其体系内二价阳离子的含量变化敏感。Ca^{2+}或Mg^{2+}能与酪蛋白结合，而使粒子形成凝集作用，因此Ca^{2+}、Mg^{2+}的浓度影响胶粒的稳定性。由于乳中的钙和磷以平衡状态存在，所以鲜乳中的酪蛋白微粒具有一定的稳定性。当乳中加入$CaCl_2$时，会破坏钙和磷的平衡状态，尤其在加热时，酪蛋白的凝固现象会加速。实验表明，90℃时加入0.12%～0.15%的$CaCl_2$即可使乳凝固，用此方法凝固乳蛋白质的利用程度通常比酸凝固法高5%，比皱胃酶凝固法高10%以上。

⑥与糖的反应：具有还原性羰基的糖可与酪蛋白中的氨基作用变成氨基糖而产生风味物质及色素。蛋白质与乳糖的反应，在乳品工业中会产生不良的结果，例如乳品（乳粉、乳蛋白粉及其他乳制品）在存放中，颜色发生变化，风味和营养价值改变。

（2）乳清蛋白　往乳中加酸使pH达到酪蛋白的等电点时，酪蛋白发生凝固，而其他的蛋白质仍然保留在乳清中，称为乳清蛋白。乳清蛋白约占乳蛋白的 18% ~20%，主要有 α-乳白蛋白、β-乳球蛋白、血清白蛋白和免疫球蛋白，这 4 类蛋白质约占乳清蛋白的 95% 以上，此外还有一些微量的蛋白质水解物。乳清蛋白质含有许多人体必需氨基酸，且易被人体消化吸收，更适于婴儿食用，因此乳清粉常被用于婴幼儿配方奶粉生产。乳清蛋白有热不稳定和热稳定两种。

①热不稳定的乳清蛋白：调节乳清 pH 为 4.6 ~4.7，煮沸 20min，发生沉淀的蛋白质即为热不稳定的乳清蛋白，约占乳清蛋白的 81%，包括乳白蛋白和乳球蛋白两类。

乳白蛋白：把乳清 pH 调整到中性条件下，加饱和硫酸铵或硫酸镁盐析，呈溶解状态而不析出的蛋白质叫乳白蛋白，占乳清蛋白的 68%。乳白包括 α-乳白蛋白（约占乳清蛋白的 19.7%）、β-乳球蛋白（约占乳清蛋白的43.6%）和血清白蛋白（约占乳清蛋白的4.7%）。乳白蛋白中最重要的是 α-乳白蛋白，它在乳中以 1.5 ~5.0μm 直径的微粒分散在乳中，对酪蛋白起保护胶体的作用，此类蛋白在常温下不能用酸凝固，但在弱酸性时加热可凝固。

乳球蛋白：中性乳清中加饱和硫酸铵或硫酸镁进行盐析，能析出的蛋白叫乳球蛋白，占乳清蛋白的 13%。乳球蛋白具有抗原作用，因此又称为免疫球蛋白。初乳中免疫球蛋白的含量是常乳的数倍甚至数十倍。

②热稳定的乳清蛋白：调节乳清 pH 为 4.6 ~4.7，煮沸 20min，不发生沉淀的蛋白质为热稳定的乳清蛋白，约占乳清蛋白的 19%。这类蛋白包括蛋白胨和蛋白脎。用 H_3PO_4 或三氯醋酸的特殊反应可使此类蛋白质发生沉淀。

（3）脂肪球膜蛋白　乳脂肪球膜蛋白主要由蛋白质、脂质、糖类、酶类、维生素以及核酸物质组成，大部分成分是脂质和蛋白质。脂肪球膜蛋白吸附于脂肪球表面，与磷脂一起构成脂肪球膜，1 分子磷脂质约与 2 分子蛋白质结合在一起，因其含有磷脂酰胆碱，因此也称为磷脂蛋白。

5. 乳脂肪

乳脂肪是乳的主要成分之一，在乳中的平均含量为 3.5% ~4.5%。乳脂肪中 98% ~99% 是甘油三酯，还有约 1% 的磷脂和少量的固醇、游离脂肪酸等。

（1）乳脂肪球及脂肪球膜　乳脂肪不溶于水，呈微细球状分散于乳浆中，通常直径为0.1 ~10μm，平均为 3μm，每毫升牛乳中有 20 亿 ~40 亿个脂肪球。乳脂肪球的大小依乳牛品种、个体、健康状况、泌乳期、饲料及挤乳情况等因素而异，通常脂肪含量高的品种比脂肪含量低的品种脂肪球大。随着泌乳期的延续，脂肪球变小。脂肪球的大小与加工有关，脂肪球越大，脂肪越易分离，因此脂肪球含量多的牛乳，易分离出稀奶油，搅拌稀奶油也容易形成奶油粒。生产中经过均质处理的牛乳，脂肪球的直径约为 1μm，脂肪球基本不上浮，可得到长时间不分层的稳定产品。

脂肪球表面覆盖有一层 5 ~10nm 厚的膜，称为脂肪球膜（图 6 -1）。其作用主要为防止脂肪球相互聚结，保持乳浊液稳定。脂肪球膜主要由蛋白质、磷脂、甘油三酯、胆固醇、维生素、金属离子及一些酶类等构成，还有盐类和少量结合水。其中起主导作用的是卵磷脂—蛋白质络合物。这些物质有层次地定向排列在脂肪球和乳浆的界面上。膜的内侧有磷脂层，其疏水基团朝向脂肪球中心，并吸附高熔点的甘油三酯，形成膜的最内层，磷脂间还夹杂有甾醇和维生素 A。磷脂的亲水基团朝向乳浆，连接着具有强大亲水基的蛋白质，构成膜的外层，表面有大量结合水，从而形成了由脂相到水相的过渡。由于脂肪球含有磷脂—蛋白质络合物，保持了脂肪球以球状稳定存于乳中而不凝结，但在机械搅拌或化学物质作用下，脂肪球膜遭到破坏后，乳脂肪球会相互聚结在一起。奶油的生产及离心法测定乳的含脂率就是依此原理进行。

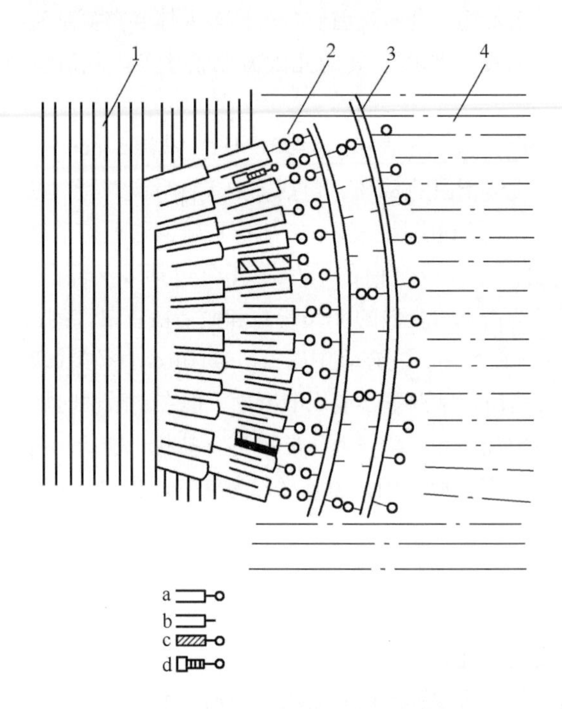

图6－1　脂肪球膜结构示意图

1—脂肪　2—结合水　3—蛋白质　4—乳浆

a—磷脂　b—高熔点甘油三酸酯　c—固醇　d—维生素

（2）乳脂肪的脂肪酸组成及含量　乳脂肪的脂肪酸种类较一般脂肪多，乳中的脂肪酸可分为水溶性挥发性脂肪酸，非水溶性挥发性脂肪酸和非水溶性非挥发性脂肪酸，其中水溶性挥发性脂肪酸的含量和比例特别高，因而赋予乳脂肪持有的香味和柔润的质地，易于消化吸收。乳脂肪的组成复杂，不仅在低级脂肪酸中检出醋酸、丁酸、己酸等，还有大量高级饱和脂肪酸，如油酸、亚油酸、亚麻酸、花生四烯酸等，其中油酸含量最高。乳脂肪的脂肪酸组成受环境、季节、饲料、营养等因素的影响，夏季放牧期间不饱和脂肪酸含量高，冬季舍饲期间饱和脂肪酸含量增多，因而夏季加工的奶油熔点较低。

（3）乳脂肪的特点　乳脂肪中短链低级挥发性脂肪酸含量远高于其他动物油脂，因而乳脂肪具有特殊的香味和柔软的质地；乳脂肪易受光、热、氧、金属的作用，使脂肪氧化产生脂肪氧化味；乳脂肪易在酶及微生物的作用下水解，致使酸度升高；乳脂肪易吸收周围环境中的其他气味；乳脂肪在11℃以下呈半固态，在5℃以下呈固态。

6. 乳糖

乳糖是哺乳动物乳汁中特有的糖类。为α－D－葡萄糖与β－D－半乳糖以β－1，4糖苷键结合的双糖，其甜度相当于蔗糖的1/6～1/5。因其分子中含有羰基，属于还原糖。乳糖在乳中全部呈溶解状态，牛乳中约含有乳糖4.8%。

（1）异构体及特性　乳糖有α－乳糖和β－乳糖两种异构体，α－乳糖易与一分子结晶水结合，变为α－乳糖水合物，所以乳糖实际上共有三种形态：α－乳糖水合物、α－乳糖无水物、

β – 乳糖。可以用旋光度区别 α – 乳糖与 β – 乳糖，通常所称的乳糖为 α – 乳糖水合物。

（2）溶解度　α – 乳糖和 β – 乳糖在水中的溶解度不同，并随温度不同而变化。在水溶液中两者可相互转化，直至 α 型与 β 型乳糖平衡时为止。乳糖有三种溶解度：

①初溶解度：将乳糖投入水中，不加搅拌，有部分乳糖立即溶解，此时的溶解度为初溶解度，主要是 α – 乳糖水合物的溶解度。

②终溶解度：向乳糖溶液中加入乳糖并搅动，在一定温度下乳糖不再溶解，达到某一温度下的饱和溶解度。在某一温度下的饱和溶解度就是终溶解度，这部分溶液主要由 α – 乳糖水合物和 β – 乳糖组成，二者有一定的比例关系。

③超溶解度：将饱和乳糖溶液冷却到该饱和溶液所在温度以下就会得到过饱和的乳糖溶液，但无乳糖结晶析出，此时的溶解度称为超溶解度。尚未析出结晶时的超饱和状态称为亚稳定状态，在该状态时添加晶种，促使乳糖形成微细结晶的过程称为乳糖强制结晶。炼乳的生产就是利用这一原理，避免形成大的乳糖结晶颗粒。

（3）乳糖不耐症　乳糖在乳糖酶的作用下可以水解，但一部分人随着年龄增长，消化道内缺乏乳糖酶或者乳糖酶活性降低，不能分解和吸收乳糖，饮用牛乳后会出现呕吐、腹胀、腹泻等不适应症，被称为乳糖不耐症。乳品工业中利用乳糖酶将乳中的乳糖分解为葡萄糖和半乳糖（如营养舒化奶），或利用乳酸菌将乳糖转化为乳酸（如发酵乳），可预防乳糖不耐症。

（4）美拉德反应　乳糖属还原糖，在某些情况下，可与蛋白质中的游离氨基酸发生反应，最典型的就是美拉德反应，会导致乳及乳制品的营养物质被破坏。

（5）其他糖类　乳中除了乳糖外还含有少量其他碳水化合物。乳中含有极少量的葡萄糖、半乳糖、果糖、低聚糖等。

7. 无机物和盐类

（1）无机物　乳中的无机物也称矿物质，将牛乳蒸发干燥，然后灼烧成灰分，以灰分的量表示无机物的量。乳中无机物含量平均为 0.7% 左右，主要有钾、钙、钠、镁、氯、磷、硫等。此外还有铁、碘、铜、锰、锌、钴等微量元素。牛乳中无机物的含量随泌乳期及个体健康状态等因素而异。乳中的矿物质大部分与有机或无机酸结合，以可溶性盐类形式存在，其中以磷酸盐和有机柠檬酸盐存在的数量最多。

氯和乳糖的含量在乳中通常呈一定的比例，因此乳的渗透压保持一定的数值，二者之比称为氯糖数。正常的氯糖数一般为 2 ~ 3，脂肪炎乳大于 4，有时会高达 15 以上。

（2）盐类　乳中的盐类含量虽少，但对于乳品加工，特别是热稳定性起重要作用。牛乳中的盐类平衡，特别是 Ca^{2+}、Mg^{2+} 与磷酸、柠檬酸等阴离子之间的平衡，对于牛乳的稳定性具有重要意义。受季节、饲料、生理或病理等影响，牛乳发生不正常凝固时，往往是由于 Ca^{2+}、Mg^{2+} 离子过剩，盐类平衡被打破所致。此时，可向乳中添加磷酸及柠檬酸的钠盐，以维持盐类平衡，保持蛋白质的热稳定性。在炼乳生产时经常用磷酸盐或柠檬酸盐做稳定剂。此外，乳中的无机盐加热后由可溶性变成不溶性，在接触乳的器具表面形成一层乳垢，会影响热的传导和杀菌效率。

乳与乳制品的营养价值，在一定程度上受到矿物质的影响。例如，由于牛乳钙的含量较人乳多 3 ~ 4 倍，因此牛乳在婴儿胃内形成的蛋白凝块相对人乳较坚硬，不易消化；牛乳中铁的含量较人乳少，因此若以牛乳哺育婴幼儿时应补充铁。牛乳中无机盐的含量见表 6 – 2。

表6-2　　1L牛乳中主要无机盐含量与分布　　单位：mg

成分	平均含量	分布		成分	平均含量	分布	
		乳清	胶粒			乳清	胶粒
钙	1200	381	761	磷	848	377	471
镁	110	74	36	柠檬酸	1660	1560	100
钠	500	460	40	氯化物	1065	1065	-
钾	1480	1370	110	硫酸盐	100	-	-

8. 维生素

牛乳含有多种维生素。牛乳中的维生素包括脂溶性的维生素（维生素A、维生素D、维生素E、维生素K）和水溶性的维生素（维生素B_1、维生素B_2、维生素B_6、维生素B_{12}、维生素C、烟酸等）两大类。牛乳中的维生素一部分来自于饲料，如维生素E，一部分靠牛乳自身合成，如B族维生素可由奶牛瘤胃中的微生物合成。乳中各种维生素的含量见表6-3。

表6-3　　100mL牛乳中各种维生素的含量

种类	含量	种类	含量	种类	含量
维生素A	118mg	维生素B_1	45mg	维生素B_6	44μg
维生素D	2mg	维生素B_2	160mg	维生素B_{12}	0.43μg
维生素C	2mg	尼克酸	90μg	叶酸	0.2μg
维生素E	痕量	泛酸	370μg	胆碱	15mg

乳及乳制品中的维生素含量受乳牛的饲养管理，乳的杀菌方法以及其他加工处理的影响，例如：乳中的维生素A含量受饲料类型的影响；放牧期间乳中的维生素B_{12}含量较高；加热杀菌时，维生素都有不同程度损失；生产酸乳、牛乳酒时由于微生物的合成，能使部分维生素（维生素A、维生素B、维生素B_2）的含量增加；维生素B_1及维生素C会因光照而分解，因此应采用避光容器包装；铜、铁、锌等加工器具也会破坏维生素C，所以乳品加工设备应尽可能采用不锈钢设备。

9. 酶

牛乳中的酶种类很多，一部分由乳腺分泌，属乳的正常成分；另一部分由乳中存在的微生物代谢产生。与乳品生产有密切关系的主要有以下几类：

（1）水解酶类

①脂酶：牛乳中的脂酶至少有两种，一是附在脂肪球膜间的膜脂酶，它在常乳中不常见，而在末乳、乳房炎乳及其他一些生理异常乳中常出现；另一种是存在于脱脂乳中与酪蛋白相结合的乳浆脂酶。牛乳中的脂肪在脂酶的作用下水解产生游离脂肪酸，从而使牛乳具有脂肪分解的酸败气味。脂酶最适作用温度为37℃，最适pH9.0~9.2，在80~85℃以上钝化。钝化温度与脂酶的来源有关，来源于微生物的脂酶耐热性高，已经钝化的酶有恢复活力的可能。为了抑制脂酶的活力，在奶油生产中，一般采用不低于80~85℃的高温或超高温处理。此外，加工工艺也能使脂酶活力增加或增加其作用的机会，例如：均质处理，由于脂肪球膜被破坏，增加了脂酶与乳脂肪的接触面积，使乳脂肪更易水解，因此均质后应及时进行杀菌处理；另外，牛乳多

次通过乳泵或在牛乳中通入空气剧烈搅拌，也会使脂肪酶活力增加，引起脂肪分解。

②磷酸酶：磷酸酶为乳中固有酶，对温度较敏感，经低温巴氏杀菌后乳中的磷酸酶被破坏。牛乳中的磷酸酶有两种：一种是酸性磷酸酶，存在于乳清中，最适 pH 为 4.0 ~ 4.2；另一种为碱性磷酸酶，吸附于脂肪球膜处。碱性磷酸酶在牛乳中较重要，最适 pH 为 7.6 ~ 7.8，经 63℃、30min 或 71 ~ 75℃、15 ~ 30s 加热后可钝化，可利用碱性磷酸酶的这种性质来检验低温巴氏杀菌法处理的消毒牛乳杀菌是否完全。

③蛋白酶：来自乳本身以及污染的微生物。在 37 ~ 42℃，弱碱性环境中活力最强，乳中的蛋白酶多为细菌性酶，细菌性蛋白酶可使乳中的蛋白质水解形成蛋白胨、多肽及氨基酸，其中由乳酸菌形成的蛋白酶在干酪中有重要意义。高于 75 ~ 80℃时蛋白酶被破坏。

（2）氧化还原酶

①过氧化物酶：过氧化物酶能促使过氧化氢分解产生活泼的新生态氧，从而使乳中的某些化合物氧化。过氧化物酶主要来自于白细胞的细胞成分，其数量与细菌无关，是乳中原有的酶，作用最适温度为 25℃，最适 pH6.8。过氧化物酶钝化温度和时间大约为 76℃、20min，77 ~ 78℃、5min，85℃、10s。通过测定过氧化物酶的活力可判断牛乳是否经过热处理或判断热处理的程度。

②过氧化氢酶：主要来自白血球的细胞成分，尤其在初乳和乳房炎乳中含量较多。可利用对过氧化氢酶活力的测定来判定是否为乳房炎乳或其他异常乳。经 65℃、30min 加热，95% 的过氧化氢酶会钝化，经 75℃、20min 加热，100% 钝化。

③还原酶：最主要的是脱氢酶，这种酶是挤乳后进入乳中微生物的代谢产物，因此与细菌污染程度有直接关系。最适 pH5.5 ~ 8.5，最适温度 40 ~ 50℃，经 70℃、30min 可钝化。还原酶能使蓝色的甲基蓝还原为无色，还原酶越多，褪色越快，表明细菌污染程度越大，因此可通过测定还原酶的活力来判断牛乳的新鲜程度。

10. 其他成分

（1）有机酸　乳中的有机酸主要是柠檬酸，此外还有微量的乳酸、丙酮酸及马尿酸等。乳中柠檬酸的含量为 0.075% ~ 0.400%，平均为 0.18%，以盐类状态存在。除酪蛋白胶粒成分中的柠檬酸盐外，还存在有分子、离子状态的柠檬酸盐，主要为柠檬酸钙。柠檬酸对乳的盐类平衡及乳在加热、冷冻过程中的稳定性起到重要作用。此外，柠檬酸还是乳制品芳香成分丁二酮的前体。

（2）细胞成分　乳中所含的细胞成分主要是白细胞和一些乳房分泌组织的上皮细胞，也有少量红细胞。牛乳中的细胞数含量多少是衡量乳房健康状况及牛乳卫生质量的标志之一，一般正常乳中细胞数不超过 50 万个/mL。

三、乳的物理性质

1. 色泽

新鲜正常的牛乳呈不透明的乳白色或略带淡黄色，脱脂乳呈乳白色或带有青色，乳清呈半透明的黄绿色。乳白色是乳的基本颜色，这是由于乳中的酪蛋白酸钙—磷酸钙胶粒及脂肪球等微粒对光的不规则反射的结果。牛乳中的脂溶性胡萝卜素和叶黄素使乳略带淡黄色，而水溶性的核黄素使乳清呈荧光性黄绿色。

2. 滋味与气味

正常的新鲜牛乳应有一种天然的乳香，其香味平和、清淡、自然。牛乳的特殊的香味主要来自于乳中挥发性脂肪酸及其他挥发性物质。这种香味随温度的高低而发生变化，加热香味变浓，冷却后减弱，长时间加热则失去香味。如果是部分脱脂乳或脱脂乳，其乳香味淡薄。乳易吸收外界的各种气味，所以乳在饲养舍中放置时间太久会带有牛粪味或饲料味，贮藏器不良时产生金属味，消毒温度过高产生焦糖味。

由于乳中乳糖的存在，新鲜纯净的乳略带甜味。乳中含有 Cl^- 稍带咸味，常乳中的咸味因受乳糖、脂肪、蛋白质等所调和而不易察觉，但异常乳如乳房炎乳中氯含量较高，因此有很浓的咸味。乳带有略微的苦味，主要来自于 Mg^{2+} 和 Ca^{2+}。乳的酸味由柠檬酸及磷酸产生。

3. 酸度

乳蛋白质中含有较多的酸性氨基酸和自由羧基，且受磷酸盐等酸性物质的影响，故乳是偏酸性的。

（1）分类

①自然酸度：刚挤出的新鲜乳的酸度称为固有酸度或自然酸度。自然酸度主要由乳中的蛋白质，柠檬酸盐，磷酸盐及 CO_2 等酸性物质所构成。若以乳酸百分率计，牛乳自然酸度为 0.15% ~0.18%，其中来源于酪蛋白的约为 0.05% ~0.08%，来源于白蛋白的为 0.01%，来源于柠檬酸盐的为 0.01% ~0.02%，来源于 CO_2 的为 0.01% ~0.02%，其余的多来源于磷酸盐。非脂乳固体含量越高，固有酸度就越高。

②发酵酸度：牛乳在存放过程中，在微生物的作用下发生乳酸发酵，导致乳的酸度逐渐升高。由于发酵产酸而升高的这部分酸度称为发酵酸度。

③总酸度：固有酸度和发酵酸度之和称为总酸度。一般乳品工业中测定的酸度就是总酸度。原料乳的酸度越高，对热的稳定性越差。

（2）表示方法

①滴定酸度：所谓滴定酸度是指取一定量的牛乳以酚酞作指示剂，再用一定浓度的碱液滴定，以消耗的碱液的量来表示的酸度。乳品生产中常用滴定酸度。滴定酸度有多种测定方法及表示形式，我国滴定酸度用吉尔涅尔度或乳酸百分率（乳酸%）来表示。

吉尔涅尔度（°T）：中和 100mL 牛乳所需的 0.1moL/L NaOH 的体积（mL）称为该牛乳的吉尔涅尔度，消耗 1mL 为 1°T，也称 1 度。正常牛乳的酸度为 16 ~18°T。

乳酸度：正常牛乳酸度为 0.15% ~0.18%。用乳酸量表示酸度时，按上述方法测定后用下列公式计算：

$$\text{乳酸度（\%）}=\frac{0.1\text{mol/LNaOH 体积（mL）}\times 0.009}{\text{乳样体积（mL）}\times\text{密度（g/mL）}}\times 100$$

②pH：氢离子浓度反映了乳中处于电离状态的活性氢离子的浓度，又称 pH。正常新鲜牛乳的 pH 为 6.4 ~6.8，一般酸败乳或初乳的 pH 在 6.4 以下，乳房炎乳或低酸度乳 pH 在 6.8 以上。乳挤出后，在存放过程中由于微生物的作用，使乳糖水解为乳酸，乳酸是一种电离度小的弱酸，而且乳是一个缓冲体系，所以在一定范围内，虽然产生了乳酸，但乳的 pH 并不相应地发生明显的变动，因此生产中广泛地采用测定滴定酸度来间接掌握乳的新鲜度。

4. 密度和相对密度

密度和相对密度是检验牛乳质量的一项重要指标。乳的密度是指 20℃时一定容积的牛乳的质量与同容积水在 4℃时的重量比，以 20℃/4℃表示，一般牛乳的密度为 1.028 ~1.032，平均为 1.030。乳的相对密度是指一定容积牛乳的质量与同容积同温度水的质量之比。乳的相对密度以15℃为标准，一般牛乳的相对密度为1.030～1.034。15℃时正常牛乳的相对密度平均为1.032，20℃时正常乳的平均相对密度为1.030。同温度下，乳的密度较相对密度小0.0019，乳品生产中常以0.002的差数进行换算。乳的密度和相对密度的通常使用乳稠计测定，我国有15℃/15℃相对密度计和20℃/4℃的密度乳稠计两种规格。

温度对乳的密度测定值影响较大，在10～25℃范围内，每升高1℃，乳的密度降低0.0002，每下降1℃，乳的密度则升高0.0002。刚挤出的牛乳因含有一定量的气体，其密度比放置2～3h后的乳低，气体的逸散使乳密度逐渐升高，最后大约升高0.001左右，因此不宜在挤乳后立即测密度。初乳的密度为1.038～1.040，较正常乳高。乳中加水时相对密度降低，每增加10%的水，约降低相对密度0.003（掺假乳在掺水后为了提高密度可能会加入淀粉，尿素等）。

5. 热力学性质

由于有溶质的影响，乳的冰点低于水而沸点高于水。

（1）冰点　牛乳的冰点低于水的冰点，一般为-0.565～-0.525℃，这与乳中的乳糖、水溶性盐类有关，而与乳中的脂肪、蛋白质关系不大。正常的牛乳其乳糖及盐类的含量变化很小，所以冰点稳定。如果在牛乳中掺10%的水，其冰点约上升0.054℃，此方法可检测出加水量3%以上的乳。可根据冰点的变化用下列公式计算产水量：

$$\text{以质量计的加水量(\%)} = \frac{(\text{正常乳的冰点}\ T - \text{被检测乳的冰点}\ T') \times [100 - \text{被检测乳的乳固体含量}]}{\text{正常乳的冰点}\ T}$$

酸败的牛乳冰点降低，当乳酸度达到0.18%以上时，每高出0.01%，冰点降低0.0034℃。

（2）沸点　牛乳的沸点在1个大气压下约为100.55℃。乳的沸点受固形物含量影响，浓缩过程中沸点上升，浓缩一倍时沸点上升0.5℃，即浓缩到原来的一半时，沸点约为101.05℃。

（3）比热容　乳的比热容为其所含各成分比热容的总和。牛乳的比热容大约为3.89kJ/(kg·K)。牛乳的比热容随脂肪含量及温度的变化而异，脂肪含量越高，乳的比热容越小，但在14～16℃范围内，乳脂肪含量越多，使温度上升1℃所需的热量就越大，比热容也相应增大。在处理大量牛乳及在浓缩干燥过程中进行加热时，乳的比热容的计算对机械的设计和燃料的节省有重要作用。

6. 电学性质

（1）导电率　乳中含有电解质而能传导电流，但乳并不是电的良导体。牛乳的电导率与其成分，特别是Cl^-和乳糖的含量有关。正常牛乳在25℃时，电导率为0.004～0.005S。乳房炎乳中Na^+、Cl^-等离子增多，电导率上升。一般电导率超过0.06S可认为是病牛乳，故可应用电导率的测定进行乳房炎乳的快速鉴定。

脱脂乳中由于妨碍离子运动的脂肪被除去，因而导电率较全乳有所增加。将牛乳煮沸时，由于CO_2逸出，且磷酸钙沉淀，导电率减低。乳在蒸发过程中，干物质浓度在36%～40%以内时导电率升高，而后又逐渐降低。因此，生产中可以利用导电率来检查乳的蒸发程度以及调节真空蒸发器的运行。

（2）氧化还原电位　乳中含有很多具有氧化或者还原作用的物质，乳进行氧化还原反应的方向和强度取决于此类物质的含量。此类物质包括B族维生素、维生素C、维生素E、酶类、微生物代谢产物、溶解态氧等。牛乳如果受到微生物污染，随着氧的消耗和还原性代谢产物的产生，致使其氧化还原电位降低，当与甲基蓝、刃天青等氧化还原指示剂共存时可使其褪色，据此可检测微生物的污染程度。

7. 黏度与表面张力

（1）黏度　正常乳在20℃的黏度为0.0015～0.0020Pa·s。牛乳的黏度随温度升高而降低。在乳的成分中，脂肪及蛋白质对黏度的影响最显著。在正常的牛乳成分范围内，非脂乳固体含量一定时，随着含脂率的升高，牛乳的黏度增加。当脂肪含量一定时，随着乳固体含量的增高，黏度也上升。初乳、末乳、病牛乳的黏度较高。黏度在乳品加工中有重要意义：生产甜炼乳时，黏度低可能发生脂肪上浮或糖沉淀现象，黏度过高又可能使炼乳变稠；生产淡炼乳时，黏度过高，在存贮中可能产生盐类沉淀或形成冻胶体；生产乳粉时，浓缩乳黏度过高，可能影响喷雾干燥，出现潮粉现象。

（2）表面张力　牛乳的表面张力与牛乳的起泡性、乳浊状态、微生物的生长发育、热处理、均质作用及风味密切相关，测定表面张力可鉴定乳中是否有其他添加物。牛乳的表面张力在20℃时为0.04～0.06N/cm。牛乳的表面张力随温度的上升而降低，随溶液中所含的物质而改变，极性物质可增加表面张力，蛋白质及卵磷脂会降低表面张力。初乳含乳固体多，因而表面张力较常乳小。乳经过均质处理后，脂肪球表面积增大，由于表面活性物质吸附于脂肪球界面处，从而增加了表面张力。若不将脂肪酶先经热处理钝化，均质处理会使脂肪酶的活性增加，使得乳脂水解生成游离脂肪酸，从而使表面张力降低。表面张力与乳的泡沫性有关，加工冰淇琳或搅打发泡稀奶油时希望有浓厚且稳定的泡沫形成，而在运送、净化、稀奶油分离、杀菌时不希望形成泡沫。

8. 折射率

牛乳的折射率一般为1.344～1.348，折射率的高低与乳固体的含量有比例关系，但在乳脂肪球不规则反射的影响下，不易正确测定。因为溶质的影响，牛乳的折射率高于水的折射率，可据此判断牛乳是否掺水。

四、 乳中的微生物

1. 来源

乳中的微生物主要来源于乳房、牛体、空气、挤乳用具等。

（1）乳房　乳房中微生物的数量取决于对乳房的清洁程度。乳房外部粘有很多的粪屑及其他杂质，这些粪屑中的微生物通过乳头侵入乳房，由于本身的繁殖以及乳房的机械蠕动而进入乳房内部。挤乳时的第一股乳流微生物的数量最多。

（2）牛体　牛舍中的空气、垫草、尘土和牛本身的排泄物中的细菌大量附着在乳房周围，挤乳时易混入乳中。因此在挤乳时，须用温水严格清洗乳房和腹部，并用清洁的毛巾擦干。

（3）饲料和乳牛排泄　饲料和粪便中都不同程度地含有各种微生物，特别是牛粪中的微生物比较多，应防止饲料和牛粪便掉入乳中。

（4）空气　挤乳、收乳、运输及加工的过程中，鲜乳常暴露于空气中，因而受到空气中微生物污染的几率较大。

（5）挤乳用具和乳桶　挤乳时所用的洗乳房用布、挤乳机、过滤布、乳桶等器具，如果不提前清洗杀菌，很容易成为污染鲜乳的源头。鲜乳污染后，即使用高温瞬时灭菌也不能消灭某些耐热的细菌，结果会导致乳的腐败变质。

（6）其他　乳中落入苍蝇或其他昆虫，挤乳员的手不清洁或带病工作，污水溅入乳桶等。

2. 种类及性质

（1）细菌 牛乳中的细菌，在室温或室温以上的温度大量增殖，根据其对牛乳所产生的变化可以分为以下几种。

①产酸菌：主要为乳酸菌，即能分解乳糖产生乳酸的细菌。在乳和乳制品中主要有乳球菌科和乳杆菌科，包括链球菌属、明串珠菌属、乳杆菌属。

②产气菌：此类菌在牛乳中生长时能产生酸和气体。如大肠杆菌和产气杆菌是常见出现于牛乳中的产气菌。产气杆菌可在低温下增殖，是低温贮藏时导致牛乳变酸的一种重要菌种。在干酪生产中，使用丙酸菌，可使产品具有气孔和特有风味。

③肠道杆菌：是一群寄生在肠道的革兰氏阴性短杆菌。在乳品生产中是评定乳及乳制品微生物污染程度的指标之一，其中主要包括大肠菌群和沙门菌。

④芽孢杆菌：此菌能形成耐热性芽孢，杀菌处理后，仍残存于乳中。

⑤球菌类：能产生色素，牛乳中常出现的有微球菌属和葡萄球菌属。

⑥低温菌：一般指7℃以下能生长繁殖的细菌。乳品中常见的低温菌属有假单胞菌属和醋酸杆菌属。此类菌在低温下生长良好，能使乳中的蛋白质分解引起牛乳胨化，分解脂肪使牛乳产生哈喇味，引起乳的腐败变质。

⑦高温菌和耐热性细菌：是指40℃以上能生长繁殖的菌群，如乳酸菌中的嗜热链球菌、保加利亚乳杆菌、好气性芽孢菌（如嗜热脂肪芽孢杆菌，最适生长温度为60～70℃）及放线菌（如干酪链霉菌）等。

⑧蛋白分解菌和脂肪分解菌

蛋白分解菌：是指能产生蛋白酶而使蛋白质分解的菌群。发酵乳制品生产中大部分乳酸菌能使乳中的蛋白质分解，属有益菌。也有属腐败型的蛋白分解菌，能使蛋白质分解出氨及胺类，导致牛乳产生黏性、碱化、胨化。

脂肪分解菌：是指能将甘油酯分解生成甘油和脂肪酸的菌群。脂肪分解菌种，除一部分在干酪生产方面有应用外，一般都是引起乳及乳制品变质的细菌，尤其对稀奶油和奶油危害较大。主要的脂肪分解菌有：荧光极毛杆菌、无色解脂菌、解脂小球菌、干酪乳杆菌等。牛乳中如有脂肪分解菌存在，易产生脂肪分解味。

⑨放线菌：如牛型放线菌，此菌生长于牛的口腔和乳房，随后转入乳中。

（2）霉菌 牛乳中常见的霉菌有乳粉孢霉、乳酪粉孢霉、黑念珠霉、变异念珠霉、灰绿青霉、卡门培尔干酪青霉、乳酪青霉、灰绿曲霉、黑曲霉以及蜡叶芽枝霉等。

（3）酵母 乳品中的酵母菌主要为酵母属、毕赤酵母属、假丝酵母属、球拟酵母属等菌属，常见的有脆壁酵母、洪式球拟酵母、膜噗毕赤酵母、高加索乳酒球拟酵母、汉逊酵母等。

①脆壁酵母：能使乳糖形成酒精和CO_2，是生产牛乳酒、马奶酒、羊奶酒的菌种。乳清进行酒精发酵时也常用该菌。

②毕赤酵母：能使低浓度的酒精饮料表面形成干燥皮膜，因此有产膜酵母之称。膜噗毕赤酵母主要存在于酸凝乳及发酵奶油中。

③汉逊酵母：多存在于乳房炎乳及干酪中。

④假丝酵母：该菌氧化分解能力很强，能使乳酸分解为水和CO_2。由于酒精发酵力高，可用于开菲尔生产。

（4）噬菌体 在乳及乳制品中，危害最大的微生物是乳酸菌噬菌体。代表性的乳酸菌噬菌体有：乳链球菌的噬菌体、乳酪链球菌的噬菌体、乳酸链球菌的噬菌体以及嗜热链球菌的噬菌体。在发酵乳生产中，要严格防范乳酸菌噬菌体。

3. 存放期间微生物的变化

（1）常温贮藏时微生物的变化　常温下乳中微生物经历的五个期是：抑菌期，乳链球菌期，乳酸杆菌期，真菌期及胨化菌期。

①抑菌期：新鲜乳中含有抗菌物质乳烃素，分为Ⅰ型和Ⅱ型。Ⅰ型存在于初乳中，Ⅱ型存在于常乳中。此类物质的抑菌作用在初始细菌数少的鲜乳中可持续36h，在污染严重的乳中可持续18h，在此期间乳中的菌数不会增加。若温度升高，抑菌物质的作用增强，但持续时间缩短。由于乳烃素的存在，鲜乳在室温环境下，一定时间内不会发生变质。

②乳链球菌期：抑菌物质减少或消失后，存在于乳中的微生物迅速增殖，在这些细菌中乳链球菌的繁殖最为旺盛，因此称为乳链球菌期。当然还有乳酸杆菌和大肠杆菌及一些蛋白分解菌的繁殖。

③乳酸杆菌期：乳链球菌繁殖产生大量乳酸，使乳的pH下降，当降低至约pH6时，乳酸杆菌的活动增强，当下降至pH4.5以下时，乳酸杆菌仍继续产酸，产生乳凝块，并伴随有大量乳清析出。

④真菌期：下降至pH3.0～3.5时，绝大多数的微生物被抑制甚至死亡。酵母和霉菌能在高酸度的环境中繁殖，利用乳酸及其他有机酸，从而导致pH上升至接近中性。

⑤胨化菌期：随着乳中的乳糖被消耗，残余的乳糖量已经很少，适宜于分解蛋白质及脂肪的细菌在乳中生长繁殖，产生的乳凝块被消化，乳的pH逐渐升高向碱性方向转化，并有腐臭味产生。此时的腐败菌大部分属于芽孢杆菌属，假单胞菌属及变形杆菌属。

（2）冷藏时微生物的变化　冷藏条件下，乳中适宜于室温下繁殖的微生物的生长被抑制，而嗜冷菌能够生长，但其生长速度极为缓慢。这些嗜冷菌包括：产碱杆菌属、假单胞杆菌属、黄杆菌属、无色杆菌属、克雷伯杆菌属及小球菌属。冷藏乳的变质主要是乳中蛋白质和脂肪的分解。低温下促使蛋白质分解胨化的细菌主有产碱杆菌属、假单胞杆菌属。大多数假单胞杆菌属的细菌具有产脂肪酶的特性，这些脂肪酶在低温下活性强且具有耐热性，即使在加热消毒后的乳液中，依然残留脂肪酶活力。

4. 发酵方式

（1）乳酸发酵　葡萄经微生物的酶解作用产生乳酸的过程称为乳酸发酵。发酵产物中全为乳酸时称为同型乳酸发酵，发酵产物中除了乳酸外还有乙醇、乙酸、CO_2和氢气等产物时，称为异型乳酸发酵。进行同型乳酸发酵的微生物包括大多数的乳杆菌如保加利亚乳杆菌、嗜酸乳杆菌、瑞士乳杆菌等以及乳酸乳球菌，嗜热链球菌。明串珠菌属及某些乳杆菌如干酪乳杆菌，植物乳杆菌属于异型乳酸发酵。双歧杆菌发酵属于乳酸发酵的一种特殊类型，发酵产物为乳酸和乙酸。乳酸发酵被广泛应用于乳品工业，几乎所有的发酵乳制品都有乳酸发酵及相关菌种的参与，利用乳球菌、乳杆菌、嗜热链球菌等作为发酵剂生产发酵乳制品，如酸乳、酸乳饮料、酸奶油、酸性酪乳等。

理论上，1分子葡萄糖可产生2分子乳酸，但当乳中乳酸积累到一定程度时（乳酸度0.8%～0.1%），会抑制乳酸菌的增殖。因此，一般的乳酸发酵，乳中有10%～30%以上的乳糖不能被乳酸菌利用。

（2）酒精发酵　在酵母菌的作用下，葡萄糖被分解为酒精和CO_2的过程称为酒精发酵。在乳品工业中，经常采用乳酸菌和酵母共同发酵生产具有醇香风味的发酵乳制品，如开菲尔、马奶酒、乳清酒等。

（3）丙酸发酵　葡萄糖经过糖酵解途径生成的丙酮酸在羧化作用下形成草酰乙酸，草酰乙酸被还原为琥珀酸，进一步脱羧而产生丙酸。此外，少数丙酸菌可以乳酸为底物发酵生成乳酸。前者为琥珀酸－丙酸途径，后者为丙烯酸途径。此类发酵的特点为发酵终产物均为丙酸，因此称为丙酸发酵。

（4）丁酸发酵　葡萄糖在一些专性厌氧的梭状芽孢杆菌的作用下，先经 EMP（己糖二磷酸）途径降解为丙酮酸，丙酮酸再转化为乙酰 CoA，乙酰 CoA 再经过一系列反应产生丁酸、乙酸、CO_2 及氢。干酪成熟后期产生的“气体膨胀”大多由丁酸发酵引起。使用产生乳酸链球菌素的乳酸菌作为发酵剂等措施控制此类芽孢杆菌的生长，以防止干酪膨胀的发生。

发酵乳品风味是由上述发酵过程中形成的多种产物共同产生的，某一产物过分增多，都会造成产品风味缺陷。

五、异　常　乳

正常乳的成分和性质基本稳定，乳牛由于饲养管理、气温、生理、病理等因素的影响，乳的成分和性质会发生变化，这时与常乳的性质有所不同，不适于加工优质的产品。这种乳称作异常乳。异常乳分为生理异常乳，化学异常乳，微生物异常乳和病理异常乳四种。

1. 生理异常乳

（1）初乳　初乳是产犊后 1 周之内所分泌的乳，初乳的成分与常乳显著不同，物理性质差别也很大，耐热性差，初乳一般不适于做乳制品生产用的原料乳。但初乳营养丰富，尤其含有大量的免疫球蛋白，可作为特殊乳制品的原料。

①初乳的成分及生物学功能：牛初乳平均总干物质含量为 14.4%，其中蛋白质 5.0%、脂肪 4.3%、灰分 0.9%。初乳含有丰富的维生素，维生素 A、维生素 D、维生家 E 和水溶性维生素含量较常乳多。初乳中含铁量为常乳的 3～5 倍，铜含量约为常乳的 6 倍。此外，牛初乳含有多种活性蛋白，包括免疫球蛋白、乳铁蛋白、血清白蛋白、α－乳白蛋白、β－乳球蛋白、维生素 B_{12}结合蛋白、叶酸结合蛋白等以及各种刺激生长因子。

免疫球蛋白：免疫球蛋白一般分为 IgG_1、IgG_2、IgA、IgD、IgE、IgM 五类，人乳以 IgA 为主，牛乳以 IgG_1 含量最高。免疫球蛋白的生物学功能主要是活化补体、溶解细胞、中和细菌毒素、通过聚集反应防止微生物对细胞的侵蚀。

乳铁蛋白：牛初乳中的乳铁蛋白有两种分子形态，相对分子质量分别为 82000 和 86000，主要差别为含糖量的不同。乳铁蛋白可结合两个 Fe^{2+} 或两个 Cu^{2+}，乳铁蛋白对铁的结合促进了铁的吸收。此外，乳铁蛋白还有抑菌、免疫激活的作用，是双歧杆菌和肠道上皮细胞的增殖因子。

刺激生长因子：牛初乳中含有许多肽类生长因子，如血小板衍生生长因子、类胰岛素生长因子、转移生长因子等，而常乳中没有。此类生长因子与动物生长，代谢及营养素吸收密切相关。

②牛初乳物理性质：初乳呈黄褐色，有异臭，味苦，黏度大。脂肪、蛋白质（特别是乳清蛋白）含量高，乳糖含量低，无机盐高，特别是钠和氯含量高。乳清蛋白中的 α－乳白蛋白、β－乳球蛋白、IgG、乳铁蛋白、血清白蛋白均呈热敏性，其变性温度在 60～72℃。乳清蛋白的

变性一方面导致初乳凝聚或形成沉淀，另一方面导致其生物活性丧失，使初乳无再开发利用价值。随泌乳期延长，牛初乳密度呈规律性下降，pH 逐渐上升，酸度下降。

（2）末乳　乳牛干乳期前一周左右所分泌的乳称为末乳，其化学成分与常乳有显著异常，除了脂肪外，其他成分均比常乳高，有苦而微咸的味道，乳中脂酶活力高，常有脂肪氧化味，不适于作为乳制品的原料乳。

（3）营养不良乳　饲料不足，营养不良的乳牛所产的乳称为营养不良乳。皱胃酶对此类乳几乎不凝固，所以不能用于制造干酪。当喂食充足的饲料，加强营养后，牛乳可恢复对皱胃酶的凝固特性。

2. 化学异常乳

（1）酒精阳性乳　酒精检验是为观察乳的抗热性而广泛采用的一种方法。可通过酒精的脱水作用，确定酪蛋白的稳定性。新鲜牛乳对酒精的作用表现出相对的稳定，而不新鲜牛乳中蛋白质胶粒已呈不稳定态，当受到酒精脱水作用时，加速其聚沉。该法可检验出鲜乳的酸度，盐类平衡不良的乳、初乳、末乳、乳房炎乳以及细菌作用产生凝乳酶的乳等。

乳品厂检验原料乳时，一般先用 68% 或 70% 的酒精进行检验，凡产生絮状凝块的乳称为酒精阳性乳。酒精阳性乳有下列几种：

①高酸度酒精阳性乳：一般酸度在 20°T 以上时的乳酒精试验均为阳性，称为酒精阳性乳。其原因是鲜乳中微生物繁殖使酸度升高。因此要注意挤乳时的卫生条件并将挤出的鲜乳保存在适当的温度条件下，以抑制微生物的污染和繁殖。

②低酸度酒精阳性乳：有的鲜乳虽然酸度低（16°T 以下），但酒精试验也呈阳性，所以称为低酸度酒精阳性乳。由于代谢障碍、环境变化、饲养管理不当等原因，导致乳的盐类平衡受影响而产生低酸性酒精阳性乳。

③冷冻乳：冬季因受气候及运输的影响，鲜乳冻结，致使乳中一部分酪蛋白变性。同时，在处理时因温度和时间的影响，酸度相应升高，解冻后易发生脂肪氧化味，产生酒精阳性乳。这种酒精阳性乳的耐热性比其他原因产生的酒精阳性乳高。

（2）低成分乳　由于乳牛品种、饲养管理、高温多湿及病理等因素的影响，使乳的成分发生异常变化而产生干物质含量过低的乳。这种酒精阳性乳的耐热性比其他原因引起的酒精阳性乳高。

（3）混入异物乳　混入异物的乳有因预防治疗，促进发育使用的抗生素和激素等进入乳中的异常乳；因饲料和饮水等使农药进入乳中而造成的异常乳；挤乳中混入污染物的异常乳；人为掺假、加入防腐剂的异常乳。

（4）风味异常乳　造成牛乳风味异常的因素很多，主要有通过机体转移或从空气中吸收而来的饲料臭，由酶作用而产生的脂肪分解臭，挤乳后受外界污染或吸收的牛体臭或金属臭等。异常风味主要有生理异常风味，脂肪分解味，氧化味，日光味，蒸煮味及苦味等。此外，由于杂菌的污染，有时会产生麦芽味、不洁味和水果味等。因为对机械设备的清洗不严格产生石蜡味，消毒味及肥皂味等。

3. 微生物污染乳

微生物污染乳也是异常乳的一种。由于挤乳前后的污染、不及时冷却和器具的洗涤杀菌不完全等原因，使鲜乳被大量微生物污染，鲜乳中的细菌数大幅度增加。严重的微生物污染乳不能用作加工乳制品的原料。牛乳中常见的污染微生物有乳酸菌、酵母菌、霉菌、大肠杆菌、明串珠菌、芽孢杆菌、丙酸菌、微球菌等，乳酸菌产生酸凝固、大肠杆菌产生气体、芽孢杆菌产生胨化和碱化，并产生异常风味（腐败味）等。

4. 病理异常乳

（1）乳房炎乳　由于外伤或者细菌感染，使乳房发生炎症，此时乳房分泌的乳称为乳房炎乳。乳房炎乳中的 pH、血清白蛋白、免疫球蛋白、体细胞、钠、氯、电导率等均有增加趋势，而脂肪、非脂乳固体、酪蛋白、α－乳白蛋白、β－乳球蛋白、乳糖、酸度、相对密度、钾、钙、磷、柠檬酸等均有减少的趋势。因而，凡 pH 大于 6.8、酪蛋白氮与总氮之比在 78% 以下、氯糖数在 3.5 以上、氯含量大于 0.14%、细胞数在 50 万个/mL 以上的乳，都很有可能是乳房炎乳。造成乳房炎的原因主要是乳牛体表和牛舍环境不合乎卫生要求，挤乳方法不合理，挤乳器具未彻底清洗杀菌等，使乳房炎发病率升高。

（2）其他病牛乳　患口蹄疫，布氏杆菌的乳牛所产的乳，乳的质量变化大致与乳房炎乳类似。另外，患酮体过剩、肝功能障碍、繁殖障碍等疾病的乳牛易分泌酒精阳性乳。

第二节　乳的检测和预处理

原料乳的选择是生产高质量产品的关键。为了保证原料乳的各项指标符合生产要求，生产企业在鲜乳收购时必须对原料进行严格检验。

一、乳的标准及检测

GB 19301—2010《生乳》对乳的感官指标，理化指标，污染物限量，真菌毒素限量，微生物限量，农药残留和兽药残留限量做了规定。生乳生产现场检验以感官检验辅以部分理化检验，如相对密度测定、酒精试验、掺假试验、光学仪器测乳成分等。

1. 感官指标检验

乳的感官检验主要进行外观、味觉、嗅觉和组织状态的鉴定。检验方法为：取适量试样置于 50mL 烧杯中，在自然光下观察色泽和组织状态，闻其气味，用温开水漱口，品尝滋味。

正常牛乳呈白色或微带黄色，具有乳固有的香味，无异味，呈均匀一致液体，无凝块，无沉淀，无正常视力可见的异物。

2. 理化指标检验

乳中的理化指标应符合表 6－4 的规定。

表 6－4　生乳理化指标

项目		指标
冰点[a,b]/（℃）		－0.560 ~ －0.500
相对密度/（20℃/4℃）	≥	1.027
蛋白质/（g/100g）	≥	2.8
脂肪/（g/100g）	≥	3.1

续表

项目		指标
杂质度/（mg/kg）	≤	4.0
非脂乳固体/（g/100g）	≥	8.1
酸度/（°T）		12～18

注：a 挤出3h后检测；b 仅适用于荷斯坦奶牛。

（1）冰点（GB 5413.38—2010） 样品管中放入一定量的乳样，置于冷阱中，于冰点以下制冷。当被测乳样制冷到 -3℃时，进行引晶，结冰后通过连续释放热量，使乳样温度回升至最高点，并在短时间内保持恒定，为冰点温度平台，该温度即为该乳样的冰点值。

（2）相对密度（GB 5413.33—2010） 相对密度常是评定乳成分是否正常的一个指标。相对密度可使用密度计检测试样，根据读数经查表可得相对密度的结果。

（3）蛋白质（GB 5009.5—2010） 凯氏定氮法：食品中的蛋白质在催化加热条件下被分解，产生的氨与硫酸结合生成硫酸铵。碱化蒸馏使氨游离，用硼酸吸收后以硫酸或盐酸标准滴定溶液滴定，根据酸的消耗量乘以换算系数，即为蛋白质的含量。

分光光度法：食品中的蛋白质在催化加热条件下被分解，分解产生的氨与硫酸结合生成硫酸铵，在 pH 4.8 的乙酸钠 - 乙酸缓冲溶液中与乙酰丙酮和甲醛反应生成黄色的 3，5 - 二乙酰 -2，6 - 二甲基 -1，4 - 二氢化吡啶化合物。在波长 400 nm 下测定吸光度值，与标准系列比较定量，结果乘以换算系数，即为蛋白质含量。

（4）脂肪（GB 5413.3—2010） 检测方法一：乳中加入氨水进行碱水解，用乙醚和石油醚抽提样品的碱水解液，通过蒸馏或蒸发去除溶剂，测定溶于溶剂中的抽提物的质量。

检测方法二：在乳中加入 H_2SO_4 破坏乳胶质性和覆盖在脂肪球上的蛋白质外膜，离心分离脂肪后测量其体积。

（5）杂质度（GB 5413.30—2010） 试样经过滤板过滤、冲洗，根据残留于过滤板上的可见带色杂质的数量确定杂质量。

（6）非脂乳固体（GB 5413.39—2010） 先分别测定出乳中的总固体含量和脂肪含量（如添加了蔗糖等非乳成分含量，也应扣除），再用总固体减去脂肪和非乳成分含量，即为非脂乳固体。

（7）酸度（GB 5413.34—2010） 酸度是衡量牛乳新鲜度和热稳定性的重要指标。一般来说，酸度高则新鲜程度和热稳定性差，酸度低表示新鲜程度和热稳定性好。以酚酞为指示液，用0.1000 mol/LNaOH 标准溶液滴定 100 g 试样至终点所消耗的 NaOH 溶液体积，经计算确定试样的酸度。

3. 污染物限量

污染物限量应符合 GB 2762—2012《食品中污染物限量》的规定。

4. 真菌毒素限量

真菌毒素限量应符合 GB 2761—2011《食品中真菌毒素限量》的规定。

5. 微生物限量

GB 19301—2010《生乳》中规定：生乳中的菌落总数≤2×10^6。取乳样稀释后，接种于琼脂培养基上，(36 ±1)℃培养（48h ±2）h 后计数，计数方法按照 GB 4789.2—2010《菌落总数测定》。

6. 农药残留限量和兽药残留限量

农药残留量应符合 GB 2763—2014 及国家有关规定和公告，兽药残留量应符合国家有关规定和公告。

抗生素残留量检验是验收发酵乳制品原料乳的必检指标，可采用嗜热链球菌抑制法和嗜热脂肪芽孢杆菌抑制法检验 GB/T 4789.27—2008《鲜乳中抗生素残留检验》。

嗜热链球菌抑制法：样品经过 80℃杀菌后，添加嗜热链球菌菌液，培养一段时间后，嗜热链球菌开始增殖。加入代谢底物 2，3，5 - 氯化三苯四氮唑（TTC），若该样品中不含抗生素或抗生素浓度低于检测限，嗜热链球菌将继续增殖，还原 TTC 成为红色物质。如果样品中含有高于检测限的抗生素，则嗜热链球菌受到抑制，指示剂 TTC 不被还原，保持原色。

嗜热脂肪芽孢杆菌抑制法：培养基预先混合嗜热脂肪芽孢杆菌，并含有 pH 指示剂（溴甲酚紫）。加入样品孵育后，若该样品中不含抗生素或抗生素浓度低于检测限，细菌芽孢将在培养基中生长并利用糖产酸，pH 指示剂由紫色变为黄色。如果样品中含有高于检测限的抗生素，则细胞芽孢不会生长，pH 指示剂的颜色保持不变，仍为紫色。

7. 其他指标检测

细胞数检查：正常乳中的体细胞，多数来源于上皮组织的单核细胞，如有明显的多核细胞出现，可判断为异常乳。常用的方法有直接镜检法，即乳试样涂抹在载玻片上成样膜，干燥，染色，显微镜下对细胞核和被亚甲基蓝清晰染色的细胞计数（NY/T 800—2004）。

近年来，随着分析仪器的发展，乳品检测出现了很多新方法和高效率的检验仪器。如采用光学法来测定乳脂肪、乳蛋白、乳糖及总干物质，并已开发使用各种微波仪器，例如：微波干燥法测定总干物质（TMS 检验），通过 2450MHZ 的微波干燥牛乳，并自动称量、记录乳总干物质的质量，速度快、测定准确、便于指导生产；红外线牛乳全成分测定，通过红外线分光光度计，自动测出牛乳中的脂肪、蛋白质、乳糖 3 种成分。

二、 原料乳的预处理

原料乳的预处理是乳制品生产中必不可少的环节，也是保证产品质量的关键工序。如图 6 - 2 所示，预处理工序包括净乳、脱气、分离、冷却和贮存等步骤。

1. 脱气

乳中气体的含量一般为乳容积的 5.7% ~8.6%，在各阶段气体含量发生变化，且绝大多数为非结合的分散气体。这些气体影响牛乳计量的准确性；使杀菌器中结垢增加；促使脂肪球聚合，影响乳的分离效率；影响乳标准化的准确度；影响奶油产量；促使游离脂肪酸吸附于奶油包装的内层；促使发酵乳中的乳清析出。因此，对牛乳进行脱气处理非常必要，脱气一般分三步：

（1）需在乳槽车上安装脱气设备，以免泵送牛乳时影响流量计的准确度。

（2）在收乳间的流量计之前安装脱气设备。

（3）在进一步牛乳处理中使用真空脱气罐，以除去乳中细小的分散气泡及溶解氧。将牛乳预热至 68℃，然后泵入真空脱气罐。此时牛乳的温度立刻降至 60℃，部分牛乳和空气会蒸发至罐顶部，遇到罐冷凝器后，蒸发的牛乳冷凝回流到罐底部，而空气和一些不凝气体由真空泵抽

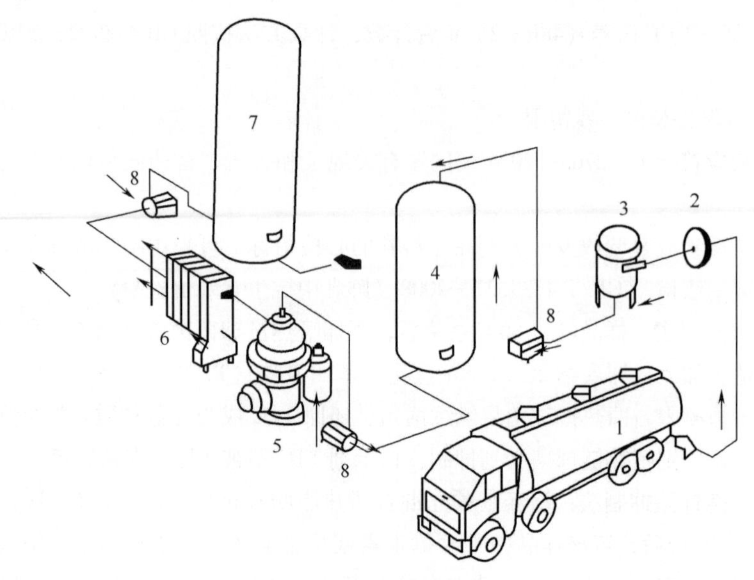

图6－2　乳的接收流程

1—乳槽车　2—过滤器　3—脱气器　4—贮存罐　5—离心分离机　6—冷却器　7—贮乳缸　8—乳泵

出（图6－3）。

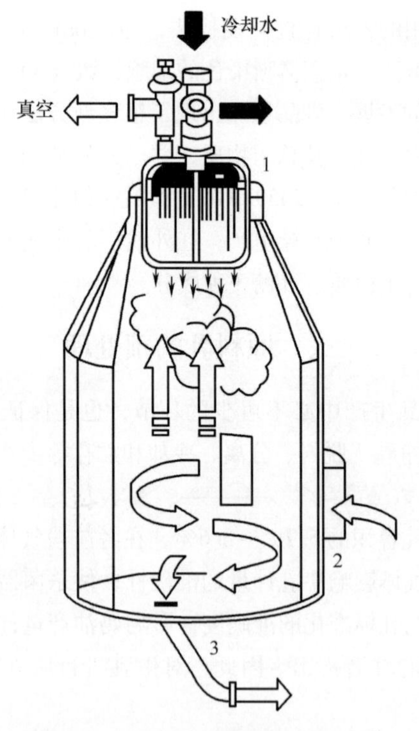

图6－3　带有冷凝器的真空脱气罐

1—安装在罐顶部的冷凝器　2—切线方向的牛乳进口

3—带水平控制系统的牛乳出口

2. 过滤与净化

原料乳净化的目的是除去机械杂质并减少微生物数量，一般采用过滤净化和离心净化的方法。

（1）过滤 若养殖的卫生条件不良，乳易被粪屑、垫草、饲料、牛毛和蚊蝇等所污染，因此挤出的乳须及时过滤。过滤方法有常压过滤、减压过滤及加压过滤，由于乳是一种胶体溶液，因此多用滤孔较粗的纱布、滤纸、金属绸或人造纤维等作为过滤材料。奶牛场常用的过滤方法是3～4层纱布过滤，牧场中要求纱布的一个过滤面不超过50kg乳，使用后的纱布，应立即用温水清洗，并用0.5%的碱水洗涤，再用清水漂洗，最后煮沸10～20min杀菌，放置于洁净干燥的通风处备用。乳品厂简单的过滤是在收乳槽上装不锈钢制金属网加多层纱布进行粗滤，进一步的过滤可采用管道过滤器。中型乳品厂也采用双筒牛乳过滤器，滤布或滤桶通常在连续过滤5000～10000L牛乳后，就应更换、清洗和灭菌。一般连续生产都设有两个过滤器交替使用。

（2）净化 原料乳经过数次过滤后，虽然除去了大部分杂质，但乳中污染物很多。极微小的细菌细胞、白细胞、红细胞和机械杂质等，不能用一般的过滤方法除去，需用离心式净乳机进一步净化。牛乳在离心作用下，不溶性的物质因为密度较大而被甩到分离机壳周围的污泥室（图6－4），从而达到净化的目的。大型乳品厂也采用三用分离机（奶油分离、净乳、标准化）来净乳。离心净乳一般设在粗滤之后、冷却之前，净乳时乳温以30～40℃为宜，在净乳过程中要防止泡沫的产生。

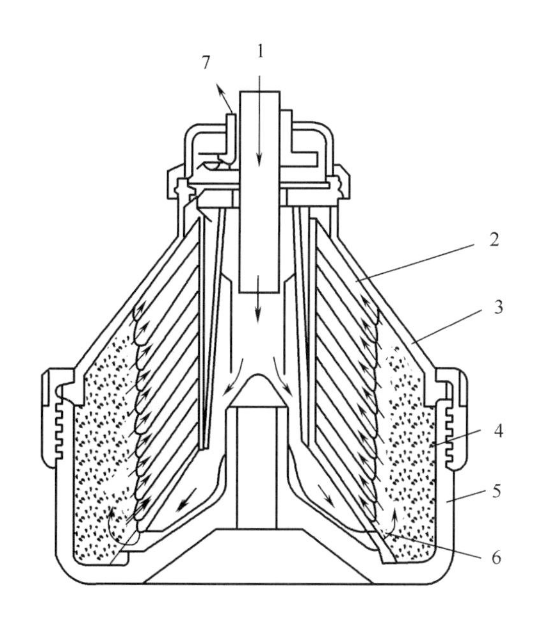

图6－4 离心净乳机转鼓示意图

1—牛乳入口 2—分离碟片组 3—转鼓盖 4—污泥室
5—转鼓底座 6—分布器 7—牛乳出口

3. 冷却

刚挤出的牛乳温度约在36℃左右，是微生物最适宜生长的温度，虽然乳中含有乳烃素而具有抗菌特性，但它抑菌期的长短与原料乳温度的高低和细菌的污染程度有关。乳温与抗菌物质作用时间的关系见表6－5。从表中可以看出，原料乳应迅速冷却到低温，其抑菌特性才能保持较长甚至相当长的时间。

表 6－5　乳温与抗菌作用的关系

乳温/℃	抗菌特性作用时间	乳温/℃	抗菌特性作用时间
37	2h 以内	5	36h 以内
30	3h 以内	0	48h 以内
25	6h 以内	－10	240h 以内
10	24h 以内	－25	720h 以内

乳经过净化后应直接加工，如果短期贮藏必须迅速冷却到 4℃左右，以抑制乳中微生物的繁殖。可根据贮存时间的长短选择适宜的温度，见表 6－6。

表 6－6　乳的保存时间与冷却温度的关系

乳的保存时间/h	乳应冷却的温度/℃	乳的保存时间/h	乳应冷却的温度/℃
9～12	1－～8	24～36	5－4
12～18	8－6	36～49	2－1
18～24	6－5		

对原料乳的冷却，有水池冷却、冷却罐冷却及浸没式冷却器冷却、板式热交换器冷却。

（1）水池冷却　在水池中用冷水或者冰水使装乳桶冷却，并不断搅拌，可使乳温冷却至比冷却水温高 3～4℃的水平。此方法的缺点是冷却慢、消耗水量多、劳动强度大、易被污染、不易管理，一般乳量少的农户使用较多。冷却时应注意：经常搅拌，池中冷却水应为乳量的 4 倍，按照水温排水换水，经常对水池清洗消毒。

（2）冷却罐冷却及浸没式冷却器冷却　这种冷却方式简单，方便，冷却速度快。浸没式冷却器可以插入储乳槽或奶桶中冷却乳，有的带有离心式搅拌器及自动开关，可定时自动进行搅拌。适用于较大规模的牧场和奶站。

（3）板式热交换器冷却　乳流过排管冷却器与冷剂进行热交换后流入储乳槽中，是目前乳品企业使用较普遍的一种冷却方法，热交换效率高、占地面积小、操作维修及清洗装拆方便。冷却用的冷媒可用水（20℃以下）、冰水或盐水（如 NaCl、$CaCl_2$ 溶液）。在使用不锈钢制成的冷却设备时，宜使用冰水而不宜使用含有氯离子、硫酸根离子的溶液，以防止板片被腐蚀。冷盐水作冷媒，可使乳温迅速降至 4℃左右。

4. 贮存

为了保证工厂连续生产的需要，必须有一定原料乳的贮存量。一般工厂总的贮乳量应不小于 1d 的处理量。

冷却后的乳应尽可能保证质量，为防止乳在罐中升温，贮乳罐应保持低温，抑制微生物的繁殖，因此贮乳罐需有良好的绝热层及冷却夹套，并配有搅拌器、视孔、温度计、液位计及自动清洗装置等。搅拌的目的是使乳能上下循环流动，防止乳脂上浮而造成分布不均。

贮乳设备采用不锈钢并配有不同容量的贮乳缸以保证贮乳时每一缸能尽量装满，有卧式和立式两种，较小的贮乳罐常安装在室内，较大的则安装在室外，以减少厂房建筑费用。贮乳罐外有绝缘层（保温层）或冷却夹层，以防止乳罐温度上升。贮藏要求保温性能良好，一般乳经 24h 贮存后，乳温上升不得超过 2～3℃。贮乳罐的总容量应根据乳品厂每天的总收乳量、收乳时间、运输时间及生产能力等因素决定。贮乳罐使用前应彻底清洗、杀菌，待冷却后贮入牛乳。每罐须加满，并加盖密封，如果装半罐，会加快乳温上升，不利于原料乳的贮存。贮存期间要开动搅拌机，但注意搅拌时不要混入空气。乳的温度变化应在24h内不超过1℃为宜。

5. 运输

乳的运输在乳品生产中非常关键，运输不当会造成很大损失。目前我国乳源分散的地方采用乳桶运输，乳源集中的地区采用乳槽车运输。乳槽为不锈钢，车后有离心式乳泵，装卸方便，车外加绝缘层后可基本保证乳在运输中不升温。国外有塑料乳槽车，车体轻便，隔热效果良好，使用方便。一些先进地区还采用不锈钢的地下管道运输。无论采用哪种运输方式，应注意：所使用的容器保持清洁卫生，并经过严格杀菌；夏季须装满盖严，以防止震荡，冬季不可装太满，避免因冻结而使容器破裂；防止乳在运输途中升温，尤其在夏季，运输应在早晨或夜间，或用隔热材料盖好乳桶；尽量缩短中途停留时间，以保证乳的新鲜，长距离运送乳时，最好采用乳槽车。

6. 均质

（1）均质的目的及方法　乳放置一段时间后，有时会出现一层淡黄色的脂肪层，称为“稀奶油层”。因为乳脂肪相对密度小于水，脂肪球直径大，脂肪球具有运动性和不均匀性，所以容易出现聚集和上浮等现象。乳中脂肪的上浮严重影响乳制品质量，所以一般乳品加工中多采用均质工艺。

均质的目的是通过均质机的强大压力对脂肪球进行机械处理，使脂肪球变小且均匀分布于乳中，从而防止脂肪上浮分层，并使添加成分均匀分布。

均质机由高压泵和均质阀组成。其原理是在一个适合的均质压力下，料液通过窄的均质阀而获得很高的速度，导致剧烈湍流，形成的小涡流中产生较高的料液流速梯度，引起压力波动，打散许多颗粒（图6-5）。目前生产中较多采用二段均质机，其中第一段均质压力大（占总均质压力的2/3）；第二段的压力小（占总均质压力的1/3）。一级均质后被破碎的小脂肪球具有聚集的倾向，而经过二级均质后重新聚集在一起的小脂肪球又被分开，大大提高了均质的效果。乳脂肪均质效果见图6-6。

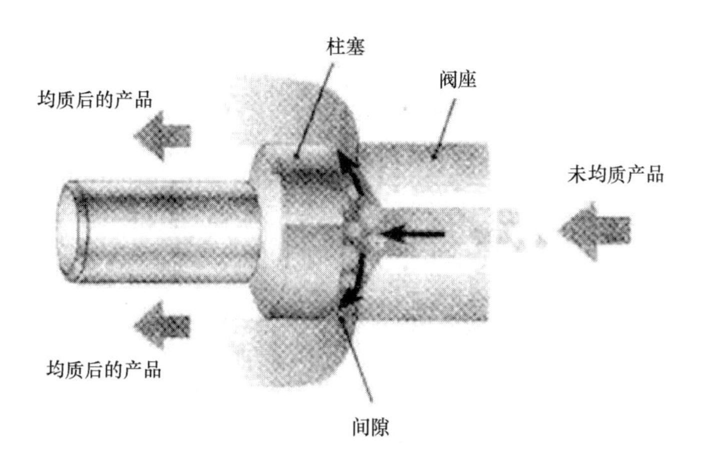

图6-5　乳的均质图

较高温度下均质效果较好，但温度过高会引起乳脂肪、蛋白质变性。温度与脂肪球的结晶有关，固态的脂肪球不能在均质机内被打碎。牛乳的均质温度一般控制在 50～65℃，均质压力采用 10～25MPa 为宜。

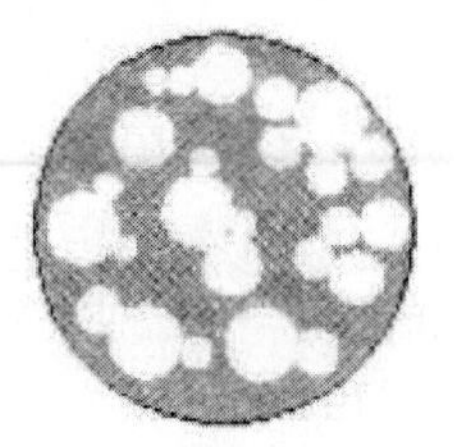

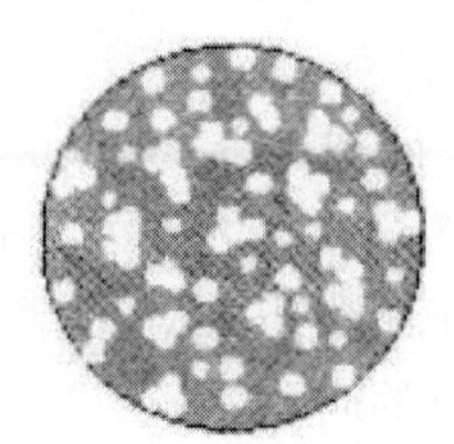

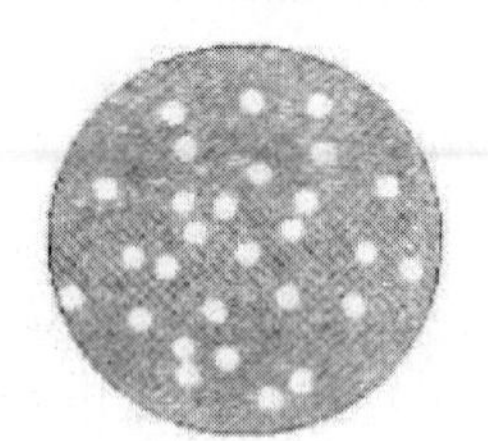

图 6－6　均质前后乳中脂肪球的变化

（2）均质对乳的影响

①脂肪球数量和大小的变化：乳经均质后，大的脂肪球被破碎成均匀一致的小脂肪球并稳定地分散在乳中，乳脂肪球的数量和表面积都急剧增加。由于脂肪球表面积的增大，原来的脂肪球膜不足以包裹现有的脂肪球，所以还存在脂肪球聚集的现象。因此，在生产上通常需加入一定量的乳化剂来弥补膜的不足。此外，由于脂肪球数量增加、体积变小、均质后牛乳不能被有效地分离。

②脂肪球膜的变化：在均质过程中脂肪球膜被破坏，乳中的酪蛋白胶粒可被吸附到脂肪球表面修补受损的脂肪球膜，因此任何引起酪蛋白胶粒凝固的反应都能引起乳脂肪球的凝固。

③乳的稳定性的变化：乳均质后，脂肪球变小，而且有蛋白质等成分的包裹，使其能均匀分布于乳中，有效防止了脂肪上浮或其他成分沉淀而造成的分层，大大提高了产品的贮存稳定性，延长了产品的货架期。然而经均质处理后，乳蛋白质的热稳定性会有所降低，而且由于脂肪存在状态的变化以及一些酶类物质变化也导致均质后的牛乳对光更加敏感，易产生日晒味、氧化味、易受脂酶的水解等缺陷。由于解脂酶对热不稳定，均质前或均质后迅速进行热处理可促使解脂酶失活。

④乳的黏度变化：均质后乳脂肪球的数目增加，且酪蛋白附在脂肪球表面，使乳中颗粒物质的总体积增加，均质乳的黏度比均质前有所增加，可改善牛乳的稀薄口感。此外，脱脂乳在高压均质后会产生更多的泡沫，吸附更多的空气。

⑤乳的颜色变化：均质后乳中的脂肪球数量增加，增大了光线折射和反射的机会，使乳在均质后比均质前略有增白。

⑥乳的风味的变化：均质后由于脂肪球内部的脂肪成分被释放出来，更利于乳中具有芳香气味的脂类成分逸出，改善乳的风味。

⑦乳的营养性质的变化：均质后脂肪球变小，更利于人体消化吸收。

7. 标准化

原料乳中脂肪与无脂干物质的含量随乳牛品种，地区，季节，饲养管理等因素不同而有较大差异。为使产品符合要求，乳制品中的脂肪与无脂干物质含量要求保持一定的比例，因此需调整原料乳中脂肪和无脂干物质之间的比例关系，使其达到产品要求，将这一过程称为原料乳的标准化。如果原料乳中脂肪含量不足时，应添加稀奶油或分离一部分脱脂乳，当原料乳中脂肪含量过高时，可添加脱脂乳或提取一部分稀奶油。标准化在贮乳缸的原料乳中进行或在标准化机中连续进行。

（1）标准化的计算　在生产上通常用比较简便的皮尔逊法进行计算，其原理是设原料中的脂肪含量为 $p\%$，脱脂乳或稀奶油的含脂率为 $q\%$，按比例混合后乳（标准化乳）的含脂率为 $r\%$，原料乳的数量为 x，脱脂乳或稀奶油量为 y 时，对脂肪进行物料衡算，则形成下列关系式：

$$px + qy = r(x + y)$$

$$则\ x(p - r) = y(r - p)$$

$$或\ \frac{x}{y} = \frac{r - q}{p - r}$$

式中　如果 $q < r$，$p > r$ 表示需要添加脱脂乳；如果 $q > r$，$p < r$ 则表明应添加稀奶油。

例：今有1000kg含脂率为3.5%的原料乳，拟用脂肪含量为0.2%的脱脂乳调整，使标准化后的混合乳脂肪含量为3.2%，需添加脱脂乳多少？

$$\frac{x}{y} = \frac{r - q}{p - r} = \frac{3.2 - 0.2}{3.5 - 3.2} = \frac{3.0}{0.3}$$

已知 $x = 1000$kg

得 $y = 100$kg

即需要添加脂肪含量为0.2%的脱脂乳100kg。

（2）标准化方法　可以按计算比例在牛乳原料罐中添加乳脂肪或非脂乳固体的方法进行离线标准化。工厂化生产大多数是通过在线标准化与净化分离连在一起进行。将牛乳加热至55～65℃，然后按预先设定好的脂肪含量，分离出脱脂乳和稀奶油，并根据最终产品的脂肪含量，由设备自动控制回流到脱脂乳中的稀奶油的流量，多余的稀奶油会流向稀奶油巴式杀菌机。

第三节　液　态　乳

一、　液态乳的概念及分类

1. 概念

液态乳是以生鲜乳为原料，经过适当的加工处理后制成的供给消费者直接饮用的液态乳制品。

2. 分类

（1）根据杀菌方式分类　热处理是液态乳加工过程中最主要的工艺，根据热处理方式和强度不同，可将液体乳分为以下几类：

①低温长时巴氏杀菌乳：是指经62～65℃、30min保温杀菌，冷却后得到的液体乳产品。

②高温短时巴氏杀菌乳：是指乳经72～75℃热处理15～20s或80～85℃热处理10～15s，冷却后得到的液体乳产品。

③超高温瞬时灭菌乳：经130～150℃、1～5s热处理，冷却后得到的液体乳产品。

④保持灭菌乳：是指乳在密闭容器中加热到约110℃，保温15～20min，经冷却后而制成的产品。

（2）根据营养成分分类　根据原料成分分为以下几类：

①纯牛乳：以生鲜牛乳为原料，不添加任何添加剂或其他食品原料加工而成的产品，保持了牛乳固有的营养成分。

②营养强化乳：在生鲜牛乳的基础上，添加维生素、矿物元素、多不饱和脂肪酸如二十二碳六烯酸（DHA）等对人体有益的营养物质而制成的液态乳制品。

③再制乳：指以脱脂乳粉和无水奶油等为原料，经混合溶解后制成与牛乳成分相同的饮用乳。

④花色乳：以生鲜牛乳为主要原料，添加咖啡、巧克力、可可、果汁或各种谷物成分制成的产品。花色乳的风味和外观与纯牛乳有较大差异。

⑤低乳糖乳：在乳中添加乳糖分解酶，使乳糖部分分解，或用其他方法使乳中乳糖含量降低。适用于乳糖不耐症人群饮用。

（3）根据脂肪含量分类　生产不同脂肪含量的液态乳以满足不同消费者的需求，不同国家制定的标准不同。依据产品中脂肪含量的不同，我国液态乳分为以下几类：

①全脂乳：脂肪含量≥3.1%的液态乳制品。

②部分脱脂乳：脂肪含量介于1.0%～2.0%的液态乳制品。

③脱脂乳：脂肪含量≤0.5%的液态乳制品。

二、　液态乳的热处理

热处理是乳品生产中最基本、最常见的操作单元，其主要目的是杀灭乳中部分或全部微生物，破坏乳中酶类，延长产品的保质期，热处理还可以改变乳的物理化学性质以利于进一步加工。但是，热处理也会造成部分营养素被破坏、不稳定或在乳中分布不均匀，形成产品的蒸煮味，影响产品的风味和色泽，因此应根据产品要求优化热处理工艺。

1. 热处理对乳性质的影响

预热、杀菌、灭菌、保温、浓缩及干燥等热处理是乳制品生产中的重要环节。牛乳属热敏性物质，热处理对牛乳性质的影响与乳制品质量有密切关系。

（1）形成薄膜　牛乳在40℃以上加热时，液面会形成薄膜，这是因为液面水分不断蒸发，致使液面胶体蛋白浓缩而形成薄膜，这类薄膜的固体中含有20%以上的脂肪及20%～25%的蛋白质。薄膜随加热时间的延长以及温度的提高逐渐加厚。为防止薄膜的形成，在加热时应不断搅拌或减少水分从液面蒸发。

（2）变色　乳长时间加热会发生变色，颜色变深，棕色化。一般认为产生棕色化的原因有：具有羰基的糖和具有氨基的化合物之间产生羰氨反应而形成棕色物质；乳糖经高温加热产生焦糖化形成棕色物质；乳中所含的微量尿素加热反应产生褐变。

（3）产生蒸煮味　牛乳经74℃，15min加热后产生明显的蒸煮味。原因在于β－乳球蛋白和脂肪球膜蛋白发生热变性而产生（－SH），甚至产生挥发性的硫化物（H_2S）。蒸煮味随着温度升高而增强。

（4）各种成分的变化

①酪蛋白：牛乳在100℃以下加热时，酪蛋白几乎不发生结构变化，但在120℃加热30min以上，酪蛋白胶粒发生部分水解、脱磷酸和聚集，凝固能力降低，如用皱胃酶凝固牛乳时，凝固时间延长，凝块变柔软。同时，酪蛋白在100℃长时间加热或在120℃加热时，酪蛋白会参与褐变反应。

②乳清蛋白：乳清蛋白对热会产生不稳定现象。如果加热时间均为30min，球蛋白变性温度为70℃，血清白蛋白为74℃，β-乳球蛋白为90℃，α-乳白蛋白为94℃。乳清蛋白变性凝固，导致加热后的乳比加热前略白，黏度增加。前面提到的牛乳“蒸煮味”的产生就是由于加热引起β-乳球蛋白和脂肪球膜蛋白的分解所致。

③乳糖：在不太强烈的热处理条件下，乳糖分解产生乳酸、醋酸、蚁酸等，使乳的滴定酸度增加。在100℃长时间加热或在120℃加热时，乳糖与蛋白质发生褐变反应。乳糖的褐变反应程度随温度与酸度而异，温度与pH越高，褐变越严重。此外，糖的还原性越强，褐变也越严重。

④脂肪：在加热过程中，乳脂肪易上浮与凝固的乳蛋白质形成聚合体，导致乳脂肪不易分离出来，因此分离稀奶油时，加热温度不能超过65℃。牛乳经加热后游离脂肪酸量减少。

⑤盐类：乳中磷酸钙的溶解度随温度的升高而减小。加热过程中，在加热面上形成以磷酸钙为主的蛋白质、脂肪混合物结晶，又称“乳石”，影响传热，降低热效率、影响杀菌效果。乳石的形成与加热面的光洁度有较大的关系，加热面光洁度越差，乳石形成越多。

⑥维生素：牛乳中的维生素B_1、维生素B_6、维生素B_{12}、叶酸和维生素C等对热不稳定，加热很容易损失。

⑦其他：加热会使酶的结构发生变化，造成酶活力丧失。但是，如果热处理时，牛乳中存在的一些对热稳定的活化因子未被破坏，那么已钝化的酶能被重新活化。所以，高温短时杀菌处理的巴氏杀菌乳装瓶后，应立即在4℃条件下冷藏，以抑制碱性磷酸酶的复活。

2. 液态乳的杀菌和灭菌方法

乳制品加工过程中的热处理主要分为杀菌和灭菌两种方式：杀菌是将乳中的致病菌和造成缺陷的有害菌全部杀死，但并非百分之百的杀灭非致病菌，也就是说还会残留部分非致病菌，杀菌条件应控制到对乳的风味、色泽和营养损失最低的限度；灭菌是杀死乳中所有细菌，使其呈商业无菌状态。但事实上热致死率只能达到99.9999%，欲将残存的百万分之一，甚至千万分之一的细菌杀灭，必须延长保持时间，这样会给乳制品带来更多的缺陷。基于热处理强度不同将热处理工艺分为以下三类：

（1）低温长时巴氏杀菌　通常采用的加热条件为62~65℃保持30min，此方法的热处理强度能够灭活乳中的碱性磷酸酶，可以杀死乳中所有的病原菌、酵母和霉菌以及大部分的细菌。此法一般为分批间歇式，使用夹套式保温缸进行杀菌。杀菌时先泵入牛乳，开动搅拌器，同时向夹套中通入热水和蒸汽，使乳温缓慢上升，到所规定的温度，停止进汽和热水，维持规定时间后，立刻向夹套中通入冷水尽快冷却。此法只能间歇进行，适用于少量牛乳的处理。低温长时杀菌法由于所需时间长，效果不够理想，因此目前生产上很少采用。

（2）高温短时巴氏杀菌　通常采用的杀菌条件为72~75℃保持15~20s或80~85℃保持10~15s，可以根据所处理的产品类型不同而有所变化，一般采用板式杀菌装置连续进行。此方法的热处理强度能够使乳中碱性磷酸酶灭活，可以杀死全部的微生物营养体，但是不能完全杀死细菌芽孢；能灭活乳中大部分酶类，但是细菌产生的蛋白酶和脂酶不能被全部灭活；部分乳清蛋白发生变性，产生明显蒸煮味；除维生素C有些损失外，其他营养成分没有明显改变。常用碱性磷酸酶试验检查牛乳是否已得到适当的巴氏杀菌。

（3）灭菌　该处理能够杀死乳中包括芽孢在内的几乎全部微生物，达到商业无菌的目的，分为保持式灭菌和超高温瞬时灭菌两种处理方式。保持式灭菌通常采用110℃、30min高温高压长时间灭菌（在瓶中灭菌），超高温瞬时灭菌在135～150℃下持续1～5s。保持式灭菌热处理强度大，对维生素、蛋白质和氨基酸的损失较大，会产生严重的美拉德反应，产品有蒸煮味。相比而言，超高温瞬时灭菌处理，微生物全部被杀灭，大多数蛋白质没有化学变化，有轻微的蒸煮味，对乳的营养和理化特性影响较小，在现代乳品加工中应用较普遍，在无菌条件下进行包装后的成品，可保持相当长的时间不变质。经灭菌处理的产品，保质期较长，可以在常温下保存。

三、 液态乳的生产工艺及质量控制

1. 巴氏杀菌乳

(1) 概念及分类　巴氏杀菌乳，又称巴氏消毒乳，是指以新鲜乳为原料，经过滤、离心、标准化、均质、巴氏杀菌、冷却和灌装后制成的直接供给消费者饮用的商品乳。巴氏杀菌是乳品加工中相对较为温和的热处理方式，主要目的是杀死所有致病菌和大部分的腐败菌。经过巴氏杀菌的产品必须完全没有致病微生物，但是不能完全破坏乳中含有的能够破坏乳制品风味和缩短其保质期的微生物和酶系统，因此巴氏杀菌乳的保质期较短，在冷藏条件下货架期一般不超过7d。

根据脂肪含量，乳可以分为全脂、部分脱脂和脱脂巴氏杀菌乳。

(2) 工艺流程　巴氏杀菌乳的生产工艺流程：

原料乳验收→过滤，净化→分离→标准化→均质→杀菌→冷却→灌装→成品

①验收合格的原料乳经过滤、净化后，被分离为脱脂奶和稀奶油。

②经标准化后，被泵入到均质机均质。

③杀菌后，牛乳流到板式换热器冷却段，先与流入的未经处理的乳进行回收换热，其本身被冷却，然后在冷却段再与冷媒进行热交换冷却。

④冷却后先进入缓冲罐，再被泵入到灌装机进行灌装。

(3) 质量控制

①原料乳的验收：只有符合标准的原料乳才能进行生产。原料乳的质量直接影响巴氏杀菌乳的品质和保质期，因此必须对原料乳进行严格管理和认真检验，感官指标、理化指标、污染物限量、真菌毒素限量、微生物限量等方面，必须符合原料乳质量标准。另外，近年来原料乳的体细胞数也作为评定原料乳质量的重要指标。

②过滤与净化：原料乳验收后，为了除去其中的尘埃杂质、表面细菌等，必须对原料乳进行过滤和净化处理，以除去机械杂质并减少微生物数量。过滤处理可以采用纱布过滤，也可以用过滤器进行过滤。乳的净化是指利用机械的离心力，将肉眼不可见的杂质去除，使乳净化，目前主要采用离心净乳机进行净化处理。

③离心分离：牛乳脂肪的相对密度为0.930，而脂肪以外的其他部分相对密度为1.034。当乳静止时，由于重力作用，脂肪上浮，在乳的上层形成乳脂率很高的部分，习惯上将这部分称为稀奶油，而下面乳脂率低的部分称为脱脂乳。把乳分成稀奶油和脱脂乳的过程称为乳的分离。在乳制品生产中离心分离的目的主要是得到稀奶油和脱脂乳，对乳或乳制品进行标准化加工以得到要求的脂肪含量。此外还可清除乳中杂质、细菌。现代化的乳品厂多用奶油分离机分离奶油，目前使用的奶油分离机有开放式、半封闭式和封闭式三种，分离的原理是根据乳脂肪与脱脂乳相对密度的不同，在离心机6000～8000 r/min的高速旋转离心作用下，使脱脂乳与稀奶油分开，各自沿分离机的不同出口流出。影响分离效果的因素有：

分离机转速：分离机的转速越高，牛乳的分离效果越好。

脂肪球直径：脂肪球的直径越大，分离效果越好，一般直径小于 1.0μm 的脂肪球不能被分离机分离出来。

牛乳进入分离机的速度：牛乳进入分离机的速度越慢，乳在分离盘内停留的时间越长，脂肪分离就越彻底，但分离机的生产能力也随之降低。

牛乳的温度：当乳的温度降低时，黏度升高，脂肪上浮速度减慢，就会引起脂肪分离不完全。因此在分离稀奶油时应先预热原料乳，有利于提高分离效果。预热温度取决于分离机的类型，一般控制在 35～40℃，若温度过高，会有大量泡沫产生，蛋白质也会发生凝固现象，反而影响分离效果。

④标准化：根据 GB19645—2010《巴氏杀菌乳》的规定全脂巴氏杀菌乳的肪含量应≥3.1g/100g。标准化的主要目的是使生产出的产品符合质量标准要求，同时使生产的每批产品的质量均匀一致。原料中脂肪含量不足时，应添加稀奶油或除去一部分脱脂乳；当原料中脂肪含量过高时，可添加脱脂乳或提取部分稀奶油。此外，可根据对脂肪含量的不同要求生产不同脂肪含量的乳制品，如脱脂乳、低脂乳。

⑤预热均质：鲜乳均质后可使牛乳脂肪球直径变小。因此，均质乳风味良好、口感细腻、有利于消化吸收。通常情况下，并非将全部牛乳都均质，只对稀奶油部分调整到适宜脂肪含量后进行均质以节约成本，称为部分均质。其优点在于用较小的均质机就能完成任务，动力消耗少。生产巴氏杀菌乳时，一般杀菌之前进行均质，以降低二次污染。均质后的乳应立即进行巴氏杀菌处理。

⑥巴氏杀菌：巴氏杀菌保证了产品的安全性并提高了产品的货架期，在巴氏杀菌牛乳生产过程中常采用高温短时巴氏杀菌处理，其杀菌条件为 72～75℃保持 15～20s 或 80～85℃保持 10～15s，一般在板式杀菌装置内连续进行。如果巴氏杀菌太强烈，产品会有蒸煮味或焦煳味，脂肪也会产生结块或聚合。

⑦冷却：乳经巴氏杀菌后，虽然绝大部分微生物已经被消灭，但在以后各项操作中仍有被污染的可能性，为抑制残留微生物的生长和繁殖，增加保存性，杀菌后应及时进行冷却。通常在板式换热器中完成巴氏杀菌乳的冷却，通过冷却区段后可冷却至 4～5℃。

⑧灌装：冷却后的牛乳应直接分装，及时送至消费者。如不能立即运送，应贮存于 5℃以下的冷库内。灌装的目的主要是为便于零售，防止外界杂质混入成品中，防止微生物再次污染成品，保存风味以及防止成品吸收外界气味而产生异味等。巴氏杀菌乳的包装形式主要有玻璃瓶、乙烯塑料瓶、塑料袋和复合纸包装。

玻璃瓶：可回收，多次循环使用，与牛乳接触不起化学反应，无毒，光洁度高，易于清洗。缺点为质量大，运输成本高，易受日光照射，产生不良气味，造成营养成分损失，回收的空瓶微生物污染严重，清洗消毒工作量大。

塑料瓶：多用聚乙烯或聚丙烯塑料制成，优点为：重量轻，运输成本低，破损率低，循环使用可达 400～500 次，聚丙烯具有刚性，耐酸碱，耐 150℃高温。缺点为：旧瓶表面易磨损，污染程度大，不易清洗消毒。

涂塑复合纸袋：重量轻，容积小，减少洗瓶费用，不透光，不易造成营养成分损失，不回收容器，减少污染。缺点是一次性消耗，成本高。

⑨冷藏：巴氏杀菌产品的特点决定其在贮存和分销过程中，必须保持冷链的连续性，尤其

是从乳品厂到商店的运输过程及产品在商品的贮存过程是两个最薄弱的冷链环节。

2. 延长货架期的巴氏杀菌乳

(1) 概念　延长货架期巴氏杀菌乳，即ESL（extended shelf life milk）乳，本质含义是延长（巴氏杀菌）产品的保质期，其保质期介于巴氏杀菌乳和超高温灭菌乳之间，在日本、欧洲、美国、加拿大等地的液态乳主要是此类产品。

巴氏杀菌乳产品保质期短（一般为48h），产品的运输、销售区域受限制、易变质。超高温灭菌乳虽然保质期长，饮用方便，但是营养损失大，与原料乳相比，产品的感官质量发生较大变化，特别是易产生褐变和蒸煮味。目前采用的主要措施是用比巴氏杀菌更高的杀菌温度，但是低于超高温瞬时灭菌的条件，即一般采用125~130℃，处理2~4s，称为超巴氏杀菌。超巴氏杀菌需要较高的生产卫生条件和优良的冷链分销系统，其货架寿命在在冷藏条件下至少15d，最长可达45d，一般冷链温度越低，冷链控制越好，产品保质期越长。

(2) 与巴氏杀菌乳及超高温瞬时灭菌乳的区别　ESL乳本质上仍然是巴氏杀菌乳，与超高温灭菌乳有根本的区别。首先，超巴氏杀菌产品并非无菌灌装；其次，超巴氏杀菌产品不能在常温下即需在冷藏条件下贮存和分销；第三，超巴氏杀菌产品不是商业无菌产品。

(3) 工艺及质量控制　ESL乳的工艺与巴氏杀菌乳基本相同，包括原料预处理、热杀菌、灌装等环节，工艺流程如图6－7所示。不同之处主要有两点：杀菌条件和微滤技术的应用。

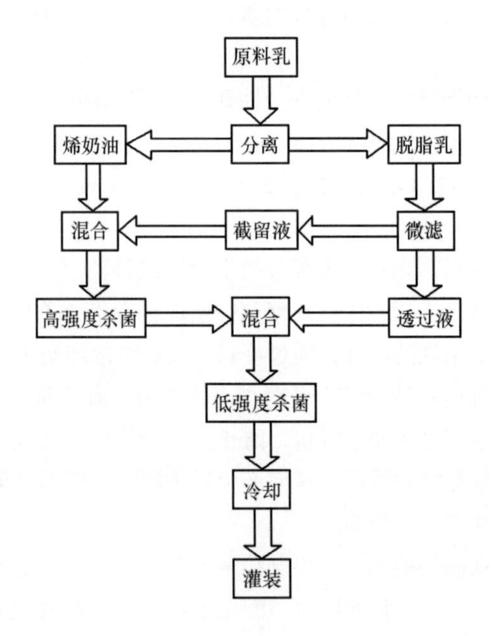

图6－7　采用微滤处理的延长货架期巴氏杀菌乳生产工艺流程

①杀菌条件：ESL乳采用125~130℃、2~4s热处理。

②微滤技术的应用：为了延长ESL乳的货架期，在生产中采用了高新技术和工艺，如微滤技术。离心与微滤相结合技术生产ESL乳的基本宗旨是把牛乳中的微生物浓缩到小部分，这部分富集微生物的乳再接受较高的热处理，杀死可能形成内生孢子的微生物（如蜡状芽孢杆菌），之后再在常规杀菌之前，将其与剩余的乳混匀，一并进行巴氏杀菌，钝化其余部分带入的微生

物。此工艺中只是部分乳经受较高温度处理，得到的产品口感更好、营养损失更小，使保质期适当地延长，目前已有商业应用。采用微滤技术生产 ESL 乳的基本工艺是首先对新鲜原料乳脱脂，再将脱脂乳经过 0.5μm 的滤膜以除去其中的细菌和孢子，对截留液进行高强度杀菌，之后与透过液混合，进行低强度杀菌，冷却后灌装。需要注意的是：此生产线中从原料乳验收到灌装系统都必须保持严格的卫生条件；产品贮运过程中的温度不应超过 7℃。

3. 超高温灭菌乳

（1）概念及分类

①概念：物料在连续流动的状态下，经过 135～150℃不少于 1s 的超高温瞬时灭菌，然后在无菌状态下灌装，以最大限度地减少产品在物理、化学及感官上的变化，这种产品称为超高温灭菌产品。超高温灭菌乳，即 UHT（ultra high temperature treated）乳，是指经超高温灭菌处理得到的液态乳制品。UHT 乳可在非冷藏条件下销售。超高温灭菌的出现大大改善了保持式灭菌乳的特性，不仅使产品的色泽和风味得到改善，而且提高了产品的营养价值。

灭菌乳并非指产品绝对无菌，而是指产品达到商业无菌状态，即不含危害公共健康的致病菌和毒素；不含任何在产品贮存运输及销售期间能繁殖的微生物；在产品有效期内保持质量稳定和良好的商业价值，不变质。

②分类：根据加热方式的不同，超高温灭菌处理主要有直接加热方式和间接加热方式两种：

直接加热法：直接加热系统可分为喷射式（蒸汽喷入产品）和注入法（产品注入蒸汽中）。将乳喷到一定压力下的蒸汽室内或将蒸汽注入乳中，在蒸汽瞬间冷凝的同时加热乳至灭菌温度，保持数秒后，乳进入减压蒸发室，将乳中由蒸发液化而产生的水分等量蒸发出来，同时乳迅速冷却，又称闪蒸。直接加热法的优点是快速加热和快速冷却，最大限度地减少了超高温处理过程中可能发生的物理和化学变化，乳清蛋白质变性程度小，成品质量好。另外，直接加热法设备中附有真空膨胀冷却装置，可起脱臭作用，成品中残氧量低，风味较好，也不存在加热面结垢问题。但直接加热法设备比较复杂，且需纯净的蒸汽。

间接加热法：间接加热法用管式或板式热交换器加热，通过热交换器将乳加热至灭菌温度，保持数秒后，迅速冷却。导热面由不锈钢制成，间接加热系统设备可分为板式热交换器、管式热交换器和刮板式热交换器。其冷却也可间接通过各种冷却剂来实现。加热介质包括过热蒸汽、热水和加压热水。冷却剂常见的是冷水或冰水。管式换热器是以管壁为换热间壁的换热设备，常见的有列管式、盘管式、套管式等。与片式换热器比较，管式换热器的管道比较结实，没有密封垫圈，但是单位体积液体的加热面积比较小，因此加热介质与进入的液体之间的温差比较大。为了防止堵塞和增加热交换，必须提高液体流速。管式换热器可以获得比较高的加热温度，比较适合于间接 UHT 处理。

（2）工艺流程　采用直接超高温灭菌处理或间接超高温灭菌处理生产超高温灭菌乳的生产工艺相近，与巴氏杀菌乳生产工艺的主要区别在于超高温灭菌处理前一定要对所有设备进行预灭菌。超高温灭菌热处理强度更大，要求严格，工艺流程中必须使用无菌罐，最后采用无菌灌装。基本工艺流程如下。

原料乳验收→预处理→超高温灭菌→无菌平衡贮罐→无菌灌装→成品

①原料乳经验收、预处理后由平衡槽经离心泵进入管式热交换器的预热段，此处牛乳被热水加热至 75℃后进入均质机。通常采用二级均质，第二级均质压力为 5MPa，均质机合成均质

效果为25MPa。

②均质后的牛乳进入加热段，在此处牛乳被加热至灭菌温度（通常为137℃），在保温管中保持4s，然后进入热回收冷却段，此处牛乳被冷媒冷却至灌装温度。

③冷却后的牛乳直接进入灌装机或先进入无菌贮罐后再进入灌装机。

（3）质量控制

①原料乳质量要求：用于生产超高温灭菌乳的原料乳，除应该满足最基本的质量要求外，对蛋白稳定性、微生物指标等方面也有较高要求。在蛋白质稳定性上，要求牛乳在酒精浓度75%时仍保持稳定，以避免在生产和产品贮藏期间出现问题；在微生物指标方面，要求细菌总数小于2×10^6CFU/mL，耐热芽孢数小于100 CFU/mL，嗜冷菌和芽孢形成菌的数量尽量低，以免产生的耐热酶类和芽孢影响UHT乳的质量和口味。

②设备灭菌：又称预灭菌，即在生产前先用热水处理生产设备，以避免经灭菌处理后的产品被再次污染，其流程与牛乳灭菌有所不同。水直接进入均质机、加热段、保温段、冷却段，在此过程中保持全程超高温状态，继续输送至包装机，从包装机返回，流回平衡槽。如此循环保持回水温度不低于130℃，时间30min左右。杀菌完毕后，放空灭菌水，进入正常生产流程。

③均质：原料乳经过预热后进行均质，通常采用二级均质，总压力为25MPa左右。生产中，应首先设定准确的均质机流速，以保证所需的牛乳流量。

④灭菌，冷却：均质后的牛乳进入加热段加热到灭菌温度灭菌。具体的灭菌条件因加热方式的不同而有差异，直接加热法一般为140~150℃，保持1~4s；间接加热法多采用135~140℃，保持2~5s。灭菌后的乳应迅速冷却，先用无菌水将乳降温至约76℃，再进入热回收段，被5℃的进乳冷却至20℃。

⑤无菌平衡贮罐：灭菌乳在无菌条件下被连续地从管道内送往包装机。为平衡灭菌机和包装机生产能力的差异，并保证在灭菌机或包装机中间停机时不产生相互影响，可在灭菌机与包装机之间装一个无菌平衡贮罐，起缓冲作用。

⑥无菌灌装：经过超高温灭菌及冷却处理后的灭菌乳，应立即进行无菌灌装。无菌灌装是将杀菌后的牛乳，在无菌条件下装入已灭菌的容器内。超高温灭菌乳需在非冷藏条件下具有较长货架期，因此要求包装材料具有优良的隔氧、隔气、防光特性。包装所用的材料通常为内外覆聚乙烯的纸板，它能有效阻挡液体的渗透，并能进行内、外表面的良好封合。为了延长产品的保持期，包装材料中要增加一层氧气屏障，通常要复合一层很薄的铝箔。

⑦脱气：采用间接加热UHT乳时，应通过脱气的方法除去产品中的氧，否则产品氧气含量过高会导致氧化味的产生和贮存过程中一些维生素的损失。直接加热法乳在闪蒸冷却过程中已完成了脱气。

4. 保持灭菌乳

（1）概念　保持式灭菌方式是指产品灌装后采用高压灭菌，即物料在密闭容器中加热到约110℃，保温15~20min，经冷却后而制成的产品。

经保持灭菌处理后，产品不含有任何在贮存、运输及销售期间能繁殖的微生物及对产品品质有影响的酶类。该法常用于生产常温贮藏的塑料瓶包装的纯牛乳，更多地用于塑料瓶包装的乳饮料。

（2）加工类型

①间歇式保持灭菌：主要容器为压力容器（高压锅），有立式和卧式之分，控制系统较简

单，产品成本低。但是由于牛乳的部分冷却过程是在灭菌器中进行，灭菌器需要每次装载和卸载，因此利用率较低，且装卸所需的人工劳动量大。

②静水压式连续灭菌：其原理是在杀菌设备的进出罐分别设有两个上水柱，利用水柱高度形成的压力决定饱和蒸汽的压力，以维持所需温度。由于利用水柱的压力，因此不需要机械密封装置，结构相对简单，产品的连续进出可在开口状态下进行。由于静水压的作用，蒸汽室的温度可达到121℃。静水压式连续灭菌适合大规模的牛乳加工，但设备造价高、重量大、需安装在高大的建筑中，因此使用受到一定限制。

（3）工艺　保持灭菌乳的基本生产工艺与巴氏杀菌乳及超高温灭菌乳相似，不同的是保持灭菌乳采用高压灭菌的方式实现产品的商业无菌，在生产工艺中通常分为直接预热灌装灭菌（称为一次灭菌乳）和首先经过一次预灭菌，然后再灌装到瓶中进行二次灭菌（二次灭菌乳）。在原料乳质量较差的情况下，往往采用二次灭菌的方法，以保证产品质量。

5. 再制乳和花色乳

（1）再制乳　再制乳是指将几种乳制品，主要是脱脂乳粉和无水黄油，经加工制成液态乳。其成分与鲜乳相似，也可强化各种营养成分。再制乳的加工克服了乳加工的季节性，保证了淡季乳的供应，并且可调节乳缺乏地区鲜乳的供应。

①原料：脱脂乳粉和无水黄油：它们是制作再制乳的主要原料，其质量的好坏对成品质量有直接影响，须严格控制，贮存期一般不超过12个月。

水：水的质量直接影响再制乳的质量，应使用软化水，因为水中Ca^{2+}、Mg^{2+}含量高时，会影响蛋白质胶体的稳定性。

添加剂：乳化剂，起稳定脂肪作用，常用的有磷脂，添加量为0.1%；乳化稳定剂，常用的有果胶、琼脂、海藻酸盐、阿拉伯树胶等；盐类，起稳定蛋白质的作用，如$CaCl_2$、柠檬酸钠；风味料，如天然或人工合成的香精，用于增加奶香味；着色剂，赋予制品良好的颜色，如胡萝卜素。

②加工方法：全部均质法：先将脱脂乳粉和水按比例混合制成脱脂乳，再添加无水黄油及添加剂。将充分混合后的料液全部经过均质机均质、消毒、冷却而成。

部分均质法：先将脱脂乳粉和水按比例混合制成脱脂乳，然后取部分脱脂乳，在其中加入无水黄油及添加剂，制成高脂乳。将高脂乳进行均质，再与其余的脱脂乳混合，经消毒，冷却而制成。

稀释法：先用脱脂乳粉、无水黄油及添加剂混合制成炼乳，再由无菌水稀释制得。

（2）花色乳

①原料：咖啡：咖啡浸出液的调制，可直接使用速溶咖啡，也可用咖啡粒浸提。由于咖啡酸度较高，易引起蛋白质的不稳定，因此一般少用酸味强的咖啡，多用稍带苦味的咖啡。咖啡浸出液提取，可用产品重0.5%～2.0%的咖啡粒，用90℃热水（咖啡粒的12～20倍的水量）浸提。浸出液受热过度，会影响产品风味，浸出后应迅速冷却并在密闭容器内保存。

可可及巧克力：一般采用的是用可可豆制成的粉末，稍加脱脂的称为可可粉，不脱脂的称巧克力粉，口味因产地不同而异。巧克力含脂率在50%以上，不易分散在水中，可可粉的含脂率随用途而异，一般为10%～25%，在水中较易分散，因此生产花色乳饮料时，一般采用可可粉，用量为1.0%～1.5%。

甜味剂：一般使用蔗糖（4%～8%），也可使用饴糖或转化糖液。

稳定剂：常用的有羧甲基纤维素，明胶，海藻酸钠等。明胶溶解性好，使用方便，用量为0.05%～0.20%。此外，也可使用淀粉、洋菜、胶质混合物。

果料：各种水果料，例如香蕉。

酸味剂：乳酸，柠檬酸，果酸等。

香精：根据花色乳的类型选用相应的香精。

②配方及工艺

a. 咖啡乳：配方：全脂乳：40kg；脱脂乳：20 kg；蔗糖：8 kg；咖啡浸提液（咖啡粒为原料的0.5%～2.0%）：30kg；稳定剂：0.05%～0.20%；焦糖：0.3 kg；香料：0.1 kg；水：1.6kg。将稳定剂与少许糖混合后溶于水，与咖啡浸提液充分混合后添加到乳等料液中，经过滤、预热、均质、杀菌、冷却、包装制得。

b. 巧克力乳或可可乳：配方：全脂乳：80kg；脱脂乳粉：2.5 kg；蔗糖：6.5kg；巧克力板：1.5kg（可可乳使用可可粉）；稳定剂：0.02 kg；色素：0.01 kg；水：9.47kg。先将可可粉（巧克力需预先融化）与部分蔗糖混合，在混合过程中边搅拌边加入脱脂乳，搅拌至均匀光滑为止。然后加热至66℃，并加入预先混合好的稳定剂与蔗糖，均质，在82～88℃杀菌15min，冷却至10℃以下灌装。

c. 果汁牛乳及果味牛乳：果汁牛乳是以牛乳和水果汁为主要原料，果味牛乳是以牛乳为原料加酸味剂调香而成的花色乳。其共同特点是产品呈酸性，因此生产的技术关键是酪蛋白在酸性条件下的稳定。因此需要适当的配制方法，选择适当的稳定剂并进行均质。

第四节 发 酵 乳

一、发酵乳的定义

发酵乳制品是以乳类为主要原料，经乳酸菌和其他有益菌发酵后加工而成的产品。发酵乳是一类发酵乳制品的综合名称，种类很多，包括酸乳、开菲尔、发酵酪乳、酸奶油、乳酒等。

发酵剂及乳中存在的部分微生物使乳糖转化成乳酸，在发酵过程中形成CO_2、醋酸、丁二酮、乙醛和其他物质，从而使产品具有独特的滋味和香味。用于开菲尔和乳酒制作的微生物还能产生乙醇。发酵乳制品营养全面，风味独特，比乳更易被人体吸收利用。

二、发酵过程中乳的变化

将已知以乳酸菌为主的特定微生物做发酵剂接种到杀菌后的原料乳中，在一定温度下乳酸菌增殖产生乳酸，同时伴有一系列的生化反应，使乳发生物理、化学和感官变化。

1. 物理性质变化

乳酸发酵后乳的pH降低，使乳清蛋白和酪蛋白复合体因其中的磷酸钙和柠檬酸钙的逐渐溶解而变得越来越不稳定。当体系内的pH达到酪蛋白的等电点时（pH4.6），酪蛋白胶粒开始聚集沉降，逐渐形成一种蛋白质网络立体结构，其中包括乳清蛋白、脂肪和水溶液部分。这种变化使原料乳变成了半固体状态的凝胶体——凝乳。

2. 化学变化

化学变化包括乳糖、蛋白质、脂肪、维生素、矿物质等的变化。

（1）乳糖代谢　乳酸菌利用原料乳中的乳糖作为其生长与增殖的能量来源。在乳酸菌增殖的过程中，其中的酶将乳糖转化成乳酸，同时生成半乳糖，也产生寡糖、多糖、乙酰、双乙酰、丁酮和丙酮等风味物质。

（2）蛋白质代谢　蛋白质被轻度水解，使肽、游离氨基酸和氨含量增加。

（3）脂肪代谢　脂肪的微弱水解，产生游离脂肪酸。部分甘油酯类在乳酸菌中脂肪分解酶的作用下，逐步转化成脂肪酸和甘油。尽管此类反应在发酵中只是副反应，但由该反应产生的游离脂肪酸和酯类对酸乳风味的形成起到重要作用。

（4）维生素变化　乳酸菌在生长过程中，有的会消耗原料乳中的部分维生素，如维生素 B_{12}，生物素和泛酸。也有的乳酸菌产生维生素，如嗜热链球菌和保加利亚乳杆菌在生长增殖的过程中会产生烟酸、叶酸和维生素 B_6。

（5）矿物质变化　在酸乳发酵过程中，会形成不稳定的酪蛋白磷酸钙复合体，使离子增加。

（6）其他变化　牛乳发酵可使核苷酸含量增加，尿素分解产生甲酸和 CO_2，也能产生抗菌剂和抗肿瘤物质。

3. 感官性质变化

乳酸发酵后使乳呈圆润、黏稠、均一的软质凝乳质地，且具有典型酸味和香味。酸味主要是由产生的乳酸形成的，香味以乙醛产生的风味最为突出。

4. 微生物变化

发酵时产生的酸度和某些抗菌剂可防止有害微生物的生长。由于保加利亚乳杆菌和嗜热链球菌的共生作用，酸乳中的活菌数大于 10^7 CFU/g，同时还产生乳糖酶（β – 半乳糖苷酶）。

三、 发酵乳的营养

1. 营养价值

发酵乳制品不仅具有原料乳所提供的营养价值，且优于原料乳，主要表现在：

（1）具有极好生理价值的蛋白质　在发酵过程中，乳酸菌发酵产生蛋白质水解酶，使原料乳中部分蛋白质水解，从而使酸乳中含有比原料乳更多的肽和比例更合理的人体所需必需氨基酸，从而使酸乳中的蛋白质更易被机体所利用。此外，发酵产生的乳酸使乳蛋白质形成微细的凝块，使酸乳中的蛋白质比牛乳中的蛋白质在肠道中的释放速度更慢、更稳定，这样就使蛋白质分解酶在肠道中充分发挥作用，使蛋白质更易被人体消化吸收，所以酸乳蛋白质具有更高的生理价值。

（2）含有更多易于吸收的矿质元素　发酵后，乳酸可与乳中的钙、磷和铁等矿物质形成易溶于水的乳酸盐，大大提高了钙、磷和铁的吸收利用率。

（3）维生素　酸乳中含有大量的 B 族维生素（维生素 B_1、维生素 B_2、维生素 B_6）和少量脂溶性维生素。酸乳中维生素的含量主要取决于原料乳，但是与菌株种类关系也很大。如 B 族维生素就是乳酸菌生长代谢产物之一。

2. 保健功能

（1）缓解“乳糖不耐受症”　人体内乳糖酶活力在刚出生时最强，断乳后开始下降，成年时人体内的乳糖酶活力仅是刚出生时的 10%，当他们喝牛乳时就会出现腹痛、腹泻、痉挛、肠鸣等症状，称为“乳糖不耐受症”。酸乳中一部分乳糖水解成半乳糖和葡萄糖，葡萄糖再被转化为乳酸，因此酸乳中的乳糖比鲜乳中少的多，故酸乳可以缓解乳糖不耐症。

（2）调节人体肠道中的微生物菌群平衡，抑制肠道有害菌生长　酸乳中的某些乳酸菌株可以活着到达大肠，并在肠道中定殖下来，从而在肠道中营造了一种酸性环境，有利于肠道内有益菌的繁殖，而对一些致病菌和腐败菌的生长有显著的抑制作用，从而起到协调人体肠道中微生物菌群平衡的作用。

（3）促进胃肠蠕动和胃液分泌　酸乳中产生的有机酸可促进胃肠蠕动和胃液的分泌，胃酸缺乏症者每天适量饮用酸乳，有利于恢复健康。

（4）降低胆固醇水平　研究表明，长期进食酸乳可降低人体胆固醇水平，从而起到预防心血管疾病的作用。

（5）合成某些抗生素，提高人体抗病能力　乳酸链球菌在生长繁殖过程中，能产生乳酸链球菌素，这些抗菌素能抑制和消灭多种病原菌，从而提高人体对疾病的抵抗能力。

（6）美容、明目、固齿和护发等功能　酸乳中含有丰富的钙，有益于牙齿、骨骼；酸乳中还有一定的维生素，其中维生素 A 和维生素 B_2 都有益于眼睛；酸乳中丰富的氨基酸有益于头发；由于酸乳能改善消化功能，防止便秘，抑制有害物质如酚吲哚及胺类化合物在肠道内产生和累计，因此能防止细胞老化，有利于皮肤保养。

四、发酵乳的标准

GB 19302—2010《发酵乳》有如下规定：

1. 原料要求

（1）生乳　应符合 GB 19301—2010《生乳》的规定。

（2）其他原料　应符合相应安全标准和/或有关规定。

（3）发酵菌种　保加利亚乳杆菌（德氏乳杆菌保加利亚亚种）、嗜热链球菌或其他由国务院卫生行政部门批准使用的菌种。

2. 感官要求

应符合表 6－7 的规定。

表 6－7　感官要求

项目	要求		检验方法
	发酵乳	风味发酵乳	
色泽	色泽均匀一致，呈乳白色或微黄色	具有与添加成分相符的色泽	取适量试样置于 50mL 烧杯中，在自然光下观察色泽和组织状态。闻其气味，用温开水漱口，品尝滋味
滋味、气味	具有发酵乳特有的滋味，气味	具有与添加成分相符的滋味和气味	
组织状态	组织细腻、均匀，允许有少量乳清析出；风味发酵乳具有添加成分特有的组织状态		

3. 理化指标

应符合表 6－8 的规定。

表6－8 理化指标

项目		指标		检验方法
		发酵乳	风味发酵乳	
脂肪含量[a]/（g/100g）	≥	3.1	2.5	GB 5413.3
非脂乳固体含量/（g/100g）	≥	8.1	–	GB 5413.39
蛋白质含量/（g/100g）	≥	2.9	2.3	GB 5009.5
酸度/（°T）	≥	70.0	70.0	GB5413.34

注：a仅适用于全脂产品。

4. 乳酸菌数

应符合表6－9的规定。

表6－9 乳酸菌数

项目		限量［CFU/g（mL）］	检验方法
乳酸菌数[a]	≥	1×10^6	GB4789.35

注：a 发酵后经热处理的产品对乳酸菌数不作要求。

5. 污染物限量

应符合 GB 2762—2012《食品中污染物限量》的规定。

6. 真菌毒素限量

应符合 GB 2761—2011《食品中真菌毒素限量》的规定。

7. 微生物限量

应符合表6－10的规定。

表6－10 微生物限量

项目	采样方案*及限量（若非指定均以 CFU/g 或 CFU/mL 表示）				检验方法
	n	c	m	M	
大肠菌群	5	2	1	5	GB 4789.3 平板计数法
金黄色葡萄球菌	5	0	0/25g（mL）	–	GB 4789.10 定性检验
沙门氏菌	5	0	0/25g（mL）	–	GB 4789.4
酵母≤	100	100	100	100	GB 4789.15
霉菌≤	30	30	30	30	GB 4789.15

注：＊样品的分析及处理按 GB 4789.1 和 GB 4789.18 执行。

8. 食品添加剂和营养强化剂

食品添加剂和营养强化剂质量应符合相应的安全标准和有关规定，使用应符合 GB 2760—2014《食品添加剂使用标准》和 GB 14880—2012《食品营养强化剂使用标准》的规定。

9. 其他

（1）发酵后经热处理的产品应标识"××热处理发酵乳""××热处理风味发酵乳""××

热处理酸乳/奶”或“××热处理风味酸乳/奶”。

(2) 全部用乳粉生产的产品应在产品名称紧邻部位标明“再制乳”或“再制奶”；在生牛(羊)乳中添加部分乳粉生产的产品应在产品名称紧邻部位标明“含××%再制乳”或“含××%再制奶”(“××%”是指所添加乳粉占产品中全乳固体的质量分数)。

(3)“再制乳”或“再制奶”与产品名称应标识在包装容器的同一主要展示版面。标识的“再制乳”或“再制奶”字样应醒目，其字号不小于产品名称的字号，字体高度不小于主要展示版面高度的五分之一。

五、 发酵剂制备

1. 概念

在工业化生产发酵产品前，必须根据生产需要预先制备发酵剂。

所谓发酵剂是指制造发酵产品所用的特定微生物培养物，它含有高浓度乳酸菌，能够促进乳的酸化过程。

2. 分类

(1) 根据发酵剂生产阶段分类

①乳酸菌纯培养物：即一级菌种，一般多接种在脱脂乳、乳清、肉汁等培养基中，或者用冷冻升华干燥法制成冻干菌粉（可较长时间保存并维持活力)。它是从专门的发酵剂公司或研究所购买的原始菌种，当生产方获得菌种后，即可将其接于灭菌脱脂乳中，活化以供生产需要。

②母发酵剂：即一级菌种的扩大再培养，其培养基一般为灭菌脱脂乳，它是制备生产发酵剂的基础。母发酵剂的质量直接关系到生产发酵剂的质量。

③中间发酵剂：是扩大生产工作发酵剂的中间环节。

④生产发酵剂：又称工作发酵剂，是直接用于实际生产的发酵剂。

各级菌种自上而下存在制约关系，一级菌种质量的优劣，对以后两级菌种影响极大，并直接影响最终产品的质量。

(2) 根据发酵剂菌种组合情况分类

①单一发酵剂：此类发酵剂只含有一种菌。

②混合发酵剂：此类型发酵剂含有两种或两种以上的菌种，如保加利亚乳杆菌和嗜热乳酸链球菌按1:1或1:2比例混合的酸乳发酵剂。

③补充发酵剂：为增加发酵乳的风味、黏稠度或增强产品的保健功能，可选择有此功能的菌种，一般可单独培养或混合培养后加入乳中。

(3) 根据发酵剂物理状态分类

①液态发酵剂：乳品生产企业一般将商品发酵剂制成各类液态发酵剂以供生产使用。液态发酵剂中的母发酵剂、中间发酵剂一般由乳品生产企业化验室制备，生产用的工作发酵剂由专门发酵剂室或车间制备。

②粉末或颗粒状发酵剂：粉末或颗粒状发酵剂是将培养到最大乳酸菌数的液态发酵剂通过真空冷冻干燥制得。该方法最大限度减少了对乳酸菌的破坏。真空冷冻干燥发酵剂活菌数高，可做母发酵剂，也可直接用作生产发酵剂。

③冷冻发酵剂：在乳酸菌生长活力最高点时，通过浓缩，在液氮中速冻而制成的发酵剂。此类发酵剂保存在液氮罐中或在-70～-40℃低温冰箱中冻藏。冷冻发酵剂可直接作为生产发

酵剂应用，使用简单，方便，降低了污染机会，确保每一批次产品质量的稳定性，可随时按产量接种，减少了浪费。此类发酵剂在运输中不能解冻，因此，不便于运输，使用也受到限制。

（4）根据发酵剂最适生长温度分类

①嗜温菌发酵剂：该发酵剂菌种一般能在10～40℃的温度范围内生长，最适生长温度为20～30℃。常用的嗜温菌发酵剂菌种有：乳酸链球菌、乳脂链球菌、丁二酮乳酸链球菌、乳明串珠菌属等。

②嗜热菌发酵剂：此类发酵剂的最适生长温度为40～45℃，常见的是由嗜热链球菌和保加利亚乳杆菌组合的发酵剂，可用于酸奶及一些乳酸菌饮料的生产。

3. 菌种及作用

发酵剂菌种选择：不同的发酵乳制品具有不同的产品特性要求，因此，在生产中应使用不同的菌种做发酵剂。这些微生物主要是乳酸菌，常用菌种及特性如表6－11所示，有些发酵乳制品用到酵母菌和霉菌（一些干酪）。

表6－11　常见发酵剂种类及特性

旧菌名	新菌名*	类型	最适生长温度/℃	最大耐盐性/%	产酸量/%	柠檬酸发酵	产品
链球菌							
乳酸链球菌	乳酸乳球菌乳酸亚种	嗜温型（O）	30	4～6.5	0.8～1.0	–	农家干酪，夸克
乳脂链球菌	乳酸乳球菌乳脂亚种	嗜温型（O）	25～30	4	0.8～1.0	–	切达干酪
丁二酮乳酸链球菌	乳酸乳球菌丁二酮亚种	嗜温型（D）	30	4～6.5	0.8～1.0	+	酸乳
噬柠檬酸明串珠菌	肠膜明串珠菌乳脂亚种	嗜温型（LD）	20～25	—	小	+	发酵乳酪
嗜热乳酸链球菌	唾液链球菌嗜热亚种	嗜热型	40～45	2	0.8～1.0	–	酸乳
乳杆菌							
瑞士乳杆菌	瑞士乳杆菌	嗜热型	40～50	2	2.5～3.0	–	Grana干酪
乳酸乳杆菌	德氏乳杆菌乳酸亚种	嗜热型	40～50	2	1.5～2.0	–	
保加利亚乳杆菌	德氏乳杆菌保加利亚种	嗜热型	40～50	2	1.5～2.0	–	酸乳，莫兹瑞拉干酪
嗜酸乳杆菌	嗜温型	35～40	—	1.5～2.0	–		

注：＊菌种新命名摘自《国际乳品联合会公报》（263/1991）。

（1）菌种选择的主要依据

①产酸能力：不同发酵剂产酸能力有很大不同。判断发酵剂产酸能力的方法有两种，即测定酸度和绘制产酸曲线。产酸能力强的发酵剂在发酵过程中容易导致产酸过度和后酸化过强，

所以生产中一般选择产酸能力中等或弱的发酵剂。

②后酸化：后酸化是指在酸乳生产过程中，终止发酵后，发酵剂菌种在冷却和冷藏阶段仍能继续缓慢产酸。它包括三个阶段：从发酵终点（42℃）冷却到19～20℃时酸度的增加；从19～20℃冷却到10～12℃时酸度的增加；在冷库中冷藏阶段酸度的增加。酸乳生产中应选择后酸化尽可能弱的发酵剂，以便控制产品质量。

③滋味、气味和芳香味的产生：优质的酸乳必须具有良好的滋味、气味和芳香味，因此选择产生滋味、气味和芳香味满意的发酵剂非常重要。一般酸乳发酵剂产生的芳香物质为乙醛、丁二酮、丙酮和挥发性酸。

（2）评价方法

①感官评价：进行感官评价时应考虑样品的温度、酸度和存放时间对品评的影响。品评室样品温度应为常温，因为低温对味觉有阻碍作用；酸度不能过高，酸度过高会将香味完全掩盖；样品要新鲜，用生产24～48h内的酸乳进行品评为佳，因为这段时间内是滋味、气味和芳香味的形成阶段。

②挥发酸含量：通过测定挥发性酸含量来判定芳香物质的产生量。挥发性酸含量越高表示产生的芳香物质含量越高。

③乙醛生成能力：乙醛形成酸乳的典型风味，不同菌株产生乙醛的能力不同，因此乙醛生成能力是选择优良菌株的一个重要指标。

④黏性物质的生成：发酵剂在发酵过程中产生的黏性物质有助于改善酸乳的黏稠度和组织状态，在酸乳干物质含量不太高时尤为重要。一般情况下产黏发酵剂对酸乳的发酵风味会有不良影响，因此这类菌株一般和其他菌株混合使用。

⑤蛋白质的水解：乳酸菌的蛋白水解活性一般较弱，如嗜热乳酸链球菌在乳中只表现很弱的蛋白水解活性，而保加利亚乳杆菌则表现较高的蛋白水解活性，能将蛋白质水解，产生大量的游离氨基酸及肽类。

（3）酸乳发酵剂菌种的共生关系　根据国内外研究，采用单一发酵剂往往酸乳口感较差，两种或两种以上的发酵剂混合使用能产生良好的效果，因此生产企业一般将两种以上的菌种混合使用。根据联合国粮农组织关于酸乳的定义，酸乳中的特征菌为嗜热乳酸链球菌和保加利亚乳杆菌。图6－8所示为嗜热乳酸链球菌和保加利亚乳杆菌单一发酵与混合发酵生成曲线。如图所示：发酵初期嗜热乳酸链球菌增殖活跃，后期保加利亚乳杆菌增殖活跃。嗜热链球菌在增殖中产生甲酸类化合物，促进了保加利亚乳杆菌的生长，而保加利亚乳杆菌分解蛋白产生甘氨酸和组氨酸等物质，又促进嗜热乳酸链球菌的生长，当酸度达到一定程度时，嗜热乳酸链球菌不再生长。使用混合发酵剂的目的，主要是利用菌种间的共生作用，相互得益。

（4）发酵剂的作用

①乳酸发酵：乳酸发酵是利用乳酸菌对底物进行发酵，使碳水化合物变为有机酸的过程。牛乳进行乳酸发酵的结果是形成乳酸，使乳中的pH降低，导致酪蛋白凝固，形成均匀细致的凝胶。

②产生风味：发酵剂的另一个主要作用是使成品产生良好风味，以明串珠菌为主的细菌能分解乳中柠檬酸生成羟丁酮，进而氧化成丁二酮，丁二酮具有芳香味；酵母菌能使乳糖发酵生成酒精；丙酸发酵分解乳糖产生丙酸，醋酸和气体；此外，依靠蛋白质分解菌和脂肪分解菌的作用，形成低级分解产物而产生风味。

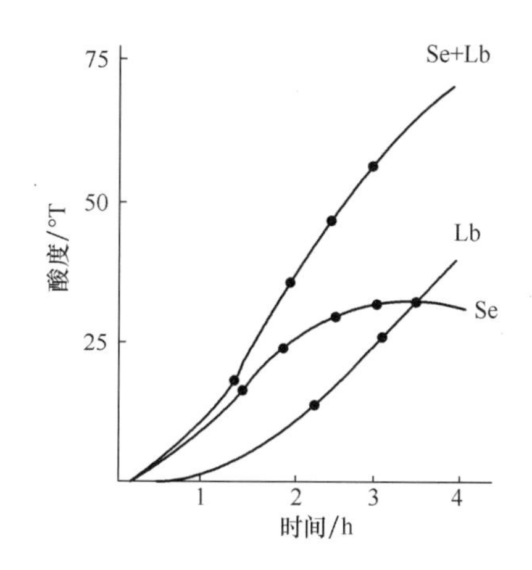

图6－8　嗜热链球菌和保加利亚乳杆菌在乳中发酵的酸生成曲线

Se—嗜热乳酸链球菌　Lb—保加利亚乳杆菌

Se＋ Lb—混合发酵剂

③蛋白质和脂肪分解：乳酪链球菌在代谢过程中能生成蛋白酶，具有蛋白分解作用；乳酸链球菌和干酪乳杆菌具有脂肪分解能力。在实际生产中，发酵剂的使用不单以脂肪分解为目的，通常采用混合微生物发酵剂，因此具有乳酸发酵、蛋白质和脂肪分解的多重作用，从而使酸乳更加易于消化吸收。

④酒精发酵：牛乳酒、马乳酒之类的酒精发酵乳，采用酵母菌发酵剂发酵产生酒精，由于酵母菌适于酸性环境生长，因此通常采用酵母菌和乳酸菌混合发酵剂进行生产。

⑤产生抗生素：乳酸链球菌和乳油链球菌中的个别菌株，能产生 Nisin（乳酸链球菌素）和 Diplococcin（抗菌素）。使用此类菌种作为发酵剂的目的，除产生乳酸发酵外，所产生的抗菌素有防止杂菌生长的作用，尤其对防止酪酸菌的污染有重要作用。

4. 发酵剂的调制

发酵剂的调制是乳品生产企业最重要的工艺之一。发酵剂生产工艺及设备的选择至关重要，对卫生条件的要求极高，要把微生物污染危险降低到最低限度。菌种活化、母发酵剂的调制应该在有正压和配备空气过滤器的单独房间或无菌室中进行，中间发酵剂和生产发酵剂可在离生产线近一些的车间或制备母发酵剂的车间内制备，发酵剂的每一次转接都需在无菌操作条件下进行。对于设备的清洗、灭菌要严格进行，以防止清洗剂和消毒剂的残留物与发酵剂接触而污染发酵剂。

（1）调制发酵剂的方法

①纯菌种活化：纯菌种由于受保存条件的影响，在其使用时应进行反复接种，以恢复其活力，即在无菌的条件下接种到灭菌的脱脂乳中多次传代，培养。接种时先将装菌种的试管口用火焰杀菌，然后打开棉塞，按 1% ~3% 的接种量，接入已灭菌的脱脂乳中。根据不同菌种的特性，放入恒温箱中培养。凝固后再取同样的量，再按上述方法反复数次培养。如果是干粉菌种，用灭菌铂耳取出少量，移入预先准备好的培养基中，在所需温度下培养。待菌种充分活化后即

可调制母发酵剂。

②母发酵剂和中间发酵剂的调制：用活化的纯培养菌种制成的发酵剂叫母发酵剂。母发酵剂和中间发酵剂的调制方法也是一个接种传代的过程，只不过所使用培养基的量逐渐扩大。例如用于母发酵剂的培养基量一般为250～500mL，而用于中间发酵剂的培养基量为1000～2000mL，每次接种时接种量为发酵剂量的1%～3%。培养基必须经过严格灭菌。具体操作步骤为将充分活化的菌种接种于盛有灭菌脱脂乳的三角瓶中，混匀后，放入恒温箱培养。乳凝固后再移植入灭菌的脱脂乳中，如此反复接种2～3次。制备好的母发酵剂可短期存于0～6℃的冰箱。

③生产发酵剂（工作发酵剂）的调制：培养基的选择：调制生产发酵剂时，为了使菌种的生活环境不致急剧改变，所用的培养基最好与成品原料相同或类似。作为培养基的原料乳必须新鲜，优质。

培养基的制备：作为乳酸菌发酵剂的培养基，必须预先杀菌以消除抗菌物质，使蛋白质发生一些分解，排除溶解氧和杀死原有的微生物。一般最佳杀菌温度和时间为90℃保持30min，或95℃保持5min，有的也用高压锅灭菌（115℃，10min）。

培养基冷却：灭菌后的培养基须冷却至接种温度。接种温度依据使用的发酵剂的类型而定。常见的接种温度范围：嗜温型发酵剂为20～30℃，嗜热型发酵剂为42～45℃。

接种：培养基经热处理、冷却至接种温度后，加入定量的发酵剂，称为接种。接种量由培养基的容量、菌种种类、活力、培养时间以及温度等决定。接种量不同也会影响发酵剂产酸、产香情况和菌的比例，进而引起产品的变化。

培养：接种后，将发酵剂与培养基混匀后，就开始培养。培养温度和时间由发酵剂中的菌种类型，产酸能力，产香程度，接种量等决定。

冷却：当发酵剂达到预定的酸度时开始冷却，以抑制乳酸菌继续生长繁殖以及酶的活性，保证发酵剂具有较高活力。当发酵剂在6h之内使用时，一般将其冷却至10～20℃即可，若超过6h，建议将其冷却至5℃左右。

（2）发酵剂的保藏　对于调制好的液体工作发酵剂，一般在0～4℃冷藏待用。活化好的母发酵剂在0～4℃下保藏时，一般要求每7d移植一次（转管），否则对菌种活力有影响。若连续传代培养，会出现菌种退化或变异现象，此时需要更换菌种。

5. 质量控制

（1）影响发酵剂菌种活力的主要因素　发酵剂质量的关键是菌种数量、活力及相互比例。影响菌种活力的主要因素有：

①天然抑制物：牛乳中存在不同的抑菌因子，其主要功能是增强牛犊的抗感染与抗疾病能力。此类物质包括乳抑菌素、凝聚素、溶菌酶和LPS系统。乳中存在的抑菌物质一般对热不稳定，加热后被破坏。

②抗生素残留：患有乳房炎等疾病的乳牛通常用青霉素、链霉素等抗生素药物治疗，在一定时间内（一般3～5d，有的为一周以上）乳中残留有一定的抗生素。用于生产酸乳的所有乳制品原料中都不允许抗生素残留。

③噬菌体：噬菌体的存在对发酵乳的生产是致命的，噬菌体侵袭发酵乳后，使乳中发酵剂菌种在短时间内大量裂解死亡或产酸缓慢，发酵时间延长，产品酸度低，难以凝固或形成凝块，产品组织状态差，并伴有不愉快的味道。因此，为防止噬菌体污染，在发酵乳的制作过程中应

该严格消毒杀菌，并定期轮换菌种。

④清洗剂和杀菌剂残留：清洗剂和杀菌剂是乳品生产企业用于清洗和杀菌的化学物品。此类化合物（两性电解质、碱洗剂、季铵类化合物、碘灭菌剂等）的残留会影响发酵剂菌种的活力。

（2）发酵剂的质量要求　乳酸菌发酵剂的质量，应符合下列各项指标要求：

①凝块需有适当的硬度，均匀且细滑，富有弹性，组织状态均匀一致，表面光滑，无龟裂，无裂纹，未产生气泡及乳清分离等现象。

②具有优良的酸味和风味，不得有腐败味、苦味、饲料味、酵母味及其他异味。

③将凝块完全粉碎后，质地均匀，细腻润滑，略带黏性，不含块状物。

④按规定接种后，在规定时间内产生凝固，无延长凝固现象。测定指标（酸度、感官特征、挥发性酸、滋味等）时符合规定指标要求。

（3）发酵剂的质量检查　生产发酵乳时，发酵剂质量的优劣直接影响产品的质量，因此需对发酵剂的质量进行严格检查。常用的评定方法如下：

①感官检查：首先观察发酵剂的质地、组织状态、色泽及乳清分离情况等，其次检查凝块的硬度、黏度及弹性等，之后品尝酸味是否过高或酸味不足、有无苦味及异味等。

②理化性质检查：理化检查的指标很多，最主要的是测定酸度和挥发性酸。酸度一般采用滴定酸度表示法，酸度为0.8%～1.0%时为宜。

③检查形态与菌种比例：将发酵剂涂片，用革兰染色，在高倍光学显微镜（油镜）观察乳酸菌的形态是否正常、杆菌与球菌的比例及数量等。

④活力测定：使用前对发酵剂的活力进行检查，从发酵剂的酸生成状况或色素还原进行判断。常用的发酵剂活力测定方法如下：

产酸活力检查：用乳酸菌单位时间内产酸量多少表示。灭菌冷却后的脱脂乳中加入3%的待测发酵剂，在37.8℃恒温培养箱中培养3.5h，取出后加入两滴1%酚酞指示剂，用0.1mol/L NaOH标准溶液滴定，若乳酸度达到0.8%以上表示活力良好。

刃天青还原试验：利用乳酸菌繁殖产生的色素还原现象来判断。9mL脱脂乳中加入1mL发酵剂和0.005%的刃天青溶液1mL，在36.7℃的恒温培养箱中培养35min以上，如果刃天青溶液完全褪色表示发酵剂活力良好。

⑤检查污染程度：纯度可用催化酶试验检测，乳酸菌催化酶试验应呈阴性，阳性反应表示有污染。

阳性大肠菌群试验可用于检测粪便污染情况。

检查乳酸菌发酵剂中是否污染酵母、霉菌及噬菌体等。

六、酸　乳

1. 概念

联合国粮农组织（FAO）、世界卫生组织（WHO）与国际乳品联合会（IDF）对酸乳的定义如下：酸乳，即在添加（或不添加）乳粉（或脱脂乳粉）的乳中，由保加利亚乳杆菌和嗜热乳酸链球菌的作用而进行乳酸发酵制成的凝乳状产品，成品中必须含有大量的、相应的活体微生物。

2. 分类

通常根据成品的组织状态、口味、原料乳中的脂肪含量、生产工艺及菌种的组成等，可将酸乳分成不同的类别。

(1) 按成品的组织状态分类

①凝固型酸乳：发酵过程在包装容器中进行，因而成品因发酵而保留其均匀一致的凝乳状态。

②搅拌型酸乳：成品先发酵后灌装而得。发酵后的凝乳因在灌装前和灌装过程中搅拌而成黏稠均匀的半流动状态。

③饮料型酸乳：在搅拌型酸乳基础上，添加一定比例的水、稳定剂等而配制得液态酸乳。

(2) 按成品口味分类

①天然纯酸乳：产品只经原料乳加菌种发酵而成，不含有任何辅料和添加剂。

②加糖酸乳：产品由原料乳和糖加入菌种发酵而成。糖添加量一般为6%～7%。

③调味酸乳：在天然酸乳或加糖酸乳中加入香料而成。

④果料酸乳：由天然酸乳或加糖酸乳与果料混合而成。

⑤复合型或营养健康型酸乳：通常在酸乳中强化不同的营养素（食用纤维、维生素等）或在酸乳中混入不同的辅料（如谷物、干果等）而制成。此类酸乳在西方国家非常流行，人们常在早餐中食用。

(3) 按发酵后的加工工艺分类

①浓缩酸乳：将正常酸乳中的部分乳清除去而得到的浓缩产品。

②冷冻酸乳：在酸乳中加入果料、增稠剂或乳化剂，然后像冰激凌一样进行凝冻处理而得到的产品。

③充气酸乳：在酸乳中加入部分稳定剂和起泡剂（通常为碳酸盐），经均质处理后得到此类产品。该产品通常是以充CO_2的酸乳碳酸饮料形式存在。

④酸乳粉：通常采用冷冻干燥或喷雾干燥法将酸乳中约95%的水分除去而制得。

(4) 按产品货架期长短分类

①普通酸乳：按常规方法加工的酸乳，其货架期是在0～4℃条件下存放7d。

②长货架期酸乳：对包装前或包装后的成品酸乳进行热处理，以延长其货架期。

3. 工艺及质量控制

(1) 工艺流程　酸乳生产工艺流程如图6-9，图6-10所示。凝固型酸乳和搅拌型酸乳的生产从乳的预处理至加发酵剂，工艺相同，可共用生产线。

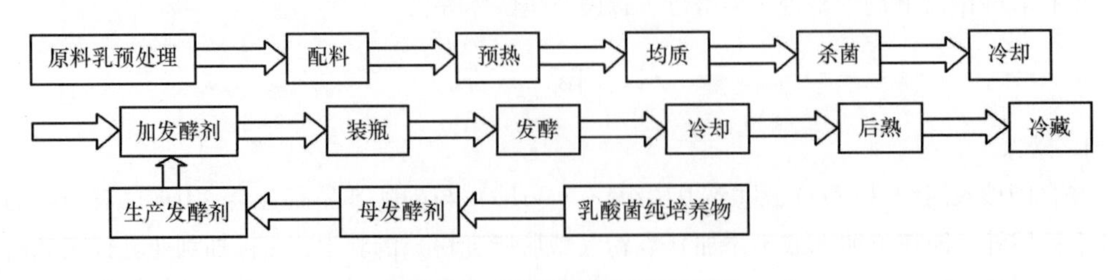

图6-9　凝固型酸乳工艺流程

(2) 原料要求及处理

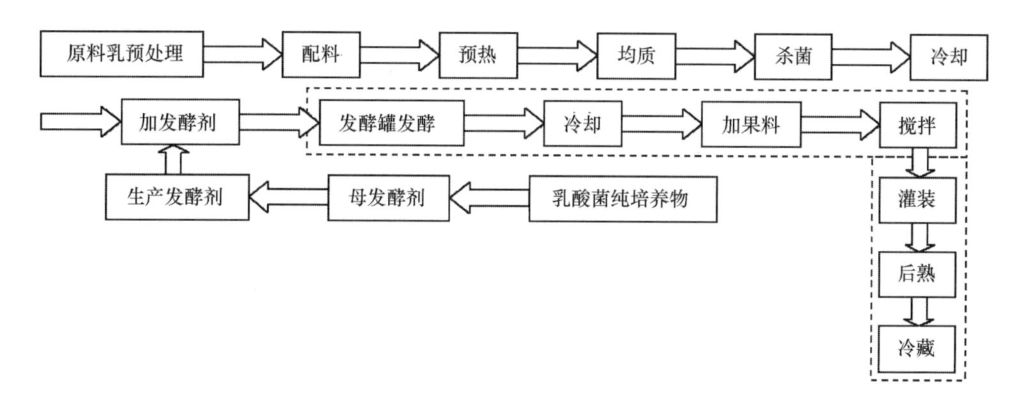

图6-10 搅拌型酸乳工艺流程

①原料乳要求：根据FAO/WHO对酸乳的定义，各种动物的乳均可作为生产酸乳的原料，但目前世界上酸乳多以牛乳为原料，我国市场上的酸乳也是以牛乳为原料。原料乳要求符合我国现行原料乳标准（GB 19301—2010），生产酸乳的原料乳中不得含有抗生素和其他杀菌剂。

②原料乳预处理：经验收合格的原料乳应及时过滤，净乳，冷却，贮存及标准化。在原料乳中直接添加全脂或者脱脂乳粉或乳清粉、酪蛋白粉、奶油、浓缩乳等来达到原料乳标准化的目的，一般乳粉的添加量为1.0%～1.5%。浓缩方法包括蒸发浓缩、反渗透浓缩和超滤浓缩三种方式，其中蒸发浓缩应用最多。由于奶源条件的限制，有些加工企业常以脱脂乳粉、全脂乳粉、无水奶油为原料，根据所需原料乳的化学组成，生产再制乳，以此来生产酸乳，利用再制乳生产的酸乳产品质量稳定，但往往带有一定程度的“乳粉味”。

③配料：为提高干物质含量，可添加脱脂乳粉，还允许添加少量的蔗糖和稳定剂，并可配入果料，蔬菜等辅料。用作发酵乳的脱脂乳粉要求质量高，无抗生素和防腐剂，脱脂乳粉可提高干物质的含量，改善产品组织状态，促进乳酸菌产酸，一般添加量为1.0%～1.5%。在酸乳中加入蔗糖是为了降低酸乳特有的酸味感觉，使其口感更柔和，还可提高酸乳的黏度，利于乳的凝固，蔗糖的添加量一般为6%～7%，不能高于12%，试验表明适当的蔗糖对菌株产酸有益，但浓度过高，不仅抑制乳酸菌产酸，而且会增加生产成本。使用稳定剂的主要目的是提高酸乳的黏度并改善其质地、状态以及口感，一般在凝固型酸奶中不添加稳定剂，仅在搅拌型酸乳和饮料型酸乳中添加，稳定剂的选择和添加量应符合相应标准，常用的稳定剂有明胶、琼脂、果胶及羧甲基纤维素钠等，添加量为0.1%～0.5%。在搅拌型酸乳中常常使用果料、果酱、蔬菜汁等，在凝固型酸乳中很少使用这些配料。

④预热、均质：均质的主要目的是使得原料混合均匀，防止奶油上浮，提高酸乳的稳定性及黏度，并保证乳脂肪均匀分布，从而获得质地细腻、口感良好的产品。为提高均质效果，需先将牛乳预热，一般均质温度为55～65℃，均质压力为20～25MPa。

⑤杀菌、冷却：均质后的牛乳被加热到90～95℃，保温5～10 min进行杀菌。目的在于杀灭原料乳中的病原菌，确保乳酸菌的正常生长和繁殖；钝化原料乳中的天然抑制物；使乳清蛋白变性，以达到改善组织状态、提高黏稠度和防止成品中乳清析出的目的。杀菌后的乳应立即冷却至40～45℃或发酵剂菌种生长需要的温度，以便于接种发酵。

⑥接种：接种量依据菌种的活力，发酵方法，生产时间安排以及混合菌种的比例不同而

定。一般液体生产发酵剂，产酸活力在0.7%～1.0%，接种量为3%～5%。接入的发酵剂不应有大凝块，以免影响成品质量。

(3) 凝固型酸乳的后续生产

①调味，包装：容器要先经蒸汽灭菌后才能灌装，包装容器可选择塑料杯、塑料袋、纸盒、玻璃瓶等。香精可在牛乳包装之前连续按比例加入。若需添加带颗粒的果粒，应在灌装接种的牛乳之前先定量的加入到包装容器中。

②发酵：发酵是在特定的发酵室内进行，室内与外墙之间设有良好的绝缘保温层，热源有电加热及蒸汽管道加热两类，室内有温度感应器。发酵是发酵剂充分作用于原料形成最终产品的重要工序，对该工序的管理主要是对发酵温度、发酵时间、球杆菌比例以及发酵终点的管理，应设有专人负责看管。

发酵温度：嗜热乳酸链球菌的最适生长温度略低于保加利亚乳杆菌，发酵的培养温度一般采用41～44℃，这是两种菌最适生长温度的折中值。发酵温度应恒定，避免忽高忽低。低酸性产品的最终酸度为0.85%～0.95%，高酸性产品的最终酸度为0.95%～1.20%。

发酵时间：制作酸乳一般的培养时间为3h（温度为41～44℃，属短时间培养)。在特殊情况下，可30～37℃培养8～12h（长时间培养)。影响发酵时间的因素包括接种量、发酵菌活性、培养温度、乳品厂所需加工时间、冷却速度及包装容器的类型等。由于影响培养时间长短的因素众多，因此每一批次的培养时间可能会发生一定程度的变化。

发酵终点：酸乳产品的发酵时间一般为3h左右，也可长达5～6h，而发酵终点的时间范围（即从接近发酵终点起至开始超过发酵终点止的这一段时间）较小。若发酵终点确定过早，则酸奶组织嫩，风味差，过晚则酸度高，乳清析出过多，风味差。可采用以下方法判定发酵终点：抽样测定酸奶酸度，通常酸度达到80°T即可终止；pH低于4.6；控制酸奶进入发酵室的时间，在同等生产条件下，以前几班确定的发酵时间为参考；抽样及观察，打开瓶盖表面有少量水痕，缓慢倾斜瓶身，观察产品的流动性及组织状态，若流动性变差，且有微小颗粒出现，可终止发酵。

③冷却：冷却的目的是抑制酸乳中乳酸菌的继续繁殖，降低酶的活力，防止产酸过度；使酸乳逐渐形成良好的凝胶状态；降低和稳定酸乳脂肪上浮和乳清析出的速度；延长产品的保质期。到达发酵终点立即切断电源或者停止供气。冷却开始时酸乳组织状态较软，对机械振动很敏感，若遭到破坏，组织状态很难恢复正常。因此，冷却时应小心操作，轻拿轻放，防止振动。

④冷藏后熟：冷藏温度通常为4～5℃，在冷藏过程中（24h)，酸度仍会有所上升，同时产生风味物质，如双乙酰、丁二酮，多种风味物质相互平衡形成酸乳的特征风味。一般将该阶段称为后熟期。2～7℃下酸乳的贮藏期为7～14d。

⑤运输：凝固型酸乳在运输与销售过程中不可剧烈振动及颠簸，否则其组织结构易被破坏，乳清析出影响外观。

(4) 搅拌型酸乳后续生产技术

①发酵：预处理后的牛乳冷却至培养温度，连续的与所需体积的生产发酵剂一并泵入发酵罐，搅拌数分钟，保证发酵剂均匀分散。发酵罐是利用罐周围夹层的热媒维持恒温，热媒的温度可随发酵参数而变化。发酵罐是隔热的，以保证培养过程中恒温。搅拌型酸乳的培养条件一般为42～43℃，2.5～3h。采用浓缩、冷冻及冻干菌种直接作为发酵剂时因其迟滞期较长，发酵时间为4～6h。为了对罐内产品的酸度检查，可在罐上安装pH计。

②冷却：冷却的目的是快速抑制乳酸菌的生长和酶的活性，以防止发酵过程产酸过度及搅

拌时脱水。酸乳完全凝固（pH4.6～4.7）时开始冷却，冷却过程应稳定进行，冷却过快造成凝块收缩迅速，导致乳清分离，过慢则导致产品过酸。

③搅拌：搅拌型酸乳的制作需对凝乳进行机械处理，再由管道和泵对酸乳进行输送。搅拌过程中，凝乳被破坏，特别在大规模生产中，机械化和自动化程度较高，机械处理对凝乳加的机械应力很大，如果处理不当会造成搅拌型酸乳出现缺陷，不仅降低产品的强度，还会出现分层现象。搅拌时应注意以下事项：

温度：搅拌的最适温度为0～7℃，此时适于亲水性凝胶体的破坏，可得到搅拌均匀的凝固物，不仅缩短搅拌时间还可减少搅拌次数。若在38～40℃搅拌，凝胶体易形成薄片状或砂质结构等缺陷。

pH：搅拌应在pH4.7以下进行，如果高于pH4.7搅拌，则因酸乳凝固不完全，黏性不足而影响质量。

干物质：合格的乳干物质对搅拌型酸乳防止乳清分离起到较好作用。

④凝乳的输送：凝乳的输送用泵和管道完成。搅拌型酸乳的黏度较大，在管道输送过程中黏度会受到损害，以层流（流速0.5m/s以下）对酸乳黏度的破坏最小。因此输送管道的直径不应随着包装线的延长和改道而改变，尤其要避免管道直径过细。为减轻对凝乳的破坏，一般选用容积式泵，这种泵不损伤凝乳的结构，且能保证一定的凝乳流量。

⑤调味：冷却至15～22℃后，酸乳包装前果料和香料可在酸乳从缓冲罐到包装机的输送过程中加入，这种方法通过一台可变速的计量泵连续地将这些成分加入酸乳中。果蔬混合装置固定在生产线上，计量泵与酸乳给料泵同步运转，保证果料在酸乳中均匀分散。有些生产企业也采用在缓冲罐中一次性混合的方式。果料添加物可以是甜的，也可以是天然不加糖的，一般添加量为15%。

⑥包装：为使产品贮藏、运输和消费方便，酸乳需要包装在小容器中。包装材料要求无毒、避光、不透气、不与产品发生反应、有一定的抗酸性，有塑料杯、塑料袋、纸盒、玻璃瓶、陶瓷瓶等形式。包装酸乳的包装机类型较多，包装体积也不尽相同。

⑦冷却、后熟：将包装好的酸乳置于0～7℃冷库中冷藏24h进行后熟，进一步促使芳香物质的产生和改善黏稠度。

（5）酸乳常见缺陷及控制方法

①凝固不良或不凝固：主要原因有原料乳质量不好，发酵温度低，发酵时间短，噬菌体污染，发酵剂活力不够以及加糖量过大等。

原料乳质量：乳中含有抗生素和防腐剂时会抑制乳酸菌的生长，影响正常的发酵，从而导致酸乳凝乳性差；原料乳掺水，导致乳的总干物质含量降低；原料乳因酸度增加而掺碱，使发酵所产生的酸消耗于中和作用，而不能积累到达凝乳要求的pH，从而引起乳不能凝固或凝固不良。因此，必须严把原料验收关，不使用含有抗生素、农药、防腐剂及掺碱、掺水的牛乳生产酸乳。对于干物质含量低的牛乳，可适当添加脱脂乳粉以提高总干物质含量。

发酵温度及时间：发酵温度和时间依据所采用的乳酸菌种不同而异。发酵温度与时间低于乳酸菌发酵的最适温度与时间，会导致乳酸菌繁殖速度减慢，产酸能力下降，凝乳能力降低，进而引起酸乳凝固性降低。此外，发酵室温度不均匀也是造成酸乳凝乳不良的原因之一。因而生产中要控制好发酵温度和时间，并尽可能保持发酵温度的恒定。

噬菌体污染：噬菌体污染是造成发酵缓慢，凝乳不完全的原因之一。由于噬菌体对菌的选择作用，可通过定期更换发酵剂的方法加以控制。两种以上的菌种混合使用也可减少噬菌体的危害。

发酵剂活力：发酵剂活力减弱或接种量太少会造成酸乳凝固性差。一些灌装容器上残留的洗涤剂和消毒剂应清洗干净，以免影响菌种活力，确保酸乳的正常发酵和凝固。另外，应经常检测发酵剂的活力。

加糖量：加糖量过高会产生高渗透压，抑制乳酸菌的生长繁殖，造成乳酸菌脱水死亡，相应活力下降，使得酸乳凝固性差。实际生产中应选择最佳的加糖量，既能赋予产品良好风味，又降低成本，不影响乳酸菌的生长。

②乳清析出：主要原因有原料乳热处理不当，发酵时间过长或过短，搅拌型酸乳搅拌不当，总干物质含量低，接种量过大，机械振动等。

原料热处理不当：在原料乳的杀菌过程中，温度低或者时间不够，不能使大量乳清蛋白变性。因为变性的乳清蛋白可与乳中酪蛋白形成复合物，可容纳更多水分，有效抑制乳清分离。

发酵时间：发酵时间过长或者过短，都会引起乳清分离。若过长，酸度过高破坏了乳蛋白质已经形成的凝胶结构，使其容纳的水分游离出来；若过短，乳蛋白质的胶体结构尚未充分形成，不能包裹乳中原有的水分，也会导致乳清析出。

搅拌型酸乳搅拌不当：搅拌速度过快，过度搅拌或泵送造成空气混入产品，会导致乳清分离。因此，应选择合适的搅拌器搅拌，控制好搅拌速度，并注意降低搅拌温度。

其他：原料乳的总干物质低、接种量过大、机械振动等都会引起乳清析出。实际生产中，添加适量的 $CaCl_2$，可减少乳清析出，也可赋予产品一定的硬度。

③风味不良：正常酸乳应有发酵乳纯正的风味，但在生产过程中常出现以下不良风味：

无芳香味：主要由菌种选择及操作工艺不当引起。菌种混合比例应适当，任何一方占优势都会导致产香不足，风味变差。高温短时间发酵及发酵过度也会造成酸乳酸甜不适，香味不足的口味缺陷。

不洁味：发酵剂或发酵过程中污染杂菌；搅拌型酸乳在搅拌中因操作不当而混入大量空气，造成酵母和霉菌污染；牛体臭味，氧化臭味，过度热处理，添加了气味不良的乳粉或其他配料也是造成气味不良的原因之一。被丁酸菌污染可使产品带有刺鼻的怪味。酸乳较低的 pH 虽然能抑制几乎所有细菌生长，但却适于酵母和霉菌的生长，被酵母菌污染不仅产生不良气味，还会影响乳的组织状态，使酸乳产生气泡。因此，要严格保证卫生条件。

酸甜不适口：酸乳过酸、过甜都会影响风味。发酵过度，冷藏时温度偏高，加糖量低等会导致酸乳偏酸；发酵不足，加糖过高又会导致酸乳偏甜。因而应控制好加糖量及发酵时间，且发酵后在 0～4℃冷藏。

④表面长霉菌：酸乳贮藏时间过长或贮藏温度过高时，往往会在表面出现霉菌。黑霉点易被察觉，但白色霉菌不易发现。这种酸乳被食用后，轻者有涨腹感觉，重者引起腹痛腹泻，因此要严格保证卫生条件并根据市场情况按需生产，控制好贮藏时间和贮藏温度。

⑤口感差：酸乳在外观上有许多砂状颗粒物存在，口感粗糙，不细腻。砂状结构的原因有：采用高酸度的乳或质量差的乳粉；原料均质不达标；生产中污染杂菌；稳定剂使用过量。

⑥色泽异常：在生产中因加入的果蔬、谷物处理不当而引起变色、褪色。应根据果蔬及谷物的性质及加工特性与酸乳进行合理的搭配和制作。

七、酸乳饮料

1. 概念

酸乳饮料也称为发酵乳饮料，是以鲜乳或乳粉为主要原料，经乳酸菌发酵后，根据不同风味要求添加一定比例的蔗糖、果汁、香精、有机酸、水及稳定剂等，按照一定的生产工艺制得的发酵型酸性乳饮料。

2. 分类

（1）根据最终产品是否杀菌分为活性酸乳饮料（无后杀菌）和非活性酸乳饮料（后杀菌）。

（2）根据最终产品的风味将其分为以发酵乳为主体的普通型酸乳饮料和以果汁为主体的果汁型酸乳饮料。

①普通型酸乳饮料：在酸凝乳的基础上将其破碎，配入水、蔗糖、香料、稳定剂等通过均质而制成的均匀一致的液体饮料。

②果蔬型酸乳饮料：在酸乳中加入适量的浓缩果汁（苹果、柑橘、草莓、蓝莓等）或者在原料中加入适当的蔬菜汁浆（番茄、南瓜、胡萝卜等）共同发酵后，再通过加糖、稳定剂或香料等调配，均质后制作而成。

3. 工艺

（1）工艺流程　酸乳饮料的工艺流程如图 6－11 所示。

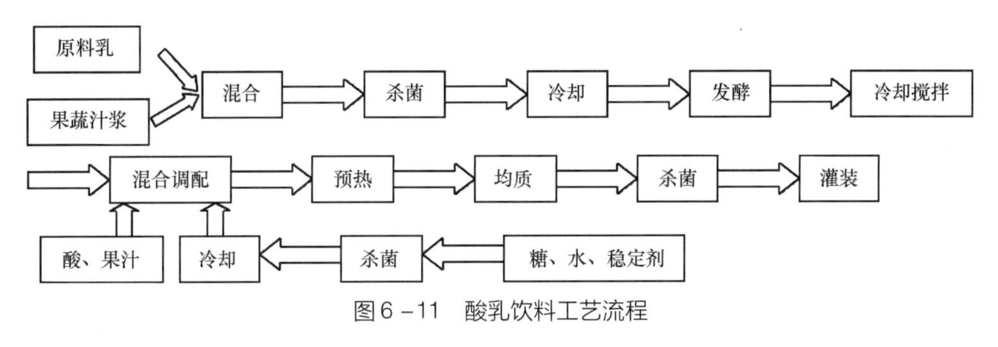

图6－11　酸乳饮料工艺流程

（2）酸乳饮料的配方　酸乳饮料典型配方如下：

①配方Ⅰ：酸乳：30%；糖：10%；果胶：0.4%；果汁：6%；45%乳酸：0.1%；香精：0.15%；水：53.35%。

②配方Ⅱ：酸乳：46.2%；白糖：6.7%；蛋白糖：0.11%；果胶：0.18%；柠檬酸：0.29%；香兰素：0.018%；耐酸羧甲基纤维素：0.23%；$NaHCO_3$：0.05%；水：46.2%；水蜜桃香精：0.023%。

（3）工艺要求

①原料要求：酸乳饮料生产的原料乳质量要求与酸乳相同。

②发酵前原料乳成分调整：乳酸菌在发酵中消耗牛乳中的乳糖产生乳酸，从而形成凝乳，若乳中的干物质含量低会导致发酵过程中产酸量不足，牛乳中的蛋白质含量会直接影响酸乳的黏度、组织状态以及稳定性，因此一般在发酵前将配料中的非脂乳固体含量调整到 15%～18%，可通过添加脱脂乳粉、酪蛋白粉、乳清粉、蒸发原料乳以及超滤的方式来实现。

③预处理，杀菌，冷却和发酵：同酸乳加工。

④凝乳冷却，破乳：发酵结束后要进行冷却和破碎凝乳，破乳的方式可采用边破碎，边混

入已杀菌的稳定剂、糖液等混合料。如要生产高黏度的酸乳饮料，发酵结束后所有的泵应选用螺杆泵，同时混料时应避免过度搅拌。

⑤配料：生产企业可根据生产需求进行配料。常见的酸乳饮料的配料中包括酸乳、果汁、糖、香精、色素、酸味剂以及稳定剂等。先将稳定剂与白砂糖混匀，用70～80℃的热水充分溶解，过滤后杀菌；酸味剂经稀释后冷却；将冷却、搅拌后的发酵乳与溶解的糖和稳定剂、稀释的酸液及果汁混合，调香。酸乳饮料中常使用的稳定剂是纯果胶或果胶与其他稳定剂复配使用。果胶对酪蛋白颗粒具有良好的稳定性，这是因为果胶是一种半乳糖醛酸，在pH中性和酸性时带负电荷，将果胶加入酸乳饮料中，它会附着于酪蛋白颗粒的表面，使酪蛋白颗粒带负电荷。同性电荷的相斥作用可避免酪蛋白颗粒间相互聚合成大颗粒而产生沉淀。果胶分子在pH 4时稳定性最佳，因此，杀菌前一般将乳酸菌饮料的pH调整至3.8～4.2。

⑥均质：通常用胶体磨或均质机均质，通过均质可使得混合料液滴微细化，提高料液黏度，抑制沉淀，并增强稳定剂的稳定效果。乳酸菌饮料适宜的均质压力为20～25MPa，温度约53℃。

⑦后杀菌：发酵调配后杀菌的目的是延长酸乳饮料的保存期。一般经合理杀菌，无菌灌装后的酸乳饮料，保存期为3～6个月。由于酸乳饮料属高酸食品，因此可采用高温短时巴氏杀菌，也可用更高的杀菌条件如95～105℃、30s或110℃、4s。生产企业可依照实际生产情况，对杀菌条件进行调整。

⑧包装：塑料瓶、塑料袋、利乐包、康美包等。

4. 质量控制

酸乳饮料在生产和贮存中常会出现以下一些质量问题：

（1）饮料中活菌数不足　乳酸菌饮料要求每毫升饮料中的活性乳酸菌大于100万。如保持乳酸菌的较高活力，应注意以下方面：

①发酵剂可选择耐酸性强的菌种，如嗜酸乳杆菌、干酪乳杆菌。

②乳酸菌的增殖与固形物含量相关，当含乳固形物达到12%～13%时，乳酸菌数与固形物浓度按比例增大，并且能缩短达到一定酸度的发酵时间。

③乳酸菌的活力根据繁殖期的不同而不同，在稳定生长期，乳酸菌活力最高，因此培养在此时结束，并迅速冷却，否则继续发酵，酸含量升高，抑制乳酸菌的生长。

④为了弥补发酵本身的酸度不足，需补充柠檬酸，但柠檬酸的添加会导致活菌数下降，所以需严格控制柠檬酸的用量。苹果酸对乳酸菌的抑制作用小，与柠檬酸复配使用可减少活菌数的下降，同时又可改善风味。

（2）沉淀　酪蛋白的等电点为pH4.6，经乳酸菌发酵，并添加果汁或酸味剂的乳酸菌饮料的pH为3.9～4.4，此时酪蛋白处于高度不稳定状态，易产生沉淀。沉淀是乳酸菌饮料最常见的质量问题，沉淀严重时，会使产品失去商品价值。

稳定性检查方法：在玻璃杯内壁上倒少量乳酸菌饮料，若形成类似牛乳的、细的、均匀的薄膜，则表明产品质量稳定；涂布少量产品于载玻片上，用显微镜观察，若视野中观察到的颗粒很小而且分布均匀，则表明产品稳定，若有较大颗粒，表明产品在贮藏中不稳定，会出现沉淀；取10mL成品放入刻度离心管内，2800r/min离心10min后观察离心管底部的沉淀量。若低于1%，表明该产品稳定，否则不稳定。

要稳定酸乳中的酪蛋白胶粒，应注意以下几个方面：

①均质：均质后的酪蛋白微粒，失去了静电荷及水化膜的保护，粒子间的引力增强，增加了粒子间的碰撞概率，碰撞时很快聚成大颗粒，相对密度加大从而形成沉淀。因此，均质应与稳定剂配合使用，才能达到较好效果。均质温度对蛋白质稳定性影响较大，试验表明51.0～54.5℃均质时稳定性最好，低于51.0℃，饮料黏度大，在瓶壁上出现沉淀，几天后析出乳清，高于54.5℃，饮料较稀，无凝结物，但易出现沉淀，饮用时口感有粉质或粒质。因此均质温度在51.0～54.5℃，尤其约在53℃时效果最好。

②添加稳定剂：稳定剂可防止沉淀的产生也可增加产品的黏度。应选择亲水性和乳化性较高，在酸性条件下稳定的稳定剂。稳定剂不仅能提高酸乳饮料的黏度，防止蛋白质粒子因重力作用而下沉，它本身还是一种亲水的高分子化合物，在酸性条件下与酪蛋白形成保护胶体，防止聚集沉淀。果胶在酸性饮料中使用最多，有时将果胶与羧甲基纤维素和藻酸丙二醇酯进行复配，配制时应将稳定剂充分溶解。

③蔗糖添加控制：添加10%的蔗糖不仅增加酸乳饮料的甜度，且糖在酪蛋白表面形成被膜，可提高酪蛋白与其他分散介质的亲水性，还可提高产品密度，增加黏度，有利于酪蛋白在悬浮液中的稳定。此外，发酵乳与糖浆混合后应进行均质处理，这是防止沉淀的必要步骤。均质后的原料要缓慢搅拌，以促进水合作用，防止粒子的再聚集。

④果汁或有机酸添加控制：在加入果汁，酸味剂时，若酸度过大，加酸时混合液温度过高或加酸速度过快以及搅拌不均匀等都会引起局部过度酸化而发生分层和沉淀。因此，酸性物质的添加必须在低温下使其与蛋白质胶粒均匀缓慢接触。此外，添加的浓度要小，添加速度缓慢，搅拌速度要快。一般在加工酸乳饮料的搅拌缸上安装自动喷酸装置和变速搅拌器。

⑤发酵乳凝块的破碎温度控制：破乳时的温度对沉淀的产生也有影响。若高温时破碎，凝块将收缩硬化，产生大量蛋白胶粒沉淀。因此发酵后应急速冷却，并充分搅拌。

(3) 脂肪上浮　若采用全脂乳或脱脂不充分的脱脂乳作为原料时由于处理不当会引起酸乳饮料中的脂肪上浮。应改进均质条件，如调节压力或温度。同时添加酯化度高的稳定剂或乳化剂如脂肪酸蔗糖酯、单硬脂酸甘油酯、卵磷脂等。原料选择时最好选用含脂率低的脱脂乳或脱脂乳粉。

(4) 果蔬汁引起的品质劣化　酸乳饮料中经常加入一些果蔬原料，其目的是强化饮料的风味与营养，如草莓汁、橘子汁、山楂汁、椰子汁、芒果汁、番茄汁、胡萝卜汁等。由于这些物料本身的质量不合格或者在配制时处理不当，导致饮料在贮藏中褪色、变色、沉淀、污染杂菌等。因此加入的果蔬料应注意杀菌处理。例如，新鲜蔬菜应在沸水中处理6～8min，经灭酶后打浆取汁，再与杀菌后的原料混合。此外，可适当加入一些抗氧化剂，如维生素C、维生素E、儿茶酚等，以增加果蔬色素的抗氧化性。

(5) 杂菌污染　酸乳饮料在贮存中，最大的问题是酵母菌的污染。因为产品中添加蔗糖和果汁，若混入酵母菌，在保存中，酵母迅速繁殖产生CO_2，并产生不良风味。此外，霉菌的耐酸性很强，在乳酸菌饮料中，若霉菌污染，也会损害产品。酵母菌、霉菌的耐热性差，一般60℃，5～10min热处理即可杀死。因此产品中出现的污染，主要是由二次污染引起。在生产中添加蔗糖、果汁的乳酸菌饮料，其加工车间的卫生条件应符合要求，以避免二次污染。

八、 其他发酵乳制品

其他的发酵乳制品还包括开菲尔、乳酸菌制剂、发酵奶油、干酪等，下面主要为大家介绍开菲尔和乳酸菌制剂，由于干酪和发酵奶油也是目前生产量较大的乳制品，因此将在第6节中详细介绍。

1. 开菲尔

开菲尔是最古老的发酵乳制品之一，起源于高加索地区，其发酵原料为山羊乳、绵羊乳或牛乳。俄罗斯人喜食开菲尔，人均年消费量为5L，是开菲尔的最大消费国。除俄罗斯外，其他国家也生产开菲尔。开菲尔是黏稠、均匀、表面有光泽的发酵产品，口味酸甜，略带一点酵母味。开菲尔的pH一般为4.3~4.4。

（1）开菲尔粒　生产开菲尔的特殊发酵剂称为开菲尔粒。该粒由蛋白质、多糖以及几种类型的微生物如酵母、产酸菌、产香菌等组成。在开菲尔粒的菌群中酵母菌约占5%~10%。开菲尔粒呈淡黄色，直径约15~20mm，形状不规则，不溶于水及大部分溶剂，浸泡在乳中膨胀并变为白色。发酵中，乳酸菌发酵产生乳酸，酵母菌发酵产生乙醇和CO_2。在酵母菌的新陈代谢中，某些蛋白质发生分解从而使开菲尔产生一种特殊的酵母香味。乳酸、乙醇及CO_2的含量可由生产时的培养温度来控制。

（2）质量控制

①原料乳的要求和脂肪标准化：跟其他发酵乳制品相同，原料乳的质量至关重要，它不能含有抗生素和其他杀菌剂。用于生产开菲尔的原料可以是山羊乳、绵羊乳或牛乳。开菲尔的脂肪含量为0.5%~6%，常用2.5%~3.5%。

②均质及热处理：经标准化后，原料乳在65~70℃，17.5~20MPa条件下均质。热处理的方式同酸乳相同，90~95℃，5~10min，或者85℃，20~30min。

③发酵剂的制备：开菲尔发酵剂一般用不同脂肪含量的牛乳生产。为了更好地控制开菲尔粒的微生物组成，近年来使用脱脂乳制作发酵剂。与其他发酵乳制品相同，培养基应进行灭菌处理，以杀死其中的微生物，灭活噬菌体。经预热的牛乳用活性开菲尔粒接种，接种量为3.5%或者5.0%，23℃培养约20h。培养期间开菲尔粒逐渐沉降到底部，要求每隔2~5h搅拌10~15min。当达到pH4.5时，用不锈钢筛过滤把开菲尔粒从发酵液中滤出，用凉开水冲洗干净再次用于培养新一批发酵剂。得到的滤液可作为生产发酵剂接种到杀菌处理的牛乳中，也可作为母发酵剂，接种量为3.5%~5.0%，在23℃条件下培养20h后制成生产发酵剂。在使用前应将发酵剂冷却至10℃左右，可贮存几个小时。

④接种与发酵：乳经热处理后，冷却至接种温度，一般为23℃，添加2%~3%的生产发酵剂。在23℃发酵至pH4.5或酸度为85~110°T，大约要培养12h。搅拌凝块，同时在发酵罐内预冷。当温度达到14~16℃时停止冷却，保持12~14h，当酸度达到110~120°T（约pH4.4）时，开始产生轻微的“酵母”味，此时进行最后冷却。

⑤冷却：产品在板式热交换器中迅速被冷却至4~6℃，以防止进一步发酵，并包装产品。此过程应尽量缓慢，在泵、管道和包装机中的机械搅动应限制到最小程度，因为空气会增加产品分层的危险性，所以应避免空气的进入。

2. 乳酸菌制剂

（1）概念　乳酸菌制剂，即将乳酸菌培养后，用低温干燥的方法将其制成带活菌的粉剂、片剂或丸剂等。服用后能起到整肠和防治胃肠疾病的作用。

生产乳酸菌制剂所用的乳酸菌菌种主要包括双歧乳杆菌、嗜酸乳杆菌、粪链球菌等能在肠道内存活的菌种。此外，也可采用其他的菌种，但因其不能在肠道内存活，只能起到降低肠道pH的作用。近年来国际上已采用带芽孢的乳酸菌种，使乳酸菌制剂进入了新的发展阶段。

（2）工艺　乳酸菌制剂的生产方法、原理大致相同，一般多采用的菌种为嗜酸乳杆菌。以乳酸菌素为例，其生产工艺如图 6－12：

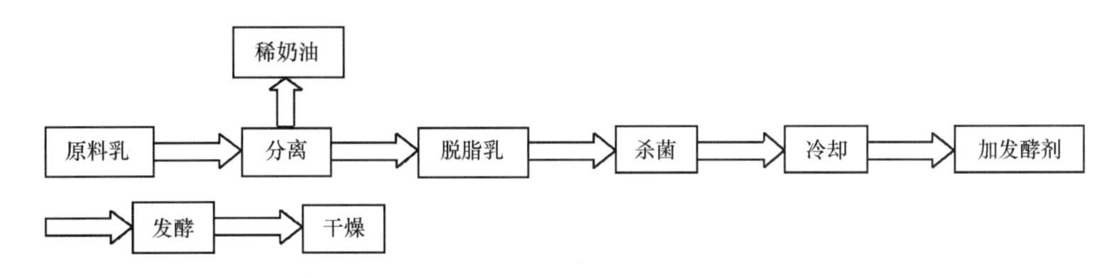

图 6－12　乳酸菌制剂加工工艺流程

（3）质量控制

①发酵剂制备：同酸乳发酵。

②原料乳杀菌：分离的脱脂乳经 90℃、15min 杀菌后冷却至 40℃，加入生产发酵剂发酵。

③培养：约 40℃培养至酸度达到 240°T，停止发酵。

④干燥：45℃以下进行干燥粉碎，供制粉剂和片剂。若采用冷冻升华干燥，会进一步提高产品效力，延长产品保质期。

第五节　乳　　粉

牛乳是一种高营养的食品，也是一种功能性配料。然而由于乳中含有大量的水分，不仅容易引起微生物的污染，而且难以安全运输和保藏。为了延长乳制品的保质期和调节生产消费的不协调，很多生产商开始采用浓缩和干燥的方式来去掉牛乳中的大部分水分，从而制成了我们通常说的奶粉。

乳粉的出现是在 20 世纪初，但是由于当时干燥设备和工艺的发展滞后，导致乳粉产品没有得到人们的青睐，生产技术和新产品发展缓慢。1930 年，喷雾干燥工艺和干燥塔的发展使乳制品干燥技术实现了大规模化和集约化。乳粉类产品也得到了越来越多消费者的认可。乳粉类产品也成为连接奶牛牧厂和最终消费市场的重要组成部分。由于本身的营养特性、功能特性和经济特性，乳粉作为配料在焙烤食品、糖果、复原乳、营养性饮料等食品行业得到广泛的应用。

在我国，乳粉类产品的发展与我国乳品行业的发展息息相关，我国幅员辽阔，乳制品的高消费区往往处于不适合奶牛生产的区域，而畜牧业和奶牛业发达的地区多数处于边远不发达的地区，人均乳制品的消费远远落后于乳品加工业。因此复原乳的应用在现代乳制品生产中扮演很重要的角色，带动了国内外乳粉行业的快速发展。

一、　种类及化学成分

1. 乳粉的定义

狭义的乳粉概念是指仅以牛乳或羊乳为原料，经过浓缩、干燥制成的粉末状产品。而广义上的乳粉是指以生乳或乳粉为原料，添加或不添加食品添加剂和（或）食品营养强化剂等辅料，经脱脂或不脱脂、浓缩干燥或干混合的粉末状产品。此类产品中乳固体应不低于70%，即全脂型乳蛋白质不低于16.5%，脂肪不低于18%，脱脂型乳蛋白不低于22%。

乳粉概念的延伸包括乳清粉、酪乳粉、奶油粉等产品。

2. 乳粉的种类

（1）普通乳粉分类

①全脂乳粉：仅以乳为原料，添加或不添加食品营养强化剂，经浓缩、干燥制成的蛋白质不低于非脂乳固体的34%，脂肪不低于26.0%的粉末状产品。

②脱脂乳粉：仅以乳为原料，添加或不添加食品营养强化剂，经脱脂、浓缩、干燥制成的，蛋白质不低于非脂乳固体的34%，脂肪不低于2.0%的粉末产品。

③调制乳粉：以乳为原料，添加或不添加食品营养强化剂和其他辅料，经浓缩、干燥制成的粉末状产品；或在乳粉中添加食品营养强化剂和其他辅料而制成的粉末状产品。

④全脂加糖乳粉：添加白砂糖，蛋白质不低于15.8%，脂肪不低于20.0%，蔗糖不超过20.0%的调制乳粉。

⑤调味乳粉：对风味和其他营养成分做了调整，乳固体不低于70%，蛋白质不低于16.5%（全脂）或不低于22.0%（脱脂），脂肪不低于18.0%的调制乳粉。

（2）配方乳粉分类　配方乳粉是指调整了乳粉的天然营养成分和（或）含量比例，满足特定人群的营养需求，乳固体不低于65.0%的调制乳粉。根据消费人群的不同可分为以下几种：

①婴幼儿配方乳粉：是根据不同生长时期婴幼儿的营养需要进行设计的，以奶粉、乳清粉、大豆、饴糖等为主要原料，加入适量的维生素和矿物质以及其他营养物质，经加工后制成的粉状食品。其营养结构与母乳相似。

根据婴幼儿出生时间的不同可分为：0~6个月婴儿乳粉、6~12个月较大婴儿乳粉和12~36个月幼儿成长乳粉。

②儿童学生配方乳粉：是以新鲜牛乳为主要原料，添加一定量儿童学生生长发育所需要的营养物质，经杀菌、浓缩、干燥等工艺而制得的粉末状产品。根据食用对象分为儿童配方粉、中学生配方乳粉和大学生配方乳粉。

③中老年配方乳粉：中老年配方乳粉是根据中老年人的生理特点专门研制的，除了能满足老年人的基础营养外，有的还能防止老年人智力退化和老年人的脑血管疾病，增强机体免疫力。比如强化维生素A、维生素D和钙的老年人配方乳粉，它就是突出了老年人普遍缺钙的现象，同时其中的脂肪含量却进一步减少。

④特殊配方乳粉：特殊配方乳粉是指以新鲜牛乳为主要原料，根据特定的人群、特殊的营养需求和功能需求，添加一定量特殊人群所需要的营养元素、功能性成分或因子，配料混合均匀后，经杀菌、浓缩、干燥等工艺而制得的粉末状产品。

常见的特殊配方乳粉包括孕妇乳粉、低过敏婴幼儿乳粉、免疫乳粉等。

3. 乳粉的化学成分

乳粉的化学组成以原料乳的种类和添加物的不同而有所差别，表6-12中列举了几种主要乳粉的化学组成。

表6－12 主要种类乳粉的化学组成 单位：%

种类	水分	脂肪	蛋白质	乳糖	灰分	乳酸
全脂乳粉	2.00	27.00	26.50	38.00	6.05	0.16
脱脂乳粉	3.23	0.88	36.89	47.84	7.80	1.55
麦精乳粉	3.29	7.55	13.19	72.40*	3.66	
婴儿乳粉	2.6	20.00	19.00	54.00	4.40	0.17
母乳化乳粉	2.5	26.00	13.00	56.00	3.20	0.17
乳油粉	0.66	65.15	13.42	17.86	2.91	
甜性酪乳粉	3.90	4.68	35.88	47.84	7.80	1.55

注：*包括蔗糖、麦精及糊精。

二、 普通乳粉生产工艺及要点

1. 生产工艺

乳粉的品种繁多，但是乳粉的生产主要包括原料乳的验收及预处理、杀菌、浓缩、干燥、调配等过程。全脂乳粉加工使乳粉类加工中最简单且最具代表性的一种方法，工艺中应用了喷雾干燥技术，其他种类的奶粉加工都是在此基础上进行的。下面以全脂乳粉为例介绍乳粉的生产工艺流程。

原料乳验收及预处理→标准化→预热均质→杀菌→真空浓缩→喷雾干燥→出粉→冷却→筛粉→包装→成品→入库→检验→出厂

2. 工艺要点

(1) 原料乳的验收及预处理　原料乳的验收必须符合国家生鲜牛乳收购的质量标准（GB 19301—2010《生乳》）规定的各项要求。生产乳粉的原料乳要求微生物数量较少，为了减少原料乳中的微生物尤其是芽孢杆菌，可采用离心除菌或者微滤除菌除去大部分菌体和芽孢，以提高乳粉的质量。

(2) 标准化及配料　全脂乳一般进行标准化，主要是控制成品中脂肪的含量。目前我国全脂乳粉标准中全脂甜乳粉要求脂肪含量在20%～25%，全脂淡乳粉为25%～30%。

乳粉生产过程中，除了少数几个品种（如全脂乳粉、脱脂乳粉）外，都要经过配料工序，其配料比例按产品要求而定。配料时所用的设备主要有配料缸、水粉混合器和加热器。

(3) 均质　生产全脂乳粉、全脂甜乳粉以及脱脂乳粉时，一般不必经过均质操作。但若乳粉的配料中加入了植物油或其他不易混匀的物料时，就需要进行均质操作。均质时的压力一般控制在14～21MPa，温度控制在60℃为宜。均质后脂肪球变小，从而可以有效地防止脂肪上浮，并易于消化吸收。

(4) 杀菌　牛乳中存在的微生物会影响乳粉的品质，缩短乳粉的保质期。通过杀菌可消除或抑制细菌的繁殖及解脂酶和过氧化物酶的活力。杀菌的目的有以下几个：

①杀灭存在牛乳中的全部病原微生物及绝大部分腐败微生物。

②破坏牛乳中酶的活力，尤其是解脂酶和过氧化物酶的活力，以防止乳粉的氧化。

③提高浓缩过程中牛乳的进料温度，使牛乳的进料温度超过浓缩锅内相应牛乳的沸点，杀

菌乳进入浓缩锅后即自行蒸发，从而提高了浓缩设备的生产力，减少浓缩设备加热器表面结垢现象。

④高温杀菌可提高乳粉的香味，同时又因分解含硫氨基酸，而产生活性硫氨基，提高了乳粉的抗氧化性，延长了乳粉的保质期。

不同的产品可根据本身的特性选择合适的杀菌方法。杀菌温度和保持时间对乳粉的品质，特别是溶解度和保藏性有很大的影响。一般认为，高温杀菌可以防止或推迟乳脂肪的氧化，但高温长时加热会严重影响乳粉的溶解度，目前最常见的是采用高温短时灭菌法，高温瞬时杀菌不仅能使乳中微生物几乎全部杀死，还可使乳的营养成分损失较小，乳粉的理化特性保持较好。

（5）真空浓缩　牛乳经杀菌后立即泵入真空蒸发器进行减压（真空）浓缩，除去乳中大部分水分。

①牛乳真空浓缩的目的

a. 牛乳中含有 87.5% ~89% 的水分，在全脂乳粉生产中，牛乳经过浓缩可除去 70% ~80% 的水分，因而可提高喷雾干燥设备的效率，在设备设计时可减少干燥室的容积，并可相应地减少动力及热能的消耗。

b. 可提高牛乳中干物质含量，使牛乳颗粒直径增大，改善冲调性。

c. 乳粉颗粒较大，利于粉尘回收设备分离，提高了回收设备的分离效率，使产品的产率提高，损失变小。

d. 提高了乳粉的密度，减少包装过程中粉尘飞扬现象，黏粘现象，便于包装。

②真空浓缩的条件

a. 真空浓缩的设备：真空浓缩设备种类繁多，按加热部分的结构可分为直管式、板式和盘管式三种；按二次蒸汽利用与否，可分为单效和多效蒸发设备。

b. 浓缩时的条件：一般真空度为 21 ~80kPa，温度为 50 ~60℃。

③真空浓缩的要求：一般要求原料乳浓缩至原体积的 1/4，乳干物质达到 45% 左右。浓缩后的乳温一般 47 ~50℃，不同产品的浓缩程度如下：

a. 全脂乳粉：浓度为 11.5 ~13°Bé，相应乳固体含量为 38% ~42%。

b. 脱脂乳粉：浓度为 20 ~22°Bé，相应乳固体含量为 35% ~40%。

c. 全脂甜乳粉：浓度为 15 ~20°Bé，相应乳固体含量为 45% ~50%，生产大颗粒乳粉时浓缩乳浓度提高。

（6）喷雾干燥　浓缩乳中仍然含有较多的水分，必须经喷雾干燥后才能得到乳粉。牛乳的喷雾干燥主要是通过机械作用，将需干燥的牛乳分散成很细的像雾一样的微粒（增大水分蒸发面积，加速干燥过程），然后与热空气接触，在瞬间将大部分水分除去，使牛乳中的固体物质干燥成粉末，见图 6 -13。

喷雾干燥过程主要分成以下三步：①将浓缩乳分散成非常微细的雾状液滴；② 微细的雾滴与热空气接触，在此过程中牛乳中的水分大量迅速蒸发，该过程又可分为预热段、恒速干燥段和降速干燥段。③ 将乳粉颗粒与热空气分开。在干燥室，整个干燥过程大约用时 25 s。由于微小液滴中水分不断蒸发，物料的温度一直低于周围热空气的温度，也就是说乳粉的温度一般不会超过 75℃。干燥的乳粉含水量 2.5% 左右，从塔底排出，而热空气经旋风分离器分离所携带的乳粉颗粒而净化，或排入大气或进入空气加热室再利用。喷雾干燥技术最大的优点是干燥速度极快，一般仅需几秒至几十秒，具有瞬间干燥的特点，此外制品的品质好，生产过程简单，

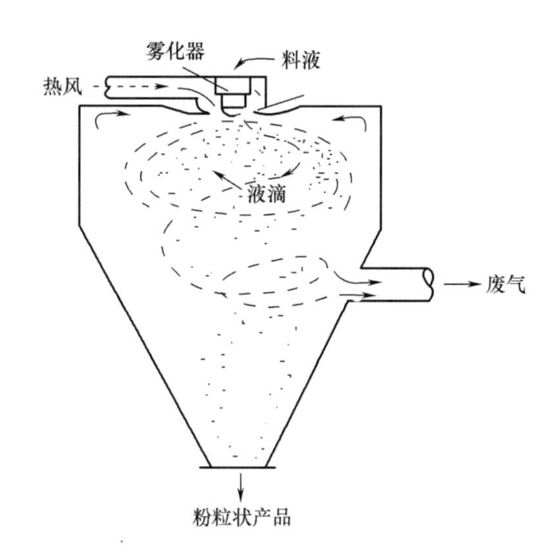

图6－13 喷雾干燥示意图

操控方便，适于连续化、规模化生产。其缺点主要是耗热量较大，热效率较低。

常用的喷雾类型有以下几种：

①气流式喷雾：它是采用压缩空气（或蒸汽）以很高的速度（300m/s）从喷嘴喷出，利用气液两相间的速度差所产生的摩擦力，将料液分裂为雾滴，故也称为双流体喷雾。

②压力喷雾：采用高压泵（0.17～0.34 MPa）将料液加压，高压料液通过喷嘴时，压力能转变为动能而高速喷出分散的雾滴。

③离心喷雾：料液在高速转盘5000～20000r/min或圆周速度为90～150m/s中受离心力作用从盘的边缘甩出而雾化。

（7）出粉，冷却，包装

①出粉与冷却：干燥的乳粉，落入干燥室的底部，粉温为60℃左右，应尽快出粉。冷却的方式主要有以下2种：

a. 气流出粉、冷却：这种装置可以连续出粉、冷却、筛粉、贮粉、计量包装。其优点是出粉速度快。其缺点是易产生过多的微细粉尘。

b. 流化床出粉、冷却：流化床出粉和冷却装置的优点为：乳粉不受高速气流的摩擦，故乳粉质量不受损害；同时可节省输粉中消耗的动力。

②筛粉与晾粉：筛粉一般用采用机械震动筛，筛底网眼为40～60目。目的是为了使乳粉均匀，松散，便于冷却。晾粉的主要目的不但使乳粉的温度降低，同时乳粉表观密度可提高15%，有利于包装。

③包装：包装方式直接影响乳粉的贮存期，如塑料袋包装的贮存期规定为3个月，铝铂复合袋包装的贮存期规定为12个月，真空包装技术和充氮包装技术可使乳粉质量保存3～5年。

三、 配方乳粉的调制原则及生产工艺要点

配方乳粉是指针对不同人群的营养需要，在鲜乳或乳粉中配以各种营养素经加工干燥而成的乳制品。配方乳粉的种类包括婴儿乳粉、老人乳粉及其他特殊人群需要的乳粉。下面以婴儿

乳粉为例加以说明。

1. 婴儿配方乳粉的调制原则

牛乳被认为是人乳的最好代乳品，但人乳和牛乳在感官、组成上都有一定区别（表6-13）。故需要将牛乳中的各种成分进行调整，使之近似于母乳，并加工成方便食用的粉状产品。下面对配方乳粉生产中主要成分的调整方法进行介绍。

表6-13　100mL 人乳与牛乳中营养物质含量　单位：g

乳的成分	蛋白质		脂肪	乳糖	灰分	水	热能/kJ
	乳清蛋白	酪蛋白					
人乳	0.68	0.42	3.5	7.2	0.2	88.0	274
牛乳	0.69	2.21	3.3	4.5	0.7	88.6	226

（1）蛋白质　人乳与牛乳中蛋白质的含量和组成有着明显的不同。牛乳中总蛋白含量高于人乳，尤其是酪蛋白含量大大超过人乳。所以，必须调低牛乳中酪蛋白的比例，使其与人乳中的比例基本一致。用乳清蛋白和植物蛋白取代部分酪蛋白，按照母乳中酪蛋白与乳清蛋白的比例为1:1.5来调整牛乳中蛋白质含量。可以通过向婴儿配方食品中添加乳免疫球蛋白浓缩物来完成婴儿乳粉的免疫生物学强化。除了要注意到蛋白质量的控制外，还要注意到氨基酸的必需量、种类及比率。

（2）脂肪　牛乳与人乳的脂肪含量接近，但构成不同。牛乳不饱和脂肪酸的含量低而饱和脂肪酸含量高，以亚油酸为例，在母乳中为3.5%~5%，在牛乳中为1%。低级脂肪酸或不饱和脂肪酸比高级脂肪酸或饱和脂肪酸更容易消化吸收。相比母乳，牛乳的脂肪不容易被消化和利用。调整时可采用植物油脂代替牛乳脂肪的方法，以增加亚油酸的含量。亚油酸的量不宜过多，规定的上限用量：n-6亚油酸不应超过总脂肪酸的2%，n-3长链脂肪酸不得超过总脂肪量的1%。

（3）碳水化合物　牛乳中乳糖含量比人乳少，且牛乳中主要是α-型，人乳中主要是β-型，调制乳粉中通过加可溶性多糖类，如葡萄糖、麦芽糖、糊精来调制乳糖和蛋白质之间的比例，平衡α-型和β-型的比例，使其接近于人乳（$\alpha:\beta=4:6$）。较高含量的乳糖能促进钙、锌和其他一些营养素的吸收。一般婴儿乳粉含有7%的碳水化合物，其中6%是乳糖，1%是麦芽糖精。

（4）无机盐　牛乳中的无机盐较人乳高3倍多。摄入过多的微量元素会加重婴儿肾脏的负担。调制乳粉中采用脱盐办法除掉一部分无机盐。但人乳中含铁比牛乳高，所以要根据婴儿需要补一部分铁。

添加微量元素时应慎重，因为微量元素之间的相互作用，微量元素与牛乳的酪蛋白、豆类中植酸之间的相互作用对食品的营养性影响很大。

（5）维生素　婴儿用调制乳粉应充分强化维生素，特别是维生素A、维生素C、维生素D、维生素K、烟酸、维生素B_1、维生素B_2、叶酸等。其中，水溶性维生素过量摄入不会引起中毒，所以没有规定其上限。脂溶性维生素A、维生素D长时间过量摄入会引起中毒，因此必须按规定加入。

2. 配方乳粉的生产工艺

(1) 工艺流程 各国不同品种的婴儿配制乳粉，生产工艺有所不同，目前婴幼儿奶粉的生产大多采用湿法或半干法，需要将大量的粉状配料重新溶解，然后和牛乳及营养添加剂混合后通过喷雾干燥来生产。图6－14为配制奶粉的一般工艺流程。生产过程中，为了增加脂溶性维生素（例如维生素A和维生素D）的溶解性，首先将其溶解到部分油脂后再进行混料处理。热敏性维生素（如维生素 B_1 和维生素C）不能在配料时添加，为了避免加热对其影响，应在喷雾干燥后加入。其余工艺同普通乳粉的加工。

(2) 婴儿配方乳粉配方及营养成分 我国的婴儿乳粉品种很多，但经过原轻工业部鉴定并在全国推广的婴儿乳粉主要配方是配方Ⅰ和配方Ⅱ。

①婴儿配方乳粉Ⅰ：该配方是一个初级的婴儿配方乳粉，产品以乳为基础，添加的大豆蛋白强化了部分维生素和微量元素等。营养成分的调整存在着不完善之处。但该产品价格低廉，易于加工。配方Ⅰ的配方组成及成分标准见表6－14和表6－15。

表6－14 婴儿配方乳粉Ⅰ配方组成

原料	牛乳固形物含量/g	大豆固形物含量/g	蔗糖含量/g	麦芽糖或饴糖含量/g	维生素 D_2 含量/IU	铁含量/mg
用量	60	10	20	10	1000～1500	6～8

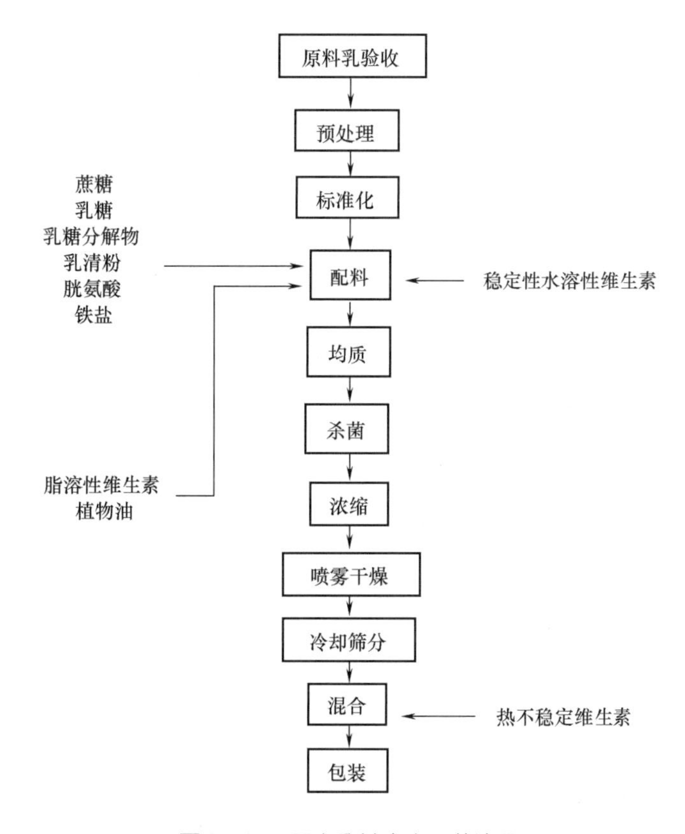

图6－14 配方乳粉生产工艺流程

表 6-15　100g 婴儿配方乳粉Ⅰ营养成分含量

成分	含量	成分	含量
水分	2.48g	铁	6.2mg
蛋白质	18.61g	维生素 A	586IU
脂肪	20.06g	维生素 B_1	0.12mg
糖	54.6mg	维生素 B_2	0.72mg
钙	772mg	维生素 D_2	1600IU
磷	587mg	灰分	4.4g

②婴儿配方乳粉Ⅱ：该配方通过调整配方中的成分使其与母乳的成分更加相近，是一款更接近母乳的产品。该产品使用脱盐乳清粉调整酪蛋白与乳清蛋白的比例为40∶60；同时增加了乳糖的含量，使乳糖占总糖量的比例为90%以上，其复原乳中乳糖含量与母乳接近；添加植物油以增加不饱和脂肪酸的含量，再加以维生素和微量元素，使产品中各种成分与母乳相近。配方Ⅱ的配方组成见表 6-16。

表 6-16　婴儿配方乳粉Ⅱ配方组成

物料名称	每吨投料量	物料名称	每吨投料量
牛乳	2500kg	乳清粉	475kg
奶油	67kg	蔗糖	65kg
维生素 C	60g	维生素 E	0.25g
亚硫酸铁	350g	叶酸	0.25g
棕榈油	63g	三脱油	63kg
维生素 A	6g	维生素 D	0.12g
维生素 B_1	3.5g	维生素 B_6	35g
维生素 B_2	4.5g	烟酸	40g

注：牛乳中干物质 11.1%，脂肪 3.0%；乳清粉中水分 2.5%，脂肪 1.2%；奶油中脂肪含量 82%；维生素 $A_6$35g 相当于 240000IU；维生素 D 0.12g 相当于 48000IU；亚硫酸铁：$FeSO_4 \cdot 7H_2O$。

四、 速溶乳粉的生产及工艺要点

速溶乳粉是经过特殊工艺制得的乳粉，其溶解性、可湿性、分散性都获得了改善。当用水冲调复原时，它能迅速溶解，不结团，即使在冷水中也能速溶。这种乳粉的颗粒粗大、均匀，干粉不易飞扬。此外，速溶乳粉中所含乳糖呈水合结晶态，在保藏期内不易吸湿结块。总之，该种产品因其具有良好的使用性能而受到人们广泛接受和欢迎。

1. 速溶乳粉生产原理及特点

乳粉要想在水中迅速溶解必须经过速溶化处理，乳粉经处理后形成颗粒更大、多孔的附聚物。奶粉要得到正确的多孔率，首先要经干燥把颗粒中的毛细管水和孔隙水用空气取代，然后颗粒需再度润湿，这样，颗粒表面迅速膨胀关闭毛细管，颗粒表面就会发黏，使颗粒黏接在一起形成附聚。

速溶乳粉的优点有以下几点：①乳粉的溶解性获得改进。当用水冲调复原时，溶解地很快，而且不会在水面上结成小团。在温度较低的水中，也同样能很快溶解复原为鲜乳状态。②速溶乳粉的外观特征是颗粒较大，一般为100～800μm，所以干粉不会飞扬，因而在食品工业中大量使用较为方便。③速溶乳粉的颗粒中乳糖是呈结晶的α－含水乳糖状态、而不是非结晶无定形的玻璃状态，所以这种乳粉在保藏中不易吸湿结块。

速溶乳粉的缺点有以下几点：①它的表观密度低，即容重小，每1mL只有0.35g左右，所以同样重量时，速溶乳粉较普通乳粉所占的体积较大，对包装不利；②目前生产的乳粉水分含量较高，一般为3.5%～5.0%，不利于保藏；③速溶脱脂乳粉对硝酸盐的还原性较大，羟甲基糠醛含量高，这说明速溶乳粉在特殊制造过程中促进了褐变反应，这种乳粉如果包装不良，而且在较高温度下保藏时，很快会引起显著的褐变；④速溶脱脂乳粉一般具有粮谷的气味，这种不快气味是由含羰基或含甲硫醚基的化合物所形成的。

2. 速溶乳粉的生产方法

速溶乳粉制造方法有喷雾干燥法、真空薄膜干燥法和真空泡沫干燥法等。喷雾干燥法主要有直通法和再润湿法。

直通法主要是在干燥室下来的乳粉被蒸汽润湿，然后振动将乳粉传送至干燥段，温度逐渐降低的空气穿透乳粉及流化床，干燥的第一段颗粒互相粘结发生附聚。从而形成颗粒较大，溶解度较好的乳粉。

再润湿法是将干乳粉颗粒循环返回到主干燥室中，一旦干燥颗粒被送入干燥室，其表面即会被蒸发的水分所润湿，颗粒开始膨胀，毛细管孔关闭并且颗粒变黏，其他乳粉颗粒黏附在其表面上，于是附聚物形成。

3. 速溶乳粉的生产工艺

下面以全脂速溶乳粉为例介绍速溶乳粉的生产工艺。全脂乳粉由于含有26%左右的乳脂肪，经附聚后虽然颗粒粗大，下沉性好，但因受脂肪影响而可湿性差，不容易达到速溶要求，所以喷雾干燥全脂乳粉迟迟未能大规模生产。

随着工艺技术的发展，采用附聚－喷涂卵磷脂工艺路线，以直通法制造全脂速溶乳粉的生产工艺得到重视和发展。工艺流程为：

优质新鲜原料乳的验收和预处理 → 杀菌 → 真空浓缩至总干物质约48% → 均质 → 用直通法制造全脂乳粉并使之附聚成大颗粒 → 卵磷脂处理 → 充氮包装 → 成品

上述工艺过程特点在于：①制备附聚良好的全脂乳粉，增大其颗粒均匀度，改善乳粉的下沉性；②涂布卵磷脂以改善乳粉颗粒的可湿性，从而改善制品的分散性，达到速溶要求。

全脂乳粉有一些脂肪颗粒，为了增加其在水中的溶解度，通常可添加乳化剂来改善产品的溶解性能。卵磷脂是一种既亲水又亲油的乳化剂，可以使乳粉颗粒增强亲水性，改善可湿性。喷涂卵磷脂就是为了达到这个目的。喷涂工艺上采用卵磷脂—无水乳脂肪溶液，其组成为60%卵磷脂和40%无水乳脂肪。卵磷脂用量一般占乳粉总干物质的0.2%～0.3%，允许添加量为0.4%以下。如果过高，制造出的乳粉就有卵磷脂的味道。作为制造全脂速溶乳粉的原料乳，要求游离脂肪含量低，否则需加大卵磷脂的用量。

五、乳粉质量控制

1. 乳粉的质量标准（以全脂乳粉为例）

（1）原辅料要求　原料应该符合相应国家标准或行业标准的规定。食品添加剂和食品营养强化剂等应该选用 GB 2760—2014 和 GB 14880—2012 中允许使用的品种，并应符合相应国家标准或行业标准的规定。

（2）感官特性　全脂乳粉的感官特性见表 6－17。

表 6－17　全脂乳粉感官特性

项目	全脂乳粉	脱脂乳粉	全脂加糖乳粉	调味乳粉
色泽	呈均匀一致的乳黄色			具有调味乳粉应有的色泽
滋味和气味	具有纯正的乳香味			具有调味乳粉应有的滋味和气味
组织状态	干燥、均匀的粉末			
冲调性	经搅拌可以迅速溶解于水中，不结块			

（3）理化指标

①净含量：单件定量包装商品的净含量负偏差不得超过表 6－18 的规定；同批产品的平均净含量不得低于标签上标明的净含量。

表 6－18　乳粉产品净含量要求

净含量/g	负偏差允许值		净含量/g	负偏差允许值	
	相对偏差/%	绝对偏差/%		相对偏差/%	绝对偏差/%
100～200	4.5	—	500～1000	—	15
200～300	—	9	100～10000	1.5	—
300～500	3	—			

②蛋白质、脂肪、水分等理化指标：如表 6－19 所示。

表 6－19　乳粉理化指标

项目		全脂乳粉	脱脂乳粉	全脂加糖乳粉	调味乳粉	
					全脂	脱脂
蛋白质含量/%	≥	非脂乳固体的 34*		18.5	16.5	22
脂肪含量/%		≥26.0	≤2.0	≥20.0	≥18.0	—
蔗糖含量/%	≤	—	—	20	—	—
复原乳酸度/°T	≤	18	20	16	—	—
水分/%	≤			5		
不溶度指数 M1/（μg/kg）	≤			1		

续表

项目		全脂乳粉	脱脂乳粉	全脂加糖乳粉	调味乳粉	
					全脂	脱脂
杂质度/（mg/kg）	≤			16		
铅含量/（mg/kg）	≤			0.5		
铜含量/（mg/kg）	≤			1		
硝酸盐（$NaNO_3$）含量/（mg/kg）	≤			100		
亚硝酸盐（$NaNO_2$）含量/（mg/kg）	≤			2		

注：*非脂乳固体=100%－脂肪实测值（%）－水分实测值（%）。

2. 乳粉微生物指标

乳粉微生物指标如表6－20所示。

表6－20　乳粉微生物指标

项目		全脂乳粉
菌落总数/（CFU/g）	≤	50000
大肠菌群/（MPN/100g）	≤	90
酵母和霉菌数/（CFU/g）	≤	50
黄曲霉毒素M1数/（μg/kg）	≤	5
致病菌（指肠道致病菌和致病性球菌）		不得检出

3. 乳粉品质变化及其控制

乳粉本应具有鲜乳的优良风味，但是在生产及加工过程如果处理不当，容易造成乳粉中脂肪分解、结块等品质问题。

（1）脂肪分解味（酸败味）　由于乳中解脂酶的作用，使乳粉中的脂肪水解而产生游离的挥发性脂肪酸。为了防止这种现象，必须严格控制原料乳的微生物数量，同时杀菌时使脂肪分解酶彻底失活。如果在杀菌时脂肪酶没有被破坏，则在其后的浓缩、喷雾干燥的受热温度条件下，不足以将脂肪酶破坏。因此，实际生产过程中可采用超高温杀菌条件使脂肪酶破坏，从而提高奶粉的品质及保质期。

（2）氧化味（哈喇味）　当乳粉中的不饱和脂肪酸氧化就会产生氧化味。促进乳粉氧化的主要因素包括空气、光线、重金属、过氧化物酶、乳粉中的水分及游离脂肪酸含量。为了防止乳粉出现氧化味，在实际生产过程中应尽量避免与空气长时间接触，包装采用真空充氮、喷雾干燥时尽量避免乳粉中含有大量气泡。在低温避光仓库中保藏。

（3）褐变　乳粉在保藏过程中有时会产生褐变，主要与乳粉中的含水量和保藏温度有关。水分在5%以上的乳粉贮藏时会发生美拉德反应产生棕色，温度高则加速这一反应。

（4）吸潮　乳粉的吸湿性很大，放置在空气中很容易吸收空气中的水分。这主要是由于乳粉中的乳糖呈无水的非结晶的玻璃态。当乳糖吸水后使蛋白质彼此黏结而使乳粉结块。如果乳粉开罐之后保藏不当，也会引起吸潮，因此乳粉应保存在密封容器里。

（5）细菌引起的变质　一般喷雾干燥的乳粉水分含量在2%～3%，微生物在此水分活度下不容易引起奶粉的变质，但是当乳粉打开包装后会逐渐吸收水分，当水分超过5%以上时，细菌开始繁殖，而使乳粉变质。所以乳粉打开包装后不应放置过久。

第六节　其他乳制品

一、奶　　油

奶油是一种较早就开始食用的乳制品。早在公元前3000多年前，古代印度人就已掌握了原始的奶油制作方法。他们把牛奶静放一段时间，就会产生一层飘浮的奶皮，奶皮的主要成分就是脂肪。印度人把奶皮捞出装入皮口袋，挂起来反复拍打、搓揉、奶皮便逐渐变成了奶油。但这种方法颇费时间，而且从牛奶中产出的奶油量也很少。公元前2000多年，古埃及人也学会了制作奶油。后来，埃及的奶油制作方法由希腊和罗马人带到了欧洲，印度的奶油技术则经过中国、朝鲜传入了日本。但当时古希腊人和古罗马人制作的奶油只有少量是食用，大部分是作为化妆品抹在脸上。在中世纪时，欧洲出现了手摇搅拌器，提高了从牛奶中提取奶油的效率。1879年，瑞典的德·拉巴尔发明了奶油分离机，1882年又发明了由内燃机带动奶油分离机，为奶油机械化开辟了道路。

1. 奶油的种类和性质

乳经过分离后得到的含脂率高的部分称为稀奶油，稀奶油经成熟、搅拌、压炼而制成的乳制品称为奶油（butter）。由于制造方法不同，所以原料不同或生产的地区不同，可分为不同种类。

奶油按原料一般分为两类：一类是新鲜奶油及由甜性稀奶油（新鲜稀奶油）制成的奶油。另一类是发酵奶油及由酸性稀奶油（即经乳酸发酵的稀奶油）制成的奶油。

根据加盐与否，奶油又可以分为无盐、加盐和特殊加盐的奶油；根据脂肪含量不同，分为一般奶油和无水奶油（即黄油）；除此之外，还有以植物油替代乳脂肪的人造奶油，如新型涂布奶油等。

一般奶油的主要成分为脂肪（80%～82%）、水分（15.6%～17.6%）、蛋白质、钙和磷（约1.2%），以及脂溶性的维生素A、维生素D、维生素E，加盐奶油另外含有食盐（约2.5%）。奶油应呈均匀一致的颜色，稠密而味纯。水分应分散成细滴，从而使奶油外观干燥，硬度应均匀，易于涂抹，入口即化。

2. 发酵型奶油的加工工艺

（1）工艺流程和生产线　发酵型奶油的加工工艺流程如下。批量和连续生产发酵奶油的生产线见图6－15。

原料乳验收→预处理→分离→稀奶油标准化→发酵→成熟→加色素→搅拌→排酪乳→奶油粒→洗涤→加盐→压炼→包装→成品

（2）工艺要点

①原料乳、稀奶油的验收及质量要求：制造奶油用的原料乳必须是健康奶牛产的乳，而且

在滋味、气味、组织状态、脂肪含量及密度等各方面都是正常的乳。对于生产酸性奶油用的原料乳不能含有抗菌素或消毒剂。

②原料乳的初步处理：用于生产奶油的原料乳经过过滤、净乳之后冷藏并标准化。

a. 冷藏：原料到达乳品厂后，立即冷却到 2～4℃，并在此温度下贮存。

b. 乳脂分离及标准化：生产奶油时必须将牛乳中的稀奶油分离出来，工业化生产采用离心分离法。

稀奶油的含脂率直接影响奶油的质量及产量。含脂率低时，可以获得香气较浓的奶油，因为这种稀奶油较适用于乳酸菌的发育；当稀奶油过浓时，则容易堵塞分离机，乳脂肪的损失量较多。为了在加工时减少乳脂的损失和保证产品的质量，在加工前必须将稀奶油进行标准化。用间歇法生产稀奶油及酸性奶油时，稀奶油的含脂率以 30%～35% 为宜；以连续法生产时，规定稀奶油的含脂率为 40%～45%。夏季由于容易酸败，所以用比较浓的稀奶油进行加工。

另外，稀奶油的碘值是成品质量的决定性因素。高碘值的乳脂肪生产的奶油过软。当然可根据碘值，调整成熟处理的过程，硬脂肪（碘值低于 28）和软脂肪（碘值高于 42）也可以制成合格硬度的奶油。

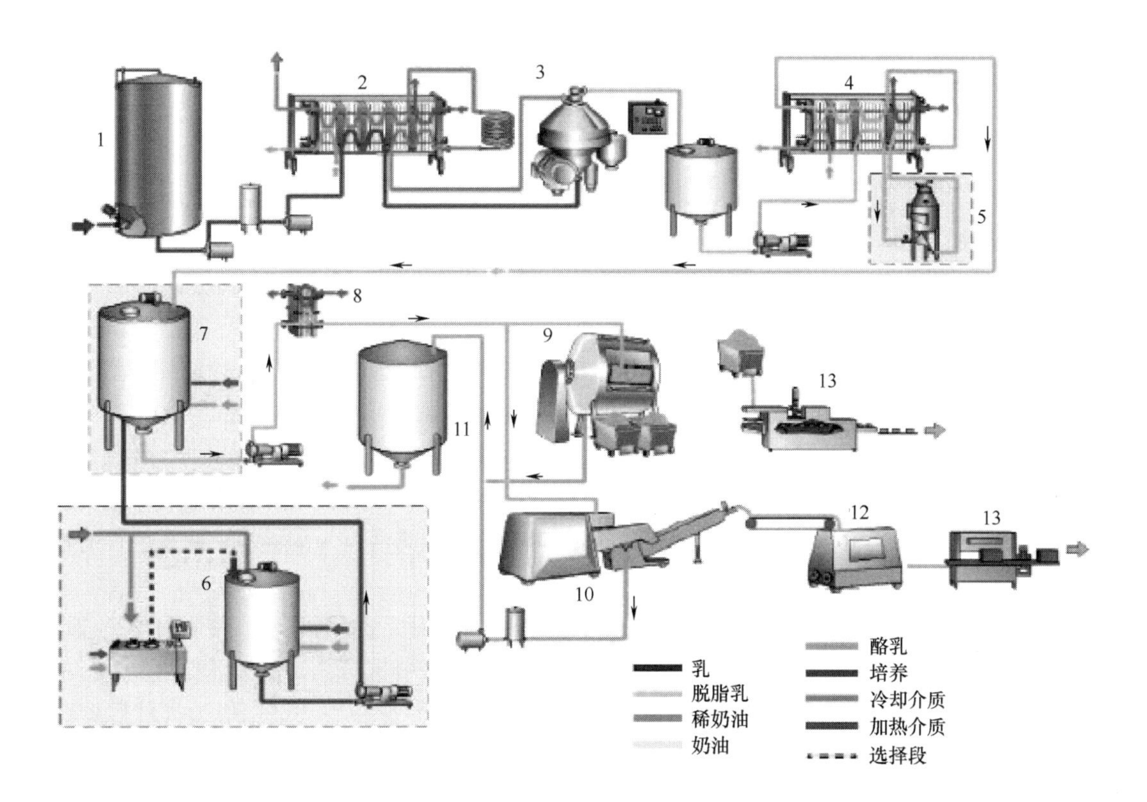

图 6－15　批量和连续生产发酵奶油的生产线

1—原料贮藏罐　2—板式热交换器（预热）　3—奶油分离机　4—板式热交换器（巴氏杀菌）　5—真空脱气（机）　6—发酵剂制备系统　7—稀奶油的成熟和发酵　8—板式热交换器　9—批量奶油压炼机　10—连续压炼机　11—酪乳暂存罐　12—带传送的奶油仓　13—包装机

③稀奶油的中和：稀奶油的中和直接影响奶油的保存性和成品质量。制造甜性奶油时，奶油的 pH（奶油中水相的 pH）应保持在中性附近（6.4～6.8）。

a 中和的目的：主要目的是防止酸度高的稀奶油在加热杀菌时，其中酪蛋白受热凝固，这时一些脂肪被包在凝块内而导致乳脂肪损失；改善奶油的香味；酪蛋白凝固物进入奶油使其保存性降低。

b 中和程度：酸度在 0.5%（55°T）以下的稀奶油可中和至 0.15%（16°T）。酸度在 0.5% 以上的稀奶油可中和至 0.15%～0.25%，以防止产生特殊气味和使稀奶油变稠。

c 中和方法：一般使用的中和剂为石灰或碳酸钠。石灰价格低廉，并可提高奶油营养价值。但石灰难溶于水，必须调成 20% 的乳剂徐徐加入，均匀搅拌，不然很难达到中和的目的。碳酸钠易溶于水，中和速度快，不易使酪蛋白凝固，可直接加入，但中和时会产生 CO_2，如果容器过小，稀奶油易溢出。

④真空脱气：首先将稀奶油加热到 78℃，然后输送到真空机，真空室内稀奶油的沸腾温度为 62℃左右。通过真空处理可将挥发性异味物质除去，与此同时也会使其他挥发性成分逸出。

⑤稀奶油的杀菌：通过杀菌可以消灭能使奶油变质及危害人体健康的微生物；破坏各种酶以增加奶油的保存性，故杀菌可以改善奶油的香味。

杀菌一般采用 85～90℃的高温巴氏杀菌，但热处理不应过分强烈，以免引起蒸煮味。经杀菌后冷却至发酵温度（不同菌种，冷却的温度会有所差异）。

⑥细菌发酵：发酵剂的制作详见本章第四节。生产发酵奶油的发酵剂菌种主要为丁二酮链球菌、乳脂链球菌、乳酸链球菌或柠檬明串珠菌。生产发酵剂的添加量为发酵乳的 1%～2%，最高不超过 5%。当稀奶油非脂部分的酸度达到 90°T 时发酵结束。发酵与物理成熟同时在成熟罐内完成。

⑦稀奶油的物理成熟：经加热杀菌熔化后，要冷却至奶油脂肪的凝固点，以使部分脂肪变为固体结晶状态，这一过程称为稀奶油物理成熟，成熟通常需要 12～15h。

⑧添加色素：为了使奶油颜色全年一致，当颜色太淡时，需添加色素。常用的一种色素称安那妥（Annatto），它是天然的植物色素。3% 的安那妥溶液（溶于食用植物油中）称做奶油黄。通常用量为稀奶油的 0.01%～0.05%。可以对照“标准奶油色”的标本，调整色素的加入量。

⑨稀奶油的搅拌：将成熟后的稀奶油置于搅拌器中，利用机械的冲击力，使脂肪球膜破坏而形成奶油颗粒，这一过程称为搅拌，其过程见图 6－18。搅拌时分离出的液体称为酪乳。稀奶油在送入搅拌器之前，将温度调整到适宜的搅拌温度。稀奶油装入量一般为搅拌容器的 40%～50%，以留出起泡空间。

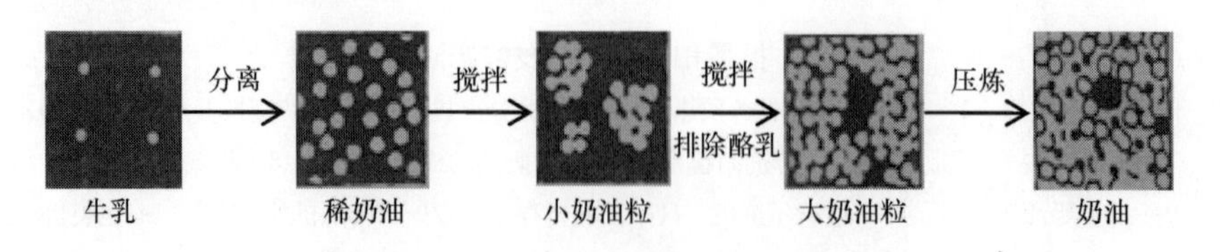

图 6－18　奶油形成的各个阶段（示意图）

注：黑色部分为水相，白色部分为脂肪相

⑩稀奶油的洗涤：稀奶油经搅拌形成奶油粒后，排出酪乳，用经过杀菌冷却后的水注入搅拌器中进行洗涤。通过洗涤可以除去残留的酪乳，提高奶油的保藏性，同时，调整奶油的硬度。洗涤的加水量通常为稀奶油的50%左右，水温一般随稀奶油的软硬程度而定。

⑪奶油的加盐：加盐的目的是为了增加风味，抑制微生物的繁殖，提高奶油的保藏性。但酸性奶油一般不加盐。加盐量通常为2.5%～3.0%，食盐必须符合国家一级或特级标准。待奶油搅拌机中洗涤水排出后，将烘烤（120～130℃、3～5min）并过筛（30目）的盐均匀撒于奶油表面，静置10～15min，旋转奶油搅拌机3～5圈，再静置10～20min后即可进行压炼。

⑫奶油的压炼：由稀奶油搅拌产生的奶油粒，通过压制而凝结成特定结构的团块，该过程称为奶油的压炼。压炼的目的是使奶油粒变为组织致密的奶油层，使水滴分布均匀，食盐完全溶解，并均匀分布于奶油中，同时调整奶油中的水分含量。奶油压炼有批量奶油压炼机和连续压炼机两种方法。现代较大型工厂都采用连续压炼机压炼的方法。

压炼结束后，奶油含水量要在16%以下，水滴呈极微小的分散状态，奶油切面上不允许有水滴。普通压炼会使奶油中有大量空气，使奶油质量变差。通常奶油中含有5%～7%的空气。最近，采用真空压炼使空气含量下降到1%，显著改善了奶油的组织状态。

⑬奶油的包装：压炼后的奶油，送到包装设备进行包装。奶油通常有5kg以上大包装和从10g～5kg重的小包装。根据包装的类型，使用不同种类的包装机器。外包装材料最好选用防油、不透光、不透气、不透水的包装材料，如复合铝箔、马口铁罐等。

⑭奶油的贮藏：奶油包装后，应送入冷库中贮藏。4～6℃的冷库中贮藏期一般不超过7d；0℃冷库中，贮藏期2～3周；当贮藏期超过6个月时，应放入－15℃的冷库中；当贮藏期超过1年时，应放入－25～－20℃的冷库中。奶油在贮藏期间由于氧化作用，脂肪酸分解为低分子的醛、酮、酸及酮酸等成分，形成各种特殊的臭味。当这些化合物积累到一定程度时，奶油则失去了食用价值。为了提高奶油的抗氧化和防霉能力，可以在奶油压炼时，添加或在包装材料上喷涂抗氧化剂或防霉剂。

3. 质量控制

（1）影响奶油性质的因素及控制　影响奶油品质的因素较多，主要与乳牛品种、饲料及季节有很大关系。

①脂肪性质与乳牛品种、泌乳季节的关系：有些乳牛（如荷兰牛）的乳脂肪中，由于油酸含量高，因此制成的奶油比较软，而娟姗牛的乳脂肪由于油酸含量比较低，制成的奶油比较硬。在泌乳初期，挥发性脂肪酸多，而油酸比较少，随着泌乳时间的延长，这种性质变得相反。至于季节的影响，春夏季由于青饲料多，因此油酸的含量高，奶油比较软，熔点比较低。由于这种关系，夏季的奶油很容易变软，为了要得到较硬的奶油，在稀奶油成熟、搅拌、水洗、压炼过程中，应尽可能降低温度。

②奶油的颜色：奶油的颜色从白色到淡黄色，深浅各有不同。这种颜色主要是由于其中含有胡萝卜素的关系。而胡萝卜素存在于牧草和青饲料中，冬季因缺乏青饲料，所以通常冬季的奶油为白色，为了使颜色全年一致，秋冬之间往往加入色素以增加其颜色。奶油长期曝晒于日光下时，自行褪色。

③奶油的芳香味：奶油有一种特殊的芳香味，这种芳香味主要由于丁二酮、甘油及游离脂肪酸等综合而成，其中丁二酮主要来自发酵时细菌的作用。因此，酸性奶油比新鲜奶油芳香味更浓。

（2）奶油加工过程中的品质变化及控制

①风味变化：正常奶油应该具有乳脂肪的特有香味或乳酸菌发酵的芳香味，但有时出现下列异味：

a. 鱼腥味：这是奶油贮藏时很容易出现的异味，其原因是卵磷脂水解，生成三甲胺造成的。如果脂肪发生氧化，这种缺陷更易发生，这时应提前结束贮存。生产中应加强杀菌和卫生措施。

b. 脂肪氧化与酸败味：脂肪氧化味是空气中氧气和不饱和脂肪酸反应造成的；而酸败味是脂肪在解脂酶的作用下生成低分子游离脂肪酸造成的。奶油在贮藏中往往首先出现氧化味，接着便会产生脂肪水解味。这时应该提高杀菌温度，既能杀死有害微生物，又能破坏解脂酶。在贮藏中应该防止奶油长霉，霉菌不仅能使奶油产生土腥味，也能产生酸败味。

c. 干酪味：奶油呈干酪味是生产卫生条件差、霉菌污染或原料稀奶油的细菌污染导致蛋白质分解造成的。生产时应加强稀奶油杀菌和设备及生产环境的消毒工作。

d. 肥皂味：稀奶油中和过度，或中和操作过快，或局部皂化引起的。应减少碱的用量或改进操作。

e. 金属味：由于奶油接触铜、铁等设备而产生的金属味。应该防止奶油接触生锈的铁器或铜制阀门等。

f. 苦味：产生的原因是使用末乳或奶油被微生物污染。

②组织状态变化

a. 软膏状或黏胶状：压炼过度、洗涤水温度过高、稀奶油酸度过低和成熟不足等都容易出现此状态。总之，液态油较多，脂肪结晶少则容易形成黏性奶油。

b. 奶油组织松散：压炼不足、搅拌温度低等造成液态油过少，出现松散状奶油。

c. 砂状奶油：此缺陷出现于加盐奶油中，盐粒粗大未能溶解所致。有时出现粉状，并无盐粒存在，乃是中和时蛋白凝固混合于奶油中。

③色泽变化

a. 条纹状：此缺陷容易出现在干法加盐的奶油中，盐加得不均匀、压炼不足等。

b. 色暗而无光泽：压炼过度或稀奶油不新鲜。

c. 色淡：此缺陷经常出现在冬季生产的奶油中，由于奶油中胡萝卜素含量太少，致使奶油色淡，甚至白色。可以通过添加安那妥加以调整。

d. 表面褪色：奶油暴露在阳光下，发生光氧化造成。

二、冰 淇 淋

1. 概念和种类

（1）冰淇淋的概念　冰淇淋（ice cream）是以饮用水、牛乳、乳粉、奶油（或植物奶油）、食糖等为主要原料，加入适量食品添加剂，经混合、灭菌、均质、老化、凝冻、硬化等工艺而制成体积膨胀的冷冻制品。

（2）冰淇淋的种类　冰淇淋的种类很多，按所用原料中的乳脂肪含量分为全乳脂冰淇淋、半乳脂冰淇淋、植脂冰淇淋三种，其理化指标见表6－21。

表6－21　冰淇淋的理化指标　单位：%

项目		总固形物	脂肪	蛋白质	膨胀率
清型	全乳脂	≥30	≥8	≥2.5	80～120
	半乳脂	≥30	≥6	≥2.5	60～140
	植脂	≥30	≥6	≥2.5	≤140
混合型	全乳脂	≥30	≥8	≥2.2	≥50
	半乳脂	≥30	≥5	≥2.2	≥50
	植脂	≥30	≥5	≥2.2	≥50
组合型	全乳脂	≥30	≥8	≥2.5	—
	半乳脂	≥30	≥6	2.5	—
	植脂	≥30	≥6	2.5	—

①全乳脂冰淇淋：全乳脂冰淇淋是以饮用水、牛乳、奶油、食糖等为主要原料，乳脂含量为8%以上（不含非乳脂肪）的制品。分为清型全乳脂冰淇淋、混合型全乳脂冰淇淋和组合型全乳脂冰淇淋。

a. 清型全乳脂冰淇淋：不含颗粒或块状辅料的制品，如奶油冰淇淋、可可冰淇淋。

b. 混合型全乳脂冰淇淋：含有颗粒或块状辅料的制品，如草莓奶油冰淇淋、胡桃奶油冰淇淋等。

c. 组合型全乳脂冰淇淋：主体全乳脂冰淇淋所占比率不低于50%，和其他种类冷饮品或巧克力、饼坯等组合而成的制品，如巧克力奶油冰淇淋、蛋卷冰淇淋等。

②半乳脂冰淇淋：半乳脂冰淇淋是以饮用水、乳粉、奶油、人造奶油和食糖等为主要原料，乳脂含量为2.2%以上的制品。同样分为清型半乳脂冰淇淋、混合型半乳脂冰淇淋和组合型半乳脂冰淇淋。

③植脂冰淇淋：植脂冰淇淋是以饮用水、食糖、乳（植物乳或动物乳）、植物油脂或人造奶油为主要原料的制品，也分为清型脂冰淇淋、混合型植脂冰淇淋和组合型植脂冰淇淋。

2. 工艺流程和配方

（1）工艺流程　根据冰淇淋凝冻后的不同的包装及处理方式，将工艺流程分为4条线，分别为冰砖、纸杯、小冰砖、紫雪糕，见图6－16。

（2）配方　不同类型的冰淇淋在配方上有一定差异。下面给出的几种比较典型的冰淇淋的配方，见表6－22。

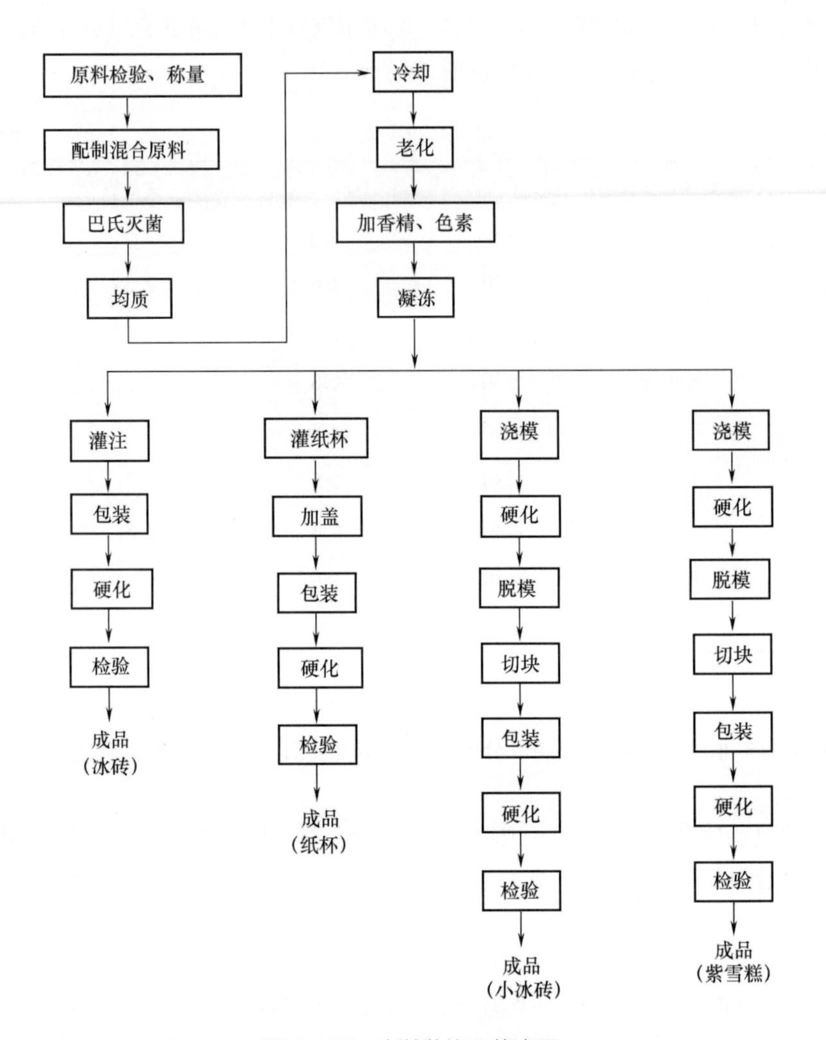

图6－16　冰淇淋的工艺流程

表6－22　不同冰淇淋配方表

原料名称	冰淇淋类型				
	奶油型	酸乳型	花生型	双歧杆菌型	茶汁型
砂糖	120	160	195	150	150
葡萄糖浆	100	—	—	—	—
鲜牛乳	530	380	—	400	—
脱脂乳	—	200	—	—	—
全脂乳粉	20	—	35	80	100
花生仁	—	—	80	—	—
奶油	60	—	—	—	—
稀奶油	—	20	—	110	—
人造奶油	—	—	—	—	191

续表

原料名称	冰淇淋类型				
	奶油型	酸乳型	花生型	双歧杆菌型	茶汁型
棕榈油	—	50	40	—	—
蛋黄粉	5.5	—	—	—	—
鸡蛋	—	—	—	75	—
全蛋粉	—	15	—	—	—
淀粉	—	—	34	—	—
麦芽糊精	—	—	6.5	—	—
复合稳定剂	4	—	—	—	—
明胶	—	—	—	2.5	3
CMC	—	3	—	—	2
PGA	—	1	—	—	—
单甘酯	—	—	1.5	—	2
蔗糖酯	—	—	1.5	—	—
海藻酸钠	—	—	2.5	1.5	2
黄原胶	—	—	—	—	—
香草香精	0.5	1	—	1	—
花生香精	—	—	0.2	—	—
水	160	130	604	130	450
发酵酸乳	—	40	—	40	—
双歧杆菌酸乳	—	—	—	10	—
绿茶汁（1:5）	—	—	—	—	100

3. 冰淇淋生产工艺要点

（1）混合料的配制　原辅料质量好坏直接影响冰淇淋质量，所以各种原辅料必须严格按照质量要求进行检验，不合格者不允许使用。按照规定的产品配方，核对各种原材料的数量后，即可进行配料。

配制时要求：①原料混合的顺序宜从浓度低的液体原料如牛乳等开始，其次为炼乳、稀奶油等液体原料，再次为砂糖、乳粉、乳化剂、稳定剂等固体原料，最后以水作容量调整。②混合溶解时的温度通常为 40 ~ 50℃。③鲜乳要经 100 目筛进行过滤，除去杂质后再泵入缸内。④乳粉在配制前应先加温水溶解，并经过过滤和均质再与其他原料混合。⑤砂糖应先加入适量的水，加热熔解成糖浆，经 160 目筛过滤后泵入缸内。⑥人造黄油、硬化油等使用前应加热溶化或切成小块后加入。⑦冰淇淋复合乳化剂、稳定剂可与其 5 倍以上的砂糖拌匀后，在不断搅拌的情况下加入到混合缸中，使其充分溶解和分散。⑧鸡蛋应与水或牛乳以 1:4 的比例混合后加入。⑨明胶、琼脂等先用水泡软，加热使其溶解后加入。⑩淀粉原料使用前要加入其量的8 ~ 10 倍的水并不断搅拌制成淀粉浆，通过 100 目筛过滤，在搅拌的前提下徐徐加入配料缸内，加热糊化后使用。

（2）混合料的杀菌　杀菌的目的主要是杀灭料液中的一切病原菌和绝大部分的非病原菌，以保证产品的安全性、卫生指标，延长冰淇淋的保质期。

杀菌温度和时间由杀菌的效果确定，过高的温度与过长的时间不但浪费能源，而且还会使料液中的蛋白质凝固、产生蒸煮味和焦味、维生素受到破坏而影响产品的风味及营养价值。通常间歇式杀菌的条件为 75 ~ 77℃，20 ~ 30min，连续式杀菌的条件为 83 ~ 85℃、15s。

（3）混合料的均质

①均质目的

a. 均质可使混合料中的乳脂肪球变小，防止凝冻时乳脂肪被搅成奶油粒，以保证产品组织细腻。

b. 通过均质作用，强化酪蛋白胶粒与钙及磷的结合，使混合料的水合作用增强。

c. 改善混合料起泡性，获得良好组织状态及理想膨胀率。

d. 均质后制得的冰淇淋，形体润滑松软，具有良好的稳定性和持久性。

②均质条件：一般均质压力为 14.7 ~ 17.6MPa。均质温度对冰淇淋的质量也有较大的影响。当均质温度低于 52℃时，均质后混合料黏度高，对凝冻不利，形体不良；而均质温度高于 70℃时，凝冻时膨胀率过大，亦有损于形体。一般较适合的均质温度是 65 ~ 70℃。

（4）冷却与老化

①冷却：均质后的混合料温度在 60℃以上。在此温度下，混合料中的脂肪粒容易分离，需要将其迅速冷却至 0 ~ 5℃后输入到老化缸（冷热缸）进行老化。

②老化：老化是将经均质、冷却后的混合料置于老化缸中，在 2 ~ 4℃的低温下使混合料进行物理成熟的过程，亦称为“成熟”或“熟化”，其实质是脂肪、蛋白质和稳定剂的水合作用，稳定剂充分吸收水分使料液黏度增加。老化期间的这些物理变化可促进空气的混入，并使气泡稳定，从而使冰淇淋具有细致、均匀的空气泡分散，赋予冰淇淋细腻的质构，增加冰淇淋的融化阻力，提高冰淇淋的贮藏稳定性。

老化操作的参数主要为温度和时间。随着温度的降低，老化的时间也将缩短。如在 2 ~ 4℃时，老化时间需 4h；而在 0 ~ 1℃时，只需 2h。若温度过高，如高于 6℃，则时间再长也难有良好的效果。一般说来，老化温度控制在 2 ~ 4℃，时间 6 ~ 12h 为佳。

（5）凝冻　在冰淇淋生产中，凝冻过程是将混合料置于低温下，在强制搅拌下进行冰冻，使空气以极微小的气泡状态均匀分布于混合料中，使物料形成细微气泡密布、体积膨胀、凝结体组织疏松的过程。

①凝冻的目的

a. 凝冻时由于搅拌器的不断搅拌，使混合料中各组分进一步混合均匀。

b. 凝冻是在 -2 ~ -6℃的低温下进行的，此时料液中的水分会结冰，但由于搅拌作用，水分只能形成 4 ~ 10μm 的均匀小结晶，而使冰淇淋的组织细腻、形体优良、口感滑润。

c. 在凝冻时，由于不断搅拌及空气的逐渐混入，使冰淇淋体积膨胀而获得优良的组织和形体，使产品更加适口、柔润和松软。

d. 由于凝冻后，空气气泡均匀地分布于冰淇淋组织之中，能阻止热传导的作用，可使产品抗融化作用增强。

e. 由于凝冻搅拌时在低温下操作，因而能使冰淇淋料液冻结成具有一定硬度的凝结体，即凝冻状态，经包装后可较快硬化成型。

②凝冻的过程：冰淇淋料液的凝冻过程大体分为以下三个阶段。

a. 液态阶段：液料经过凝冻机凝冻搅拌一段时间（2～3min）后，液料的温度从进料温度（4℃）降低到2℃。由于此时液料温度尚高，未达到使空气混入的条件，故称这个阶段为液态阶段。

b. 半固态阶段：继续将液料凝冻搅拌2～3min，此时料液的温度降至－2～－1℃，料液的黏度也显著提高。由于料液的黏度提高了，空气得以大量混入，料液开始变得浓厚而体积膨胀，这个阶段为半固态阶段。

c. 固态阶段：此阶段为料液即将形成软冰淇淋的最后阶段。经过半固态阶段以后，继续凝冻搅拌料液3～4min，此时料液的温度已降低到－4～－6℃，在温度降低的同时，空气继续混入，并不断被液料层层包围，这时冰淇淋料液内的空气含量已经接近饱和。整个料液体积不断膨胀，料液最终成为浓厚、体积膨大的固态物质，此阶段即是固态阶段。

③冰淇淋的膨胀率：冰淇淋的膨胀率指冰淇淋混合原料在凝冻时，由于均匀混入许多细小的气泡，使制品体积增加的百分率。

冰淇淋膨胀率并非是越大越好，膨胀率过高，组织松软，缺乏持久性；过低则组织坚实，口感不良。各种冰淇淋都有相应的膨胀率要求，控制不当会降低冰淇淋的品质。

影响冰淇淋膨胀率的因素主要有以下两个方面：

a. 原料方面：乳脂肪含量越高，混合料的黏度越大，有利膨胀，但乳脂肪含量过高时，则效果反之。一般乳脂肪含量以6%～12%为好，此时膨胀率最好。非脂乳固体：非脂乳固体含量高，能提高膨胀率，一般为10%。含糖量高、冰点会降低，会降低膨胀率，一般以13%～15%为宜。适量的稳定剂能提高膨胀率；但用量过多则会黏度过高，空气不易进入而降低膨胀率，一般不宜超过0.5%。无机盐对膨胀率有影响，如钠盐能增加膨胀率，而钙盐则会降低膨胀率。

b. 操作方面：均质适度能提高混合料的黏度，空气易于进入，使膨胀率提高，但均质过度则黏度过高，空气难以进入，膨胀率反而下降。在混合料不冻结的情况下，老化温度越低，膨胀率越高。采用瞬间高温杀菌比低温巴氏杀菌混合料变性少，膨胀率高。空气吸入量合适能得到较佳的膨胀率，应注意控制。若凝冻压力过高则空气难以混入，膨胀率则下降。

（6）成型灌装、硬化和贮藏　凝冻后的冰淇淋必须立即成型灌装（和硬化），以满足贮藏和销售的需要。冰淇淋的成型有冰砖、纸杯、蛋筒、浇模成型、巧克力涂层冰淇淋、异型冰淇淋切割线等多种成型灌装机。

将经成型灌装机灌装和包装后的冰淇淋迅速置于－25℃以下的温度，经过一定时间的速冻，品温保持在－18℃以下，使其组织状态固定、硬度增加的过程称为硬化。硬化的目的是固定冰淇淋的组织状态、完全形成细微冰晶的过程，使其组织保持适当的硬度以保证冰淇淋的质量，便于销售或贮藏运输。

硬化后的冰淇淋产品，在销售前应将制品保存在低温冷藏库中。冷藏库的温度为－20℃，相对湿度为85%～90%，贮藏库温度不可忽高忽低，贮存温度及贮存中温度变化往往导致冰淇淋中再结晶，使冰淇淋质地粗糙，影响冰淇淋品质。

三、干　　酪

干酪（cheese），又名奶酪、乳酪，或译称芝士、起司、起士，是一种浓缩的乳制品。干酪品种繁多，目前是世界消费量第一的乳制品，但因我国乳制品发展较晚，且对干酪的口感接受性不强，因此我国干酪消费量较小。

干酪的起源可以一直追溯到新石器时代，即距今大约一万年前，人类开始驯化山羊、骆驼、驯鹿、以及各种母羊，饲养它们并享用其产出的乳的时代。许多古老的文章都提到了干酪的存在，比如伊波克利特、亚里士多德、柏拉图和伊壁鸠鲁等都在他们各自的时代表达了他们对干酪的喜爱。干酪能很好地保留原料乳中所蕴含的蛋白质，其制作方法古老。相传，源于人们对于乳这种特殊食品希望延长其食用期限的愿望。这种固态或半固态的食品是将乳中固形物从液态的乳清中分离出来，经过一段时间（可长可短）的盐渍和成熟而成的。随着干酪需求的增大，使得众多干酪种类应运而生，在1550年时已经有超过50个品种被开发。目前，流通在世界各地的干酪品种有1000多种，多数由欧盟国家生产。

1. 概念和种类

（1）干酪的概念　干酪是一种新鲜或成熟制品，它是在牛乳、稀奶油、脱脂或部分脱脂乳等凝结后通过排放液体（乳清）而得到的。制作过程中通常可添加发酵剂以及凝乳酶，造成其中的酪蛋白凝结，使乳品酸化，再将乳固体分离、压制为成品。大多奶酪呈乳白色到金黄色。传统的干酪含有丰富的蛋白质、脂肪、维生素A、钙和磷。

（2）干酪的分类

①根据干酪不同配料的分类方法：干酪种类很多，通常把干酪划分为天然干酪、融化干酪和干酪食品三大类。

天然干酪：以乳、稀奶油、部分脱脂乳、酪乳或混合乳为原料，经凝乳后，排除乳清而获得的新鲜或经微生物作用而成熟的产品，允许添加天然香辛料以增加香味和滋味。

融化干酪：用一种或一种以上的天然干酪，添加食品卫生标准所允许的添加剂（或不加添加剂），经粉碎、混合、加热融化、乳化后而制成的产品，含乳固体40%以上。此外还有下列两条规定：允许添加稀奶油、奶油或乳脂以调整脂肪含量。添加香料、调味料及其他食品，必须控制在乳固体的1/6以内。不得添加脱脂乳粉、全脂乳粉、乳糖、干酪素以及不是来自乳中的脂肪、蛋白质及碳水化合物。

干酪食品：用一种或一种以上的天然干酪或融化干酪，添加食品卫生标准所规定的添加剂（或不加添加剂），经粉碎、混合、加热、融化而制成的产品。产品中干酪含量必须占50%以上。此外，还规定：添加香料、调味料或其他食品时，需控制在产品干物质的1/6以内；添加不是来自乳中的脂肪、蛋白质、碳水化合物时，不得超过产品的10%。

②按照不同水分含量及成熟方式的分类方法：

（3）国际乳品联盟（IDF，1972）提出以水分含量为标准　将天然干酪分为硬质、半硬质、软质三大类，并根据成熟的特征或固形物中脂肪含量来分类的方案。现在习惯上以干酪的软硬度及与成熟有关的微生物来进行分类和区别。主要干酪分类如表6－23所示。

表 6－23　　干酪的品种分类

种类		与成熟有关的微生物	水分含量/%	主要产品
软质干酪	新鲜	不成熟	40～60	农家干酪（cottage cheese）
				稀奶油干酪（cream cheese）
				里科塔干酪（ricotta cheese）
	成熟	细菌		比利时干酪（Limburg cheese）
				手工干酪（hand cheese）
		霉菌		法国浓味干酪（camembert cheese）
				布里干酪（bire cheese）
半硬质干酪		细菌	36～40	砖状干酪（brick cheese）
				修道院干酪（trappist cheese）
		霉菌		法国羊奶干酪（Roquefort cheese）
				青纹干酪（blue cheese）
硬质干酪	实心	细菌	25～36	荷兰干酪（gouda cheese）
				瑞士干酪（edam cheese）
	有气孔	霉菌		埃门塔尔干酪（Emmentaler cheese）
				瑞士干酪（Swiss cheese）
特硬干酪		细菌	<25	帕尔逊干酪（pamesase cheese）
				罗马诺干酪（romanto cheese）
融化干酪			<40	融化干酪（processed cheese）

（4）干酪的组成　干酪中含有丰富的蛋白质、脂肪、糖类、有机酸、常量矿物元素（钙、磷、钠、钾、镁）、微量矿物元素（铁、锌）以及脂溶性维生素 A、胡萝卜素和水溶性维生素 B_1、维生素 B_2、维生素 B_6、维生素 B_{12}、烟酸、泛酸、叶酸、生物素等多种营养成分。干酪的组成见表 6－24。

表 6－24　　干酪的组成（100g 中的含量）

干酪名称	类型	水分 g	热量/J	蛋白质含量/g	脂肪含量/g	钙含量/mg	磷含量/mg	维生素 A 含量/IU	维生素 B_1 含量/mg	维生素 B_2 含量/mg	烟克酸含量/mg
契达干酪	硬质（细菌发酵）	37	1663	25	32	750	478	1310	0.03	0.46	0.1
法国羊奶干酪	半硬（霉菌发酵）	40	1538	22	30.5	315	184	1240	0.03	0.61	0.2

续表

干酪名称	类型	水分 g	热量/J	蛋白质含量/g	脂肪含量/g	钙含量/mg	磷含量/mg	维生素A含量/IU	维生素B_1含量/mg	维生素B_2含量/mg	烟克酸含量/mg
法国浓味干酪	软质（霉菌发酵）	52	1250	18	24.7	105	339	1010	0.04	0.75	0.8
农家干酪	软质（新鲜不成熟）	79	359	17	0.3	90	175	10	0.03	0.28	0.1

2. 天然干酪的加工工艺

各种天然干酪的生产工艺基本相同，只是在个别工艺环节上有所差异。下面介绍半硬质或硬质干酪生产的基本工艺，工艺流程见图6－17。

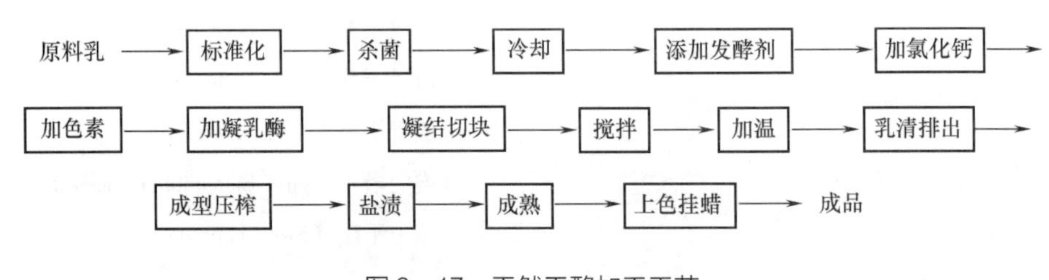

图6－17　天然干酪加工工艺

工艺要点如下：

（1）原料乳的预处理　生产干酪的原料乳，必须经过严格的检验，要求抗生素检验阴性等。除牛乳外也可使用羊乳。检查合格后，进行原料乳的预处理。

①净乳：采用离心除菌机进行净乳处理，不仅可以除去乳中大量杂质，而且可将乳中90%的细菌除去，尤其对密度较大的菌体芽孢特别有效。

②标准化：为了保证每批干酪的成分均一，在加工之前要对原料乳进行标准化处理，包括对脂肪标准化、对酪蛋白以及酪蛋白与脂肪比例（C/F），一般要求C/F＝0.7。

③杀菌：在实际生产中多采用63～65℃、30min的保温杀菌（LTLT）或75℃、15s的高温短时杀菌（HTST）。常采用的杀菌设备为保温杀菌缸或片式热交换杀菌机。为了确保杀菌效果，防止或抑制丁酸菌等产气芽孢菌，在生产中常添加适量的硝酸盐（硝酸钠或硝酸钾）或过氧化氢。硝酸盐的添加量一般为0.02～0.05g/kg（牛乳）。

（2）添加发酵剂和预酸化　原料乳经杀菌后，直接打入干酪槽中，待牛乳冷却到30～32℃后，加入发酵剂。

①干酪发酵剂的种类：在制造干酪的过程中，用来使干酪发酵与成熟的特定微生物培养物称为干酪发酵剂。干酪发酵剂可分为细菌发酵剂和霉菌发酵剂，如表6－25所示。

②干酪发酵的作用：通过添加发酵剂，使乳糖发酵产生乳酸，使乳中可溶性钙的浓度升高，促进凝乳酶的凝乳作用，而且在酸性条件下凝乳酶的活力提高，缩短凝乳时间；有利于乳清排除；发酵剂在成熟过程中，利用本身的各种酶促进干酪的成熟；改进产品的组织状态；防

止杂菌繁殖。

③发酵剂的加入方法：首先应根据制品的质量和特征，选择合适的发酵剂种类和组成。取原料乳量1% ~2%工作发酵剂，边搅拌边加入，并在30 ~32℃条件下充分搅拌3 ~5min。然后在此条件下发酵1h，以保证充足的乳酸菌数量和达到一定的酸度，此过程称为预酸化。

表6 –25　　干酪发酵剂种类及使用范围、作用

发酵剂种类		使用范围
微生物	菌种名	
乳酸球菌	嗜热链球菌（*Streptococcus therepormhilus*）	各种干酪，产酸及风味
	乳酸链球菌（*Str. lactis*）	各种干酪，产酸
	乳脂链球菌（*Str. cremoris*）	各种干酪，产酸
	粪链球菌（*Str. faecalis*）	契达干酪
乳酸杆菌	乳酸杆菌（*Lactobacillus Lactis*）	瑞士干酪
	干酪乳杆菌（*L. casei*）	各种干酪，产酸及风味
	嗜热乳杆菌（*L. thremophilus*）	各种干酪，产酸及风味
	胚芽乳杆菌（*L. plantarum*）	契达干酪
丙酸菌	薛氏丙酸菌（*Propionibacterium shermanii*）	瑞士干酪
短密青霉菌	短密青霉菌（*Penicillium brevicompacitum*）	砖状干酪、林堡干酪
酵母菌	解脂假丝酵母（*Candida lypolytica*）	青纹干酪、瑞士干酪
曲霉菌	米曲霉（*Aspergillus oryzae*）	法国绵羊乳干酪
	娄地曲霉（*Pen. roque forti*）	法国挨门塔尔干酪
	卡门培尔干酪曲霉（*Pen. camenberti*）	卡门培尔干酪

（3）调整酸度与添加剂的加入

①调整酸度：预酸化后取样测定酸度，按要求用1mol/L的盐酸调整酸度至0.20% ~0.22%。

②添加剂的加入：为了改善凝乳的性能，提高干酪的质量，可添加氯化钙来调节盐类平衡，促进凝块形成，黄色色素以改善和调和颜色。氯化钙预先配制成10%的溶液，100kg原料乳中添加5 ~20g（氯化钙）。黄色色素常用胭脂树橙（annato），通常每1000kg原料乳中加30 ~60g，色素用水稀释约6倍，充分混匀后加入。

（4）添加凝乳酶和凝乳形成

①凝乳酶的添加：用1%的食盐水将酶配成2%溶液，按凝乳酶效价和原料乳的量计算后添加到乳中，充分搅拌均匀。

②凝乳的形成：添加凝乳酶后，在32℃条件下静置40min左右，即可使乳凝固。

（5）凝结切块　当乳凝块达到适当硬度时，要进行切割以利于乳清析出。正确判断恰当的切割时机非常重要，如果在尚未充分凝固时进行切割，酪蛋白或脂肪损失大，且生成柔软的干酪；反之，切割时间迟，凝乳变硬不易脱水。切割时机可由下列方法判定：用消毒过的小刀以45°角度插入凝块中，挑开凝块，如裂口恰如锐刀切痕，并呈现透明乳清，即可开始切割。

（6）凝块的搅拌及加温　凝块切割后若乳清酸度达到0.17%～0.18%时，开始用干酪耙或干酪搅拌器轻轻搅拌，搅拌速度先慢后快。与此同时，在干酪槽夹层中通入热水，使温度逐渐升高。升温的速度应严格控制，初始时每3～5min升高1℃，当温度升至35℃时，则每隔3min升高1℃。当温度达到38～42℃（应根据干酪的品种具体确定终止温度）时，停止加热并维持此时的温度。在整个升温过程中应不停地搅拌，以促进凝块的收缩和乳清的析出，防止凝块沉淀和相互粘连。在升温过程中应不断地测定乳清的酸度以便控制升温和搅拌的速度。总之，升温和搅拌是干酪制作工艺中的重要过程，它关系到生产的成败和成品质量的好坏，因此，必须按工艺要求严格控制和操作。

（7）乳清的排除　乳清排除时期对制品品质影响较大，而排出乳清时的适当酸度依干酪种类而异。乳清由干酪槽底部通过金属网排出。排除的乳清脂肪含量一般约为0.3%，蛋白质0.9%。若脂肪含量在0.4%以上，证明操作不理想，应将乳清回收，作为副产物进行综合加工利用。

（8）成型压榨　将堆积后的干酪块装入成型器中压榨成型，压力为0.4～0.5MPa，时间为12～24h，压榨结束后，从成型器中取出的干酪称为生干酪。如果制作软质干酪，则凝乳不需压榨。

（9）加盐　加盐的目的在于改进干酪的风味、组织和外观，排除内部乳清或水分，增加干酪硬度，限制乳酸菌的活力，调节乳酸生成和干酪成熟，防止和抑制杂菌的繁殖。加盐的量应按成品的含量确定，一般在1.5%～2.5%范围内。加盐的方法有三种：干腌法，湿腌法，混合法。

（10）干酪的成熟　将生鲜干酪置于一定温度（10～12℃）和湿度（相对湿度85%～90%）条件下，在乳酸菌等有益微生物和凝乳酶的作用下，经一定时间（3～6个月），使干酪发生一系列物理和生物化学变化的过程，称为干酪的成熟。成熟的主要目的是改善干酪的组织状态和营养价值，增加干酪特有的风味。

硬质干酪在7℃条件下需8个月以上的成熟，在10℃时需6个月以上，而在15℃时则需要4个月左右。软质干酪或霉菌成熟干酪需20～30d。

3. 干酪品质缺陷及质量控制

（1）物理性缺陷及其防治方法

①质地干燥：凝乳块在较高温度下“热烫”引起干酪中水分排除过多导致制品干燥，凝乳切割过小、加温搅拌时温度过高、酸度过高、处理时间较长及原料含脂率低等都能引起制品干燥。对此除改进加工工艺外，也可利用表面挂石蜡、塑料袋真空包装及在高温条件下进行成熟来防止。

②组织疏松：即凝乳中存在裂隙。酸度不足、乳清残留于凝乳块中、压榨时间短或成熟前期温度过高等均能引起此种缺陷。防治方法：进行充分压榨并在低温下成熟。

③多脂性：指脂肪过量存在于凝乳块表面或其中。其原因大多是由于操作温度过高，凝块处理不当（如堆积过高）而使脂肪压出。可通过调整生产工艺来防止。

④斑纹：操作不当引起。特别在切割和热烫工艺中由于操作过于剧烈或过于缓慢引起的。

⑤发汗：指成熟过程中干酪渗出液体。其可能的原因是干酪内部的游离液体多及内部压力过大所致，多见于酸度过高的干酪。所以除改进工艺外，还要注意外部污染。

（2）化学性缺陷及其防治方法

①金属性变黑：由铁、铅等金属与干酪成分生成黑色的硫化物，根据干酪质地的状态不同

而呈绿、灰和褐色等色调。操作是除考虑设备、模具本身外，还要注意外部污染。

②桃红或赤变：当使用色素（annato）时，色素与干酪中的硝酸盐结合而生成更浓的有色化合物。对此应认真选用色素及其添加量。

（3）微生物性缺陷及其防治方法

①酸度过高：主要原因是微生物繁殖速度过快。防止方法：降低预发酵温度，并加食盐以抑制乳酸菌的繁殖；加大凝乳酶添加量；切割时切成微细凝乳粒；高温处理；迅速排除乳清以缩短制造时间。

②干酪液化：通常在干酪中存在有液化酪蛋白的微生物而使干酪液化。此种现象多发生于干酪表面。引起液化的微生物一般在中性或微酸条件下发育。

③发酵产气：通常在干酪成熟过程中能缓缓生成微量气体，但能自行在干酪中扩散，故不形成大量的气孔，而由微生物引起干酪产生大量气体则是干酪的缺陷之一。在成熟前期产气是由大肠杆菌污染，后期产气则是由梭状芽孢杆菌、丙酸菌及酵母菌繁殖的产生的。防止的对策可将原料乳离心除菌或使用产生乳酸链球菌肽的乳酸菌作为发酵剂，也可添加硝酸盐，调整干酪水分和盐分。

④苦味的生成：干酪的苦味是极为常见的质量缺陷。酵母或非发酵剂菌都可以引起干酪苦味。其微弱的苦味可构成契达干酪的风味成分之一，这是由特定的蛋白胨、肽所引起。另外，乳高温杀菌、原料乳的酸度高、凝乳酶添加量大以及成熟温度高均可能产生苦味。食盐添加量过多时，可降低苦味的强度。

⑤恶臭：干酪中如存在厌气性芽孢杆菌，会分解蛋白质生成 H_2S、硫醇、亚胺等。此类物质产生恶臭味。生产过程中要防止这类菌的污染。

⑥酸败：由污染微生物分解乳糖或脂肪等生成丁酸及其衍生物所引起。污染菌主要来自于原料乳、牛粪及土壤等。

四、含乳饮料

1. 概述

（1）含乳饮料的定义　含乳饮料是指以乳或乳制品为原料，加入水及适量辅料调配后，经发酵或不发酵而成的饮料制品。

（2）含乳饮料的分类　根据乳饮料是否经过发酵，可将其分为调配型乳饮料以及发酵型含乳饮料。

调配型含乳饮料：以乳或乳制品为原料，加入水，白砂糖和（或）甜味剂、酸味剂、果粒果料或香精色素等调制而成的饮料。成品中蛋白质含量不低于1%。

发酵型含乳饮料：以乳或乳制品为原料，经乳酸菌等发酵制得的乳液中加入水，白砂糖和（或）甜味剂、酸味剂、果粒果料或香精色素等调制而成的饮料。成品中蛋白质含量不低于1%。根据其是否经过杀菌处理而区分为杀菌（非活菌）型和未杀菌（活菌）型。其中发酵未杀菌（活菌）型含乳饮料出厂时的乳酸菌活菌数须 $\geq 1 \times 10^6$ CFU/mL。

2. 含乳饮料加工工艺及要点

由于发酵型含乳饮料（酸乳饮料）在第4节已经讲述，因此下面主要介绍调配型含乳饮料。

（1）调配型含乳饮料简介　调配型含乳饮料目前在我国乳饮料市场上占有较大份额，比如蒙牛的酸酸乳，优酸乳等。这些年来此类饮料的发展非常迅速，每年增长速度几乎都在20%以上。从目前来看，大多数调配型含乳饮料均采用小塑料瓶包装，容量在 90 ~ 150mL 不等。由于这类包装产品通常都经高温灭菌或超高温瞬时（UHT）灭菌，已达商业无菌要求，故产品保质期常温下一般可达 6 个月。根据人们对健康的要求，生产厂家大多在产品中强化了维生素 A、维生素 D 和钙，并将此产品称为 AD 钙奶饮料等。

调配型含乳饮料的加工一般将除酸化剂之外的配料混合均匀后再采用一定稀释度的酸化剂将混合溶液的 pH 从 6.6 ~ 6.8 调整到 4.0 ~ 4.2，经灭菌灌装而成。也可将牛乳酸度用酸化剂调整到 pH4.0 左右再加入其他配料，再经混合搅拌均匀，热处理，最后进行灌装。典型的调配型含乳饮料的配料成分见表 6 – 26。

表 6 – 26　调配型含乳饮料配料成分

成分	比例
牛乳或复原乳	35% ~ 40%
白砂糖	8% ~ 15%
稳定剂	0.35% ~ 0.6%
柠檬酸钠	0.5%
果汁或果味香精	适量
色素	适量
柠檬酸、乳酸等酸味剂	0.5% 左右，按滴定酸度控制

（2）调配型含乳饮料配料要求及影响因素

①原料乳及乳粉质量：调配型含乳饮料的质量与用作原料的生鲜牛乳或乳粉密切相关，因此必须是高品质的。若以生鲜牛乳为原料，原料乳的质量要求，以及验收、过滤、净化、均质和杀菌等工序同巴氏杀菌乳的生产；若以乳粉为原料复原后应有良好的蛋白质稳定性，乳粉的细菌总数应控制在 10^3 CFU/g。

②稳定剂种类和质量：由于酸性乳饮料很不稳定，容易发生沉淀，因此稳定剂的性质将直接影响到产品的稳定性。酸性乳饮料中常用稳定剂有果胶、大豆水溶性多糖、羧甲基纤维素钠（CMC – Na）和海藻酸丙二醇酯（PGA）等。这些稳定剂都是阴离子多糖，除了通过增加产品的黏度提高产品的稳定性外，主要通过等电点以下和带正净电荷的酪蛋白发生络合作用，吸附在酪蛋白的表面形成保护膜，利用它们之间的静电排斥力和/或空间位阻作用防止酪蛋白的聚集沉淀，从而提高酸性乳饮料产品的稳定性。这些稳定剂中，果胶和大豆水溶液多糖的口感较好，但是成本较高，考虑到成本问题，国内厂家通常采用羧甲基纤维素钠、黄原胶等作为稳定剂。

a. 果胶：对于酸性含乳饮料，最佳的稳定剂是果胶或与其他胶类的混合物。在酸性含乳饮料中应用的果胶均为高甲氧基果胶。在实际生产中，两种或三种稳定剂混合使用比单一使用效果好，使用量根据酸度、蛋白质含量的增加而增加。酸性含乳饮料中稳定剂的用量一般在 1% 以下，同时，应充分溶解后再与乳混合，否则不易混匀。

b. 羧甲基纤维素钠：耐酸的羧甲基纤维素钠（CMC – Na）是一种纤维素衍生物，也是最主要的离子型纤维素胶，因具有独特的增稠、悬浮、黏合、持水等特性，而被广泛应用于个工业领域中。添加食用 CMC – Na 能降低食品生产成本，同时提高食品等级，改善口感，延长保质期。CMC－Na 作为增稠剂、稳定剂、持水性、乳化剂等，被用于酸乳、酸性乳饮料等众多食品中。由于 CMC 带负电荷，又有较好的稳定性，在 pH4～5 时与酸乳制品中的蛋白质基结合形成分散系，形成保护胶纸，因而具有在 pH 低的酸性条件下防止凝集沉淀的作用。

c. 海藻酸丙二醇酯：海藻酸丙二醇酯（PGA）是海藻酸的有机衍生物，是一种高亲水的稳定剂，可与乳蛋白质形成一种复合体，将蛋白质包围起来，达到稳定效果。同时由于 PGA 分子中具有亲水基 NOH 和亲油基 R，因而有良好的乳化效果，在含脂乳饮料中，可使乳脂肪较稳定地存在而不发生上浮现象。PGA 可与耐酸性 CMC－Na、黄原胶、果胶等复配使用。

其他可使用的还有卡拉胶、瓜尔豆胶、黄原胶等。这些稳定剂复配使用，可以达到更好的稳定性效果。

③水的质量：配料用水同其他饮料用水，对用城市自来水作水源的企业目前大多用反渗透（RO）再做进一步软化处理，以达到饮料用水（净化水或纯化水）的要求。若配料使用的水碱度过高，会影响饮料的口感，也易造成蛋白质沉淀、分层。有关调配型含乳饮料的配料水质参见软饮料用水标准。

（3）酸度调节剂　调配型含乳饮料可以使用柠檬酸、乳酸和苹果酸作酸味剂，使用最多的是柠檬酸。用柠檬酸调节 pH 时，一是要注意柠檬酸对口腔有很强的酸刺激；二是柠檬酸钠对 pH 的缓冲作用。否则很容易将柠檬酸的浓度调节过高，即 pH 过低，导致蛋白质的瞬间变性而絮凝，甚至会影响稳定剂的溶解和稳定性。所以配制酸味剂时，一般将其配制成 10%～20% 的溶液，而且添加时最好在 100r/min 左右的转速下采取雾状喷洒的方式，以便充分混匀，避免局部过度酸化，造成蛋白质沉淀。生产上除了采用柠檬酸外还采用苹果酸和乳酸。苹果酸的口感中带有一股淡淡的涩味而为部分消费者所喜爱。乳酸本身的口感较为平淡，但后感较强，可以缓慢释放，而柠檬酸的入口感较为刺激，恰恰与乳酸具有互补功效。为了使酸味更加和谐，实际生产过程中常采用柠檬酸、苹果酸和乳酸的混合物。

（4）调配型含乳饮料生产工艺流程　以生鲜牛乳或乳粉为原料的调配型含乳饮料生产工艺流程如图 6－18 所示。

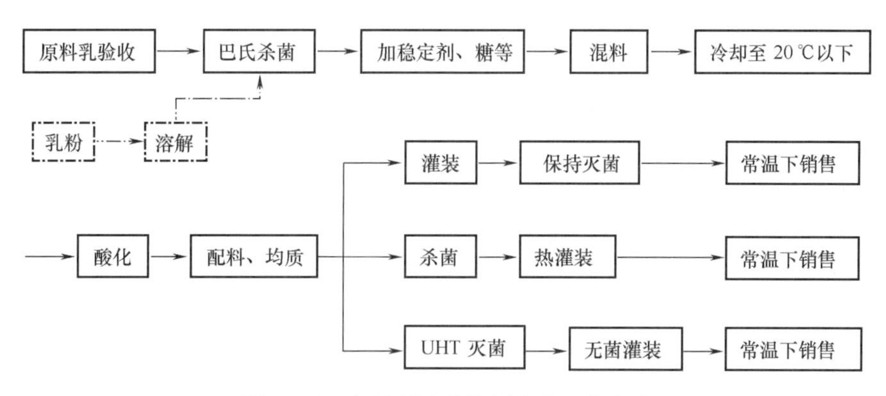

图 6－18　调配型含乳饮料生产工艺流程

注：虚线部分为备选项

（5）工艺要点

①乳粉复原：首先用一半的水来溶解乳粉，在保证乳粉能很好复原的情况下，水温应尽可能低，因为高温对乳粉蛋白质有影响，很难达到理想的混料效果。尤其需要严格控制原料质量、

混料时间、水、温度和复原乳贮存时间。

②溶糖：将白砂糖在90℃以上溶解成65%～70%的糖浆，保温10min杀菌，然后冷却至65℃，加入到配料容器中。

③稳定剂溶解和混合：稳定剂在水中不容易溶解，因此需要采用一定的方法才能将稳定剂均匀地溶解在液体中，以下为比较常用的稳定剂溶解方法：

方法一：在高速搅拌下（2500～3000r/min）下，将稳定剂慢慢地加入冷水中溶解或将稳定剂溶于60～80℃的热水中溶解。

方法二：将稳定剂与5～10倍质量的白砂糖预先混合，然后在正常搅拌速度下将稳定剂和糖混合物缓慢加入到70～80℃的热水中溶解。

方法三：将稳定剂溶液在正常搅拌速度下缓慢加入到饱和糖溶液中，因稳定剂不溶于饱和糖溶液，搅拌和缓慢加入利于其均匀地分散于溶液中。

④酸化：酸化过程是调配型含乳饮料生产中最重要的步骤，成品品质取决于调酸过程。酸化过程中应控制好酸化的温度，搅拌的速度以及加酸的速度。为得到较好的酸化效果，酸化前应将牛乳（复原乳）温度降至20℃以下。为保证酸溶液与牛乳充分地混合，混料罐应配备一只高速搅拌器（2500～3000r/min）。同时酸液应缓慢地加到配料罐内的湍流区域，以保证酸液能迅速、均匀地分散于牛乳中。加酸过快会造成局部过酸，使酸化过程形成的酪蛋白颗粒粗大，产品易产生沉淀。若有条件的话，在搅拌的同时，将酸液薄薄地喷洒到牛乳的表面，从而得到较和缓的酸化效果。为易于控制酸化过程，通常先将酸液稀释成10%或20%的溶液。同时为避免局部酸度偏差过大，酸化前在酸液中加入一些缓冲盐类如柠檬酸钠等。为保证酪蛋白颗粒的稳定性，升温及均质前，应先将牛乳的pH降至4.0以下。

⑤配料、均质：酸化过程结束后，边搅拌边按配方要求将香精、色素、有机酸等配料加入酸化的牛乳进行均质，有条件的话同时进行快速质量指标的检测验证，配制成含乳饮料液。香精色素用量少，为了混合均匀应调配成一定浓度的溶液后加入，不能受热的材料应在杀菌冷却后加入。

一般均质工艺参数为温度60～65℃，一级均质压力15～20MPa，二级均质压力5MPa。

⑥灭菌：由于调配型含乳饮料的pH一般在3.8～4.2，属高酸食品，理论上说，采用95℃、30s的高温短时间杀菌条件即可达到商业无菌。但考虑各个工厂卫生情况及操作情况，通常大多数工厂对无菌包装的产品均采用105～115℃、15～30s的杀菌方式，有的还用137℃、4s的UHT超高温瞬时杀菌方式，然后在无菌的条件下灌装于包装容器中。

（6）生产中常见质量问题及控制措施

①沉淀及分层：沉淀是调配型含乳饮料生产中最为常见的质量问题，主要原因如下：

a. 选用稳定剂不合适：所选稳定剂在产品保质期内达不到应有的效果。为解决此问题，应考虑采用果胶或其与其他稳定剂复配使用。一般采用纯果胶时候，用量为0.35%～0.6%，但具体的用量和配比必须通过实验来确定。

b. 酸液浓度过高：调酸时，若酸液浓度过高，就很难保证在局部牛乳与酸液能良好地混合，从而导致局部酸度过大，乳中酪蛋白沉淀。解决办法是酸化前，将酸稀释为10%或20%的溶液，也可在酸化前将一些缓冲盐类如柠檬酸钠等加入到酸液中。

c. 调配罐内搅拌速度过低：酸化时搅拌速度过低，就很难保证整个酸化过程中酸液与牛乳能均匀地混合，从而导致局部pH过低，产生蛋白质沉淀。因此，须选配一台带高速搅拌器的配料罐。

d. 调酸过程加酸过快：加酸速度过快，可能导致局部牛乳与酸液混合不均匀，使形成的酪蛋白颗粒过大，且大小分布不匀，若此时采用正常的稳定剂用量，就很难保持酪蛋白颗粒的悬浮，因此整个调酸过程加酸速度不宜过快。

②产品口感过于稀薄：有时生产出来的酸性含乳饮料喝起来像淡水一样，给消费者的感觉是厂家偷工减料，欺骗了消费者。造成此类问题的原因有以下几点：原料乳固形物含量过低，蛋白质含量不足，使产品口感稀薄；乳含量不足；稳定剂使用不当，造成蛋白质在加酸过程中絮凝沉淀，过滤后导致产品稀薄。因此，生产前应确认是否采用了品质合格的乳粉及杀菌前检测产品的固形物含量是否符合标准。

第七节　乳品加工典型案例

目前，市场上销售的乳制品琳琅满目，种类繁多。比较有代表型的产品有儿童牛奶（调制型牛奶），大果粒酸奶（搅拌型果料酸奶），营养舒化奶（乳糖水解牛奶），酸酸乳/优酸乳（调配型乳饮料），农家奶酪（新鲜软质干酪）等。

一、儿童成长牛乳

儿童成长牛乳属于一款富含儿童成长所需营养素的调制型牛乳。该产品针对儿童成长的营养需要，在纯牛乳的基础上调整各元素的配比，使其口感和营养适合儿童的需要。比较典型的例子有蒙牛未来星儿童牛奶和伊利 QQ 星儿童牛奶等。

要开发儿童成长牛乳，首先要考虑儿童的营养需要。对于儿童时期，在营养需求上主要有以下特点：

①能量：儿童时期生长发育旺盛，基础代谢率高，又活泼好动，故需要的能量较多。

②蛋白质：儿童蛋白质的需要量随着生长发育尤其是肌肉发育的程度而增多，12 岁以上的儿童每日摄入的蛋白质问题则要超过其父母。还要注意选择优质蛋白质和摄入足够的能量以保证蛋白质能在体内被有效利用。

③矿物质：由于骨骼的快速增长，儿童对矿物质尤其是钙、磷、铁的需要量很大。根据我国营养学会推荐的矿物质供给量三岁以上儿童的量与成年人相同，10～13 岁儿童钙的供给量高于成年人，而 10～13 岁儿童铁和锌的供给量与成年男性相同。

④维生素：维生素 A 和维生素 D 与生长发育关系密切，可提高肌体对钙、磷的吸收，促进生长和骨骼钙化，促进牙齿健全。

因此在儿童乳的配方设计上应保证充足优质的蛋白质，而且还需要添加一定的微量元素。除此外为了促进儿童大脑的发育通常还会添加 DHA 和牛磺酸等。

1. 产品配方

表 6－27 为儿童成长牛乳的参考配方，该配方主要通过在纯牛乳的基础上添加维生素 A、维生素 D 以及牛磺酸而制成。

表 6－27　　儿童成长牛乳参考配方表

原辅料	含量
鲜牛乳	974g/L
白砂糖	25g/L
蔗糖脂肪酸酯	0.2g/L
抗坏血酸	0.1g/L
磷酸三钠	0.1g/L
牛磺酸	0.3g/L
维生素 A	150～250IU
维生素 D	100～200IU

2. 生产工艺流程

白砂糖、乳化剂等（↓加入配料）；维生素 A、维生素 D、牛磺酸、抗坏血酸（↓加入混合）

原料乳验收→过滤、净化→标准化→配料→均质→杀菌→冷却→混合→灌装→成品

3. 工艺要点

由于该产品属于调制型牛乳，因此加工方式与花色乳的加工工艺很相似。不同之处在于该产品中需要添加维生素 A、维生素 D、抗坏血酸以及牛磺酸，加热容易造成此类物质的损失，所以在设计工艺时可考虑在灭菌冷却之后加入。而对热不敏感的其他配料，如白砂糖、乳化稳定剂等可在配料时添加。

二、农家干酪

农家干酪是未经成熟直接食用的新鲜软质干酪，在凝乳颗粒外包裹着一层加盐的稀奶油，风味清爽、新鲜，具有柔和的酸味和香味，在欧洲是非常受欢迎的干酪品种。因其含有较高的水分含量（约 80%），因此与硬质干酪相比（如 Cheddar 的水分含量<39%，保质期在冷藏条件下可达数年），农家干酪保质期相对较短。农家干酪的口味较淡，很适合中国人，食用方法多样，既可以用来涂抹面包，也可以作为水果和蔬菜的沙拉酱，另外也可用于焙烤和烹饪。

最初的农家干酪来自于自然“凝结”的牛乳。老人将脱脂后的生牛乳放入一个罐子里，搁在了一个温暖的火炉后面。牛乳中天然存在的产酸细菌发酵乳糖，产生了乳酸，牛乳凝结了。经过切割和加热，再跟先前分离出的乳脂混合，就制成了农场的罐装干酪，也就是现在农家干酪的前身。

1. 工艺流程

农家干酪是以脱脂乳为原料，通过酸凝乳，切割，加热，排乳清，最后与稀奶油混合而制成。制作工艺按凝乳时间不同，可以分为短时凝乳和长时凝乳两种。凝乳酶可加也可不加。工艺如下：

脱脂乳→巴氏杀菌→冷却→添加发酵剂→凝乳→切块→静置→加热及搅拌→排乳清→加水→搅拌→排乳清→混匀→包装→成品

↑（混匀）

稀奶油→巴氏杀菌→冷却→添加辅料

2. 工艺要点

（1）原料乳及预处理　农家干酪是以脱脂乳或浓缩脱脂乳为原料，一般用脱脂乳进行标准化调整，使无脂固形物达到8.8%以上。然后对原料乳进行63℃、30min或72℃、16s的杀菌处理。

（2）发酵剂的添加　将杀菌后的原料乳注入干酪槽中，保持在25～30℃，添加制备好的生产发酵剂（多由乳酸链球菌和乳油链球菌组成）。添加量：短时法（5～6h）5%～6%，长时法（16～17h）1.0%。加入前要检查发酵剂的质量，加入后应充分搅拌。

（3）凝乳的形成　凝乳是在25～30℃条件下进行。一般短时法需静置4.5～5h以上，长时法则需12～24h。当乳清达到0.5%～0.52%（pH4.6时）凝乳完成。

（4）切割、加温搅拌

①切割：当酸度达到0.5%～0.52%（短时法）或0.52%～0.55%（长时法）时开始切割。用水平和垂直式刀分别切割凝块。凝块的大小为1.8～2.0cm（长时法为1.2）。

②加温搅拌：切割后静置15～30min，加入45℃温水（长时法按30℃温水）至凝块表面10cm以上位置。边缓慢搅拌，边在夹层加温，在45～90min内达到49℃（长时法2.5h达到49℃），搅拌使干酪粒收缩至0.5～0.8cm大小。

（5）排除乳清及干酪粒的清洗　将乳清全部排出后，分别用29、16、4℃的杀菌纯水在干酪槽内漂洗干酪粒三次，以使干酪粒遇冷收缩，互相松散，并使温度保持在7℃以下。

（6）堆积、添加风味物质　水洗后将干酪粒堆积于干酪槽的两侧，尽可能排出多余的水分。再根据实际需要加入各种风味物质，最常见的是加食盐（1%）和稀奶油，使成品乳脂达到4%～4.5%。

（7）包装与贮藏　一般多采用塑料杯包装，应在10℃以下贮藏并尽快食用。

三、调配型含乳饮料

目前，市场上调配型的含乳饮料品种较多，比较典型的有蒙牛的酸酸乳、伊利的优酸乳、娃哈哈营养快线等。这类产品含奶量在30%～35%，主要是通过酸化剂、甜味剂及香精来调整产品的风味，有的还在其中添加了果汁，强化了牛磺酸、维生素E、维生素B_3以及锌等多种营养成分。使其不仅具有良好的口感还具有丰富的营养。

调配型含乳饮料的加工工艺都很相似，因在本章第6节中已介绍过工艺，在此不作介绍。每种产品的不同主要来自于他们的配方的不同，下面以表6－28为例介绍某产品的配方。

表6－28　调配型含乳饮料参考配方　单位：g/L

原料	含量	原料	含量
全脂乳粉	42	乳酸	2
白砂糖	50	苹果酸	0.4
果葡糖浆	12	柠檬酸	2
甜蜜素	0.2	柠檬酸钠	0.5
AK糖（50倍）	0.15	奶油香精	0.12
调配型酸奶稳定剂	4	酸乳香精	0.3
山梨酸钾	0.2	草莓香精	0.2

本配方中主要有以下几个特点：

①原料乳：本产品的原料乳由乳粉还原，在使用时首先应清楚全脂乳粉中的蛋白质含量，根据产品中需要的蛋白质含量来换算产品中应该添加多少乳粉。在操作过程中先将乳粉用水溶解后再添加其他物料。

②甜味剂：甜味剂是调配型乳饮料必不可少的配料之一。糖类一般以白砂糖为主，也可用果葡糖浆或适当添加阿斯巴甜、蛋白糖等甜味剂。在本产品中使用了白砂糖、果葡糖浆、甜蜜素和 AK 糖来增加产品的甜度。从用量上来讲，白砂糖是最主要的。白砂糖既是甜味剂，使产品具有一定的甜味，改善风味；又是主要配料，提高产品的固形物含量和黏度；甜蜜素为白砂糖的 30～40 倍，价格仅为蔗糖的 1/3，而且它不像糖精那样用量稍多时有苦味；AK 糖的甜度为白砂糖的 50 倍，易溶于水，增加食品甜味，没有营养，口感好，无热量，具有在人体内不代谢、不吸收、对热和酸稳定性好等特点，是当前世界上第四代合成甜味剂。它和其它甜味剂混合使用能产生很强的协同效应，一般浓度下可增加甜度 30%～50%。因此，多种甜味剂复配使用不仅使甜味更加和谐，因此具有增效作用。所以，本配方中用 AK 糖和甜蜜素替代部分白砂糖既可以降低产品的成本，又可以减少产品的热量，具有一举两得的效果。

③ 酸味剂：酸甜可口是调配型酸奶最大的特点。一般可用柠檬酸、苹果酸、乳酸、酒石酸及混合酸等酸味剂进行调酸。该产品主要选用了乳酸、苹果酸和柠檬酸。柠檬酸是食品工业最常用的酸味剂，但是为了凸显产品更加丰富的酸味感受，该产品还选用了与乳酸和苹果酸的复配。在食品工业中，乳酸作为酸味剂，它与柠檬酸、醋酸和苹果酸比较，既能使食品具有微酸性，又不掩盖水果和蔬菜的天然风味与芳香，常和糖类及甜味剂并用改善食品风味抑制微生物，护色，改善黏度，使氧化剂增效和起螯合作用。在饮品领域，乳酸可以调节软饮料的风味特性。L－苹果酸是生物体三羧酸的循环中间体，口感接近天然果汁并具有天然香味，与柠檬酸相比，产生的热量更低，口味更好，因此可用于酒类、饮料、果酱、口香糖等多种食品的生产中，并有逐渐替代柠檬酸的势头。是目前世界食品工业中用量最大和发展前景广阔的有机酸之一。

④稳定剂：含乳饮料的稳定剂主要使用耐酸性的羧甲基纤维素钠（CMC－Na）和藻酸丙二醇酯（PGA），此外还可使用琼脂和明胶。稳定剂对乳酸菌饮料的组织状态和稳定性起着关键的作用，使用量在 0.35% 以下。添加时要考虑稳定剂的黏度，黏度过高会产生糊口感。

⑤香精、色素：含乳饮料的风味以香型为首选。常用柑橘系列的果汁香精或菠萝香精，其次是香蕉、木瓜、草莓、芒果等香精。一般使用焦糖色素或β－胡萝卜素调色，调色时应注意，其既可作为色素，同时也是营养强化剂，故用作色素时还要考虑按 GB 2760—2014《食品添加剂使用标准》和 GB 14880—2012《食品营养强化剂使用标准》的使用范围和剂量，避免违规添加。选用色素时要根据产品的香型决定，色、香、味互相吻合。

四、 巴氏杀菌风味酸乳

巴氏杀菌风味酸乳是指一类在搅拌型酸乳的基础上通过巴氏杀菌处理延长酸乳保质期，并可在常温下存放的酸牛乳。比较典型的代表有安幕希巴氏杀菌热处理风味酸乳。此类产品配方上和搅拌型酸乳相似，加工工艺上在发酵结束后期添加了巴氏杀菌工艺，在常温下可保存 5～6 个月的时间。

1. 巴氏杀菌风味酸牛乳的加工保存原理

首先我们来分析一下此类产品的加工保存原理。一般提到巴氏杀菌都应该知道此类杀菌方式只能杀灭产品中大部分微生物，会有部分微生物残留，从而影响产品的保质期，所以我们常见的巴氏杀菌乳只能在冰箱中保存，而且保质期只有3～7d。为什么此类产品可以在常温保存5～6个月呢？主要区别在于：a. 巴氏杀菌乳杀菌的原料为原料乳，乳中含有多种不同的微生物，它们的耐热条件不同，经过巴氏杀菌，耐热的微生物仍然能存活；而巴氏杀菌酸乳中，杀菌对象是已经发酵好的酸乳，此中间产品前期是已经经过杀菌，然后接种发酵剂进行发酵之后生产出来的，所以里面主要含有的微生物是乳酸菌。乳酸菌是一类耐热性不强的微生物，因此经过巴氏杀菌可消灭里面几乎所有的微生物。b. 两类产品杀菌的pH条件不同，pH会影响杀菌效果，pH越低，同样的杀菌条件杀菌效果越好。酸乳一般pH在4.5以下，属于酸度较高的产品，而新鲜牛乳pH在6.5左右，因此，在酸乳的酸度条件下，微生物更容易被杀灭。因此同样是巴氏杀菌的产品，酸乳可以在常温下保存5～6个月的时间。

2. 产品配方

此类产品的配方如表6－29。

表6－29　　巴氏杀菌风味酸乳参考配方

原料	含量/（g/L）	备注
生牛乳	800	
白砂糖	70	
乳清蛋白粉	10	
乙酰化淀粉磷酸酯	2	
果胶	2	
琼脂	1	
双乙酰酒石酸单双甘油酯	1	
结冷胶	1	
食用香精	0.5	
保加利亚乳杆菌	10^6CFU/100g	接种量
嗜热链球菌	10^6CFU/100g	接种量

此配方中，生牛乳的用量按照风味牛乳的乳含量80%添加，为了增加蛋白质及固形物含量，添加了乳清蛋白粉。搅拌型酸乳通常容易出现乳清分离的现象，通常添加稳定剂来改善产品的组织状态。本配方中采用的是多种稳定剂复配来达到此目的，用到的增稠及乳化稳定剂包括乙酰化淀粉磷酸酯、果胶、琼脂、双乙酰酒石酸单双甘油酯、结冷胶，这些稳定剂通常具有一定的增效作用，共同作用会使搅拌型酸乳呈现浓稠的质感。食用香精在原味的风味酸乳中通常使用的有酸奶香精，香精的添加量不应过浓，否则会使酸乳原有的发酵香味被掩盖。虽然此产品属于灭菌型产品，但是也有乳酸菌发酵生产的，含有乳酸菌的代谢产物，而且某些菌体裂解后仍然具有一定的功能性因子，因此在本配方也注明了所用的乳酸菌菌种及用量。

3. 加工工艺流程及要点

原料乳验收→标准化→配料→均质→杀菌→冷却→添加发酵剂→发酵罐中发酵→搅拌→巴氏杀菌→冷却→添加香精→灌装→成品

工艺要点：①生牛乳要符合原料乳的收购标准，而且不能含有任何的抗菌性成分；②白砂糖和稳定剂可在配料时一并添加；③第一次杀菌可采用95℃，5min或高温短时杀菌，主要是杀灭致病菌或绝大多数腐败微生物；④第二次杀菌采用65～70℃，5～10min；⑤香精一般不耐热，所以添加一般在杀菌冷却之后。

五、 乳糖水解乳

乳糖不耐受症，又称乳糖消化不良或乳糖吸收不良，是指人体内不产生分解乳糖的乳糖酶的状态。它是多发生在亚洲地区的一种先天的遗传性疾病。由于患者的肠道中不能分泌分解乳糖的酶，而使乳糖消化、吸收，为人体所用。乳糖会在肠道中被细菌分解变成乳酸，从而破坏肠道的碱性环境，而使肠道分泌出大量的碱性消化液来中和乳酸，所以容易发生轻度腹泻。

为了解决乳糖不耐受症的问题，很多学者和厂家开始研究低乳糖牛乳，乳糖水解技术［低温（乳糖酶）水解技术］应运而生。低温乳糖酶水解技术是指在40℃左右，在不破坏牛乳中其他营养成分的同时，用乳糖酶将牛乳中90%以上的乳糖水解成更易被人体吸收的半乳糖和葡萄糖的一种技术。伊利营养舒化奶、蒙牛低乳糖牛乳等都属于这样一类产品。

1. 低乳糖乳的加工方法

（1）物理法生产低乳糖牛乳　采用物理方法如利用超滤技术可将大部分乳糖从乳中去掉，但问题是维生素和矿物质也将和乳糖一起损失掉，不得不在去除乳糖后再将它们添加进去。这也造成了某些营养素的浪费。

（2）酶水解法生产低乳糖牛乳　酶水解法即利用外源性的乳糖酶将乳糖降解为易被人体吸收利用的单糖。该法水解条件温和，产物简单，口感好，不会破坏乳中的其它营养成分。迄今为止，酶水解法是最安全、实用、有效的生产低乳糖牛乳的方法。

因此，下面以酶水解法生产低乳糖牛乳为例介绍其工艺流程。

2. 酶水解生产低乳糖牛乳的生产工艺流程

乳糖酶　添加抗褐变成分

原料乳净化→均质→巴氏杀菌→酶解→杀菌→冷却→灌装→成品

和一般的液体乳工艺相比，酶解法生产低乳糖牛乳的工艺最大的区别在于：

①需要将牛乳进行两次杀菌处理，第一杀菌是在酶解前，主要是杀灭里面的致病菌以及大部分腐败微生物，如果不杀菌处理，后续酶解温度下微生物容易生产，引起产品腐败变质。杀菌条件92～95℃，5min，然后冷却至38～40℃（中温水解）或6～12℃（低温水解）。

②酶解工艺：乳糖酶加入到经巴氏杀菌后并冷却至酶作用的最佳温度的牛乳中，待乳糖酶在此温度下作用一段时间，达到所要求的乳糖水解度后，再将产品进行灭菌处理。

③添加抗褐变成分：在杀菌处理之前，需添加抗褐变的成分，以防止在高温条件下蛋白质与乳糖分解的单糖之间发生美拉德反应。

3. 酶解法生产低乳糖牛乳的特点及注意事项

酶法处理降解乳糖的工艺其优点是设备投资低，缺点是酶作用时很容易受到微生物的污染，而且酶作用时间较难控制。同时由于乳糖分解后转变为还原型的葡萄糖和半乳糖，在灭菌处理时由于美拉德反应产品容易出现褐变，从而影响产品的感官质量。

在生产过程中应注意以下问题

（1）生产中所使用的牛奶必须是新鲜无污染的，其酸度应≤18°T。

（2）在酶解的过程中，牛乳的 pH 应控制在 6.6 ~ 6.8。常规有序的 pH 核查也是一种良好而行之有效的监测污染的方法。因为在受到污染的情况下，牛奶的酸度值会升高，从而导致其 pH 下降。

（3）水解罐最好采用小口发酵罐，并在使用前用蒸气充分灭菌 5 ~ 10min。

（4）中温乳糖水解时要启动搅拌器；低温乳糖水解时要间歇启动搅拌器。

（5）在酶解的过程中温度的控制是至关重要的。因为在温度高于 40℃ 或低于 0℃ 的情况，乳糖酶是没有任何活力的。

六、活菌型乳酸菌含乳饮料

根据乳酸菌的存活状态，发酵型乳酸菌含乳饮料可以分为活菌型和灭菌型两种，由于活菌型乳酸菌含乳饮料具有较好的营养保健作用，越来越受到消费者青睐。此类产品比较典型的代表有养乐多，优益 C 等。其和杀菌型乳酸菌含乳饮料相比，由于含有活性益生菌，保质期较短，而且需要在低温条件下冷藏。

表 6 – 30 所示为活菌型乳酸菌含乳饮料的参考配方。该配方以发酵乳作为调配的基础，然后添加稳定剂、白砂糖、酸味剂等进行调配。具体工艺流程见图 6 – 19。

表 6 – 30　发酵型乳酸菌含乳饮料（橘子味）参考配方　单位：%

成分	含量	成分	含量
发酵乳（固形物 10%）	35	柠檬酸	0.10
稳定剂（CMC、黄原胶）	0.35	苹果酸	0.15
柠檬酸三钠	0.02	白砂糖	8
橘子香精	0.02	水定容至 100%	
浓缩橘汁	8		

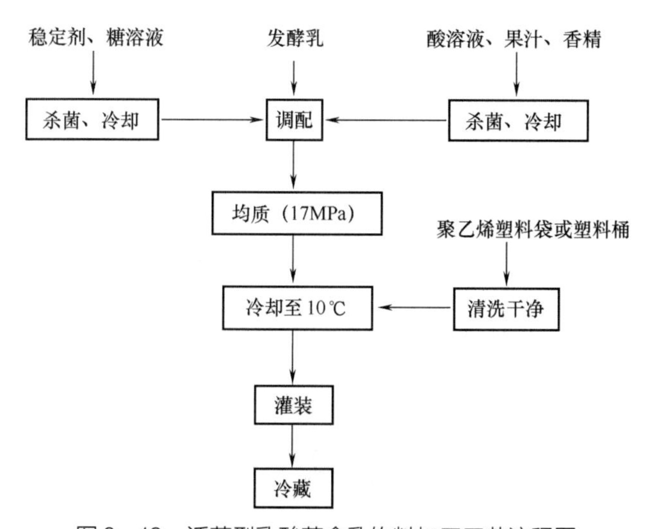

图 6 – 19　活菌型乳酸菌含乳饮料加工工艺流程图

根据工艺流程，分析一下该产品的生产工艺要点：

（1）该产品直接将发酵乳作为原料来进行调配。由于发酵乳中含有活性的乳酸菌，而本产品生产的为含活菌的乳酸菌饮料，后续将不再有杀菌处理工艺，所以稳定剂、酸溶液等的添加必须在杀菌冷却之后添加进去，否则容易造成产品的污染。

（2）发酵型含乳饮料（乳酸菌饮料）的发酵过程与酸乳不同之处在于，酸乳生产是先将白砂糖等配料加入乳中后再发酵，其中糖等配料的渗透压可能会对菌种生长发酵产生一定的影响。而乳酸菌饮料使用的酸乳可加（也可不加）糖等配料发酵。因此发酵的过程和终点可能有所不同，厂家可根据自己对乳酸菌饮料的酸乳配料要求来确定发酵终点。若生产高黏度的乳酸菌饮料，发酵后应将所有离心泵换为螺杆泵，同时混料时应避免搅拌过度。

（3）配料后应充分搅拌均匀，然后进入均质。为获得最佳均质效果须将配料温度调整到45℃，因为如果低于20℃，稳定剂不易融入乳液中；但温度高于50℃时，一方面引起大部分活菌被杀死，酪蛋白也易形成较硬的颗粒产生沉淀。均质后的配料液要继续慢慢搅拌，以促进水合、防止粒子的再结合。

（4）灌装　由于此类产品属活菌型产品，且须保持一定数量的活菌，因此其灌装方式应选用低温或无菌灌装，有的产品还要适当添加防腐剂（注意防腐剂本身对菌种的影响），以延长保质期。

第八节　综合实验

一、　牛乳新鲜度的检测

牛乳的新鲜程度将直接影响到生产出的乳制品的质量，因此对牛乳新鲜度进行测定是生产优质乳制品的前提。由于牛乳中含有丰富的乳糖，可在微生物的作用下分解成乳酸使牛乳酸度增高，从而导致牛乳中蛋白质变性，对加工造成影响。

1. 实验目的

牛乳新鲜度变化会引起牛乳感官、理化及微生物指标的变化，因此可以通过感官分析、酸度测定及煮沸实验来判断牛乳的新鲜度。

2. 实验原理

（1）原料乳的感官检验

①原理：正常新鲜的牛乳应为乳白色或略带黄色；具有特殊的乳香味；稍有甜味；组织状态均匀一致，无凝块和沉淀，不黏滑。当牛乳变得不新鲜时，产品的风味、组织状态等都会发生变化。

②鉴定标准：如表6－31所示。

表6－31　原料乳感官品质鉴定标准

类别	良质鲜乳	次质鲜乳	劣质鲜乳
色泽	呈乳白色或稍带微黄色	色泽较良质鲜乳稍差，白色中稍带青色	呈浅粉色或显著的黄绿色，或是色泽灰暗

续表

类别	良质鲜乳	次质鲜乳	劣质鲜乳
气味	具有乳特有的乳香味，无其他任何异味	具有乳固有的香味或稍有异味	有明显的异味，如酸臭味、牛粪味、金属味、鱼腥味、汽油味等
滋味	具有鲜乳独具的纯香味，滋味可口而稍甜，无其他任何异常滋味	有微酸味（即乳已开始酸败），或有其他轻微的异味	有酸味、咸味、苦味等
组织状态	呈均匀的流体，无沉淀、凝块和机械杂质，无黏稠和浓厚现象	呈均匀的流体，无凝块，但可见少量微小的颗粒，脂肪聚黏表层呈液化状态	呈稠而不匀的溶液状，有乳凝结成的致密凝块或絮状物

（2）酸度的测定　乳挤出后在存放过程中，由于微生物的活动，分解乳糖产生乳酸，而使乳的酸度升高。通过测定乳的酸度，可评定乳是否新鲜（表 6－32）。乳的滴定酸度常用吉尔涅尔度（°T）和乳酸度（乳酸%）表示。吉尔涅尔度（°T）是以中和 100mL 乳中的酸所消耗 0.1mol/L NaOH 的毫升数来表示。每消耗 1mL 的 0.1mol/L NaOH 为 1°T。

表 6－32　　乳滴定酸度与牛乳品质的对应关系

滴定酸度/°T	牛乳品质	滴定酸度/°T	牛乳品质
<16	加碱或加水等异常乳	>25	酸性乳
16～20	正常的新鲜乳	>27	加热凝固
>21	微酸性乳	>60	酸化乳，能自身凝固

（3）酒精试验　乳中酪蛋白胶粒带有负电荷。酪蛋白胶粒因具有亲水性，在胶粒周围形成了结合水层。所以，酪蛋白在乳中以稳定的胶体状态存在。当乳的酸度增高时，酪蛋白胶粒带有负电荷被（H^+）中和。酒精具有脱水作用，浓度越大，脱水作用越强。酪蛋白胶粒周围的结合水层易被酒精脱去而发生凝固。

乳中蛋白质遇到同一浓度的酒精，其凝固现象与乳的酸度成正比，即凝固现象越明显，酸度越大；否则，相反。因此通过一定浓度的酒精可以测定牛乳的酸度，从而判断牛乳的新鲜度（表 6－33）。

表 6－33　　原料乳酒精试验判定标准表

酒精浓度	不出现絮片的酸度
68%	20°T 以下
70%	19°T 以下
72%	18°T 以下

注：试验温度以 20℃ 为标准。

（4）煮沸试验　乳的酸度越高，乳中蛋白质对热的稳定性越低，越易凝固。根据乳中蛋白质在不同温度时凝固的特征，可判断乳的新鲜度。

如果产生絮片或发生凝固，则表示不新鲜，酸度大于26°T，原料乳煮沸试验的判定标准见表6－34。

表6－34　原料乳煮沸试验判定标准表

乳的酸度/°T	凝固条件	乳的酸度/°T	凝固条件
18	煮沸时不凝固，无明显絮片	40	加热至63℃以上时凝固
20	煮沸时不凝固，有少量絮片	50	加热至40℃以上时凝固
26	煮沸时不凝固，有明显絮片	60	22℃时自行凝固
28	煮沸时不凝固，有大量絮片	65	16℃时自行凝固
30	加热至77℃以上时凝固		

3. 实验方法

新鲜牛乳500mL，分装到5个三角瓶，每个100mL，密封，将其放入4℃冰箱中，每天用1瓶牛乳进行下述实验。

（1）感官评定　取乳样50mL于三角瓶中，少量用于观察颜色，其余牛乳放在电炉加热，按照表6－35操作，观察并记录实验结果。

表6－35　原料乳感官评定方法

鉴定类别	操作方法
色泽鉴定	在白瓷皿中倒入少量乳并观察其颜色
气味鉴定	将乳加热后，闻其气味
滋味鉴定	取少量乳用口尝之
组织状态鉴定	将乳倒入小烧杯内静置1h左右后，再小心将其倒入另一小烧杯内，仔细观察第一个小烧杯内底部有无沉淀和絮状物。再取1滴乳于大拇指上，检查是否黏滑

（2）酸度的测定　取乳样10mL于150mL三角瓶中，再加入20mL蒸馏水和0.5mL0.5%酚酞液，摇匀，用0.1mol/L（近似值）NaOH溶液滴定至微红色，并在1min内不消失为止。记录NaOH所消耗的体积。

计算滴定酸度：

$$\text{吉尔涅尔度}(°\text{T}) = A \times F \times 10$$

式中　A——滴定时消耗NaOH体积，mL；

F——NaOH的实际浓度与0.1mol/LNaOH的比值；

10——乳样的倍数。

（3）酒精实验　取试管3支，编号（1、2、3号），分别加入同一乳样1～2mL，1号管加入等量的68%酒精；2号管加入等量的70%的酒精；3号管加入等量的72%酒精。摇匀，然后观察有无出现絮片，确定乳的酸度，并记录结果。

（4）煮沸实验　取10mL乳，放入试管中，置于沸水浴中5min，取出观察管壁有无絮片出现或发生凝固现象。

4. 结果记录

将实验结果记录在表6－36中。

表6－36　　实验结果记录表

<table>
<tr><td colspan="2">实验名称</td><td colspan="5"></td></tr>
<tr><td colspan="2">专业年级</td><td colspan="2"></td><td>班级</td><td colspan="2"></td></tr>
<tr><td colspan="2">学生姓名</td><td colspan="2"></td><td>指导教师</td><td colspan="2"></td></tr>
<tr><td colspan="7"></td></tr>
<tr><td colspan="2" rowspan="2">实验项目</td><td colspan="5">牛乳存放天数</td></tr>
<tr><td>第1d</td><td>第2d</td><td>第3d</td><td>第4d</td><td>第5d</td></tr>
<tr><td rowspan="4">感官实验</td><td>色泽</td><td></td><td></td><td></td><td></td><td></td></tr>
<tr><td>气味</td><td></td><td></td><td></td><td></td><td></td></tr>
<tr><td>滋味</td><td></td><td></td><td></td><td></td><td></td></tr>
<tr><td>组织状态</td><td></td><td></td><td></td><td></td><td></td></tr>
<tr><td colspan="2">滴定酸度</td><td></td><td></td><td></td><td></td><td></td></tr>
<tr><td rowspan="3">酒精实验</td><td>68%</td><td></td><td></td><td></td><td></td><td></td></tr>
<tr><td>70%</td><td></td><td></td><td></td><td></td><td></td></tr>
<tr><td>72%</td><td></td><td></td><td></td><td></td><td></td></tr>
<tr><td colspan="2">煮沸</td><td></td><td></td><td></td><td></td><td></td></tr>
</table>

5. 实验结果分析及讨论

分析并讨论随着牛奶存放天数的变化，各测定项目分别有什么变化？各指标间是否有关联？

拓展练习：请将新鲜的牛乳在4、10、28、37℃下各存放1d，再测定各指标，观察并分析不同存放温度对牛乳新鲜度的影响。

二、　牛乳掺假的检验

人为向天然牛乳中添加廉价或没有营养价值的物质，或为了掩盖生鲜牛乳真实的质量而加入防腐物质，或是为了提高牛乳品质而加入非食用物质或有毒有害物质等行为，均可称为“掺杂使假”。通常可分为以下几类：为了增加重量而掺水；为了降低乳的酸度而向乳中加碱性物质；为达到防腐目的向乳中加入防腐剂；为增加乳汁的稠度向乳中加入米（面）汤、淀粉、糊精或豆浆等物质；为提高乳蛋白含量其他含氮物质等。综上，对天然乳来讲，均属异物，都是为了掩盖乳的真实质量。

1. 实验目的

检出乳中加入的异物，保证牛乳的质量。

2. 不同掺假物的检测

（1）小苏打（碱性物质）的检测

①操作方法

取被检乳 3mL 注入试管中，然后用滴管吸取 0.04% 的溴麝香草酚蓝酒精溶液，小心地沿试管壁滴加 5 滴，使两液面轻轻地互相接触，切勿使两溶液混合，放置在试管架上，静置 2min，根据接触面出现的色环特征进行判定。同时以正常乳做对照。

②判定标准：如表 6-37 所示。

表 6-37 乳中碳酸氢钠检出判定标准

环层颜色	含碱量	结论判定
黄色	无碱	合格乳
黄绿色	含碱 0.03%	异常乳
淡绿色	含碱 0.05%	异常乳
绿色	含碱≥0.1%	严重异常乳

注：溴麝香草酚蓝指示范围为 pH6.0~7.6。颜色变化为由黄→黄绿→绿→蓝。

（2）过氧化氢（防腐剂）的测定

①操作方法：用吸管取 1mL 被检乳注入试管内，加 1 滴稀硫酸，然后滴加 1% 的碘化钾淀粉液 3~4 滴，摇动混合后，观察其结果。

②结果判断：振动混合后，如立即呈现蓝色，则判定为过氧化氢阳性，否则为阴性。

（3）掺水试验

①操作方法：将鲜牛乳充分搅拌均匀，取样 400~500 mL，沿量筒壁缓慢倒入，然后将相对密度计（20℃/4℃）轻轻插入量筒内，待静止后读数。同时测定牛乳温度，最后算出相对密度值。

②结果判断：当牛乳相对密度低于 1.028 则牛奶可能掺水，而且牛奶的密度越低，掺水量越大。

3. 牛乳中掺淀粉类物质的测定

取乳样 5mL 注入试管中，加入碘液 2~3 滴。如有淀粉存在，则出现蓝色沉淀。

4. 测亚硝酸盐

（1）操作方法　取乳样 2 mL 于试管中，然后加入 1.5 mL 亚硝酸盐试剂，摇匀 2min 后，观察现象。

（2）结果判定　按颜色深浅判定结果（表 6-38）。

拓展练习：有的农户还会向牛乳中添加糖、豆浆、食盐等物质，根据自己所学的化学知识拟定实验方法，对添加了此类物质的牛乳进行掺假检测。

表 6-38 亚硝酸盐含量与乳样颜色对照表

乳样颜色	亚硝酸盐量	结论判定
白色	无亚硝酸盐	合格乳
微粉色	含亚硝酸盐 0.2mg/kg	异常乳
水粉色	含亚硝酸盐 0.3mg/kg	异常乳
粉红色	含亚硝酸盐≥0.4mg/kg	严重异常乳

三、凝固型酸乳的加工

1. 实验目的

通过实验，掌握酸乳的加工工艺及其加工要点，并能对酸乳的品质进行判断。

2. 实验原理

酸乳的加工原理是通过乳酸菌发酵牛乳中的乳糖产生乳酸，乳酸使牛乳中酪蛋白变性凝固而使乳液呈现凝乳状态。同时，通过发酵还可形成酸奶特有的香味和风味。按凝乳状态可将酸乳分为凝固型酸乳和搅拌型酸乳。

3. 加工步骤

（1）加工工艺流程

原料乳→加热→配料→杀菌→冷却→添加发酵剂→分装→密封→发酵→冷却→后熟→成品

（2）操作步骤

①将牛乳 1L 倒入不锈钢锅中，加热到 50 ~ 60℃，将白砂糖 60g 倒入牛乳中，混合均匀，加热到 95℃并保持 5min，加热时要搅拌，防止糊底。然后快速冷却至 42℃（培养温度）。

②接种：添加 2% ~4% 生产发酵剂。将菌种加到牛乳中，轻微搅拌混合。

③分装：将牛乳倒入酸奶瓶中，封盖。

④发酵：将酸乳瓶迅速移到恒温箱中，在 42℃条件下培养。一般菌种的发酵时间在 3 ~ 5h。发酵过程中，随时关注酸乳瓶中牛乳的变化情况，尤其是发酵 3h 之后，应每隔半个小时将酸乳瓶拿出观察牛乳的流变情况，当牛乳凝固成一个整体，或者略倾斜酸奶瓶，瓶中样品不发生倾斜，则酸乳已发生凝固，发酵结束。

⑤冷却：将酸乳移至冰箱快速冷却至 4℃左右。并在冰箱中放置 12 ~ 24h，完成酸乳的后熟。在后熟过程中酸奶中乳酸菌还会持续产生香味物质，使酸乳品质更好。

（3）注意事项

①选择优质、新鲜的牛乳。不能含有任何的抗生素以及其他抗菌性物质，而且原料乳应含有较高的固形物，否则酸乳硬度低，乳清容易析出。

②严格无菌操作，尽量避免杂菌污染。

③加发酵剂后尽快分装完毕。否则温度降低会影响发酵时间。

4. 酸乳的品质评价

酸乳发酵成熟后，取适量试样置于 50mL 烧杯中，在自然光下观察色泽和组织状态。闻其气味，用温水漱口，品尝滋味。填写内容如表 6 – 39 所示。

表 6 – 39　酸乳实验结果记录表

实验结果记录表			
实验名称			
专业年级		班级	
学生姓名		指导教师	

续表

实验结果记录表			
项目	样品 1	样品 2	样品 3
色泽			
气味			
滋味			
组织状态			
滴定酸度			
得分			
质量缺陷			
原因分析			

拓展实验：尝试在凝固型酸乳的基础上做草莓果粒的搅拌型酸乳。（提示：当酸乳发酵结束时，将其冷却到25～30℃，搅拌，加入草莓果粒搅拌均匀后，放入冰箱中，冷藏12h左右即成搅拌型酸乳。实际生产过程中，会在配料时加入稳定剂，搅拌型酸乳的稳定效果会更好。）

四、 巧克力冰淇淋加工

1. 实验目的

通过实验，了解和掌握冰淇淋的制作方法和加工过程。

2. 实验原理

冰淇淋系以乳粉或鲜乳、奶油、蔗糖为主要原料，并加入增稠剂、乳化剂、香料等食品添加剂，经配料、混合、均质、杀菌、冷却老化、凝冻搅拌、成形、硬化、包装等加工成的冷冻食品，是一种营养价值很高的冷饮品。关键是凝冻过程，将混合料在强烈搅拌下进行冷冻，强烈搅拌可以使空气以极小气泡的形求均匀分布于混合料中，并使相当多的水转变成极为微细的冰晶，不仅使冰淇淋体积增加，而且赋予了冰淇淋入口即化的感觉。

3. 实验步骤

（1）工艺流程

原辅料→混合→均质→杀菌→冷却→老化→加香精、色素→凝冻搅拌→灌纸杯

（2）操作步骤

①先将水加热到40～50℃，然后加入乳粉，溶解后加入混合料（稳定剂＋蛋白糖＋白糖）、奶油，混合。

②均质：由于没有均质机，因此可使用果汁机使混合料均一化。

③杀菌：采用85℃，10min巴氏杀菌，杀灭混合料中的微生物，促进混合料各种成分融合。

④冷却、老化：先将杀菌后的混合物在冷水中冷却至室温，然后放入冰柜冷却老化4h。增加蛋白质与稳定剂的水合作用，促进脂肪的乳化，提高混合料稳定性和黏性。

⑤加香精、色素：将香精色素用少量无菌水溶解后再加入到混合料中。

⑥凝冻搅拌：安装并清洗冰淇淋机，将原料倒入冰淇淋机中，冷凝搅拌成型（约30min）。

⑦灌装：加凝冻好的冰淇淋灌装入纸杯中即成成品。

4. 实验结果与分析

（1）感官评价　对冰淇淋的色、香、味、型进行感官评定。

（2）计算冰淇淋的膨胀率　根据以下公式计算。

$$x(\%) = \frac{V - V_1}{V_1} \times 100 = \left(\frac{V}{m/\rho} - 1\right) \times 100$$

式中　V——冰淇淋试样的体积，cm^3；

m——冰淇淋试样的混合原料质量，g；

ρ——冰淇淋试样的混合原料密度，g/cm^3；

V_1——冰淇淋试样的混合原料体积，cm^3。

（3）对产品品质缺陷进行分析　比如对焦煳味、冰晶较大、膨胀率低等问题进行分析。

拓展实验：制作水果酸乳冰淇淋。（提示：将水果倒入打碎机打碎与糖混合，80℃杀菌15s，冷却。将灭菌稀奶油和酸乳混匀后倒入冰淇淋机，和水果、糖等混合后凝冻即可。）

五、 花色乳的制作

1. 实验目的

掌握花色乳的配方组成、加工工艺流程及要点。

2. 实验原理

花色乳是指在牛乳中加入可可或者咖啡等物质，再添加稳定剂、糖等调制而成的液体乳，要求乳含量在80%以上。

比较常见的花色乳分成两种，一种是低酸性的可可乳或咖啡乳，其为多体系的混合物，容易发生脂肪上浮、可可粉或咖啡粉沉淀的现象，稳定性问题是可可奶生产中的首要问题，可通过添加稳定剂解决。第二种是酸性的液态乳，比如香蕉味牛乳或柠檬味牛乳等，因为要用到酸化剂调酸，因此容易造成蛋白质的沉淀，可通过合适的工艺以及稳定剂的添加来解决。因此我们下面介绍两种典型花色奶的制作。

3. 可可乳的制作

（1）工艺流程

可可粉→加水溶解→加入白砂糖等
↓
鲜牛乳→调配→预热→均质→杀菌→冷却→灌装→成品

（2）操作步骤

①原料调配：将可可粉用热水溶解煮沸约20～30min，经200目过筛后冷却到25℃，制得可可浆，向其中加入4/5的白砂糖混合均匀。将鲜牛乳缓缓加入可可浆与砂糖混合物中，继续搅拌直至形成滑腻的组织，再将其加热到65～70℃，在搅拌状态下加入海藻酸钠与1/5白砂糖的混合物。

②均质：采用60～65℃、20～25MPa均质；没有均质机，可使用高速搅拌机使混合料均一化。

③杀菌：由于可可乳属于偏中性乳制品，因此杀菌条件要求较高，如果在100℃杀菌，需要30min才能达到杀菌效果。

④冷却、灌装：将杀菌之后的样品冷却到常温后灌装入塑料杯，封口。

（3）注意事项

①可可乳中含有蛋白质、糖和可可的颗粒，经过调配和均质，饮料呈胶体分散状态。当条件变化时，尤其是pH<6时，饮料容易产生凝乳或脂肪分离出沉淀等现象，因此，添加稳定剂

和均质操作成为解决这一问题的有效方法。

②为了增加稳定剂的溶解性，稳定剂需与5倍白砂糖混合后再与其他成分混合。

4. 果味液态乳的制作

（1）工艺流程

白砂糖、稳定剂

↓

鲜牛乳→混合→加酸→均质→杀菌→冷却→加香精→灌装→成品

（2）操作方法

①原料调配：选定配方后，首先取稳定剂与不少于稳定剂质量5倍的糖粉干混均匀，然后再搅拌状态下加入原料乳中，完全溶解混匀。

②加酸：加酸是制作果味液态奶至关重要的一步。首先用水将柠檬酸配成1.5%的溶液，再缓慢地将酸加入到奶中，边加边快速地搅拌。

③均质、杀菌：采用60~65℃、20~25MPa均质，无均质机可用高速搅拌机将原料混合均一。由于此产品为高酸性产品，因此杀菌要求不高，可用95℃、1min或加热煮沸灭菌即可。

④冷却、加香精、灌装：一般香精都是在冷却后加入，加入前用少量无菌水稀释，之后才灌装。

（3）注意事项

①添加的柠檬酸的浓度要尽可能低，搅拌强度要大，添加速度要慢，否则容易因为加酸不均匀而造成沉淀。

②加酸时，酸的温度要尽量低，应在20℃以下。

③原料乳与稳定剂混合后再添加酸、香精和色素。

拓展实验：咖啡乳和可可乳制作工艺很相似，只是将咖啡换成可可，请用咖啡作为原料制作咖啡乳。

六、 乳酸菌发酵乳饮料

1. 实验目的

通过实验，了解乳酸菌发酵乳饮料的不同配方，熟悉发酵乳饮料的加工制作过程。

2. 实验原理

乳酸菌发酵乳饮料是在由乳酸菌发酵的糊状或流态的发酵乳中添加糖、香料和稳定剂等并用水稀释而成的一种酸味强、较为爽口的乳饮料。按规定，乳酸菌发酵乳饮料中的蛋白质含量应不低于1.0%。饮料中的乳酸菌以活的状态存在，乳酸菌数量应在10^6个/mL以上。

3. 工艺流程及操作步骤

（1）生产工艺流程

原料乳→杀菌（92~95℃，5min）→冷却→接种乳酸菌→发酵→发酵乳→

调配→均质→冷却→灌装→成品

↑

杀菌←白砂糖、乳酸、CMC、水

（2）操作步骤

①发酵乳的制备：选用无抗生素、优质的原料奶，经过90~95℃、5~6min的加热杀菌，

然后冷却至37℃。按比例接入保加利亚乳酸杆菌和嗜热链球菌等乳酸菌，在40℃恒温培养至酸度凝乳，发酵完毕后应立即冷却到10℃以下。

②混合与调配：作为辅助原料的白砂糖、稳定剂等，需要进行杀菌处理。在混合调配时，首先将稳定剂用少量砂糖混合均匀后加水溶解，溶化成2%～3%的糖浆。将糖浆与发酵乳混合，然后添加其他物料。添加酸性溶液时其浓度尽可能低，且边加边强力搅拌，添加时温度以20℃以下为佳。香精和色素最后加入。

③为了提高乳饮料的稳定性，必须进行均质，均质压力为10～15MPa。

④灌装：灌装包装后入冷藏库。

（3）注意事项

①此产品为活菌型产品，因此发酵乳中不能含有杂菌，所以在添加其他配料时，必须要杀菌之后再添加。

②虽然此产品添加了发酵乳，但是因为用大量水稀释，酸度有所降低，所以需要添加部分酸化剂补充，加酸时要注意边搅拌边缓慢添加。

③该产品应含有活性乳酸菌，因此需在冷藏条件下存放并销售。

拓展实验：请同学们根据此实验的制作方法制作果料型乳酸菌乳饮料。（提示：不同类型的果料必须在调酸之后添加到饮料中，否则可能因为酸性物质分布不均匀而导致产品局部出现沉淀。）

七、 天然干酪的制作

1. 实验目的

通过本实验，掌握制作干酪的基本方法。

2. 实验原理

天然奶酪是将牛奶等为原料在发酵剂或凝乳酶，或两者的共同的作用下蛋白质发生凝固，去除乳清后获得的新鲜的或经微生物作用而成熟的产品。

3. 工艺流程及操作步骤

（1）工艺流程

原料乳→[杀菌]→[冷却]→[添加发酵剂]→[加氯化钙]→[加凝乳酶]→[凝结切块]→[搅拌]→[加温]→[乳清排出]→[成型压榨]→成品

（2）操作步骤

①原料乳的杀菌：杀菌的目的是为了消灭乳中的致病菌和有害菌，使干酪质量稳定。采用的是高温短时杀菌，75℃，30s。把鲜牛乳放进锅里，升高温度，不要超过80℃，把温度计放在牛乳中，观察温度的变化。杀菌完后冷却到30℃左右。

②添加发酵剂：按照1%的添加量添加干酪发酵剂，边搅拌边加入，并在此温度条件下充分搅拌3～5min，然后在此温度下发酵1h左右，至乳酸度0.2%～0.22%。

③添加$CaCl_2$和凝乳酶：添加$CaCl_2$（33%）2.25mL、凝乳酶（1/10000）10～20mL。添加凝乳酶后，在30℃左右静置40～60min，即可使乳凝固。

④凝乳块切割和搅拌：凝乳块形成后，就可以开始切割。开始时沿容器壁切下去，然后再向凝乳块中间切下去，接着向不同方向切。切割时动作要轻，切割过程在大约10min内完成，直到将凝乳块切成0.5～1cm^3的小凝乳块。

⑤乳清分离：切割后开始小心搅动，可适当缓慢升高温度，从干酪槽中去除乳清，直到物料体积变为最小。

⑥排干乳清：将凝乳块装入干酪布中吊挂起来，直至乳清不再沥出。

⑦ 成型压榨：将排除乳清的样品放入模具中压榨成型。

拓展实验：奶酪的品种很多，可参考此制作方法，制作其他类型的干酪产品。

思考题

1. 牛乳的化学成分包括哪些?
2. 简述牛乳在常温贮藏时微生物的变化。
3. 简述异常乳的种类及特点。
4. 为什么要对乳进行冷却? 常用的冷却方法有哪些?
5. 简述均质对乳的影响。
6. 简述常用的液态乳的杀菌和灭菌方法。
7. 简述巴氏杀菌乳的生产工艺流程。
8. 什么是超高温灭菌乳? 简述超高温灭菌乳的生产工艺。
9. 简述发酵剂的作用。
10. 简述调制发酵剂的方法。
11. 简述酸乳的生产工艺流程。
12. 酸乳常见缺陷有哪些? 简述其控制方法。
13. 简述乳粉喷雾干燥的原理。
14. 婴儿配方乳粉的配制原则是什么?
15. 简述稀奶油加工的工艺要点。
16. 奶油的性质及影响因素有哪些?
17. 简述冰淇淋生产的工艺要点。
18. 简述天然干酪的加工工艺及要点。
19. 乳饮料配方中各辅料的作用是什么?

推荐阅读书目

[1] 姜瞻梅，田波．乳品添加剂［M］．北京：中国轻工业出版社，2010.
[2] 张延明，薛富．乳品分析与检验［M］．北京：科学出版社，2010.
[3] 冯镇．乳品机械与设备［M］．北京：中国轻工业出版社，2012.
[4] 许晓曦，张贵海．乳品安全与质量控制［M］．北京：科学出版社，2012.
[5] 张和平，张列兵．现代乳品工业手册［M］．北京：中国轻工业出版社，2012.
[6] 尤如玉．乳品与饮料工艺学［M］．北京：中国轻工业出版社，2014 .
[7] 周光宏．畜产品加工学（第二版）［M］．北京：中国农业出版社，2012.

参考文献

[1] 曹程明. 肉蛋及制品质量检验 [M]. 北京：中国计量出版社，2006.

[2] 陈明造. 肉品加工理论与应用（第二版）[M]. 台湾：艺轩图书出版社，2004.

[3] 孔保华，罗欣. 肉制品工艺学 [M]. 哈尔滨：黑龙江科学技术出版社，1996.

[4] 孔保华，于海龙. 畜产品加工 [M]. 北京：中国农业科学技术出版社，2008.

[5] 沙玉圣，辛盛鹏. 畜产品质量安全与生产技术 [M]. 北京：中国农业大学出版社，2008.

[6] 周光宏. 畜产品加工学 [M]. 北京：中国农业出版社，2002.

[7] 周光宏. 肉品加工学 [M]. 北京：中国农业出版社，2009.

[8] 蒋爱民. 畜产食品工艺及进展（第二版）[M]. 北京：中国农业出版社，2011.

[9] 竺尚武. 火腿加工原理与技术 [M]. 北京：中国轻工业出版社，2009.

[10] 曾四伟，胡红超，油瑞菊，等. 意大利帕尔玛火腿制作的工艺流程及质量控制 [J]. 安徽农业科学，2013，41（24）：10110－10111，10114.

[11] 张进善. 柴沟堡熏肉的做法 [J]. 河北农业科技，1994，(2)：30.

[12] 李灿鹏，吴子健. 蛋品科学与技术 [M]. 北京：中国质检出版社，2013.

[13] 蔡朝霞，马美湖，余劼，等. 蛋品加工新技术 [M]. 北京：中国农业出版社，2013.

[14] 朱宝昌，高海生. 食品安全保障、食品添加剂常识 [M]. 北京：化学工业出版社，2013.

[15] 张丽萍，李开雄. 畜禽副产物综合利用技术 [M]. 北京：中国轻工业出版社，2009.

[16] 楼明. 鲜蛋的品质安全与控制 [J]. 肉品卫生，2005（10）：26－29.

[17] 陈冠如. 蛋黄酱与全蛋粉的加工工艺 [J]. 中国禽业导刊，2007（2）：39－40.

[18] 陈树兴. 粮油畜禽产品贮藏加工与包装技术指南 [M]. 北京：中国农业出版社，2000.

[19] 肖朝耿. 红心咸蛋的实用加工技术 [J]. 农村养殖技术，2005（5）：19－22.

[20] 王斌，万鹏程，李云芳，等. 酱香型鹌鹑蛋保健软罐头的研制 [J]. 农产品加工（创新版），2010（4）：32－34.

[21] 李云芳，隋继学，王斌，等. 虎皮鹌鹑蛋的研制 [J]. 农产品加工（创新版），2011（8）：59－62.

[22] 段秀梅，张志国. 一种新型蛋制品——蛋肠的研制 [J]. 食品科技，2001（5）：29.

[23] 喻冬香. 皮蛋的浸泡法制作工艺 [J]. 现代农业科技，2011（12）：333＋336.

[24] 黄琼，丁玲，吕峰. 无铅鸡蛋皮蛋腌制工艺的优化 [J]. 浙江农业学报，2011，23（4）：812－817.

[25] 王斌，万鹏程，李云芳，等. 酱香型鹌鹑蛋保健软罐头的研制 [J]. 农产品加工

(创新版)，2010 (4)：32 – 34.

[26] 魏建春，马柯，郝修震，等. 醇香鹌鹑彩蛋肠的研制 [J]. 郑州牧业工程高等专科学校学报，2003 (3)：167 – 169.

[27] 郑坚强. 蛋制品加工工艺与配方 [M]. 北京：化学工业出版社，2007.

[28] Hunton P. Research on eggshell structure and quality：an historical overview [J]. Revista Brasileira de Ciência Avícola，2005，7 (2)：67 – 71.

[29] United States Department of Agriculture. United States Standards，Grades，and Weight Classes for Shell Eggs，2000.

[30] 王玉田. 畜产品加工 [M]. 中国农业出版社. 2005.

[31] 生庆海，张爱霞，刘晓东，等. 牛乳中微生物酶的分离及危害研究 [J]. 中国乳品工业，2005 (3)：22 – 24.

[32] 李启明. ESL 牛乳的研究 [D]. 扬州：扬州大学，2006.

[33] 严佩峰，邢淑捷. 畜产品加工 [M]. 重庆：重庆大学出版社，2007.

[34] 李凤林，崔福顺. 乳及发酵乳制品工艺学 [M]. 北京：中国轻工业出版社，2007.

[35] 何宁，陈彦军. 超高温奶常见质量问题及控制 [J]. 中国乳品工业，2007 (4)：59 – 61.

[36] 孔保华，于海龙. 畜产品加工 [M]. 北京：中国农业科学技术出版社，2008.

[37] 乌雪岩，郭爱萍. UHT 乳的加工工艺分析 [J]. 农产品加工（学刊)，2008 (12)：127 – 129.

[38] 雷阳. 畜产品加工 [M]. 北京：中国农业出版社，2009.

[39] 刘志文. 牛乳房炎发病原因探讨 [J]. 吉林农业科技学院学报，2009 (2)：34 – 35.

[40] 杨清香，张志强，邓代君，等. 不同热处理方式对液态乳品质的影响 [J]. 新疆畜牧业，2010 (8)：13 – 16.

[41] 李晓东. 乳品工艺学 [M]. 北京：科学出版社，2011.

[42] 孔凡丕. 微滤除菌技术提高乳品品质的研究 [D]. 北京：中国农业科学院，2011.

[43] 迟骁玮，陈志伟. 复原乳鉴别指标的研究进展 [J]. 中国奶牛，2011 (6)：53 – 55.

[44] 孙琦. 牛乳热加工特性及其盐类平衡的研究 [D]. 北京：中国农业科学院，2012.

[45] 陈历水，丁庆波. 我国乳制品发展现状及趋势 [J]. 乳业科学与技术，2012 (6)：37 – 41.

[46] 王晓云. 低酸度酒精阳性乳产生的原因及治疗 [J]. 中国畜牧兽医文摘，2012 (6)：58 – 60.

[47] 孙琦，刘鹭，蒋士龙，等. 不同热处理工艺对牛乳中热敏感成分的影响 [J]. 食品与发酵工业，2012 (11)：47 – 53.

[48] 剧柠，夏淑鸿. 原料乳中微生物的多样性 [J]. 食品与发酵工业，2013 (2)：150 – 155.

[49] 王丽颖，付莉. 工艺参数对调配型酸乳饮料稳定性的影响 [J]. 食品工业，2013 (3)：100 – 102.

[50] 王毅，陈勇，王梅，等. 凝固型酸乳的质量缺陷及控制 [J]. 畜牧兽医杂志，2013 (3)：41 – 43.

[51] 许红岩. 生鲜乳中微生物控制浅析 [J]. 中国乳业, 2013 (3): 52-53.

[52] 杨贞耐, 张健. 干酪加工技术研究进展 [J]. 中国奶牛, 2013 (4): 1-7.

[53] 鞠印凤, 崔立雪. 原料乳优劣对酸奶质量的影响 [J]. 中国乳业, 2013 (5): 46-48.

[54] 苗君莅, 刘振民, 莫蓓红, 等. 干酪风味的研究 [J]. 食品与发酵工业, 2013 (6): 157-162.

[55] 崔娜, 梁琪, 文鹏程, 等. 牛初乳与常乳的物化性质对比分析 [J]. 食品工业科技, 2013 (9): 368-372.

[56] 白振川. 酒精阳性乳的成因及防控措施 [J]. 北方牧业, 2013 (17): 28.

[57] 张志胜, 李灿鹏. 乳与乳制品工艺学 [M]. 北京: 中国质检出版社, 2014.

[58] 张和平等. 乳品工艺学 [M]. 北京: 中国轻工业出版社, 2014.

[59] 尤如玉等. 乳品与饮料工艺学 [M]. 北京: 中国轻工业出版社, 2014.

[60] 冯镇. 乳品机械与设备 [M]. 北京: 中国轻工业出版社, 2013.

[61] 生庆海等. 乳与乳制品感官品评 [M]. 北京: 中国轻工业出版社, 2009.

[62] 李晓东. 乳品加工实验 [M]. 北京: 中国林业出版社, 2013.

[63] 郭本恒. 乳粉 [M]. 北京: 化学工业出版社, 2003.

[64] Aberle E, Hedrick H B. Principles of meat science [M]. Kendall/Hunt Publishing Co, U. S., 1994.